行列の固有値
新装版 | 最新の解法と応用

F. シャトラン 著
伊理正夫／伊理由美 訳

Springer
シュプリンガー・ジャパン

目　次

記号表 ……………………………………………………………… ix

序 ………………………………………………………………… xi

第1章　線形代数の補足 ……………………………………… 1
  1.1　記号と定義 ………………………………………… 1
  1.2　二つの部分ベクトル空間の間の正準角 ………… 5
  1.3　射影 ………………………………………………… 7
  1.4　二つの部分ベクトル空間の間の開き …………… 9
  1.5　部分空間列の収束 ………………………………… 11
  1.6　正方行列の簡単化 ………………………………… 13
  1.7　スペクトル分解 …………………………………… 20
  1.8　階数と線形独立性 ………………………………… 24
  1.9　Hermite 行列と正規行列 ………………………… 25
  1.10　非負項行列 ………………………………………… 26
  1.11　制限射影と Rayleigh 商 ………………………… 27
  1.12　Sylvester 方程式 ………………………………… 28
  1.13　行列の正則な束 …………………………………… 35
  1.14　参考文献について ………………………………… 36
  練習問題 …………………………………………………… 37

第2章　スペクトル理論の基礎 ……………………………… 43
  2.1　複素変数関数の性質の復習 ……………………… 43
  2.2　レゾルベントの特異点 …………………………… 45
  2.3　縮小レゾルベント, 部分逆行列 ………………… 56
  2.4　ブロック縮小レゾルベント ……………………… 59
  2.5　行列 A の線形摂動 ……………………………… 62

- 2.6 レゾルベントの解析性 ……………………………… 65
- 2.7 スペクトル射影の解析性 …………………………… 66
- 2.8 Rellich-Kato 級数展開 ……………………………… 68
- 2.9 Reyleigh-Schrödinger 級数展開 …………………… 69
- 2.10 非線形方程式と Newton 法 ………………………… 72
- 2.11 修正 Newton 法 ……………………………………… 75
- 2.12 局所近似逆写像と残差修正法 ……………………… 79
- 2.13 参考文献について …………………………………… 81
- 練習問題 ……………………………………………………… 82

第3章 なぜ固有値を計算するのか …………………… 87
- 3.1 微分方程式と差分方程式 …………………………… 88
- 3.2 Markov 連鎖 …………………………………………… 91
- 3.3 経済理論 ……………………………………………… 94
- 3.4 データ解析における因子の扱い方 ………………… 96
- 3.5 機械構造の力学 ……………………………………… 97
- 3.6 化学 …………………………………………………… 99
- 3.7 Fredholm の積分方程式 ……………………………102
- 3.8 参考文献について ……………………………………104
- 練習問題 ………………………………………………………106

第4章 誤差解析 …………………………………………119
- 4.1 連立方程式の条件数の復習 …………………………119
- 4.2 スペクトル問題の安定性 ……………………………120
- 4.3 事前誤差解析 …………………………………………137
- 4.4 事後誤差解析 …………………………………………142
- 4.5 A が対角行列に近い場合 …………………………150
- 4.6 A が Hermite 行列の場合 …………………………153
- 4.7 参考文献について ……………………………………163
- 練習問題 ………………………………………………………164

第5章　固有値の計算法の基礎 …… 171

5.1 部分空間の Krylov 列の収束性 …… 171
5.2 部分空間反復法 …… 174
5.3 ベキ乗法 …… 179
5.4 逆反復法 …… 182
5.5 QR 法 …… 187
5.6 Hermite 行列の場合 …… 192
5.7 QZ 法 …… 193
5.8 Newton 法と Rayleigh 商反復 …… 194
5.9 修正 Newton 法と同時逆反復 …… 195
5.10 参考文献について …… 202
練習問題 …… 203

第6章　大規模行列のための数値的方法 …… 207

6.1 諸方法の原理 …… 208
6.2 部分空間反復法（続き）…… 210
6.3 Lanczos 法 …… 215
6.4 ブロック Lanczos 法 …… 224
6.5 一般化固有値問題 $Kx = \lambda Mx$ …… 228
6.6 Arnoldi 法 …… 230
6.7 斜交射影 …… 237
6.8 参考文献について …… 239
練習問題 …… 240

第7章　Chebyshev の反復法 …… 249

7.1 C のコンパクト領域の上での一様近似の
　　理論の基礎 …… 249
7.2 実変数の Chebyshev 多項式 …… 255
7.3 複素変数の Chebyshev 多項式 …… 256
7.4 ベキ乗法の Chebyshev 加速 …… 261
7.5 Chebyshev 反復法 …… 262

- 7.6 （射影を伴う）同時 Chebyshev 反復法 ……………265
- 7.7 最適パラメータの定め方 …………………………268
- 7.8 多角形上の最小2乗多項式 ………………………270
- 7.9 Saad の混合法 ……………………………………272
- 7.10 参考文献について …………………………………274
- 練習問題 ……………………………………………275

文　献 ……………………………………………………279
付録 A　数値計算用ソフトウェア ……………………285
付録 B　練習問題解答 …………………………………287
付録 C　練習問題参考文献 ……………………………331
索　引 ……………………………………………………337
訳者あとがき ……………………………………………343

アレクサンドリアのヒュパティア（Hypatia）に捧ぐ

アレクサンドリアのヒュパティア，
A.D. 370-415,
群衆の投石により死す：

　アテネにおいて数学と哲学を深く学んだ後，生まれ故郷のアレクサンドリアに学校を建てた．そこではプラトーン，アリストテレースさらにはディオファントス，ペルゲーのアポローニオス，プトレマイオスなどが講じられた．聖職者たちはそれを快く思わず，大衆の彼女に対する反感をあおった．

記号表

N	整数の集合.
R	実数体.
C	複素数体.
$A = (a_{ij})$	行 i 列 j に要素 a_{ij} をもつ行列 $(1 \leq i \leq n, 1 \leq j \leq m)$; $\mathbf{C}^m$ から $\mathbf{C}^n$ の中への線形写像.
$A^\mathrm{T} = (a_{ji})$	転置行列(代数学では ${}^t A$ とも記される).
$A^* = (\bar{a}_{ji})$	転置共役行列; $A^{-*} = (A^{-1})^*$.
$\mathbf{C}^{n \times m}$	$\mathbf{C}$ の上の $n \times m$ 型の行列の集合.
$x = (\xi_i)_1^n = (\xi_1, \cdots, \xi_n)^\mathrm{T}$	$\mathbf{C}^n$ の列ベクトル.
$\{x_1, \cdots, x_r\} = \{x_i\}_1^r$	r 個のベクトルの集合.
$A = [a_1, \cdots, a_m]$	列ベクトル $\{a_i\}_1^m$ よりなる行列.
$\mathrm{sp}(A)$	A のスペクトル.
$\{\lambda_i\}_1^d$	A の異なる固有値の集合; $d \leq n$.
$\{\mu_i\}_1^n$	代数的多重度の回数だけ繰り返して並べた固有値の集合.
$\mathrm{re}(A) = \mathbf{C} - \mathrm{sp}(A)$	A のレゾルベント集合.
$\rho(A) = \max_i \|\lambda_i\|$	A のスペクトル半径.
$\det A$	A の行列式.
$\mathrm{tr}\, A$	A のトレース $= \sum_{i=1}^{n} a_{ii}$.
$\mathrm{rank}(A)$	A の階数.
$\mathrm{adj}\, A = (A_{ij})$	A の随伴行列; $A = (a_{ij})$ のとき A_{ij} は a_{ji} の余因子.
$\pi(\lambda) = \det(\lambda I - A)$	A の特性多項式.
$\|x\|_2 = \left(\sum_{i=1}^{n} |\xi_i|^2\right)^{1/2}$	x のユークリッド・ノルム.
$\|A\|_2 = \max_{x \neq 0} \dfrac{\|Ax\|_2}{\|x\|_2}$	A のスペクトル・ノルム. $=$ ユークリッド・ノルムにより導かれる行列ノルム.

x　記号表

$\|A\|_F = \left(\sum_{i,j} \|a_{ij}\|^2\right)^{1/2}$	A のフロベニウス・ノルム.
$\mathrm{cond}(A) = \|A\|\|A^{-1}\|$	A の条件数（逆行列に関する）.
σ ; $\sigma^2 \in \mathrm{sp}(A^*A)$	A の特異値.
$A_{\upharpoonright M} : M \to M$	線形写像 A の不変部分空間 M への制限.
$\mathrm{lin}(x_1, \cdots, x_r)$	$\{x_i\}_1^r$ により生成される $\mathbf{C}$ 上の部分ベクトル空間.
$\omega(M, N)$	部分ベクトル空間 M と N の間の開き.
$\Theta = \mathrm{diag}(\theta_i)$	M と N の間の正準角を対角要素とする対角行列.
C_n^p	2項係数.
$\sum_{i=1}^{0} = 0$	こう約束する.
$A \otimes B$	行列 A と B のテンソル積（Kronecker 積[注1]）.
$\mathbf{P}_k$	次数 $\leq k$ の多項式の集合.
$T_k(t) = \frac{1}{2}[(t+(t^2-1)^{1/2})^k + (t+(t^2-1)^{1/2})^{-k}]$	
	次数 k の第1種Chebyshev多項式（$\|t\| \geq 1$ に対して）.
Y^*AX ; $Y^*X = I$	X, Y の上に作られた A の Rayleigh 商.
$[X, \underline{X}], [Y, \underline{Y}]$	$\mathbf{C}^n$ の随伴基底.
$M, \bar{M}$	不変部分補空間の対で $\bar{M} = M_*^\perp$ を満たすもの.
M	右不変部分空間.
M_*	左不変部分空間.
x	右固有ベクトル.
x_*	左固有ベクトル.
csp	スペクトル条件数.
$\mathrm{csp}(\lambda)$	固有値 λ のスペクトル条件数.
$\mathrm{csp}(x)$	固有ベクトル x のスペクトル条件数.
$\mathrm{csp}(M)$	不変部分空間 M のスペクトル条件数.
□	証明の末尾.
⊕	二つの補部分空間の和.
⊥	直交空間の和.

---

[1] Leopold Kronecker（レオポルド・クロネッカー；1823-1891）：リーグニッツ（現レグニツァ）に生まれ，ベルリンにて没す．

序

　…Helmholtz は，海の波と船の航跡とを長い間観察するようにといっている．特に，波が交差するところをよく観察するようにといっている．…．より良い秩序を現象に与えるこの新しい知覚に悟性を通して達すべきである．

Alain『基礎哲学要綱 III』

　固有値の計算は，実用的にも理論的にも大変重要な問題である．それには非常に異なる二つの型の応用がある．構造物の動力学においては，構造物の共振周波数を知ることが基本である．例を挙げるなら，船のスクリューやヘリコプターのプロペラなどの翼の振動，海中油田のプラットフォームに対する波のうねりの影響，建造物の地震に対する応答などである．もう一つの基本的な型の応用は，力学系（たとえば原子炉）が安定に動作するためのパラメータの臨界値を決定することに関係したものである．

　いろいろな計算法を有効に使いこなすには，それらをよく理解する必要がある．誰もが知っているように，技術革新によって計算機が飛躍的な発展を遂げた．すなわち，1957 年にはトランジスタが真空管にとって代わり，1960 年代にはプリント配線が登場し，続いて数十個のトランジスタを 1 枚のチップに集めた初期の集積回路が現れた．1985 年には大規模集積回路（VLSI）の技術が登場して，1 枚のチップ上に 100 万個のトランジスタを集積させることが可能になっている．しかし，あまり知られていないことであるが，"数学的な方法"の進歩による性能向上が，技術革新による性能向上以上に重要である分野も少なくない．たとえば，1973 年から 1983 年までの間に最も強力な計算機の能力は

1000倍になったが，その同じ期間に数値計算技術の改良によってもう1000倍性能が向上した分野がある．このようにして，1983年には，Cray 1を使うと，一晩かからずに遷音速領域における飛行機まるまる1台分の計算をすることが可能になったのである．

この本は，行列の固有値問題の現代的で完全な理論を，初等的なレベルで提供することを目的としている．有限次元において行列の記法を用いて，線形作用素のスペクトル理論の基本を紹介する．関数解析のことばを使うことにするが，それによって，各種の近似法が根底では同じものであるということを示すことができる．それと同時に，線形代数の用語を使うことによって，特に，不変部分空間を表す基底を組織的に用いることによって，伝統的には代数的に説明されていた行列の数値解析の多くの算法に対して，より完全な幾何学的な説明を与えることができる．

本書では次のような点を特に強調して扱っている．

- 完全に一般的な固有値問題の扱い．すなわち，非対称な行列で欠陥のある多重固有値を含む場合の扱い．
- 正規性の欠如がスペクトル条件数に与える影響（第4章）．
- Jordan標準形よりもむしろSchur形を優先的に使用すること．
- 異なる複数個の固有値を同時に扱うこと（第2章，第4章）．
- (i) 中規模密行列および (ii) 大規模疎行列について，固有値を計算するため（逐次型計算機あるいはベクトル計算機の上での）実際に最も効果的な算法を提供すること．これらの算法は，それぞれ，次の2種に分けられる．(i) 部分空間反復法の型の算法（第5, 6, 7章）；(ii) 不完全Lanczos/Arnoldi法の型の算法（第6章）．
- 基底の収束を利用した部分空間の収束の解析（第1章）．
- 部分空間の上への直交射影による近似および部分空間 $A^k S$, $k=1, 2, \cdots$, の漸近的ふるまいという二つの概念の助けを借りた近似の質の解析（第5, 6, 7章）．
- スペクトル前処理による数値的方法の効率の改善（第5, 6, 7章）．

この領域をさらに深く勉強したいと思う読者には，今や古典となっているGolub-Van Loanの本（第7, 8, 9章），Parlettの本，Wilkinsonの本を読むことがたいへん有益であろう．

本書は数値解析の専門書で，特に，大学学部後期専門課程（メトリーズ；Maîtrise）の学生，修士課程（マジステール；Magistère）の学生，さらにはまた高等大学校（グランゼコール；Grandes Écoles）の学生を対象としている．P. G. Ciarlet の本 Introduction à l'analyse numérique matricielle et à l'optimisation（行列の数値解析と最適化入門）にある数値解析の基礎的知識は，読者がすでに持っていると仮定している．"問題集"[注1]は講義用のテキストには不可欠な補足資料である．それには次の3種の練習問題がある．

1) 本文で述べたことの例題あるいは補足（解答つき）；
2) 強化，深化のための練習問題（解答のヒントつき）；
3) 問題（解答なし）．

本書を作成するに際して，大勢の同僚や友人からの意見を参考にした．本書の基になったのは，1983年の春に Philippe Toint の招待で，Namur 大学の教官の方々に対して行った講習会の講義"固有値について"であり，感謝している．そして，特に，講義と演習の準備を親切に熱心に手伝ってくれた Mario Ahués にはお礼を申し上げたい．Beresford Parlett と Youcef Saad からは友情以上の影響を受けた．それをここに記せるのはうれしい．その影響は，年を経るとともに次第に大きくなっている．最後に，私を信頼して"専門課程のための応用数学"シリーズのためにこの本を著すよう薦めて下さった Philippe Ciarlet と Jacques-Louis Lions にお礼申し上げたい．

著　者

---

[1] 訳注：本文で引用されるものについては，訳出して本書各章末に添えてある（次頁の［注］**練習問題について**参照）．

[注] 練習問題について

問題は4種類に分類されていて，どの種類に属する問題であるかは問題番号の後の括弧の中に示されている．

[A]：付録Bに解答が与えられているもの．この種類の問題のほとんどは，本文で論じられていることを補うものである．

[B]：問題番号の後に [B：xx] とあれば，付録Cの練習問題参考文献 [xx] の中に，練習問題の解答が見出せるもの．

[C]：数値計算の問題．詳しい解答は与えられていないけれど，大抵の場合，問題の中に解が述べられている．

[D]：研究課題である．

技術的な協力をして下さったチリ大学の数学技術者 Vicenta Mardones（ビセンタ・マルドーネス）夫人に感謝致します．また，マイクロ・コンピューターで結果を確かめて下さった Mónica Villagran（モニカ・ビジャグラン）夫人にも感謝致します．

1988年

マリオ・アウエス　　　　　チリ大学，サンチャゴ，チリ
フランソワーズ・シャトラン　パリ大学ドーフィン校，
　　　　　　　　　　　　　フランス IBM 研究センター

第1章　線形代数の補足

　固有値を計算するときには，それに付随する不変部分空間，すなわち，その部分空間の基底（できれば正規直交基底）を調べなければならないことが多い．この章では，固有値を取り扱うための線形代数の道具について述べる．特に，二つの部分空間の間の"正準角"という概念がこれら二つの部分空間の"距離"のふさわしい尺度であることを述べる．そして，部分空間列の収束は，場合場合に応じて正則行列あるいはユニタリ行列だけの違いを除いて，それらの基底の収束という表現をとられる．本書では Jordan（ジョルダン）標準形よりはなるべく Schur（シュール）標準形を使うことにする．Jordan 標準形は理論的には重要であるが数値的には安定でないので．

1.1　記号と定義

　複素数の成分 $(\xi_i)_1^n$ からなる列ベクトル x の空間を $\mathbf{C}^n$ と表す．x^* は共役複素数 $(\bar{\xi}_i)$ を成分とする行ベクトルであるとする．$\mathbf{C}^n$ 上のノルムとしてはユークリッド・ノルム

$$\|x\|_2 = \left(\sum_{i=1}^n |\xi_i|^2 \right)^{1/2}$$

を基準として用いる．実際には，ノルム $\|x\|_1 = \sum_{i=1}^n |\xi_i|$ および $\|x\|_\infty = \max_{1 \leq i \leq n} |\xi_i|$ もまたしばしば用いられる．特に断らない限り，$\|\cdot\|$ は $\mathbf{C}^n$ 上の任意のノルムを表す．

　$\mathbf{C}^n$ 上のスカラー積は $(x, y) = y^*x$ である．$(x, y) = 0$ のとき，ベクトル x と y は"直交"するという．$\{x_i\}_1^n$ を $\mathbf{C}^n$ の一つの基底，すなわち，n 個の線形独立

なベクトルの集合，とする．この基底が "正規直交" であるとは
$$(x_i, x_j) = \delta_{ij}, \qquad i, j = 1, \cdots, n$$
であることをいう．

ベクトル x の正規直交基底による表現は $x = \sum_{i=1}^{n}(x, x_i)x_i$ で与えられる．基底が正規直交で "ない" ときには，表現 $x = \sum_{i=1}^{n}\xi_i x_i$ の係数 ξ_i は，$\xi_i = (x, y_i)$, $i = 1, \cdots, n$, と書かれるが，ここで $\{y_i\}_1^n$ は
$$(x_i, y_j) = \delta_{ij}, \qquad i, j = 1, \cdots, n \tag{1.1.1}$$
となるような $\mathbf{C}^n$ の別の基底である．

このような $\{y_i\}_1^n$ がただ一つ存在することの証明は練習問題1.1にある．(1.1.1) で定義される基底 $\{y_i\}_1^n$ を，$\{x_i\}_1^n$ の "随伴" 基底と呼ぶ．$\{x_i\}$ と $\{y_i\}$ とは $\mathbf{C}^n$ の元の互いに "双直交" な族をなすともいう．

$\{a_j\}_1^r$ を $\mathbf{C}^n$ の r 個のベクトルの集合とする．$A = [a_1, \cdots, a_r]$ と書いて，$\{a_j\}_1^r$ を列ベクトルとしてもつ $n \times r$（n 行 r 列）型の矩形行列を表す．状況をはっきりさせるために，$r \leq n$ とする．$a_j = (a_{ij})_{i=1}^n$, $j = 1, \cdots, r$, ならば，$A = (a_{ij})$ である．$\{a_j\}_1^r$ により生成されるベクトル空間を $\mathrm{lin}(a_1, \cdots, a_r)$ と書く．$\mathrm{lin}(a_1, \cdots, a_r)$ は A の像空間 $\mathrm{Im}\, A$ である．

以下では，行列 A を，$\mathbf{C}^r$ と $\mathbf{C}^n$ の標準基底に関して行列 A により表される線形写像 $\mathbf{C}^r \to \mathbf{C}^n$（Ciarletの本では $\mathcal{A}$ と記されている）と同じものと見なすことが多い．

例1.1.1 単位行列 I_n は $\mathbf{C}^n$ の恒等写像を表す．I_n は，混乱の恐れのないときは，n を省いて単に I と書く．

$A^* = (\bar{a}_{ji})$ は共役転置行列である．A が実数のとき，A^* は転置行列 $A^\mathrm{T} = (a_{ji})$ となる（代数学では ${}^t A$ と記される）．
$\mathrm{tr}\, A = \sum_{i=1}^{n} a_{ii}$ は A の "トレース" である．

A を $n \times n$ 型の正方行列とする．A が "正規" 行列であるというのは，$AA^* = A^*A$ ということである．A が "Hermite"[注1]行列（A が実数なら "対称" 行

---

[1] Charles Hermite（シャルル・エルミート；1822-1901）：デューズに生まれ，パリにて没す．

列）であるというのは，$A=A^*$（A が実数なら $A=A^T$）であることである．
(Hermite) 行列が"正定値"（あるいは"半正定値"）であるというのは，
$$x \neq 0 \Rightarrow x^*Ax > 0 \text{（あるいは } x^*Ax \geq 0)$$
ということである（"定値"は"定符号"ともいう）．

$n \times r$ 型の矩形行列 Q が"直交"行列であるというのは，$Q^*Q = I_r$ であることである．直交行列が正方行列のときには，すなわち $Q^*Q = QQ^* = I_n$（Q が実数なら $Q^TQ = QQ^T = I_n$）のときには，"ユニタリ"行列（Q が実数なら直交行列）と呼ばれる．ユニタリ行列の列ベクトルは $\mathbf{C}^n$ の"正規直交基底"をなす．

$\mathbf{C}$ 上の $n \times r$ 型の行列全体の集合を $\mathbf{C}^{n \times r}$ と表す．$\mathbf{C}^{n \times r}$ は $\mathcal{L}(\mathbf{C}^r, \mathbf{C}^n)$（線形写像 $\mathbf{C}^r \to \mathbf{C}^n$ の全体）と同形である．$\mathbf{C}^r$ と $\mathbf{C}^n$ 上に，それぞれ，ノルム $\|\cdot\|_{\mathbf{C}^r}$ と $\|\cdot\|_{\mathbf{C}^n}$ とが与えられているとき，これらの（ベクトル）ノルムから"導かれる"行列 A のノルムは
$$\|A\| = \max_{0 \neq x \in \mathbf{C}^r} \frac{\|Ax\|_{\mathbf{C}^n}}{\|x\|_{\mathbf{C}^r}}$$
により定義される．Ciarlet の本ではこのノルムは"従属ノルム"と呼ばれている．

例 1.1.2

- $\|A\|_1 = \max_{1 \leq j \leq r} \sum_{i=1}^{n} |a_{ij}|$　　（$\|x\|_{\mathbf{C}^r} = \|x\|_1$, $\|y\|_{\mathbf{C}^n} = \|y\|_1$ のとき），
- $\|A\|_\infty = \max_{1 \leq i \leq n} \sum_{j=1}^{n} |a_{ij}| = \|A^*\|_1$　　（$\|x\|_{\mathbf{C}^r} = \|x\|_\infty$, $\|y\|_{\mathbf{C}^n} = \|y\|_\infty$ のとき），
- $\|A\|_2 = \|A^*\|_2$.

ベクトルのノルムから導かれた行列のノルムは，劣乗法的 $\|AB\| \leq \|A\| \|B\|$ であることが示される．

正則な（逆行列を有する）正方行列の"条件数" cond(A) は cond $(A) = \|A\| \|A^{-1}\|$ により定義される．

A を n 次の実または複素正方行列とする．以下では，スペクトル問題

$$\boxed{Ax = \lambda x \text{ を満たす } \lambda \in \mathbf{C}, \ 0 \neq x \in \mathbf{C}^n \text{ を求めよ}} \qquad (1.1.2)$$

を考える．

 定数 λ を A の"固有値"と呼び，x を固有値 λ に付随する"固有ベクトル"と呼ぶ．複素数 λ が A の固有値であるための必要十分条件は，λ が特性多項式 $\pi(\lambda) = \det(\lambda I - A)$，すなわち $\lambda I - A$ の行列式，の零点であることである．特性多項式は $\mathbf{C}$ の中に n 個の零点（すべてが相異なることもそうでないこともある）を有する．それら n 個の零点の集合を A の"スペクトル" $\mathrm{sp}(A) = \{\lambda \in \mathbf{C} ; \lambda$ は A の固有値$\}$ と呼ぶ．実数 $\rho(A) = \max\{|\lambda| ; \lambda \in \mathrm{sp}(A)\}$ のことを A の"スペクトル半径"と呼ぶ．部分ベクトル空間 M が A により"不変"であるとは，$AM \subseteq M$ であることである．特に，λ に付随する固有ベクトルにより生成される"固有部分空間" $\mathrm{Ker}(A - \lambda I)$ は A により不変である．

 $n \times r$ 型の矩形行列 A の"特異値"とは，r 次の正方行列 A^*A の r 個の固有値の平方根（正数または 0）のことである．$\mathbf{C}^n$ 上のノルム $\|\cdot\|_2$ と $\mathbf{C}^r$ 上のノルム $\|\cdot\|_2$ によって導かれる A のノルムは

$$\|A\|_2 = \rho^{1/2}(A^*A)$$

により与えられる．ここで，$\rho^{1/2}(A^*A)$ は $\sqrt{\rho(A^*A)}$ を表す（練習問題 1.2 参照）．このノルムは A の"スペクトル・ノルム"と呼ばれることが多い．スペクトル・ノルムは，もっと計算しやすい"Frobenius（フロベニウス）ノルム"[1]

$$\|A\|_F = \mathrm{tr}^{1/2}(A^*A) = \left(\sum_{i=1}^{n}\sum_{j=1}^{r}|a_{ij}|^2\right)^{1/2}$$

により上からおさえられる（$\|A\|_2 \leq \|A\|_F$）．

 Frobenius ノルムは，場合によって，Schur[2] ノルムとか Hilbert[3] - Schmidt[4] ノルムとか呼ばれることもある．これは $\mathbf{C}^{nr}$ におけるベクトル (a_{ij}) のユークリッド・ノルムとも見なせる．

---

[1] Georg Ferdinand Frobenius（ゲオルグ・フェルディナント・フロベニウス；1849-1917）：ベルリンに生まれ，ベルリンにて没す．

[2] Issai Schur（イサイ・シュール；1875-1941）：モギレフ（白ロシア）に生まれ，テル・アヴィブにて没す．

[3] David Hilbert（ダーヴィト・ヒルベルト；1862-1943）：ケーニヒスベルクに生まれ，ゲッチンゲンにて没す．

[4] Erhard Schmidt（エルハルト・シュミット；1876-1959）：ドルパットに生まれ，ベルリンにて没す．

1.2　二つの部分ベクトル空間の間の正準角

M と N を $\mathbf{C}^n$ の二つの r 次元部分ベクトル空間とする．この二つの部分ベクトル空間の相対的な位置関係は，下記の補助定理を用いて定義する"正準角"という概念を用いて記述することができる．

部分ベクトル空間 M と N の中にそれぞれ"正規直交"基底 Q と U が与えられているとする，すなわち $Q^*Q=U^*U=I$ とする．なお，基底 $\{q_1,\cdots,q_r\}$ と行列 $Q=[q_1,\cdots,q_r]$ は同じものであると見なしてきたことを思い起こしてほしい．

補助定理 1.2.1　U^*Q の特異値は 0 と 1 の間にある．

証明　$c_i, i=1,\cdots,r,$ を U^*Q の特異値とすると，
$$0 \leq c_i^2 \leq \rho(Q^*UU^*Q) = \|U^*Q\|_2^2 \leq \|U\|_2^2 \|Q\|_2^2$$
$$= \rho(U^*U)\rho(Q^*Q) = 1. \qquad \Box$$

定義　$c_i=\cos\theta_i$ で定義される r 個の角 $\theta_i \left(0 \leq \theta_i \leq \dfrac{\pi}{2}\right)$ を，部分ベクトル空間 M と N の間の"正準角"と呼ぶ．

c_i を小さい順に書く，したがって対応する角を大きい順に書くことにし：
$$\frac{\pi}{2} \geq \theta_1 \geq \theta_2 \geq \cdots \geq \theta_r \geq 0,$$
そして対角行列 Θ を $\Theta=\mathrm{diag}(\theta_1,\cdots,\theta_r)$ と定義する．M と N の間の正準角の中で最大のもの $\theta_{\max}=\theta_1$ を単に M と N の間の"最大角"と呼ぶこともある．任意の三角関数 τ に対して，$\tau\Theta=\mathrm{diag}(\tau\theta_1,\cdots,\tau\theta_r)$ と定義する．定義により，U^*Q の特異値は $\cos\Theta=\mathrm{diag}(\cos\theta_i)$ の特異値である．"同じ特異値を有する"という関係は，すべての行列からなる集合の上での一つの同値関係であり，それを $\sim$ と記すことにする．この記号を用いれば上記の事実は次の命題の形に書かれる．

命題 1.2.2
$$U^*Q \sim \cos \Theta.$$

このことから，特に，$\|U^*Q\|_p = \|\cos \Theta\|_p$ であることがわかる．ここで，p は 2 または F である（$\|\cdot\|_2$ はスペクトル・ノルム，$\|\cdot\|_F$ は Frobenius ノルムである[注1]）．M と N の次元がともに $n/2$ より大きい場合については，練習問題 1.3 を参照されたい．

いま，M には正規直交基底 Q が与えられており，N にはその随伴基底 Y（それが存在するとき）が与えられているとしてみよう．すなわち $Q^*Q = Y^*Q = I$ であるとする．次の補助定理によれば，$\theta_{\max} < \dfrac{\pi}{2}$ のときにはそのような随伴基底 Y が存在する．

補助定理 1.2.3 M と N にお互いの随伴基底が存在するための必要十分条件は，M と N の間の最大角 $\theta_{\max}$ が $\pi/2$ より小さい（$\pi/2$ に等しくない）ことである．

証明 Q と U を M と N の正規直交基底とする．このとき，$Y = UB$，$Y^*Q = I$ を満たす r 次の正則な行列 B が存在するであろうか？　それには $B^*U^*Q = I$ でなければならない．ところで，命題 1.2.2 により，U^*Q が逆行列をもつための必要十分条件は，$\cos \theta_{\max} > 0$ である（練習問題 1.4 を見よ）．U^*Q が逆行列をもてば，$B^{-1} = (U^*Q)^* = Q^*U$ により B が定められる． □

補助定理 1.2.4 X, Y および X', Y' を M と N における 2 組の随伴基底とする．このとき，$X' = XC$ および $Y' = YC^{-*}$ を満たす r 次の正則行列 C が存在する．

証明 $X' = XC$，$Y' = YD$ とする．ただし，C と D は r 次の正則行列である．$Y'^*X' = D^*Y^*XC = D^*C = I$ でなければならないが，このことは，$D^* = C^{-1}$，$D = C^{-*} = (C^{-1})^*$ を意味している． □

---

[1] 訳注：$\|A\|_2$ は A の最大特異値に等しく，$\|A\|_F$ は A の特異値の 2 乗和の平方根に等しい．

命題 1.2.5　$Y \sim (\cos \Theta)^{-1}$ そして $Q - Y \sim \tan \Theta$ である．

証明　補助定理 1.2.3 により，$Y^*Y = B^*U^*UB = B^*B$ である．したがって，Y の特異値は U^*Q の特異値の逆数である．また，
$$(Q^* - Y^*)(Q - Y) = Q^*Q - Y^*Q - Q^*Y + Y^*Y = Y^*Y - I$$
であるから，$Q - Y$ の特異値を τ_i とすれば，$\tau_i^2 = \dfrac{1}{\cos^2 \theta_i} - 1 = \tan^2 \theta_i$．　□

よく知られた平面三角法の諸関係式が，正準角という概念を用いて，$\mathbf{C}^n$ に拡張されているのである（図 1.2.1 参照．ここで，$\theta < \dfrac{\pi}{2}$ は 2 直線 M と N の間の鋭角を表している）．

$$\|q\|_2 = \|u\|_2 = 1,$$
$$\|q - u\|_2 = 2 \sin \frac{\theta}{2},$$
$$\|y\|_2 = \frac{1}{\cos \theta}, \qquad \|q - y\|_2 = \tan \theta,$$
$$\|t\|_2 = \cos \theta, \qquad \|q - t\|_2 = \sin \theta.$$

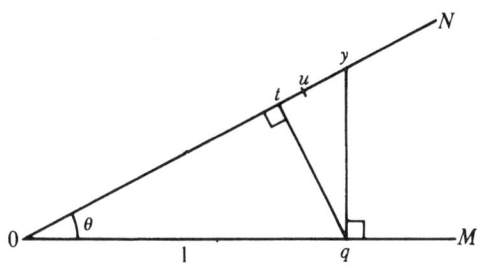

図 1.2.1

1.3　射影

"ベキ等な"線形写像，$P^2 = P$，を"射影"と呼ぶ．射影 P には $\mathbf{C}^n$ の直和分

解 $\mathbf{C}^n = M \oplus W$（ただし $M = \text{Im } P$, $W = \text{Ker } P$）が対応し，また，逆に $\mathbf{C}^n$ の直和分解には射影が対応する．「P は，"W に沿った（あるいは W に平行な）M の上への"射影である」といういい方をする．$N = W^\perp$ とおくと，$W = N^\perp = \{x \in \mathbf{C}^n ; y \in N$ に対して $x^*y = 0\}$ である．

補助定理 1.3.1 空間 $\mathbf{C}^n$ が $\mathbf{C}^n = M \oplus N^\perp$ と直和分解されるための必要十分条件は，$\theta_{\max}$ を M と N の間の最大正準角として，$\theta_{\max} < \frac{\pi}{2}$ であることである．

証明 練習問題 1.5 によれば，$\theta_{\max} = \frac{\pi}{2}$ は，M のベクトル（$\neq 0$）で $N^\perp$ に属するものが存在することと等価である（図 1.3.1 参照）．　　　□

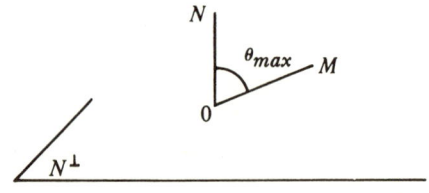

図 1.3.1

X, Y を M と N における 1 組の随伴基底とする（そのような X, Y は $\theta_{\max} < \frac{\pi}{2}$ のとき，そしてそのときに限り存在する）．

命題 1.3.2 $P = XY^*$ は，$\mathbf{C}^n$ の標準基底に関して，$N^\perp$ に沿っての M の上への射影を表す行列である．

証明 $Px = \sum_{i=1}^{r}(y_i^*x)x_i$ であるから，$P^2 = P$, $\text{Im } P = M$, $\text{Ker } P = N^\perp$. 行列 P は，M と N における随伴基底の選び方には関係しない．なぜならば，$X' = XC$, $Y' = YC^{-*}$ をもう 1 組の随伴基底とすると，$X'Y'^* = XY^*$ であるからである．　　　□

$M = N$ のとき，M の上への "直交" 射影（唯一に定まる）を $P^\perp$ と記す．$P^\perp$ は，$\mathbf{C}^n$ の標準基底に関して，XX^* と書き表される．ここで，X は M の正規直交基底（$X^*X = I$）である．XX^* は Hermite 行列であること，また $\|P^\perp\|_2^2 = 1$

であることに注意せよ.

1.4 二つの部分ベクトル空間の間の開き

M と N を次元が必ずしも等しくない $\mathbf{C}^n$ の二つの部分ベクトル空間とする.

定義 M と N の間の "開き" とは, $\omega(M, N) = \|\pi_M - \pi_N\|_2$ のことである. ここで, π_M, π_N は, それぞれ, M, N の上への直交射影である.

命題 1.4.1
$$\omega(M, N) = \max\left[\max_{\substack{x \in M \\ x^*x=1}} \mathrm{dist}(x, N), \max_{\substack{y \in N \\ y^*y=1}} \mathrm{dist}(y, M)\right].$$

証明
$$\max\left[\|(I - \pi_N)\pi_M\|_2, \|(I - \pi_M)\pi_N\|_2\right]$$
$$\leq \max\left[\|(\pi_M - \pi_N)\pi_M\|_2, \|(\pi_N - \pi_M)\pi_N\|_2\right] \leq \|\pi_M - \pi_N\|_2.$$

逆に,
$$\pi_M - \pi_N = (\pi_M + I - \pi_M)(\pi_M - I + I - \pi_N)$$
$$= \pi_M(I - \pi_N) - (I - \pi_M)\pi_N.$$

したがって, $x \in \mathbf{C}^n$ に対して
$$\|(\pi_M - \pi_N)x\|_2^2 \leq \|\pi_M(I - \pi_N)\|_2^2 \|(I - \pi_N)x\|_2^2 + \|(I - \pi_M)\pi_N\|_2^2 \|\pi_N x\|_2^2$$
$$\leq \max\left[\|(I - \pi_N)\pi_M\|_2^2, \|(I - \pi_M)\pi_N\|_2^2\right] (\|(I - \pi_N)x\|_2^2 + \|\pi_N x\|_2^2)$$
$$= \max\left[\|(I - \pi_N)\pi_M\|_2^2, \|(I - \pi_M)\pi_N\|_2^2\right] \|x\|_2^2$$

である. ここで, $\pi_M = \pi_M^2 = \pi_M^*$, $\|A\|_2 = \|A^*\|_2$, 等という事実を使った (図 1.4.1 の $\mathbf{R}^2$ における例を参照). □

定理 1.4.2 P (または P') を M (または N) の上への射影とする. このとき, $\|P - P'\| < 1$ であれば $\dim M = \dim N$ である.

証明 $\|P - P'\| < 1$ ならば $\dim M \leq \dim N$ であるということを示そう. それには, $\{x_i\}_1^r$ を M の基底とすると, ベクトル $\{P'x_i\}_1^r$ が独立であることを示せばよ

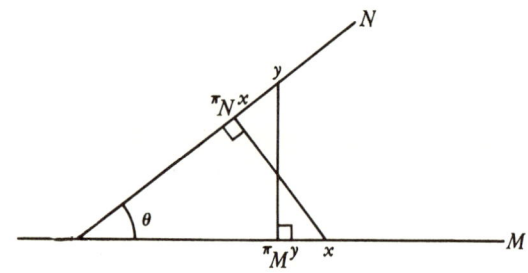

図 1.4.1

い．いま，すべては 0 でない a_i に対して $\sum_1^r a_i P' x_i = 0$ になったとする．$y = \sum_1^r a_i x_i$ とおくと，$P'y = 0, (P-P')y = Py = y$ であるから，$\|(P-P')y\| = \|y\|$ となる．仮定により $y \neq 0$ であるから，$\|(P-P')y\| \leq \|P-P'\| \cdot \|y\| < \|y\|$ となり，矛盾が生じる．M と N を逆にすれば，同様にして，$\dim M \geq \dim N$ がいえる． □

系 1.4.3 $\omega(M, N) < 1$ ならば $\dim M = \dim N$ である．

証明 明白． □

定理 1.4.4 $\dim M = \dim N = r < \dfrac{n}{2}$ であるとする．$\pi_M - \pi_N$ の固有値のうち $2r$ 個は常に 0 になるとは限らないが，それらは $\pm \sin \theta_i, i = 1, \cdots, r,$ に等しい．

証明 $[Q, \underline{Q}]$ と $[U, \underline{U}]$ を練習問題 1.6 で定義されている $\mathbf{C}^n$ の基底とする．正規直交基底 $[Q, \underline{Q}]$ に関して，射影 π_M は $\begin{bmatrix} I_r & 0 & 0 \\ 0 & 0 & 0 \\ 0 & 0 & 0 \end{bmatrix}$ と表される．また，射影 π_N は $[Q, \underline{Q}]^* UU^* [Q, \underline{Q}] = \begin{bmatrix} C \\ -S \\ 0 \end{bmatrix} (C, -S, 0)$ と表される．したがって，写像 $\pi_M - \pi_N$ は $\Pi = \begin{bmatrix} S^2 & CS & 0 \\ CS & -S^2 & 0 \\ 0 & 0 & 0 \end{bmatrix}$ と表される．行の順序と列の順序を適当に入れ換えれば，$\pi_M - \pi_N$ の自明には 0 でない $2r$ 個の固有値が，r 個の 2 次の行列

$\begin{bmatrix} s_i^2 & c_i s_i \\ c_i s_i & -s_i^2 \end{bmatrix}$ の固有値 $\pm s_i$, $i=1,\cdots,r$, になることがわかる．Π は対称であるから，s_i は Π の特異値でもある．なお，$c_i=\cos\theta_i$, $s_i=\sin\theta_i$ であることに注意せよ． □

系 1.4.5
$$\omega(M,N) = \sin\theta_{\max}.$$

証明 自明．$\pi_M - \pi_N$ と $\sin\Theta$ が同じ非零特異値をもつことに注意せよ． □

1.5 部分空間列の収束

$\{M_k\}$, $k=1,2,\cdots$, を部分ベクトル空間列とする．この部分ベクトル空間列が部分ベクトル空間 M に収束するということをこれから定義したい．$\dim M_k = r_k$, $\dim M = r$ とする．

定義 部分ベクトル空間列 M_k が $k\to\infty$ のとき M に"収束する"というのは，$\omega(M_k, M) = \sin\theta_{\max}^{(k)} \to 0$，あるいは同じことだが，$\sin\Theta^{(k)} \to 0$ となることである．ここで，$\theta_{\max}^{(k)}$ は M_k と M の間の最大（鋭）角を表す．

補助定理 1.5.1 M_k が M に収束するならば，十分大きな k に対しては $r_k = r$ である．

証明 $\omega(M_k, M) = \|\pi_{M_k} - \pi_M\|_2 \to 0$ であるから，十分大きな k に対して $\|\pi_{M_k} - \pi_M\|_2 < 1$．そこで，系 1.4.3 により，$r_k = r$ である． □

定理 1.5.2 $k\to\infty$ のとき $M_k \to M$ であるための必要十分条件は，M_k と M にそれぞれ正規直交基底 Q_k と Q が与えられたとき，$Q_k U_k \to Q$, $k\to\infty$, となるような r 次のユニタリ行列 U_k の列が存在することである．

証明

(ⅰ) 仮定により，$\pi_{M_k} \to \pi_M$，すなわち $Q_k Q_k^* - QQ^* \to 0$ である．したがって，$C_k = Q_k^* Q$ とおけば $Q_k C_k - Q \to 0$ である．さらにまた，$C_k^* C_k \to I$ である．すると，$|\det C_k| \to 1$ であるから，十分大きな k に対して C_k は正則であり，$C_k^* C_k$ は正定値である．そこで，$U_k = C_k (C_k^* C_k)^{-1/2}$ とおこう．$U_k^* U_k = U_k U_k^* = I$ であることは簡単に証明できる．結局，$Q_k(C_k - U_k) = Q_k U_k [(C_k^* C_k)^{1/2} - I] \to 0$ である．したがって，$k \to \infty$ のとき $Q_k U_k \to Q$ である．

(ⅱ) 逆に，$Q_k C_k \to Q$ から $C_k^* C_k \to I$ が導かれる．また，このとき C_k は k に関して一様に有界であるから $C_k C_k^* = (C_k - C_k^{-*}) C_k^* + I \to I$ が導かれる．したがって，$Q_k C_k C_k^* Q_k^* \to QQ^*$ より $Q_k Q_k^* \to QQ^*$ となる． □

系 1.5.3 $k \to \infty$ のとき $M_k \to M$ であるとすると，以下が成り立つ．
(ⅰ) 各 M_k の正規直交基底 Q_k が与えられているとき，ある部分列 Q_l および M の正規直交基底 V が存在して $Q_l \to V$ となる．
(ⅱ) M の正規直交基底 V が与えられているとき，各 M_k にある正規直交基底 V_k が存在して $V_k \to Q$ となる．

証明
(ⅰ) 定理 1.5.2 において $Q_k U_k \to Q$ であることが示された．列 $\{U_k\}$ はスペクトル・ノルムが 1 のユニタリ行列の列である．したがって，この列から収束する部分列 $U_l \to U (l \in \mathbf{N}_1 \subset \mathbf{N}, U$ はユニタリ$)$ を選ぶことができる．そうすると，$Q_l U_l \to Q, Q_l \to QU^* = V, V^* V = I$ である．
(ⅱ) $V_k = Q_k U_k$ とおけば，明らか． □

X_k, X を，それぞれ，M_k, M の任意の基底とする．

命題 1.5.4 $Q_k U_k \to Q$ であるようなユニタリ行列が存在することと，$X_k F_k \to X$ であるような正則行列 F_k が存在することとは等価である．

証明
(ⅰ) $Q_k U_k \to Q$ と仮定する．$X_k = Q_k B_k, X = QB$ とおけば，B_k, B は正則である．これらの随伴基底は $Y_k = Q_k B_k^{-*}, Y = QB^{-*}$ である．$F_k = Y_k^* X =$

$B_k^{-1}Q_k{}^*QB$ とおくと, F_k は正則である. 仮定により, $Q_kQ_k{}^*Q=Q_kC_k\to Q$ であるから, $X_kF_k=Q_kB_kB_k^{-1}Q_k{}^*QB=Q_kC_kB\to QB=X$ となる.
(ii) $X_kF_k\to X$ と仮定する. 今度も $X_k=Q_kB_k, X=QB$ とおくと, $Q_k(B_kF_kB^{-1})\to Q$ である. $B_kF_kB^{-1}=C_k$ とおく. すると $Q_kC_k\to Q$ より $Q_kU_k\to Q$ がいえる (定理 1.5.2 の証明も参照). □

系 1.5.5 $k\to\infty$ のとき $M_k\to M$ であるための必要十分条件は, M_k,M にそれぞれ基底 X_k,X が与えられたとき, $X_kF_k\to X, k\to\infty$, となるような r 次の正則行列 F_k の列が存在することである.

証明 定理 1.5.2 より明らか. □

例 1.5.1 次の例で見られるように, 系 1.5.3 の結果はそれ以上強くはできない. $M=\mathbf{R}^2$ において, 正規直交基底 $\{(\sin 1/\varepsilon,\cos 1/\varepsilon)^\mathrm{T},(\cos 1/\varepsilon,-\sin 1/\varepsilon)^\mathrm{T}\}$ は, 実数 ε が 0 に近づくとき, 極限をもたない. 部分列 $\varepsilon_k=1/(2k\pi)$ をとれば, その基底は $\{e_2,e_1\}$ に等しいから, $k\to\infty$ のときその基底の部分列は収束する. 上記の基底が, 行列 $A(\varepsilon)=\begin{bmatrix}1+\varepsilon\cos 2/\varepsilon & -\varepsilon\sin 2/\varepsilon \\ -\varepsilon\sin 2/\varepsilon & 1-\varepsilon\cos 2/\varepsilon\end{bmatrix}$ の固有値 $1+\varepsilon$ と $1-\varepsilon$ に付随する固有ベクトルから作られる基底であることに注意せよ. $\varepsilon\to 0$ のとき, $A(\varepsilon)$ は $A=\begin{bmatrix}1 & 0 \\ 0 & 1\end{bmatrix}$ に近づく. その固有値は, 極限の行列 A の 2 重の固有値 1 に近づくが固有ベクトルの列は極限をもたない.

1.6 正方行列の簡単化

相似変換 (この変換により固有値は不変に保たれる) を用いて行列 A を, より単純な形に変形する理論的な問題を考えよう. まず問題 (1.1.2), すなわち「$Ax=\lambda x$ を満たす $\lambda\in\mathbf{C}, 0\ne x\in\mathbf{C}^n$ を求めよ」に戻ろう. ここで $\{\lambda_i\}_1^d, d\le n$ は A の"相異なる"固有値の集合を表す. そこで, λ を A の固有値とする. 固有値 λ の"幾何的"多重度 g とは, λ に付随させることのできる独立な固有ベクトルの最大数, すなわち $g=\dim\mathrm{Ker}(A-\lambda I)$, のことである. 一方, 固有値 λ

の"代数的"多重度 m とは，行列の特性多項式 $\pi(\lambda)$ の根の多重度のことであるとする．$g \leq m$ であることを示そう．代数的多重度も考慮に入れて"繰り返して"数えた n 個の固有値を $\{\mu_i\}_1^n$ と記すことにする．たとえば，代数的多重度 m_1 の固有値 λ_1 は m_1 回繰り返して数える，すなわち $\mu_1 = \cdots \mu_{m_1} = \lambda_1, \mu_{m_1+1} = \cdots = \lambda_2$ のように．

代数的多重度 $m=1$ の固有値は"単純"であるといい，そうでない場合を"多重"であるという．多重固有値（多重度 $m>1$）が"半単純"であるというのは，その固有値に m 個の独立な固有ベクトルが付随させられる（すなわち幾何的多重度と代数的多重度が等しい）ことである．半単純でない多重固有値は"欠陥がある"という．

$A - \lambda I$ が特異ならば，$A^* - \bar{\lambda} I$ も特異であるから，$\bar{\lambda}$ は A^* の固有値である．したがって，$Ax = \lambda x$ ならば，$A^* x_* = \bar{\lambda} x_*$，あるいはまた $x_*^* A = \lambda x_*^*$，を満たす $x_* \neq 0$ が存在する．$\bar{\lambda}$ に付随する A^* の固有ベクトル x_* は，λ に付随する A の"左（からの）"固有ベクトルとも呼ばれる．

1.6.1　A が対角化可能な場合

A が"対角化可能"であるとは，A が対角行列と相似であることである．D を，固有値を対角要素とする対角行列 $D = \mathrm{diag}(\mu_1, \cdots, \mu_n)$ とする．

定理 1.6.1　A が対角化可能であるための必要十分条件は，A が n 個の独立な固有ベクトル $\{x_i\}_1^n$ をもつことである．このとき A は

$$A = XDX^{-1} \tag{1.6.1}$$

という形に分解可能である．ここで，X の第 i 列（あるいは X^{-*} の第 i 列）は，μ_i に付随する右固有ベクトル x_i（あるいは左固有ベクトル x_{i*}）である．

証明　$X = [x_1, \cdots, x_n]$ を，n 個の独立な固有ベクトルを列ベクトルにもつ正則行列とする．$X^{-1} X = I$ であるから，X^{-1} の行 x_{i*}^* は $i, j = 1, \cdots, n$ に対して $x_{i*}^* x_j = \delta_{ij}$ を満たす．そこで，固有値と固有ベクトルの関係式 $A x_i = \mu_i x_i, i = 1, \cdots, n,$ はまとめて $AX = XD$，すなわち $A = XDX^{-1}$ と書かれる．したがって，A は対角化可能である．さらに，$AX = XD$ は $X^{-1} A = DX^{-1}$ に等価であり，これはまた $A^* X^{-*} = X^{-*} D$，あるいは $A^* x_{i*} = \bar{\mu}_i x_{i*}, i = 1, \cdots, n,$ と書か

れる．すなわち，x_{i*} は，$x_{i*}{}^{*}x_j=\delta_{ij}$ と正規化された A^* の固有ベクトルであり，$X_*=[x_{i*}]$ は $X=[x_i]$ の随伴基底である．なお $X_*{}^{*}X=I \Leftrightarrow X_*{}^{*}=X^{-1}$ である．逆の証明は読者に譲る． □

したがって，A が対角化可能であるための必要十分条件は，その固有値が半単純であることである．このとき A のことも"半単純"という．A が対角化不可能なときには，A は"欠陥がある"という．

分解 (1.6.1) が存在するときには，対角行列は形が簡単であるから，そのように分解するのは理論的には意味がある．しかし実際には，たとえ A が対角化可能であっても行列 X は正則とはいえ逆行列を作るには悪条件であって $X^{-1}AX$ の計算が困難となる可能性がある．このような理由で，以下の節ではユニタリ行列を使った相似変換だけを考えることにする．ユニタリ行列の，ユークリッド・ノルムに関する条件数は 1 に等しいので（練習問題 1.7 参照）．

1.6.2 ユニタリ変換

すべての行列 A は上三角行列にユニタリ相似である（ユニタリ行列を用いた相似変換によって上三角行列に変換することができる）ということを示そう．この上三角行列のことを"Schur 形"と呼ぶ．次の定理は Schur 形の存在定理であって，構成的な算法（QR 法）は第 5 章で，あるクラスの行列について，与えられるであろう．

定理 1.6.2 Q^*AQ が対角要素に固有値 $\mu_1, \cdots, \mu_n$ がこの順序に並ぶ上三角行列となるような，ユニタリ行列 Q が存在する．

証明 A の次数 n に関する帰納法による．$n=1$ のとき定理は明らか．$n-1$ 次の行列について定理が成り立つと仮定しよう．減次の技法を用いて，μ_1 以外は A と同じ固有値をもつ $n-1$ 次の行列を次のようにして作る．

A の一つの固有値 μ_1 に対して，$Ax_1=\mu_1 x_1$，$\|x_1\|_2=1$ であるような A の固有ベクトルを x_1 とする．$n\times(n-1)$ 型の行列 U を選んで $[x_1, U]$ がユニタリ行列となるようにすることができる．そのとき，U の列は x_1 と直交する，すなわ

ち，$U^*x_1=0$ である．すると，$A[x_1, U]=[\mu_1 x_1, AU]$ であり，そして

$$[x_1, U]^* A[x_1, U] = \begin{bmatrix} x_1^* \\ U^* \end{bmatrix}[\mu_1 x_1, AU] = \begin{bmatrix} \mu_1 & x_1^* AU \\ 0 & U^* AU \end{bmatrix}$$

である．$[x_1 U]^* A[x_1, U]$ は A に相似であるから，$U^* AU$ は固有値 $\mu_2, \cdots, \mu_n$ をもつ．このようにして，帰納法により，定理が得られる． □

固有値 $\{\mu_i\}_1^n$ の順序を選んで定めると，Schur 形の基底 Q は，ブロック対角なユニタリ行列による変換を除いて，一意に定められる（練習問題 1.8 を見よ）．

注意 A が実数行列で，（ユニタリ変換ではなく実数の）直交変換を用いるときには，A を上ブロック三角行列にすることができる．ここで，対角ブロックは $1×1$ 型か $2×2$ 型かである．対角ブロックは共役複素固有値をもつ．

A に許される変換を同値変換（P, Q を一般には異なるユニタリ行列とし，P, Q を用いて $Q^* AP$ を作る）にまで拡張すると，すべての行列は特異値を非負対角要素としてもつ対角行列にユニタリ同値であるということになる．これが A の "特異値への分解"（英語では "特異値分解，Singular Value Decomposition；SVD"）である．

ここでしばらく特異値分解を論ずるために，A は $m×n$ 型の矩形行列とする．また $q=\min(m, n)$ とおく．

定理 1.6.3 $U^* AV = \mathrm{diag}(\sigma_i)$（$m×n$ 型の行列）となるような二つのユニタリ行列 U（m 次），V（n 次）が存在する．ここで $\sigma_1 \geq \sigma_2 \geq \cdots \geq \sigma_q \geq 0$．

証明 $\sigma_1 = \|A\|_2 \geq 0$ とすれば，$\|x\|_2 = \|y\|_2 = 1$ かつ $Ax = \sigma_1 y$ であるような $x \in \mathbf{C}^n, y \in \mathbf{C}^m$ を選べる．x, y に対して $U=[y, U_1], V=[x, V_1]$ がユニタリ行列となるように U_1, V_1 を選べる．$U^* AV$ は

$$A_1 = \begin{bmatrix} y^* \\ U_1^* \end{bmatrix} A[x, V_1] = \begin{bmatrix} \sigma_1 & w^* \\ 0 & B \end{bmatrix},$$
$$w^* = y^* AV_1, \quad B = U_1^* AV_1$$

という形をしている．

$\left\|A_1\begin{bmatrix}\sigma_1\\w\end{bmatrix}\right\|_2^2 \geq \sigma_1^2 + w^*w$ であるが，$\sigma_1^2 = \|A\|_2^2 = \|A_1\|_2^2 \geq \sigma_1^2 + w^*w$ となるから，$w=0$. 同様のことを繰り返せば，定理が得られる．ここでは $\mathrm{diag}(\sigma_i)$ を $m \times n$ 型の矩形行列と見なしたことに注意せよ． □

さて再び正方行列の相似変換の話に戻り，必ずしもユニタリ変換とは限らない変換を用いて，任意の対角化不可能行列（すなわち欠陥のある行列であってもよい）を，特種な三角行列"Jordan[注1]標準形"に変換することを考えよう．

1.6.3 Jordan 標準形

任意の欠陥のある行列の Jordan 標準形の存在を示すには多くの証明法がある（たとえば，非常に異なる証明として Lesieur et al. (1978) と Filippov (1971) の二つを引用しておこう）．ここでは，Schur 形に基づく算法的証明を紹介しよう．この証明には三つの補助定理が準備として必要である．

補助定理 1.6.4 R を上三角行列とする．このとき，ある正則な Z を選んで，$Z^{-1}RZ = \mathrm{diag}(R_i)$；$R_i = \lambda_i I + U_i, i=1, \cdots, d$；$\lambda_1, \cdots, \lambda_d$ は互いに異なる；U_i は狭義上三角行列；とすることができる．

証明 n に関する帰納法を用いる．$n=1$ のとき定理は成り立つ．次数 $< n$ の上三角行列に対して定理が成り立つと仮定しよう．R を次数 n の上三角行列とする．このとき，R は

$$R = \begin{bmatrix} R_1 & S \\ 0 & R_2 \end{bmatrix}$$

という形になっていて，R_1 と R_2 は共通の固有値をもたず，そして $R_1 = \lambda_1 I + U_1$ であると仮定してよい．なぜならば，Schur 分解においては固有値は任意の順序に与えてよいからである．

---

[1] Camille Jordan（カミーユ・ジョルダン；1838-1921）：リヨンに生まれ，パリにて没す．

$$\begin{bmatrix} I & B \\ 0 & I \end{bmatrix} \begin{bmatrix} R_1 & S \\ 0 & R_2 \end{bmatrix} \begin{bmatrix} I & -B \\ 0 & I \end{bmatrix} = \begin{bmatrix} R_1 & 0 \\ 0 & R_2 \end{bmatrix}$$

となるような B が存在するための必要十分条件は $S = R_1 B - B R_2$ となることであるが，これを B に関する方程式と見なすと，$\mathrm{sp}(R_1) \cap \mathrm{sp}(R_2) = \emptyset$ であるからそれには常に一意解 B が存在する（1.12 節も参照）[注1]．

補助定理1.6.5 $E \in \mathbf{C}^{k \times k}$ を $\begin{bmatrix} 0 & I_{k-1} \\ 0 & 0 \end{bmatrix}$ という形の行列とする．すると，$E^k = 0$，$i = 1, \cdots, k-1$，に対して $E e_{i+1} = e_i$, $E^\mathsf{T} E = \begin{bmatrix} 0 & 0 \\ 0 & I_{k-1} \end{bmatrix}$，$I - E^\mathsf{T} E = e_1 e_1^\mathsf{T}$ である．

証明 明らか． □

補助定理1.6.6 $U \in \mathbf{C}^{m \times m}$ を狭義上三角行列とする．このとき次の条件を満たす正則な行列 Y が存在する：$Y^{-1} U Y = N = \mathrm{diag}(E_j)$；$j = 1, 2, \cdots, g$，に対して $E_j = \begin{bmatrix} 0 & I_{k_j - 1} \\ 0 & 0 \end{bmatrix}$；ブロック E_j は k_j の大きい順に並ぶ．

証明 m に関する帰納法による．$m = 1$ に対して定理は成り立つ．次数 $< m$ の狭義上三角行列すべてに対して定理が成り立つと仮定する．$U = \begin{bmatrix} 0 & u^\mathsf{T} \\ 0 & U_1 \end{bmatrix}$ とおこう．仮定により，$Y_1^{-1} U_1 Y_1 = \begin{bmatrix} E_1 & 0 \\ 0 & N_2 \end{bmatrix}$，$N_2 = \mathrm{diag}(E_2, \cdots, E_g)$ を満たす正則な Y_1 が存在する．ここで，$j \geq 2$ に対して E_1 の次数 $\geq E_j$ の次数である．これより

$$\begin{bmatrix} 1 & 0 \\ 0 & Y_1^{-1} \end{bmatrix} \begin{bmatrix} 0 & u^\mathsf{T} \\ 0 & U_1 \end{bmatrix} \begin{bmatrix} 1 & 0 \\ 0 & Y_1 \end{bmatrix} = \begin{bmatrix} 0 & u^\mathsf{T} Y_1 \\ 0 & Y_1^{-1} U_1 Y_1 \end{bmatrix}$$

---

[1] 訳注：この方程式は B のすべての要素を変数とする連立1次方程式であるが，R_1, R_2 が上三角であるから s_{ij} に対応する方程式には $h \geq i, k \leq j$ なる変数 b_{hk} しか含まれていない．そして b_{ij} の係数は「R_1 の第 i 対角要素 $- R_2$ の第 j 対角要素」に等しい．そこで b_{ij} を適当な順序に並べれば，この連立方程式自身も上三角な係数行列をもち，その対角要素が「R_1 の第 i 対角要素 $- R_2$ の第 j 対角要素」に等しいことになる．そこで，$\mathrm{sp}(R_1) \cap \mathrm{sp}(R_2) = \emptyset$ なら，この方程式は一意解をもつ．

である．

$Y_1^{-1}U_1Y_1$ のブロック分けに合わせて行ベクトル $u^{\mathrm{T}}Y_1$ を $u^{\mathrm{T}}Y_1=[u_1^{\mathrm{T}}, u_2^{\mathrm{T}}]$ と分割しよう．すると，補助定理 1.6.5 を用いて，

$$\begin{bmatrix} 1 & -u_1^{\mathrm{T}}E_1^{\mathrm{T}} & 0 \\ 0 & I & 0 \\ 0 & 0 & I \end{bmatrix} \begin{bmatrix} 0 & u_1^{\mathrm{T}} & u_2^{\mathrm{T}} \\ 0 & E_1 & 0 \\ 0 & 0 & N_2 \end{bmatrix} \begin{bmatrix} 1 & u_1^{\mathrm{T}}E_1^{\mathrm{T}} & 0 \\ 0 & I & 0 \\ 0 & 0 & I \end{bmatrix} = \begin{bmatrix} 0 & u_1^{\mathrm{T}}(I-E_1^{\mathrm{T}}E_1) & u_2^{\mathrm{T}} \\ 0 & E_1 & 0 \\ 0 & 0 & N_2 \end{bmatrix},$$

$$u_1^{\mathrm{T}}(I-E_1^{\mathrm{T}}E_1) = u_1^{\mathrm{T}}e_1 e_1^{\mathrm{T}} = \sigma e_1^{\mathrm{T}}, \ \sigma = u_1^{\mathrm{T}}e_1$$

が得られる．

$\sigma \neq 0$ に対しては，次のような計算ができる．

$$\begin{bmatrix} \sigma^{-1} & 0 & 0 \\ 0 & I & 0 \\ 0 & 0 & \sigma^{-1}I \end{bmatrix} \begin{bmatrix} 0 & \sigma e_1^{\mathrm{T}} & u_2^{\mathrm{T}} \\ 0 & E_1 & 0 \\ 0 & 0 & N_2 \end{bmatrix} \begin{bmatrix} \sigma & 0 & 0 \\ 0 & I & 0 \\ 0 & 0 & \sigma I \end{bmatrix} = \left[\begin{array}{c|cc} 0 & e_1^{\mathrm{T}} & u_2^{\mathrm{T}} \\ 0 & E_1 & 0 \\ \hline 0 & 0 & N_2 \end{array}\right] = \begin{bmatrix} N & e_1 u_2^{\mathrm{T}} \\ 0 & N_2 \end{bmatrix}.$$

ここで，N の次数は E_1 の次数より 1 だけ大きい．

$i=1, 2, \cdots, k_2+1$ に対して $s_i^{\mathrm{T}}=u_2^{\mathrm{T}}N_2^{i-1}$ とおこう．N_2 のブロックは次数の大きい順に並べられているから $N_2^{k_2}=0$ であり，一方では，$e_1 s_1^{\mathrm{T}}=e_1 u_2^{\mathrm{T}}$ である．また，$i=1, 2, \cdots, k_2-1$ に対して

$$\begin{bmatrix} I & e_{i+1}s_i^{\mathrm{T}} \\ 0 & I \end{bmatrix} \begin{bmatrix} N & e_i s_i^{\mathrm{T}} \\ 0 & N_2 \end{bmatrix} \begin{bmatrix} I & -e_{i+1}s_i^{\mathrm{T}} \\ 0 & I \end{bmatrix} = \begin{bmatrix} N & e_{i+1}s_{i+1}^{\mathrm{T}} \\ 0 & N_2 \end{bmatrix}$$

である．$s_{k_2}=0$ であるから，U は $\begin{bmatrix} N & 0 \\ 0 & N_2 \end{bmatrix}$ に相似であり，N の次数 $>E_2$ の次数であることが証明される．

$\sigma=0$ のときは，行列 U の行と列の簡単な置換により，これが

$$\begin{bmatrix} E_1 & 0 & 0 \\ 0 & 0 & u_2^{\mathrm{T}} \\ 0 & 0 & N_2 \end{bmatrix}$$

に相似になることが示される．帰納法の仮定により，X_2 が存在して，$X_2^{-1} \begin{bmatrix} 0 & u_2^{\mathrm{T}} \\ 0 & N_2 \end{bmatrix} X_2 = N_2'$ であり，U は $\begin{bmatrix} E_1 & 0 \\ 0 & N_2' \end{bmatrix}$ に相似である．ここで，N_2' は求めるブロック対角形をしている． □

定理 1.6.7 与えられた欠陥のある行列 $A \in \mathbf{C}^{n \times n}$ に対して，正則な行列 X が存在して $X^{-1}AX = \mathrm{diag}(J_{ij})$ である．ただし，$J_{ij}=\lambda_i I+E_{ij}$；$E_{ij}$ は $j=1, 2, \cdots, g$ に対して次数 k_{ij} の行列で $E_{ij}=\begin{bmatrix} 0 & I_{k_{ij}-1} \\ 0 & 0 \end{bmatrix}$；$\lambda_i$ は A の相異なる固有値である，$i=1, \cdots, d(<n)$.

証明 A の Schur 形 $Q^*AQ=R$ から出発する．補助定理 1.6.4 により R をブロック三角形に変形する．補助定理 1.6.6 により，$i=1,\cdots,d$ に対して $B_i = Y_i^{-1}(\lambda_i I + U_i) Y_i = \lambda_i I + \mathrm{diag}(E_1,\cdots,E_{g_i})$. □

同じ固有値 λ_i に付随する"Jordan ブロック"$J_{ij}, j=1,\cdots,g_i$, の集合を λ_i に付随する"Jordan 箱"B_i と呼ぶことにする．その大きさは m_i で，g_i 個のブロックを含む．したがって $g_i \le m_i$. λ_i に付随する最大の Jordan ブロックの次元を ℓ_i とすると，B_i の対角項の一つ上には ℓ_i-1 個以下の相続く 1 しかないから，$(B_i - \lambda_i I)^{\ell_i} = 0$ である．

$\{\lambda_i\}_1^d$ を，いつものように，A の相異なる d 個の固有値とする．定理 1.6.7 は，$\mathbf{C}^n = \bigoplus_{i=1}^d M_i$, $M_i = \mathrm{Ker}(A - \lambda_i I)^{\ell_i}$, $\dim M_i = m_i$ であることを述べている．ただし，M_i, ℓ_i, m_i は，それぞれ，λ_i の不変部分空間，"指標"，代数的多重度である．

Jordan の標準形は，Jordan ブロックの並べ方の順序を除いて，一意に定まる．

例 1.6.1 λ が代数的多重度 $m=7$, 幾何的多重度 $g=3$, 指標 $\ell=3$ の固有値であるとき，λ に付随する Jordan 箱の形として可能なものは 2 通りある．そのどちらも，ブロック 3 個を含み（$g=3$ であるから），各ブロックは対角項の一つ上に 2 個以下の相続く 1 をもつ（$\ell=3$ であるから）．

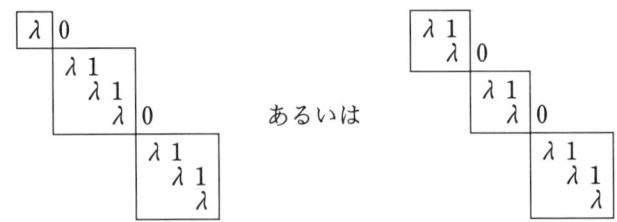

1.7 スペクトル分解

$\{\lambda_i\}_1^d$ を A の相異なる固有値とする．λ_i に付随する"スペクトル射影"P_i とは，$\bigoplus_{j\ne i} M_j$ に沿っての不変部分空間 M_i の上への射影のことである．

1.7 スペクトル分解   21

定理 1.7.1 行列 A はスペクトル分解

$$A = \sum_{i=1}^{d}(\lambda_i P_i + D_i), \qquad D_i^{\ell_i} = 0 \tag{1.7.1}$$

をもつ.

証明 定理 1.6.7 により, $A=XJX^{-1}$. ここで, J は d 個の Jordan 箱 $\{B_i\}_1^d$ からなるブロック対角行列, B_i は $m_i \times m_i$ 型で $B_i = \lambda_i I_{m_i} + N_i$, N_i は対角項の一つ上以外の要素はみな 0 で, 対角項の一つ上には 0 か 1 があるという行列である.

X_i (あるいは X_{i*}^*) を, X の列のうち λ_i に付随する m_i 個の列 (あるいは X^{-1} の行のうち λ_i に付随する m_i 個の行) からなる行列とする. X_i の列ベクトルは M_i の基底をなし, この基底は X_{i*}^* の行ベクトルを随伴基底としてもつ: $X_{i*}^* X_i = I_{m_i}$. 行列 $P_i = X_i X_{i*}^*$ は M_i の上への, $\{x \in \mathbf{C}^n ; X_{i*}^* x = 0\} = \bigoplus_{j \neq i} M_j$ に沿っての, 射影である. これが λ_i に付随するスペクトル射影である.

$$A = \begin{array}{|c|c|c|} \hline & & \\ X_i & \begin{array}{|c|c|c|}\hline \diagdown & 0 & 0 \\ \hline 0 & B_i & 0 \\ \hline 0 & 0 & \diagdown \\ \hline \end{array} & X_{i*}^* \\ & & \\ \hline \end{array}$$

$$= X \quad J \quad X^{-1},$$

$$A = \sum_{i=1}^{d}[X_i(\lambda_i I_{m_i}+N_i)X_{i*}^*] = \sum_{i=1}^{d}(\lambda_i P_i + D_i).$$

定理 1.6.7 により, 行列 N_i は対角項の一つ上に相続く 1 をたかだか $\ell_i - 1$ 個しかもたない. したがって $N_i^{\ell_i} = 0$, $D_i^{\ell_i} = X_i N_i^{\ell_i} X_{i*}^* = 0$. □

次の諸関係式の証明は読者に譲る.

$$P_i P_j = \delta_{ij} P_i, \quad D_i P_j = \delta_{ij} D_i, \quad i \neq j \text{ なら } D_i D_j = 0,$$
$$A P_i = P_i A = P_i A P_i = \lambda_i P_i + D_i, \quad D_i = (A - \lambda_i I) P_i.$$

系 1.7.2 対角化可能な行列 A は $A = \sum_{i=1}^{d} \lambda_i P_i$ という形のスペクトル分解をもつ. ここで, P_i は固有値 λ_i に付随する固有射影である.

証明 A が対角化可能ならば, 各固有値 λ_i に対して, 不変部分空間 M_i は固有部分空間 $\mathrm{Ker}\,(A - \lambda_i I)$ に等しい. したがって, (1.7.1) において $\ell_i = 1, D_i = 0$

である．この場合のスペクトル射影は"固有"射影と呼ばれる． □

M_i の上への射影を定義する方法がいくらでも存在することは明らかである．特に直交射影を考えることもできよう．しかし，われわれは $(A-zI)^{-1}, z \in \mathbf{C}$, の性質と密接に関係した射影を選んだのである（その関係は第2章で調べることにする）．そうすることにより，第4章において，対応する行列の系列の収束からスペクトル射影の系列の収束の性質を確立することが容易になるのである．

命題 1.7.3 共役転置行列のスペクトル分解 $A^* = \sum_{i=1}^{d}(\overline{\lambda}_i P_i^* + D_i^*)$ もまた A^* の Jordan 分解に対応する．

証明 証明は次の例から明らかである．すなわち，Jordan 標準形の

$$J = \begin{bmatrix} \lambda & 1 & & \\ & \lambda & 0 & \\ & & \lambda & 1 \\ & & & \lambda \end{bmatrix}$$

という部分に対しては，

$$J^* = \begin{bmatrix} \overline{\lambda} & & & \\ 1 & \overline{\lambda} & & \\ & 0 & \overline{\lambda} & \\ & & 1 & \overline{\lambda} \end{bmatrix}$$

であるが，これは

$$J^* = PJ'P^{-1}, \quad J' = \begin{bmatrix} \overline{\lambda} & 1 & & \\ & \overline{\lambda} & 0 & \\ & & \overline{\lambda} & 1 \\ & & & \overline{\lambda} \end{bmatrix}$$

と表せる．ここで P は練習問題 1.9 を用いて定められる[注1]．この命題 1.7.3 から，A の固有値 λ_i と A^* の固有値 $\overline{\lambda}_i$ は，多重度も指標も同じであることが導ける． □

---

[1] $P = P^{-1}$ は $\begin{bmatrix} 0 & & 1 \\ & \cdots & \\ 1 & & 0 \end{bmatrix}$ のような形の対角ブロックから成る．

例 1.7.1 行列 $A=\begin{bmatrix}1&1\\4&1\end{bmatrix}$ は，固有値 $\lambda_1=3, \lambda_2=-1$ をもち，その固有ベクトルは $x_1=\begin{bmatrix}1\\2\end{bmatrix}, x_2=\begin{bmatrix}1\\-2\end{bmatrix}$ である．A^* は固有ベクトル $x_{1*}=\frac{1}{2}\begin{bmatrix}1\\1/2\end{bmatrix}, x_{2*}=\frac{1}{2}\begin{bmatrix}1\\-1/2\end{bmatrix}$ をもつ（$x_{1*}{}^*x_1=1, x_{2*}{}^*x_2=1$ となるように正規化してある）．固有射影は $P_1=x_1 x_{1*}{}^*=\frac{1}{2}\begin{bmatrix}1&1/2\\2&1\end{bmatrix}, P_2=x_2 x_{2*}{}^*=\frac{1}{2}\begin{bmatrix}1&-1/2\\-2&1\end{bmatrix}$ である．$A=3P_1-P_2, A^*=3P_1{}^*-P_2{}^*$ であることも示すことができる．

定理 1.6.7 により，λ に付随する不変部分空間 M の基底 X を作ることができる：すなわち，λ に付随する $m\times m$ の Jordan 箱を $B=\lambda I_m+N$ として，$AX=XB$ である．このとき $B=X_*{}^*AX$ は，A の M の上への制限写像 $A_{|M}: M\to M$ を随伴基底 X, X_* に関して表現したものとなっている．

基底 X_* が生成する部分空間を M_* とする．このとき，式 $X_*{}^*A=BX_*{}^*$，あるいはまた $A^*X_*=X_*B^*$ は，M_* が A^* の固有値 $\overline{\lambda}$ に付随する不変部分空間であるということを意味している．M_* のことを，A の固有値 λ に付随する"左"不変部分空間とも呼ぶ．

部分空間 M と M_* の基底を変更してみよう．$X_*'{}^*X'=I$ となるように，$X'=XC, X_*'=X_*C^{-*}$ と定義すると，$AXC=XBC$ あるいは $AX'=X'B'$ が得られる．ここで $B'=C^{-1}BC=X_*'{}^*AX'$ である．B' は制限写像 $A_{|M}$ を新しい基底に関して表現したものである．B' は一般にはもはや上三角行列ではない．

A の一つの不変部分空間を M，その基底を X とし，Y, Y' をそれぞれ $(M, N), (M, N')$ において X に随伴する基底であるとする．このとき次の補助定理が成り立つ．

補助定理 1.7.4
$$B = Y^*AX = Y'^*AX.$$

証明
$$B' = Y'^*AX = Y'^*XB = B. \qquad \square$$

1.8 階数と線形独立性

X を $n \times m$ 型の矩形行列 ($m < n$) とする.

定義 X の階数 (rank(X) と記す) とは, X の中の最大の正則な部分行列の次数のことである.

補助定理 1.8.1 rank(X) は X の非零特異値の個数に等しい.

証明 明らか. □

命題 1.8.2 rank$(X) = m$ ならば,

$$X = QR \tag{1.8.1}$$

となるような $n \times m$ 型の正規直交行列 Q と正則な (m 次の) 上三角行列 R とが存在する.

証明 Ciarlet 92 ページを見よ. □

(1.8.1) を X の "Schmidt (シュミット) 分解" と呼ぶ.
Schmidt 分解 (1.8.1) を計算するための算法はいくつもある. ここでは Gram[注1]法, Schmidt 法, 修正 Gram-Schmidt 法, Householder 法, Givens 法などを挙げておこう (Golub-Van Loan, pp. 146-162 を参照).

命題 1.8.3 rank$(X) = r < m$ であれば, $X\Pi = QR$ となるような置換行列 Π が存在する. ここで, Q は正規直交行列, $R = \begin{bmatrix} R_{11} & R_{12} \\ 0 & 0 \end{bmatrix}$ で R_{11} は r 次の正則な上三角行列である.

---

[1] Jorgen Pedersen Gram (ヨルゲン・ペデルセン・グラム; 1850-1916): ヌストルプに生まれ, コペンハーゲンにて没す.

証明 練習問題 1.10 を見よ． □

 Schmidt 分解は理論的にも実用的にもたいへん重要な道具である．Schmidt 分解を用いて，部分ベクトル空間 M の基底 X から，正規直交基底 Q を作ることができる．

 実際には，X のベクトルが，たとえ数学的には独立であっても，数値的にはほとんど従属ということが起こりうる．このとき，$\mathrm{cond}_2(X)$ もそしてまた $\mathrm{cond}_2(R)$ も大きい．そのようなベクトルの集合に対して"数値的階数"というような概念を導入することにしよう．ε をある与えられた正の実数，$\sigma_1 \geqq \cdots \geqq \sigma_m$ を X の m 個の特異値とする．

定義
1. X の ε-階数が r であるというのは，$\sigma_i/\sigma_1 \geqq \varepsilon, i=1,\cdots,r$, を満たす X の特異値の個数が r に等しいことである（$\sigma_1 > 0$ の場合）．
2. X の m 個の列ベクトルが "ε 程度に従属" であるというのは，X の "ε-階数" が m より小さくなることである．階数が m であるが ε-階数が r であるような行列 X は，"数値的階数" が r に等しいという．

1.9 Hermite 行列と正規行列[注1]

 Hermite 行列あるいは正規行列は，固有値問題に対して，多くの際立った性質を有している．それらの性質を念のため述べておこう．
- Hermite 行列あるいは正規行列 A に対しては，その固有ベクトルからなる正規直交基底が存在する．
- Hermite 行列あるいは正規行列のスペクトル分解 $A = \sum_{i=1}^{d} \lambda_i P_i$ において固有射影 P_i は直交射影である．すなわち $P_i = P_i^*$．
- Hermite 行列あるいは正規行列 A に対して，$\|A\|_2 = \rho(A)$ である．
 練習問題 1.11 と 1.12 を見よ．

---

[1] 正方行列 A が正規行列であるというのは $A^*A = AA^*$ が成り立つことである．特に，Hermite 行列，ユニタリ行列などは正規行列である．

さらに，Hermite 行列の固有値は，次の定理に述べられている最小・最大表現をもつ（Fischer-Poincaré）[注1]．

定理 1.9.1 A を Hermite 行列，その固有値を $\mu_1 \leq \mu_2 \leq \cdots \leq \mu_n$ とする．すると $k=1, \cdots, n$ に対して

$$\mu_k = \min_{V_k} \max(x^*Ax \,;\, x \in V_k, x^*x = 1)$$

である．ここで，V_k は $\mathbf{C}^n$ の k 次元部分ベクトル空間である．

証明 たとえば Ciarlet の本の定理 1.3.1, p.12 を見よ． □

Courant[注2]-Weyl による最大・最小表現は練習問題 1.13 に示されている．
$x \neq 0$ に対して定義される数 $\mathcal{R}(x) = \dfrac{x^*Ax}{x^*x}$ は，ベクトル x に対する A の "Rayleigh 商"[注3] と呼ばれる．この数は Hermite 行列の固有値の計算にたいへん重要な役割を果たす．特に，$x^*x=1$ であるようなすべてのベクトルに対して $\mu_1 \leq x^*Ax \leq \mu_n$ が成り立つという事実は，定理 1.9.1 の直接の結果である．

1.10 非負項行列

偏微分方程式の数値解析，確率論，物理学，化学，経済学などにおいて非負項行列に出会うことがある（第 3 章を見よ）．Perron[注4]-Frobenius の定理という名で知られている次の主要な結果を述べておこう．

---

[1] Henri Poincaré（アンリ・ポアンカレー；1854-1912）：ナンシーに生まれ，パリにて没す．

[2] Richard Courant（リチャード・クーラント；1888-1972）：ルブリニッツに生まれ，ニュー・ロシェルにて没す．

[3] John William Strutt (Lord Rayleigh)（ジョン・ウィリアム・ストラット（レーリー卿）；1849-1919）：ラングフォード・グローヴに生まれ，ターリン・プレースにて没す．

[4] Oskar Perron（オスカール・ペロン；1880-1975）：フランケンタールに生まれ，ミュンヒェンにて没す．

定理 1.10.1 A は n 次の正方行列で，非負の要素からなりかつ既約であるとする．また，その固有値は $\{\lambda_i\}_1^n$ であるとする．すると $\rho = \max_i |\lambda_i|$ ならば，ρ は A の単純な固有値で，それに付随する固有ベクトルで成分がすべて正のもの x が存在し，また，正の成分をもつ固有ベクトルはすべて x に比例する．これと同じ絶対値の固有値はすべて単純で，さらに，A が正の要素のみからなるならば，$\lambda_i \neq \rho$ なるすべての固有値に対して $\rho > |\lambda_i|$ である．

証明 定義と証明については Varga の本の p. 30，または Gantmacher の本の第 2 巻，pp. 49-53 を参照するとよい． □

1.11 制限射影と Rayleigh 商

1.11.1 A が Hermite 行列の場合

1.9 節では，ベクトル x に対して Rayleigh 商の定義を行った．この定義を複数のベクトルを扱えるように一般化する．

Q を，任意の部分ベクトル空間 M における正規直交基底とする：$Q^*Q = I$．すると，$\pi_M = QQ^*$ は M の上への直交射影である．

定義 $\pi_M A_{|M}$ を M の上への A の"制限射影"，$\mathcal{R}(Q) = Q^*AQ$ を Q の上に作られた"行列 Rayleigh 商"と呼ぶ．(行列 Rayleigh 商は Householder (1964) においては"断面"と呼ばれている．)

$\pi_M A \pi_M = Q(Q^*AQ)Q^*$ であるから，$\mathcal{R}(Q)$ は，M の正規直交基底 Q に関して $\pi_M A_{|M}$ を表現したものである．M が A の不変部分空間であれば，制限射影 $\pi_M A_{|M}$ は制限写像 $A_{|M}$ と同じものである．

1.11.2 A が任意の行列の場合

A が Hermite 行列でないときにも，もちろん，数 $\mathcal{R}(x)$ は定義される．しかし，その場合には，$y^*x = 1$ となるような二つのベクトル x, y の上に作られ

た（一般化された）Rayleigh 商 $\mathcal{R}(x,y) = y^*Ax$ を考える方が興味深い．

X を部分ベクトル空間 M の基底，Y を部分空間 N における X の随伴基底とする：$Y^*X = I$．$\mathcal{R}(X,Y) = Y^*AX$ を，随伴基底 X,Y の上に作られた行列 Rayleigh 商と呼ぶ．$P = XY^*$ とおけば，$PAP = X(Y^*AX)Y^*$ である．

M が A の不変部分空間のときには，$B = Y^*AX$ とおくと，$AX = XB$ となる．しかし，一般には，$AX - XB = R$ である．ここで R は，X と Y に付随する A の"剰余行列"と解釈される．

1.12 Sylvester 方程式

1.12.1 $T = \begin{bmatrix} A & C \\ 0 & B \end{bmatrix}$ のブロック対角化

A, B をそれぞれ n 次，r 次の正方行列とする．"Sylvester[注1]方程式"：
$$AZ - ZB = C \tag{1.12.1}$$
の解となる $n \times r$ 型の行列を Z とする．容易に示されるように，$S = \begin{bmatrix} I_n & Z \\ 0 & I_r \end{bmatrix}$ なら，$S^{-1} = \begin{bmatrix} I_n & -Z \\ 0 & I_r \end{bmatrix}$ であり，$STS^{-1} = \begin{bmatrix} A & 0 \\ 0 & B \end{bmatrix}$ である．行列 $\begin{bmatrix} I \\ 0 \end{bmatrix}$ ($\begin{bmatrix} I \\ Z^* \end{bmatrix}$) は，$A$ に付随する T の右（左）不変部分空間の基底である．付随するスペクトル射影は $P = \begin{bmatrix} I \\ 0 \end{bmatrix}[I, Z] = \begin{bmatrix} I & Z \\ 0 & 0 \end{bmatrix}$ である．

1.12.2 Sylvester 方程式 $AZ - ZB = C$

nr 個の未知数（行列 Z の要素）に関する nr 個の特殊な形の連立方程式を考える．$n \times r$ 型の行列に nr 次のベクトルを対応させる関数 vec を

---

[1] James Joseph Sylvester（ジェームズ・ジョーゼフ・シルヴェスター；1814-1897）：ロンドンに生まれ，ロンドンにて没す．

$$Z = [z_1, \cdots, z_r] \mapsto \text{vec}\, Z = \begin{bmatrix} z_1 \\ \vdots \\ z_r \end{bmatrix} \in \mathbf{C}^{nr}$$

で定義しよう.

$\mathbf{C}^{nr}$ において $z = \text{vec}\, Z$, $c = \text{vec}\, C$ とおくと, $AZ - ZB = C$ は

$$\mathcal{J}z = c \tag{1.12.2}$$

と書き換えられる. ここで,

$$\mathcal{J} = I_r \otimes A - B^\mathrm{T} \otimes I_n$$

で, $\otimes$ はテンソル積の記号である:

$$\mathcal{J} = \begin{bmatrix} A - b_{11}I_n & \cdots & -b_{r1}I_n \\ & \ddots & \\ -b_{1r}I_n & \cdots & A - b_{rr}I_n \end{bmatrix}. \tag{1.12.3}$$

T を

$$\mathsf{T}: Z \mapsto AZ - ZB \tag{1.12.4}$$

で定義される $\mathbf{C}^{n \times r}$ の上の線形写像とする.

$\mathbf{C}^{n \times r}$ と $\mathbf{C}^{nr}$ の間の同型性により, T は $\mathcal{J}$ と同一視することができる.

1.12.3 B の Schur 形の利用

(1.12.1) で表される r 個の連立方程式は行列 B によって結ばれている. B の Schur 形 $B = QTQ^*$ (T は対角上に B の固有値 $\{\mu_j\}_1^r = \mathrm{sp}(B)$ が並ぶ上三角行列[注1]) を用いると, それらの r 個の連立方程式を分けることができる. $Z' = ZQ$, $C' = CQ$ とおくと, 方程式 (1.12.1) は

$$AZ' - Z'T = C' \tag{1.12.5}$$

と等価になる.

$z' = \text{vec}\, Z'$, $c' = \text{vec}\, C'$ とおくと, (1.12.5) は $\mathcal{J}'z' = c'$ と等価になる. ここで

$$\mathcal{J}' = I_r \otimes A - T^\mathrm{T} \otimes I_n = \begin{bmatrix} A - \mu_1 I_n & \cdots & 0 \\ & \ddots & \\ -t_{1r}I_n & \cdots & A - \mu_r I_n \end{bmatrix}$$

はブロック三角行列である. さらにこの方程式は次のように書き直せる.

---

[1] 訳注: この T は 1.12.1 の T とは関係ない.

$$\begin{cases} (A-\mu_1 I)z_1' = c_1' \\ (A-\mu_2 I)z_2' = c_2' + t_{12}z_1' \\ \quad\vdots \\ (A-\mu_r I)z_r' = c_r' + \sum_{i=1}^{r-1} t_{ir}z_i'. \end{cases} \quad (1.12.6)$$

関係式 $Z=Z'Q^*$ を用いて初めの未知数に戻れる．

命題 1.12.1 写像 T が可逆であるための必要十分条件は $\mathrm{sp}(A) \cap \mathrm{sp}(B) = \emptyset$ であることである．

証明 (1.12.6) を使えば明らか． □

$\mathrm{sp}(A)$ と $\mathrm{sp}(B)$ の間の "最小距離" とは，量 $\boldsymbol{\delta} = \min(|\lambda-\mu|;\lambda\in\mathrm{sp}(A), \mu\in\mathrm{sp}(B)) = \mathrm{dist\text{-}min}(\mathrm{sp}(A), \mathrm{sp}(B))$ のことである．これは，二つの集合 $\mathrm{sp}(A)$ と $\mathrm{sp}(B)$ の **C** における距離の尺度である．以下では，$\boldsymbol{\delta}$ が "正" で，したがって方程式 (1.12.1) は唯一の解 $Z=\mathsf{T}^{-1}C$ をもつと仮定する．ここで，T^{-1} は T の逆写像で，$(A, B)^{-1}$ とも記される．

1.12.4 計算法

(1.12.6) を解くのに実際には 2 通りの算法が使われている．
a) Bartels-Stewart の算法 (1972)：A の Schur 形を利用する．下三角行列 S，ユニタリ行列 U を用いて $A=U^*SU$ と表せば，$Z''=UZ', C''=UC'$ とおくことにより $SZ''-Z''T=C''$ を解けばよいことになる．すなわち，行列 $S-\mu_i I, i=1, \cdots, r$，を係数とする r 個の三角形の連立方程式を解けばよいことになる．

実際には Schur 形 T および S を計算するのに QR 法が使われる．実数行列の場合には，これらの Schur 形は 2×2 型の対角ブロックを有していてよいとする．
b) Hessenberg[注1]-Schur の算法：Golub-Nash-Van Loan (1979) において

---

[1] Gerhard Wilhelm Hessenberg（ゲルハルト・ヴィルヘルム・ヘッセンベルク；1874-1925）：フランクフルト・アム・マインに生まれ，ベルリンにて没す．

提案されたもので，A の Hessenberg 形 $A=U^*HU$ を用いるものである．ここで，H は上 Hessenberg 形の行列で，U はユニタリ行列である．行列 $H-\mu_i I$, $i=1,\cdots,r$，を係数とする r 個の連立方程式を解くには，枢軸の部分選択を取り入れた，"Gauss[注1]の消去法"を用いる．

1.12.5 (1.12.1) の条件数

$$\|\text{vec}\,Z\|_2 = \left(\sum_{i=1}^{r}\|z_i\|_2\right)^{\frac{1}{2}} = \|Z\|_F$$

は Z の Frobenius ノルムであるから，

$$\|\mathsf{T}\|_F = \sup_{Z\neq 0}\frac{\|\mathsf{T}Z\|_F}{\|Z\|_F} = \sup_{z\neq 0}\frac{\|\mathcal{J}z\|_2}{\|z\|_2} = \|\mathcal{J}\|_2$$

であり

$$\text{cond}_F(\mathsf{T}) = \text{cond}_2\,\mathcal{J}$$

である．

命題 1.12.2 $\|\mathsf{T}^{-1}\|\geq\delta^{-1}$ であり，そして，A と B が Hermite 行列または正規行列であるときには $\|\mathsf{T}^{-1}\|_F=\delta^{-1}$ である．

証明

$$\rho(\mathsf{T}^{-1}) = \delta^{-1} \leq \|\mathsf{T}^{-1}\|.$$

$\mathcal{J}$ が Hermite あるいは正規ならば，$\rho(\mathcal{J}^{-1})=\|\mathcal{J}^{-1}\|_2=\|\mathsf{T}^{-1}\|_F$. □

$\|(A,B)^{-1}\|_F=\|\mathsf{T}^{-1}\|_F$ について調べる．まず，B の次数が $r=1$ の場合から始めよう．

a) $r=1$. $\delta=\text{dist}(b,\text{sp}(A))=|b-\lambda|>0$ とする．

補助定理 1.12.3 A が対角化可能ならば，$A=XDX^{-1}$ であって，

$$\delta^{-1} \leq \|(A-bI)^{-1}\|_2 \leq \text{cond}_2(X)\delta^{-1}$$

---

[1] Karl Friedrich Gauss（カルル・フリードリッヒ・ガウス；1777-1855）：ブラウンシュヴァイクに生まれ，ゲッティンゲンにて没す．

である.

証明 $(A-bI)^{-1}=X(D-bI)^{-1}X^{-1}$ より明らか. □

命題 1.12.4 A の Jordan 分解が $A=XJX^{-1}$ で，$\delta<1$ が十分小さければ，
$$\|(A-bI)^{-1}\|_2 \leq \mathrm{cond}_2(X)(1+\delta)^{L-1}\delta^{-L}$$
である．ここで，L は $|\mu-b|<1$ を満たす A の固有値 μ の最大指標である．

証明 $J_b=J-bI$ とおく．$\|J_b^{-1}\|_2^{-1}=\sigma_{\min}(J_b)$ である．ただし，J_b は

$$G = \begin{bmatrix} \mu-b & 1 & & 0 \\ & \ddots & \ddots & \\ & & \ddots & 1 \\ 0 & & & \mu-b \end{bmatrix}$$

という形の Jordan ブロックの直和である．それらのブロックの次数は固有値 $\mu \in \mathrm{sp}(A)$ の指標 ℓ_μ 以下である．このようなブロックの一つ G に対して，その最小特異値は，$T=G^*G$ の最小固有値の2乗に等しい[注1]．$\varepsilon=\mu-b, |\varepsilon|\geq\delta$ とおくと

$$T = \begin{bmatrix} |\varepsilon|^2 & \bar{\varepsilon} & & 0 \\ \varepsilon & 1+|\varepsilon|^2 & \ddots & \\ & \ddots & \ddots & \bar{\varepsilon} \\ 0 & & \varepsilon & 1+|\varepsilon|^2 \end{bmatrix}$$

である．

T の固有値の下界の一つを求めてみよう．まず，T の行列式は，$\det T = |\det G|^2 = |\varepsilon|^{2r}$ であることに注意する．Gershgorin の定理（定理 4.5.1）により，T の固有値 α_i は

$$0 < \alpha_i \leq 1+|\varepsilon|^2+2|\varepsilon| = (1+|\varepsilon|)^2, \quad i=1,\cdots,r$$

を満たす．

したがって，

$$\alpha_i = \frac{\det T}{\prod_{j\neq i}\alpha_j} \geq \frac{|\varepsilon|^{2r}}{(1+|\varepsilon|)^{2(r-1)}}, \quad i=1,\cdots,r.$$

---

[1] 訳注：この T も，この付近の J, T などとは関係ない．

ゆえに，
$$\|(A-bI)^{-1}\|_2 \leq \text{cond}_2(X) \max_{\mu \in \text{sp}(A)} [(1+|\varepsilon|)^{\ell-1}|\varepsilon|^{-\ell}]. \quad (1.12.7)$$

$r > 1$ ならば，関数
$$f : |\varepsilon| \mapsto \left[\frac{1+|\varepsilon|}{|\varepsilon|}\right]^{r-1}$$
のグラフは図1.12.1のようになる．これは指数 r の増加関数である．

$|\varepsilon|$ の値が1より小さい場合に話を限るなら，
$$\frac{1}{|\varepsilon|}\left[\frac{1+|\varepsilon|}{|\varepsilon|}\right]^{\ell-1} \leq \frac{1}{\delta}\left[\frac{1+\delta}{\delta}\right]^{L-1},$$
$$L = \max(\ell_\mu ; \mu \in \text{sp}(A), |\varepsilon| < 1)$$
である．

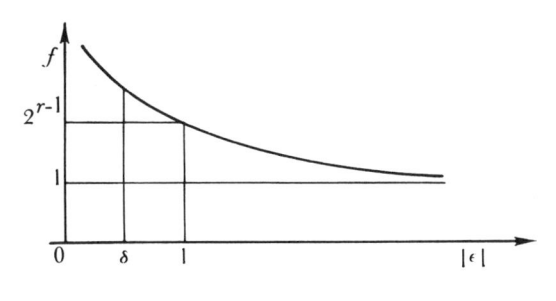

図 1.12.1

δ が十分小さいとしたら，$\dfrac{1}{\delta^L}$ の項が優勢で，(1.12.7) の最大値は $\delta \leq |\varepsilon|$ においてとられる． □

A が正規行列ならば，$\text{cond}_2(X) = 1$ である（X がユニタリ行列にとれる）．練習問題1.14に示されているように，$\text{cond}_2(X)$ は $\nu(A) = \|AA^* - A^*A\|_F$（$A$ の"正規性の不足度"と呼ぶ）とともに増大する．さらに，練習問題1.15によれば，A の Schur 形の対角要素を除いた上三角部分 N の Frobenius ノルム $\|N\|_F$ もまた $\nu(A)$ とともに増大することがわかる．

例 1.12.2 a, b, c が実数で $c \neq 0$ のとき，
$$A = \begin{bmatrix} a & c \\ 0 & b \end{bmatrix}, \quad AA^* - A^*A = \begin{bmatrix} c^2 & (b-a)c \\ (b-a)c & -c^2 \end{bmatrix};$$

$$b \neq a \text{ なら } X = \begin{bmatrix} 1 & 1 \\ 0 & \dfrac{b-a}{c} \end{bmatrix}, \quad a = b \text{ なら } X = \begin{bmatrix} 1 & 1 \\ 0 & c^{-1} \end{bmatrix}.$$

$|c|$ が増大するとき $\mathrm{cond}_2(X)$ も増大することが示される．

以上の議論から，$\|N\|_F$ が大きいような正則な三角行列 $T = D + N$ は，固有値と原点との距離とは独立に，行列の逆転に関して悪条件であることが結論される．

b) $r > 1 : \|(A, B)^{-1}\|_F$ は $\mathrm{cond}_2(X), \mathrm{cond}_2(V), \boldsymbol{\delta} = \mathrm{dist\text{-}min}(\mathrm{sp}(A), \mathrm{sp}(B))$ に関係する．ただし X（および V）は A（および B）の Jordan 基底（あるいは固有ベクトル系）である．

例 1.12.3 $r = 2, B = \begin{vmatrix} a & c \\ 0 & b \end{vmatrix}$. $\mathcal{T} = \begin{bmatrix} A - aI_n & 0 \\ -cI_n & A - bI_n \end{bmatrix}$ であるから，$\mathrm{cond}_2(\mathcal{T})$ は明らかに $|c|$ と $\mathrm{cond}_2(A - \mu I)$（$\mu = a$ あるいは b）に依存する．特別な場合について調べよう．A が次数 6 で，$A = \begin{bmatrix} 1 & d & & & & \\ & 1 & d & & & \\ & & \ddots & \ddots & & \\ & & & \ddots & d & \\ & & & & & d \\ & & & & & 1 \end{bmatrix}$ という形であるとする．$|d|$ は $\mathrm{cond}_2(X)$ と，$|c|$ は $\mathrm{cond}_2(V)$ と結ばれている．$\boldsymbol{\delta} = \min(|a-1|, |b-1|)$ としよう．

下の表 1.12.1 は $\gamma = \|(A, B)^{-1}\|_F$ が $\mathrm{cond}_2(X)$ と $\mathrm{cond}_2(V)$ に依存していることをよく示している．

$$a = b = 0.8, \quad \boldsymbol{\delta} = 0.2 \text{ の場合}$$

表 1.12.1

$c=1$	d	-1	-5	-10	-15
	γ	5×10^5	2×10^8	2.3×10^8	7×10^8
$d=-1$	c	0	1	10	100
	γ	1.6×10^4	5×10^5	5×10^6	5×10^7

$a \neq b$ のときにも類似の結果が得られる．

1.13 行列の正則な束

A と B を二つの $n \times m$ 型の行列とする．"行列束"とは，行列の集合 $\{A - \lambda B ; \lambda \in \mathbf{C}\}$ のことである．

定義 行列束 $\{A - \lambda B\}$ が正則であるとは，
(i) A と B が同じ次数の正方行列であり，
(ii) λ が $\mathbf{C}$ のすべての値を動くとき $\det(A - \lambda B)$ が恒等的に 0 にはならない

ことである．

そうでない場合（すなわち，$m \ne n$ の場合，あるいは，$m = n$ でかつ任意の $\lambda \in \mathbf{C}$ に対して $\det(A - \lambda B) = 0$ である場合），束は"特異"であるという．

正方行列の正則な束に注目しよう．このとき，λ のいくつかの値に対して，$x \ne 0, x \in \mathbf{C}^n$ なる x が存在して

$$Ax = \lambda Bx \tag{1.13.1}$$

となることがある．

問題 (1.13.1) は，"一般化された固有値問題"と呼ばれる．集合 $\mathrm{sp}[A, B] = \{z \in \mathbf{C} ; \det(A - zB) = 0\}$ は，束の固有値の集合をなす．$0 \ne \lambda \in \mathrm{sp}[A, B]$ ならば，$1/\lambda \in \mathrm{sp}[B, A]$ である．さらに，B が正則ならば，$\mathrm{sp}[A, B] = \mathrm{sp}[B^{-1}A, I] = \mathrm{sp}(B^{-1}A)$ である．

B が特異ならば，$\mathrm{sp}[A, B]$ は有限にも空にも無限にもなりうる．

例 1.13.1

(i) $A = \begin{bmatrix} 1 & 2 \\ 0 & 3 \end{bmatrix}$, $B = \begin{bmatrix} 1 & 0 \\ 0 & 0 \end{bmatrix}$, $\mathrm{sp}[A, B] = \{1\}$,

(ii) $A = \begin{bmatrix} 1 & 2 \\ 0 & 3 \end{bmatrix}$, $B = \begin{bmatrix} 0 & 1 \\ 0 & 0 \end{bmatrix}$, $\mathrm{sp}[A, B] = \emptyset$,

(iii) $A = \begin{bmatrix} 1 & 2 \\ 0 & 0 \end{bmatrix}$, $B = \begin{bmatrix} 1 & 0 \\ 0 & 0 \end{bmatrix}$, $\mathrm{sp}[A, B] = \mathbf{C}$.

実際上は，A と B が対称の場合が多い．A と B にその他の仮定をしなければ，$\lambda \in \mathrm{sp}[A, B]$ は複素数でありうる．

例 1.13.2

$$A = \begin{bmatrix} 0 & 1 \\ 1 & 0 \end{bmatrix}, \quad B = \begin{bmatrix} 1 & 0 \\ 0 & -1 \end{bmatrix}, \quad \mathrm{sp}[A, B] = \{i, -i\}.$$

実際問題で非常にしばしば出会う場合は，A が非定符号で（正と負の固有値がともにある）B が非負定符号で特異である（正と零の固有値がともにある）場合である．構造力学ではこのような場合に出会う（第 3 章参照）．

1.14 参考文献について

二つの部分空間の間の"正準角"という概念は，数値解析に登場するより前から，統計学で使われてきた（Afriat (1957)，Björck と Golub (1973)，Davis と Kahan (1968)，Golub-Van Loan の第 2 章，Stewart の論文 (1973) を参照）．Banach 空間における"開き"という概念については，Chatelin (1983) を参照．Schur 形の対角要素を除いた上三角部分のノルムと，正規性の不足度との関係については P. Henrici (1962) の《Bounds for iterates, inverses, spectral variation and fields of values of non-normal matrices（非正規行列のベキ，逆行列，スペクトル変動，値域の限界について）》，Numerische Mathematik, **4**, 22-40 がある．1.6.3 節で与えた Jordan 標準形の存在証明については，Fletcher と Sorensen (1983) の影響を受けた．

自己随伴作用素の固有値の変分法による最初の特徴づけは，H. Weber の《Über die Integration der partiellen Differentialgleichung（偏微分方程式の積分について）》，Mathematische Annalen, **1**, 1-36 (1869) と Lord Rayleigh の《On the calculation of the frequency of vibration of a system in its gravest mode, with an example from hydrodynamics（システムの最低モードの振動数の計算と水力学からの一例）》，Philosophical Magazine, **47**, 556-572 (1899) である．最小・最大原理による特徴づけは H. Poincaré の《Sur les équations aux dérivées partielles de la physique mathématique（数理物理学の偏微分方程式について）》, American Journal of Mathematics, **12**, 211-294 (1890) と E. Fischer の《Über quadratische Formen mit reellen Koeffizienten（実係数の 2 次形式について）》, Monatschrifte für Mathematik und Physik, **16**, 234-249（1905）による．最大・最小原理による特徴づけは H. Weyl の《Das asymptotische Verteilungsgesetz der Eigenwerte linearer partieller Differentialgleichungen（線形偏微分方程式の固有値の漸近的分布法則）》, Mathematische Annalen, **71**, 441-479（1912）と R. Courant の《Über die Eigenwerte bei den Differentialgleichungen der mathematischen Physik（数理物理学の微分方程式における固有値について）》, Math. Zeitschr. **7**, 1-57（1920）による．

$\|(A, B)^{-1}\|^{-1}$ という量は，Stewart の論文（1973）や Varah（1979）においては，行列 A と B の "分離度" と呼ばれている．Hilbert 空間における定義については Stewart（1971）参照．命題 1.12.4 の証明は Kahan-Parlett-Jiang（1982）の影響を受けている．

練習問題

1.1 [A] $\mathbf{C}^n$ のすべての基底は随伴基底をもち，その随伴基底は一意に定まることを証明せよ．$\mathbf{C}^n$ の次元 $r<n$ の部分空間の基底の随伴基底の存在の一意性について考察せよ．

1.2 [A]
$$\forall A \in \mathbf{C}^{n \times r} \text{ に対して } \|A\|_2^2 = \rho(A^*A)$$
であることを証明せよ．

1.3 [A] M と N を $\mathbf{C}^n$ の二つの部分ベクトル空間とし
$$\dim M = \dim N > \frac{n}{2}$$
とする．M と N の間の正準角の非零角の個数は $\left[\dfrac{n}{2}\right]$ より少ないことを

証明せよ．ただし
$$[\alpha] = \max\{j \in \mathbf{N} \,;\, j \leq \alpha\} \quad \forall \alpha \in \mathbf{R}$$
である．

1.4 [A] A が特異であるとき，A は特異値 0 を少なくとも 1 個はもつことを証明せよ．

1.5 [A] M と N を
$$\dim M = \dim N \leq \frac{n}{2}$$
であるような $\mathbf{C}^n$ の二つの部分空間とし，M と N の間の最大正準角を $\theta_{\max}$ とする．
$$\theta_{\max} < \frac{\pi}{2} \Rightarrow M \cap N^\perp \text{ は空でない}$$
ことを証明せよ．

1.6 [A] 次元 $r \leq \frac{n}{2}$ の $\mathbf{C}^n$ の二つの部分空間 M と N の間の正準角が作る対角行列を Θ とする．$C = \cos\Theta$, $S = \sin\Theta$ とする．M の正規直交基底 Q, $M^\perp$ の正規直交基底 $\underline{Q}$, N の正規直交基底 U, $N^\perp$ の正規直交基底 $\underline{U}$ で，
$$[Q, \underline{Q}]^* [U \underline{U}] = \begin{pmatrix} C & -S & O \\ S & C & O \\ O & O & I_{n-2r} \end{pmatrix}$$
となるものが存在することを証明せよ．これより，$r > \frac{n}{2}$ のときの正準角の計算のし方を導け．

1.7 [A] $Q \in \mathbf{C}^{n \times r}$ の列が正規直交であるならば $\|Q\|_2 = 1$ であることを証明せよ．これより，$Q \in \mathbf{C}^{n \times n}$ がユニタリならば
$$\mathrm{cond}_2(Q) = 1$$
であることを導け．

1.8 [A] Schur 形の対角要素に並べる固有値の順序を定めると，ブロック対角なユニタリ行列による変換を除いて，対応する Schur 形の基底が定まるこ

とを証明せよ．

1.9 [A] すべての Jordan ブロック J に対して，J' は J^* に相似であり，適当な置換行列を用いて
$$J^* = P^{-1}J'P$$
と表せることを示せ．

1.10 [A] 次の命題を証明せよ：
$X \in \mathbf{C}^{n\times m}$, $m < n$ として $\mathrm{rank}(X) = r < m$ であるならば，ある $m \times m$ 型の置換行列 Π が存在して $X\Pi = QR$ である．ここで，Q は正規直交行列で，$R \in \mathbf{C}^{n\times m}$ は
$$R = \begin{pmatrix} R_{11} & R_{12} \\ O & O \end{pmatrix}$$
という形をしており，その中で R_{11} は r 次の正則な上三角行列である．

1.11 [A] $A \in \mathbf{C}^{n \times n}$ が正規行列であるための必要十分条件は，A の固有ベクトルから成る $\mathbf{C}^n$ の正規直交基底が存在することであることを証明せよ．

1.12 [A] A が正規行列ならば $\|A\|_2 = \rho(A)$ であることを証明せよ．

1.13 [A] $A \in \mathbf{C}^{n\times n}$ を Hermite 行列とする．そのスペクトルは
$$\lambda_i(A) = \max_{S:\dim S = i-1} \min_{u: u \perp S} \rho(u, A)$$
と表現できることを証明せよ．ここで，
$$\rho(u, A) = \frac{u^*Au}{u^*u}$$
である．

1.14 [A] A は X によって
$$D = X^{-1}AX$$
と対角化できるとし，Q を Schur 形の一つの基底とする．N を狭義上三角行列として

とする．次の不等式を証明せよ：
$$Q^*AQ = D+N$$

$$\mathrm{cond}_2^2(X) \geq 1 + \frac{\|N\|_F^2}{\|A\|_F^2},$$

$$\mathrm{cond}_2^4(X) \geq 1 + \frac{1}{2}\frac{\nu^2(A)}{\|A^2\|_F^2}.$$

ここで
$$\nu(A) = \|A^*A - AA^*\|_F$$
である．

1.15 [A] $A = QRQ^*$ を A の Schur 形とする．ここで $R = D+N$ は上三角行列であり，N は R の対角要素を除いた上三角部分である．$\|N\|_F$ に対する次の上下界を導け：

$$\frac{\nu^2(A)}{6\|A\|_F^2} \leq \|N\|_F^2 \leq \sqrt{\frac{n^3-n}{12}}\nu(A).$$

ただし
$$\nu(A) = \|A^*A - AA^*\|_F$$
である．

1.16 [A] 練習問題 1.17 から出発して次の結果を導け：次数 n の二つの Hermite 行列 A と B に対して，それぞれの固有値 $\lambda_i(A)$, $\lambda_i(B)$ の順を適当に並べかえることにより，
$$\lambda_i(B) \leq \lambda_i(A) + \|A-B\|_2, \quad i = 1, \cdots, n,$$
を満たすようにできる．

1.17 [A] 次の Weyl の単調性の定理を証明せよ：A, B, C は Hermite 行列で
$$A = B+C$$
であるとする．それぞれの固有値を大きい順に並べる．このとき，
i) $i = 1, 2, \cdots, n$ に対して
$$\lambda_i(B) + \lambda_n(C) \leq \lambda_i(A) \leq \lambda_i(B) + \lambda_1(C),$$
$$|\lambda_i(A) - \lambda_i(B)| \leq \|A-B\|_2.$$
ii) C が非負定値ならば，

$$\lambda_i(B) \leq \lambda_i(A), \qquad i = 1, 2, \cdots, n.$$

1.18 [A] A, B が非負定値の Hermite 行列であるとき，
$$\rho(A+B) \geq \rho(A)$$
であることを証明せよ．

1.19 [D] $A \epsilon \mathbf{C}^{m \times n}$, $\mathrm{rank}(A) = r$, $D = \mathrm{diag}(\sigma_1, \cdots, \sigma_r)$ とする．ここで，σ_i は A の(非零)特異値，U, V は A の特異値分解
$$U^* A V = \Sigma = \begin{pmatrix} D & 0 \\ 0 & 0 \end{pmatrix} \epsilon \mathbf{C}^{m \times n}$$
を与える行列とする．
$$\Sigma^+ = \begin{pmatrix} D^{-1} & 0 \\ 0 & 0 \end{pmatrix} \epsilon \mathbf{C}^{m \times n},$$
$$A^+ = V \Sigma^+ U^*$$
と定義する．これらについて，以下を証明せよ．
(i) $AA^+A = A$, $A^+AA^+ = A^+$ である．
(ii) AA^+, A^+A は Hermite 行列である．
(iii) $r=n$ なら $A^+ = (A^*A)^{-1}A^*$ である．
(iv) $P = AA^+$ は $\mathrm{Im}\,A$ の上への直交射影である．
$(AB)^+ \neq B^+ A^+$ となる例を挙げよ．
A^+ は，"最小二乗法"で $Ax = b$ を解くときに用いる A の"擬似逆行列"（一般逆行列の特殊な場合）である．

1.20 [B : 39] Householder 法は次のように定義されるアルゴリズムである:
$A^{(1)} = A$ を $\mathbf{R}^{n \times n}$ の与えられた正則行列とする．
($*$) $A^{(k)} = (a_{ij}{}^{(k)})$ が与えられたとする:
  $k = n$ なら終了．
  $k < n$ なら以下を実行する:
  $$u_j = a_{jk}{}^{(k)},$$
  $$\alpha = (u_k{}^2 + \cdots + u_n{}^2)^{1/2},$$
  $$v = (u_k + \alpha) e_k + \sum_{j=k+1}^{n} u_j e_j,$$

$$H_k = I - \frac{2}{v^\mathsf{T} v} v v^\mathsf{T},$$
$$A^{(k+1)} = H_k A^{(k)},$$
$$k \leftarrow k+1 \text{ として}(*)\text{に戻る}.$$

i) H_k が対称な直交行列であることを証明せよ．

ii) 行列 H_k とベクトル u は
$$H_1 u = -\alpha e_1,$$
$$H_k u = \sum_{j=1}^{k-1} u_j e_j - \alpha e_k \quad (k \geq 2 \text{ のとき})$$

を満たすことを証明せよ．

iii) $$w = \sum_{j=1}^{k-1} w_j e_j \Rightarrow H_k w = w$$

を証明せよ．

$R = H_{n-1} H_{n-2} \cdots H_2 H_1 A, \quad Q = H_1 H_2 \cdots H_{n-2} H_{n-1}$ とおく．

iv) R は上三角行列，Q は直交行列であることを示せ．

v) $A = QR$ であることを証明せよ．

第 2 章　スペクトル理論の基礎

本章では，有限次元の場合の作用素のスペクトル理論の基礎の話をする．主として，固有値の近傍でのレゾルベント $(A-zI)^{-1}$ の Laurent 級数展開や，複素パラメータ t を用いて $A(t)=A+tH$ と表される行列の族の固有値や固有ベクトルに対する Rellich-Kato および Rayleigh-Schrödinger の摂動級数展開について述べる．また，相異なる複数の固有値を同時に扱うために，"ブロック縮小レゾルベント"という概念により構成される基本的な道具を導入して使う（これは，たいていの場合，多重固有値の近似に由来するものである）．

2.1　複素変数関数の性質の復習

$f: z \mapsto f(z)$ を，複素変数の複素値関数とする．$f(z)$ が z_0 の近傍 V において "正則"（あるいは解析的）であるというのは，f が V において連続で V の各点で $\dfrac{\mathrm{d}f}{\mathrm{d}z}$ が存在することである．

Γ を，V の中で，z_0 のまわりを正の向きにまわるように引かれた Jordan 閉曲線（すなわち，長さの定義される単純曲線）とする（図 2.1.1 を見よ）．このとき，$f(z_0)$ は "Cauchy[注1] の積分公式"

$$f(z_0) = \frac{1}{2\mathrm{i}\pi} \int_\Gamma \frac{f(z)}{z-z_0} \mathrm{d}z$$

で与えられる．

[注1] Augustin Louis Cauchy（オーギュスタン・ルイ・コーシー；1789-1857）：パリに生まれ，ソーにて没す．

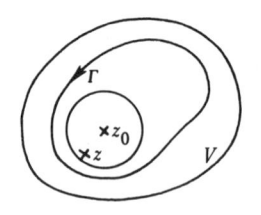

図 2.1.1

これを微分して

$$f^{(k)}(z_0) = \frac{k!}{2\mathrm{i}\pi} \int_\Gamma \frac{f(z)}{(z-z_0)^{k+1}} \mathrm{d}z$$

が得られる.

z_0 の近傍での f の "Taylor[注1]級数" 展開

$$f(z) = \sum_{k=0}^\infty \frac{f^{(k)}(z_0)}{k!}(z-z_0)^k$$

は, z_0 を中心とし Γ に含まれる任意の円盤内部のすべての z において一様に絶対収束する.

逆に, 任意の級数 $f(z) = \sum_{k=0}^\infty a_k(z-z_0)^k$ は開円盤 $\{z\,;\,|z-z_0|<\rho\}$ において正則な関数を定める. ここで,

$$\rho = (\limsup_{k\to\infty} |a_k|^{1/k})^{-1}$$

である.

この級数は, $r<\rho$ なるすべての円盤 $\{z\,;\,|z-z_0|\leqq r\}$ の上のすべての z において一様に絶対収束する. さらに,

$$a_k = \frac{f^{(k)}(z_0)}{k!}, \qquad k=0,1,\cdots,$$

であるから, この級数は f によって一意に決定される.

Taylor 展開の係数 a_k の上界は次の "Cauchy の不等式" により与えられる.

$$|a_k| \leqq Mr^{-k}, k\geqq 0, \qquad \text{ただし } M = \max_{|z-z_0|=r} |f(z)|.$$

---

[1] Brook Taylor (ブルック・テイラー ; 1685-1731) : エドモントンに生まれ, ロンドンにて没す.

次に，f が環状領域 $\{z ; \alpha<|z-z_0|<\beta\}, \alpha>0$，において正則であるとしよう．このとき，$f$ は z_0 の近傍で "Laurent 級数" に展開できる．

$$f(z) = \sum_{-\infty}^{+\infty} a_k(z-z_0)^k.$$

これは $\{z ; \alpha+\varepsilon<|z-z_0|<\beta-\varepsilon\}, \varepsilon>0$，の中のすべての z において一様に絶対収束する．

ある β に対して，f が $\{z ; 0<|z-z_0|<\beta\}$ では正則であるが $\{z ; |z-z_0|<\beta\}$ では正則でないとき，z_0 を f の "孤立特異点" という．z_0 における "Laurent[1] 級数" 展開において，$k<0$ の a_k の中に非零のものが無限個含まれているとき，z_0 は f の "真性特異点" という．z_0 が真性特異点でない孤立特異点のとき，z_0 は f の "極" という．極の "位数" とは $a_{-\ell} \neq 0$ であるような最大の整数 ℓ のことである．

以上復習した定義と性質は，容易に，ベクトル空間 $\mathbf{C}^{n\times n}$ に値をもつ関数 f へと拡張できる．すなわち，たとえば，n 次正方行列 A の n^2 個の要素が複素変数 z の関数であるとき，A は $\mathbf{C}^{n\times n}$ に値をもつ z の関数である．このとき，関数の $\mathbf{C}$ 上での絶対値 $|\cdot|$ は，$\mathbf{C}^{n\times n}$ 上に選ばれたノルム $\|\cdot\|$ で置き換えればよい．この場合にも，特に "Liouville[2] の定理" や Cauchy の積分公式を用いることができる．

関心の深い読者は，Dieudonné の本の第 IX 章，p. 187 以降を参照して解析関数の理論に関してさらに学ぶとよい．

2.2 レゾルベントの特異点

以下のスペクトル理論は，第 1 章で与えたスペクトル理論とは "独立に" 組み立ててある．

$(A-zI)^{-1}$ が存在するような $\mathbf{C}$ の点 z の集合 $\mathrm{re}(A)$ を，A の "レゾルベント集合" と呼ぶ．

---

[1] Paul Mathieu Laurent（ポール・マティウー・ローラン；1841-1908）：エクテルナック（ルクセンブルグ）に生まれ，パリにて没す．

[2] Joseph Liouville（ジョセフ・リウヴィル；1809-1882）：サン・オメールに生まれ，パリにて没す．

行列 $R(A, z) = (A - zI)^{-1}$, $z \in \mathrm{re}(A)$, を"レゾルベント"と呼ぶ．誤解の恐れのないときには $R(A, z)$ を単に $R(z)$ と記すこともある．また，このとき，方程式 $Ax - zx = b$ には一意解があるが，それは $x = R(z)b$ と書かれる．

$\mathbf{C}$ における $\mathrm{re}(A)$ の補集合を $\mathrm{sp}(A)$ と呼ぶ．すなわち，$\mathrm{sp}(A)$ に属する点 λ においては，$A - \lambda I$ は逆行列をもたない．したがって，$Ax = \lambda x$ となるような $x \neq 0$ が存在する．λ は A の固有値，x は固有ベクトルである．

本節ではレゾルベントの性質を学ぼう．

補助定理 2.2.1 $R(z)$ はレゾルベントの第 1 等式，第 2 等式と呼ばれる次の二つの等式を満たす．
（ⅰ） $\mathrm{re}(A)$ の z_1, z_2 に対して
$$R(z_1) - R(z_2) = (z_1 - z_2) R(z_1) R(z_2) = (z_1 - z_2) R(z_2) R(z_1). \quad (2.2.1)$$
（ⅱ） $\mathrm{re}(A_1) \cap \mathrm{re}(A_2)$ の z に対して
$$R(A_1, z) - R(A_2, z) = R(A_1, z)(A_2 - A_1) R(A_2, z)$$
$$= R(A_2, z)(A_2 - A_1) R(A_1, z).$$

証明 等式
$$(z_1 - z_2) I = (A - z_2 I) - (A - z_1 I)$$
および
$$A_2 - A_1 = (A_2 - zI) - (A_1 - zI)$$
から容易に導ける． □

命題 2.2.2 $R(z)$ は $\mathrm{re}(A)$ において正則であり，z_0 の近傍で Taylor 級数展開できる：
$$R(z) = \sum_{k=0}^{\infty} (z - z_0)^k R^{k+1}(z_0). \quad (2.2.3)$$

証明 $z_0 \in \mathrm{re}(A)$ とする．形式的変形により
$$(A - zI)^{-1} = ((A - z_0 I) - (z - z_0) I)^{-1} = R(z_0) [I - (z - z_0) R(z_0)]^{-1}$$
と書けるが，$|z - z_0| < \|R(z_0)\|^{-1}$ であるようなすべての z に対して，級数 $R(z) = R(z_0) \sum_{k=0}^{\infty} [(z - z_0) R(z_0)]^k$ は絶対収束する． □

定理 2.2.3 極限値 $\alpha = \lim_{k \to \infty} \|A^k\|^{1/k} = \inf_k \|A^k\|^{1/k}$ が存在する.

証明 $a_k = \log \|A^k\|$ とする. 証明したいのは, $a_k/k \to \inf_k a_k/k \equiv b \, (= \log \alpha)$ ということである. $\|A^{m+k}\| \leq \|A^m\| \|A^k\|$ は $a_{m+k} \leq a_m + a_k$ を意味する. ある固定された正の整数 m に対して, $k = mq + r$ とおく. ここで, q と r は整数で $0 \leq r < m$ である. すると,
$$a_k \leq qa_m + a_r, \quad a_k/k \leq (q/k)a_m + (1/k)a_r.$$
m を固定したまま $k \to \infty$ とすると, $q/k \to 1/m$. したがって, 任意の m に対して, $\limsup(a_k/k) \leq a_m/m$. したがって $\sup(a_k/k) \leq b$. 一方, $a_k/k \geq b$ であるから $\liminf_k (a_k/k) \geq b$. ゆえに $\limsup_{k \to \infty}(a_k/k) \leq b \leq \liminf_{k \to \infty}(a_k/k)$. □

定理 2.2.4 $|z| > \alpha$ ならば, $R(z)$ が存在して
$$R(z) = -\sum_{k=0}^{\infty} A^k/z^{k+1} \tag{2.2.4}$$
を満たす.

証明 $k \to \infty$ のとき $\|A^k\|^{1/k} \to \alpha$ である. したがって, $|z| > \alpha + \varepsilon, \varepsilon > 0$, ならば, 十分大きな k に対して
$$|z|^{-1} \|A^k\|^{1/k} \leq (\alpha + \varepsilon)^{-1}(\alpha + \varepsilon/2),$$
そして
$$\|(z^{-1}A)^k\| \leq \left[\frac{\alpha + \varepsilon/2}{\alpha + \varepsilon}\right]^k$$
である. したがって, 級数 $z^{-1} \sum_{k=0}^{\infty} (z^{-1}A)^k$ は, $|z| > \alpha$ のとき収束する. $A - zI$ を左から掛け, また右から掛けてみればわかるように, この級数は確かに $R(z)$ と一致している. □

等式 (2.2.4) は $z = \infty$ の近傍における $R(z)$ の Taylor 級数展開であり, その収束半径は $\limsup_k \|A^k\|^{1/k} = \alpha$ にほかならない. したがって, (2.2.4) は $|z| < \alpha$ に対しては発散する.

系 2.2.5 $\mathrm{re}(A)$ および $\mathrm{sp}(A)$ は空でない.

証明 定理2.2.4によれば$\text{re}(A) \supset \{z ; |z| > \alpha\}$であり，したがって，$\text{sp}(A) \subset \{z ; |z| \leq \alpha\}$である．$\alpha$が存在するから$\text{re}(A)$は空でない．$|z| > \|A\|$に対して，
$$\|R(z)\| \leq (|z| - \|A\|)^{-1}$$
であるから，$|z| \to \infty$のとき$\|R(z)\| \to 0$．

$\text{sp}(A)$が空であったとすると，$R(z)$は**C**全体において解析的であることになり，また$|z| \to \infty$のとき$\|R\| \to 0$であるから有界でもあることになる．したがって，Liouvilleの定理により，$R(z)$は定数行列で，その値は0に等しくなければならない．しかし，そうだとすると，$I = (A - zI)R(z) = 0$となって，矛盾が生じる．　□

系 2.2.6

$$\alpha = \max_{\lambda \in \text{sp}(A)} |\lambda| = \rho(A).$$

証明 $\text{sp}(A)$の点（すなわちAの固有値）が少なくとも一つ円$\{z ; |z| = \alpha\}$上に存在することを示せばよい．すなわち，(2.2.4)の収束域は$\{z ; |z| > \alpha\}$であるから，$\alpha > 0$ならば，収束円の上に$R(z)$の特異点が少なくとも一つ存在する．

一方，$\alpha = 0$ならば$\text{sp}(A) = \{0\}$である．そうでないとAのスペクトルが空になってしまうが，それは不可能であるからである．したがって$\alpha = \rho(A)$である．　□

命題 2.2.7 $z \mapsto S(z)$をG（の中のz）から$\mathbf{C}^{n \times n}$（の中の値）への連続関数とする．このとき，$z \mapsto \rho(S(z))$はGにおいて上半連続である．

証明 $k \in \mathbf{N}$に対して，関数$z \mapsto \|S^k(z)\|^{1/k}$は$G$において連続である．すべての$\varepsilon > 0$と$G$の中のすべての$z$に対して，$\|S^\nu(z)\|^{1/\nu} \leq \rho(S(z)) + \varepsilon/2$となるような$\nu \in \mathbf{N}$が存在する．そこで，
$$\forall z' : |z' - z| < \alpha \Rightarrow \|S^\nu(z')\|^{1/\nu} \leq \|S^\nu(z)\|^{1/\nu} + \varepsilon/2 \leq \rho(S(z)) + \varepsilon$$
となるような$\alpha > 0$が存在する．

$\rho(S(z')) = \inf_{k \geq 1} \|S^k(z')\|^{1/k}$であるから，

$$\forall z': |z'-z| < \alpha \Rightarrow \rho(S(z')) \leq \rho(S(z)) + \varepsilon$$

が得られる． □

したがって，A のスペクトルを含む円盤 $\{z; |z| \leq \rho(A)\}$ の外側では $R(z)$ は正則であることがいえた（図 2.2.1 参照）．$R(z)$ はその円盤の外側で（2.2.3）の形と（2.2.4）の形とに展開できる．

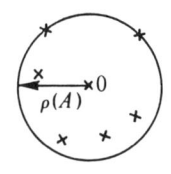

図 2.2.1

次に，固有値 $\lambda, |\lambda| \leq \rho(A)$，の近傍において，$R(z)$ の Laurent 級数展開の形を定めよう．

Γ と Γ' が λ を囲む 2 本の Jordan 曲線で，Γ' は Γ の外側にあり，2 曲線とも $\mathrm{re}(A)$ の中に描かれ，λ 以外の $\mathrm{sp}(A)$ の点を含まないとする．A の λ 以外のスペクトルを τ と記す（図 2.2.2 を見よ）：

$$\mathrm{sp}(A) = \{\lambda\} \cup \tau.$$

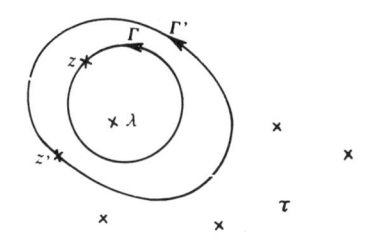

図 2.2.2

定理 2.2.8 行列 $P = \dfrac{-1}{2\mathrm{i}\pi} \int_\Gamma R(z) \mathrm{d}z$ は次の性質をもつ：
（ⅰ）P は $\bar{M} = \mathrm{Ker} P$ に沿っての $M = \mathrm{Im} P$ の上への射影である；
（ⅱ）M も $\bar{M}$ も A の不変部分空間である；

(iii) $A_{|M}: M \to M$ はスペクトル $\{\lambda\}$ をもち，$A_{|\bar{M}}: \bar{M} \to \bar{M}$ はスペクトル τ をもつ．

証明

(i) $P^2 = P$ であることを示せばよい．

$$P^2 = \frac{1}{(2\mathrm{i}\pi)^2} \int_\Gamma \int_{\Gamma'} R(z) R(z') \mathrm{d}z' \mathrm{d}z, \quad z \in \Gamma, z' \in \Gamma',$$

$$= \frac{1}{(2\mathrm{i}\pi)^2} \int_\Gamma \int_{\Gamma'} \frac{R(z') - R(z)}{z' - z} \mathrm{d}z' \mathrm{d}z \quad ((2.2.1)\text{ による})$$

であるから，

$$\int_{\Gamma'} \frac{\mathrm{d}z'}{z' - z} = 2\mathrm{i}\pi, \quad \int_\Gamma \frac{\mathrm{d}z}{z' - z} = 0$$

に注意して，積分の順序を変えると，ただちに

$$\int_{\Gamma'} \left[\int_\Gamma \frac{R(z')}{z' - z} \mathrm{d}z \right] \mathrm{d}z' = 0,$$

$$\int_\Gamma R(z) \left(\int_{\Gamma'} \frac{\mathrm{d}z'}{z' - z} \right) \mathrm{d}z = 2\mathrm{i}\pi \int_\Gamma R(z) \mathrm{d}z$$

が導ける．したがって

$$P^2 = \frac{-1}{2\mathrm{i}\pi} \int_\Gamma R(z) \mathrm{d}z = P$$

である．そこで，$M = \mathrm{Im}\, P, \bar{M} = \mathrm{Ker}\, P$ とおく．

(ii) M が A により不変であることを示す．

$AR(z) = R(z)A$ から，$PA = AP$，そして $AM \subseteqq M$ が導ける．

$\bar{M} = \mathrm{Im}(I - P)$ に対しても同様．

(iii) $[X, \bar{X}]$ と $[X_*, \bar{X}_*]$ を，X と $\bar{X}$ がそれぞれ M と $\bar{M}$ の基底となるような，$\mathbf{C}^n$ の互いに随伴な基底とする．$A_{|M}: M \to M$ はこれらの基底に関して $B = X_*{}^* A X$ と表され，また $A_{|\bar{M}}: \bar{M} \to \bar{M}$ は $\bar{B} = \bar{X}_*{}^* A \bar{X}$ と表される．

$z \in \mathrm{re}(A)$, $z \notin \Gamma$, $t \in \Gamma$ に対して

$$R(z) P = \frac{-1}{2\mathrm{i}\pi} \int_\Gamma R(z) R(t) \mathrm{d}t$$

$$= \frac{-1}{2\mathrm{i}\pi} \int_\Gamma (R(z) - R(t)) \frac{\mathrm{d}t}{z - t}.$$

z を Γ の外側にとったから，$R(z) P = \frac{1}{2\mathrm{i}\pi} \int_\Gamma R(t) \frac{\mathrm{d}t}{z - t}$ が得られる．これは z において正則である．

M と $\bar{M}$ は互いに $\mathbf{C}^n$ の補空間をなす A の不変部分空間であるから，A は随伴基底 $[X, \bar{X}], [X_*, \bar{X}_*]$ に関してブロック対角化される．すなわち，

$$\begin{bmatrix} X_*^* \\ \bar{X}_*^* \end{bmatrix} A[X, \bar{X}] = \left[\begin{array}{c|c} B & 0 \\ \hline 0 & \bar{B} \end{array}\right]$$

であり，$\mathrm{sp}(A) = \mathrm{sp}(B) \cup \mathrm{sp}(\bar{B})$ である．

そして，

$$R(z) = [X, \bar{X}] \begin{bmatrix} (B-zI)^{-1} & 0 \\ 0 & (\bar{B}-zI)^{-1} \end{bmatrix} \begin{bmatrix} X_*^* \\ \bar{X}_*^* \end{bmatrix}$$

である．
$P = XX_*^*$, $I - P = \bar{X}\bar{X}_*^*$ であるから（練習問題 2.1 参照），
$$R(z)P = X(B-zI)^{-1}X_*^*,$$
$$R(z)(I-P) = \bar{X}(\bar{B}-zI)^{-1}\bar{X}_*^*$$
が導かれる．

したがって，$(B-zI)^{-1}$ は Γ の外側の z において正則である．特に，τ のすべての点において正則である．すなわち，$\mathrm{re}(B) \supset \tau$ である．

他方，$R(z)(I-P)$ は Γ の内側で正則であることも $R(z)P$ の場合と同様に示せるから，$\lambda \in \mathrm{re}(\bar{B})$ である．これらのことから，$\mathrm{sp}(B) = \{\lambda\}$, $\mathrm{sp}(\bar{B}) = \tau$ であることが導かれる． □

このようにして，基本定理 2.2.8 により，A は "ブロック対角化可能" である．ここで第一に注意すべきは，定理 2.2.8 のスペクトル射影が，定理 1.7.1 のスペクトル射影と同じものであるということである．P は Γ にはよらず，$R(z)$ の特異点である固有値 λ だけに依存している．

例 2.2.1

$\varepsilon \to 0$ のとき $A(\varepsilon) = \begin{bmatrix} 1 & 1 \\ \varepsilon & 1 \end{bmatrix} \to A = \begin{bmatrix} 1 & 1 \\ 0 & 1 \end{bmatrix}$.

$R(\varepsilon, z) = (A(\varepsilon) - zI)^{-1} = \dfrac{1}{(1-z)^2 - \varepsilon} \begin{bmatrix} 1-z & -1 \\ -\varepsilon & 1-z \end{bmatrix}$.

$A(\varepsilon)$ の固有値は $(1-z)^2 - \varepsilon = 0$ の 2 根，すなわち $\lambda_{1\varepsilon} = 1 + \sqrt{\varepsilon}$ と $\lambda_{2\varepsilon} = 1 - \sqrt{\varepsilon}$ である．それぞれ $\lambda_{1\varepsilon}$ と $\lambda_{2\varepsilon}$ のまわりで積分すると，

$$P_{1\varepsilon} = \frac{1}{2}\begin{bmatrix} 1 & 1/\sqrt{\varepsilon} \\ \sqrt{\varepsilon} & 1 \end{bmatrix}, \quad P_{2\varepsilon} = \frac{1}{2}\begin{bmatrix} 1 & -1/\sqrt{\varepsilon} \\ -\sqrt{\varepsilon} & 1 \end{bmatrix}$$

が得られる。$P_{1\varepsilon}+P_{2\varepsilon}=I$ に注意せよ。

仮定により λ は $\bar{B}$ の固有値ではなく、$(\bar{B}-\lambda I)^{-1}$ が存在する。

定義 行列 $S=\bar{X}(\bar{B}-\lambda I)^{-1}\bar{X}_*^*$ を λ における A の"縮小レゾルベント"と呼ぶ。

S は逆行列 $(\bar{B}-\lambda I)^{-1}$ を全空間に拡張したものである。実際、

$$\begin{bmatrix} X_*^* \\ \bar{X}_*^* \end{bmatrix} S[X, \bar{X}] = \begin{bmatrix} 0 & 0 \\ 0 & (\bar{B}-\lambda I)^{-1} \end{bmatrix}$$

である。
また、$D=(A-\lambda I)P=X(B-\lambda I)X_*^*$ とおく。

補助定理 2.2.9 D はベキ零である。すなわち、ℓ を固有値 λ の指標とすると、$D^\ell=0$ である。

証明 任意の正整数 k に対して、$D^k=(A-\lambda I)^k P=X(B-\lambda I)^k X_*^*$。ところで、$B$ はただ1個の固有値 λ をもつから、$\rho(B-\lambda I)=0$ で $N=B-\lambda I$ はベキ零である。すなわち、$N^\ell=0, N^{\ell-1}\neq 0$ となるような正整数 ℓ が存在する。そこで、$(A-\lambda I)^\ell X=0, (A-\lambda I)^{\ell-1}X\neq 0$ とする。このような ℓ は固有値 λ の指標である（定理 1.6.7）。 □

定理 2.2.10 λ の近傍における $R(z)$ の Laurent 級数展開は

$$R(z) = \frac{-P}{z-\lambda} - \sum_{k=1}^{\ell-1} \frac{D^k}{(z-\lambda)^{k+1}} + \sum_{k=0}^{\infty} (z-\lambda)^k S^{k+1} \quad (2.2.5)$$

と書ける。

証明
$$(B-zI)^{-1} = (B-\lambda I-(z-\lambda)I)^{-1}.$$
定理 2.2.4 により、$(B-zI)^{-1}=-\sum_{k=0}^{\infty}(z-\lambda)^{-k-1}(B-\lambda I)^k$ は $|z-\lambda|>0$ に対し

て，すなわち $z \neq \lambda$ に対して，収束する．$z \neq \lambda$ に対して，関係式

$$R(z)P = (A-zI)^{-1}P = X(B-zI)^{-1}X_*^*$$
$$= \sum_{k=1}^{\ell-1}(z-\lambda)^{-k-1}X(B-\lambda I)^k X_*^*$$
$$= -\frac{P}{z-\lambda} - \sum_{k=1}^{\ell-1}\frac{D^k}{(z-\lambda)^{k+1}}$$

が導かれる．

一方，

$$R(z)(I-P) = \bar{X}(\bar{B}-zI)^{-1}\bar{X}_*^* = \sum_{k=0}^{\infty}(z-\lambda)^k \bar{X}(\bar{B}-\lambda I)^{-k-1}\bar{X}_*^*$$

は，λ の近傍における $R(z)(I-P)$ の Taylor 展開である．定義 $S=\bar{X}(\bar{B}-\lambda I)^{-1}\bar{X}_*^*$ を用いれば，$R(z)P+R(z)(I-P)$ が (2.2.5) を満たすことが結論される． □

以上，"特性多項式 $\pi(\lambda)$ を利用せずに"，レゾルベント $R(z)$ の位数 ℓ の極 λ が，指標が ℓ で代数的多重度が $m=\dim M$ の A の固有値であることを示した．これに関連した Cauchy の積分公式の形に触れておこう．Γ が，re(A) の中に描かれ，sp(A) を囲む Jordan 曲線で，f が sp(A) の近傍で正則な関数ならば，Cauchy の積分公式により

$$f(A) = \frac{1}{2\mathrm{i}\pi}\int_\Gamma f(z)(zI-A)^{-1}\mathrm{d}z \qquad (2.2.6)$$

と定義できる．

"Banach[注1]空間"における線形作用素の有限多重度の孤立固有値についてもこれと全く同様の技法が用いられる（Chatelin (1983) 参照）．

A のスペクトルを互いに素な二つの固有値の部分集合に分割した場合に，上記の話を拡張することは容易である．

$\{\lambda_i\}_1^d$ を A の相異なる d 個の固有値とする．各 λ_i に付随するスペクトル射影（および指標，ベキ零行列，縮小レゾルベント）を P_i（および l_i, D_i, S_i）と記す．

---

[1] Stefan Banach（ステファン・バーナッハ；1892-1945）：クラクフに生まれ，リヴフにて没す．

補助定理 2.2.11

$$\sum_{i=1}^{d} P_i = I.$$

証明 Γ を $\{\lambda_i\}_1^d$ を囲む Jordan 曲線とすると，$\sum_{i=1}^{d} P_i = \frac{-1}{2\mathrm{i}\pi} \int_{\Gamma} R(z) \mathrm{d}z$．$R(z)$ は Γ の外側で正則であるから，$R(z)$ の展開式 (2.2.4) を使用し，変数変換 $z=1/t$ をする．等式 $R(z)\mathrm{d}z = \sum_{k=0}^{\infty} t^{k+1} A^k \frac{\mathrm{d}t}{t^2}$ が成り立つこと，および t が Jordan 曲線 Γ' を負の向きに一巡する ($z=\rho \mathrm{e}^{\mathrm{i}\theta} \Rightarrow z^{-1} = \rho^{-1} \mathrm{e}^{-\mathrm{i}\theta}$) ことから，次の関係式が得られる．

$$\frac{-1}{2\mathrm{i}\pi} \int_{\Gamma} R(z) \mathrm{d}z = \frac{-1}{2\mathrm{i}\pi} \int_{\Gamma'} I \frac{\mathrm{d}t}{t} = \frac{-2\mathrm{i}\pi}{-2\mathrm{i}\pi} I = I. \qquad \square$$

系 2.2.12 $z \in \mathrm{re}(A)$ に対して，$R(z)$ は次のように展開できる．

$$R(z) = \sum_{i=1}^{d} \left[\frac{-P_i}{z-\lambda_i} - \sum_{k=1}^{l_i-1} \frac{D_i^k}{(z-\lambda_i)^{k+1}} \right]. \tag{2.2.7}$$

証明

$$R(z) = R(z) P_i + R(z) \sum_{j \neq i} P_j, \qquad z \in \mathrm{re}(A).$$

これに (2.2.5) を適用する．$S_i P_i = 0$ に注意すれば，(2.2.7) が得られる．

$\square$

系 2.2.13 上記の道筋により，再び，スペクトル分解 (1.7.1)

$$A = \sum_{i=1}^{d} (\lambda_i P_i + D_i)$$

が得られる．

証明 各 λ_i に対して $AP_i = \lambda_i P_i + D_i$ である．$\square$

命題 2.2.14

$$R^*(A, z) = R(A^*, \bar{z}), \qquad z \in \mathrm{re}(A),$$
$$P^*(A, \lambda) = P(A^*, \bar{\lambda}).$$

証明 等式 $(A-zI)^* = A^* - \bar{z}I$ が成り立つ。ゆえに，$R^*(A, z) = R(A^*, \bar{z})$.
λ を A の固有値とし，Γ を λ を他の固有値から隔離する円 $\{z ; z-\lambda = \rho e^{i\theta}, 0 \le \theta \le 2\pi\}$，$\bar{\Gamma}$ を正の向きをもつ Γ に共役な円，Γ^- を Γ の向きを逆にした円とする（図 2.2.3 を見よ）。すると，

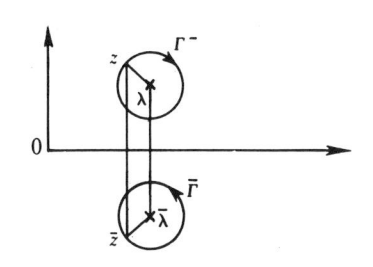

図 2.2.3

$$P^*(A, \lambda) = \left[\frac{-1}{2i\pi} \int_\Gamma R(A, z) dz\right]^* = \frac{-1}{2i\pi} \int_\Gamma R^*(A, z) d\bar{z}$$
$$= \frac{-1}{2i\pi} \int_{\Gamma^-} R(A^*, \bar{z}) d\bar{z} = \frac{-1}{2i\pi} \int_{\bar{\Gamma}} R(A^*, z) dz$$
$$= P(A^*, \bar{\lambda}).$$

系 2.2.15 A が Hermite 行列ならば，$R(z)$ は正規行列で，$P=P^*, \ell=1$ である。

証明 $R^*(z) = R(\bar{z})$ であるから，(2.2.1) により $R^*(z)R(z) = R(z)R^*(z)$. そして $\|R(z)\|_2 = \rho[(A-zI)^{-1}] = \mathrm{dist}^{-1}(z, \mathrm{sp}(A))$.

固有値 λ が実数だから，図 2.2.3 の曲線 Γ は実軸に関して対称とすることができる。したがって $P^* = P$.

このときまた，$D = (A-\lambda I)P = D^*$ となる。すなわち，D はベキ零な Hermite 行列であり，したがって D はゼロ行列である。ゆえに，$D=0, \ell=1$. □

2.3 縮小レゾルベント，部分逆行列

2.3.1 縮小レゾルベント

多重度 m の固有値 λ における縮小レゾルベントは $S = \bar{X}(\bar{B}-\lambda I)^{-1}\bar{X}_*^*$ であるということを思い出そう．$\delta = \mathrm{dist}(\lambda, \mathrm{sp}(A)-\{\lambda\}) > 0$ とおく．

命題 2.3.1 S は次の諸性質を満たす：
(i) $\|S\| \geq \delta^{-1}$;
(ii) A が Hermite 行列ならば，$\|S\|_2 = \delta^{-1}$;
(iii) $\bar{X}$ が正規直交基底ならば，$\|S\|_2 \leq \|\bar{X}_*\|_2 \|(\bar{B}-\lambda I)^{-1}\|_2$.

証明
(i) S の非零固有値は $(\bar{B}-\lambda I)^{-1}$ の非零固有値である．したがって $\delta^{-1} = \rho(S) \leq \|S\|$.
(ii) A が Hermite 行列ならば，$\bar{X}_* = \bar{X}$ と選べば（選べる！），$\bar{B}$ も S も Hermite 行列である．
(iii) $\|\bar{X}\|_2 = 1$ より明らか． □

このように，$\|S\|_2$ は δ に依存するとともに，$\bar{B}$ の Jordan 基底（あるいは固有ベクトルの組）の条件数にも依存する．

$X_*^* b = 0$ を満たすベクトル b に対して，n 個の未知数（z の成分）をもつ階数 n の $n+m$ 元連立方程式

$$\begin{cases} (A-\lambda I)z = b, \\ X_*^* z = 0 \end{cases} \tag{2.3.1}$$

の解を，S を用いて表すことができるのは明らかであろう．
(2.3.1) は一意の解をもち，それは $z = Sb$ と表される．
実際には，(2.3.1) は，Gauss の消去法あるいは Schmidt 分解を使って解くことができる（練習問題 2.2 を見よ）．しかし，できることなら，n 個の未知数

をもつ正則な n 元連立方程式を解くことに帰着したいものである．

補助定理 2.3.2 $\lambda \neq 0$ なら，b が $X_*^* b = 0$ を満たすときの (2.3.1) の一意の解 z は連立方程式
$$(I-P)Az - \lambda z = b \tag{2.3.2}$$
の解である．

証明 (2.3.2) は
$$[X, \bar{X}] \left[\begin{array}{c|c} -\lambda I & 0 \\ \hline 0 & \bar{B} - \lambda I \end{array}\right] \begin{bmatrix} X_*^* \\ \bar{X}_*^* \end{bmatrix} z = b,$$
あるいはまた，
$$\begin{cases} -\lambda X_*^* z = 0 \\ (\bar{B} - \lambda I) \bar{X}_*^* z = \bar{X}_*^* b \end{cases}$$
と書ける．

$\lambda \neq 0$ なら，これらの方程式は $X_*^* z = 0$, $\bar{X}_*^* z = (\bar{B} - \lambda I)^{-1} \bar{X}_*^* b$ と等価，すなわち $z = Sb$ と等価である． □

階級 n の連立方程式 (2.3.2) は標準的な方法で解くことができる．

2.3.2 部分逆行列

スペクトル射影 P は，右不変部分空間 M と左不変部分空間 M_* の基底が既知であると仮定して作られている．しかし，これら両部分空間の基底を定めるのは"手間がかかる"こともある．そこで，"右"不変部分空間 M しか必要としない部分逆行列という概念を導入しよう．

X を M の基底とし，Y を部分ベクトル空間 N (M_* でなくてもよい) に属する (X の) 随伴基底とする．以下では，$\omega(M, N) < 1$, すなわち $\theta_{\max} < \frac{\pi}{2}$ と仮定しよう．$\Pi = XY^*$ は，$N^\perp = W$ に沿っての M の上への射影である．X, Y から $\mathbf{C}^n$ の随伴基底 $[X, \underline{X}]$, $[Y, \underline{Y}]$ を作る．行列 A は
$$\begin{bmatrix} Y^* \\ \underline{Y}^* \end{bmatrix} A [X, \underline{X}] = \begin{bmatrix} Y^* AX & Y^* A\underline{X} \\ 0 & \underline{Y}^* A\underline{X} \end{bmatrix} = \begin{bmatrix} B & C \\ 0 & \underline{B} \end{bmatrix}$$

に相似である．ここで，$B = Y^*AX = X_*^*AX$（補助定理1.7.4），$\underline{B} = \underline{Y}^*A\underline{X}$.

$\mathrm{sp}(B) \cap \mathrm{sp}(\underline{B}) = \emptyset$ であることに注意しよう．

定理 2.3.3 A が随伴基底 $[X, \underline{X}], [Y, \underline{Y}]$ に関して $\begin{bmatrix} B & C \\ 0 & \underline{B} \end{bmatrix}$ という形のブロック三角になるならば，

$$\bar{X} = \underline{X} - XR, \quad X_* = Y + \underline{Y}R^*, \quad \bar{X}_* = \underline{Y}$$

(ただし $R = (B, \underline{B})^{-1}C$)

により定義される随伴基底 $[X, \bar{X}], [X_*, \bar{X}_*]$ で，A がそれらに関して $\begin{bmatrix} B & 0 \\ 0 & \underline{B} \end{bmatrix}$ という形のブロック対角になるようなものが存在する．

証明

$$\begin{bmatrix} Y^* + R\underline{Y}^* \\ \underline{Y}^* \end{bmatrix} A[X, \underline{X} - XR] = \begin{bmatrix} B & 0 \\ 0 & \underline{B} \end{bmatrix}$$

であるための必要十分条件が $R = (B, \underline{B})^{-1}C$ であることは簡単に証明できる（1.12.3節参照）． □

2.3.1節の記法を使うと，

$$\bar{B} = \bar{X}_*^* A \bar{X} = \underline{Y}^* A(\underline{X} - XR) = \underline{Y}^* A\underline{X} = \underline{B}.$$

定理2.3.3においては基底 $\underline{X}, \underline{Y}$ から基底 $\bar{X}, \bar{X}_*$ を定めたが，命題2.3.4においても見られるように，この特別な選び方をしたために上の事実が得られたのである．

直和分解 $M \oplus N^\perp, M \oplus \bar{M}$ にそれぞれ付随する任意の基底 $[X, \underline{X}], [X, \bar{X}]$ が与えられたとき，それらに付随する行列 $B = Y^*AX$ と $\bar{B} = \bar{X}_*^* A\bar{X}$ とは，同じ Jordan 標準形をもつから相似である（練習問題 2.3 参照）．この相似性についてもっと詳細に調べよう．

命題 2.3.4 随伴基底が2組 $(\bar{X}, \bar{X}_*), (X, Y)$ 与えられたとき，$\bar{X}_* = YG, \bar{B} = G^*BG^{-*}$ を満たす正則行列 G が存在する．

証明 $X, Y (\bar{X}, \bar{X}_*)$ を部分ベクトル空間 $N^\perp, M^\perp (\bar{M}, \bar{M}_*)$ の随伴基底であるとする．ところで，$M^\perp = \bar{M}_*$ であるから，Y と $\bar{X}_*$ とは同一の部分ベクトル

空間の二つの基底である．そこで，$\bar{X}_* = \underline{Y}G$ を満たす正則行列 G が存在する．N における $\bar{X}_*$ の随伴基底を $\underline{X}'$ としよう．すると，$\underline{X}' = \underline{X}G^{-*}$ であり，$\bar{B} = \bar{X}_*^* A \bar{X} = \bar{X}_*^* A \underline{X}'$ であることがわかる．

したがって，$\bar{B} = G^* \underline{Y}^* A \underline{X} G^{-*} = G^* \underline{B} G^{-*}$．

行列 G は，$M^\perp$ における基底 $\underline{Y}$ と $\bar{X}_*$ の選び方に依存する．たとえば，定理 2.3.3 においては基底 $\bar{X}, \bar{X}_*$ を $G = I$ となるように選んだ． □

λ は $\bar{B}$ の固有値ではないから，$\underline{B}$ の固有値でもない．そこで $N^\perp$ における "部分逆行列" Σ を
$$\Sigma = \underline{X}(\underline{B} - \lambda I)^{-1} \underline{Y}^*$$
によって定義することができる．

補助定理 2.3.5 $\lambda \neq 0$ ならば，$Y^* b = 0$ を満たす b を右辺とする方程式 $(I - \Pi) A z - \lambda z = b$ は一意解 $z = \Sigma b$ をもつ．

証明 練習問題 2.4 を見よ． □

$[Q, \underline{Q}]$ を $\mathbf{C}^n$ の正規直交基底で，$Q(\underline{Q})$ が $M(M^\perp)$ の正規直交基底であるようなものとする．すると，射影 $P^\perp = QQ^*$ は M の上への直交射影である．($M^\perp$ における) 対応する部分逆行列は
$$\Sigma^\perp = \underline{Q}(\underline{B} - \lambda I)^{-1} \underline{Q}^*, \quad \underline{B} = \underline{Q}^* A \underline{Q}$$
で定義される．$\|\Sigma^\perp\|_2 = \|(\underline{B} - \lambda I)^{-1}\|_2$ であるが，その証明は読者に残しておく．

2.4 ブロック縮小レゾルベント

2.4.1 ブロック縮小レゾルベント

前節までに定義した縮小レゾルベントは，一つの多重固有値に対して左不変部分空間と右不変部分空間の基底が知られている場合に関するものであった．数値的には，多重固有値は一般にいくつかの隣接した固有値の集合に近いも

であり，それら個々の固有値に付随するレゾルベントは，各固有値と残りのスペクトルとの距離が小さいため，悪条件である．そこで，多重固有値に近いような固有値の集合をまとめて取り扱うことができるようにしたい．

$\{\mu_i\}_1^r$ を，多重度も考慮して数えて r 個の A の固有値の集まり，すなわち"ブロック"であって，それらの固有値は残りのスペクトルからは離れているとしよう．これらの固有値を同時に取り扱おう．$M = \bigoplus_{i=1}^{r} M_i$ を付随する不変部分空間，M_* を左不変部分空間，$P = XX_*^*$ をスペクトル射影とする．$\bar{M} = \mathrm{Im}(I-P) = M_*^{\perp}$ は不変部分補空間であるとする．

$B = X_*^* A X$ は基底 X, X_* に関する $A_{|M}$ の表現であり，$AX = XB$, $X_*^* A = BX_*^*$ を満足する．さらに，$\bar{B} = \bar{X}_*^* A \bar{X}$ は，X, X_* の補基底 $\bar{X}, \bar{X}_*$ に関する $A_{|\bar{M}}$ の表現となっている．

$\sigma = \mathrm{sp}(B) = \{\mu_i\}_1^r$, $\tau = \mathrm{sp}(\bar{B})$，また $\delta = \mathrm{dist\text{-}min}(\sigma, \tau)$ とおく，仮定により δ は正である．

一つのブロックに異なる固有値が含まれていてもよいとしたので，縮小レゾルベントの概念を次のように一般化する．

定義 線形写像 $S = \bar{X}(\bar{B}, B)^{-1} \bar{X}_*^*$ は，$\{\mu_i\}_1^r$ に関する"ブロック縮小レゾルベント"である．ここで，$(\bar{B}, B)^{-1}$ は，$\mathbf{C}^{(n-r) \times r}$ 上で定義される線形写像 $Z \mapsto \bar{B}Z - ZB$ の逆写像である．

命題 2.4.1 S は次の性質を満たす．
(i) $\|S\|_p \leq \|\bar{X}\|_2 \|\bar{X}_*\|_2 \|(\bar{B}, B)^{-1}\|_p$　（$p = 2$ あるいは F）；
(ii) $\|S\| \geq \delta^{-1}$；
(iii) A が Hermite 行列なら，$\|S\|_F = \delta^{-1}$.

証明
(i) $\|SZ\|_p = \|\bar{X} \underbrace{((\bar{B}, B)^{-1} \bar{X}_*^* Z)}_{U}\|_p = \|\bar{X}U\|_p$.

$p = 2$ のときには，スペクトル・ノルムはユークリッド・ノルムから導かれるものなので，(i) の結果はただちに得られる．

$p = \mathrm{F}$ のとき，$U = [u_1, \cdots, u_r]$ とおけば

$$\|\bar{X}U\|_F^2 = \sum_{i=1}^{r}\|\bar{X}u_i\|_2^2$$

$$\leq \|\bar{X}\|_2^2 \sum_{i=1}^{r}\|u_i\|_2^2 = \|\bar{X}\|_2^2 \|U\|_F^2.$$

そして，

$$\|U\|_F \leq \|(\bar{B}, B)^{-1}\|_F \|\bar{X}_*{}^*Z\|_F \leq \|(\bar{B}, B)^{-1}\|_F \|\bar{X}_*\|_2 \|Z\|_F.$$

(ii) 命題 1.12.2 および $\mathrm{sp}(\mathsf{S})=\mathrm{sp}((\bar{B}, B)^{-1}) \cup \{0\}$ という事実からいえる．

(iii) $\omega(M^{\perp}, M_*^{\perp})<1$ であるから，$M_*^{\perp}, M^{\perp}$ それぞれの中に基底 $\bar{X}, \bar{X}_*$ を選んで $\bar{X}^*\bar{X}=\bar{X}_*{}^*\bar{X}=I$ とすることができる．そこで，Θ を正準角の対角行列とすれば，命題 1.2.4 により，$\bar{X}_* \sim \cos^{-1} \Theta$．また，$\|\bar{X}\|_2=1, \|\bar{X}_*\|_2 \geq 1$ がいえる．$M=M_*$ ならば $\|\bar{X}\|_2=\|\bar{X}_*\|_2=1$ であることにも注意せよ．

A が Hermite 行列ならば，正規直交基底 $[Q, \bar{Q}]$ を選べば B と $\bar{B}$ も Hermite 行列になる．したがって，$\|\mathsf{S}\|_F=\|(\bar{B}, B)^{-1}\|_F=\boldsymbol{\delta}^{-1}$． □

R を $n \times r$ 型の行列で $X_*{}^*R=0$ を満たすものとする．

補助定理 2.4.2 B が正則ならば，方程式

$$\begin{cases} AZ-ZB = R, \\ X_*{}^*Z = 0 \end{cases}$$

と

$$(I-P)AZ-ZB = R$$

とは，同一の解 $Z=\mathsf{S}R$ をもつ．

証明 補助定理 2.3.2 の証明と同様．方程式 $\lambda X_*{}^*z=0$ は $(X_*{}^*Z)B=0$ で置き換える．$(X_*{}^*Z)B=0$ が一意解 $X_*{}^*Z=0$ をもつための必要十分条件は B が正則であることである． □

$\sigma=\{\lambda\}$ が代数的多重度 m の固有値一つだけを含むとき，ブロック縮小レゾルベントの概念はどのようになるであろうか．二つの場合を区別して調べてみよう．

a) λ が半単純で，$B=\lambda I_m$ となるとき：Sylvester の方程式は完全に分離されて，S は縮小レゾルベント S と同一のものと見なしてよい．

b) λ が欠陥をもつとき：この場合には，縮小レゾルベント S とブロック縮小レゾルベント $\mathbf{S}$ とは二つの異なる概念となる．2.9節において，この場合には，解析的摂動理論に登場するのはブロック縮小レゾルベントの概念の方であるということが見られるであろう．

2.4.2 ブロック部分逆行列

縮小レゾルベントの場合と同様に，ブロック縮小レゾルベントを利用するときにも，スペクトル射影が知られている，すなわち左右両方の不変部分空間が知られている，と仮定した．今度は，部分逆行列の概念を複数の固有値からなるブロックに対して拡張しよう．

ここでは新たに，$\Pi = XY^*$ が M の上への射影ではあるが必ずしもスペクトル射影とは限らないとし，$N^{\perp} = \mathrm{Ker}\,\Pi$ とおく．

定義 線形写像 $\mathbf{\Sigma} = \underline{X}(\underline{B}, B)^{-1}\underline{Y}^*$ のことを，$N^{\perp}$ において定義される $\{\mu_i\}_{\overline{i}}$ に関する"ブロック部分逆行列"と呼ぶ．ここで，$\underline{B} = \underline{Y}^* A\underline{X}$ である．

$\underline{Q}$ が $M^{\perp}$ の直交基底で，$\underline{B} = \underline{Q}^* A\underline{Q}$，$\mathbf{\Sigma}^{\perp} = \underline{Q}(\underline{B}, B)^{-1}\underline{Q}^*$ ならば，特に $N = M$ と選ぶことができる．$p=2, \mathrm{F}$ のそれぞれのノルムに対して $\|\mathbf{\Sigma}^{\perp}\|_p = \|(\underline{B}, B)^{-1}\|_p$ を証明する仕事は読者に残しておく．

2.5 行列 A の線形摂動

与えられた行列 A の固有値を計算しようとするとき，丸め誤差や公式誤差が存在するために，数値的には，A そのものではなく A の"近傍"にある行列 $A' = A + H$ の固有値を定めることにならざるをえない．ここで，H は"小さな"ノルムをもつ行列で，摂動と呼ばれるものである．A' の固有値，固有ベクトルなどの知識から A の固有値，固有ベクトルなどの情報を引き出すことができるようにするために，複素パラメータ t をもつ行列の族 $A(t) = A' - tH$ を考えるのが有用であろう．この族においては，$A(0) = A'$ と $A(1) = A$ が満たされている．すなわち，これは A と A' の間を結ぶホモトピーを考えるとい

うことである．以下で扱う問題は
$$(A(t)-zI)x(t) = b, \quad A(t)x(t) = \lambda(t)x(t)$$
である．

関数 $x(t)$ と $\lambda(t)$ とが，中心が 0 で $t=1$ を含む円盤の中で解析的であるならば，問題
$$(A-zI)x = b, \quad Ax = \lambda x$$
の解 x と λ は，
$$(A'-zI)x' = b, \quad A'x' = \lambda'x'$$
の既知の解 x', λ' から反復計算で求めることができる．

多重度が m で指標が ℓ' の A' の固有値 λ' だけを囲み $\text{re}(A')$ に含まれる Jordan 曲線 Γ を考える．形式的に
$$R(t,z) = (A(t)-zI)^{-1}, \quad z \in \text{re}(A'),$$
$$P(t) = \frac{-1}{2\mathrm{i}\pi}\int_\Gamma R(t,z)\mathrm{d}z$$
と定義し，これらの関数の $t=0$ の近傍における解析性を調べよう．

$z \in \text{re}(A')$ に対して $R'(z) = (A'-zI)^{-1}$ とおく．

補助定理 2.5.1
$$\rho(HR'(z)) = \rho(R'(z)H) = \rho[I-(A-zI)R'(z)]. \qquad (2.5.1)$$

証明 $HR'(z) = (A'-A)R'(z) = I-(A-zI)R'(z)$．一方，定義 $\rho(A) = \lim_k \sup \|A^k\|^{1/k}$ から $\rho(HR'(z)) = \rho(R'(z)H)$ が導かれる．2.12 節も参照せよ． □

補助定理 2.5.2 $R(t,z)$ は円盤 $\{t\,;|t|<\rho^{-1}(HR'(z))\}$ において解析的であり，Taylor 展開できる：
$$R(t,z) = \left(\sum_{k=0}^\infty t^k[R'(z)H]^k\right)R'(z) = R'(z)\sum_{k=0}^\infty t^k[HR'(z)]^k.$$

証明 $A(t)-zI = A'-zI-tH = (A'-zI)(I-tR'(z)H)$ から
$$[(A'-zI)(I-tR'(z)H)]^{-1} = \left(\sum_{k=0}^\infty t^k[R'(z)H]^k\right)R'(z).$$
t が右辺の級数の収束円の内部にあるための必要十分条件は $|t|\rho(R'(z)H) < 1$

である．第2の関係式は $A(t) - zI = (I - tHR'(z))(A' - zI)$ を用い，同様にして導き出せる． □

このことからただちに，$\rho(R'(z)H) < 1$ ならば，$t=1$ が上記の円盤に属することがいえる．$\rho(R'(z)H) < 1$ は古典的な条件 $\|H\| < \|R'(z)\|^{-1}$ が満たされればもちろん成り立つが，下記の例に示されているように，行列 H のノルムがもっと大きくても成り立つことがある．

例 2.5.1 $\mathbf{R}^2$ の行列 $A = \begin{bmatrix} 0 & 0 \\ 0 & 2 \end{bmatrix}$, $H = \begin{bmatrix} 0 & y \\ x & 0 \end{bmatrix}$, $A(t) = \begin{bmatrix} 0 & ty \\ tx & 2 \end{bmatrix}$, $A(1) = B = \begin{bmatrix} 0 & y \\ x & 2 \end{bmatrix}$ を考える．固有値 0 を取り巻く円周 $\{z; |z|=1\}$ を Γ と記し，z が Γ を一巡するとき $t=1$ において $R(t, z)$ が解析的であることが保証されるような行列 H の集合を定めたい．

$$R(z) = (A - zI)^{-1} = \begin{bmatrix} -\dfrac{1}{z} & 0 \\ 0 & \dfrac{1}{2-z} \end{bmatrix}, \quad HR(z) = \begin{bmatrix} 0 & \dfrac{y}{2-z} \\ -\dfrac{x}{z} & 0 \end{bmatrix},$$

$$\rho(HR(z)) = \left| \dfrac{xy}{z(2-z)} \right|^{1/2}, \quad \|H\|_2 = \max(|x|, |y|),$$

$$\max_{z \in \Gamma} \|R(z)\|_2 = \max_{z \in \Gamma} \left[\dfrac{1}{|z|}, \dfrac{1}{|2-z|} \right] = 1, \quad \max_{z \in \Gamma} \rho(HR(z)) = |xy|.$$

z が Γ を一巡するとき，条件 $\|H\|_2 < (\max_{z \in \Gamma} \|R(z)\|_2)^{-1} = 1$ は $\max(|x|, |y|) < 1$ に対して成り立つが，条件 $\max_{z \in \Gamma} \rho(HR(z)) < 1$ は $|xy| < 1$ に対して成り立つ．

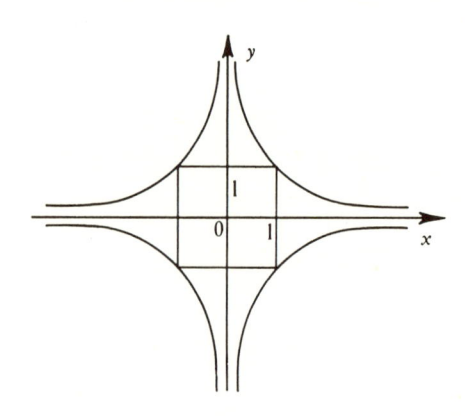

図 2.5.1

対応する集合は，それぞれ，図2.5.1に示すように，x, y 平面上に描かれた正方形の内部と2組の双曲線の内部とである．$x=\sqrt{n}, y=1/n$ と選ぶと，$n\to\infty$ のとき $xy=1/\sqrt{n}\to 0$ であるが，しかし，$\|H\|_2=n^{1/2}\to\infty$ である．

2.6 レゾルベントの解析性

補助定理2.5.2によれば，$R(t, z)$ は $|t|<\rho^{-1}(HR'(z))$ に対して解析的である．そのとき $x(t)=R(t, z)b$ はいろいろな方法で $x'=R'(z)b$ から計算できる．

命題 2.6.1 $|t|<\rho^{-1}(HR'(z))$ であるとき，$y_0=x'$, $y_k=[R'(z)H]^k x'=R'(z)Hy_{k-1}$, $k\geq 1$, として，級数 $x(t)=\sum_0^\infty t^k y_k$ は収束する．

証明 補助定理2.5.2からただちにいえる． □

$\rho(HR'(z))<1$ ならば，$x_0=y_0=x'$ として $k\to\infty$ のとき $x_k=\sum_{\ell=0}^k y_\ell \to x$ である．

補助定理 2.6.2 等式
$$x_k = x_{k-1}+R'(z)[b-(A-zI)x_{k-1}], \qquad k\geq 1, \qquad (2.6.1)$$
$$x_k = x'+R'(z)(A'-A)x_{k-1}, \qquad k\geq 1, \qquad (2.6.2)$$
が成り立つ．

証明 k に関する帰納法で証明する．
$$y_1 = R'(z)Hy_0,$$
$$Hy_0 = (A'-zI)x_0-(A-zI)x_0 = b-(A-zI)x_0,$$
$$\begin{aligned}
y_{k+1} &= R'(z)Hy_k = R'(z)[(A'-zI)-(A-zI)]y_k \\
&= y_k - R'(z)(A-zI)y_k \\
&= R'(z)[b-(A-zI)x_{k-1}-(A-zI)y_k] \\
&\qquad [\text{帰納法の仮定 (2.6.1) による}] \\
&= R'(z)[b-(A-zI)x_k] = x_{k+1}-x_k
\end{aligned}$$

[これが (2.6.1)]
$$y_1+\cdots+y_k = x_k - x' = R'(z)H(y_0+\cdots+y_{k-1})$$
$$= R'(z)Hx_{k-1}. \qquad \square$$

式 (2.6.2) を用いるには $A'-A$ を知らなければならないが，(2.6.1) を用いるときは方程式の x_{k-1} における剰余（すなわち，$b-(A-zI)x_{k-1}$）だけが知られていればよい．$k\to\infty$ のとき $x_k-x_{k-1}\to 0$ であるから，x への効果的な収束を得るためには，剰余は"反復が進むにつれて精度を高めながら"計算しなければならないということに注意すべきである．

例 2.6.1 方程式 $Ax=b$ の近似解 x' が知られているとする．x' は $A'x'=b$ の正確な解であるとする．たとえば，x' が単精度で A を Gauss の LU 分解することによって得られた結果であるとする．x' から出発する反復改良法というのは，$x_0=x'$ から出発し，方程式

$$A'\delta_k = b - Ax_{k-1} = r_k, \qquad k \geq 1 \qquad (2.6.3)$$

を解いて $\delta_k = x_k - x_{k-1}$ を定めていく方法である．$k\to\infty$ のとき $x_k\to x$ となるための必要十分条件は，$\rho((A'-A)A'^{-1}) = \rho(I-AA'^{-1}) = \rho(I-A'^{-1}A) < 1$ であることである．以上の議論は演算が"正確"であるとすれば正しい．有限桁の浮動小数点演算を用いる計算では，r_k の計算に用いる精度に応じた近似解への収束が得られる．それでは，剰余を倍精度で計算し，方程式 (2.6.3) を単精度で計算することによって，倍精度の解 x を得ることができるであろうか？ 答は肯定的である．実際，次のようにすればよい．$k=0$ のとき，$x_0=x'$（たとえば，LU 分解で求めた解）が単精度で知られているとする．倍精度の数にするために 0 を並べて桁を伸ばす．次に，ベクトル b, Ax' そして $r_1 = b - Ax'$ を"倍精度で"計算する．$k=1$ のとき，r_1 を単精度に丸める．$A'\delta_1 = r_1$ を（単精度で）解き，$x_1 = x_0 + \delta_1$ を倍精度で計算する．このやり方を剰余が倍精度で 0 になるまで繰り返す．練習問題 2.5 を見よ．

2.7 スペクトル射影の解析性

命題 2.2.7 により，$z\mapsto\rho(HR'(z))$ は $\mathrm{re}(A')$ において上半連続な関数であ

る．したがって，z がコンパクトな Γ を一巡するとき，この関数は Γ の上に最大値をもつ．

命題 2.7.1 スペクトル射影 $P(t) = \dfrac{-1}{2\mathrm{i}\pi} \int_\Gamma R(t,z)\mathrm{d}z$ は円盤 $\delta_{r'} = \left\{ t\,;\, |t| < \left(\max\limits_{z\in\Gamma} \rho(HR'(z)) \right)^{-1} \right\}$ の中で解析的である．

証明 $P(t)$ は $\delta_{r'}$ の中の t に対してきちんと定義されている．$t_0 \in \delta_{r'}$ を選び，その近傍 $\left\{ t\,;\, |t-t_0| < \left(\max\limits_{z\in\Gamma} \|HR(t_0,z)\| \right)^{-1} \right\}$ をとる．

すると，$R(t,z) = R(t_0,z) \sum\limits_{k=0}^{\infty} (t-t_0)^k HR(t_0,z)^k$ は Γ 上の z に対して一様に収束する．Γ 上で積分することにより，ただちに，$P(t)$ が t_0 のまわりで解析的であることを証明できる． □

補助定理 2.7.2 射影 $P(t)$ が t の連続関数であるならば，$\mathbf{C}$ の連結な領域の中を t が動くとき $\mathrm{Im}\,P(t)$ の次元は変化しない．

証明 定理 1.4.2 は，写像 $t \mapsto \dim \mathrm{Im}\,P(t)$ が連続関数であることを示している．その関数が整数値をとるのであるから，それは一定でなければならない． □

したがって，t が $\delta_{r'}$ の中を動くとき，不変部分空間 $M(t) = \mathrm{Im}\,P(t)$ の次元は一定で m に等しい．すなわち，Γ の内部において $A(t)$ の固有値の代数的多重度の総和は変わらない．$A(t)_{|M(t)}$ を表す $m \times m$ 型の行列を $B(t)$ としよう．$\hat{\lambda}(t) = \dfrac{1}{m} \mathrm{tr}\,B(t)$ は Γ の内部にある $A(t)$ の固有値の算術平均を表す．

命題 2.7.3 $\hat{\lambda}(t)$ および $B(t)$ は $\delta_{r'}$ において解析的である．

証明 $t_0 \in \delta_{r'}$ とする．$P(t_0)$ を $P(t_0) = X_0 Y_0^*$ と書き表す．$t \to t_0$ のとき，$P(t) \to P(t_0)$, $G(t) = Y_0^* P(t) X_0 \to I$ である．補助定理 1.2.4 により，$P(t) X_0$ の列ベクトルは $\mathrm{Im}\,P(t)$ の一つの基底をなし，Y_0 により生成される部分ベクトル空間におけるその随伴基底は $Z(t) = Y_0 G(t)^{-*}$ である．行列 $B(t) = Z^*(t) A(t) P(t) X_0$ は，随伴基底 $P(t) X_0$ と $Z(t)$ に関する $A(t)_{|M(t)}$ の表現であり，$B(t) = G(t)^{-1} Y_0^* (A' - tH) P(t) X_0$ である．ところで，$t \to t_0$ のとき

$G(t) \to I$ であるから $G(t)^{-1}$ は t_0 の近傍で解析的であり,したがって,$B(t)$ は解析的で $m\hat{\lambda}(t) = \text{tr} B(t)$ である. □

命題 2.7.3 から,"単純な"固有値は t の解析関数であるという結論が出せる.しかし,一般には,多重固有値に対してはこの性質はもはや成り立たない.

例 2.7.1 $A(t) = \begin{bmatrix} 0 & 1 \\ t & 0 \end{bmatrix}$ は固有値 $\pm\sqrt{t}$ をもつ.$A(0) = \begin{bmatrix} 0 & 1 \\ 0 & 0 \end{bmatrix}$ の固有値は 0 で,多重度 2,指標 2 である.$A(t)$ の固有値の平均は一定で 0 に等しいことは明らか.$B(t) = \begin{bmatrix} t & 1 \\ t & 0 \end{bmatrix}$ の固有値は $\dfrac{t \pm \sqrt{t(t-4)}}{2}$ で,その平均は t である.

2.8 Rellich-Kato 級数展開

$\delta_{r'}$ の中の t に対して,$P(t)$ と $\hat{\lambda}(t)$ の t に関する Taylor 級数展開の形を定めよう.この展開式は "Rellich[注1]-Kato 級数" 展開という名で知られている.以下では,P' は,指標が ℓ' の固有値 λ' に付随した A' のスペクトル射影を表すものとする.

定理 2.8.1 $\delta_{r'}$ の中の t に対して,次のような展開が存在する:

$$P(t) = P' - \sum_{k=2}^{\infty} t^{k-1} \sum_{*} S'^{(p_1)} H S'^{(p_2)} \cdots H S'^{(p_k)},$$

$$\hat{\lambda}(t) = \lambda' + \frac{1}{m} \sum_{k=1}^{\infty} t^k \frac{1}{k} \sum_{*} \text{tr}[H S'^{(p_1)} \cdots H S'^{(p_k)}].$$

ただし

$$* = \{p_i \geq -\ell'+1, i=1,\cdots,k ; \sum_{i=1}^{k} p_i = k-1\},$$

$$S'^{(0)} = -P', \quad S'^{(-p)} = D'^p, \quad S'^{(p)} = S'^p \quad (p>0 \text{ のとき}),$$

$$D' = (A' - \lambda' I) P', \quad S' = \lim_{z \to \lambda'} R'(z)(I - P').$$

---

[1] Franz Rellich(フランツ・レリッヒ;1906-1955):トラミンに生まれ,ゲッチンゲンにて没す.

証明 読者は，Kato の本 pp. 74-80 にある証明を参照されたい． □

係数が複雑であるため，これらの展開式はただ理論的な興味の対象でしかない．次節で Rayleigh-Schrödinger[注1]級数展開を調べることにするが，それは係数が漸化式で計算できることと，$\varGamma$ が A' の"複数の"固有値 $\{\mu_i'\}_1^r$ を囲む場合にも適用できるという二重の長所を有している．

2.9 Rayleigh-Schrödinger 級数展開

$\{\mu_i'\}_1^r$ は，多重度を考慮して数えて r 個の A' の固有値よりなるブロックで，残りのスペクトルからは孤立しているとする．これら r 個の固有値を同時に取り扱いたい．$\varGamma$ を，re(A') の中に描かれた Jordan 曲線で，$\{\mu_i\}_1^r$ を sp(A') の残りの部分から分離するものとする．$\{\mu_i'\}_1^r$ に付随する不変部分空間 M' の基底を X'，$\omega(M',N)<1$ を満たす部分空間 N の随伴基底を Y とする．すなわち，$Y^*X'=I$. このとき，$\varPi'=X'Y^*$ は，$N^\perp=W$ に沿っての M' の上への射影である．

$\omega(M(t),N)<1$ なら，$\varGamma$ の内部にある固有値に付随する $A(t)$ の不変部分空間 $M(t)$ の中に $Y^*X(t)=I$ となるような基底 $X(t)$ を選ぶことができる．すると，$B(t)=Y^*A(t)X(t)$ は $r\times r$ 型の行列で，基底 $X(t)$ と Y に関して $A(t)_{\restriction M(t)}$ を表現する行列である．

$X(t)$ と $B(t)$ が t において解析的であるならば，$X(t)=\sum_{k=0}^{\infty}t^k Z_k$, $B(t)=\sum_{k=0}^{\infty}t^k C_k$ という形の級数展開が存在する．これらの級数の係数を計算しよう．

$[X', \underline{X'}]$ と $[Y, \underline{Y}]$ を $\mathbf{C}^n$ の1組の随伴基底とする．$B'=Y^*A'X'$, $\underline{B'}=\underline{Y}^*A'\underline{X'}$ とおく．仮定により $\sigma'=\mathrm{sp}(B')$ は A' の固有値のブロックをなしている．そして，ブロック σ' に関する ($N^\perp$ における) ブロック部分逆行列 $\varSigma'=\underline{X'}(\underline{B'},B')^{-1}\underline{Y}^*$ が定義される．

命題 2.9.1 係数 Z_k と C_k は次の漸化式の解として定められる．

---

[1] Erwin Schrödinger (エルヴィン・シュレーディンガー; 1887-1961)：ヴィーンに生まれ，アルプバッハにて没す．

$$C_0 = B', \quad C_k = Y^*(A'Z_k - HZ_{k-1}), \qquad k \geq 1,$$
$$Z_0 = X', \quad Z_k = \Sigma'\Big[HZ_{k-1} + \sum_{i=1}^{k-1} Z_{k-i} C_i\Big], \qquad k \geq 1.$$

なお，$\sum_{i=1}^{0} = 0$ と約束する．

証明 方程式
$$\begin{cases} (A' - tH)X(t) = X(t)Y^*(A' - tH)X(t), \\ Y^*X(t) = I \end{cases}$$
において t^k の係数を等しいとおくことによって，帰納法で証明する．

$k=0$ のとき，$Z_0 = X'$ と選べる．したがって $Y^*Z_0 = I$, $C_0 = B'$．

$k=1$ のとき，連立方程式
$$\begin{cases} (I - \Pi')A'Z_1 - Z_1 B' = (I - \Pi')HZ_0, \\ Y^*Z_1 = 0 \end{cases}$$
が得られるが，これは一意解 $Z_1 = \Sigma' HZ_0$ をもつ．そこで，$C_1 = Y^*(A'Z_1 - HZ_0)$．証明の最後の部分は読者に残しておく． □

注意 $Y = X_*'$ と選べば，Π'（および Σ'）は P'（および S'）となり，また $X_*'A'Z_k = B'X_*'^*Z_k = 0$ である．したがって $C_k = -X_*'^* HZ_{k-1}$．

補助定理 2.9.2 $t \in \delta_r'$ に対して $\rho[(P(t) - P')\Pi'] < 1$ ならば，行列 $S(t) = (Y^*P(t)X')^{-1}$ は δ_r' の中で解析的であり，$\Pi(t) = P(t)X'S(t)Y^*$ は $N^\perp$ に沿っての $M(t)$ の上への射影を定義する．

証明 $P(t)$ は δ_r' の中の t に対して解析的である．さらに，
$$\rho[Y^*(P(t) - P')X'] = \rho[(P(t) - P')X'Y^*] < 1.$$
したがって $I + Y^*(P(t) - P')X' = Y^*P(t)X'$ が存在して，δ_r' の中の t に対して逆行列をもつ．その逆行列 $S(t) = (Y^*P(t)X')^{-1}$ は $\Pi'P(t)_{|M'}$ の表現行列である．$X'S(t)$ の列ベクトルは M' の基底であり，$P(t)X'S(t)$ は $Y^*P(t)X'S(t) = I$ を満たす $M(t)$ の r 個のベクトルの集合である．これら r 個のベクトルは Y の随伴基底 $X(t)$ である．なお，補助定理の仮定の下では，δ_r' の中の t に対して $\omega(M(t), N) < 1$ であることも証明されたことになる． □

定理 2.9.3[注1] $\rho = \dfrac{\mathrm{mes}\,\Gamma}{\pi} \|\Pi'\|_2 \, r_\Gamma'^2 \|H\|_2$, $r_\Gamma' = \max\limits_{z \in \Gamma} \|R'(z)\|_2$ とする. 円盤 $\{t\,;|t|<1/\rho\}$ において $X(t)$ も $B(t)$ も解析的である.

証明 P' と Π' は射影である（一般には直交射影とは限らない）から,
$$\|\Pi'\|_2 \geqq 1, \qquad 1 \leqq \|P'\|_2 \leqq \dfrac{\mathrm{mes}\,\Gamma}{2\pi} r_\Gamma',$$
したがって，$|t|<1/\rho$ なら,
$$|t|\|H\|_2 r_\Gamma' < \dfrac{1}{2} \dfrac{2\pi}{\mathrm{mes}\,\Gamma} \dfrac{1}{r_\Gamma'} \dfrac{1}{\|\Pi'\|_2} \leqq \dfrac{1}{2}$$
である.

さらに
$$\rho[(P(t)-P')\Pi'] \leqq \|(P(t)-P')\Pi'\|_2,$$
$$(P(t)-P')\Pi' = \dfrac{-1}{2\mathrm{i}\pi} \int_\Gamma tR'(z)H \sum_{k=0}^{\infty} [tR'(z)H]^k R'(z)\Pi'$$
すなわち,
$$\|(P(t)-P')\Pi'\|_2 \leqq \dfrac{\mathrm{mes}\,\Gamma}{2\pi} \|\Pi'\|_2 |t|\|H\|_2 r_\Gamma'^2 \left[\sum_{k=0}^{\infty} (|t|\|H\|_2 r_\Gamma')^k\right] < 1$$
がいえる.

一方, $|t|\|H\|_2 r_\Gamma' < \dfrac{1}{2}$ であるから, $t \in \delta_\Gamma'$ は明らかである. したがって, $P(t)$ は解析的で, 補助定理 2.9.2 により, $X(t)$ と $B(t) = Y^*(A'-tH)X(t)$ も解析的である. □

系 2.9.4 $\|H\|_2$ が
$$\dfrac{\mathrm{mes}\,\Gamma}{\pi} \|\Pi'\|_2 r_\Gamma'^2 \|H\|_2 < 1 \tag{2.9.1}$$
を満たすなら, $t=1$ において $X(t)$ も $B(t)$ も解析的である. 特に, $X = \sum\limits_{k=0}^{\infty} Z_k$ は, $A_{|M}$ を表現する $B = Y^*AX$ の固有値に付随し, $Y^*X = I$ を満たす, A の不変部分空間 M の基底である.

証明 仮定 (2.9.1) の下では $1/\rho > 1$ が成り立つが, (2.9.1) は

---

[1] $\mathrm{mes}\,\Gamma$ はこの場合 Γ の長さのことである.

$$\|H\|_2 < \frac{\pi}{\operatorname{mes}\Gamma} \frac{1}{\|\Pi'\|_2} \frac{1}{r_{r'}^{\prime 2}} \leq \frac{1}{2r_{r'}}$$

とも書ける．q を $\rho < q < 1$ すなわち $1 < \frac{1}{q} < \frac{1}{\rho}$ を満たす数とする．$X(t)$ と $B(t)$ は円周 $\{t\,;\,|t|=\frac{1}{q}\}$ 上で解析的である．$\alpha = \max_{|t|=1/q}\|X(t)-X'\|_2$, $\beta = \max_{|t|=1/q}\|B(t)-B'\|_2$ とおくと，Cauchy の不等式により，$\|Z_k\|_2 \leq \alpha q^k$, $\|C_k\|_2 \leq \beta q^k$ である．これは，$\|H\|_2$ が (2.9.1) を満たすとき，$X = \sum_{k=0}^{\infty} Z_k$ が比 q（これは ρ にいくらでも近く選べる）の等比級数のように収束することを示している． □

不変部分空間 M' の中に直交基底 $Y = X' = Q'$ を選べば，Π' は直交射影となり，条件 (2.9.1) において $\|\Pi'\|_2 = 1$ である．この条件は $\|H\|_2$ が十分小さいときに満たされる．これは第 4 章でとりあげる誤差解析のために十分な理論的枠組を与える．しかし，興味あるのは，補助定理 2.9.2 で与えられた解析性のための十分条件が，$\|H\|_2$ が "小さく" なくても成り立ちうるということである（練習問題 2.6 参照）．

2.10 非線形方程式と Newton 法

2.5 節から 2.9 節で述べてきた摂動理論は，すでに見たように，展開式が $t=1$ において解析的であるときに，行列 A の近傍にある行列 A' の固有値，固有ベクトルなどから出発して A の固有値，固有ベクトルなどを反復計算する方法として役立てることができる．以下では，不変部分空間の基底を "一次形式" を用いて正規化したものに関して表した "非線形" の方程式の形に固有値問題を定式化し，それに基づいた別種の反復計算法を紹介しよう．

$\sigma = \{\mu_i\}_1^r$ を，代数的多重度を考慮して数えて r 個の A の固有値からなるブロックで，残りのスペクトルからは分離しているとする．M をそれらに付随する不変部分空間，$\omega(M, N) < 1$ を満たす部分ベクトル空間 N の基底を Y, $Y^*X = I$ を満たす M の基底を X とすると，$\Pi = XY^*$ は $N^\perp = W$ に沿っての M の上への射影である．

定理 2.10.1 $0 \notin \sigma$ ならば，$AX = XB$ と正規化条件 $Y^*X = I$ とを満たす基底 X は，

$$\mathsf{F}(X) = AX - X(Y^*AX) = 0 \qquad (2.10.1)$$

の解である．

証明 (2.10.1) が表しているのは，$AX=XB$ を満たす r 次の行列 B が存在し，したがって，X（の列ベクトルの張る空間）は A に関して不変であるということである．Y^* を左から掛けると $(I-Y^*X)B=0$ が得られるが，B が正則，すなわち $0 \notin \sigma = \mathrm{sp}(B)$ であるから $Y^*X=I$ である． □

F は X の2次関数であるから，その "Fréchet[注1]微分" $D_X\mathsf{F} = \mathsf{J}(X)$ は簡単に計算できる．すなわち，それは $\mathbf{C}^{n \times r}$ に属する Z に対して，
$$\begin{aligned}Z \mapsto (D_X\mathsf{F})Z = \mathsf{J}(X)Z &= (I-XY^*)AZ - Z(Y^*AX) \\ &= (I-\Pi)AZ - ZB \qquad (2.10.2)\end{aligned}$$
を満たす写像 $D_X\mathsf{F}$ である．

定理 2.10.2 仮定 $0 \notin \sigma$ の下で，
(ⅰ) $\mathsf{J}(X)$ は逆行列をもち，
(ⅱ) $\mathsf{J}(X)$ は $\mathbf{C}^{n \times r}$ 上で Lipschitz[注2]連続である．

証明
(ⅰ) $\tau = \mathrm{sp}(A) - \sigma$ とする．すると，$\mathrm{sp}((I-\Pi)A) = \tau \cup \{0\}$．したがって，$0 \notin \sigma$ より，$\sigma \cap \mathrm{sp}((I-\Pi)A) = \emptyset$ である．
(ⅱ) $\mathbf{C}^{n \times r}$ の中の X_1 と X_2 に対して，
$$(\mathsf{J}(X_1) - \mathsf{J}(X_2))Z = (X_2 - X_1)Y^*AZ + ZY^*A(X_2 - X_1)$$
であり，したがって，
$$\|\mathsf{J}(X_1) - \mathsf{J}(X_2)\| \leq 2\|Y^*A\|\|X_2 - X_1\|$$
である． □

$\mathbf{C}^{n \times r}$ の部分空間 $W = \{Z \ ; \ Y^*Z = 0\}$ を定義する．

---

[1] Maurice Fréchet (モーリス・フレッシェ；1878-1973)：マルニーに生まれ，パリにて没す．
[2] Rudolf Otto Sigmund Lipschitz (ルドルフ・オットー・ジグムント・リプシッツ；1832-1903)：ケーニヒスベルクに生まれ，ボンにて没す．

補助定理 2.10.3　$Y^*V=I$ であるようなすべての $V=[v_1, \cdots, v_r]$ に対して，$\mathsf{F}(V) \in \mathcal{W}$ である．$\mathsf{J}(V)$ と Y^*AV が逆写像をもつならば，$\mathcal{W}$ は $\mathsf{J}^{-1}(V)$ によって不変である．

証明　$Y^*\mathsf{F}(V)=Y^*(I-VY^*)AV=0$ により，定理の前半が証明される．
　　$Y^*C=0$ を満たす C に対して方程式
$$(I-VY^*)AZ-Z(Y^*AV)=C \tag{2.10.3}$$
を考えよう．$\mathsf{J}(V)$ は逆写像をもつと仮定したから，$\mathrm{sp}((I-VY^*)A) \cap \mathrm{sp}(Y^*AV)=\emptyset$ であり（命題 1.12.1），(2.10.3) の解 Z が存在し，$Y^*Z(Y^*AV)=Y^*C=0$ となる．Y^*AV は正則であるから，これから $Y^*Z=0$ がいえる．このようにして，$C \in \mathcal{W}$ であれば $\mathsf{J}^{-1}(V)C \in \mathcal{W}$ であるということが示されたことになる．　　□

　方程式 (2.10.1) は，$Y^*U=I$ を満たす近似解 U から出発して，"Newton[注1]法" により解くことができる．すなわち，$Y^*X^k=I, k\geq 1$，を満たす系列 X^k を Newton の反復公式
$$X^0=U, \quad X^{k+1}=X^k-\mathsf{J}^{-1}(X^k)\mathsf{F}(X^k), \quad k\geq 0 \tag{2.10.4}$$
により定める．

定理 2.10.4　仮定 $0 \notin \sigma$ の下では，$\rho>0$ が存在して，$\|X-U\|\leq \rho$ を満たすすべての U に対して (2.10.4) で定義される数列 X^k が定められ，$k\to\infty$ のとき X に 2 次収束する．

証明　補助定理 2.10.3 を使い，帰納法により $Y^*X^k=I$ を示す．すなわち，各段階で $\mathsf{J}(X^k)$，Y^*AX^k が逆写像，逆行列をもつと仮定するとき，$X^{k+1}-X^k$ が $\mathcal{W}$ に含まれることを示す．仮定 $0 \notin \sigma$ の下で，$B=Y^*AX$ は正則であり，$B \mapsto \det B$ は連続関数である．すなわち，$a>0$ に対して ρ_1 が存在して，$\|X-V\|\leq \rho_1$ を満たすすべての V に対して $\det(Y^*AV)\geq a>0$ である．

---
[1] Isaac Newton（アイザック・ニュートン（Sir）；1642-1727）：ウールズソープに生まれ，ロンドンにて没す．

一方，$J(X)$ は逆写像をもち J は Lipschitz 連続であるから，$\rho_2 \leq \rho_1$ なる ρ_2 が存在して，$\|X-U\| \leq \rho_2$ を満たすすべての U に対して系列 (2.10.4) は X に 2 次収束する（練習問題 2.7 および練習問題 2.8 参照）． □

さらに，$X^k \to X$ のとき $F(X^k) \to 0$ であり，したがって "実際には" 段階が進むにつれて精度を "高めながら" 計算しなければならないということにも注意しよう（2.6 節と 2.12 節参照）．

2.11 修正 Newton 法

(2.10.4) の型の反復法は，各段階ごとに異なる Sylvester 方程式を解かなければならないから費用がかかる．何回か反復する間，解くべき連立方程式を固定しておくようにこの型の反復法を修正することができる．このようにして "修正 Newton 法"（勾配固定）という一連の方法が作られる．このような方法の収束は "1 次収束" である．修正 Newton 法のうち修正量 $V^k = X^k - X^0$ を変数とするものを紹介しよう．この形のものの方が収束性を調べるのが簡単であるからである．

2.11.1 簡略化 Newton 法（または接線法）

(2.10.4) において $J(X^k)$ を $J_0 = J(U)$ に等しくおいて固定する．すると，$V_k = X_k - U$ に対して

$$\begin{cases} V_0 = 0, \quad V_1 = -J_0^{-1} R, \\ V_{k+1} = V_1 + J_0^{-1}[V_k Y^* A V_k], \quad k \geq 1 \end{cases} \quad (2.11.1)$$

が得られる．ここで，$J_0 = J(U), R = AU - U\tilde{B}, \tilde{B} = Y^*AU = \mathcal{R}(U, Y)$．

R は U における剰余行列，$S = Y^*A - \tilde{B}Y^*$ は Y における左剰余行列である．

$$\gamma = \|J_0^{-1}\|, \quad \rho = \|R\|, \quad s = \|S\|, \quad \varepsilon = \gamma s \|J_0^{-1} R\| \leq \gamma^2 s \rho$$

とおく．

$0 \leq t \leq \dfrac{1}{4}$ に対して，$g(t)$ を

$$g(t) = \frac{1-\sqrt{1-4t}}{2t} \tag{2.11.2}$$

で定義される関数とする．

$1 \leq g(t) \leq 2$, $g'(0)=1$ である（図 2.11.1 参照）．

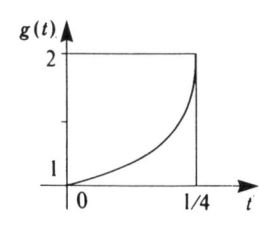

図 2.11.1

補助定理 2.11.1 $\varepsilon < 1/4$ に対して，
$$\|V_k\| \leq g(\varepsilon)\gamma\rho, \quad k \geq 1$$
である．

証明 $\|V_1\| = \pi_s \leq \gamma\rho, \|V_k\| \leq \pi_k$ とおくと，$Y^*AV_k = SV_k$ だから，$\|V_{k+1}\| \leq \pi_1 + \gamma s \pi_k^2 = \pi_{k+1}$．

$\varepsilon = \gamma s \|V_1\|$ として，$\pi_k = \pi_1(1+x_k)$, $x_{k+1} = \varepsilon(1+x_k)^2$ とおく．x_k の極限値 x は $1+x = g(\varepsilon)$ を満たす．

数列 x_k は $x_0 = 0$ から出発して単調に増加しながら x に近づく（図 2.11.2 を見よ）．

$x_k \leq x$ であるから，
$$\|V_k\| \leq \pi_k \leq \pi_1(1+x) = g(\varepsilon)\pi_1$$
が結論される． □

定理 2.11.2 $\varepsilon < 1/4$ に対して，写像 $G: V \to V_1 + \mathsf{J}_0^{-1}(VY^*AV)$ は球 $\mathcal{B} = \{V; \|V\| \leq g(\varepsilon)\|V_1\|\}$ における縮小写像である．

証明

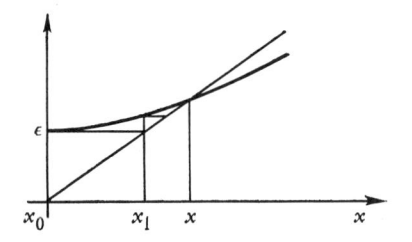

図 2.11.2

$$G(V)-G(V') = J_0^{-1}[VY^*AV - V'Y^*AV']$$
$$= J_0^{-1}[(V-V')Y^*AV + V'Y^*A(V-V')] = \xi.$$

仮定により $\max(\|V\|, \|V'\|) \leq g(\varepsilon)\|V_1\| = g(\varepsilon)\pi_1$ であるから

$$\|\xi\| \leq 2g(\varepsilon)\gamma s \pi_1 \|V - V'\| = 2\varepsilon g(\varepsilon)\|V - V'\|.$$

すなわち,$\varepsilon < 1/4$ に対して $\alpha = 2\varepsilon g(\varepsilon) < 4\varepsilon < 1$ である. □

G が縮小写像であるから,G は $\mathcal{B}$ の中に唯一の不動点 V をもつ.V は $A(U+V) = (U+V)Y^*A(U+V)$ を満たす.すなわち,$AX = XB$ である.V は $V_0 = 0$ から出発して逐次近似で計算できる.すなわち,反復 (2.11.1) は,$\|R\| < \dfrac{1}{4\gamma^2 s}$ であるから,V に 1 次収束する.$\alpha = 2\varepsilon g(\varepsilon)$, $\varepsilon = \gamma s\|V_1\|$ とおけば,α が G の縮小率であるから,

$$\|V - V_k\| \leq \frac{\alpha^k}{1-\alpha}\|V_1\|, \quad k \geq 1$$

である.

さらに,$B_k = Y^*AX_k$ ならば,$B - B_k = Y^*A(X - X_k) = Y^*A(V - V_k)$ であり,そして,

$$\|B - B_k\| = \|Y^*A(V - V_k)\| \leq \frac{\alpha^k}{1-\alpha}s\|V_1\|$$

である.

系 2.11.3 $\varepsilon < 1/4$ に対しては,$\|U - X\|$ と $\|B - \tilde{B}\|$ の上界を与える不等式 $\|U - X\| \leq g(\varepsilon)\|J_0^{-1}R\|$ と $\|B - \tilde{B}\| \leq g(\varepsilon)s\|J_0^{-1}R\|$ が成立する.

証明 $V = X - U$ は $\mathcal{B}$ に属し, $B - \tilde{B} = Y^*A(X-U) = SV$ である. □

出発基底 U が正規直交基底であるならば (すなわち $U^*U = I$ であるならば), $Y = U$ と選ぶことができる. そして, 極限基底 X は $U^*X = I$ を満たす. したがって, Θ を正確な不変部分空間 X と近似不変部分空間 U との間の正準角からなる対角行列とすれば, $p = 2$ あるいは F に対して, $\|X - U\|_p = \|\tan \Theta\|_p$ である.

2.11.2 修正 Newton 法

(i) $A' = A + H$ とし, X' を A' の不変部分空間 M' の基底で $Y^*X' = I$ を満たすものとし, (2.10.4) の Fréchet 微分 J を
$$Z \mapsto \mathsf{J}'Z = (I - X'Y^*)A'Z - ZY^*A'X'$$
によって近似する.

これを用いると, 反復公式
$$\begin{cases} V_0 = 0, \ V_1 = \mathsf{J}'^{-1}HX', \\ V_{k+1} = V_1 + \mathsf{J}'^{-1}[V_kY^*AV_k + HV_k - V_kY^*HX'] \end{cases} \quad (2.11.3)$$
が得られる.

第 4 章において, A の固有値, 固有ベクトルと A' のそれらとの間の誤差の上界を求めるのに, この反復公式を利用するであろう.

(ii) J_0 を次のように修正してもよい.
$$Z \mapsto \hat{\mathsf{J}}Z = (I - UY^*)AZ - Z\hat{B}.$$
ここで, $\hat{B}$ は次のようにして定義されるものである. $T = Q^*\tilde{B}Q$ を $\tilde{B} = Y^*AU$ の Schur 形, ζ_i を $\tilde{B}$ の r 個の固有値, $\bar{\zeta}$ を $\zeta_1, \cdots, \zeta_r$ の算術平均として, $\hat{T} = T + \text{diag}(\bar{\zeta} - \zeta_i)$, $\hat{B} = Q\hat{T}Q^*$ とおく. すると, 反復公式
$$\begin{cases} V_0 = 0, \ V_1 = -\hat{\mathsf{J}}^{-1}R, \\ V_{k+1} = V_1 + \hat{\mathsf{J}}^{-1}[V_kY^*AV_k + V_k(\tilde{B} - \hat{B})] \end{cases} \quad (2.11.4)$$
が得られる.

第 5 章において, 逆反復型の計算法の収束速度を調べるのに, この反復公式を利用するであろう.

反復公式 (2.11.1) においては2次形式 $V_k Y^* A V_k$ が主要部分を占めている．このことは，$\|R\|$ が十分小さければ，反復公式が収束することを意味している．これに反して，反復公式 (2.11.3) (あるいは (2.11.4)) は，V_k の1次の項を含んでいるが，このことは，$\|H\|$ (あるいは $\|\tilde{B}-\hat{B}\|$ と $\|R\|$ と) が十分小さいときにだけ収束することを示している (練習問題 2.9 参照)．

2.12 局所近似逆写像と残差修正法

方程式の近似計算法の中で非常に多くのものが"残差修正法" (Stetter (1979) 参照) という一般的な枠組みで説明することができる．以下では，この残差修正法についてきちんと説明しよう．

F を，$\mathbf{C}^n$ から $\mathbf{C}^n$ の中への必ずしも線形とは限らない写像とし，その定義域を $\mathrm{Dom}\,F$ とする．方程式
$$F(x) = 0 \qquad (2.12.1)$$
を考える．

F は $\mathcal{B}=\{y\,;\,\|y-x\|\leq\rho\}$ 上で定義されていると仮定する．また，写像 F そのものを計算することはできるが，逆写像は次の定義に従う近似写像 G が知られているとする．

定義 G は，次の三つの条件を満たすとき F の"局所近似逆写像"であるという．
(ⅰ) $F(\mathcal{B}) \subseteq \mathrm{Dom}\,G$,
(ⅱ) $G(0) \in \mathcal{B}$,
(ⅲ) $U = 1 - G\circ F$ は $\mathcal{B}$ の上での縮小写像である．

残差修正法というのは，(近似解の) 系列を
$$x^{(0)} = G(0), \qquad x^{(k+1)} = G(0) + U(x^{(k)}), \qquad k\geq 0 \qquad (2.12.2)$$
により作り出すものである．

命題 2.12.1 G が F の局所近似逆写像ならば，$k\to\infty$ のとき $x^{(k)}\to x$ である．

証明 $V(y) = G(0) + U(y)$ とおく. $x^k \to x$ ならば,
$$V(x) = G(0) + x - G(F(x)) = x$$
であるから, x は V の不動点である.

$\mathcal{B}$ に属するすべての y に対して
$$\|V(y) - x\| = \|V(y) - V(x)\| \leq \ell(U)\|y - x\| < \rho$$
である. ここで, U の縮小係数を $\ell(U) < 1$ と記した.

したがって, $V(y) \in \mathcal{B}$ であり, $V(\mathcal{B}) \subset \mathcal{B}$ である. また, F は $\mathcal{B}$ の上で単射であり, x は $\mathcal{B}$ の中で F の唯一の零点である. □

反復公式 (2.12.2) は次のように解釈することができる. $x^{(0)} = G(0)$ は x の近似でその残差は $F(x^{(0)})$, 誤差は $x - G(0) = U(x) = e$ である. 次に, 誤差 e 自身を $e^{(1)} = x^{(1)} - G(0) = U(x^{(0)}) = x^{(0)} - G(F(x^{(0)}))$ により近似することができる. これによって, 新しい近似解 $x^{(1)} = G(0) + x^{(0)} - G(F(x^{(0)}))$ が定義される. これを繰り返せば, 第 k 近似解 $x^{(k)}$ とその残差 $F(x^{(k)})$ を次々に作り出す残差修正法が得られる. この方法は, U との縮小係数が小さければ小さいほど効果的である.

重要な特別な場合として"線形"方程式
$$Ax = b$$
がある. ここで, F はアフィン写像 $F(x) = Ax - b$ である.

B を A の近似逆行列とし, $\tilde{U} = I - BA$ は $\rho(\tilde{U}) < 1$ を満たすとする. すると, $\mathcal{B}$ の中に与えられた u に対し $G(y) = By + u$ で定義される G は, F に対する近似逆写像である. このようにして得られる残差修正法は
$$x^{(0)} = u, \quad x^{(k+1)} = x^{(k)} - B[Ax^{(k)} - b], \quad k \geq 0$$
である.

例 2.12.1 $Ax = b$ を解くとする. $x = Kx + Hb, H = (I - K)A^{-1}$ を満たす K が存在するとする. 与えられた u に対して $G(y) = Ku + Hb + Hy$ で定義される G が近似逆写像であるための必要十分条件は $\rho(K) < 1$ であることである. A の対角部分を D, $D^{-1}A$ の下三角部分と上三角部分をそれぞれ L, U として, 分解 $A = D(L + I + U)$ を考える. すると, Jacobi[注1] の反復法, Gauss-Seidel[注2] 法, 過緩和法は, それぞれ, 次のような K に対応する.

a) $K_J = -(L+U)$, $Hb = D^{-1}b$,
b) $K_{GS} = -(I+L)^{-1}U$, $Hb = (I+L)^{-1}D^{-1}b$,
c) $K_\omega = (I+\omega L)^{-1}((1-\omega)I - \omega U)$, $Hb = \omega(I+\omega L)^{-1}D^{-1}b$,
   ただし $0 < \omega < 2$.

残差修正法
$$x^{(0)} = Ku + Hb, \quad x^{(k+1)} = Kx^{(k)} + Hb$$
がよく知られた上記3種の反復法を与えることの証明は読者のために残しておく．

例 2.12.2 例 2.6.1 を再び考えよう．$B = A'^{-1}$, $G(y) = A'^{-1}y + A'^{-1}b$ と選ぶと，反復公式
$$x^{(0)} = x', \quad x^{(k+1)} = x' + A'^{-1}(A' - A)x^{(k)}$$
が得られる．これを (2.6.2) と比較してみよ．

線形代数において近似逆行列の概念を利用する他の重要な例としては，"前処理法"（練習問題 2.10），"多重格子法"（練習問題 2.11）などがある．残差修正法で計算される $x^{(k+1)}$ の精度は残差 $F(x^{(k)})$ の計算精度によるということを忘れないように．

2.13 参考文献について

Banach 空間における閉作用素のスペクトル理論（有限多重度の孤立した固有値の計算のための）は Chatelin (1983), Kato (1976) において展開されている．行列に対して Cauchy の積分公式 (2.2.6) を利用する話は H. Poincaré に遡る（《Sur les groupes continus（連続群について）》, Oeuvres（著作集），第 3 巻, 173-212, Gauthier-Villars (1935)）．作用素の解析的摂動理論は Chatelin (1983), Kato (1976), Baumgärtel (1985), Wasow (1978) の中で

---

[1] Carl Gustav Jacob Jacobi（カルル・グスタフ・ヤーコブ・ヤコービ；1804-1851）：ポツダムに生まれ，ベルリンにて没す．

[2] Philipp Ludwig von Seidel（フィリップ・ルートヴィッヒ・フォン・ザイデル；1821-1896）：ツヴァイブリュッケンに生まれ，ミュンヘンにて没す．

扱われている．Kato が導出したレゾルベントは，他の文脈では，Drazin の逆作用素という名でも呼ばれることがある．また，半単純固有値の場合には，グループ逆作用素とも呼ばれる（Campbell-Meyer, 1991 を参照）．ブロック縮小レゾルベントの概念 (Chatelin, 1984) は新しいものである．2.9 節の Rayleigh-Schrödinger 展開も新しい．"単純"固有値に付随する固有ベクトルの計算に対して 2 次の公式を用いる方法は Anselone-Rall (1968) にある．補助定理 2.11.1 と定理 2.11.2 の証明の技法は Stewart (1973) の論文から借りたものである．(2.11.1) の $y=e_n$ の特別な場合は Dongarra-Moler-Wilkinson (1983) に扱われている．

Stetter (1978) は残差修正法に関する基本的な論文である．反復改良法は Kulisch-Miranker の本《Computer Arithmetic in Theory and Practice（コンピュータ算術の理論と実際)》, Academic Press, New York (1981) においてとりあげられている対象である．

練習問題

2.1 [A] $A \in \mathbf{C}^{n \times n}$, M を A の固有値 λ に付随する不変部分空間，X を M の一つの基底，X_* を不変部分補空間 $\bar{M}$ の直交補空間 M_* の一つの基底 ($M_* = \bar{M}^\perp, M \oplus \bar{M} = \mathbf{C}^n$), $X_*^* X = I$ とする．
$$XX_*^* = -\frac{1}{2\mathrm{i}\pi}\int_\Gamma R(z)\mathrm{d}z$$
であることを証明せよ．ここで Γ は，re(A) に含まれ λ を他の固有値から隔離する Jordan 曲線である．

2.2 [A] Gauss の消去法あるいは Schmidt 分解を使って
$$\begin{pmatrix} A-\lambda I \\ X_*^* \end{pmatrix} Z = \begin{pmatrix} b \\ 0 \end{pmatrix}$$
を解け．ここで，λ は A の固有値，X_* は λ に関する不変部分空間に付随する不変部分補空間の直交補基底である．

2.3 [A] $\underline{B}, \overline{B}$ を 2.3.1 節,2.3.2 節(本文 56 ページ〜59 ページ)の行列とする.これらが同じ Jordan 標準形をもつこと,したがって $\underline{B}$ と $\overline{B}$ は相似であることを証明せよ.

2.4 [A] 補助定理 2.3.5(本文 59 ページ)を証明せよ.

2.5 [A] 例 2.6.1(本文 66 ページ)で定義されている反復過程(2.6.3)の収束性について調べよ.

2.6 [B:11]
$$y^*x = x^*x = 1$$
を満たす $\mathbf{C}^n$ の中の二つのベクトル x, y を考える.
$Q=xy^*$ とおく.ξ は,行列
$$\tilde{A} = \xi Q + (I-Q)A(I-Q)$$
の単純固有値であると仮定する.
i) $B: [(I-Q)(A-\xi I)]_{\{y\}^\perp} : \{y\}^\perp \to \{y\}^\perp$ は正則であることを証明せよ.
$$\Sigma = (I-Q)B^{-1}(I-Q)$$
と定義し,$\|\cdot\|$ をベクトルのノルムから導かれる行列のノルムとする.また,$\sigma = \|\Sigma\|$,
$$g(r) = \frac{1-\sqrt{1-4r}}{2r},$$
$$u = Ax - \xi x,$$
$$v = A^*y - \bar{\xi}y$$
とする.
$$(*) \quad |v^*\Sigma^k u| \leq a^k \|Q\| \tilde{\varepsilon} \quad \forall k \geq 1$$
を満たす $a(\geq \sigma)$ と $\tilde{\varepsilon}$ が存在すると仮定しよう.そして,
$$\tilde{r} = a^2 \|Q\| \tilde{\varepsilon}$$
と定義する.
ii) $\tilde{r} < 1/4$ ならば,
$$|\lambda - \xi| \leq g(\tilde{r})|v^*\Sigma u|$$
を満たす A の単純固有値 λ が存在し,λ は円板

$$|z-\xi| \leq \frac{1}{2a}$$

の中にある唯一の A の固有値であることを証明せよ．P が λ に付随する A のスペクトル射影で $y^*Px \neq 0$ であるならば，λ に付随する A の固有ベクトル ϕ で $y^*\phi = I$ となるように正規化すると

$$\|\phi - x\| \leq g(\tilde{r})\|\Sigma u\|$$

を満たすものが存在することを示せ．

2.7 [A] 零点 x^* の近傍 V において Fréchet 微分可能な演算子 F の点 x における Fréchet 微分を $F'(x)$ と記す．いま，
  ($H1$) $F'(x^*)$ は正則であり，
  ($H2$) $x \mapsto F'(x)$ は V の上で一様連続である
と仮定する．このとき，ある $\rho > 0$ が存在して，$\|x^* - x_0\| < \rho$ を満たすすべての x_0 に対して列

$$x_{k+1} = x_k - F'(x_k)^{-1}F(x_k) \qquad k \geq 0$$

が $\|x^* - x_k\| < \rho$ を満たし，x^* に超 1 次収束することを証明せよ．

2.8 [A] 練習問題 2.7 と同じ記号を用いて，今度は
  ($H1$) $F'(x^*)$ は正則であり，
  ($H3$) x^* の近傍 V において $x \mapsto F'(x)$ が

$$\|F'(x) - F'(y)\| \leq \ell \|x - y\|^p$$

  を満たすような p, ℓ が存在する

と仮定しよう．
i) ある $\rho > 0$ が存在して，$\|x^* - x_0\| < \rho$ なるすべての x_0 に対して，列

$$x_{k+1} = x_k - F'(x_k)^{-1}F(x_k) \qquad k \geq 0$$

が $\|x_k - x^*\| < \rho$ と

$$\sup_{k \geq 0} \frac{\|x_{k+1} - x^*\|}{\|x_k - x^*\|^{1+p}} = c < +\infty$$

とを満たすことを証明せよ．
ii) このことから，求める根の近傍において微分が Lipschitz 条件を満たすときには Newton 法は 2 次収束であることを導け．

2.9 [A] (2.11.3) の方法（本文 78 ページ）について収束の十分条件を与えよ．

2.10 [A] A を正則行列として連立方程式 $Ax=b$ を考える．B を
$$\mathrm{cond}_2(BA) \ll \mathrm{cond}_2(A)$$
であるような正則行列とする．もとの連立方程式の代りに，前処理をした等価な連立方程式
$$BAx = Bb$$
を考える．この前処理に近似逆行列という立場からの解釈を与えよ．

2.11 [A] "多重格子法" について調べよ．近似逆行列の概念を利用して，この方法の解釈をせよ．

2.12 [B:9] S を Drazin 逆行列 $(A-\lambda I)^D$ とする．λ が半単純のときには S を群逆行列とする．A が正規行列ならば，
$$(A-\lambda I)^+ = (A-\lambda I)^D = (A-\lambda I)^\# = S$$
であることを証明せよ．ここで，$+$ は Moore-Penrose 逆行列あるいは擬似逆行列を表わす（練習問題 1.19）．

2.13 [A] 方法 (2.11.4)（本文 p.78）が収束するための十分条件を求めよ．練習問題 2.9 と同じようにして，$\|\tilde{B}-\hat{B}\|$ と $\|R\|$ とが十分小さいときの
$$\hat{G}: V \mapsto V_1 + \hat{J}^{-1}[VY^*AV + V(\tilde{B}-\hat{B})]$$
の縮小率を定めよ．

第3章 なぜ固有値を計算するのか

　解析力学は，物理学や土木工学において遭遇する力学の問題を解くのに有効な道具であるが，実はそれだけではない．厳密な抽象的思考と実験的検証とが互いに助け合いながらこんなに壮大に結び合っている数学の分野は，おそらく他にはないであろう．Euler[注1]-Lagrange[注2]の理論，Hamilton[注3]-Jacobiの理論等々の偉大な理論の背後には限りなく豊かな哲学的意義が蓄えられている．それは数学者に知的歓喜を与える大きな源である．[Cornelius Lanczos（コルネリウス・ランツォシュ），*The Variational Principles of Mechanics*（力学の変分原理），The University Press, Toronto, 1962.]

　行列あるいは線形作用素の固有値は，理論的な応用にも実用的な応用にも非常に多数登場する．応用範囲がいかに広いかの感じを読者につかんでもらうため，数学から経済学，そして化学，構造力学に至るまでの広い範囲にわたって，気の向くままにいろいろな例を挙げてみよう．

---

[1] Leonhard Euler（レオンハルト・オイラー；1707-1783）：バーゼルに生まれ，ペトログラード（サンクト・ペテルブルグ，旧ソヴィエト時代のレーニングラード）にて没す．

[2] Joseph Louis Lagrange（ジョゼフ・ルイ・ラグランジュ；1736-1813）：トリノに生まれ，パリにて没す．

[3] William Rowan Hamilton（ウィリアム・ローウァン・ハミルトン卿；1805-1865）：ダブリンに生まれ，ダブリン近郊にて没す．

理論的応用が基本だとしても，工学的応用もそれに劣らず重要である．アメリカ合衆国の西海岸，ワシントン州タコマの吊橋の事故の例を挙げるのが一番よかろう．長さ 700 m のこの橋は，1940 年に，空気弾性振動効果のため，開通からわずか 4 ヵ月で崩れ落ちた．崩れ落ちる瞬間，時速 70 km の風のために，橋は水平位置から両向きに 45° もの捩れを示していた．

3.1　微分方程式と差分方程式

線形連立微分方程式（線形微分方程式系）と線形連立差分方程式（線形差分方程式系）の"安定性"について調べよう．

3.1.1　線形微分方程式

線形 1 階連立微分方程式

$$u(0) = u_0, \qquad \frac{du}{dt} = Au, \qquad t \geq 0 \tag{3.1.1}$$

を考える．ここで，u は $\mathbf{R}^n$ のベクトルで時間 t の関数であり，A は $n \times n$ 型の定数の行列であるとする．

$A = XJX^{-1}$ を A のスペクトル分解とし，$v = X^{-1}u$ とおくと，(3.1.1) は

$$\frac{dv}{dt} = Jv \tag{3.1.2}$$

となる．ここで，J は A の Jordan 標準形である．その最大ブロックの大きさを ℓ とする．$u(0) = u_0$ を満足する (3.1.1) の解が

$$u(t) = e^{At}u_0 = Xe^{Jt}X^{-1}u_0 \tag{3.1.3}$$

であることを読者は確かめてみられたい（練習問題 3.1）．ここで，e^{Jt} は上三角行列で，その要素は $t^j e^{\lambda_i t}, \lambda_i \in \mathrm{sp}(A)$ （$0 \leq j < \ell_i, \ell_i$ は λ_i の指標）という形をしている．

$t \to \infty$ のときの解 (3.1.3) の性質を調べると次のことがわかる．

(i)　系 (3.1.1) が"安定"で $u(t) \to 0$ となるための必要十分条件は

$$\max_{\lambda_i \in \mathrm{sp}(A)} \mathrm{Re}\, \lambda_i < 0$$

である．

（ii）
$$\mathrm{Re}\,\lambda > 0$$
を満たす固有値 λ が存在すれば，系は"不安定"で $u(t)$ は有界でない．
（iii） $\max_{\lambda}\mathrm{Re}\,\lambda_i = 0$ のときには，$\mathrm{Re}\,\lambda_j = 0$ となるような固有値 λ_j が，すべて半単純であるかあるいは少なくとも1個が欠陥を有しているかによって，解 $u(t)$ は有界であることも有界でないこともありうる（練習問題3.2参照）．

注意 方程式 (3.1.1) は，時間 t を"連続"変数と考えたときの拡散現象をモデル化したものである．時間の"離散"値だけしか考えないときには，このような現象の定式化には線形差分方程式が登場することになる．

3.1.2 差分方程式

線形連立差分方程式
$$u_0 \text{（与えられている）}, \quad u_k = Au_{k-1}, \quad k \geq 1 \qquad (3.1.4)$$
を考える．

明らかに $u_k = A^k u_0 = XJ^k X^{-1} u_0$ である．ただし J^k は上三角行列でその要素は λ_i^j ($\lambda_i \in \mathrm{sp}(A)$, $k - \ell_i + 1 \leq j \leq k$, ℓ_i は λ_i の指標) の形をしている（練習問題3.3参照）．

$k \to \infty$ のときの u_k の性質を調べると次のことがわかる．
（i） 系 (3.1.4) が"安定"で $u_k \to 0$ であるための必要十分条件は
$$\rho(A) = \max_i |\lambda_i| < 1$$
であることである．
（ii）
$$|\lambda| > 1$$
を満たす固有値 λ が存在するならば，系は不安定で u_k は有界でない．
（iii） $\rho(A) = 1$ のときには，$|\lambda_i| = 1$ を満たす固有値 λ_j がすべて半単純であるかそれとも少なくとも1個が欠陥を有しているかによって，解 u_k は k に関して有界であったりなかったりする．

例 3.1.1 Fibonacci[注1]数列 $0, 1, 1, 2, 3, 5, 8, 13, \cdots$ を考えよう．

---
[1] Leonardo Fibonacci (レオナルド・フィボナッチ；約1170-1250)：ピサに生まれ，ピサにて没す．

$$\begin{cases} f_0 = 0, \quad f_1 = 1, \\ f_{k+1} = f_k + f_{k-1}, \quad k \geq 1. \end{cases} \tag{3.1.5}$$

$u_k = \begin{bmatrix} f_{k+1} \\ f_k \end{bmatrix}$ とおくと, (3.1.5) は

$$\begin{cases} u_0 = \begin{bmatrix} 1 \\ 0 \end{bmatrix} \\ u_k = \begin{bmatrix} 1 & 1 \\ 1 & 0 \end{bmatrix} u_{k-1}, \quad k \geq 1 \end{cases}$$

となる.行列 $\begin{bmatrix} 1 & 1 \\ 1 & 0 \end{bmatrix}$ の固有値は $\frac{1+\sqrt{5}}{2}, \frac{1-\sqrt{5}}{2}$ で, $k \to \infty$ のとき $\frac{f_{k+1}}{f_k}$ は "黄金分割比" $\frac{1+\sqrt{5}}{2}$ に近づく.これに関心のある読者は Strang (1980) の pp. 196-198 を見るとよい.そこには Fibonacci 数の注目すべき諸性質が書かれている.

例 3.1.2 シュメール人 (西暦紀元前 2000〜3000 年) が提案したものらしいが,Smyrna の Théon (西暦 2 世紀) が再発見したという $\sqrt{2}$ の計算法を考えよう. (1,1) から出発して $\begin{cases} x \leftarrow x+2y \\ y \leftarrow x+y \end{cases}$ という反復を実行する.すると,$\frac{x^2}{y^2}$ が 2 に近づくことが確かめられる.この反復過程は次のように定式化することができる.

$$\begin{cases} u_0 = \begin{bmatrix} 1 \\ 1 \end{bmatrix}, \\ u_k = \begin{bmatrix} 1 & 2 \\ 1 & 1 \end{bmatrix} u_{k-1}, \quad k \geq 1, \quad \text{ここで } u_k = \begin{bmatrix} x_k \\ y_k \end{bmatrix} \text{ とする.} \end{cases}$$

読者は,$\frac{x_k}{y_k} \to \sqrt{2}$ であること,さらにこの商の系列は $\sqrt{2}$ より大きい項と小さい項とが交互に現れることを証明してみられたい.

現象が (連続時間の) 連立微分方程式によりモデル化されるときには系の安定性は行列の固有値の実部に依存し, (離散時間の) 連立差分方程式によりモデル化されるときには系の安定性は行列の固有値の絶対値に依存するのである.

3.2 Markov 連鎖

確率変数 $X_t (t \in T_r)$ の集合を"確率過程"と呼ぶ. 時刻 t に郵便局の為替の窓口に行列を作っている人数は X_t で表すことができる. 確率過程論は"待ち行列"(電話網, 道路網, 情報網など)の研究に用いられている. 記憶なしの確率過程

$$P(X_k = j | X_\ell = i_\ell, \ell = 0, \cdots, k-1) = P(X_k = j | X_{k-1} = i_{k-1})$$

を"Markov[注1]連鎖"と呼ぶ. ここで, $P(E)$ は事象 E の確率を表す.

Markov 連鎖に対して, 次のような術語がしばしば用いられる. すなわち, (離散的な値 $k = 0, 1, \cdots$ をとる)時間とともに変化する系は, $X_k = j$ であるとき"時刻 k において状態 j にある"という. 確率 $p_{ij}{}^{(k)} = P(X_k = j | X_{k-1} = i)$ は推移確率と呼ばれる. $p_{ij}{}^{(k)}$ が k に関係しないとき, "定常"Markov 連鎖であるという.

n 個の状態をとりうる定常 Markov 連鎖には"推移確率行列"と呼ばれる n 次の行列で

$$P = (p_{ij}), \qquad p_{ij} \geq 0, \qquad \sum_{j=1}^{n} p_{ij} = 1$$

を満たす P が付随させられる. P は"確率行列"である.

例3.2.1 1辺 $n+1$ の三角形格子の上の"酔歩"の問題(図3.2.1を見よ). ある粒子が格子の上をランダムに移動している. ある1点からは隣接する(たかだか)4個の点(東-西-南-北)のうちの一つに移る.
(i) (i, j) から $(i-1, j)$ または $(i, j-1)$ に移動する確率は

$$pb(i, j) = \frac{i+j}{2n}$$

であり, $i = 0$ または $j = 0$ のときにはこの確率は2倍になる.
(ii) (i, j) から $(i+1, j)$ または $(i, j+1)$ に移動する確率は

---

[1] Andrei Andreivich Markov(アンドリェイ・アンドリェイヴィッチ・マルコフ;1856-1922):リャーザンに生まれ, ペトログラード(サンクト・ペテルブルグ, レーニングラード)にて没す.

$$ph(i,j) = \frac{1}{2} - pb(i,j)$$

である．$i+j=n$ のときには $ph(i,j)=0$ であることに注意せよ．

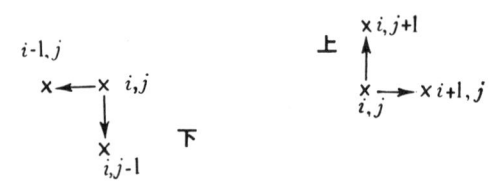

図 3.2.1

この酔歩は平面上のブラウン運動の一つのモデルとなっている．$n=2$ のとき，格子点に図 3.2.1 のように番号をつけると

$$P = \begin{bmatrix} 0 & \frac{1}{2} & 0 & \frac{1}{2} & 0 & 0 \\ \frac{1}{2} & 0 & \frac{1}{4} & 0 & \frac{1}{4} & 0 \\ 0 & 1 & 0 & 0 & 0 & 0 \\ \frac{1}{2} & 0 & 0 & 0 & \frac{1}{4} & \frac{1}{4} \\ 0 & \frac{1}{2} & 0 & \frac{1}{2} & 0 & 0 \\ 0 & 0 & 0 & 1 & 0 & 0 \end{bmatrix}$$

であることが確かめられる．

例 3.2.2 設備（電球，電子部品，テレビなど）の故障による取り替えの過程は，取り替え後の設備の耐用時間が取り替え前の設備の耐用時間とは独立な確率変数で同じ確率分布をもつとき，Markov 連鎖に関連づけることができる．

確率変数 $A_k=$(時刻 k における設備の年齢) が Markov 連鎖をなす．

定常 Markov 連鎖に関連づけられる系の時間的変化は，推移確率行列 P と初期確率 $q_j{}^{(0)}=P(X_0=j), j=1,\cdots, n$ によって定められる．
$q_j{}^{(k)}=P(X_k=j), k=0,1,2,\cdots,\quad q^{(k)}=(q_1{}^{(k)},\cdots,q_n{}^{(k)})$ とおく．$\sum_{j=1}^{n}q_j{}^{(k)}=\|q^{(k)}\|_1=1$ であることに注意せよ．

命題 3.2.1
$$q^{(k)} = q^{(0)}P^k. \tag{3.2.1}$$

証明
$$\begin{aligned}q_j{}^{(k)} &= \sum_{i=1}^{n}P(X_k=j|X_{k-1}=i)P(X_{k-1}=i)\\ &= \sum_{i=1}^{n}p_{ij}q_i{}^{(k-1)},\quad j=1,\cdots, n.\end{aligned}$$ □

定常 Markov 連鎖の漸近的な振舞いは定常分布 (それが存在する場合には) $\pi=\lim_{k\to\infty}q^{(k)}$ によって定められる．定常分布 π は
$$\pi = \pi P,\quad \|\pi\|_1 = 1,\quad \pi_i \geqq 0 \tag{3.2.2}$$
を満たす．

命題 3.2.2 推移確率行列 P が既約であるならば，(3.2.2) を満たす定常分布 π が存在する．

証明 P は確率行列であるから，固有値 1 をもち，π^T はこの固有値に付随する左固有ベクトルである．P が既約ならば，定理 1.10.1 (Perron-Frobenius) により，1 は P の"単純"固有値で，π の全成分が正である． □

定常分布 π を知ることは，Markov 連鎖の形にモデル化した待ち行列の考察に役立つ．情報科学 (通信システム) や社会科学においては，状態数 n が非常に大きく ($n>10^5$)，行列 P は非対称であることが多い．さらに，大規模な系に対しては，1 の近傍にしばしば多数の固有値がある．反復集約/分解法という方

法を用いると，(3.2.1) によるベキ乗の反復計算を加速することができる（練習問題 3.4 および練習問題 3.5 参照）．

3.3 経済理論

Marx[注1]-von Neumann[注2]によって提唱された経済モデルの定式化[注3]を与えよう．Leontiev のモデル[注4]と von Neumann のモデル[注5]については練習問題 3.6 から練習問題 3.13 において考察する．

生産経済が n 個の部門に分割されており，各部門はただ 1 種類の財のみを生産し，逆に各財はただ一つの部門においてのみ生産されるとする．部門 j において単位量の財を生産するのに必要な財 i の量を a_{ij} と記し，非負要素からなる行列 $A=(a_{ij})$ を"技術係数行列"と呼ぶ．ある生産活動を表すベクトルが $x=(x_i)_1^n$ であるとき，Ax はこの生産に必要な各財の量を表すベクトルである．したがって，$y=x-Ax$ が"正味の"生産量を表す．Leontiev による生産の線形モデルとは手短かに紹介すれば以上のとおりである．線形性の仮定は次の二つのことも意味している：生産のために消費される産出物は一意に定まっていて代替可能性はない；規模の効果はない．練習問題 3.14 では，A を定義するための単位の選び方を取り扱っている．

次に，労働と賃金のことも考慮に入れてみよう．財 j を 1 単位生産するために，部門 j は ℓ_j 人の労働者を使う．$\ell=(\ell_j)_1^n$ とおく．どの部門でも賃金 w は同一であり，賃金は消費に完全に費やされるものと仮定する．すなわち，各労働者は財 i を量 d_i だけ消費するとする：$d=(d_i)_1^n$．財 j の 1 単位の生産に対する財 i の全消費量は，したがって，$a_{ij}+\ell_j d_i$ である．以上のことから，"社会

---

[1] Karl Marx（カルル・マルクス；1818-1883）：トリアーに生まれ，ロンドンにて没す．

[2] John von Neumann（ジョン・フォン・ノイマン；1903-1957）：ブダペシュトに生まれ，ワシントンにて没す．

[3] 森嶋通夫，《Marx' Economics, A dual theory of value and growth（マルクス経済学——価値と成長の双対理論）》，Cambridge Universitiy Press (1971)．

[4] W. W. Leontiev,《The structure of the American economy（アメリカ経済の構造）》，Harvard University Press, Cambridge, Mass. (1941)．

[5] J. von Neumann,《A model of a general economic equilibrium（一般経済均衡の模型）》，Rev. Econ. Stud., **13**, 10-18 (1945-1946)．

技術行列" $B = A + d\ell^T$ が得られる．

このモデルには，さらに次のような補足的な仮定がなされる：労働者の消費は雇用部門に関係なく同一である；ぜいたく品も固定資本もない；すべての利益は蓄積される；そして最後に，ある価格体系が存在して，それに従って各部門の間での貸借が可能である．

このモデルを用いて次の問題を考えよう．

(i) 各部門に等しい利益率 r を保障する価格体系 p が存在するかどうか．
$$\tag{3.3.1}$$
(ii) 各部門に同じ成長率 τ を保障する生産の構造 x が存在するかどうか（均衡成長）．
$$\tag{3.3.2}$$

命題 3.3.1 社会技術行列 B が既約であるならば，条件 (3.3.1) と (3.3.2) を満たす $p, x, \tau = r$ が存在して

$$pB = \frac{1}{1+r} p, \qquad Bx = \frac{1}{1+\tau} x$$

である．

証明

(i) 価格体系を $p = (p_1, \cdots, p_n)$ とする．財 j の1単位の生産費用は

$$c_j = \sum_{i=1}^{n} a_{ij} p_i + w \ell_j = \sum_{i=1}^{n} \underbrace{(a_{ij} + \ell_j d_i)}_{b_{ij}} p_i$$

である．

$p_j = (1+r) c_j$ であってほしいのであるから，p が (3.3.1) を満たすための必要十分条件は $p = (1+r) pB$ である．B は既約行列で非負の要素よりなるから，

$$pB = \rho p, \qquad p > 0, \qquad \rho = \frac{1}{1+r}$$

を満たす単純固有値 $\rho > 0$ がある．

一方，仮定によりすべての部門の間で貸借が可能であるから $\rho < 1$ である（練習問題 3.15）．したがって $r = \frac{1}{\rho} - 1 > 0$ である．

(ii) 生産の構造を $x = (x_1, \cdots, x_n)^T$ とする．財 i の1単位を生産するのに必要な n 種の財の量は

$$z_i = \sum_{j=1}^{n}(a_{ij}+\ell_j d_i)x_j = \sum_{j=1}^{n} b_{ij}x_j$$

で与えられる．

$x_i=(1+\tau)z_i$ であるための必要十分条件は，$\rho=\dfrac{1}{1+\tau}$ として，$Bx=\rho x, x>0$，であることである．したがって，$\tau=r$ である．

成長率 τ は利益率 r に等しい．この性質は"成長の黄金則"という名で知られている．量 $p, x, \tau=r$ が一意に定まることに注意しよう． □

経済計画のいろいろなモデルに技術係数行列（会計表から計算される）が登場する．国家群あるいは世界の規模での将来予測モデルを問題にするときには，登場する行列はブロック構造を有しているが，対称ではなく，大きさもきわめて大きい．参考のために一例を挙げると，INSEE（国立高等経済学研究所）が作成した全フランスの投入産出表（I/O Table）（1970年代の10年間の）は約600活動部門に分割したものに対応している．これにはまた，それぞれ91部門，35部門，15部門を含む集約表もある．

3.4 データ解析における因子の扱い方

一つの雲の塊のように分布して集まっている点の"主成分分析"について述べる．因子を扱う他の方法については練習問題3.16～練習問題3.21に述べてある．解析したいデータは，$\mathbf{R}^k$ における n 個のベクトル $\{S_j\}$ の形で表され，各 S_j には重み係数 $a_1, \cdots, a_n (a_j \geq 0, \sum_{j=1}^{n} a_j = 1)$ が割り当てられているとする．空間 $\mathbf{R}^k$ には，k 次の正定値対称行列 B によってノルムが定義されているとする．$\bar{S}=\sum_{j=1}^{n} a_j S_j$，$X_j = S_j - \bar{S}$ とおく．$k \times n$ 型の行列 $X=[X_1, \cdots, X_n]$ は平均値を中心としたデータの分布を表している．X が表す点の分布の主成分分析というのは，それらの点をある平面上に射影したとき，その射影の（B によって定義されるノルムの意味での）$\mathbf{R}^k$ における分散が最小になるような平面を求めることになる．$A = \mathrm{diag}(a_i)$ と記す．

この方法は，行列 $U = XAX^{\mathrm{T}}B$ の大きい方から2個の固有値とそれらに付随する2個の固有ベクトルを計算することにある．U は一般に非対称である．

補助定理 3.4.1[注1] X, A, B を，それぞれ $k \times n, n \times n, k \times k$ 型の，3個の行列とし，A と B は正定値とする．ここで，$k \leq n$ とする．このとき，k 次正方行列 $U = XAX^T B$ と n 次正方行列 $V = X^T BXA$ は $s \leq k$ 個の正の固有値を共有し（その他の固有値は 0），それらの固有値は k 次の非負定値対称行列 $W = B^{1/2} XAX^T B^{1/2}$ の固有値でもある．

証明 $W = B^{1/2} U B^{-1/2}$ である．$u \neq 0$ を $\lambda \neq 0$ に付随する U の固有ベクトルとする：$Uu = XAX^T Bu = \lambda u$．いま，$v = \dfrac{1}{\sqrt{\lambda}} X^T Bu$ とおくと，$XAv = \lambda u \neq 0$. したがって，$v \neq 0$ で $Vv = X^T BXAv = \lambda v$．$\lambda$ は明らかに W の固有値である．したがって $\lambda > 0$．これらの固有ベクトルは，$u = B^{-1/2} w, v = \dfrac{1}{\sqrt{\lambda}} X^T B^{1/2} w, Ww = \lambda w$ という関係で結ばれている．$w^T w = 1$ なら $u^T Bu = v^T Av = 1$ である．

$E = A^{1/2} X^T B^{1/2}$ とおけば $W = E^T E$ であり，また，$Z = EE^T = A^{1/2} VA^{-1/2}$ である．

W と Z は，したがって U と V は，同じ階数 $s \leq k$ をもつ．

U の固有値，固有ベクトルなどの計算には，$k \leq n$ 次の行列 W の固有値，固有ベクトルなどを利用することができる．練習問題 3.18～3.22 では，対応分析，正準相関分析，判別分析などの方法が，X, A, B を適当に選ぶことによって，本質的には同じ計算に帰着されることが示されている．

3.5　機械構造の力学

産業機械の構造を考えるとき，機械のいろいろな構成部分の構造的なふるまいを数学的にモデル化することがますます重要になってきている．そうしたモデルが次に数値的に解析されるのである．

回転機械の動力学的解析では，回転部分，固定部分，連結装置に分けて考える．これらの型の構成部分にはそれぞれ特有の物理現象が付随している．固定部分は，古典的な構造解析の原理（質量，剛性，減衰）に従って調べられる．

---

[1] J. R. Barra,《Approche inférentielle de l'analyse des données（データ解析の推測的方法）》, Séminaire de Statistique, Université de Grenoble (1981).

回転部分が存在するときには，ジャイロ効果を考慮することが必要になる．同様に，連結部分があると巡回力[注1]を考える必要が生じることがある．

このようにして作られる数学モデルは，次のような形の方程式になる：

$$M\frac{\mathrm{d}^2 u}{\mathrm{d}t^2}+B\frac{\mathrm{d}u}{\mathrm{d}t}+Ku = f. \qquad (3.5.1)$$

ここで，M は構造物の"質量行列"で正（非負）定値対称行列，K は"剛性行列"，そして $B=G+C$ はジャイロ効果を表す部分 G と減衰を表す部分 C とからなる行列である．K と B とは対称でないこともある[注2]．f は外力を表す．

3.5.1 減衰なしの自由振動

B を省略すると，方程式 (3.5.1) は

$$M\frac{\mathrm{d}^2 u}{\mathrm{d}t^2}+Ku = 0 \qquad (3.5.2)$$

を解くことに帰着される．ここで，剛性行列 K は一般に非負定値対称行列である．$u(t)=\mathrm{e}^{\mathrm{i}\omega t}x$ という形を仮定すると，

$$Kx = \omega^2 Mx$$

となる．

一般には最小の固有値を求めることが問題になる．あるいは，既知の外乱が共振を起こす可能性があるかないかを知るためには，ある与えられた区間の中に含まれる固有値を知ることが必要である．

行列 K と M はたいていの場合正定値である．しかし，M あるいは K が特異になることもありうる．たとえば，自由な剛体運動が許される構造物（飛行機や船）の剛性行列の階数は，自由度 r の独立な剛体運動が可能であるとき，$n-r$ に等しい．

3.5.2 2次の固有値問題

減衰項のある一般の場合，$u(t)=\mathrm{e}^{\mu t}x$ の形の u を求めることにすると，

---

[1] M. Géradin, N. Kill,《Analyse dynamique des machines tournantes. Principes et Applications（回転機械の動力学的解析，原理と応用）》, Rapport VF-50, Labo Aéronaut. Univ., Liège, Belgique (1984).

[2] 訳注：K は通常は非負定値対称，C も多くの場合対称，G は通常は反対称．

$$(\mu^2 M + \mu B + K)x = 0 \qquad (3.5.3)$$

という方程式が得られる.

この"2次の"固有値問題は,倍の大きさの古典的な一般化された固有値問題 $Pz=\lambda Qz$ に帰着させることができる.すなわち,

$$\lambda = 1/\mu, \quad z = \begin{bmatrix} \mu x \\ x \end{bmatrix}, \quad P = \begin{bmatrix} 0 & M \\ M & B \end{bmatrix}, \quad Q = \begin{bmatrix} M & 0 \\ 0 & -K \end{bmatrix}$$

とおけばよい.

M が対称のとき,B が対称なら P も対称,K が対称なら Q も対称である. しかしこの問題の固有値 λ は(したがって μ も),一般には,複素数である.

土木工学あるいは航空学における構造物を有限要素法で近似したときに得られる問題の大きさは,自由度が何百何千にもなる.技術者達は,練習問題 3.23 に述べたような自由度の静止的圧縮の方法を用いて,問題の規模を減少させる種々の技法を作り出している.

3.6 化学

3.6.1 量子化学

量子論では,定常状態にある電子,原子,分子などの粒子の性質は,Schrödinger 方程式 $\hat{H}\Psi = E\Psi$ の解である波動関数 Ψ により記述される.ここで,$\hat{H}$ はエネルギー演算子(作用素),E は粒子のエネルギーである.演算子 $\hat{H}$ は"ハミルトニアン"と呼ばれ,1 粒子に対しては $\hat{H} = -\dfrac{\hbar^2}{2m}\Delta + q$ と書かれる.ここで,$\hbar$ は Planck の定数,m は粒子の質量,q は(空間変数の関数である)ポテンシャルエネルギーである.一つの基底 $\{\chi_i\}_N$ から出発すれば,表現式 $\Psi = \sum_{i=1}^{\infty} c_i \chi_i$ が得られる.初めの n 個のベクトル $\{\chi_i\}_1^n$ に問題の自由度を限ると,一般化された固有値問題

$$Hc = ESc, \qquad c = (c_i)_1^n \qquad (3.6.1)$$

が得られる.ここで,

$$H = (\hat{H}\chi_j, \chi_i), \qquad S = (\chi_j, \chi_i), \qquad i\,j = 1, \cdots, n$$

である.

これは相互作用形の方法で，Hartree-Fock の近似（以下参照）より正確ではあるが，"非常に大規模な"問題になってしまう．

（i）χ_i を直交するように選ばなくてもよければ，問題の規模は通常 1000 以下であるが，行列 S が悪条件となる（基底ベクトルがほとんど従属になる）．

（ii）χ_i を互いに直交するように選ぶと，古典的な問題 $Hc = Ec$ が得られる．その次元は 10^3 から 10^6（あるいはそれ以上）の範囲である．H はたいていの場合，疎で対角優位であるが，非零要素の配置にはあまり規則性がない．

Davidson[注1]は Krylov 部分空間の上への射影の方法を提案した．この方法は第 6 章で述べる Lanczos の方法とは異なる（練習問題 6.16 と 6.19 参照）．

Hartree-Fock の近似では，問題は規模が普通 300 以下の $Fc = ESc$ という形のものになる．すべての固有値を求めるのであるが，1 反復ごとに行列 F を少しずつ変化させながら問題を反復法で解かなければならない．一つの反復で得られた解から正規直交基底を決定することができるので，それに関して行列 F を新たに表現し直せば F は "ほとんど対角" な行列になる．

3.6.2 グラフのスペクトル

炭化水素分子に対する非常に珍しい近似的方法が，Hückel[注2]により提案された．それは分子構造を表すグラフを利用するものである．このグラフはラベル付きグラフで，頂点は炭素原子を表し，辺はその両端点に対応する炭素原子の σ 電子の間の結合を表す．このグラフには，対称な行列 $A = (a_{ij})$ が対応づけられる．ここで，a_{ij} は頂点 i と j を結ぶ辺の数を表す．

Hückel によれば，H は $\alpha I + \beta A$ で，S は $I + \sigma A$ で近似できるという．ここで，α, β, σ は既知と仮定した定数である．すると，方程式（3.6.1）は

$$Ac = \frac{E - \alpha}{\beta - E\sigma} c$$

となる．

---

[1] E. R. Davidson, 《Matrix eigenvector methods（行列の固有ベクトルの方法）》, Methods in Computational Molecular Physics (G. H. F. Diercksen, S. Wilson 編), pp. 95-113, Reidel, Boston (1983).

[2] E. Hückel, 《Quantentheoretische Beiträge zum Benzolproblem（ベンゾールの問題に対する量子論的考察）》, Z. Phys. **70**, 204-286 (1931).

このようにして，炭素原子の結合を表すグラフの行列 A の固有値，固有ベクトルなどから E と c が導き出される．

この方法が面白いのは，明らかに，A の規模が小さいからである．しかし，得られる結果は，定性的にはまあまあであるとしても，前節の方法で得られる結果より正確さにおいてたいへん劣る．

3.6.3 化学反応

化学反応および生化学反応において，自然発生的に空間的・時間的組織が形成されるという現象があるが，この現象の研究はたいへん活発な研究分野を成している．実際，この自己組織化の現象を理解することは，生物系（開いた系で非線形な系である）における形態発生の研究の基本的な段階である．

この自己組織化の現象を呈する化学反応の古典的な一例として，Belousov-Zhabotinski 反応がある[注1]．それは，一定温度で静止して置かれた一様な化学物質の混合物が"ひとりでに"螺旋形を成していくという現象である．

Brusselator という名の3分子化学反応のモデルを紹介しよう．このモデルは，自己組織化の性質をもつ最も簡単なモデルの一つである．反応は試験管の中で起きるとし，r を空間の変数とする，$0 \leq r \leq 1$．一つの物質は豊富にあり，残り二つの物質の濃度が $x(t, r), y(t, r)$ で，それぞれの拡散係数が D_1, D_2 であるとし，x, y が方程式

$$\begin{cases} \dfrac{\partial x}{\partial t} = D_1 \dfrac{\partial^2 x}{\partial r^2} + A - (B+1)x + x^2 y, \\ \dfrac{\partial y}{\partial t} = D_2 \dfrac{\partial^2 y}{\partial r^2} + Bx - x^2 y \end{cases} \qquad (3.6.2)$$

を満たすとする[注2]．初期条件は $x(0, r) = x_0(r), y(0, r) = y_0(r), 0 \leq r \leq 1$ で，

---

[1] G. Nicolis, I. Prigogine, 《Self-organization in non-equilibrium systems. From dissipative structures to order through fluctuations (不均衡系における自己組織化．散逸的構造から揺らぎを経て秩序に至る)》, Wiley, New York (1977).

[2] 訳注：$D_1 \dfrac{\partial^2 x}{\partial r^2}, D_2 \dfrac{\partial^2 y}{\partial r^2}$ はそれぞれ第2，第3の物質の拡散を表す項．第2，第3の物質は前者2分子と後者1分子が反応して後者から前者に変化するので $x^2 y$ という項がある．項 Bx は第2の物質が自然に一定の割合 B で第3の物質に変化することを表す．第1の物質は一定の割合 A で第2の物質に変わり，第2の物質は一定の割合1で第1の物質に変わる．

境界条件は Dirichlet 型で $x(t,0)=x(t,1)=A, y(t,0)=y(t,1)=\dfrac{B}{A}$ である.

連立方程式 (3.6.2) には自明な定常解 $x=A, y=\dfrac{B}{A}$ がある. 平衡解の近くでの (3.6.2) の線形安定性は $\dfrac{\partial x}{\partial t}=\dfrac{\partial y}{\partial t}=0$ とおくことによって調べられる. すなわち, 安定性は, 平衡解のところでの右辺のヤコービ行列 J (線形作用素) の安定性と関係づけられる. J の実数部最大の固有値が純虚数 (しかも半単純) であるならば, 安定で周期的な解が存在する. 読者は

$$J = \begin{bmatrix} D_1 \dfrac{\partial^2}{\partial r^2} + B - 1 & A^2 \\ -B & D_2 \dfrac{\partial^2}{\partial r^2} - A^2 \end{bmatrix}$$

であることを確かめてみるとよい.

3.7　Fredholm[注1]の積分方程式

ここまでに挙げた例には微分方程式 (あるいは偏微分方程式) しか登場しなかった. ところで, たいていの数理物理学の方程式は積分形式に書くことができる. たとえば, Laplace の方程式[注2]の問題に対して Green[注3]関数を利用する (練習問題 3.24) などして.

積分作用素の簡単な例は

$$K: x(t) \mapsto (Kx)(t) = \int_0^1 k(t,s) x(s) \mathrm{d}s, \quad 0 \leq t \leq 1$$

で, これに対応する固有値問題は

$$(Kx)(t) = \int_0^1 k(t,s) x(s) \mathrm{d}s = \lambda x(t), \quad 0 \leq t \leq 1 \quad (3.7.1)$$

である.

関数解析の適当な枠組みを用いて, (λ, x) が積分作用素の固有値と固有ベク

---

[1] Erik Ivar Fredholm (エリク・イーヴァール・フレードホルム；1866-1927)：ストックホルムに生まれ, メールビにて没す.

[2] Pierre Simon Laplace に因んだ名前. Pierre Simon Laplace (ピエール・シモン・ラプラース (伯)；1749-1827)：ボーモンに生まれ, パリにて没す.

[3] George Green (ジョージ・グリーン；1793-1841)：ノッチンガムに生まれ, ノッチンガムにて没す.

トルであるならば，$(1/\lambda, x)$ は随伴する微分形の問題の固有値と固有ベクトルであることが容易に確かめられる．"楕円型微分作用素"は，適当な仮定の下で，"コンパクトな積分作用素"を逆作用素としてもつ（Chatelin (1983) の第4章参照）．

(3.7.1) を数値積分公式によって近似する解法について述べよう．これは，非常によく使われている "Nyström[注1]の方法" という名の方法である．

分点 $0 \leq s_i^{(n)} \leq 1$ と重み $w_i^{(n)}$, $i=1, \cdots, n$, とで定義される $[0,1]$ 上の数値積分公式があるとする．簡単のため，上の指標 (n) は以下では省略する．方程式 (3.7.1) は

$$\sum_{j=1}^{n} w_j k(t, s_j) x_n(s_j) = \lambda_n x_n(t), \qquad 0 \leq t \leq 1 \tag{3.7.2}$$

で近似される．λ_n とベクトル $x_n = (x_n(s_j))_1^n$ は，変数 t を離散化して同じ分点 $t_i = s_i$ で計算すれば，

$$\sum_{j=1}^{n} w_j k(t_i, s_j) x_n(s_j) = \lambda_n x_n(t_i), \qquad i=1, \cdots, n$$

が得られる．

$w_j k(t_i, s_j), i, j = 1, \cdots, n,$ を要素とする行列を A_n とする．λ_n と x_n は $A_n x_n = \lambda_n x_n$ の解である．

$t \neq t_i$ に対する $x_n(t)$ の値は，$\lambda_n \neq 0$ という条件の下では，(3.7.2) の x_n の値を用いて

$$x_n(t) = \frac{1}{\lambda_n} \sum_{j=1}^{n} w_j k(t, s_j) x_n(s_j) \tag{3.7.3}$$

という形で計算できる．

任意の点 t における x_n の値を定めることができる式 (3.7.3) は，Nyström の "自然補間公式" という名で知られている．

K と数値積分公式について適当な仮定をすれば，$n \to \infty$ のとき (λ_n, x_n) が (3.7.1) の解 (λ, x) に近づくことが示される（厳密な取り扱いについては Chatelin (1983) を見よ）．

微分方程式の離散化の場合とは異なり，積分方程式の離散化のときに得られる行列 A_n は "密" であることに読者は気づいたであろう．この困難さを克服

---

[1] E. J. Nyström, "Über die praktische Auflösung von Integralgleichungen mit Anwendungen auf Randwertaufgaben（積分方程式の実用的解法と境界値問題への応用について）", Acta Math. **54**, 185-204 (1930).

するのに，n をあまり大きくしないでおいて反復細分という技術を用いることができる (Chatelin (1984) 参照)．

このように，固有値の計算の問題が現れるいろいろな状況を展望してみると，すべての固有値を求めなければならない場合も，そのいくつかだけを求めればよい場合も，また複素平面の与えられた領域（区間，実部が正の半平面，など）の中にある固有値を特に求める場合もあることがわかる．第5章で紹介する方法（中間規模の密行列）および第6章，第7章で紹介する方法（大規模な疎行列）によって，固有値，固有ベクトルの数値計算を実行することができる．

3.8 参考文献について

本章では，固有値の実用的応用および理論的応用のいくつかを選んで紹介した．その他にも固有値計算に依存している多くの工業的応用，科学的応用がある．すべて尽くそうなどとはせずに，そのうちのいくつかを挙げてみよう．
——配電網の解析 (A. M. Erisman, K. W. Neves, M. H. Dwarakanath (eds.), *Electric power problems : the mathematical challenge* (電力の問題：数学的挑戦), SIAM, Philadelphia (1980))；
——プラズマ物理 (J. Rappaz,《Spectral approximation by finite elements of a problem of magneto-hydrodynamic stability of a plasma (プラズマの電磁流体力学的安定性の問題の有限要素によるスペクトル近似)》, *The mathematics of finite elements and applications* (J. R. Whiteman, ed.), Academic Press, New York, 311-318 (1979))；
——原子炉の物理 (E. Wachpress, *Iterative solution of elliptic systems and applications to the neutron diffusion equations of reactor physics* (楕円型方程式の反復解法と原子炉の中性子拡散方程式への応用), Prentice Hall, Englewood Cliffs, N. J. (1966)．さらに，比較的最近のものでは，A. Kavenoky, J. J. Lautard,《State of the art in using finite element method for neutron diffusion calculation (中性子の拡散の計算のために有限要素法を利用する技術の現状)》, *Advances in Reactor Computations*, vol. 1, 28-31 (1983))；L. A. Hageman, D. M. Young (1981) もまた参照；

3.8 参考文献について

——大規模空間構造物の制御（M. Balas,《Trends in large space structure control theory: fondest hopes, wildest dreams（大規模空間構造物の制御理論の動向：甘い期待，無謀な夢）》, *IEEE Trans.* **AC-27**, pp. 522-535 (1982)）；
——VLSI 技術における電気回路の自動配置（E. Barnes,《An algorithm for partitioning the nodes of a graph（グラフの頂点分割のアルゴリズム）》, *SIAM J. Alg. Discr. Meth.* **3**, pp. 541-550 (1982)）；
——海洋学（G. W. Platzmann,《Normal modes of the world ocean, Part I（世界の大洋の固有振動モード，第 I 部）》, *J. Phys. Oceanogr*, **8**, 323-343 (1978)）．

Markov 連鎖に対する反復集約/分解法は，F. Chatelin,《Iterative aggregation/desaggregation methods（反復集約/分解法）》, *Mathematical Computer Performance and Reliability* (G. Iazeolla et al., eds.), North Holland, Amsterdam, 199-207 (1984) の中に述べられている．Marx-von Neumann モデルの紹介は，J. Laganier の Grenolbe 大学における均衡成長の講義（経済学の第 1 期の第 2 年目の）から着想を得たものである．von Neumann モデルは J. P. Aubin, *L'analyse non linéaire et ses motivations économiques*（非線形解析とその経済学的動機づけ），Masson, Paris (1984) に述べられている．非負行列の理論と応用についてのより詳しい話は Berman-Plemmons (1979) にある．

構造物の動力学についてさらに詳しく知りたい読者は，L. Meirovitch, *Computational methods in structural dynamics*（構造物の動力学における諸計算法），Sijthoff et Noordhoff, Alphen aan den Rijn (1980) および E. Sanchez-Palencia, *Non-homogeneous media and vibration theory*（非一様媒体と振動論），Lect. Notes Phys. **127**, Springer-Verlag (1980) の本を参照されたい．海洋に関する応用の話（船舶工学と沖合の掘削用プラットフォーム）が，L. Aasland, P. Björstad,《*The generalized eigenvalue problem in ship-design and offshore industry*（船舶設計と海洋構造物建造における一般化された固有値問題）》, Matrix Pencils (B. Kägström, A. Ruhe, eds.), Lect. Notes Math., **973**, 146-155, Springer-Verlag (1983) にある．

最後になるが，読者は次の本の中にいくつもの有用な展開を見出すことができる．F. Chatelin (1983)（微分作用素と積分作用素の固有値の数値的近似法に

ついて);J. M. T. Thompson, *Instabilities and Catastrophes in science and engineering*（科学と工学における不安定現象とカタストローフ），Wiley, Chichester（1982）;D. M. Cvetković, M. Doob, H. Sachs, *Spectra of graphs*（グラフのスペクトル），Academic Press. New York（1980）.

練習問題

3.1 [A] 線形1階連立微分方程式を

$$u(0) = u_0, \quad \frac{du}{dt} = Au, \quad t > 0$$

とする．ここで u は，t に関して微分可能な $\mathbf{R}^n$ のベクトルであり，A は，大きさ n の定数行列である．A の Jordan 標準形を J とし，対応する基底を V とする．このとき，

$$u(t) = Ve^{Jt}V^{-1}u_0$$

であることを示し，e^{Jt} の要素を具体的に記せ．特に，A が対角可能である場合について解析せよ．

3.2 [D] 練習問題3.1の連立微分方程式の解が有界であるかどうかは，実部が0の A の固有値が半単純か否かで決まることを示せ．［訳注：A の固有値は実部が正のものがあれば一般には解は非有界，すべての固有値の実部が負ならば解が有界であることは自明．すべての固有値の実部が0または負のとき，実部が0の固有値が半単純であるかどうかが問題．］

3.3 [D] J を Jordan ブロックとする．$k=1, 2, \cdots$ に対して J^k の要素を書き下せ．

3.4 [B：12] n 個の状態をもつ離散的な Markov 連鎖を考える．付随する推移確率行列を

$$P = (P_{ij})$$

とする．この Markov 連鎖は既約で，周期的ではないと仮定する：すなわ

ち,Kolmogorov の方程式

$$\pi_i = \sum_{j=1}^{n} \pi_j P_{ji}, \quad 1 \leq i \leq n,$$

$$\sum_{i=1}^{n} \pi_i = 1$$

は唯一つの解 π^* をもつと仮定する.このとき Jacobi の反復法は

$$\pi_i^{(k+1)} = \sum_{j=1}^{n} \pi_j^{(k)} P_{ji}$$

と書ける.

i) Jacobi の反復法は,正規化条件

$$\pi^{(k)} e = 1$$

の下でベキ乗法を P^T に適用したものに対応することを示せ.ここで,e_j は $\mathbf{R}^n$ の単位ベクトルで,

$$e = \sum_{j=1}^{n} e_j$$

である.[すなわち $e^T = [1, 1, \cdots, 1]$.]

$\{\Omega(i): i=1, \cdots, p\}$ を,集合 $\{1, 2, \cdots, n\}$ の分割であるとする.$\bar{\pi}_i > 0$,$i = 1, \cdots, n$, であるような Markov 連鎖の各状態 $\bar{\pi}$ に対して,

$$P_{ji}^a = \frac{\sum_{k \in \Omega(i)} \sum_{\ell \in \Omega(j)} \bar{\pi}_\ell P_{\ell k}}{\sum_{\ell \in \Omega(j)} \bar{\pi}_\ell}, \quad 1 \leq i, j \leq p$$

で定義される行列 $P^a(\bar{\pi})$("集約行列"という)を付随させる.

ii) $P^a(\bar{\pi})$ が推移行列であることを示せ.

π^a を

$$\pi^a = \pi^a P^a,$$
$$\pi^a e = 1$$

で定義し,

$$\tilde{\pi} = \sum_{j=1}^{p} \frac{\pi_j^a}{\sum_{\ell \in \Omega(j)} \bar{\pi}_\ell} G_j \bar{\pi}$$

とおく.ただし

$$G_j = \sum_{k \in \Omega(j)} e_k e_k^T.$$

iii) $\tilde{\pi} e = 1$ であることを示せ.

連鎖の新しい状態は,Jacobi 反復

$$\tilde{\pi} = \tilde{\pi} P$$

によって定義される．

iv) $\quad \hat{\pi}_k = \sum_{j=1}^{p} \dfrac{\pi_j^a}{\sum_{\ell \in \Omega(j)} \bar{\pi}_\ell} \sum_{\ell \in \Omega(j)} \bar{\pi}_\ell P_{\ell k}, \quad 1 \leqq k \leqq n$

であることを示せ．

3.5 [D] 練習問題 3.4 の記法を引続き用いる．Markov 連鎖がほとんど完全に可約であるとする．すなわち
$$P = D + E,$$
$$D = \mathrm{diag}(D_1, D_2, \cdots, D_p),$$
$$\|E\|_2 = \varepsilon.$$
D_i は既約で周期的でない連鎖に付随する推移行列であるとし，その定常状態（$\bar{\pi}_i$ と記す）は
$$\bar{\pi}_i e = 1$$
を満たすとする．$\bar{\pi}$ をブロック $\bar{\pi}_i$ からなるベクトルとする．$\bar{\pi}$ に基づく集約/分解法の1段を考える：すなわち
$$P_{ji}^a = \sum_{k \in \Omega(i)} \sum_{\ell \in \Omega(j)} \bar{\pi}_\ell P_{\ell k}, \quad 1 \leqq i, j \leqq p,$$
$$\tilde{\pi} = \sum_{j=1}^{p} \pi_j^a G_j \bar{\pi},$$
$$\tilde{\pi} e = 1.$$
ここで，
$$\pi^a = \pi^a P^a,$$
$$\pi^a e = 1$$
であるとする．このとき，
$$\|\tilde{\pi} - \pi^*\|_2 = \mathrm{O}(\varepsilon)$$
であることを示せ．

3.6 [B:37] Marx-von Neumann のモデルにおいては，賃銀は生活費指数に連動して定められる：
$$w = pd.$$
ここで，d は労働者が消費する財の量である．d が Δd だけ変化するとしよう．

i) 労働者の消費が増大することは賃銀が増大することと等価であること

を示せ．
ii) 賃銀が増大すると利益率と成長率が減少することを示せ．

3.7 [B:5] ここでは Leontiev の閉じたモデルといわれるものを紹介しよう．財の集合は産出物の集合に等しいと仮定する．技術係数行列 A は正方行列で非負である．産出物のベクトルを x，財のベクトルを y と記すと，
$$y = Ax$$
である．$y \leq x$ ならばこのシステムは生存が可能である．財の量の均衡条件は
$$(I-A)x = 0, \quad x \geq 0$$
で与えられる．
i) 行列 A が既約であるとき，均衡条件が成立するための一つの十分条件を決定せよ．

p を，財の価格を表す行ベクトルとする．したがって，財の製造費用を表す行ベクトルは
$$c = pA$$
である．ゆえに価格の均衡条件は
$$p(I-A) = 0, \quad p \geq 0$$
である．
ii) A が既約であるとき，財の価格の均衡条件が財の量の均衡条件と等価であることを証明せよ．

3.8 [B:37] 今度は Leontiev の開いたモデルを紹介しよう．n 個の財 ($=$ 産出物) があるが，産出物でない財が一つ存在する (一般には，労働力)．技術係数行列 A は非負で既約であるとする．正味の産出物の量は
$$q = (I-A)x$$
で与えられる．
i) 需用ベクトル $c \geq 0$ が与えられているとして，
$$q = c$$
を満たすベクトル $x \geq 0$ が存在するための十分条件を求めよ．
ii) $$pA < p$$
を満たす行ベクトル $p > 0$ が存在するならば，$(I-A)^{-1}$ が存在して正であ

ることを証明せよ．

iii) A の絶対値最大の固有値 λ^* が $0<\lambda^*<1$ を満たすとき，
$$x^{(0)} = c,$$
$$x^{(k+1)} = Ax^{(k)}$$
により作られる系列の性質を調べ，経済学的解釈を与えよ．

3.9 [B : 37] von Neumann の成長モデルにおいては，生産は二つの行列
$\quad A = $ 財の係数行列，
$\quad B = $ 産出物の係数行列
によって定義される．ここで，m 種の生産技術と n 種の財とが存在するとしている．与えられた一つの周期において，技術の活動水準を表す列ベクトル $x(x\in \mathbf{R}^m)$ と財の価格を表す行ベクトル $p(p\in \mathbf{R}^n)$ とを考える．α を成長率，β を利潤率とすると，
$$(B-\alpha A)x \geqq 0, \quad x \geqq 0,$$
$$p(B-\beta A) \leqq 0, \quad p \geqq 0$$
である．

i) 余剰生産物の価格が 0 であること，そして利益が利潤率以下のときは活動水準は 0 になることを示せ．

ii) 技術係数行列 (B, A) が非負で既約な行列の形をしているときには
$$\alpha^* Ax \leqq Bx, \quad x > 0$$
$$\beta^* pA \geqq pB, \quad p > 0$$
を満たす $\alpha^* = \beta^* > 0$ が一意に存在して，
$$p(\alpha^* A - B)x = 0$$
であることを示せ．

iii) 最小利潤率が与えられているとき，最大生産率について言えることは何か？

3.10 [C] ここでは，鶏の飼育を主とする農家の経済の場合を取り上げてみる．二つの財（鶏と卵）と二つの過程（産卵過程と抱卵過程）とが関連する財と過程として挙げられる．卵を生む鶏は 1 羽が 1 カ月に 12 個の卵を生むが，卵をかえす鶏は 1 羽が 1 カ月に 4 個の卵をかえすとする．

i) 練習問題 3.9 の行列 A と B は，ここでは

$$A = \begin{pmatrix} 1 & 1 \\ 0 & 4 \end{pmatrix}, \quad B = \begin{pmatrix} 1 & 5 \\ 12 & 0 \end{pmatrix}$$

であることを示せ．［訳注：産卵に x_1 羽, 抱卵に x_2 羽の鶏を割り当てるとすると，x_1+x_2 羽の鶏と，$4x_2$ 個の卵が必要である．そして，このとき，期末には x_1+5x_2 羽の鶏と $12x_1$ 個の卵が得られることになる．また，鶏が1羽 p_1 円，卵が1個 p_2 円だとすると，産卵1羽にかかる費用は p_1 円，抱卵1羽にかかる費用は p_1+4p_2 円．一方，産卵1羽は p_1+12p_2 円の産出をし，抱卵1羽は $5p_1$ 円の産出をする．期頭に使用する財の量に比べて期末に得られる財の量が α 倍以上であれば成長率 α が達成できる．また，期末に得られる財の価値の費用に対する比 β が大きくなるような生産技術を採用することになるから，ある価格体系のもとでの利用率 β は $p(B-\beta A) \leq 0$ を満たす．］

ii) 3羽の鶏と8個の卵から始めるとき，2ヵ月後の農家の状態を調べよ．
iii) 2羽の鶏と4個の卵から始めて，同じことをせよ．
iv) 経済が均衡状態にあるとき，成長率を計算せよ．
v) 鶏1羽が10単位の価格で卵1個が1単位の価格のとき，価格の均衡を調べよ．
vi) 鶏1羽が6単位の価格，卵1個が1単位の価格のとき，同じ問題を考えよ．

3.11 [B : 37] Marx-von Neumann のモデルを考えよう（本文94ページ）．ここでは絶対価格の形成の過程の，そして，インフレの伝播の定式化をしよう．二つのベクトル $x=(x_1,\cdots,x_n), y=(y_1,\cdots,y_n)$ が与えられたとき，

$$z_i = \max\{x_i, y_i\}, \quad i=1,2,\cdots,n$$

によってベクトル

$$z = (z_1,\cdots,z_n) = \max\{x,y\}$$

を定義する．最低収益率を s とし

$$\lambda = \frac{1}{1+s}$$

とおく．

$$p_{k+1} = \max\{p_k, \frac{1}{\lambda}p_k B\},$$

$$p_0 = (p_0^{(1)}, \cdots, p_0^{(n)}) \geqq 0$$

により行ベクトルの列 p_k を定義する．これは，価格の低下に対する"歯止め"効果と呼ばれるものを定式化したものである．

i) B が既約でかつ $p = (p^{(1)}, \cdots, p^{(n)}) > 0$ が価格体系であるならば，

$$\lambda = \rho = \frac{1}{1+r},$$

$$a = \max_{1 \leq i \leq n} \frac{p_0^{(i)}}{p^{(i)}}$$

とおくとき，p_k は ap に収束することを証明せよ．

ii) λ が与えられたとき，ベクトル列

$$p_{k+1}(\lambda) = \max\{p_k(\lambda), \frac{1}{\lambda} p_k(\lambda) B\}$$

は $\lambda \geqq \rho$ なら収束し，$\lambda < \rho$ なら発散することを証明せよ．後者の場合，相対価格は p に収束し，絶対価格は ρ/λ の割合で増大することを証明せよ．

3.12 [D] Samuelson の振動理論を考えよう：r_k を年度 k における国の収入，c_k を年度 k における国の消費，d_k を年度 k における国の支出，i_k を年度 k における国の投資とする．限界消費性向を s とし，消費の増加に対する投資の比率を v とすると，$\gamma = vs$ は加速係数である：

$$i_k = \gamma(r_{k-1} - r_{k-2}).$$

さらに，消費と投資の計画に対応する関係式

$$r_k = c_k + i_k + d_k,$$

および収入と消費の成長の間の1年間の遅れを表す関係式

$$c_k = sr_{k-1}$$

がある．

i) すべての k に対して $d_k = 1$ であるとして，国の収入が

$$r_{k+2} - s(1+v)r_{k+1} + svr_k = 1$$

を満たすことを示せ．

ii) この方程式の解が (s, v) の値に従ってどう変わるかを調べよ．(s, v) 平面上の曲線

$$s = \frac{1}{v} \quad \text{および} \quad s = \frac{4v}{(1+v)^2}$$

によって定められる四つの領域を考えるとよい．

3.13 [C] N 個の領域に分けられた経済を考える．異なる領域の間の移民労働力の移動を調べることにしよう．第 k 期 ($0 \leq k \leq T$) における移民労働力の分布は行ベクトル
$$x_k = (x_{k1}, \cdots, x_{kN})$$
で与えられる．ここで x_{kj} は第 k 期における領域 j 内の移民労働人口である．労働者は自分の好みに従って，また労働市場の変化に応じて，自由に移動するものと仮定することにしよう．$A_k = (a_{ij}^{(k)})$ をいわゆる"移動行列"とする．ここで，$a_{ij}^{(k)}$ は第 k 期における領域 i から領域 j への労働者の移動率を表す．

i) $$x_{k+1} = x_0 A_0 A_1 \cdots A_k$$
であることを示せ．

ii) $N=3$ で
$$A_k = A = \begin{pmatrix} 3/4 & 1/4 & 0 \\ 0 & 2/3 & 1/3 \\ 1/4 & 1/4 & 1/2 \end{pmatrix}$$
であると仮定する．T 期間経た後の領域間の移動率を表す行列を計算せよ．

iii) $T \to \infty$ のとき，ii) で計算される行列の要素がどのようになるか調べよ．

3.14 [B : 37] $A = (a_{ij})$ を技術係数行列とする．ある物理的単位系から他の単位系（すなわち，金額を用いた単位系）に移るときの，すなわち A をすべて価値を用いて定義し直すときの換算係数を d_j とする．こうして得られる新しい行列を $\tilde{A}$ とする．
$$\tilde{A} = D^{-1}AD, \quad D = \mathrm{diag}(d_1, \cdots, d_n)$$
であることを証明せよ．

3.15 [B : 37] 価値を用いて定義された技術係数行列を $\tilde{A}$ とする．これに対して，ある価格体系 q が存在して，それに従うとどの経済分野もみな利潤が上げられると仮定する．このとき
$$\rho(\tilde{A}) < 1$$

であること，したがって，用いる単位系が何であっても技術係数行列 A は $\rho(A)<1$ を満たすことを示せ．

3.16 [B : 14] X, A, B, U, V, W, Z および E は補助定理 3.4.1（本文 97 ページ）において定義された行列であるとする．U, W あるいは V, Z（次数はそれぞれ k あるいは n）の固有値を大きさの順に並べて
$$\lambda_1 \geqq \lambda_2 \geqq \cdots \geqq \lambda_r > \lambda_{r+1} = \lambda_{r+2} = \cdots = \lambda_k = \lambda_n = 0$$
とおく．

i) 対応する固有ベクトル u_i, w_i および v_i, z_i は
$$u_i = B^{-1/2} w_i,$$
$$v_i = A^{-1/2} z_i$$
を満たすことを示せ．

ii) E の特異値分解（練習問題 1.19）は
$$E = \sum_{i=1}^{r} \sqrt{\lambda_i}\, z_i w_i^{\mathsf{T}}$$
と書けることを示せ．

3.17 [B : 15] 練習問題 3.16 と同じ記号を用い，
$$\rho(f, g) = \frac{|f^{\mathsf{T}} X g|}{[(f^{\mathsf{T}} B^{-1} f)(g^{\mathsf{T}} A^{-1} g)]^{1/2}}$$
と定義する．
$$f_i = B u_i$$
$$g_i = A v_i$$
とおくと
$$\rho(f_i, g_i) = \max\{\rho(f, g) \mid u_j^{\mathsf{T}} f = v_j^{\mathsf{T}} g = 0,\quad 1 \leqq j < i\},\quad 1 \leqq i \leqq r$$
が成り立つことを示せ．

3.18 [B : 15] 対応分析法においては，$k \times n$ 型の行列 X で表される分割表を用いる．ただし X は
$$x_{ij} \geqq 0 \quad \text{かつ} \quad \sum_{ij} x_{ij} = 1$$
を満たすものとする．ここで，x_{ij} は，たとえば，それぞれ $\{1, 2, \cdots, k\}$ と $\{1, 2, \cdots, n\}$ の中に値を取る二つの離散変数 $\mathscr{I}$ と $\mathscr{J}$ の同時経験分布であ

る．なお，

$$a_j = \sum_{i=1}^{k} x_{ij} > 0,$$
$$b_i = \sum_{j=1}^{n} x_{ij} > 0,$$
$$A = \mathrm{diag}(a_j^{-1}),$$
$$B = \mathrm{diag}(b_i^{-1})$$

と定義する．

i) $\lambda_1 = 1$ は三つの行列の組 (X, A, B) から定められる行列
$$U = XAX^{\mathrm{T}}B$$
の優越固有値であることを示せ．

次に
$$a = (a_1, \cdots, a_n)^{\mathrm{T}},$$
$$b = (b_1, \cdots, b_k)^{\mathrm{T}},$$
$$X_0 = X - ba^{\mathrm{T}},$$
$$U_0 = X_0 A X_0^{\mathrm{T}} B$$

とおく．

ii) $\qquad \mathrm{sp}(U_0) = \mathrm{sp}(U) \setminus \{1\} \cup \{0\}$

であることを示せ．

iii) U_0 は三つの行列の組 $(X_0 A, A^{-1}, B)$ から定められる行列でもあることを示せ．

3.19 [B : 15] 練習問題 3.18 を再び取り上げるが，今度は，x_{ij} は事象 $\{I=i, J=j\}$ の確率を表すものと考える．ここで I, J は離散的な確率変数である．練習問題 3.17 のベクトル f と g は対応する関数
$$f : \{1, \cdots, k\} \to \mathbf{R},$$
$$g : \{1, \cdots, n\} \to \mathbf{R}$$
を表すと考える．変数 I と J を用いて関数 $f(I)$ と $g(J)$ という形に書ける．E で数学的期待値を表すことにして，
$$f^{\mathrm{T}} X g = \mathrm{E}(f(I)g(J)),$$
$$f^{\mathrm{T}} B^{-1} f = \mathrm{E}(f(I)^2),$$
$$g^{\mathrm{T}} A^{-1} g = \mathrm{E}(g(I)^2)$$

という関係式を導け．練習問題 3.17 の結果をこれらの関係式を用いて解釈し直せ．

3.20 [B : 15] 主成分分析においては，平均 0 の確率変数ベクトル $S \in \mathbf{R}^n$ を考える．
$$X = \mathrm{E}(SS^\mathrm{T}),$$
$$A = B = I,$$
$$U = V = X^2,$$
$$f^\mathrm{T} X f = \mathrm{E}(f^\mathrm{T} SS^\mathrm{T} f) = \sigma^2(f^\mathrm{T} S)$$
と定義する（$\sigma^2(\cdot)$ は分散）．この方法によると，S の成分の線形結合 $u_i^\mathrm{T} S$ で，最大の分散をもち，$u_j^\mathrm{T} S (j<i)$ とは相関のないものが決定されることを示せ．この状況では，必ず $\lambda_i \in [0,1]$ となるであろうか？

3.21 [B : 15] 判別分析を考える．練習問題 3.16 と 3.17 の記法をそのまま使う．S を $\mathbf{R}^k$ における確率変数ベクトル，J を整数値をとる確率変数，$\pi(j) = \mathrm{Prob}(J=j)$ とする．
$$X_j = \mathrm{E}(S|J=j)\pi(j), \quad 1 \leq j \leq n,$$
$$X = (X_1, \cdots, X_n),$$
$$A^{-1} = \mathrm{diag}(\pi(j)),$$
$$B^{-1} = \mathrm{E}(SS^T)$$
と定義する．
i)
$$f^\mathrm{T} X g = \mathrm{E}(f^\mathrm{T} S g(J)),$$
$$f^\mathrm{T} B^{-1} f = \sigma^2(f^\mathrm{T} S),$$
$$g^\mathrm{T} A^{-1} g = \mathrm{E}(g(J)^2)$$
であることを示せ．
ii) $\mathrm{sp}(U) \subseteq [0,1]$ を示せ．

3.22 [B : 15] 練習問題 3.16 の記法をそのまま使う．$S \in \mathbf{R}^{k \times N}, T \in \mathbf{R}^{n \times N}$（ただし，$\max\{k, n\} \leq N$）とし，
$$X = ST^\mathrm{T}, \quad A^{-1} = TT^\mathrm{T}, \quad B^{-1} = SS^\mathrm{T}$$
とおく．$\mathbf{R}^N$ の部分空間 $\mathrm{lin}\,S^\mathrm{T}$ と $\mathrm{lin}\,T^\mathrm{T}$ の間の i 番目の正準角を θ_i とする．
$$\sqrt{\lambda_i} = \cos\theta_i, \quad i = 1, \cdots, k$$

であることを示せ．

3.23 [B : 22] ここでは，問題
$$(P) \quad Kq = \omega^2 Mq, \quad 0 \neq q \in \mathbf{C}^n$$
に対する静止的圧縮法と呼ばれる方法を紹介しよう．問題 (P) は，考えている構造物全体の自然周波数とモードの形との数学的定式化である．ここで，K は剛性行列，M は質量行列である（本文 98 ページ）．

座標の部分集合 q_C を選んでこれを消去することを考える．残す座標の部分集合を q_R と記す．そうすると，式 (P) の分割
$$K_{RR}q_R + K_{RC}q_C = \omega^2(M_{RR}q_R + M_{RC}q_C),$$
$$K_{CR}q_R + K_{CC}q_C = \omega^2(M_{CR}q_R + M_{CC}q_C)$$
が導かれる．

q_C は
$$q_C = q_S + q_D$$
のように分解できて，q_S は"静止的"部分である，すなわち
$$q_S = -K_{CC}^{-1} K_{CR} q_R$$
を満たす，と仮定しよう．静止的圧縮法というのは，q_D を無視して
$$q_C = -K_{CC}^{-1} K_{CR} q_R$$
とおいてしまう方法である．

i) $q_D = 0$ のとき (ω, q_R) は
$$\bar{K}_{RR} q_R = \omega^2 \bar{M}_{RR} q_R$$
の解であることを示せ．ただし，
$$\bar{K}_{RR} = K_{RR} - K_{RC} K_{CC}^{-1} K_{CR},$$
$$\bar{M}_{RR} = M_{RR} - M_{RC} K_{CC}^{-1} K_{CR} - K_{RC} K_{CC}^{-1} M_{CR},$$
$$\bar{M}_{CR} = M_{CR} - M_{CC} K_{CC}^{-1} K_{CR}.$$

ii) q_D が
$$(K_{CC} - \omega^2 M_{CC}) q_D = \omega^2 \bar{M}_{CR} q_R$$
を満たすことを証明せよ．

$q_R = 0$ で，(μ_i, φ_i) が
$$K_{CC} \varphi = \mu^2 M_{CC} \varphi, \quad \varphi \neq 0$$
の解であるとする．
$$\mu_1^2 \leq \cdots \leq \mu_m^2,$$

$$\varphi_i{}^* M_{cc} \varphi_j = \delta_{ij}$$

を仮定する．低い方の周波数に対応するモードの形に許容される誤差のオーダーを $\varepsilon > 0$ とする．

iii) 静止的圧縮法は，解 (ω, q) に対して，

$$\omega^2 = \varepsilon \mu_1{}^2 \ll 1$$

を満たすような許容近似解を与えることを証明せよ．

3.24 [B:11] 微分形の固有値問題

$$-x'' = \lambda x,$$
$$x(0) = 0,$$
$$x(1) = 0$$

を考えよう．

i) 付随する Green 核関数を定め，積分作用素に付随する固有値問題の形に定式化せよ．

ii) 微分形の問題を有限差分により離散化することと，積分形の問題を Fredholm 近似することとが等価であることを示せ．

第4章　誤差解析

　本章は，まず，実用上非常に重要な一つの問題，すなわち，スペクトル問題の安定性とそれから出てくるスペクトル条件数（異なる固有値の集合とそれに付随する不変部分空間とについての）の概念とを，最も一般的な場合，すなわち正規行列でない行列や欠陥のある固有値の場合について調べることから始める．

　"事前"誤差解析はスペクトル理論に基礎をおいており，簡潔で美しい証明を与えることができる．"事後"誤差解析によれば，m次の行列CとUのm個のベクトルとに基づいて作られる行列剰余$\|AU-UC\|$の関数としてあまり難しくなく計算できる上界が与えられる．

4.1　連立方程式の条件数の復習

　連立1次方程式（線形方程式系）$Ax=b$を解くことを考える．この方程式に一意的な解$x=A^{-1}b$が存在するための必要十分条件はAが非特異であることである．数学者の関心はこれで終わりであるが，数値計算家はこれだけでは満足せず，さらにデータA, bの摂動に対して解ができるだけ鈍感であってほしいと望むのである．いまAが$\varDelta A$, bが$\varDelta b$だけ摂動を受けたとき，それに対する新しい解$x+\varDelta x$は，条件$\|\varDelta A\|<1/\|A^{-1}\|$が成り立っていれば，

$$\frac{\|\varDelta x\|}{\|x\|} \leq \frac{\mathrm{cond}(A)}{1-\|A^{-1}\|\|\varDelta A\|}\left[\frac{\|\varDelta b\|}{\|b\|}+\frac{\|\varDelta A\|}{\|A\|}\right]$$

を満たす．したがって，条件数$\mathrm{cond}(A)$は，解の相対誤差$\frac{\|\varDelta x\|}{\|x\|}$をデータ$A$, bの相対誤差の関数として表すための一つの尺度となる．

cond(A) が大きいと，A は，ある意味で，特異行列に近い．すなわち，$\|\varDelta A\| \leq \dfrac{\|A\|}{\text{cond}(A)}$ を満たす階数 1 の行列 $\varDelta A$ で $A+\varDelta A$ が特異となるようなものが存在する（練習問題 4.1 参照；第 1 章 1.12 節もまた参照）．

連立 1 次方程式を解く前に，実際には，条件数を減らすために行列を均衡化するのがよい．A の "スケール調整 (la mise à l'échelle)" とは，$\text{cond}(D_1AD_2) = \inf\limits_{\varDelta_1, \varDelta_2 \text{ は対角行列}} \text{cond}(\varDelta_1 A \varDelta_2)$ となるような対角行列 D_1 と D_2 を求めることである．（英語系の文献では《scaling（スケール調整）》または《equilibration（均衡化）》と呼ばれている．）

連立 1 次方程式の安定性は，上で見たように，A の正則性に関係している．固有値問題については，状況はもっと複雑である．A の正則性に対応する概念は，A が対角化可能であるということ，すなわち A に欠陥がないということである．

例 4.1.1 $A=\begin{bmatrix} 2 & 1 \\ 0 & 2 \end{bmatrix}$ は欠陥を有する行列である．$\varepsilon>0$ に対して $A(\varepsilon)=\begin{bmatrix} 2 & 1 \\ -\varepsilon & 2 \end{bmatrix}$ とおいてみよう．$A(\varepsilon)$ は二つの固有値 $\lambda_1(\varepsilon)=2+\sqrt{\varepsilon}, \lambda_2(\varepsilon)=2-\sqrt{\varepsilon}$ をもつ．そして，$\dfrac{d\lambda_1(\varepsilon)}{d\varepsilon}=\dfrac{1}{2\sqrt{\varepsilon}}, \dfrac{d\lambda_2(\varepsilon)}{d\varepsilon}=-\dfrac{1}{2\sqrt{\varepsilon}}$ である．この固有値の変化率は，$\varepsilon=0$ において，無限大になる．$A(\varepsilon)$ は，その固有値の間の距離から予測されるよりもずっと対角化不可能に近い．
$$\|A-A(\varepsilon)\| = \varepsilon, \quad \lambda_1(\varepsilon)-\lambda_2(\varepsilon) = 2\sqrt{\varepsilon}.$$

4.2 スペクトル問題の安定性

固有値や固有ベクトルが，行列 A の摂動 $\varDelta A$ のどのような関数として変化するのか調べることにしよう．まず，"単純な" 固有値の場合から始めよう．

4.2.1 $m=1$ の場合

$$\left.\begin{array}{r} Ax = \lambda x \\ A^*x_* = \overline{\lambda} x_* \end{array}\right\} \quad \|x\|_2 = x_*^* x = 1$$

を満たす固有値,固有ベクトル λ, x, x_* を考える.

$P = xx_*^*$ は固有射影,S は縮小レゾルベント,$P^\perp = xx^*$ は固有方向 $M = \mathrm{lin}(x)$ の上への直交射影,$\Sigma^\perp$ は $M^\perp$ の中での S の部分逆行列,ξ は固有方向 $\mathrm{lin}(x)$ と $\mathrm{lin}(x_*)$ の間の鋭角 (図 4.2.1 を見よ) である.$[x, \underline{Q}]$ が $\mathbf{C}^n$ のユニタリ基底で $\underline{Q}$ が $M^\perp$ の基底であるならば,$\underline{B} = \underline{Q}^* A \underline{Q}$ とおけば,
$$\Sigma^\perp = \underline{Q}(\underline{B} - \lambda I)^{-1}\underline{Q}^*$$
と表せる.

$\delta = \mathrm{dist}(\lambda, \mathrm{sp}(A) - \{\lambda\})$ とおく.

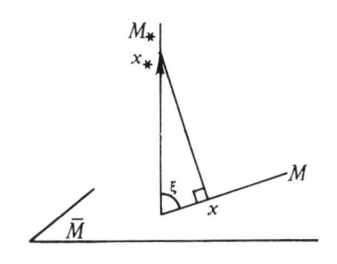

図 4.2.1

命題 4.2.1 行列 A が摂動 ΔA を受けると,単純固有値 λ は (1 次のオーダーで) $\Delta\lambda = x_*^* \Delta A x$ だけ変化し,固有方向 $\mathrm{lin}(x)$ は (1 次のオーダーで) $\tan\theta = \|\Sigma^\perp \Delta A x\|_2$ を満たす角 θ だけ回転する.

証明 $A' = A + \Delta A, \varepsilon = \|\Delta A\|_2$ とする.第 2 章で見たように,十分小さな ε に対して,Rayleigh-Schrödinger 級数展開は収束する (系 2.9.4).したがって,A' の固有値,固有ベクトル λ', x' で,$x^* x' = 1$, $|\lambda' - (\lambda + x_*^* \Delta A x)| = \mathrm{O}(\varepsilon^2)$,$\|x' - (x - \Sigma^\perp \Delta A x)\|_2 = \mathrm{O}(\varepsilon^2)$ を満たすものが存在する.

図 4.2.2 により,$\|x' - x\|_2 = \tan\theta$. □

定義
● 単純固有値 λ のスペクトル条件数とは
$$\mathrm{csp}(\lambda) = \|x_*\|_2$$
のことである.

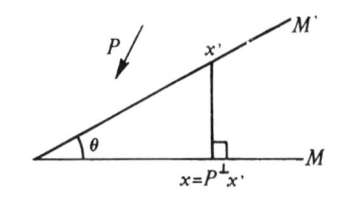

図 4.2.2

● 固有方向 $\mathrm{lin}(x)$ のスペクトル条件数とは
$$\mathrm{csp}(x) = \|\varSigma^\perp\|_2$$
のことである.

　$\|x_*\|_2 = \|P\|_2 = (\cos \xi)^{-1}$ であり,また,δ が十分小さければ,
$$\delta^{-1} \leq \|(\underline{B}-\lambda I)^{-1}\|_2 = \|\varSigma^\perp\|_2 \leq 2\,\mathrm{cond}_2(\underline{V})\delta^{-\ell}$$
であったことを思い起こそう.ここで,ℓ は λ に最も近い $\underline{B}$ の固有値の指標である(練習問題 4.2 参照).

　$\underline{B}$ が対角化可能なら $\delta^{-1} \leq \|\varSigma^\perp\|_2 \leq \mathrm{cond}_2(\underline{V})\delta^{-1}$ である.ここで,$\underline{V}$ は $\underline{B}$ の固有ベクトルの基底である.そこで,

● x とほとんど平行な $\bar{M}$ のベクトルが存在するとき(すなわち,角 ξ が直角に近いとき),λ は悪条件であるという.

● δ が小さかったり $\mathrm{cond}_2(\underline{V})$ が大きかったりするとき,x は悪条件であるという.　□

　A が Hermite 行列あるいは正規行列であるならば,$M^\perp = \bar{M}$,$\|x_*\|_2 = 1$,$\|\varSigma^\perp\|_2 = \delta^{-1}$ である.
　この場合,$\mathrm{lin}(x)$ が悪条件となる唯一の原因は,λ と A の残りのスペクトルとの距離 δ が小さいことにある.任意の行列については,さらに $\underline{B}$ の正規性の不足度がこの原因に加わる(第 1 章,1.12 節参照).

例 4.2.1(多重度 m の)多重固有値 λ のスペクトル条件数は確定しない.行列を摂動するとき,一般には m 個の単純な固有値 $\{\lambda_i'\}_1^m$ が得られる.λ が半単純ならば,λ の固有ベクトルの作る空間は直交基底をもつから,$\max \mathrm{csp}(\lambda_i')$ はほどほどの大きさである.λ が欠陥を有するときには,λ は独立な固有ベクト

ルを m 個までもてないから，$\max_i \text{csp}(\lambda'_i)$ は大きくならざるをえない．そこで，結論としていえば，欠陥のある固有値は"個別に"考えるとどうしても悪条件にならざるをえないということである（4.2.2節参照）．

例4.2.2 $a \neq b$ として，2×2 型の行列

$$T = \begin{bmatrix} a & \dfrac{b-a}{\varepsilon} \\ 0 & b \end{bmatrix} = \begin{bmatrix} 1 & 1 \\ 0 & \varepsilon \end{bmatrix} \begin{bmatrix} a & 0 \\ 0 & b \end{bmatrix} \begin{bmatrix} 1 & -\varepsilon^{-1} \\ 0 & \varepsilon^{-1} \end{bmatrix}$$

を考えよう．これは，二つの単純な固有値 a と b をもつが，それらの条件数はオーダーが ε^{-1} である．T は，$b-a$ が小さいとき，2重固有値 $\dfrac{a+b}{2}$ をもつような行列に近い行列となるが，その2重固有値は，ε の値によって半単純であったり，欠陥を有するものであったりする．

1) $b-a$ が小さく ε^{-1} があまり小さくないとき：

$T' = \dfrac{a+b}{2} I$ とすると，$T - T' = \begin{bmatrix} \dfrac{a-b}{2} & \dfrac{b-a}{\varepsilon} \\ 0 & \dfrac{b-a}{2} \end{bmatrix}$ で，$\|T - T'\|_2$ は $b-a$ のオーダーである．

2) $b-a$ と ε が小さいとき：

行列 $T'' = \begin{bmatrix} a & \dfrac{b-a}{\varepsilon} \\ -\varepsilon \dfrac{b-a}{4} & b \end{bmatrix}$ は欠陥のある固有値 $\dfrac{a+b}{2}$ をもち，Jordan基底は $V = \begin{bmatrix} 1 & 1 \\ \dfrac{\varepsilon}{2} & \dfrac{\varepsilon}{b-a}\left(1 + \dfrac{b-a}{2}\right) \end{bmatrix}$ である．$\dfrac{b-a}{\varepsilon}$ が普通の大きさなら $\text{cond}_2(V)$ も普通の大きさである．$\dfrac{b-a}{\varepsilon}$ が大きいとこの条件数は大きくなる．後者の場合 V は $\dfrac{\varepsilon}{b-a}$ を無視すると階数が1となる．T の正規性の不足度は $\dfrac{b-a}{\varepsilon}$ に等しく，やはり大きくなる．

例4.2.3（C. Moler より引用）　行列

$$A = \begin{bmatrix} -149 & -50 & -154 \\ 537 & 180 & 546 \\ -27 & -9 & -25 \end{bmatrix}$$

を考える．この行列の固有値は $\{1, 2, 3\}$ である．$a_{22} = 180$ を少し動かしてみよう．

(i)　$a_{22}' = 180.01$；　固有値は

　　　0.207 265 5；　2.300 834 9；　3.501 899 4.

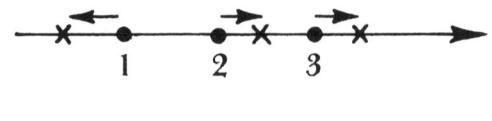

図 4.2.3

(ii)　$a_{22}'' = 179.997\,769$；　固有値は

　　　$1.550\,945\,6 \pm i \times 7.999\,21 \times 10^{-2}$；　2.895 877 9.

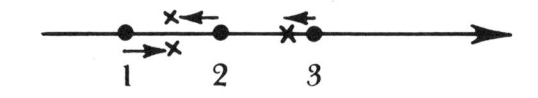

図 4.2.4

このように，a_{22} のまわりの小さな摂動が結果として固有値の上に非常に大きな摂動を引き起こすことがわかるであろう．$\mathrm{csp}(\lambda_i) \sim 10^3$, $i=1,2,3$ であることが確かめられる．

4.2.2　$m > 1$ の場合

代数的多重度が合計して m であるような固有値のブロック σ の場合を次に調べよう．$\delta = \mathrm{dist\text{-}min}(\sigma, \mathrm{sp}(A) - \sigma)$ は正であると仮定する．

M を，σ に付随する，次元が m の，A の不変部分空間とする．Q を M の一つの正規直交基底とすると，$P^\perp = QQ^*$ は M の上への直交射影である．基底 Q に関する写像 $A_{|M}$ の表現行列 $B = Q^*AQ$ はスペクトル σ をもつ．$[Q, \underline{Q}]$ を $\mathbf{C}^n$ のユニタリ基底とし，$\underline{B} = \underline{Q}^*A\underline{Q}$ とおいて $M^\perp$ におけるブロック部分逆行列 $\Sigma^\perp = \underline{Q}(\underline{B}, B)^{-1}\underline{Q}^*$ を考えよう．

$\Xi = \mathrm{diag}(\xi_i)$ を M と左不変部分空間 M_* との間の正準角の行列とする．X_* は M_* の基底で，$Q^*X_* = I_m$ となるように正規化されており，$P = QX_*^*$ は M の上へのスペクトル射影である．

4.2 スペクトル問題の安定性

命題 4.2.2 行列 A が摂動 ΔA を受けるとき，σ と M はそれぞれ（1 次のオーダーで）次のように定められる σ' と M' となる．
- σ' は $B' = B + X_*^* \Delta A Q$ のスペクトルである．
- M' は $Q^* X' = I_m$ となるように正規化された基底 $X' = Q - \Sigma^\perp \Delta A Q$ をもつ．

証明 $p = 2, F$ に対して，$\varepsilon_p = \|\Delta A\|_p$ が十分小さければ，系 2.9.4 において確立した Rayleigh-Schrödinger 級数展開から
$$\|B' - (B + X_*^* \Delta A Q)\|_p = O(\varepsilon_p^2),$$
$$\|X' - (Q - \Sigma^\perp \Delta A Q)\|_p = O(\varepsilon_p^2)$$
が得られる．

M と M' の間の正準角が作る対角行列を Θ とすると，$\|X' - Q\|_p = \|\tan \Theta\|_p = \|\Sigma^\perp \Delta A Q\|_p$ であることに注意せよ． □

行列 B と B' が $\|B - B'\|_2 \le \|X_*\|_2 \|\Delta A\|_2$ を満たすとき，σ と σ' の要素の近さに関して何がいえるであろうか？ B の Jordan 基底（固有ベクトル）を V と記す．

性質 4.2.3 すべての $\lambda' \in \sigma'$ に対して，ε_2 が十分小さいとき
$$|\lambda' - \lambda| \le 2 (\mathrm{cond}_2(V) \|X_*\|_2)^{1/\ell} \varepsilon_2^{1/\ell}$$
を満たす指標が ℓ の $\lambda \in \sigma$ が存在する．

証明 後出の定理 4.4.2 を参照．$\varepsilon_2 = \|\Delta A\|_2$ が十分小さければ，
$$(1 + |\lambda' - \lambda|)^{\frac{\ell-1}{\ell}} \le 2 \quad \text{（練習問題 4.3 参照）．}$$
B が対角化可能ならば，$\ell = 1$ で，V は固有ベクトル空間の基底であり，$|\lambda' - \lambda| \le \mathrm{cond}_2(V) \|X_*\|_2 \varepsilon_2$ となる．

系 4.2.4 十分小さい ε_2 に対して，
$$\max_{\lambda' \in \sigma'} \min_{\lambda \in \sigma} |\lambda' - \lambda| \le 2 \, \mathrm{cond}_2(V) \|X_*\|_2 \varepsilon_2^{1/m}.$$

証明 $\ell = 1$ に対しては結果は明らか．
$1 < \ell \le m$ に対しては，$\varepsilon_2^{1/\ell} \le \varepsilon_2^{1/m} < 1$ であり，

である．

$\boldsymbol{\sigma}$ （あるいは $\boldsymbol{\sigma}'$）の中にある固有値の算術平均を $\hat{\lambda}$ （あるいは $\hat{\lambda}'$）と書く：

$$\hat{\lambda} = \frac{1}{m}\sum_{\mu \in \sigma} \mu, \qquad \hat{\lambda}' = \frac{1}{m}\sum_{\mu \in \sigma'} \mu.$$

系 4.2.5 十分小さな ε_2 に対して
$$|\hat{\lambda}' - \hat{\lambda}| = \mathrm{O}(\varepsilon_2)$$
である．

証明 このことは不等式
$$|\hat{\lambda}' - \hat{\lambda}| = \frac{1}{m}|\mathrm{tr}(B'-B)| \leq \rho(B'-B) \leq \|B'-B\|$$
から直ちにわかる． □

定義
● $\boldsymbol{\sigma}$ の大域的スペクトル条件数とは
$$\mathrm{csp}(\boldsymbol{\sigma}) = \mathrm{cond}_2(V)\|X_*\|_2$$
のことである．
● 不変部分空間 M のスペクトル条件数とは
$$\mathrm{csp}(M) = \|\Sigma^\perp\|_\mathrm{F}$$
のことである．

これらの定義は M と $M^\perp$ の基底の選び方には依存しない．
さらに，$\|X_*\|_2 = \|P\|_2 = \|(\cos\varXi)^{-1}\|_2 = (\cos\xi_{\max})^{-1}$, $\|\Sigma^\perp\|_\mathrm{F} = \|(\underline{B},B)^{-1}\|_\mathrm{F} \geq \boldsymbol{\delta}^{-1}$
であることも思い起こそう．

A が Hermite 行列あるいは正規行列であるという特別の場合には，話は次のように簡単になる：
$$X_* = Q, \quad V \text{はユニタリ行列}, \quad \mathrm{cond}_2(V) = 1, \quad \varXi = 0,$$
$$P = P^\perp, \quad \mathsf{S} = \Sigma^\perp, \quad \|\mathsf{S}\|_F = \boldsymbol{\delta}^{-1}.$$

ここで，Sはブロック縮小レゾルベントである．固有値が常に良条件であり，不変部分空間が悪条件になるのは，ある固有値のブロックが残りのスペクトルに近いときそしてそのときだけである．

例 4.2.4 σ が多重度 m の固有値 λ だけからなるという特別な場合には，$\mathrm{cond}_2(V)\|X_*\|_2$ が普通の大きさのとき λ は大域的に良条件である（λ が半単純なら $V = I_m$ であることに注意しよう）．

$\mathrm{cond}_2(V)$ が大きければ，欠陥のある一つの固有値は悪条件である（練習問題 4.4 参照）．しかし，ブロックで考えるとそれは良条件にもなりうる．このことは，固有値を個別に扱う場合とは対照的である（練習問題 4.4 参照）．

4.2.3　$\mathrm{csp}(M)$ の諸性質

$\mathrm{csp}(M) = \|(\underline{B}, B)^{-1}\|_F$ であるから，第1章1.12節で調べたことは一般に適用される．すなわち，$V(\underline{V})$ を $\mathbf{C}^m(\mathbf{C}^{n-m})$ における $B(\underline{B})$ の Jordan 基底あるいは固有ベクトル空間の基底とするとき，$\mathrm{csp}(M)$ は $\mathrm{cond}_2(V), \mathrm{cond}_2(\underline{V}), \delta$ に依存する．二つの場合を考えよう：

a) λ が多重固有値のとき：λ が半単純なら，$B = \lambda I_m$ であって，$\mathrm{csp}(M) = \|\Sigma^{\perp}\|_F$ は δ と $\mathrm{cond}_2(\underline{V})$ とだけに依存する．一方，λ が欠陥のある固有値ならば，$B = VJV^{-1}$ であり，$\|\Sigma^{\perp}\|_F$ は $\mathrm{cond}_2(V)$ にも依存する．

b) σ が近接した m 個の固有値 $\{\mu_i\}_1^m$ からなるとき：$\mathrm{csp}(M)$ が δ と $\mathrm{cond}_2(\underline{V})$ に依存する様子には特に目新しいところはない．ここでは $\mathrm{csp}(M)$ が $\mathrm{cond}_2(V)$ のどのような関数となっているかを調べよう．B は対角化可能である．すなわち $B = VDV^{-1} = Q(RDR^{-1})Q^* = QTQ^*$ と表される．そして $\mathrm{cond}_2(V) = \mathrm{cond}_2(R)$ である．量 $\mathrm{cond}_2(V)$ は行列 B の正規性の不足度と関係がある．したがって T の対角要素を除く上三角部分のノルムと関係がある．

$\mathrm{cond}_2(V)$ が大きければ，多重度が m で欠陥のある固有値をもつ行列で B に近いものが存在するので，B の Jordan 基底のベクトルはほとんど平行である．

例 4.2.4 $A = \begin{bmatrix} 1 & 10^4 \\ 0 & 0 \end{bmatrix}$ の固有値 $\{1, 0\}$ を考えよう．

A の固有ベクトルが作る行列は

である．$V = \begin{bmatrix} 1 & 1 \\ 0 & -10^{-4} \end{bmatrix}$, $\text{cond}_2(V) \sim 10^4$

である．$A' = \begin{bmatrix} 1 & 10^4 \\ -\dfrac{10^{-4}}{4} & 0 \end{bmatrix}$ には欠陥があること，A' が 2 重固有値 1/2 をもつこと，その Jordan 基底が $V' = \begin{bmatrix} 1 & 1 \\ -\dfrac{10^{-4}}{2} & \dfrac{10^{-4}}{2} \end{bmatrix}$ で，$\text{cond}_2(V') \sim 10^4$ であることなどは，容易に確かめられる．

A の正規性の不足度は 10^4 のオーダーであること，そして固有値の間の相対距離は $\dfrac{1}{\|A\|} \sim 10^{-4}$ であることに注意せよ．

4.2.4 非正規行列の均衡化

A が対角行列による相似変換を受けるとき，量 $\|X_*\|_2$ は不変ではない．行列のスケール調整に対応する概念は，固有値問題については"均衡化"である．それは，$\|D^{-1}AD\|_2 = \inf_{\Delta: 対角行列} \|\Delta^{-1}A\Delta\|_2$ となるような対角行列 D を求めることである．実際上意味のある $\|X_*\|_2$ の値は，$\|\Delta^{-1}A\Delta\|_2$ が最小に近くなるような行列 $\Delta^{-1}A\Delta$ に対応するものである．("均衡化"は，仏語では"equilibrage"，英語系の文献では"balancing"と呼ばれている．)

例 4.2.5 $A = \begin{bmatrix} 1 & 10^4 \\ 0 & 0 \end{bmatrix}$, $\Delta = \begin{bmatrix} 1 & 0 \\ 0 & 10^{-4} \end{bmatrix}$ とすると，$A' = \Delta^{-1}A\Delta = \begin{bmatrix} 1 & 1 \\ 0 & 0 \end{bmatrix}$. A の固有ベクトルは $X = \begin{bmatrix} 1 & 1 \\ 0 & -10^{-4} \end{bmatrix}$，$A'$ の固有ベクトルは $X' = \Delta^{-1}X = \begin{bmatrix} 1 & 1 \\ 0 & -1 \end{bmatrix}$ である．Δ を用いて A を均衡化することによって，固有ベクトルの作る基底の条件数も，さらにまた A の正規性の不足度も減少したことが確かめられる（練習問題 4.5 参照）．

4.2.5 固有値のグループ化

悪条件の固有値や固有ベクトルを計算するためには，互いに"結びつきの強い"固有値をグループにまとめることを試みるとよい．"結びつきの強い"固有値というのは，摂動によってそれらの固有値や付随する固有ベクトルが他より

大きな影響を受けるようなものである．このようなグループ化は，スペクトル条件数をできるだけ小さくする目的でなされるものである．

A が正規行列ならば，$\mathrm{csp}(\sigma)=1, \mathrm{csp}(M)=\delta^{-1}$ であり，近接する固有値をグループにまとめると $\mathrm{csp}(M)$ が減る．

A が正規行列でないときには，$\mathrm{csp}(\sigma)=\mathrm{cond}_2(V)\|X_*\|_2, \mathrm{csp}(M)=\|\Sigma^\perp\|_F$ である．$\underline{L}$ を $\underline{B}$ の固有値の最大指標とすると，次の不等式が成り立つ：

$$1 \leq \|X_*\|_2 \leq 1+\|\Sigma^\perp\|_F\|A\|_2,$$
$$\delta^{-1} \leq \|\Sigma^\perp\|_2 \leq \mathrm{cond}_2(\underline{V})(1+\delta)^{\underline{L}-1}\delta^{-\underline{L}} \quad (m=1 \text{ のとき}).$$

適当に固有値をグループにまとめることによって $1/\boldsymbol{\delta}$ と $\|X_*\|_2$ を減らすことができるが，$\mathrm{cond}_2(V)$ と $\mathrm{cond}_2(\underline{V})$ は変わらない．

例 4.2.6 $A=\begin{bmatrix} 1 & 1 & 0 \\ 0 & 1-\varepsilon & 0 \\ 0 & 0 & 2 \end{bmatrix}$ とする．二つの近接する固有値 $\{1, 1-\varepsilon\}$ をグループにまとめると，固有値のスペクトル条件数と固有ベクトルのスペクトル条件数とは両方とも $1/\varepsilon$ から 1 に移行する．

例 4.2.7 $A=\begin{bmatrix} 1 & 10^4 & 0 \\ 0 & 0 & 0 \\ 0 & 0 & 1/2 \end{bmatrix}$ は分離した固有値 $\{1, 0, 1/2\}$ をもつ．固有値 $1, 0$ は悪条件である（条件数が 10^4 のオーダーである）が，一方，これらに対応する固有ベクトル $(1, 0, 0)^T, (1, -10^{-4}, 0)^T$ は良条件である（条件数が 1 のオーダーである）．実際，

$$A'=\begin{bmatrix} 1 & 10^4 & 0 \\ 1.1\times 10^{-5} & 0 & 0 \\ 2\times 10^{-5} & 0 & 1/2 \end{bmatrix}$$

は固有値 $\{1.1, -0.1, 1/2\}$ をもつ．初めの二つの固有ベクトルは $(1, 10^{-5}, 1/3\times 10^{-4})^T, (1, -1.1\times 10^{-4}, -1/3\times 10^{-4})^T$ である．

悪条件の二つの固有値をグループにまとめてみよう．すなわち，$\boldsymbol{\sigma}=\{0, 1\}$ とする．すると，$\mathrm{csp}(\boldsymbol{\sigma})\sim 10^4, \mathrm{csp}(M)\sim 10^4$ が得られる．ここで，$M=\mathrm{lin}(e_1, e_2)$ が付随する不変部分空間である．このことは，$B=\begin{bmatrix} 1 & 10^4 \\ 0 & 0 \end{bmatrix}$ の固有ベクトルの行列が $V=\begin{bmatrix} 1 & 1 \\ 0 & -10^{-4} \end{bmatrix}$ で $\mathrm{cond}_2(V)\sim 10^4$ であるという事実による．

$\sigma' = \{-0.1, 1.1\}$ に付随する不変部分空間 M' の基底 X' で $Q^*X' = I$ となるように正規化されたものは

$$X'^{\mathrm{T}} = \begin{bmatrix} 1 & 0 & \frac{1}{36} \times 10^{-3} \\ 0 & 1 & 5/9 \end{bmatrix}$$

であることを確かめてみられたい．ここで，$Q = [e_1, e_2]$ である（練習問題 4.6 参照）．

このようにグループにまとめても，$\mathrm{cond}_2(V)$ が不変であるため，スペクトル条件数は改良されなかった．二つの良条件の固有ベクトルが一つの悪条件の不変部分空間を生成するというのは一見逆説的であるが，この意味をよく考えてほしい．

グループにまとめた $\{0, 1\}$ が相続く固有値でなく，それらの間に $1/2$ が入っていることにも注意されたい．また，相対距離 $\frac{1}{\|A\|} \sim 10^{-4}$ は小さい．

4.2.6 条件数についての補足

今までの議論から明らかなように，われわれが導入定義した条件数は，1次の摂動理論から導かれる上界の係数であるが，それはいくらでも大きくなりうるものである．実際，そこでは，スペクトルの計算がいくらでも悪条件となるような状況，すなわち，入力データがほんの少ししか変化しなくても出力が大きく変動するような状況を見極めることが大切なのである．すでに見たように，一般に，正規性から大きく逸脱しているということが，スペクトルの不可避な悪条件の原因となっている．

条件数の厳密な一般論は本書の程度を超えるので，関心のある読者は Rice (1966), Gewets (1982), Frayssé (1992) を参照されたい．また練習問題 4.7〜4.13 を見よ．

安定性とか条件数とかいう概念は，摂動を定量的に扱うために用いる尺度の選び方に"相対的"なものである，ということを知ることが重要である．特に，与えられた $\varepsilon > 0$ と任意の行列ノルムに対して，摂動 ΔA を"ノルムでもって"測って $\|\Delta A\| \leq \varepsilon \|A\|$ のような不等式から導かれる不安定性の度合は，"成分ごとに"摂動 ΔA を測って成分ごとの不等式 $|\Delta A| \leq \varepsilon |A|$ から導かれる不安定性の度合よりもはるかに大きくなりうる．後者のタイプの摂動は，特に A の疎構

造を保存するので，有限精度計算のアルゴリズムへの影響を調べるのに，より適していることが多い．

次の注意は，固有ベクトル（あるいは不変部分空間）のスペクトル条件数に関するものである．x が固有ベクトルであれば，ax $(a \neq 0)$ もまた固有ベクトルである．このように固有ベクトルが一意に定まるわけでないため，これから例で説明するように，その条件数も一意に定められない．固有値が単純であるとしよう（$m=1$，図 4.2.2 を見よ）．もし固有方向にだけ関心があるなら，x の計算の安定性は $\tan \theta = \|\Delta x\|_2$ を観察することにより解析できる．ここで，$\Delta x = x' - x = -\Sigma^{\perp} \Delta A x$ は $M^{\perp} = \text{lin}(x)^{\perp}$ の中にとる．したがって $\text{csp}(x) = \|\Sigma^{\perp}\|_2$ であり，これは計算で得られる固有ベクトル x' を $x^* x' = 1$ により正規化することに対応する．この場合には，固有値の条件数と固有ベクトルの条件数とは互いに関係しない．

しかし，これとは異なる正規化をしたいこともあろう．たとえば，x とは必ずしも平行でない（しかし直交はしない）任意のベクトルを y として，$y^* x' = 1$ とするなど．このように選ぶと，摂動 Δx は部分空間 $W = \text{lin}(y)^{\perp}$ の中にあり，$\Delta x = -\Sigma \Delta A x$ である．この場合，条件数は $\|\Sigma\|_2$ である．特に，y として左固有ベクトル x_* を選んでもよい．すると，$\Delta x = -S \Delta A x$ は不変部分補空間 $\bar{M} = \text{lin}(x_*)^{\perp}$ の中にある．その結果得られる条件数 $\|S\|_2$ は Wilkinson により 1965 年に提案されたものとなる．固有値の条件数 $\|P\|_2 = \|x_*\|_2$ が大きくなれば，この条件数も大きくなる．したがって，これら二つの条件数はもはや独立ではない．例 4.2.7 と練習問題 4.14，4.15 を見よ．

例 4.2.8 既約 Markov 連鎖に関する固有ベクトルの問題を考えよう．第 3 章 3.2 節の式 (3.2.2) に示したように，定常状態 π は
$$\pi = \pi P, \quad \|\pi\|_1 = 1, \quad \pi_i \geq 0$$
を満たす．P は確率行列で既約である．したがって，固有値 1 は単純で，固有ベクトル $e = (1, \cdots, 1)^{\text{T}}$ がそれに付随する．π は各状態の確率を成分とする行ベクトルであるから，$\|\pi\|_1 = \sum_i \pi_i = 1$ を正規化条件として選ぶべきである．この条件は $\pi^{\text{T}} e = 1$ とも書くことができる．$P + \Delta P$ も確率行列であるとすると，摂動に関する条件は
$$\pi' e = 1, \quad \Delta \pi = \pi' - \pi = -\pi \Delta P (I - P)^{\#}$$
となる．ここで，$S = (I - P)^{\#}$ は $I - P$ に付随する縮小レゾルベントである．

Markov 連鎖に関する文献の中では,S はグループ逆行列とも呼ばれることが多い(1 が単純固有値であるから,練習問題 2.12 を見よ).

大域的な固有値の悪条件を説明するのには,次に定義する擬似スペクトルを眺めてみるとよい.

定義 A のノルムによる"ε－擬似スペクトル"とは,集合 $\sigma_\varepsilon = \{\lambda \in \mathbf{C}; \lambda \text{ は } A + \varDelta A \text{ の固有値で},\varDelta A \text{ は } \|\varDelta A\| \leq \varepsilon \|A\| \text{ を満たす}\}$ のことである.

σ_ε が sp(A) よりはるかに大きいときには,A の固有値は摂動量をノルムでもって測ったとき大域的に悪条件である.同様にして,成分ごとに摂動量を測ったときの ε-擬似スペクトルも定義することができる(例 4.2.10 を見よ).

4.2.7 正規性についての補足

この節ではスペクトルの安定性について述べたが,そこで繰り返し論じた主題の一つが非正規性の影響であった.正規性からの逸脱(d.f.n. と略記する)は,第 1 章 1.12 節において,$\nu(A)$ あるいは $\|N\|_F$ により定量的に表した.それは cond(X) に関係したものである.ここで,X は,A が欠陥のある行列であるときには A の Jordan 基底,A が対角化可能行列であるときには A の固有基底である.

実際,任意の行列は(少なくとも)次の二つの標準形をもっている:

i) Schur 形:$A = Q(D+N)Q^*$.ここで,N は Schur 形の狭義上三角部分であり,D は A の固有値からなる対角部分である.Q はユニタリであるから,cond$_2(Q) = 1$ である.すなわち,Schur 基底 Q は正規性を保っているが,$\|N\|_F$ はいくらでも大きくなりうる.

ii) Jordan 形:$A = X(D+K)X^{-1}$.ここで,K は,非零要素 1 が対角線の一つ上の位置に並んでいるような行列である.今度は,K のところでは正規性が保たれているが,cond$_2(X)$ がいくらでも大きくなりうる.

対角化可能行列に対しては,cond(X)(X は固有基底)が大きいからといって必ずしも d.f.n. が大きいとは限らないということを,読者に注意しておきたい.

例 4.2.9 例 1.12.2 の 2×2 行列 $A=\begin{pmatrix} a & c \\ 0 & b \end{pmatrix}$, $c>0$, を考えよう. $b\neq a$ のとき, A は対角化可能で $X=\begin{pmatrix} 1 & 1 \\ 0 & (b-a)/c \end{pmatrix}$ である. $b=a$ のとき, A は Jordan 形 $\begin{pmatrix} a & 1 \\ 0 & a \end{pmatrix}$ をもち $X'=\begin{pmatrix} 1 & 1 \\ 0 & 1/c \end{pmatrix}$ である. d.f.n. は $\nu(A)=\sqrt{2}\,c\sqrt{c^2+(b-a)^2}$ である. c が固定されていて普通の大きさのとき, $b\to a$ で cond$(X)\to\infty$ であるが, $\nu(A)$ は"減少しながら" $\sqrt{2}\,c^2$ に近づく. この場合, cond(X) が大きいということは, A は, 普通の大きさの d.f.n. をもちながら, 欠陥のある行列に近くなっていることを示しているに過ぎない.

一方, $c\to\infty$ の場合には, d.f.n. は $\nu(A)\geq\sqrt{2}\,c^2\to\infty$ であり, cond(X) ($b\neq a$ のとき) も cond(X') ($b=a$ のとき) も, ともに無限大になる.

d.f.n. が増大することの影響を示す劇的な例を最後に挙げておこう.

例 4.2.10 $n=2p$ 次の実 Schur 形 S_ν を

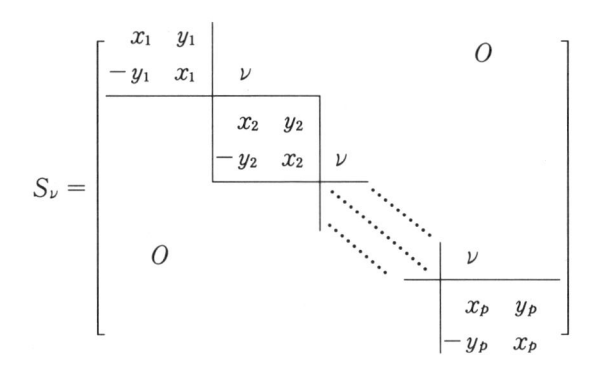

$$S_\nu = \begin{bmatrix} x_1 & y_1 & & & & & & & \\ -y_1 & x_1 & \nu & & & & & O & \\ & & x_2 & y_2 & & & & & \\ & & -y_2 & x_2 & \nu & & & & \\ & & & & \ddots & \ddots & & & \\ & & & & & \ddots & \ddots & \nu & \\ & O & & & & & x_p & y_p \\ & & & & & & -y_p & x_p \end{bmatrix}$$

と定義する.

容易に確かめられるように S_ν の d.f.n. である $\nu(S_\nu)$ は $\sqrt{n-2}\,\nu^2$ より大きいので, 固定した n に対して, パラメータ ν が増大するにつれて $\nu(S_\nu)$ も増大する. 固有値 $x_k\pm iy_k$ が放物線 $x=-10y^2$ 上に並ぶように実数値 x_k, y_k を選んでみる:

$$x_k = -\frac{(2k-1)^2}{1000}, \quad y_k = \frac{2k-1}{100}, \quad k=1,\cdots,p.$$

$A_\nu=QS_\nu Q$ とおく. ここで, $Q\left(q_{ij}=\sqrt{\dfrac{2}{n+1}}\sin\dfrac{ij\pi}{n+1},\ i,j=1,\cdots,n\right)$ は 2 階の

差分演算子を表す行列の固有ベクトルからなる対称な正規直交行列である．行列 A_ν は S_ν と同じスペクトルをもち，d.f.n. も S_ν の d.f.n. に等しい．$\nu=1, 10, 10^2, 10^3$ そして $n=20$ に対して A_ν を QR アルゴリズム（第 5 章を見よ）で計算したものを次に示す．この計算は，2×10^{-16} の機械精度でワークステーション上で MATLAB[注1] のプログラムを用いて行った．図 4.2.5 に示すものは，これら 4 個の 20×20 行列 A_ν の正確なスペクトル（＋）と計算によるスペクトル（○）である．ν が増すにつれてスペクトルの不安定性が増大することがはっきりと観察される．＊は固有値の正確な値の平均値と計算による値の平均値とを表しているが，両者は機械精度の範囲内で一致している．このことは系 4.2.5 からも導かれることである．

　$\nu=10^2$ と 10^3 に対しては，計算で求めた 20 個の固有値のうちの 18 個が（2 個は別として），この算術平均値 $\hat{\lambda}$ を中心とする円上にある．このことは，行列 A_ν が，近似的には，大きさ 18 の一つの Jordan ブロックに 2 個の対角要素を補ってできる行列のような振舞いをしているということを示唆している．

　この仮説を検定するために，次のように A を成分ごとにランダムに摂動してできる行列 $A'=A+\Delta A$ を標本としてそのスペクトルを計算する．すなわち，a_{ij} は $a'_{ij}=a_{ij}(1+\alpha t)$ となる．ここで，α は確率 $\frac{1}{2}$ で ± 1 の値をとる確率変数であり，$t=2^{-k}$（k は 40 から 50 までの間で変化する整数）である．したがって，$\|\Delta A\|=t\|A\|$ で，t は $2^{-40}\fallingdotseq 10^{-12}$ から $2^{-50}\fallingdotseq 10^{-15}$ まで変化する．すべての t に対して，標本の大きさを 30 とする．したがって，行列の総数は $30\times 11=330$ である．対応する 330 個のスペクトルを重ねてプロットしたものが図 4.2.6 である．ν が変化するにつれて摂動スペクトルが変形していく様子は劇的である．$\nu=10^2$ と 10^3 に対しては，$\hat{\lambda}$ の周りに 36 本のスパイクが出ているが，このことは ν が増大するにつれて A_ν が数値計算的には一つの Jordan 形に近づくという仮説を裏づけている．固有値の計算値 λ' は，$(\lambda'-\hat{\lambda})^{18}=\varepsilon=O(t)$ の解である．ここで，ε は正と負の値を等確率でとる．これらの固有値の計算値は，縦軸に関して対称な 2 組の正 18 角形の頂点に現れる．したがって 36 個のスパイクが出る．$\nu=10^2$ と 10^3 に対するスペクトルは定性的には似ているが，$\nu=10^3$ に対するスペクトルの方が $\nu=10^2$ に対するスペクトルよりも悪条件で

---

[1] MATLAB は数値計算のプログラム・パッケージ・システムで，Math Works Inc. の登録商標である．

4.2 スペクトル問題の安定性

$\nu = 1$

$\nu = 10$

$\nu = 10^2$

$\nu = 10^3$

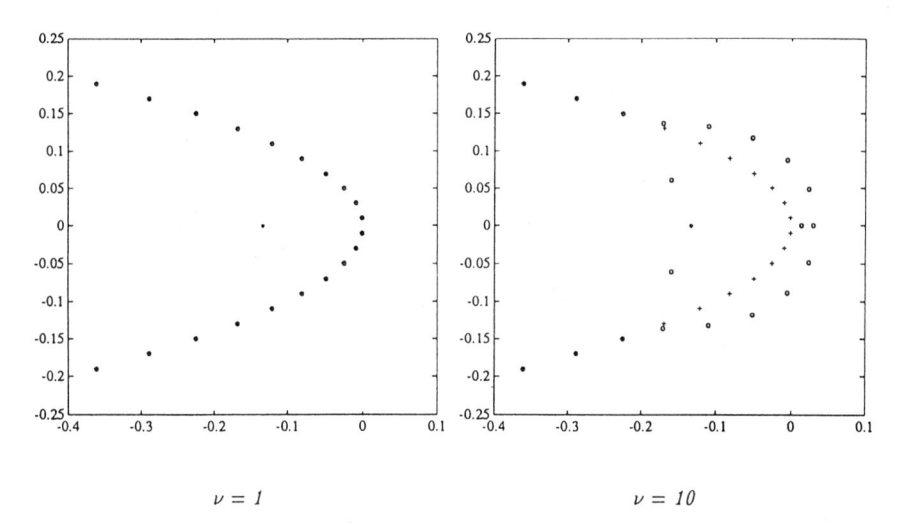

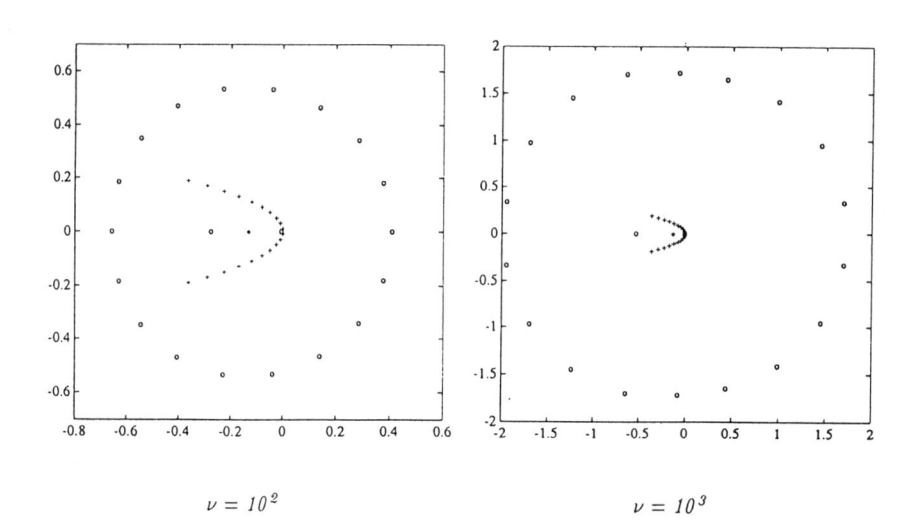

図4.2.5

$\nu = 1$

$\nu = 10$

$\nu = 10^2$

$\nu = 10^3$

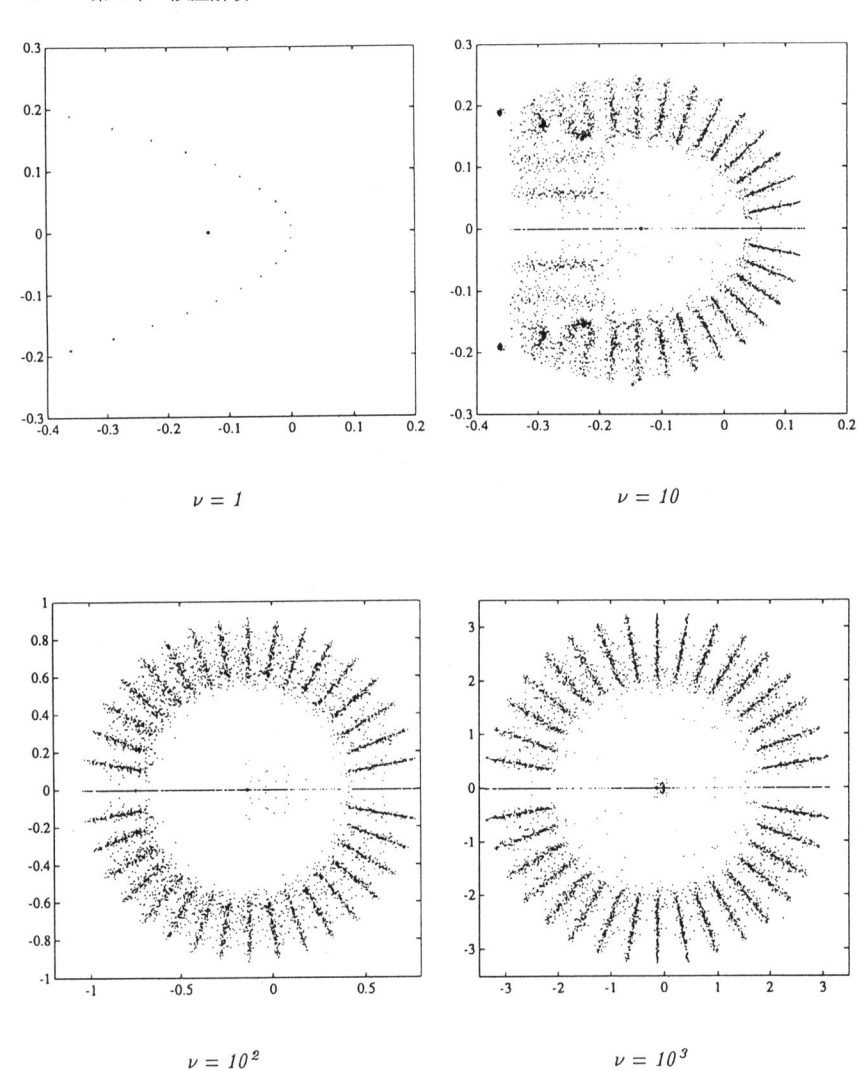

図4.2.6

あるということに注意せよ．行列が，近似的には，大きさ 18(20 ではなくて) の一つの Jordan ブロックのように振舞うということは，"数値実験的"な事実に過ぎない．このことは，摂動をノルムで測った場合にもいえる（Fraysse (1992)）．

摂動スペクトルは成分ごとに測った ε-擬似スペクトル（$\varepsilon=2^{-40}$）の一部である．しかし，有限桁計算の際には非常に細かな Jordan 構造の情報が A_ν に見られる（A_ν は無限精度計算では対角化可能である！）．この細かな情報は大域的な擬似スペクトルを観察するだけでは引き出すことができない．関心ある読者は Chatelin (1989) を見られたい．そこにはこの他にも示唆に富む例がある．

あるパラメータを変化させたとき d.f.n. が無限に増大する場合には真に困難な問題が生じることを，例 4.2.10 は示している．非常に非正規な演算子を離散化してできる行列の場合などは，そのパラメータとして行列の次数 n を選ぶことができる．

正規性が失われている場合にスペクトルを計算するのは本当に困難であるということは，長い間数学者には知られていた．その実用的な意味を見過ごしてはならない．そのような例は物理学―たとえば流体力学やプラズマ物理学―や重要な工業上の応用に現れるのであるから．

4.3 事前誤差解析

指標 ℓ，代数的多重度 m，幾何的多重度 g の A の固有値 λ を考える．$M = \mathrm{Ker}(A-\lambda I)^\ell, E = \mathrm{Ker}(A-\lambda I)$ は，それぞれ，付随する不変部分空間，付随する固有部分空間である．

$A' = A + H, \|H\| = \varepsilon$ とおく．ε, c は一般の定数であるとする．

補助定理 4.3.1 十分小さい ε に対して，λ のある与えられた近傍の中に A' の m 個の固有値 $\{\mu_i'\}_1^m$（代数的多重度を考慮して数える）が存在する．

証明 Γ を，$\mathrm{re}(A)$ の中にあって，λ を他の固有値から分離する Jordan 閉曲線とすると，

$$P' - P = \frac{-1}{2\mathrm{i}\pi} \int_\Gamma (R'(z) - R(z)) \mathrm{d}z$$

である．ここで，
$$R'(z) = (A' - zI)^{-1}, \quad R(z) = (A - zI)^{-1},$$
$$R'(z) - R(z) = R'(z)(A - A')R(z).$$

したがって，
$$\|P' - P\| \leq \frac{\mathrm{mes}\,\Gamma}{2\pi} \Big(\max_{z \in \Gamma} \|R'(z)\| \|R(z)\| \Big) \|H\| = c\varepsilon.$$

ここで，mes Γ は曲線 Γ の Lebesgue[注1]測度を表す (練習問題 4.16 参照)．ε が $\|P' - P\| < 1$ を満たすなら，dim Im P = dim Im P' = m であり，A' は Γ の内部に m 個の固有値 μ'_i をもつ． □

$M' = \mathrm{Im}\,P'$ と定める．M' は $\{\mu'_i\}_1^m$ に付随する A' の不変部分空間である．

系 4.3.2 十分小さい ε に対して，$\omega(M, M') = \mathrm{O}(\varepsilon)$ である．

証明 すべてのノルムは等価であるという事実を用いると，補助定理 4.3.1 により，$\omega(M, M') \leq \max(\|(P - P')P\|_2, \|(P - P')P'\|_2) \leq c\|P' - P\|_2 \leq c\varepsilon$ を得る．特に，$x \in M$ に対して $\mathrm{dist}(x, M') = \mathrm{O}(\varepsilon)$，$x' \in M'$ に対して $\mathrm{dist}(x', M) = \mathrm{O}(\varepsilon)$ である． □

補助定理 4.3.3 十分小さい ε に対して，P' は M から M' の上への全単射を定める．

証明 $\widehat{P'}$ を写像 $P'_{|M} : M \to M'$ とする．

$\|x\| = 1$ なる $x \in M$ に対して，ε が十分小さければ，
$$|1 - \|P'x\|| = |\|Px\| - \|P'x\|| \leq \|(P - P')Px\| \leq \|(P - P')P\| \leq 1/2.$$
したがって，$\|\widehat{P'}\| \geq \frac{1}{2}$ であり，また $\|\widehat{P'}^{-1}\| \leq 2$ である． □

$A_{|M}$ も $\widehat{P'}^{-1} A' \widehat{P'}$ も M のそれ自身の中への写像である．

---

[1] Henri Lebesgue (アンリ・ルベーグ；1875-1941)：ボーヴェーに生まれ，パリにて没す．

M の中に基底 X と随伴基底 Y を選んで，それらに関して写像 $A_{|M}$ と $\hat{P}'^{-1}A'\hat{P}'$ を表す m 次の正方行列を $B=Y^*AX, B'=Y^*\hat{P}'^{-1}A'\hat{P}'X$ とする．

補助定理 4.3.4

$$\mathrm{sp}(B)=\{\lambda\}, \qquad \mathrm{sp}(B')=\{\mu'_i\}_1^m, \qquad \|B-B'\|=\mathrm{O}(\varepsilon).$$

証明 $\mathrm{sp}(B)=\{\lambda\}$ は明らかである．$\varphi' \in M'$ を μ' に付随する A' の固有ベクトルとすると，$A'\varphi'=\mu'\varphi'$, $(\hat{P}'^{-1}A'\hat{P}')\hat{P}'^{-1}\varphi'=\mu'\hat{P}'^{-1}\varphi'$ である．したがって，$\eta'=Y^*\hat{P}'^{-1}\varphi'$ とおけば，$B'\eta'=\mu'\eta'$．なお，$\hat{P}'^{-1}\varphi'\neq 0$ であるから $\eta'=Y^*\hat{P}'^{-1}\varphi'$ $\neq 0$ である．そこで，$\mathrm{sp}(B')=\{\mu'_i\}_1^m$ という結果が得られる．

$A'P'=P'A'$, $\hat{P}'^{-1}\hat{P}'AX=AX$ であるから，$\xi\in\mathbf{C}^m, y=X\xi\in M$ に対して
$$(B-B')\xi = Y^*(Ay-\hat{P}'^{-1}A'P'y) = Y^*\hat{P}'^{-1}P'(A-A')X\xi.$$
したがって，$\|B-B'\|\leq c\varepsilon$． □

B のスペクトル λ の近傍において正則な複素変数の関数 f を考える．Cauchy の積分公式 (2.2.6) を用いて
$$f(B)=\frac{-1}{2\mathrm{i}\pi}\int_\Gamma f(z)(B-zI)^{-1}\mathrm{d}z$$
と定義する．

補助定理 4.3.5

$$\frac{1}{m}|\mathrm{tr}(f(B')-f(B))| \leq \|f(B')-f(B)\| \leq c\|B'-B\|.$$

証明

$$(B'-zI)^{-1}-(B-zI)^{-1} = (B'-zI)^{-1}(B-B')(B-zI)^{-1}$$

であり，十分小さな ε に対しては Γ は $\mathrm{sp}(B')$ を含むから

$$\|f(B')-f(B)\| \leq \frac{\mathrm{mes}\,\Gamma}{2\pi}\max_{z\in\Gamma}(|f(z)|\|(B'-zI)^{-1}\|\|(B-zI)^{-1}\|)\|B-B'\|.$$

もう一方の不等式を得るには，$C=f(B')-f(B)$ に不等式
$$\frac{1}{m}|\mathrm{tr}\,C| \leq \rho(C) \leq \|C\|$$
を適用すればよい． □

定理 4.3.6 十分小さな ε に対して
(ⅰ) $\max_i |\lambda - \mu_i'| = \mathrm{O}(\varepsilon^{1/\ell})$, (4.3.1)
(ⅱ) $|\lambda - \hat{\lambda}'| = \mathrm{O}(\varepsilon)$, ただし $\hat{\lambda}' = \dfrac{1}{m}\sum_{i=1}^{m}\mu_i'$ (4.3.2)
である.

証明
(ⅰ) $f(z)=(z-\lambda)^\ell$ は λ の近傍で z の正則関数である.また $(z-\lambda)^\ell(B-zI)^{-1}$ は Γ の内部で z の正則関数であるから,$f(B)=(B-\lambda I)^\ell=0$ である. $x', x \in \mathbf{C}^m$ に対して,恒等式
$$f(B')x' - f(B)x = (f(B')-f(B))x + f(B')(x'-x)$$
を考える.
B' のすべての固有ベクトル η' に対して,$f(B')\eta'=(\lambda'-\lambda)^\ell \eta'$ であり,また $\mathbf{C}^m$ は λ に付随する B の不変部分空間であるから,系 4.3.2 により
$$|\lambda-\lambda'|^\ell \|\eta'\|_2 \leq \|f(B')-f(B)\|_2 \|x\|_2 + \|f(B')\|_2 \mathrm{dist}(\eta',\mathbf{C}^m) \leq c\varepsilon$$
が得られる.
(ⅱ) $f(z)=z$ と選び,補助定理 4.3.5 を適用する.
$$\frac{1}{m}|\mathrm{tr}(B'-B)| = |\hat{\lambda}'-\lambda| \leq \|B'-B\|. \qquad \square$$

λ' を Γ の内部にある A' の固有値の一つとし,$1 \leq j \leq k \leq \ell \leq m$ に対して
$$E_k = \mathrm{Ker}(A-\lambda I)^k \quad \text{および} \quad E_j' = \mathrm{Ker}(A'-\lambda' I)^j$$
とおく.

定理 4.3.7 ε が十分小さければ,$x_j' \in E_j', \|x_j'\|=1$ に対して
$$\mathrm{dist}(x_j', E_k) = \mathrm{O}(\varepsilon^{(k-j+1/\ell)})$$
である.

証明 F_k を $\mathbf{C}^n = E_k \oplus F_k$ であるような部分ベクトル空間とし,Π を F_k に沿っての E_k の上への射影とする.方程式 $(A-\lambda I)^k x = y$ は F_k の中にただ一つの解をもつ.$x_j' \in E_j', \|x_j'\|=1$ とする.
$x_k = \Pi x_j'$ とおくと,$x_j' - x_k = (I-\Pi)x_j' \in F_k$.したがって,

$$x'_j - x_k = [(A-\lambda I)^k_{\restriction F_k}]^{-1}(A-\lambda I)^k(x'_j - x_k),$$
$$\|x'_j - x_k\| \leq c\|(A-\lambda I)^k(x'_j - x_k)\| = c\|(A-\lambda I)^k x'_j\|.$$

次の二つの恒等式を考える.

$$(A-\lambda I)^k - (A'-\lambda I)^k = \sum_{i=0}^{k-1}(A'-\lambda I)^i(A-A')(A-\lambda I)^{k-i-1},$$

$$(A'-\lambda I)^k = [(A'-\lambda' I) + (\lambda'-\lambda)I]^k = \sum_{i=0}^{k} C^i_k (\lambda'-\lambda)^i (A'-\lambda' I)^{k-i}.$$

すると次のことがいえる.

$$\|(A-\lambda I)^k x'_j - (A'-\lambda I)^k x'_j\| < c\varepsilon.$$

そして, $i \leq k-j$ に対して $(A'-\lambda' I)^{k-i} x'_j = 0$ であるから, $j < k$ に対しては

$$\|(A'-\lambda I)^k x'_j\| = \|\sum_{i=k-j+1}^{k} C^i_k (\lambda'-\lambda)^i (A'-\lambda' I)^{k-i} x'_j\| \leq c|\lambda-\lambda'|^{k-j+1}.$$

$|\lambda-\lambda'| \leq c\varepsilon^{1/\ell}$ であるから,

$$\text{dist}(x'_j, E_k) \leq \|x'_j - x_k\|_2 \leq c\|[(A-\lambda I)^k - (A'-\lambda I)^k]x'_j + (A'-\lambda I)^k x'_j\|_2$$
$$\leq c\varepsilon^{(k-1+j)/\ell}. \qquad \square$$

注意 特に, $j=k=1$ に対しては, x'_1 は A' の固有ベクトルであり, $E_1 = E =$ Ker$(A-\lambda I)$ であるから, dist$(x'_1, E) = \text{O}(\varepsilon^{1/\ell})$ である.

A' の固有値 $\{\mu'_i\}^m_1$ に付随する固有ベクトルの間の距離は, λ と個々の固有値 μ'_i との間の距離のオーダーであるが, 不変部分空間の間の距離は, $\{\mu'_i\}^m_1$ の"平均"である $\hat{\lambda}'$ と λ との間の距離のオーダーである.

命題 4.3.8 十分小さな ε に対して

$$\min_i |\lambda - \mu'_i| \leq \text{O}(\varepsilon^{g/m}). \qquad (4.3.3)$$

証明 λ に付随する Jordan 箱 B_λ が"異なる"大きさの g 個のブロックを含むときには, $m < g\ell$ すなわち $g/m > 1/\ell$ となるが, (4.3.3) が (4.3.1) よりも小さい値を与えるのは, その場合だけであることに注意しよう.

M の中に B の Jordan 基底を選ぶ. すると, B' は $C' = B_\lambda + \varepsilon K$ というような形に表せる. ここで, εK は H による摂動行列で, $\|K\| = \text{O}(1)$ である. C' の (したがって B' の) 固有値 $\mu' - \lambda$ で, $|\lambda - \mu'| \leq c\varepsilon^{g/m}$ を満たすものが少なくとも一つ存在することを示そう. 特性多項式 $\pi(\mu') = \det(\mu' I - C')$ を考えよう.

定数項は根の積 $\prod_{i=1}^{m}(\mu_i' - \lambda)$ である．Jordan 箱 B_λ の対角線の一つ上には $g-1$ 個の 0 （必ずしも連続して並んではいない）と $m-1-(g-1)=m-g$ 個の 1 とが並んでいる．$m-g+k=m$ は $k=g$ と同値であるから，$\pi(\mu')$ の定数項は ε^k ($k<g$) の項を含みえない[注1]．逆に，定数項が ε^g の項を含むような摂動は少なくとも一つ存在する．したがって $\prod_{i=1}^{m}|\lambda - \mu_i'| \leq c\varepsilon^g$ であり，$|\lambda - \mu'| \leq c\varepsilon^{g/m}$ となるような μ' が必ず存在する．

注意 A が Hermite 行列あるいは正規行列であるときには，$g=m, \ell=1, E=M, 1/\ell=g/m=1$ である．

上で確立した上界は，ε のオーダーという域を出ていない．定数係数まできちんと評価するために，続いて"事後"解析による上界を確立することにしよう．

4.4 事後誤差解析

行列の固有値，固有ベクトルの近似値が知られていると，それを誤差の上界を求めるのに利用できる．そのような誤差の上界は，知られている近似固有値，固有ベクトルを使ってそれを十分容易に計算できなければ実用的でない．

4.4.1

本節では，$\mathbf{C}^n$ 上のノルム $\|\cdot\|$ は"単調"であると仮定する．すなわち，任意の対角行列 $D=\mathrm{diag}(\lambda_1, \cdots, \lambda_n)$ に対してそれから誘導されるノルムが $\|D\|=\max_i|\lambda_i|$ を満たすと仮定する．ユークリッド・ノルムとノルム $\|\cdot\|_\infty$ は単調である．

上で定義したことは次の特徴づけと同値である：$\|\cdot\|$ が $\mathbf{C}^n$ 上で単調であるとは，$x=(\xi_i), y=(\eta_i)$ として，$|\xi_i| \leq |\eta_i|, i=1, \cdots, n$, から $\|x\| \leq \|y\|$ が導かれ

---

[1] 訳注：B_λ の対角線の一つ上の $g-1$ 個の 0 のところにある εK の要素の積 $\mathrm{O}(\varepsilon^{g-1})$ に $m-g$ 個の $1+\mathrm{O}(\varepsilon)$ の積を掛けたものが ε の最低次の項である．

ることである．

　スカラー α とベクトル $u, \|u\|=1,$ が与えられているとする．これらのデータが A の近似固有値，固有ベクトルとしてどの程度の精度を有しているかを調べるには，α, u の A に関する"剰余ベクトル" $r=Au-\alpha u$ を考えるのが自然である．A が対角化可能ならば $A=XDX^{-1}$ と表せるし，対角化不可能ならば $A=XJX^{-1}$ と表せる．ここで，J は A の Jordan 標準形である．

定理 4.4.1 与えられた α, u が $r=Au-\alpha u, \|u\|=1,$ を満たすとき，指標が $\ell \geq 1$ の A の固有値 λ で，次の関係式を満たすものが存在する．
（ⅰ）A が対角化可能な場合：
$$|\lambda-\alpha| \leq \mathrm{cond}(X)\|r\|; \tag{4.4.1}$$
（ⅱ）A が対角化不可能な場合：
$$\frac{|\lambda-\alpha|^\ell}{(1+|\lambda-\alpha|)^{\ell-1}} \leq \mathrm{cond}(X)\|r\|. \tag{4.4.2}$$

証明 $r=0$ のときは明らか．そこで，$D-\alpha I$（あるいは $J-\alpha I$）が正則であると仮定する．
（ⅰ）A が対角化可能な場合には，$r=Au-\alpha u=X(D-\alpha I)X^{-1}u$ であるから，
$$1=\|u\|=\|X(D-\alpha I)^{-1}X^{-1}r\| \leq \mathrm{cond}(X)\frac{\|r\|}{\min_{\lambda \in \mathrm{sp}(A)}|\lambda-\alpha|};$$
（ⅱ）A が欠陥を有する場合には，命題 1.12.4 の証明の中で A の指標 ℓ の固有値 λ について確立した上界を利用すると
$$1=\|u\|=\|X(J-\alpha I)^{-1}X^{-1}r\| \leq \mathrm{cond}(X)\max_{\lambda \in \mathrm{sp}(A)}\frac{(1+|\lambda-\alpha|)^{\ell-1}}{|\lambda-\alpha|^\ell}\|r\|.$$
λ が欠陥を有する（$\ell>1$）ときには，必ずしも α に最も近い固有値 λ に対して最大値が達成されるわけではないことに注意しよう．λ が半単純（$\ell=1$）のときには，(4.4.2) は (4.4.1) に帰着する． □

定理 4.4.2 $A'=A+H$ ならば，指標が $\ell \geq 1$ の A の固有値 λ で次の関係式を満たすものが存在する．

(ⅰ) A が対角化可能な場合：
$$|\lambda' - \lambda| \leq \text{cond}(X)\|H\|; \qquad (4.4.3)$$
(ⅱ) A が対角化不可能な場合：
$$\frac{|\lambda' - \lambda|^\ell}{(1+|\lambda'-\lambda|)^{\ell-1}} \leq \text{cond}(X)\|H\|. \qquad (4.4.4)$$

証明 定理 4.4.1 から容易に導き出せる．実際，α として A' の固有値 λ' を，u として λ' に付随する固有ベクトル x'，$\|x'\|=1$，を選べばよい．そのとき，$Ax' - \lambda'x = r = -Hx'$ となるので，$\|r\| \leq \|H\|$ がいえる． □

不等式 (4.4.3) は "Bauer-Fike の定理"[注1] という名で知られている．

例 4.4.1 $A = \begin{bmatrix} 2 & -10^{10} \\ 0 & 2 \end{bmatrix}$ に対して，$\alpha = 1, u = \begin{bmatrix} 1 \\ 10^{-10} \end{bmatrix}$ とおくと，$\|u\|_\infty = 1$ で剰余行列のノルムは $\|Au - u\|_\infty = 10^{-10}$ と小さい．しかし，$\alpha = 1$ は 2 重固有値 2 には近くない！ この原因が (4.4.1) に現れる係数 cond(X) にあることに注意しなくてはならない．実際
$$A = \begin{bmatrix} 1 & 1 \\ 0 & -10^{-10} \end{bmatrix} \begin{bmatrix} 2 & 1 \\ 0 & 2 \end{bmatrix} \begin{bmatrix} 1 & 10^{10} \\ 0 & -10^{10} \end{bmatrix}$$
であることが示される．

量 $\text{cond}(X) = \|X\|\|X^{-1}\|$ は，A の Jordan 基底（あるいは固有ベクトル空間の基底）の行列 X の（逆行列に関する）条件数である．この量は行列 A の "スペクトルの条件数の尺度" と見なされることも多い．このことは定理 4.4.2 により正当化される．A が正規行列なら，$\text{cond}_2(X) = 1$ となるように X が選べるので，このことからも正規行列の固有値は常に良条件であるということがわかる．

定理 4.4.1 が与える上界は，$\|r\|$ の大きさには関係なく正しい．しかし正規行列でない行列の cond(X) を評価するには，近似的であるにせよ Jordan 基底（あるいは固有ベクトル空間の基底）を知らなければならない．ところで，

---

[1] F. L. Bauer, C. T. Fike, 《Norms and exclusion theorems（ノルムと排除定理）》, Numer. Math. **2**, 137-141 (1960).

$\|r\|$ が十分小さいときには，"一つの" 近似固有ベクトルだけを知っていれば計算できるような上界を作り出すことができる．このことを以下で示そう．m 次元の近似不変部分空間の基底が知られているという，より一般的な場合について，この結果を述べることにする．次の二つの状況を順に扱う．
1) 近似不変部分空間だけが知られていて，それに行列 Rayleigh 商を付随させるという場合；
2) 近傍にある行列 $A'=A+H$ もまた知られていて，A の近似不変部分空間が A' の不変部分空間として知られている場合．

4.4.2

不変部分空間 M の近くの部分空間 $\tilde{M}$ の基底 $U=[u_1, \cdots, u_m]$ が知られているとする．これらのベクトルはある与えられた行列 $Y=[y_1, \cdots, y_m]$ を用いて $Y^*U=I$ となるように正規化されているとする．U と Y とを $\mathbf{C}^n$ の随伴基底（それぞれ $[U, \underline{U}]$ と $[Y, \underline{Y}]$）をなすように拡大しておく．すると，これらの基底に関して，A は

$$\begin{bmatrix} Y^* \\ \underline{Y}^* \end{bmatrix} A [U, \underline{U}] = \begin{bmatrix} \tilde{B} & S_0^* \\ R_0 & D \end{bmatrix}$$

となる．ここで，$\tilde{B}=Y^*AU$ は，U, Y に関する，A の Rayleigh 商であり，
$$D = \underline{Y}^* A \underline{U}, \quad R_0 = \underline{Y}^* A U, \quad S_0^* = Y^* A \underline{U}$$
である．

（右からの）剰余行列は $R=AU-U\tilde{B}=(I-UY^*)AU=\underline{U}R_0$ であり，また（左からの）剰余行列は $S^*=Y^*A-\tilde{B}^*Y^*=S_0^*\underline{Y}^*$ である．

U が近似不変部分空間の基底であるならば，それは $\|R\|$ が小さいということである．$\|R\|$ を使って精密な上界を確立しよう．なお，ここでは $\|\cdot\|$ はスペクトル・ノルムあるいは Frobenius ノルムを表すものとする．まず，次のような記法を導入しよう：X は A の不変部分空間 M の基底で，$Y^*X=I$ と正規化されている；$B=Y^*AX$ は随伴基底 X と Y に関して写像 $A_{|M}: M \to M$ を表現する行列である．$\tilde{\Sigma}=\underline{U}(D, \tilde{B})^{-1}\underline{Y}^*$ は $\text{sp}(\tilde{B})$ に関するブロック部分逆行列で，dist-min$(\text{sp}(D), \text{sp}(\tilde{B}))>0$ のとき，そしてそのときに限り，定義される；$\Theta=\text{diag}(\theta_i), i=1, \cdots, m$, は $\tilde{M}$ と M の間の正準角よりなる対角行列である．$\gamma=\|\tilde{\Sigma}\|, \rho=\|R\|, s=\|S\|, w=\|\tilde{\Sigma}R\|$ とおく．

定理 4.4.3 $\mathrm{sp}(D) \cap \mathrm{sp}(\tilde{B}) = \emptyset$ でかつ $\gamma s w < 1/4$ ならば，$Y^* X = I$ と正規化された M の基底 X で
$$\|U - X\| \leq g(\varepsilon) w,$$
$$\|B - \tilde{B}\| \leq g(\varepsilon) s w$$
を満たすものが存在する．ここで，$\varepsilon = \gamma s w, 1 \leq g(\varepsilon) < 2$ である．

証明 系 2.11.3 を適用すればよい．

R は $Y^* R = 0$ を満たすから，$\tilde{\Sigma} R = \mathsf{J}_0^{-1} R$ である．関数 g は式 (2.11.2) で定義されたものである． □

系 4.4.4 $\mathrm{sp}(D) \cap \mathrm{sp}(\tilde{B}) = \emptyset$ でかつ $\rho < \dfrac{1}{4\gamma^2 s}$ ならば，
$$\|U - X\| \leq 2\gamma\rho, \quad \|B - \tilde{B}\| \leq 2\gamma s \rho.$$

証明 不等式 $w \leq \gamma\rho, g(\varepsilon) < 2$ により明らか． □

$\tilde{M}$ に正規直交基底 U を選べば，$U^* X = I$ と正規化された X に対しては $\|U - X\| = \|\tan \Theta\|$ であり，さらに $\|\tilde{\Sigma}\|_p = \|(D, \tilde{B})^{-1}\|_p, p = 2, \mathrm{F}$ である．$1 \leq g(\varepsilon) < 2$ であるから，$\gamma = \|\tilde{\Sigma}\|$ の大きさについての知識は条件 $\varepsilon < 1/4$ が満たされていることを確かめるためだけに必要である．

次の例が示すように，定理 4.4.3 の上界は "データ" U, Y に関してこれ以上改良できない．

例 4.4.2 $\mathbf{R}^2$ において，$A = \begin{bmatrix} 0 & -a \\ a & 1/b \end{bmatrix}$, $u = y = e_1$ とする．$e_1^\mathrm{T} A e_1 = 0$ であり，$e_1 e_1^\mathrm{T}$ は $\mathrm{lin}(e_1)$ の上への直交射影である．以下の式が成り立つ．
$$r = \begin{bmatrix} 0 \\ a \end{bmatrix}, \quad s = \begin{bmatrix} 0 \\ -a \end{bmatrix}, \quad \|r\| = \|s\| = |a|, \quad \Sigma = \begin{bmatrix} 0 & 0 \\ 0 & b \end{bmatrix}, \quad \|\Sigma\| = \gamma = |b|,$$
$$s^* \Sigma r = -a^2 b, \quad \|\Sigma r\| = w = |ab|.$$
A の固有値は $\lambda = \dfrac{1}{2b}(1 \pm \sqrt{1 - 4a^2 b^2})$ である．θ を λ に付随する固有ベクトルと e_1, e_2 の間の鋭角とすると，$\tan \theta = \dfrac{|\lambda|}{|a|}$ である．$\varepsilon = \gamma \|s\| w = (ab)^2$．このとき，定理 4.4.3 の与える上界の式が等式で成立している．すなわち $|\lambda| = g(\varepsilon)$

$|b|a^2$, $\tan\theta = g(\varepsilon)|ab|$ である.

定理 4.4.3 で確立した上界は，方程式
$$(I - UY^*)AW - W\tilde{B} = R$$
の解 W から計算することができ，ρ が十分小さいときに適用することができる．X の近似としての U（B の近似としての $\tilde{B}$）の近似の良さを示す良い指標となるのは ρ ではなくて w であるというのが大切な点であることをしっかりと理解しておいてほしい．Y もまた左不変部分空間の近似基底であるならば，s もまた小さくて，Rayleigh 商 $\tilde{B}$ は B に 2 次のオーダー $O(sw)$ で近づく．

A がほとんど三角な行列であるというごく特別な場合には，近似固有ベクトルを知らなくても，計算可能な固有値の上界を得ることができる（練習問題 4.17 参照）．

4.4.3

今度は，A の近傍にある行列 $A' = A + H$ が知られていて，A' に対する正確な不変部分空間 M' の正規直交基底 Q' が計算されているものと仮定する．$B' = Q'^* A' Q'$, $\underline{B'} = \underline{Q'}^* A' \underline{Q'}$ とおく：
$$\begin{bmatrix} Q'^* \\ \underline{Q'}^* \end{bmatrix} A' [Q', \underline{Q'}] = \begin{bmatrix} B' & Q'^* A' \underline{Q'} \\ 0 & \underline{B'} \end{bmatrix}.$$

$\Sigma' = \underline{Q'}(\underline{B'}, B')^{-1}\underline{Q'}^*$ とおく．B' と Q' により定められる A に対する（右）剰余行列は
$$AQ' - Q'B' = (A - A')Q' = -HQ'$$
である．

$\gamma' = \|\Sigma'\|$, $s = \|\underline{Q'}^* A Q' \underline{Q'}^*\|$, $t = \|Q'\|$, $u = \|\underline{Q'}^*\|$ とおく．また，Θ は M と M' の間の正準角よりなる対角行列とする．

定理 4.4.5 $\mathrm{sp}(B') \cap \mathrm{sp}(\underline{B'}) = \emptyset$ でかつ $\|H\| < 1/[2\gamma'(1 + tu + 2\gamma' st)]$ ならば，$Q'^* X = I$ となるように正規化された M の基底 X で
$$\|X - Q'\| \leq 2\|\Sigma' H Q'\|,$$
$$\|B - B'\| \leq s\|X - Q'\| + u\|HQ'\|$$
を満たすものが存在する．ここで $B = Q'^* A X$ である．

証明 $V_1 = -\sum' HQ'$ として，写像
$$V \mapsto V_1 + \sum'[VQ'^*AV + HV - VQ'^*HQ']$$
を $\mathbf{G}'$ と記す．$\|H\|\gamma'(1+tu+2\gamma'st) < 1/2$ のとき次のことを証明する：

（ⅰ）（2.11.3）により定義される系例 V_k は $X' = Y = Q'$ のとき
$$\|V_k\| \leq 2\|V_1\|$$
を満たす；

（ⅱ）写像 $\mathbf{G}'$ は超球
$$\mathcal{B} = \{V ; \|V\| \leq 2\|V_1\|\}$$
における縮小写像である；

（ⅲ）$\mathbf{G}'$ は $\mathcal{B}$ の中に一意に定まる不動点 V をもち，V は $X = Q' + V, AX = XB, Q'^*X = I$ を満たす．

これらの点を証明するため，練習問題2.9を参照しよう．すると，$\|X - Q'\| = \|V\| \leq 2\|\sum' HQ'\|$ は簡単に導き出せる．一方，恒等式
$$B - B' = Q'^*AX - Q'^*A'Q' = Q'^*A(X - Q') + Q'^*(A - A')Q'$$
から $\|B - B'\|$ の上界を作ることができる． □

系 4.4.6 ユークリッド・ノルムを用いるなら，$s = \|A\|_2$ とおくと仮定
$$\|H\|_2 < \frac{1}{4}(\gamma'(1+\gamma's))^{-1}$$
の下で，不等式
$$\|\tan\Theta\|_2 \leq 2\gamma'\|H\|_2,$$
$$\|B - B'\|_2 \leq (2\gamma's + 1)\|H\|_2$$
が得られる．

証明 $\|Q'\|_2 = \|Q'^*\|_2 = 1$，したがって $t = u = s$ より直ちにわかる． □

定理4.4.5 と系4.4.6 とで確立された上界は，方程式
$$(I - Q'Q'^*)A'W' - W'B' = (I - Q'Q'^*)HQ'$$
の解 $W' = \sum' HQ'$ から計算することができる．

行列 A' が正規行列でない場合には γ' の評価を求めるのにたいへん手間がかかる．4.6節において，行列 A' が Hermite 行列であるという仮定をするこ

とによってどのような簡単化がなされるかが見られるであろう.

4.4.4

$\|B-\tilde{B}\|$ (あるいは $\|B-B'\|$) に対する "事後" 上界が確立されたので，それを用いてそれぞれのスペクトルの間の距離の上界を導きたいと思うであろう. しかし，それは非常に難しい問題で，完全に満足がいくような十分簡単な解はまだ得られていない.

練習問題 4.18 では，$\|A-A'\|$ が十分小さいとき，次のような定性的な結果が得られている：
$$\mathrm{dist}(\mathrm{sp}(A), \mathrm{sp}(A')) \leq c\|A-A'\|^{1/n}.$$
ここで，n は A, A' の次数である.

定数 c を一般の場合に評価することは難しい（例えば論文[注1]を見よ）. また，c は行列の次数 n と共に増大する量であるため，ほとんど実用にならない. A と A' が対角化可能であると仮定すると，指数 $1/n$ は消える. 特に A と A' が Hermite 行列のときには
$$\mathrm{dist}(\mathrm{sp}(A), \mathrm{sp}(A')) \leq \|A-A'\|_2$$
となるのであるが，このことはまた 4.6 節で見ることにしよう.

Hermite 行列の場合のこのような単純な結果を一般の行列の場合にも成り立つようにするには，スペクトルの間の距離を固有値の "算術平均" $\hat{\lambda}=\dfrac{1}{n}\mathrm{tr}A$ と $\hat{\lambda}'=\dfrac{1}{n}\mathrm{tr}A'$ の間の距離で置き換えればよい. 実際
$$|\hat{\lambda}-\hat{\lambda}'| = \frac{1}{n}|\mathrm{tr}(A-A')| \leq \rho(A-A') \leq \|A-A'\|$$
である.

行列 $B, \tilde{B}, B'$ をもう一度考えよう. それらの行列のスペクトルを，それぞれ，$\{\mu_i\}_1^m, \{\zeta_i\}_1^m, \{\mu_i'\}_1^m$ と記し，算術平均を
$$\hat{\mu} = \frac{1}{m}\sum_i \mu_i, \quad \hat{\zeta} = \frac{1}{m}\sum_i \zeta_i, \quad \hat{\mu}' = \frac{1}{m}\sum_i \mu_i'$$
と記す.

---

[1] A. Ostrowski,《On the continuity of characteristic roots as functions of the elements of a matrix（行列の要素の関数としての特性根（固有値）の連続性について）》, J. Deutsch. Math. Verein, Abt. **1**, 40-42 (1957).

すると，ただちに
$$|\hat{\mu}-\hat{\zeta}| \leq \|B-\tilde{B}\|, \quad \|\hat{\mu}-\hat{\mu}'\| \leq \|B-B'\|$$
が導かれる．

特に，$m=1$ のときには，
$$|\lambda-\zeta| \leq 2\|A\|_2\|\tilde{\Sigma}r\|_2, \quad r=Au-\zeta u, \quad u^*u=1, \quad \zeta=u^*Au,$$
そして
$$|\lambda-\lambda'| < [2\|A\|_2\|\Sigma'Hq'\|_2+\|Hq'\|_2], \quad q'^*q' = 1$$
である．

誤差の"事後"上界について論じた本節を終えるに当たって，これと密接な関係にある問題に触れておこう．それは，行列の固有値の存在範囲を定める問題，すなわち，求める固有値が複素平面のどのような範囲に存在するかを定める問題である．得られる存在範囲はわれわれが利用できるデータに依存する．たとえば，A の"単純"固有値 λ の位置を求めているのであれば，存在範囲を定める問題は次のような形をとる：

$y^*u=1$ を満たすベクトル u と y と，それに対する複素数 $\sigma=y^*Au$ とが与えられているとする．このとき，中心が σ（あるいは u）の円で $Ax=\lambda x$, $x\neq 0$, を満たす λ（あるいは x）を含むような半径最小のものを定めることができるか？

ベクトル u とスカラー α とをデータとして，それから始めて固有値，固有ベクトルの存在範囲を定めたいこともある．本節で得た結果は，同時に m 個の固有値の集合の存在範囲を定めるという一般的な枠組みの中で，この問題の部分的な解答を与えているといえる．4.6 節において，Hermite 行列の場合の問題をもう一度扱うことにしよう．

4.5 A が対角行列に近い場合

対角行列に対しては，基底 $X=Y=I_n$ が右固有ベクトルの基底であり，同時に左固有ベクトルの基底でもある．次の一般的な定理に基づいて，対角行列に近い行列の固有値の存在範囲についての有用な結果を得ることができる．

4.5 A が対角行列に近い場合

定理 4.5.1 $A=(a_{ij})$ のどの固有値も Gershgorin 円 $\{z\,;\,|z-a_{ii}|\leq \sum_{j\neq i}|a_{ij}|\}$, $i=1,2,\cdots,n$, の少なくとも一つの中に存在する．

証明 $D=\mathrm{diag}(a_{ii})$ を A の対角部分よりなる対角行列，H を対角以外の部分よりなる行列として，$A=D+H$ と書く．ある固有値 λ が少なくとも一つの i に対して $\lambda=a_{ii}$ となるならば，定理は成立する．そこで $\lambda\neq a_{ii}, i=1,\cdots,n$, と仮定する．すると，$\lambda I-D$ は正則であるから，

$$\lambda I-A = \lambda I-D-H = (\lambda I-D)(I-(\lambda I-D)^{-1}H)$$

と書ける．

条件 $\|(\lambda I-D)^{-1}H\|<1$ は $\lambda I-A$ が正則であるための一つの十分条件である．λ が A の固有値なら $\lambda I-A$ は正則でないから，A のすべての固有値に対して

$$\|(\lambda I-D)^{-1}H\|_\infty = \max_i(|\lambda-a_{ii}|^{-1}\sum_{j\neq i}|a_{ij}|) \geq 1$$

である． □

系 4.5.2 n 個の Gershgorin 円のうちどの二つも共通部分を有しなければ，おのおのの円は A の固有値をちょうど一つずつ含む．したがってこのとき各固有値は単純である．

証明 a_{ii} が相異なるとし，$0\leq\varepsilon\leq 1$ に対して $A(\varepsilon)=D+\varepsilon H$ とおく．$\varepsilon=0$ のときには n 個の円は点 a_{ii} (半径 0 の円) である．ε が増大するとき，連続性により，これらの円が互いに離れている限り各円は 1 個の固有値を含む． □

A が対角行列に近いとき，すなわち $\|H\|_\infty=\max_i\sum_{j\neq i}|a_{ij}|$ が小さいときには，円が互いに離れていれば，上の結果を適用することによって，$|\lambda-a_{ii}|$ の上界を求めることができる．Gershgorin 円の共通部分が空でないときにも，場合によっては A に対角行列を用いる相似変換を施すことによって，円を互いに引き離すことができる (練習問題 4.19 と練習問題 4.20 参照)．

さて今度は，行列 A が "ブロック対角行列" に近い場合も扱えるような結果

を確立しよう．

定理 4.5.3 A の固有値 μ_i を任意の順序に並べて，その始めの m 個の平均を $\hat{\mu} = \dfrac{1}{m}\sum_{i=1}^{m}\mu_i$ とおく．このとき A の行と列を同時に適当に置換して A を $\left[\begin{array}{c|c} A_{11} & A_{12} \\ \hline A_{21} & A_{22} \end{array}\right]$ とブロック分けし，m 次の正方ブロック部分行列 A_{11} に対して
$$|m\hat{\mu} - \mathrm{tr}\, A_{11}| \leq \|A_{12}\|_*$$
が成立するようにできる．ここで $\|A\|_* = \sum_{i,j}|a_{ij}|$ と記した[注1]．

証明 T を A の（固有値 μ_i を並べる順序に対応した）Schur 形とする：$AQ = QT$．Q の最初の m 列から作られる $n \times m$ 型の行列を X とする：$AX = XT_{11}$．$\mathrm{tr}\, T_{11} = \mathrm{tr}\, X^*AX = m\hat{\mu}$ である．
$X\begin{bmatrix} i_1, i_2, \cdots, i_m \\ 1, 2, \cdots, m \end{bmatrix}$ を X の行 $i_1, \cdots, i_m$ と列 $1, \cdots, m$ から作られる m 次正方行列とする．X の行を並べ換えて，$X = \begin{bmatrix} X_{11} \\ X_{21} \end{bmatrix}$ と表したとき，m 次正方行列 X_{11} が $|\det X_{11}| = \max\left|\det X\begin{bmatrix} i_1, \cdots, i_m \\ 1, \cdots, m \end{bmatrix}\right|$ を満たすようにする．ここで $1, \cdots, n$ の中からの m 個の $i_1, \cdots, i_m$ を選ぶあらゆる組み合せについての max をとる．

A の行と列も X の行の置換に対応して並べ換えて，A を分割した形を
$$A_{11}X_{11} + A_{12}X_{21} = X_{11}T_{11}$$
すなわち
$$A_{11} + A_{12}X_{21}X_{11}^{-1} = X_{11}T_{11}X_{11}^{-1}$$
とする．

したがって，$\mathrm{tr}\, A_{11} - \mathrm{tr}\, T_{11} = -\mathrm{tr}\, A_{12}X_{21}X_{11}^{-1}$．$Y_{21} = X_{21}X_{11}^{-1}$，あるいは同じことだが，$Y_{21}X_{11} = X_{21}$ とおく．Cramer[注2] の法則により，Y_{21} の一般の要素は
$$y_{kj} = \frac{\det X\begin{bmatrix} 1, \cdots, j-1, k, j+1, \cdots, m \\ 1, \cdots, j-1, j, j+1, \cdots, m \end{bmatrix}}{\det X_{11}}, \quad k = r+1, \cdots, n, \quad j = 1, \cdots, m,$$
と表される．

---

[1] 訳注：固有値のどのような並べ方に対しても，上の不等式を満たす A の行と列の並べ換え方があるということを主張している．

[2] Gabriel Cramer（ガブリエル・クラメール；1704-1752）：ジュネーヴに生まれ，バニョール・シュール・セーズにて没す．

X_{11} の選び方からして $|y_{kj}| \leq 1$ であるから，

$$|\text{tr } A_{12}Y_{21}| = \sum_{j=1}^{m} \sum_{k=r+1}^{n} a_{jk}y_{kj} \leq \max_{j,k}|y_{kj}|\sum_{j=1}^{m}\sum_{k=m+1}^{m}|a_{jk}|$$
$$\leq \|A_{12}\|_{*}. \qquad \square$$

ブロック対角行列に近い行列の場合にこの結果を適用する作業は読者に残しておく（練習問題 4.21）．なお，$\text{tr } A_{11} = \sum_{i=1}^{m} a_{ii}$ に注意．

4.6　A が Hermite 行列の場合

A が Hermite 行列の場合には，多くの簡単化がなされ，それによってより正確な結果が得られる．

4.6.1　Rayleigh 商 $\rho = u^*Au, u^*u = 1$

定理 4.4.1 が次のようになることを想起しよう：α および $\|u\|_2 = 1$ を満たす u が与えられたとき，$r = Au - \alpha u$ とおく．このとき A の固有値 λ で $|\lambda - \alpha| \leq \|r\|_2$ を満たすものが存在する．

ところで，u に関する Rayleigh 商 $\rho = u^*Au$ は，この場合，次のような意味での最適性を有している．

補助定理 4.6.1　$\rho = u^*Au$ は，$u^*u = 1$ を満たすある固定された u に対して

$$\min_{z \in \mathbf{C}} \|Au - zu\|_2$$

を与える z を求めるという問題の解である．

証明
$$\|Au - zu\|_2^2 = (u^*A^* - \bar{z}u^*)(Au - zu)$$
$$= u^*A^*Au - zu^*A^*u - \bar{z}u^*Au + \bar{z}z$$
$$= u^*A^*Au + (u^*Auu^*A^*u - u^*Auu^*A^*u) - zu^*A^*u$$
$$\quad - \bar{z}u^*Au + \bar{z}z$$

$$= u^*A^*Au - u^*Auu^*A^*u + u^*Au(u^*A^*u - \bar{z})$$
$$\quad - z(u^*A^*u - \bar{z})$$
$$= u^*A^*(Au - uu^*Au) + |u^*Au - z|^2.$$

上の式は $z = u^*Au$ のとき最小値をとる． □

定理4.4.1は，特に，次のように述べることもできる：$\|u\|_2 = 1$ なる任意の u に対して，$|\lambda - \rho| \leq \|Au - \rho u\|_2$ を満たす A の固有値 λ が存在する．この性質は，Krylov[注1]と Weinstein[注2]によるものとされている．

ρ と A の他の固有値との距離に関してさらにいくらかの情報が得られているときには，Krylov-Weinstein の不等式をもっと改良できる．まず $\varepsilon = \|Au - \rho u\|_2$ とおいて下の補助定理を準備して，その後でその改良について述べよう．

補助定理4.6.2 a, b を，$a < \rho < b$ を満たす二つの実数とする．開区間 (a, b) が A の固有値を含まないと，$(b - \rho)(\rho - a) \leq \varepsilon^2$.

証明 $A = QDQ^*$ で，Q を A の固有ベクトルの基底とする．$v = Q^*u$ とおくと，$\|v\|_2 = \|u\|_2 = 1$. x_i を A の固有ベクトルとしたとき，$u = \sum_{i=1}^{n} \xi_i x_i$ なら，$\xi_i = x_i^*u$ で $v = \sum_{i=1}^{n} \xi_i e_i$ である．したがって

$$(Au - bu)^*(Au - au) = (Dv - bv)^*(Dv - av) = \sum_{i=1}^{n}(\mu_i - b)(\mu_i - a)|\xi_i|^2$$
$$\geq 0,$$
$$(Au - bu)^*(Au - au) = ((Au - \rho u) + (\rho - b)u)^*((Au - \rho u) + (\rho - a)u)$$
$$= \varepsilon^2 + (\rho - b)(\rho - a). \qquad \square$$

直線 $\mathrm{lin}(u)$ の方向と λ に付随する固有部分空間 M とで挟まれる鋭角を θ と定義する（図4.6.1を見よ）．

定理4.6.3 開区間 $(\underline{\lambda}, \bar{\lambda})$ には A の固有値 λ が1個だけと ρ とが含まれてい

---

[1] N. Krylov, N. Bogolyubov, Bull. Acad. Sci. USSR, Phys. Math., Leningrad **471** (1929).

[2] D. H. Weinstein,《Modified Ritz Methods (修正 Ritz 法)》, Proc. Nat. Acad. Sc. USA **20**, 529-532 (1934).

4.6　*A* が Hermite 行列の場合　155

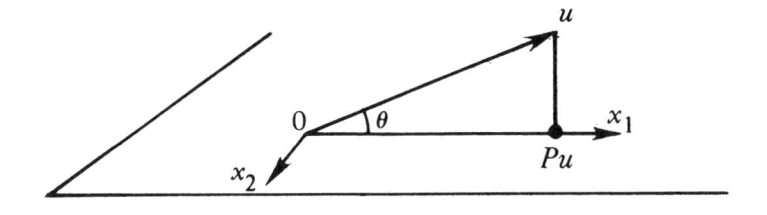

図 4.6.1

るということが知られているとする．このとき

$$\rho - \frac{\varepsilon^2}{\overline{\lambda} - \rho} \leq \lambda \leq \rho + \frac{\varepsilon^2}{\rho - \underline{\lambda}} \tag{4.6.1}$$

および

$$\sin \theta \leq \frac{2}{\overline{\lambda} - \underline{\lambda}} \left[\left(\rho - \frac{\underline{\lambda} + \overline{\lambda}}{2} \right)^2 + \varepsilon^2 \right]^{1/2} \tag{4.6.2}$$

が成り立つ．

証明　補助定理 4.6.2 を適用する．
（ⅰ）$\lambda < \rho < \overline{\lambda}$ のとき，$a = \lambda, b = \overline{\lambda}$ とおけば

$$\rho - \frac{\varepsilon^2}{\overline{\lambda} - \rho} \leq \lambda < \rho.$$

（ⅱ）$\underline{\lambda} < \rho < \lambda$ のとき，$a = \underline{\lambda}, b = \lambda$ とおけば

$$\rho < \lambda < \rho + \frac{\varepsilon^2}{\rho - \underline{\lambda}}.$$

したがって $\underline{\lambda} < \rho < \overline{\lambda}$ の一般の場合に (4.6.1) が成り立つ．

補助別理 4.6.2 の記法を使って

$$(Au - \underline{\lambda}u)^*(Au - \overline{\lambda}u) = \varepsilon^2 + (\rho - \underline{\lambda})(\rho - \overline{\lambda}) = (Dv - \underline{\lambda}v)^*(Dv - \overline{\lambda}v)$$
$$= \sum_{i=1}^{n} (\mu_i - \underline{\lambda})(\mu_i - \overline{\lambda})|\xi_i|^2.$$

仮定により，z が $\mathrm{sp}(A)$ のどれかの値をとるとき，$z = \lambda$ のときを別とすれば，$(z - \underline{\lambda})(z - \overline{\lambda})$ は正か 0 である．したがって

$$\varepsilon^2 + (\rho - \underline{\lambda})(\rho - \overline{\lambda}) - (\lambda - \underline{\lambda})(\lambda - \overline{\lambda}) \sum_{\mu_i \neq \lambda} |\xi_i|^2 \geq 0.$$

$\mu_1 = \cdots = \mu_m = \lambda$ であるとすると，M の中に $x_1 = \dfrac{Pu}{\|Pu\|_2}$ となるような固有ベ

クトルの基底を選ぶことができる．このとき $\xi_1=\cos\theta, \xi_2=\cdots=\xi_m=0$. したがって
$$\sin^2\theta = 1-\cos^2\theta \leq 1+\frac{\varepsilon^2+(\rho-\underline{\lambda})(\rho-\overline{\lambda})}{(\lambda-\underline{\lambda})(\overline{\lambda}-\lambda)}$$
である．
$$(\lambda-\underline{\lambda})(\overline{\lambda}-\lambda) = \left(\frac{\overline{\lambda}-\underline{\lambda}}{2}\right)^2-\left(\lambda-\frac{\underline{\lambda}+\overline{\lambda}}{2}\right)^2$$
であるから，分母は $\left(\frac{\overline{\lambda}-\underline{\lambda}}{2}\right)^2$ 以下である．したがって
$$\sin^2\theta \leq \left(\frac{2}{\overline{\lambda}-\underline{\lambda}}\right)^2\left[\left(\frac{\overline{\lambda}-\underline{\lambda}}{2}\right)^2+\varepsilon^2+(\rho-\underline{\lambda})(\rho-\overline{\lambda})\right].$$
これより (4.6.2) が導かれる． □
$$\tilde{\delta} = \mathrm{dist}(\rho, \mathrm{sp}(A)-\{\lambda\}) = \min(|\rho-\mu|, \mu \in \mathrm{sp}(A)-\{\lambda\})$$
とおく．

系 4.6.4 $\varepsilon<\tilde{\delta}$ ならば，
$$|\lambda-\rho| \leq \frac{\varepsilon^2}{\tilde{\delta}}, \quad \sin\theta \leq \frac{\varepsilon}{\tilde{\delta}}.$$

証明 $\underline{\lambda}=\rho-\tilde{\delta}, \overline{\lambda}=\rho+\tilde{\delta}$ として定理 4.6.3 を適用する． □

不等式 (4.6.1) は Kato[1]-Temple[2] の不等式という名で知られている．$\varepsilon^2<(\overline{\lambda}-\rho)(\rho-\underline{\lambda})$ のとき Krylov-Weinstein の不等式の改良となっている．

この不等式は，固有値 λ に対する上下界 $\underline{\lambda}, \overline{\lambda}$ を求めるときによく利用される．

例 4.6.1

---

[1] T. Kato,《On the upper and lower bounds of eigenvalues（固有値の上界と下界）》, J. Phys. Soc. Japan **4**, 334-339 (1949).

[2] G. Temple,《The computation of characteristic numbers and characteristic functions（特性数（＝固有値）と特性関数（＝固有関数）の計算）》, Proc. London Math. Soc. **29**, 257-280 (1928).

4.6 A が Hermite 行列の場合   157

$$A = \begin{bmatrix} 1 & 10^{-5} & 10^{-5} \\ 10^{-5} & 2 & 10^{-5} \\ 10^{-5} & 10^{-5} & 3 \end{bmatrix}$$

とする. $u=e_i, i=1,2,3,$ に対して, Krylov-Weinstein によれば $|\lambda_i - i| \leq \sqrt{2}\,10^{-5}$ が得られる. 次に (4.6.1) を適用すれば

$$1 - \frac{2 \times 10^{-10}}{1 - \sqrt{2} \times 10^{-5}} \leq \lambda_1 \leq 1, \quad |\lambda_2 - 2| \leq \frac{2 \times 10^{-10}}{1 - \sqrt{2} \times 10^{-5}},$$

$$3 \leq \lambda_3 \leq 3 + \frac{2 \times 10^{-10}}{1 - \sqrt{2} \times 10^{-5}}$$

が得られる.

4.6.2 行列 Rayleigh 商 $\tilde{B} = Q^*AQ, Q^*Q = I$

つぎに, A の m 個の固有値の集合 σ を, m 次の Hermite 行列 C のスペクトルで近似することを考えよう. Q を, m 個の正規直交ベクトルが作る一つの基底とする. C と Q に関する行列剰余は $R(C) = AQ - QC$ である. C のスペクトルを $\{\alpha_i\}_1^m$ と書く.

定理 4.6.5 A の m 個の固有値 $\{\mu_i\}_1^m$ の集合(順序も与えられている)で次の (i), (ii) を満たすものが存在する:

(ⅰ) $$\max_i |\mu_i - \alpha_i| \leq \|R(C)\|_2, \qquad (4.6.3)$$

(ⅱ) $$\sum_{i=1}^m (\mu_i - \alpha_i)^2 \leq \|R(C)\|_F^2. \qquad (4.6.4)$$

証明
(ⅰ) $G = [Q, \underline{Q}]$ を $\mathbf{C}^n$ の正規直交基底とする. すると $\tilde{B} = Q^*AQ, S_0 = \underline{Q}^*AQ, E = \underline{Q}^*A\underline{Q}$ とおけば, $\mathring{A} = G^*AG = \begin{bmatrix} \tilde{B} & S_0^* \\ S_0 & E \end{bmatrix}$ である. 一方, $\mathring{R}(C) = G^*R(C) = \begin{bmatrix} \tilde{B} - C \\ S_0 \end{bmatrix}$ であり, $\|\mathring{R}(C)\|_2 = \|R(C)\|_2$ である. また $\mathring{Q} = G^*Q = \begin{bmatrix} I_m \\ 0 \end{bmatrix}$ である.

G が定義する基底に立って, 拡張定理(練習問題 4.22 参照)を行列 $\mathring{R}(C)$ に適用する. すなわち

$$H = H^* = \begin{bmatrix} \tilde{B}-C & S_0^* \\ S_0 & W \end{bmatrix}$$

を作る．このとき，W は $\|H\|_2 = \|\mathring{R}(C)\|_2$ となるように選ぶ．$\{\alpha_i\}_1^m = \mathrm{sp}(C)$ として，行列 $\mathring{A} - H = \begin{bmatrix} C & 0 \\ 0 & E-W \end{bmatrix}$ のスペクトルを $\{\alpha_i\}_1^n$ と書く．

Weyl の定理（練習問題 1.16）によれば，

$$|\mu_i - \alpha_i| \leq \|H\|_2 = \|R(C)\|_2, \quad i=1,\cdots,m$$

となるような A の固有値の集合 $\{\mu_i\}_1^m$ が存在する．

(ii) A と C を対角化する．すなわち，$V^*AV = D = \mathrm{diag}(\mu_i)$, $U^*CU = \varLambda = \mathrm{diag}(\alpha_i)$．そして，$\tilde{Q} = V^*QU$, $\tilde{R}(C) = V^*R(C)U$ とおく．すると，$\tilde{R}(C) = D\tilde{Q} - \tilde{Q}\varLambda$ であり $\|\tilde{R}(C)\|_F = \|R(C)\|_F$ である．したがって，問題は，A と C が対角行列 D と $\varLambda$ である場合に帰着できる．

次に基底を $\tilde{G} = [\tilde{Q}, \tilde{Q}] = (g_{ij})$ に変更してみる．$w_{ij} = |g_{ij}|^2$, $\tilde{Q} = (q_{ij})$,

$$d_{ij} = \begin{cases} (\mu_i - \alpha_j)^2 & (1 \leq j \leq m,\ 1 \leq i \leq n), \\ 0 & (j > m,\ 1 \leq i \leq n), \end{cases}$$

とおく．

$R = \tilde{R}(C) = D\tilde{Q} - \tilde{Q}\varLambda$ とおこう．

$$\begin{aligned}
\|R\|_F^2 &= \mathrm{tr} R^*R = \mathrm{tr}(\tilde{Q}^*D^2\tilde{Q} - \varLambda\tilde{Q}^*D\tilde{Q} - \tilde{Q}^*D\tilde{Q}\varLambda + \varLambda^2) \\
&= \sum_{j=1}^{m}\left(\sum_{i=1}^{n}\mu_i^2|q_{ij}|^2 - 2\sum_{i=1}^{n}\alpha_j\mu_i|q_{ij}|^2 + \alpha_j^2\right) \\
&= \sum_{j=1}^{m}\sum_{i=1}^{n}w_{ij}(\mu_i - \alpha_j)^2 \quad \left(\sum_{i=1}^{n}w_{ij}=1 \text{ であるから}\right) \\
&= \sum_{j=1}^{n}\sum_{i=1}^{n}w_{ij}d_{ij} \quad (j>m \text{ に対しては } d_{ij}=0 \text{ であるから}).
\end{aligned}$$

拘束条件 $\sum_i w_{ij} = \sum_j w_{ij} = 1$, $w_{ij} \geq 0$ の下で $\|R\|_F^2$ を最小にするような行列 $W = (w_{ij})$ を求めよう．そのような W は n 次の置換行列であることを Hoffmann と Wielandt[1] が示した．したがって，$\sum_{i=1}^{m} d_{ii}$ に対して $\sum_{j=1}^{m}\sum_{i=1}^{n} w_{ij}d_{ij}$ の最小値が達成されるということ，したがって A と C を固定したとき，A の固有値の集合 $\{\mu_i\}_1^m$ に対して，

$$\min_Q \|R(C)\|_F^2 = \sum_{i=1}^{m}(\mu_i - \alpha_i)^2$$

---

[1] A. J. Hoffmann, H. W. Wielandt, 《The variation of the spectrum of a normal matrix（正規行列のスペクトルの変動）》, Duke Math. J. **20**, pp. 37-39 (1953).

であることは，簡単に確かめられる． □

特に，選んだ基底 Q（あるいは行列 C）が $A'=A+H$ の固有ベクトルの基底 Q'（あるいは行列 $B'=Q'^*A'Q'$）であると仮定しよう．すると，$R(B')=(A-A')Q'$ であり，そして，$\{\mu'_i\}_1^m = \mathrm{sp}(B')$ ならば，A の固有値に適当な順に番号付けをすれば

$$\max_i |\mu_i - \mu'_i| \leq \|HQ'\|_2, \quad \sum_{i=1}^m (\mu_i - \mu'_i)^2 \leq \|HQ'\|_F^2$$

となる．

さらに，Q に関して作った Rayleigh 商 $\tilde{B}=Q^*AQ$ は次のような最適性を有する．

補助定理 4.6.6 固定した $Q(Q^*Q=I)$ に対して，Z が $\mathbf{C}^{m \times m}$ の上を動くとき，$\tilde{B}=Q^*AQ$ は $\|AQ-QZ\|_p, p=2, F,$ を最小にする．

証明
$$\begin{aligned}(AQ-QZ)^*(AQ-QZ) &= Q^*A^2Q - Z^*Q^*AQ - (Q^*AQ)Z + Z^*Z \\ &= Q^*A^2Q + (\tilde{B}-Z)^*(\tilde{B}-Z) - \tilde{B}^2 \\ &= (AQ-Q\tilde{B})^*(AQ-Q\tilde{B}) + (\tilde{B}-Z)^*(\tilde{B}-Z).\end{aligned}$$

$F=AQ-QZ, \ G=AQ-Q\tilde{B}, \ H=\tilde{B}-Z$ とおこう．

(ⅰ) $\|F\|_2 = \rho(F^*F)^{1/2}$．ところで H^*H は非負定値であるから，$\rho(F^*F) \geq \rho(G^*G)$（練習問題 1.18 参照）．

(ⅱ) $\|F\|_F = (\mathrm{tr}(F^*F))^{1/2}$．ところで $\mathrm{tr}(F^*F) \geq \mathrm{tr}(G^*G)$．

いずれの場合も，$Z=\tilde{B}$ のとき最適値が達成される． □

関心のある読者は，A の固有値，固有ベクトルを $\tilde{B}$ の固有値，固有ベクトルで近似するということに関して，練習問題 4.23 と 4.24 の結果を最適化問題という観点から解釈して，補助定理 4.6.6 をさらに補足してみられたい．前節におけると同様，$\mathrm{sp}(\tilde{B})$ に関する補足的情報が使えるならば，定理 4.6.5 の不等式を，$C=\tilde{B}$ に対して，より精密なものとすることができる．

$\tilde{B}$ のスペクトル分解が知られているとする：すなわち，$\varDelta = \mathrm{diag}(\rho_i)$ として $\tilde{B}=V\varDelta V^*$．$U=QV$ とおくと，

$$\|R\|_F = \|AQ - Q\tilde{B}\|_F = \|AU - U\varDelta\|_F$$
$$= \left(\sum_{i=1}^{m} \varepsilon_i^2\right)^{1/2}, \quad \text{ただし } \varepsilon_i = \|Au_i - \rho_i u_i\|_2.$$

定理 4.6.7 $\mathrm{sp}(\tilde{B})$ と A の固有値 $\boldsymbol{\sigma}$ だけを含む開区間 $(\underline{\lambda}, \overline{\lambda})$ が知られているとする．このとき，それらの固有値 $\{\mu_i\}_1^m$ を適当な順に並べると

$$\rho_i - \sum_{j=1}^{m} \frac{\varepsilon_j^2}{\overline{\lambda} - \rho_j} \leq \mu_i \leq \rho_i + \sum_{j=1}^{m} \frac{\varepsilon_j^2}{\rho_j - \underline{\lambda}}, \quad i = 1, \cdots, m,$$

を満たすようにすることができる．

証明 T. Kato の論文《On the upper and lower bounds of eigenvalues（固有値の上界と下界について）》, J. Phys. Soc. Japan 4, 334-339 (1949) を参照されたい．近接する固有値がある場合に小さくなる可能性のある $\rho_i - \rho_j$ という形の量が分母に現れていないことに注意せよ． □

以上述べてきた不等式は $\tilde{B}$ の固有ベクトルの基底に関する知識を利用している．やや精度は落ちるが，$\|R\|_F$ と $(\underline{\lambda}, \overline{\lambda})$ の知識だけに基づいて作ることのできる不等式を導出しよう．

系 4.6.8 定理 4.6.7 と同じ仮定の下で

$$\rho_i - \frac{\|R\|_F^2}{\min_j(\overline{\lambda} - \rho_j)} \leq \mu_i \leq \rho_i + \frac{\|R\|_F^2}{\min_j(\rho_j - \underline{\lambda})}, \quad i = 1, \cdots, m,$$

が成り立つ．

証明 定理 4.6.7 より明らか． □

系 4.6.9 $\tilde{\delta} = \text{dist-min}(\mathrm{sp}(\tilde{B}), \mathrm{sp}(A) - \boldsymbol{\sigma})$ としたとき，$\|R\|_F < \tilde{\delta}$ ならば

$$\max_i |\rho_i - \mu_i| \leq \frac{\|R\|_F^2}{\tilde{\delta}}$$

である．

証明 明らか． □

本節で述べてきたいろいろな結果は，一つの単純固有値と Rayleigh 商との関係を述べた 4.6.1 節で得た結果の一般化となっている．この一般化にしめくくりをつけるためにしておかなければならないことは，固有部分空間の間の正準角の行列の上界を与えるような結果を挙げることだけであろう．

4.6.3　Davis-Kahan の不等式

Davis-Kahan (1968) の中で証明されている結果のうち，われわれの主題に最も関係の深いところを引用しよう．
(i)　σ が $\mathrm{sp}(\tilde{B})=\{\rho_i\}_1^m$ で近似されているとし，また Θ は与えられた基底 Q によって生成される部分空間と σ に付随する固有部分空間との間の正準角の対角行列を表すとする．$R=R(\tilde{B})$ と記す．

定理 4.6.10　$\tilde{\delta}=\mathrm{dist\text{-}min}(\mathrm{sp}(\tilde{B}),\mathrm{sp}(A)-\sigma)$ とすると

$$\|\sin \Theta\|_p \leq \frac{\|R\|_p}{\tilde{\delta}}, \quad p=2, \mathrm{F}.$$

(ii)　σ が $\mathrm{sp}(B')=\{\mu_i'\}_1^m$ で近似されているとし，Θ は A と A' それぞれの固有部分空間の間の正準角の対角行列を表すとする．$R=R(B')$ と記す．

定理 4.6.11　$\delta'=\mathrm{dist\text{-}min}(\mathrm{sp}(B'),\mathrm{sp}(A)-\sigma)$ とすると，

$$\|\sin \Theta\|_p \leq \frac{\|R\|_p}{\delta'}, \quad p=2, \mathrm{F}.$$

関心のある読者には Davis-Kahan (1968) の論文を参照することを強くお勧めする．そこには上記のもの以外にも非常に多数の結果が含まれている．

4.6.4　正規直交化された基底の重要性

行列剰余 $R(C)=AQ-QC$ は"正規直交"基底 Q から出発して計算される．実際，基底ベクトルの間の正規直交性がなくなると，上界 (4.6.3) はもはや保証することができない．いま，必ずしも直交化はされていないけれども正規化はされている m 本の独立なベクトルからなる基底を U としてみる．U の

特異値は 0 と $\sqrt{m}$ の間に含まれる．U の最小特異値 $\sigma_{\min}(U)$ は U の列ベクトルの間の線形独立性の良い指標である（第 1 章, 1.8 節参照）．$R(C, U) = AU - UC$ を C と U に関する行列剰余とする．

定理 4.6.12 C と U が与えられたとき，A の m 個の固有値を

(i) $\displaystyle\max_i |\mu_i - \alpha_i| \leq \frac{\sqrt{2}}{\sigma_{\min}(U)} \|R(C, U)\|_2,$

(ii) $\displaystyle\sum_{i=1}^m (\mu_i - \alpha_i)^2 \leq \frac{1}{\sigma_{\min}^2(U)} \|R(C, U)\|_F^2$

が成り立つように順序づけることができる．

証明 定理 4.6.5 を適用する．U の特異値分解を $\mathring{U} = YUX = \begin{bmatrix} D \\ 0 \end{bmatrix}$ とし，$D = \mathrm{diag}(\sigma_1, \cdots, \sigma_m)$ とする．Y と X はそれぞれ n 次と m 次のユニタリ行列である．
$$\mathring{A} = YAY^*, \quad \mathring{C} = X^*CX, \quad \mathring{R}(C, U) = YR(C, U)X.$$
すると，$p = 2, \mathrm{F}$ に対して，$\mathring{R}(C, U) = \mathring{A}\mathring{U} - \mathring{U}\mathring{C}, \|\mathring{R}(C, U)\|_p = \|R(C, U)\|_p$ である．分割
$$\mathring{A} = \begin{bmatrix} B' & S'^* \\ \hline S' & E' \end{bmatrix}$$
を考えると，
$$R(C, U) = \begin{bmatrix} B'D - D\mathring{C} \\ \hline S'D \end{bmatrix}$$
となる．

(i) $\mathring{A}$ に (4.6.3) を適用すると
$$\max_i |\mu_i - \alpha_i| \leq \|L\|_2, \quad \text{ただし } L = \begin{bmatrix} B' - \mathring{C} \\ \hline S' \end{bmatrix}.$$
ところで，$\|L\|_2^2 = \|L^*L\|_2 \leq \|B' - \mathring{C}\|_2^2 + \|S'\|_2^2$ であり，そして $\sigma = \min(\sigma_1, \cdots, \sigma_m) = \sigma_{\min}(U)$ とすれば，
$$\sigma\|S'\|_2 \leq \|S'D\|_2, \quad \sigma\|B' - \mathring{C}\|_2 \leq \|B'D - D\mathring{C}\|_2$$
である．したがって，$\|L\|_2^2 \leq \dfrac{1}{\sigma^2}(\|B'D - D\mathring{C}\|_2^2 + \|S'D\|_2^2) \leq \dfrac{2}{\sigma^2}\|\mathring{R}\|_2^2.$

(ii) $\|S'D\|_F^2 = \sum_{ij} |s'_{ij}|^2 \sigma_j^2 \geq \sigma^2 \|S'\|_F^2.$

さらに，$\|B'D - D\mathring{C}\|_F^2 = \sigma^2 \|B' - \mathring{C}\|_F^2$（練習問題 4.25 参照）であることも示せる．そこで，

$$\|\mathring{R}\|_F^2 = \|B'D - D\mathring{C}\|_F^2 + \|S'D\|_F^2 \geq \sigma^2(\|B' - \mathring{C}\|_F^2 + \|S'\|_F^2) = \sigma^2 \|L\|_F^2.$$

次に，(4.6.4) を $\mathring{A}$ に適用して

$$\sum_{i=1}^m (\mu_i - \alpha_i)^2 \leq \|L\|_F^2 \leq \frac{1}{\sigma^2} \|R(C, U)\|_F^2. \qquad \Box$$

4.7 参考文献について

必ずしも対角化可能でない行列に対して本章で述べたスペクトル条件数の概念は，Wilkinson (1965) あるいは Golub-van Loan による単純固有値に対する概念の一般化である．

正規性からの逸脱が行列のスペクトル安定性に及ぼす影響についての徹底的な解析は，本書で始めてなされたものである．

そこで用いた枠組は，伝統的な"ノルムで摂動を測る"安定性解析である．摂動を"成分ごとに測る"解析は，1980年代に活発に展開された．理論的面については Gewets (1982), Frayssé (1992) を，より実用的観点については LAPACK ユーザーガイド (1992) を見よ．

例 4.2.10 で定義した行列の成分ごとのランダムな実数摂動は，Jordan 形の位相近傍について調べるために Chatelin (1989) の中で使用されたものである．ノルムを用いた擬似スペクトルに関しては，Trefethen (1991) が同様な"複素"摂動を用いた．

非正規性の影響の劇的な例が，次の二つの博士論文に挙げられている：Godet-Thobie, S.(1992) には航空学における工業的応用が含まれている；Reddy, S. (Pseudospectra of operators and discretization matrices and an application to the stability of the method of lines (演算子とその離散化行列の擬似スペクトル，および線緩和法の安定性への応用)；Ph.D. Thesis, Mass. Inst. Techn., Cambridge, 1991) は平行剪断流の安定性に関する Orr-Sommerfeld 演算子のスペクトルを研究した．スペクトルの安定性の他の例は Kerner, W. (Large scale complex eigenvalue problems (大規模複素固有値問題), J. Comp. Phys. 85, 1~85, 1989) にもある．これは，電磁流体力学において抵抗係数が減少していくときの Alfren スペクトルについて論じたものである．

練習問題

4.1 [A] A を正則行列とする．
$$\|\Delta A\|_2 \leq \frac{\|A\|_2}{\text{cond}_2(A)}$$
であって，$A+\Delta A$ が特異となるような rank 1 の行列 ΔA が存在することを証明せよ．

4.2 [A] A の一つの固有値を λ とし，λ と A の残りのスペクトルとの距離を δ とする．λ は単純であるとする．λ に付随する固有部分空間を M とし，$M^\perp$ の正規直交基底を Q とする．
$$B = Q^*AQ,$$
$$\Sigma^\perp = Q(B-\lambda I)^{-1}Q^*$$
を定義する．B の固有値で λ に最も近いものの指標を ℓ とする．δ が十分小さければ，V を B の Jordan 基底として，
$$\delta^{-1} \leq \|(B-\lambda I)^{-1}\|_2 = \|\Sigma^\perp\|_2 \leq 2\,\text{cond}_2(V)\delta^{-\ell}$$
であることを証明せよ．

4.3 [A] 本文中の性質 4.2.3 の記法を用いて，$\|\Delta A\|$ が十分小さいとき，
$$(1+|\lambda'-\lambda|)^{\frac{\ell-1}{\ell}} \leq 2$$
が成立することを証明せよ．

4.4 [A] $A \in \mathbf{C}^{n\times n}, \varepsilon \in \mathbf{C}, H \in \mathbf{C}^{n\times n}$ とし，$\|H\|_2=1$ であるとする．
$$A(\varepsilon) = A + \varepsilon H$$
と定義する．A の一つの非零固有値を λ とし，その代数的多重度を m とする．付随する不変部分空間を M とし，M の正規直交基底を ϕ とする．
$$\theta = \phi^*A\phi,$$
$$\lambda I_m + \eta = J = V^{-1}\theta V \quad (\theta \text{ の Jordan 形}),$$
$$\lambda I_m + N = R = Q^*\theta Q \quad (\theta \text{ の Schur 形})$$

と定義する.

i) $$\forall k \geq 0: \quad \|N^k\|_2 \leq \mathrm{cond}_2(V)$$
であることを証明せよ.

ii) 十分小さな ε に対して,
$$\theta(\varepsilon) = \phi_*{}^* A \phi(\varepsilon),$$
$$\phi_*{}^* \phi = \phi_*{}^* \phi(\varepsilon) = I_m,$$
$$A^* \phi_* = \phi_* \theta^*,$$
$$\|\theta(\varepsilon) - \theta\|_2 \leq \|P\|_2 |\varepsilon| + \mathrm{O}(\varepsilon^2)$$
を満たす $\phi_*, \phi(\varepsilon), \theta(\varepsilon)$ が存在することを証明せよ. ただし, P を λ に付随するスペクトル射影として,
$$\|P\|_2 = \|\phi_*\|_2$$
である.

iii) 不等式
$$1 \leq \|(\lambda(\varepsilon) I_m - \theta)^{-1}(\theta(\varepsilon) - \theta)\|_2$$
を証明し, それより
$$\|((\lambda(\varepsilon) - \lambda) I_m - N)^{-1}\|_2 \leq \frac{\mathrm{cond}_2(V)}{|\lambda(\varepsilon) - \lambda|} \sum_{k=0}^{\ell-1} \frac{1}{|\lambda(\varepsilon) - \lambda|^k}$$
を導け.

iv) 十分小さな ε に対して
$$|\lambda(\varepsilon) - \lambda| \leq (\ell \mathrm{cond}_2(V) \|P\|_2 |\varepsilon|)^{\frac{1}{\ell}} + \mathrm{O}(|\varepsilon|^{1+\frac{1}{\ell}})$$
を証明せよ.

v) 性質 4.2.3 と比較せよ (本文 p.125).

4.5 [A] $A = \begin{pmatrix} 1 & 10^4 \\ 0 & 0 \end{pmatrix}, \Delta = \begin{pmatrix} 1 & 0 \\ 0 & 10^{-4} \end{pmatrix}$ とする. Δ を用いて A を均衡化することにより, 固有ベクトルの作る基底の条件数も, 正規性の不足度も減少することを確かめよ.

4.6 [A] 非零固有値に関する条件数を調べよ.

4.7 [A] A が単純固有値 λ をもつとする:
$$Ax = \lambda x, \qquad x \neq 0,$$

$$A^*x_* = \overline{\lambda}x_*, \quad x_* \neq 0.$$

$\lim_{\|\varDelta A\| \to 0} \frac{|\varDelta \lambda|}{\|\varDelta A\|} = \frac{\|x_*\|_* \|x\|}{|x_*^*x|}$ を証明せよ．ここで，$\|\ \|_*$ は $\|\ \|$ の双対ノルムである．$\lambda \neq 0$ の"相対"条件数 $K_w(\lambda) = \lim_{\|\varDelta A\| \to 0} \frac{|\varDelta \lambda|}{|\lambda|} \frac{\|A\|}{\|\varDelta A\|}$ はどうなるか．

4.8 [**B** : 20, 23] 行列の作る空間に成分ごとに測った相対距離
$$\varepsilon = \min(\omega ; |\varDelta A| \leq \omega |A|),$$
$$\varDelta A = A - A'$$
を導入してみよう．ここで，不等式は成分ごとの不等式とする．このとき，同一の固有値問題に対して，$\lambda \neq 0$ の相対条件数は
$$K_G(\lambda) = \lim_{\varepsilon \to 0} \frac{1}{\varepsilon} \frac{|\varDelta \lambda|}{|\lambda|} = \frac{|x_*^*| |A| |x|}{|x_*^*x| |\lambda|}$$
で与えられることを示せ．ここで，$|A|$ は，その (i,j) 要素が $|a_{ij}|$ に等しい行列を表す．

4.9 [**A**] y を x と直交しない任意のベクトルとせよ．x も摂動固有ベクトル x' も $y^*x = y^*x' = 1$ のように正規化されているとする．そこで，$\varDelta x = -\Sigma \varDelta A x$ は $\lin(y)^\perp$ の中にある．
$$\lim_{\|\varDelta A\| \to 0} \frac{\|\varDelta x\|}{\|\varDelta A\|} = \|\Sigma\| \|x\|$$ を示せ．

$x \neq 0$ の"相対"条件数は
$$K_C(x) = \|\Sigma\| \|A\| = \lim_{\|\varDelta A\| \to 0} \frac{\|\varDelta x\|}{\|x\|} \frac{\|A\|}{\|\varDelta A\|}$$
であることを導け．

4.10 [**B** : 20, 23] 練習問題 4.8 で定義した距離を用いて，
$$K_G(x) = \lim_{\varepsilon \to 0} \frac{1}{\varepsilon} \frac{\|\varDelta x\|_\infty}{\|x\|_\infty} = \frac{\||\Sigma| |A| |x|\|_\infty}{\|x\|_\infty}$$
を示せ．

4.11 [**C**] 三つのノルム $\|\cdot\|_1, \|\cdot\|_2, \|\cdot\|_\infty$ と行列 $A = \begin{pmatrix} 1 & 10^4 \\ 0 & 2 \end{pmatrix}$ に対して，練習問題 4.7 と 4.9 で定義したノルムで測る相対条件数を計算せよ．

成分ごとに測る条件数も計算し，$\|\cdot\|_\infty$ のノルムで測る条件数と比較せよ．

4.12 [B:20] λ', x' を A の近似固有値および近似固有ベクトルとする．$r = Ax' - \lambda' x'$ は残差ベクトルである．"後退誤差"とは，$(A + \Delta A)x' = \lambda' x'$ を満たす A の摂動 ΔA のうち最も小さいものの大きさであると定義する．任意の従属ノルムに対して，ノルムで測った後退誤差が $\dfrac{\|r\|}{\|A\|\|x'\|}$ で与えられることを証明せよ．また，成分ごとに測った後退誤差は $\max\limits_{1 \leq i \leq n} \dfrac{|r_i|}{(|A||x'|)_i}$ で与えられることも証明せよ．

後退誤差は，x' の正規化の方式には無関係であることを証明せよ．

4.13 [D] A は対角化可能であるとする：$A = XDX^{-1}$．Bauer-Fike の定理を成分ごとの形式に変えた次の定理を証明せよ：
$|\Delta A| \leq \varepsilon |A|$ を満たすすべての ΔA に対して
$$\min_{\lambda \in \mathrm{sp}(A)} |\Delta \lambda| \leq \| |X^{-1}||\Delta A||X| \|$$
$$\leq \varepsilon \| |X^{-1}||A||X| \|.$$

固有値が $\{2, 1, 6\}$ で，正規性から極度に逸脱した行列
$$A = \begin{pmatrix} 2 & 10^9 & -2 \times 10^9 \\ -10^{-9} & 5 & -3 \\ 2 \times 10^{-9} & -3 & 2 \end{pmatrix}$$
に，この結果を適用せよ．$|X^{-1}||A||X| = \begin{pmatrix} 19 & 20 & 14 \\ 20 & 21 & 15 \\ 14 & 15 & 11 \end{pmatrix}$ であることを確かめ，$\|X^{-1}\|\|X\|\|A\|$ と比較せよ．これから何がいえるか．

4.14 [B:25, 67] A は対角化可能であるとする．単純固有値に付随する固有ベクトルの条件数 $\mathrm{csp}(x)$ を，Wilkinson の公式
$$x_j(\varepsilon) = x_j - \varepsilon \sum_{\substack{i=1 \\ i \neq j}}^{n} \left(\frac{x_{i*}^* H x_j}{(\lambda_j - \lambda_i) x_{i*}^* x_j} \right) x_i + \mathrm{O}(\varepsilon^2)$$
から導かれる条件数と比較せよ．ここで，x_j は λ_j に付随する固有ベクトルで，$\|x_j\|_2 = \|x_{j*}\|_2 = 1$ であり，
$$A(\varepsilon) = A + \varepsilon H, \quad \|H\|_2 = 1$$
である．

$\|x_j(\varepsilon)\|_2$ について論ぜよ．

4.15 [C]
$$A = \begin{pmatrix} 1 & 10^3 \\ 0 & 1.1 \end{pmatrix}$$
に対して，Chatelin の条件数と Wilkinson の条件数（練習問題 4.14）を計算し，比較して論ぜよ．

4.16 [A] $A' = A + H$, $\|H\|_2 = \varepsilon$, $R(z) = (A - zI)^{-1}$
とする．A の固有値 λ を残りのスペクトルから分離する Jordan 曲線を Γ とする．
$$c(\Gamma) = \max_{z \in \Gamma} \|R(z)\|_2$$
とする．ε と γ が
$$0 < \varepsilon < \gamma < \frac{1}{c(\Gamma)}$$
を満たすとき，行列 $R'(z) = (A' - zI)^{-1}$ が存在して
$$\max_{z \in \Gamma} \|R'(z)\|_2 \leq \frac{c(\Gamma)}{1 - \gamma c(\Gamma)}$$
を満たすことを示せ．

4.17 [A] A が三角行列に十分近く，a_{ii} と等しい対角要素が他に存在しないときには，練習問題 2.6 の条件 (*) が満たされることを証明せよ．ただし，$x = y = e_i$ としノルムは $\|\cdot\|_1$ を採用するものとする．

4.18 [A] 二つの有限集合 σ と τ の間の距離を
$$\text{dist}(\sigma, \tau) = \max\{\max_{t \in \tau} \min_{s \in \sigma} |t - s|, \max_{s \in \sigma} \min_{t \in \tau} |t - s|\}$$
で定義することにすると，二つの行列 A と A' とに対して
$$\text{dist}(\text{sp}(A), \text{sp}(A')) \leq c\|A - A'\|_2^{\frac{1}{n}}$$
が成立することを示せ．ここで，c は A や A' によらないある定数である．

4.19 [D] $\{d_i\}_1^n$ を n 個の正の数の集合とする．A の各固有値 λ に対して

$$|\lambda - a_{ii}| \leq \frac{1}{d_i} \sum_{\substack{j=1 \\ j \neq i}}^{n} |a_{ij}| d_j$$

となるような指標 i が存在することを示せ．

4.20 [A]
$$A = \begin{pmatrix} 1 & 10^{-4} & 0 \\ 10^{-4} & 2 & 10^{-4} \\ 0 & 10^{-4} & 3 \end{pmatrix}$$

とする．対角行列による相似変換と Gershgorin 円とを利用することにより，1, 2, 3 のまわりの A の固有値の位置を 10^{-8} のオーダーの精度まで確定せよ．

4.21 [D] $A = \tilde{D} + H$ とする．ただし $\tilde{D}$ は次数 r のただ1個のブロックをもつブロック対角行列である．そのブロックの行の番号の集合を I とする．そして，

$$\hat{\lambda} = \frac{1}{r} \sum_{i \in I} \lambda_i, \qquad \hat{a} = \frac{1}{r} \sum_{i \in I} a_{ii}$$

を定義する．

i) 定理 4.5.3 の助けをかりて（本文 p. 152）

$$|\hat{\lambda} - \hat{a}| \leq \frac{1}{r} \sum_{i \in I} \|He_i\|_1$$

という形の上界を求めよ．

ii) 系 4.5.2（本文 p. 151）の助けをかりて，$\|H\|_1$ が十分小さいときに A の固有値の位置を定める方法を確定せよ．

4.22 [A] 任意の $T = \begin{pmatrix} A \\ B \end{pmatrix}$（$A$ は Hermite 行列）に対して，適当な Hermite 行列 W を選んで

$$\tilde{T} = \begin{pmatrix} A & B^* \\ B & W \end{pmatrix}$$

とおけば，

$$\|\tilde{T}\|_2 = \|T\|_2$$

を満たすようにできることを示せ．

4.23 [A] $A \in \mathbf{C}^{n \times n}$ は Hermite 行列, $\varDelta \in \mathbf{C}^{m \times m}$ は対角行列, $Q \in \mathbf{C}^{n \times m}$ は正規直交基底, $V \in \mathbf{C}^{m \times m}$ はユニタリ行列で
$$Q^*AQ = V\varDelta V^*$$
であるとする.

$\|AQV - QV\varDelta\|_2 = \min\{\|AU - UD\|_2 : U^*U = I_m,\ D$ は対角行列$\}$ という意味で, A と Q から導くことのできる最良の近似固有ベクトルの集合は QV であることを証明せよ.

4.24 [C] 行列
$$A = \begin{pmatrix} 0 & 0.1 & 0 \\ 0.1 & 0 & 1 \\ 0 & 1 & 0 \end{pmatrix}$$
に対して, $Q = (e_1, e_2)$ とおき, $\tilde{B} = Q^*AQ$ の固有値, 固有ベクトルを計算せよ. このことから, Ritz ベクトルが最適であるという性質は, 固有値, 固有ベクトルの集団についていえることであって, 個々のベクトルは A の個々の固有ベクトルへの距離を最小にするわけではないことを示せ.

4.25 [A] 定理 4.6.12 (本文 p.162) の証明を考えよう.
$$\|B'D - D\mathring{C}\|_j \geq \sigma \|B' - \mathring{C}\|_j, \quad j = 2, \mathrm{F},$$
を示せ.

第5章 固有値の計算法の基礎

 固有値の実際的な計算法は，部分空間の Krylov 列が同じ次元の優越不変部分空間に収束するという事実に基づいている．固有値の計算法の中で基本的な QR 法は，一群の部分空間反復法と解釈できる．本章では，第1章で導入した道具を用いていろいろな計算法の収束性について"幾何学的"な説明を行う．この説明のし方によって，収束についての伝統的な代数的研究に新しい光が当てられ，それがより完全で見透しのよいものとなった．たとえば，基本になる QR 算法が収束するための必要十分条件として A の固有ベクトルの作る行列に課される条件に自然な説明を与えることができる．

5.1 部分空間の Krylov 列の収束性

 $u \neq 0$ に対して，ベクトルの列 $u, Au, A^2u, \cdots$ のことを "Krylov のベクトル列" と呼ぶ習慣が古くからある．部分空間 S を生成する r 個の独立なベクトル $u_1, \cdots, u_r$ があるとき，部分空間の列 $S, AS, A^2S, \cdots, A^kS, \cdots,$ を "Krylov 列" と呼ぶ．以下では $k \to \infty$ のときの Krylov 列の収束性について考察する．

 代数的多重度まで考慮に入れた A の固有値の集合を $\{\mu_i\}_1^n$ とする．$1 \leq r < n$ なるある r に対して
$$|\mu_1| \geq |\mu_2| \geq \cdots \geq |\mu_r| > |\mu_{r+1}| \geq \cdots \geq |\mu_n| \geq 0 \qquad (5.1.1)$$
であると仮定する．

 Jordan 基底ベクトルを $\{x_i\}_1^n$，その随伴基底ベクトルを $\{x_{i*}\}_1^n$ と書く．

定義 固有値 $\{\mu_i\}_1^r$ は A の r 個の "優越固有値" であり，仮定 (5.1.1) によ

り，"優越ブロック"を構成する．部分空間 $M=\text{lin}(x_1,\cdots,x_r)$ はそれらに付随する"優越不変部分空間"であり，$M_*=\text{lin}(x_{1*},\cdots,x_{r*})$ は"左優越不変部分空間"である．M の一つの基底を X，M_* における随伴基底を X_* とすると，$P=XX_*^*$ は"優越スペクトル射影"である．

いま，r 個の独立なベクトル $U=[u_1,\cdots,u_r]$ が与えられていて，それらが生成する部分空間が $S=\text{lin}(u_1,\cdots,u_r)$ であるとしよう．

基礎的な定理を確立しよう．

定理 5.1.1 仮定 (5.1.1) の下では，$k\to\infty$ のとき $\omega(A^kS,M)\to 0$ となるための必要十分条件は $\dim PS=r$ であることである．

証明 X を M の基底，$\bar{X}$ を $P\bar{X}=0$ となるような補空間 $\bar{M}$ における基底とする．また，$[X_*,\bar{X}_*]$ を $[X,\bar{X}]$ の随伴基底とする．そのとき U は $U=XF+\bar{X}G$ と分解することができる．ここで，$F=X_*^*U$，$PU=XF$ である．PS の次元 $\dim PS$ が r に等しいための必要十分条件は，PU の階数が r であること，すなわち，F が正則であることである．

（ⅰ）F が正則であると仮定する．$U_k=A^kU$ は A^kS の基底であり，定理1.5.4 により，$\omega(A^kS,M)\to 0$ であるための必要十分条件は，r 次の正則な行列 F_k が存在して $U_kF_k\to X$ となることである．M（そして $\bar{X}$ により生成される $\bar{M}$）は A に関して不変であるから，$B=X_*^*AX$ とおくと $AX=XB$ が（そして $\bar{B}=\bar{X}_*^*A\bar{X}$ とおくと $A\bar{X}=\bar{X}\bar{B}$ が）成り立つ．したがって，
$$U_k = A^kU = A^kXF + A^k\bar{X}G = XB^kF + \bar{X}\bar{B}^kG,$$
$$U_k(F^{-1}B^{-k}) = X + \bar{X}(\bar{B}^kGF^{-1}B^{-k}).$$
B（および $\bar{B}$）の固有値は $\{\mu_i\}_1^r$（および $\{\mu_i\}_{r+1}^n$）であり，(5.1.1) により B は逆行列をもつ．
$$\|\bar{B}^kGF^{-1}B^{-k}\| \le \|\bar{B}^k\|\|B^{-k}\|\|GF^{-1}\|.$$
任意の $\varepsilon>0$ に対してある K が存在して，$k\ge K$ ならば
$$(\|\bar{B}^k\|\|B^{-k}\|)^{1/k} \le \rho(\bar{B})\rho(B^{-1})+\varepsilon = \left|\frac{\mu_{r+1}}{\mu_r}\right|+\varepsilon$$
となる．

$\left|\frac{\mu_{r+1}}{\mu_r}\right|+\varepsilon<1$ を満たす ε を選ぶことができる．このことから，$\omega(A^kS,M)$

→0 がいえる. すなわち, A^kS の基底 U_k と M の基底 X が与えられれば, r 次の正則行列 $F_k=F^{-1}B^{-k}$ が存在して

$$\|U_kF_k-X\| = O\left[\left|\frac{\mu_{r+1}}{\mu_r}\right|^k\right]$$

である. この収束は1次収束である.

（ⅱ） 正則な F_k が存在して

$$A^kUF_k \to X$$

であるとしよう. すると $PA^kUF_k\to X$ である.

ところで, $PA^kU=A^kPU=A^kXF=XB^kF$ である. したがって, $XB^kFF_k\to X$ であり, X_*^* を掛けると, $k\to\infty$ のとき $B^kFF_k\to I$ となる. これから, F が正則でなければならないことが結論される. □

上記の必要十分条件 dim $PS=r$ は, 特殊な行列 A と部分空間 S を選べば満たされる. このことは"理論的"にも"実用的"にもたいへん重要なことである. それについては, しかし, もう少し先で見ることにしよう.

定義 行列 $H=(h_{ij})$ が"上 Hessenberg 形"であるとは, $i>j+1$ に対して $h_{ij}=0$ であることである. $i=2,\cdots,n$ に対して $h_{i,i-1}\neq 0$ のとき H は"既約"であるという.

すべての行列は, Givens の算法あるいは Householder の算法（Ciarlet, p. 118 あるいは Golub-Van Loan, p. 222 参照）を用いて, ユニタリ相似変換により上 Hessenberg 行列に変換できる. $h_{i,i-1}$ の中に0があるときには, H の固有値問題はいくつかの既約な Hessenberg 行列の固有値問題に帰着する.

$E_r=\text{lin}(e_1,\cdots,e_r)=[e_1,\cdots,e_r]$ とする. ここで $e_i, i=1,\cdots,r$, は $\mathbf{C}^n$ の標準基底の最初の r 個のベクトルである. Krylov 列 H^kE_r に注目しよう.

補助定理 5.1.2 仮定 (5.1.1) の下では, P を既約な Hessenberg 行列 H に付随する階数 r の優越スペクトル射影としたとき, dim $PE_r=r$ である.

証明 $x\notin E_{r-1}, x\in E_r$ であるようなベクトル x を考える. すると $Hx\notin E_r$ で

あるが $Hx \in E_{r+1}$ である．同じことを繰り返して，$n-r+1$ 個のベクトル x，$Hx, \cdots, H^{n-r}x$ が独立であることが示せる．すなわち，H に関して不変で x を含むすべての部分空間の次元は $n-r+1$ 以上でなければならない．したがって，次元が $n-r$ 以下のすべての不変部分ベクトル空間の E_r との共通部分は零ベクトルだけから成る．特に，Ker P は次元が $n-r$ であり H に関して不変であるから，$\mathbf{C}^n = E_r \oplus \text{Ker } P$ という形の $\mathbf{C}^n$ の直和分解が得られる．ところで，Im $P = P\mathbf{C}^n = PE_r$ であり，$\mathbf{C}^n = \text{Im } P \oplus \text{Ker } P$ であるから，これより dim $PE_r = r$ が証明される． □

系 5.1.3 仮定 (5.1.1) の下では，H が既約 Hessenberg 行列ならば，$\omega(H^k E_r, M) \to 0$ である．

証明 定理 5.1.1 と補助定理 5.1.2 を使えば明らか． □

$|\mu_r| = |\mu_{r+1}|$ のときにも Krylov 列が優越不変部分空間へ収束することはありうる．そのような収束の妨げになるのは絶対値の等しい異なる固有値の存在である．

5.2 部分空間反復法

部分空間 $A^k S$ は r 個のベクトル $A^k u_1, \cdots, A^k u_r$, $r<n$, により生成される．$k \to \infty$ のときこれらのベクトルはどれも（一般に）最優越の固有ベクトル x_1 に収束する（べき乗法，5.3 節参照）から，r 個がみな次第に平行になっていく．部分空間反復法は，次のようなやり方で $A^k S$ の正規直交基底 Q_k を逐次的に構成していく方法である．

$$\left. \begin{array}{ll} (1) & \text{まず，} U = Q_0 R_0 \text{と分解する；} \\ (2) & k \geq 1 \text{ に対して } U_k = AQ_{k-1} = Q_k R_k \text{ を作る．} \end{array} \right\} \quad (5.2.1)$$

ここで，行列 R_k は r 次の上三角行列である．

Schmidt の直交化 $U_k = Q_k R_k$ は Householder 法（Ciarlet, p. 90 参照）あるいは Givens 法（Golub-Meurant 参照）により実行できる．収束性については

次のような結果がある．

定理 5.2.1 仮定 (5.1.1) の下では，$\dim PS = r$ という必要十分条件が満たされていれば，$A^k S$ の正規直交基底 Q_k と M の基底 Q とに対して，$Q_k Z_k \to Q$ となるようなユニタリ行列 Z_k が存在する．

証明 明らかに，(5.2.1) で定義される Q_k は $A^k S$ の基底である．したがって，定理 1.5.2 により $k \to \infty$ のとき $\omega(A^k S, M) \to 0$ であることが結論できる．
□

行列 $B_k = Q_k^* A Q_k$ は r 次の行列で，そのスペクトルは A の r 個の優越固有値に収束する．

系 5.2.2 (5.1.1) の仮定が成り立ち，かつ $\dim PS = r$ であるならば，$k \to \infty$ のとき $\mathrm{sp}(B_k)$ は $\{\mu_i\}_1^r$ に収束する．

証明 $Q_k Z_k$ は $A^k S$ の正規直交基底である．$B_k' = Z_k^* Q_k^* A Q_k Z_k$ は B_k に相似で，$B = Q^* A Q$ に収束する．この行列は写像 A の M への制限の基底 Q に関する表現行列となっている．したがって $\mathrm{sp}(Q^* A Q) = \{\mu_i\}_1^r$．また，$B_k' \to B$ であるから，$\mathrm{sp}(B_k') \to \mathrm{sp}(B)$．
□

Q_k の Q への 1 次収束および $\mathrm{sp}(B_k)$ の $\{\mu_i\}_1^r$ への 1 次収束は $\left|\dfrac{\mu_{r+1}}{\mu_r}\right|$ によって規定されている．第 6 章ではもっと精密な結論を述べることにしよう．すなわち，μ_1 が単純であるときには，$\mu_1^{(k)}$ の μ_1 への収束の速度は実際に $\left|\dfrac{\mu_{r+1}}{\mu_r}\right|$ のオーダーである．部分空間 $S = S_r$ についての反復を行っているときには，同時に部分空間 $S_f = \mathrm{lin}(u_1, \cdots, u_f)$，$1 \leq f \leq r$，についての反復も行っていることになる．この注目すべき事実からいくつもの重要な結果が得られることになる．
固有値が
$$|\lambda_1| > |\lambda_2| > \cdots > |\lambda_r| > |\mu_{r+1}| \geq \cdots \geq |\mu_n| \geq 0 \qquad (5.2.2)$$
を満たすとしよう．

この仮定の下では，狭義単調増大な一連の不変部分空間 $M_f = \mathrm{lin}(x_1, \cdots, x_f)$，$1 \leq f \leq r$，が定められる．$\tilde{Q}_f = [\tilde{q}_1, \cdots, \tilde{q}_f]$ が M_f，$1 \leq f \leq r$，の基底となるよう

に $M = M_r$ の中に正規直交基底 $\tilde{Q} = [\tilde{q}_1, \cdots, \tilde{q}_r]$ を選ぶ. $X_f = [x_1, \cdots, x_f]$, $X_{f*} = [x_{1*}, \cdots, x_{f*}]$, $P_f = X_f X_{f*}^*$ とおく. 特に, $P_r = P$, $X_r = X$, $X_{r*} = X_*$ である.

読者は $\tilde{B} = \tilde{Q}^* A \tilde{Q}$ が上三角であることを確かめられたい. $\tilde{Q}$ は M の Schur 基底で, ユニタリ対角行列を掛けるという自由度を残す以外には, 一意に定まる.

このとき, 定理 5.2.1 は次のようにより精密化される.

定理 5.2.3 仮定 (5.2.2) の下では, $X_*^* U$ が正則でその $r-1$ 個の主小行列式が 0 でないという必要十分条件が満たされていれば, $A^k S$ の正規直交基底 Q_k と M の Schur 基底 $\tilde{Q}$ に対して, $Q_k D_k \to \tilde{Q}$ となるようなユニタリ対角行列 D_k が存在する.

証明 $U_f = [u_1, \cdots, u_f]$ とする. $1 \leq f \leq r$ に対して, 条件 $\dim P_f S_f = f$ は $X_{f*}^* U_f$ が正則であるということに等価である. そして $X_{f*}^* U_f$ は $X_*^* U$ の f 次の主部分行列である. したがって, $1 \leq f \leq r$ に対して, $\omega(A^k S_f, M_f) \to 0$ であることが知られる. そして, f に関する帰納法により, 定理 5.2.1 の行列 Z_k は, $\tilde{Q}$ の選び方からして, 対角行列の形を取りうることが示される. □

系 5.2.4 (5.2.2) が成立してかつ $X_*^* U$ が正則で $r-1$ 個の非零主小行列式をもつならば, 行列 B_k の極限の形は上三角で, その対角上に固有値 $\{\lambda_i\}_1^r$ をこの順序でもつ.

証明 系 5.2.2 と定理 5.2.3 によれば, $D_k^* B_k D_k \to \tilde{B} = \tilde{Q}^* A \tilde{Q}$ で, $\tilde{B}$ は上三角行列で, 対角上に $\{\lambda_i\}_1^r$ をこの順序でもつ. D_k は対角行列だから, $B_k' = D_k^* B_k D_k$ と B_k とは同じ形をしていて, 特に対角要素は一致する. 実際 $b_{ij}'^{(k)} = b_{ij}^{(k)} \bar{d}_j^{(k)} d_i^{(k)}$, $|d_j^{(k)}| = 1$, である. ユニタリ対角行列を掛けるという自由度は別として, 行列 B_k はある上三角行列に収束するということがいえる. このような収束し方は "Wilkinson[注1] の《本質的》収束" と呼ばれている (Ciarlet, p. 126 参照). □

---

[1] James Hardy Wilkinson (ジェームズ・ハーディ・ウイルキンソン, 1919-1986): ストルードに生まれ, テディントンにて没す.

純対値の等しい固有値が存在するときには条件 (5.2.2) は成り立たない．そこで，f 個の固有値の集合の中に同じ絶対値の固有値が含まれているような f については，さらに何かの情報がなければ，$\omega(A^k S_f, M_f) \to 0$ という収束が得られると結論することはできない．しかし，定理 5.2.3 の行列 D_k はブロック対角ユニタリ行列になり，B_k の極限の形は少なくともブロック三角にはなる．三角行列のままである場合もある．

絶対値の等しい固有値が存在する重要な場合として実行列の場合がある．実行列の固有値は共役複素数の対であることがあるからである．5.3 節でベキ乗法を扱うときに，もっと詳しくこの問題を再びとりあげる．

部分空間反復法は，部分空間 $A^k S$（部分空間 S に A を繰り返し k 回掛けたもの）で特徴づけられる．この特徴づけにもとづいて，方法の収束性について調べることができるし，収束するとしたらどんな速度で収束するかを調べることができる．

A が正則のとき，$r=n$ でもこの方法が定義されることを読者は確かめられたい：$\dim S_n = \dim M_n = \dim A^k S = n$；任意の k について $\omega(A^k S_n, M_n) = 0$ である．

しかし実際には，$A^k S$ の基底の作り方はいろいろ考えられる．(5.2.1) では Schmidt の QR 分解に基づいて正規直交基底 Q_k を作る場合のことを述べた．"Gauss の LR 分解" に基づく《階段反復》[注1]法 (Ciarlet, p. 82) についても例に即して説明しよう．

例 5.2.1 $A^k S$ の基底 L_k（それがあるとして）を作る．ただし，L_k は右に示す形をした $n \times r$ 型の行列で，次のようにして作る．
(1) $U = L_0 R_0$．
(2) $k \geq 1$ に対して $U_k = AL_{k-1} = L_k R_k$ を作る．ここで，R_k は r 次の上三角行列である．

よく知られているように，(Householder あるいは Givens の算法

$$\begin{pmatrix} 1 & 0 & 0 & 0 \\ \times & 1 & 0 & 0 \\ \cdot & \times & 1 & 0 \\ \cdot & \cdot & \times & 1 \\ \cdot & \cdot & \cdot & \times \\ \cdot & \cdot & \cdot & \cdot \\ \cdot & \cdot & \cdot & \cdot \\ \cdot & \cdot & \cdot & \cdot \\ \times & \times & \times & \times \end{pmatrix}$$

---
[1] F. L. Bauer, 《Das Verfahren der Treppeniteration und verwandte Verfahren zur Lösung algebraischer Eigenwertprobleme（代数的固有値問題のための階段反復法および関連した諸法）》, Z. Angew. Math. Phys. 8, 214-235 (1957)．

による) Schmidt 分解は安定であるが, 枢軸選択をしない Gauss 分解は, たとえそれが可能でも, 一般に安定とはいえない. 例 5.2.1 を歴史的な意味でしかここに紹介しないのはそのためである.

例 5.2.2 "両側反復法"は, $E_n = \text{lin}(e_1, \cdots, e_n) = \mathbf{C}^n$ に対して, $A^k E_n$ の基底 X_k (および $(A^*)^k E_n$ の随伴基底 Y_k) を作る方法であると見なすことができる.
$$X_0 = Y_0 = I, \quad G_{k+1} = AX_k, \quad H_{k+1} = A^*Y_k$$
であるが, これらは, Gauss 分解 (が存在するなら) $Y_k^* A^2 X_k = L_{k+1} R_{k+1}$ を用いて, $AX_k = X_{k+1} R_{k+1}$, $A^* Y_k = Y_{k+1} L_{k+1}^*$ を満たす随伴基底 X_{k+1}, Y_{k+1} を計算することによって作られる.

A が Hermite 行列ならば, Cholesky 分解 $X_k^* A^2 X_k = R_{k+1}^* R_{k+1}$ を用いる. このとき, 算法は $r = n$ に対する部分空間反復法 (5.2.1) と同じものとなる. X_k はユニタリ行列で $AX_k = X_{k+1} R_{k+1}$ である.

部分空間反復法は, "減次"とか"スペクトル前処理"とかいう付属的な諸技巧とともに使われることが多い. それらの付属的な技巧の原理について述べよう. これらは (固有ベクトルや Schur 基底ではなく) A のスペクトルを, 計算が容易になるように修正する技巧である.

a) "減次": 固有値の計算をさらに続けて行うとき, すでに計算した固有値を消去する方法.

命題 5.2.5 x, x_* を単純な固有値 λ に付随する固有ベクトル (単位ベクトル) とする.

行列 $A' = A - \sigma x x_*^*$ および $\overline{A} = A - \sigma x x^*$ の固有値は, λ に対応するものが $\lambda - \sigma$ である他は A と変わらない. A が対角化可能なら, A' は A と同じ固有ベクトルの基底をもつ. A と $\overline{A}$ とは同じ Schur 基底をもつ.

証明
(i) A が対角化可能なら, $AX = XD$. λ を D の第 1 の固有値とすると
$$A'X = XD - \sigma x e_1^T = X(D - \sigma e_1 e_1^T).$$

（ⅱ） T が A の Schur 形なら，$AQ=QT$.
x を Q の第1列ベクトルにとると，
$$\bar{A}Q = QT - \sigma x e_1^{\mathrm{T}} = Q(T - \sigma e_1 e_1^{\mathrm{T}}).\qquad\square$$

いま定義した減次は"引き算"による減次である．制限写像による減次や相似変換による減次もまた使われている（Wilkinson（1965）参照）．

b）"スペクトル前処理"：sp(A) の近傍における正則関数 f を，修正スペクトル（すなわち $f(A)$ のスペクトル）が計算しやすくなるように選んで，$f(A)$ に対して作業をする方法．この考え方の三つの例を以下に挙げる．

（ⅰ） $f(t)=t-\sigma$： 5.5節の QR 法で用いられる原点移動の方法；
（ⅱ） $f(t)=(t-\sigma)^{-1}$：5.4節の逆反復法と第6章6.5節のスペクトル変換法；
（ⅲ） $f(t)$ を t の多項式として，実部が大きな固有値ほど絶対値が大きな固有値に変換されるように選ぶ方法（第7章7.9節）．

5.3　ベキ乗法

上述の方法を $r=1$ として特殊化すると，絶対値最大の固有値 λ_1 を計算するのに古くから用いられてきた方法の一つである"ベキ乗法"が得られる．

仮定は
$$|\lambda_1| > |\mu_2| \geqq \cdots \geqq |\mu_n| \geqq 0 \qquad (5.3.1)$$
である．

次のような基本定理がある．

定理 5.3.1　仮定 (5.3.1) の下では，必要十分条件 $x_{1*}{}^{*}u \neq 0$ が成立していれば，列
$$u \neq 0,\quad q_0 = \frac{u}{\|u\|_2},\quad q_k = \frac{Aq_{k-1}}{\|Aq_{k-1}\|_2},\quad k \geqq 1$$
に対して

$$\|q_k \xi_k - x_1\|_2 = \mathrm{O}\left[\left|\frac{\mu_2}{\lambda_1}\right|^k\right], \quad |\xi_k| = 1$$

が成立する.

証明 定理5.2.3の特殊な場合である.さらに,一般に,$|q_k{}^* A q_k - \lambda_1| = \mathrm{O}\left[\left|\frac{\mu_2}{\lambda_1}\right|^k\right]$ である(練習問題5.1参照). □

5.3.1 条件 (5.3.1) が満たされていないと何が起きるであろうか? 以下では,A は対角化可能であると仮定する.二つの場合が可能である:(i) 多重(半単純)固有値が存在して,この方法が収束する場合;(ii) 絶対値が等しい異なる固有値が存在して,この方法が一般には収束しない場合.

(i) $\mu_1 = \cdots = \mu_r, |\mu_1| > |\mu_{r+1}| \geq \cdots$.

$u = \sum (x_{i*}{}^* u) x_i$ とすれば,

$$A^k u = \mu_1{}^k \left[\sum_{i=1}^{r} (x_{i*}{}^* u) x_i + \sum_{j=r+1}^{n} \left(\frac{\mu_j}{\mu_1}\right)^k (x_{j*}{}^* u) x_j \right].$$

$P_r u \neq 0$ ならば,$\mu_1 = \cdots = \mu_r$ に付随する優越固有部分空間の中の一つのベクトル,すなわち一つの固有ベクトル,へ収束する.

(ii) $|\lambda_1| = |\lambda_2| > |\mu_3| \geq \cdots$.

$\lambda_1 \neq \lambda_2, P_2 u \neq 0$ と仮定する.$x_1{}^* u \neq 0$ として,$\lambda_1 = e^{i\theta} \lambda_2, 0 < \theta < 2\pi$,とおくと,

$$A^k u = \lambda_2{}^k \left[e^{ik\theta} (x_{1*}{}^* u) x_1 + (x_{2*}{}^* u) x_2 + \sum_{j=3}^{n} \left(\frac{\mu_j}{\lambda_2}\right)^k (x_{j*}{}^* u) x_j \right]$$

であり,この列は一般には収束しない.$\theta = \frac{2\pi}{p}$ となるような有理数 $p = \frac{t}{s}$ が存在すると,t 個の部分列が存在して,そのそれぞれがベクトル

$$e^{2ik\pi \frac{t}{s}} (x_{1*}{}^* u) x_1 + (x_{2*}{}^* u) x_2, \quad k = 1, \cdots, t,$$

に収束する.

例5.3.1 $A = \begin{bmatrix} 1+\mathrm{i} & 2\mathrm{i} & 0 \\ 0 & 1-\mathrm{i} & 0 \\ -\mathrm{i} & -3 & 1 \end{bmatrix}$ のスペクトルは $\{1+\mathrm{i}, 1-\mathrm{i}, 1\}$ である.$1+\mathrm{i} = e^{2\mathrm{i}\frac{\pi}{4}} (1-\mathrm{i})$ であるから,A に対するベキ乗法は収束する4個の部分ベクトル列を与えることが確かめられる.

例 5.3.2 $X = \begin{bmatrix} 1 & 0 & -1 & 0 \\ 0 & 1 & -1 & 0 \\ 1 & 2 & 1 & 1 \\ -1 & 0 & 0 & 1 \end{bmatrix}$, $D = \mathrm{diag}(3, 2, 1, -3), A = XDX^{-1}$ とする. ここでは $\lambda_2 = e^{i\pi}\lambda_1 = -3$ で, $u = (1, 1, 1, 1)^\mathrm{T}$ から出発して A にベキ乗法を適用することにより収束する二つの部分列が得られる. 二つの極限ベクトルが生成する部分空間の上へ A を射影することにより, たとえば, 2×2 型の行列 $B = \begin{bmatrix} -2.76 & 1.18 \\ 1.18 & 2.76 \end{bmatrix}$ が得られる. この固有値は 3 と -3 である (練習問題 5.2 参照).

θ が有理数 p を用いて $2\pi/p$ という形に書けないときには, $x_{1*}{}^{*}u \ne 0$ のときでも収束することはない. 唯一の例外的可能性は, P_2u_1 と P_2u_2 が独立になるような独立な"二つの"ベクトル u_1 と u_2 から反復を開始するときだけである.

5.3.2 本節では, 条件 (5.1.1) の下での部分空間反復法のふるまいのいくつかの様相をベキ乗法のふるまいに照らして述べることにしよう. まず第 1 に, 収束のための必要十分条件 $\dim PS = r$ が満たされていないと, 優越不変部分空間ではない不変部分空間へ収束はするということである.

例 5.3.3 $A = \begin{bmatrix} 2 & -1 & 0 \\ -2 & 3 & 2 \\ 1 & -1 & 1 \end{bmatrix}$, $\mathrm{sp}(A) = \{3, 2, 1\}$ とする. $r = 2$ に対して $X_* = \begin{bmatrix} -1 & -1 \\ 1 & 1 \\ 1 & 2 \end{bmatrix}$ である. $U = \begin{bmatrix} 1 & 0 \\ 1 & 1 \\ 0 & 0 \end{bmatrix}$ と選べば, $X_*{}^{*}U = \begin{bmatrix} 0 & 1 \\ 0 & 1 \end{bmatrix}$. すでに調べたことから予想されるように, B_k は対角上に固有値 $\{1, 3\}$ がこの順序で並ぶ上三角行列へ収束することが確認される. 実際, $u = (1, 1, 0)^\mathrm{T}$ から出発して A にベキ乗法を適用すると, u は 1 に付随する固有ベクトルに他ならないから, 固有値 1 が得られる.

絶対値が等しい固有値が複数個あると, いろいろなブロック三角極限行列が得られる.

例 5.3.4 例 5.3.2 の行列 $A = XDX^{-1}$ が $D = (3, -3, 2, 1)$ から定まるとする．二つのベクトル e_1 と e_2 を用いる同時反復により，"二つの"極限ブロック

$$\begin{pmatrix} 0.913 & 1.57 \\ 5.19 & -0.913 \end{pmatrix} \ \text{と} \ \begin{pmatrix} 0.296 & -5.30 \\ -1.68 & -0.296 \end{pmatrix}$$

のどちらか一つのスペクトルを計算することにより固有値 $\{3, -3\}$ が得られることになる．これらの極限ブロックは極限基底

$$\begin{pmatrix} -0.626 & 0.417 & 0.209 & 0.626 \\ -0.251 & -0.314 & -0.880 & 0.251 \end{pmatrix}^\mathrm{T}$$

と

$$\begin{pmatrix} -0.356 & -0.237 & -0.831 & 0.356 \\ 0.573 & -0.465 & -0.358 & -0.573 \end{pmatrix}^\mathrm{T}$$

のどちらか一つを使い，$\{3, -3\}$ に付随する不変部分空間の上へ A を射影することにより得られる．

一方，$D = (3, 2, 1, -3)$ から定まる行列 A を使って同様のことをすると二つの極限基底

$$\begin{pmatrix} -0.447 & 0 & 0 & 0.894 \\ 0.365 & 0 & 0.913 & 0.183 \end{pmatrix}^\mathrm{T}$$

と

$$\begin{pmatrix} -0.447 & 0 & -0.894 & 0 \\ 0.365 & 0 & -0.183 & -0.913 \end{pmatrix}^\mathrm{T}$$

が得られるが，極限ブロックは"唯一個"

$$\begin{pmatrix} 0.600 & -2.94 \\ -2.94 & -0.600 \end{pmatrix}$$

である．このような特殊な状況が生じる理由が，3 と -3 に付随する固有ベクトルがこの場合直交しているというところにあるということを読者は確かめられたい．

5.4 逆反復法

ベキ乗法の収束が縮小率 $\left|\dfrac{\mu_2}{\lambda_1}\right|$ の 1 次収束であることはすでに見たとおりである．固有ベクトルは原点移動によって不変であるから，適当な原点移動をす

5.4 逆反復法　183

ることによりこの縮小率を改良しようと考えるのは自然である．σ が"単純"固有値 λ の近似であり，λ に付随する固有ベクトルは x，スペクトル射影は P であるとする．$A-\sigma I$ は固有値 $\mu_i-\sigma$ をもち，σ が A の λ 以外の固有値に近くなければ，$(A-\sigma I)^{-1}$ は絶対値最大の固有値として $\frac{1}{\lambda-\sigma}$ をもち，その絶対値は $\max(|\mu_i-\sigma|^{-1},\mu_i\neq\lambda)$ よりずっと大きいであろう．"逆反復法"においては，固有値 λ の近似値 σ が知られているとき λ に付随する固有ベクトル x を計算するのにこの事実が利用される：

$$q_0 = \frac{u}{\|u\|_2}; \quad (A-\sigma I)z_k = q_{k-1}, \quad q_k = \frac{z_k}{\|z_k\|_2}, \quad k \geq 1. \quad (5.4.1)$$

逆反復法は，$(A-\sigma I)^{-1}$ にベキ乗法を適用したものにほかならない．1次収束の縮小率は $\dfrac{|\lambda-\sigma|}{\min_{\mu_i\neq\lambda}|\mu_i-\sigma|}$ で，σ が λ に近ければ近いほど 0 に近い．しかし，そうする際に，σ が λ に近いほど $A-\sigma I$ は特異行列に近くなる．ちょっと見るとこのことにより (5.4.1) を解く際に問題が生じるように見えるかもしれない．この見掛け上逆説的な点について以下で調べよう．

補助定理 5.4.1　固有ベクトル x が良条件であるならば，(5.4.1) を解くときに生ずる誤差は主として x により生成される方向，すなわちわれわれが求めている方向を向いている．

証明　$\underline{Q}$ が $\{x\}^\perp$ の基底で，$[x,\underline{Q}]$ がユニタリ行列であるように選ばれているとする．すると，

$$A-\sigma I = [x,\underline{Q}]\begin{bmatrix} \lambda-\sigma & x^*A\underline{Q} \\ 0 & \underline{B}-\sigma I_{n-1} \end{bmatrix}\begin{bmatrix} x^* \\ \underline{Q}^* \end{bmatrix}, \quad \underline{B} = \underline{Q}^*A\underline{Q},$$

そして

$$\Sigma^\perp = \underline{Q}(\underline{B}-\lambda I)^{-1}\underline{Q}^*, \quad \mathrm{csp}(x) = \|\Sigma^\perp\|_2$$

である．

$(A-\sigma I)y=u$ を解くことを考える．計算で得られるベクトル y は，少し摂動を受けた問題 $(A-\sigma I-H)y=u+f$ の正確な解であると見なせる．ただし，H と f のノルムは小さい．$(A-\sigma I)y=u+Hy+f=u+g$ と書ける．ここで，$g=Hy+f$ である．y に生ずる誤差は，したがって，$e=(A-\sigma I)^{-1}g$ である．ところで

$$(A-\sigma I)^{-1} = [x, \underline{Q}] \begin{pmatrix} \dfrac{1}{\lambda-\sigma} & \dfrac{-1}{\lambda-\sigma}x^* A\underline{Q}(\underline{B}-\sigma I)^{-1} \\ 0 & (\underline{B}-\sigma I)^{-1} \end{pmatrix} \begin{bmatrix} x^* \\ \underline{Q}^* \end{bmatrix}$$

であるから，$e = x(x^*e) + \underline{Q}(\underline{Q}^*e)$ と表せる．ここで，

$$x^*e = \frac{x^*}{\lambda-\sigma}(I - A\underline{Q}(\underline{B}-\sigma I)^{-1}\underline{Q}^*)g,$$

$$\underline{Q}^*e = (\underline{B}-\sigma I)^{-1}\underline{Q}^*g$$

である．

ところで $\underline{B}-\sigma I = \underline{B}-\lambda I - (\sigma-\lambda)I$ であるから，

$$(\underline{B}-\sigma I)^{-1} = [I - (\sigma-\lambda)(\underline{B}-\lambda I)^{-1}](\underline{B}-\lambda I)^{-1}$$

で，$|\lambda-\sigma|$ が十分小さいときには $s = \|(\underline{B}-\sigma I)^{-1}\|_2$ は $\|\Sigma^\perp\|_2$ に近い．このことから，

$$\|\underline{Q}^*e\|_2 \leq s\|g\|_2, \quad |x^*e| \leq \frac{1}{|\lambda-\sigma|}(1+\|A\|_2 s)\|g\|_2$$

であるといえる．

$\|\Sigma^\perp\|_2$ が普通の大きさならば，σ が λ に近づけば近づくほど，誤差は $\mathrm{lin}(x)$ の方向になる（図 5.4.1 を見よ）．$\delta = \min\limits_{\mu_i \neq \lambda}|\mu_i - \sigma|$ とすると，$\|\Sigma^\perp\|_2 \geq \delta^{-1}$ であること，そして A が Hermite 行列のときに等号が成り立つことはわかっている． □

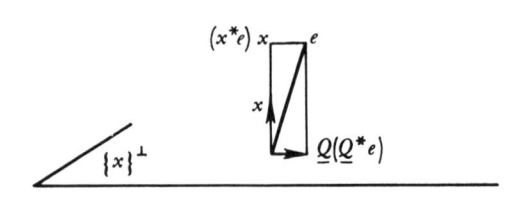

図 5.4.1

計算機が b 進法 c 桁で計算をしているとする．$\varepsilon = b^{-c}$ のオーダーの量を"機械精度（マシーン・エプシロン）"と呼ぶ．σ（あるいは y）が"機械精度一杯で"正確な固有値（あるいは正確な固有ベクトル）であるための必要十分条件は，$A-\sigma I + E$ が特異でかつ $\|E\| = \mathrm{O}(\varepsilon)$（あるいは，$y$ が $A+F$ の固有ベクトルで $\|F\| = \mathrm{O}(\varepsilon)$）となるような E（あるいは F）が存在することである．

補助定理 5.4.1 からは次のような注目すべき事実が結果として導かれる：すなわち，機械精度一杯まで正確な固有値と（ほとんど）任意のベクトルから出発して，逆反復法を "1 段" 実行すると機械精度一杯まで正確な固有ベクトルが得られる．より詳細には，次の命題を示すことができる．

命題 5.4.2 σ に対して $A - \sigma I + E$ が特異であり，また $\|E\|_2 = \varepsilon$ であるとする．このとき，$(A - \sigma I)y = u$ の正確な解 y が A の固有ベクトルと ε の精度で一致するようなベクトル u が少なくとも一つ存在する．

証明 特異な連立 1 次方程式 $(A - \sigma I + E)y = 0$ の一つの解で $\|y\|_2 = 1$ を満たすものを y とする．$u = (A - \sigma I)y, z = Ey$ とおくと，$(A + zy^*)y = \sigma y, \|zy^*\|_2 = \|z\|_2 \leq \varepsilon$ である．したがって σ と y は，A とノルムにして ε までは異ならない行列 $A + zy^*$ の固有値と固有ベクトルである． □

近傍の問題の正確な解を考える――実用上はそれが精一杯であろう．しかし，λ が悪条件のときには，σ と λ の間に大きな差がありうるということにも十分に注意していなければならない．

例 5.4.1 $A = \begin{bmatrix} 2 & -10^{10} \\ 0 & 2 \end{bmatrix}$ とする．
$$A' = \begin{bmatrix} 2 & -10^{10} \\ \dfrac{-10^{-10}}{1 + 10^{-20}} & 2 - \dfrac{10^{-20}}{1 + 10^{-20}} \end{bmatrix}$$
の正確な固有値と固有ベクトルは $\sigma = 1$ と $z = (1 + 10^{-20})^{-1/2} \begin{bmatrix} 1 \\ 10^{-10} \end{bmatrix}$ であるが，$\|A' - A\|_2 \sim 10^{-10}$ である．

ところで，A は 2 重固有値 $\lambda = 2$ をもち，$|\sigma - \lambda| = 1$ である．$|\sigma - \lambda|$ は小さいとはいえない．しかし $\dfrac{|\sigma - \lambda|}{\|A\|} \sim 10^{-10}$ であり，2 は欠陥のある固有値でしかも $\mathrm{cond}(V) \sim 10^{10}$ となるものであるから非常に悪条件の固有値である．

反復 (5.4.1) をもう 1 度考えよう．命題 5.4.2 は，σ が機械精度一杯まで正確であるならば，q_1 が機械精度一杯まで正確な固有ベクトルとなるような u が存在するということを示している．このことは，q_1 を機械精度の範囲内で計

算している場合であっても成り立つ．そこで，q_2 はさらによい近似を与えると期待できる．しかし，λ が悪条件であるとこうならないことが非常に多い．すなわち，(5.4.1) を代数的に正確に解いたとしても，機械精度よりよいものは得られない．

例 5.4.2 $A = \begin{bmatrix} 1 & 1 \\ 10^{-10} & 1 \end{bmatrix}$, $\sigma = 1$ とする．正確な固有値は 1 ± 10^{-5} である．$u^T = (0, 1)$ を初期値として (5.4.1) によって定められる反復列を計算しよう．$r_k = (A - I) q_k$ とおく．

q_0	z_1	q_1	r_1	z_2	q_2	r_2	z_3	q_3	r_3
0	10^{10}	1	0	0	0	1	10^{10}	1	0
1	0	0	10^{-10}	1	1	0	1	0	10^{-10}

が得られる．$\|r_k\|$ が 10^{-10} と 1 の間を振動していることが確かめられる．

この A の固有値は悪条件である．なぜかというと，固有ベクトルがほとんど平行であるからである．

逆反復法の変種の一つで重要なのが "Rayleigh 商反復法" である．

$$\begin{cases} q_0 = \dfrac{u}{\|u\|}, \quad \rho_0 = \dfrac{u^* A u}{u^* u}, \\ (A - \rho_{k-1} I) z_k = q_{k-1}, \quad q_k = \dfrac{z_k}{\|z_k\|}, \quad \rho_k = \dfrac{z_k^* A z_k}{z_k^* z_k}, \quad k \geq 1. \end{cases} \quad (5.4.2)$$

(5.4.2) の収束の局所的性質については Ostrowski[注1,2] が研究した (Parlett (1980)，pp. 71-79 参照)．

その結果は次のように要約できる．

● ρ_0 が A の半単純固有値 λ の近似であって，列 ρ_k が $\rho_k \to \lambda$ と収束するならば，その収束は本質的に 2 次収束である．

---

[1] Alexander Markowitsch Ostrowski (アレクサンデル・マルコヴィッチ・オストロフスキー；1893-1986)：キエフに生まれ，ルガーノにて没す．

[2] A. M. Ostrowski, 《On the convergence of the Rayleigh quotient iteration for the computation of characteristic roots and vectors (特性根と特性ベクトルの計算のための Rayleigh 商反復法の収束性について)》, Arch. Rational Mech. Anal. **1**, 233-241；**2**, 423-428；**3**, 325-340, 341-347, 472-481；**4**, 153-165 (1958-1959)．

● A が正規行列ならば，ρ_k が λ へ収束するときには，その収束は本質的に 3 次収束である．

注目すべきは，(5.4.2) において原点の移動量 ρ_k は k と共に変化しており，それが漸近的に 1 次収束より速い収束が得られるもとになっているということである．次節で，Rayleigh 商反復法，原点移動を伴う QR 法，Newton 法の間の関係を再び論じよう．

5.5 QR 法

5.5.1 基本算法

QR 法の基本算法は，A から出発してユニタリ相似な行列の系列 A_k を
$$A_1 = A = Q_1 R_1, \quad A_{k+1} = R_k Q_k = Q_{k+1} R_{k+1}, \quad k \geq 1,$$
により作り出すことにある．ここで，Q_k はユニタリ行列，R_k は上三角行列である．A_k は
$$A_{k+1} = Q_k{}^* A_k Q_k = (Q_1 \cdots Q_k)^* A_1 (Q_1 \cdots Q_k)$$
と表せるから A にユニタリ相似である．

$\mathcal{Q}_k = Q_1 \cdots Q_k$, $\mathcal{R}_k = R_k \cdots R_1$ とおくと，$A^k = \mathcal{Q}_k \mathcal{R}_k$ である．

固有値がみな単純でその絶対値はみな相異なる正の値であると仮定する：
$$|\lambda_1| > |\lambda_2| > \cdots > |\lambda_n| > 0. \tag{5.5.1}$$
原点移動で $0 \notin \mathrm{sp}(A)$ を満たすことができるから，仮定 $0 \notin \mathrm{sp}(A)$ は本質的制約にはなっていないということにすぐ気がつくであろう．

補助定理 5.5.1 $k \to \infty$ のとき，A_k の振舞いは $\mathcal{Q}_k$ の振舞いによって定められる．

証明 $A_{k+1} = \mathcal{Q}_k{}^* A_1 \mathcal{Q}_k$ より明らか． □

補助定理 5.5.2 $r = 1, \cdots, n$ に対して，$\mathcal{Q}_k$ の始めの r 本の列は部分空間 $A^k E_r$ を生成する．

証明 このことは，分解 $A^k = Q_k R_k$ に現れる行列 R_k が三角行列であることから導き出される．ここで，A も R_k も正則であることに注意．なお，$E_r = \text{lin}(e_1, \cdots, e_r)$ であったことを思い出すこと． □

このように，QR 法は，n 個の入れ子になった部分空間 $E_1 \subset E_2 \subset \cdots \subset E_n = \mathbf{C}^n$ を初期値として部分空間反復法を"n 組同時に"走らせているものであると見なすことができる．条件 (5.5.1) は，(5.1.1) が $r=1, \cdots, n$ に対して同時に成り立っていることを意味している．

まず，系 5.1.3 を用いて，既約な Hessenberg 行列に QR 法を適用したときの収束の性質について調べよう．

補助定理 5.5.3 H を Hessenberg 行列，$H = QR$ をその Schmidt 分解とすると，Q と RQ も Hessenberg 行列である．

証明 読者自身で証明してみられたい． □

定理 5.5.4 仮定 (5.5.1) の下では，既約 Hessenberg 行列に QR 法を適用すると，それにユニタリ相似な Hessenberg 行列の系列が作り出される．この行列の系列は，(ユニタリ対角行列を掛ける自由度だけは別として) 上三角行列に収束し，その上三角行列の対角上には固有値 $\{\lambda_i\}_1^n$ がこの順序で並ぶ．

証明 $\tilde{Q}$ を H の Schur 基底とする (ユニタリ対角行列を掛ける自由度を除いて一意)．$r < n$ のとき定理 5.2.3 を Q_k の始めの r 個の列，すなわち $H^k E_r$ の基底，に適用する．$r = n$ のときには，任意の k に対して $\omega(H^k E_n, M_n) = 0$ であるから定理 5.2.3 の議論はやはり適用できる．これから，空間 $\mathbf{C}^n$ の基底 $\tilde{Q}_k$ と Q_k が与えられているので，ユニタリ対角行列 D_k が存在して $Q_k D_k \to \tilde{Q}$ となるという結論が出せる．このとき，H_{k+1} は $D_k^* H_{k+1} D_k = D_k^* Q_k^* H Q_k D_k$ に相似で，これは $\tilde{Q}^* H \tilde{Q} = R$ に収束する．この R は H の Schur 形にほかならず，その対角上には固有値 $\{\lambda_i\}_1^n$ が絶対値の大きい方から小さい方に順に並ぶ．
□

この定理は Hessenberg 形が"理論的に"重要であるということを明らかに

している．それが"実用上も"重要であることは補助定理 5.5.3 からわかる．なぜならば，反復の過程で現れる行列 Q_k も H_k も，やはり Hessenberg 形で，対角線の下にはたかだか $n-1$ 個の非零しかもたないからである．この性質のおかげで，実行すべき計算の量が著しく減少する．

固有値が (5.5.1) の仮定を満足する対角化可能な行列 A の話に戻ろう．$A = XDX^{-1}$, $X = [x_1, \cdots, x_n]$, $X^{-1} = \begin{bmatrix} x_{1*}^{*} \\ \vdots \\ x_{n*}^{*} \end{bmatrix} = X_*^{*}$ とする．

定理 5.5.5 仮定 (5.5.1) の下では，X^{-1} の $n-1$ 個の主小行列式が 0 でないという必要十分条件が満たされていれば，A に QR 法を適用すると，A にユニタリ相似な行列の系列が作り出されて，その系列の極限の形は上三角行列で，その対角上には $\{\lambda_i\}_1^n$ がこの順序で並んでいる．

証明 $r = n$, $U = [e_1, \cdots, e_n] = I$ として，定理 5.2.3 で与えられた収束のための必要十分条件を考えれば十分である．1 次収束の速さは $\max_{r=1,\cdots,n-1} \left|\dfrac{\lambda_{r+1}}{\lambda_r}\right|$ によって規定される． □

注意 部分空間反復法はある意味で"不完全な"QR 法であるといえる．このことは第 6 章で不完全な Lanczos 法や Arnoldi 法を紹介するときにより詳しく述べる．

5.5.2 絶対値が等しい固有値が存在する場合

絶対値の等しい異なる固有値が存在すると，A_k の極限の形はもはや上三角になるとは限らず，一般にはブロック上三角になる．極限の形は固有値とその多重度だけに依存する．絶対値が等しい異なる固有値がある場合の QR 法の基本算法の収束性について完全に調べあげることは本書の枠を越える．次の結果が証明されている．

定理 5.5.6 既約な Hessenberg 行列に QR 法を適用したとき得られる行列の系列が上三角行列に収束するための必要十分条件は，絶対値が等しく代数的多重度の偶奇が一致する異なる二つの固有値が存在しないことである．

証明 Parlett (1968) および Parlett-Poole (1973) を見よ．Parlett (1968) には，準三角行列（すなわち対角上にたかだか2×2ブロックをもつブロック三角行列）に収束するための必要十分条件が与えられている． □

5.5.3 A^{-*} に対する QL 法

A が逆行列をもつとき，$(A^*)^{-1}$ を A^{-*} と記すと，ユークリッド・スカラー積は関係
$$y^*x = (x, y) = (Ax, A^{-*}y)$$
を満足する．

そこで，部分空間の列 $S, AS, A^2S, \cdots$ と $S^\perp, A^{-*}S^\perp, (A^*)^{-2}S^\perp, \cdots$ とは補部分空間の対の系列を成す．ところで，$E_r = \mathrm{lin}(e_1, \cdots, e_r)$ なら $E_r^\perp = \mathrm{lin}(e_{r+1}, \cdots, e_n)$ である．

われわれは QR 法を A に対して n 組の部分空間反復法を同時に実行するものと解釈したが，QR 法はまた A^{-*} に対する反復という見方でも解釈できる．

命題 5.5.7 A に対する QR 法は A^{-*} に対する QL 法と等価である．

証明 行列 A の QR 分解では列ベクトルを最初の方から順に正規直交化していったが，QL 分解では，最後の方から正規直交化する．L は正則な下三角行列である．$A_k = Q_k R_k$, $A_k^* = R_k^* Q_k^*$, $A_k^{-*} = \mathcal{Q}_k \mathcal{L}_k$ とする．ここで，$L_k = R_k^{-*}$ は下三角行列である．$\mathscr{L}_k = L_k \cdots L_1 = \mathcal{R}_k^{-*}$ とおくと，$(A^*)^{-k} = \mathcal{Q}_k \mathscr{L}_k$ となる． □

部分空間反復法のときと同じように，$A^k E_r, r = 1, \cdots, n$, の中にはいろいろな基底を作ることができる．収束するという意味では同じようないろいろな算法がそのようにして得られるが，それらの数値的な安定性に関する性質は同じであるとは限らない．

例 5.5.1 Rutishauser[注1] の LR 法[注2]．相似な行列 A_k の列を次の公式によって作る（それが可能だとして）：

$$A = A_1 = L_1 R_1, \quad A_{k+1} = R_k L_k = L_{k+1} R_{k+1}, \quad k \geq 1.$$

ここで，L_k は対角要素が 1 の下三角行列である（すなわち枢軸選択なしの Gauss 分解を行うことになる）．

$\mathcal{R}_k = R_k \cdots R_1$, $\mathcal{L}_k = L_1 \cdots L_k$ とおけば，$A^k = \mathcal{L}_k \mathcal{R}_k$, $A_{k+1} = \mathcal{L}_k^{-1} A \mathcal{L}_k$ で，$\mathcal{L}_k$ の最初の r 本の列が部分空間 $A^k E_r, r=1, \cdots, n,$ を生成することは容易に証明される（補助定理 5.5.2 参照）．例 5.2.1 で述べた"階段反復"法と LR 法を比較してみられたい．

5.5.4 原点移動

基本算法の（1 次）収束の速度は，各段ごとに移動量を変えながら原点移動をすることによって改良することができる．この算法を
$$A_1 = A, \quad A_k - \sigma_k I = Q_k R_k, \quad A_{k+1} = R_k Q_k + \sigma_k I, \quad k \geq 1,$$
とする．ただし，σ_k はスカラー列である．

実際には次の二つの方法のいずれかを選んで使うことが多い：
(i) $\sigma_k = a_{nn}^{(k)} = e_n^T A_k e_n$ とする；
(ii) σ_k としては部分行列 $\hat{E}_2^T A_k \hat{E}_2$ の固有値の中で $a_{nn}^{(k)}$ に近い方のものとする．ここで，$\hat{E}_2 = [e_{n-1}, e_n]$．

この移動法は Wilkinson の移動法と呼ばれる．

"準正規" Hessenberg 行列に原点移動つきの QR 法を適用したときの大域的収束性に関しては何も結果は得られていない．(i) の移動法を用いると，$a_{nn}^{(k)}$ が一つの固有値へ収束する速度は漸近的に 2 次収束となる．対称な 3 重対角行列に (ii) の移動法を適用すると，$a_{nn}^{(k)}$ が一つの固有値へ収束する速度は少なくとも 2 次収束，ほとんど常に 3 次収束となる．

移動法 (i) は Rayleigh 商反復と次のような関係にある：

補助定理 5.5.8 $\sigma_k = a_{nn}^{(k)}$ を選ぶと，$Q_k e_n$ は $(A_k^* - \bar{\sigma}_k I)^{-1} e_n$ に比例する．

---

[1] Heinz Rutishauser（ハインツ・ルーティスハウザー；1918-1970）：ヴァインフェルデンに生まれ，チューリッヒにて没す．

[2] H. Rutishauser,《Solution of eigenvalue problems with the LR-transformation（LR 変換による固有値問題の解法）》, Nat. Bur. Stand., Math. Ser. **49**, 47-81 (1958).

証明 $A_k - \sigma_k I = Q_k R_k$ ならば $Q_k^* = R_k (A_k - \sigma_k I)^{-1}$ である．
R_k の (n, n) 要素を $r_{nn}^{(k)} \neq 0$ と記すと，$Q_k e_n = (A_k^* - \bar{\sigma}_k I)^{-1} R_k^* e_n = (A_k^* - \bar{\sigma}_k I)^{-1} \bar{r}_{nn}^{(k)} e_n$．したがって，$Q_k e_n = \dfrac{(A_k^* - \bar{\sigma}_k I)^{-1} e_n}{\|(A_k^* - \bar{\sigma}_k I)^{-1} e_n\|_2}$．$q_{k-1}$ と $\rho_{k-1} = a_{nn}^{(k)}$ に対して A_k^* に関する Rayleigh 商反復を1段実行すると，$q_k = Q_k e_n$ と

$$\rho_k = \frac{e_n{}^{\mathrm{T}} Q_k^* A_k^* Q_k e_n}{e_n{}^{\mathrm{T}} Q_k^* Q_k e_n} = e_n{}^{\mathrm{T}} A_{k+1}^* e_n = \bar{a}_{nn}^{(k+1)} = \bar{\sigma}_{k+1}$$

が得られる．

したがって，移動法 (i) を用いて計算した A_{k+1} の (n, n) 要素は，近似固有ベクトル e_n に対して A_k^* に関する Rayleigh 商反復を1段実行した結果として得られるものである． □

実際には，原点移動は減次とともに用いられる．すなわち，$a_{n-1,n}^{(k)}$ が十分小さいと判断されたとき，行列の最後の行と最後の列を取り除き，結果として得られる $n-1$ 次の行列に新しい原点移動を行うという具合に進んでいく．

原点移動を用いると，固有値の並び方が必ずしも絶対値の大きさの順になるとは限らないのは明らかである．

関心のある読者は Golub-Van Loan, pp. 228-237, に QR 法を実際にプログラムしたものがあるのでそれを見るとよい．

5.6 Hermite 行列の場合

A が Hermite 行列のときには多くの簡略化がなされるということは，随所で指摘してきた．最も重要なものの一つとして，A は対角化可能で，"実数"の固有値をもち，固有ベクトルは"直交"するという事実があることを思い起こそう．QR 法に関してなされる簡略化は次のように要約することができる．
(i) 複雑性：3重対角行列の形（あるいは対称な帯行列の形）が保存される（練習問題 5.3 参照）；
(ii) 収束性：既約な3重対角行列に Wilkinson 移動つきの QR 法を適用すると，"常に"少なくとも1次の収束が得られる．収束の漸近的速度はほとんど常に少なくとも3次である．

対称な固有値問題については特に詳細に Golub-Van Loan の第8章，Parlettの第8章,第9章で扱われているので,読者はそれを見られたい.

5.7 QZ法

本節では一般化された固有値問題 $Ax=\lambda Bx$ を考えよう.このとき,固有値は QZ 法[注1]で計算できる.この算法は QR 法の一般化である.すなわち,B が正則であるときには,QZ 法は,本質的には,B^{-1} の計算を必要とすることなく AB^{-1} に QR 法を適用するのと同じものであると見なせる.

定理5.7.1 $Q^*AZ=T$ と $Q^*BZ=S$ とを上三角行列とするようなユニタリ行列 Q と Z が存在する.ある i に対して対角要素が $t_{ii}=s_{ii}=0$ となるならば,sp$[A, B]=\mathbf{C}$ である.そうでなければ sp$[A, B]=\left\{\dfrac{t_{ii}}{s_{ii}}, s_{ii}\neq 0\right\}$ である.

証明 B_k を,$k\to\infty$ のとき B(必ずしも正則とは限らない)に収束する"正則"行列の系列とする.任意の k に対して,
- Schur 分解 $Q_k{}^*(AB_k{}^{-1})Q_k=R_k$,
- Schmidt 分解 $B_k{}^{-1}Q_k=Z_kS_k{}^{-1}$

を定義する.ここで,R_k と S_k は上三角行列である.

このとき $Q_k{}^*AZ_k=R_kS_k$ と $Q_k{}^*B_kZ_k=S_k$ も上三角である.ユニタリ行列の対の系列 $\{(Q_k, Z_k)\}$ は収束する部分列をもつ.すなわち,$\ell\in N_1\subseteq N$ に対して $Q_\ell\to Q, Z_\ell\to Z$ である.極限行列がユニタリ行列であること,Q^*AZ も Q^*BZ も上三角であることを確かめてみよ.sp$[A, B]$ に関する結論は恒等式 $\det(A-\lambda B)=\det(QZ^*)\prod_{i=1}^{n}(t_{ii}-\lambda s_{ii})$ から導かれる. □

一般化された固有値問題の安定性についての研究問題が練習問題 5.4 に提出されている.

QZ 法の計算は次の2段階に分けられる.

(i) Q^*AZ (および Q^*BZ) が上 Hessenberg 行列(および上三角行列)になるように二つのユニタリ行列 Q と Z を定めること.これが初期化の段階で

---
[1] C. B. Moler, G. W. Stewart, 《An algorithm for generalized matrix eigenvalue problems(一般化された行列の固有値問題のための算法)》, SIAM J. Num. Anal. **10**, 241-256 (1973).

ある.

(ii) 反復: $A_k - \lambda B_k = Q_k^*(A_{k-1} - \lambda B_{k-1})Z_k, k \geq 1$. ただし A_k (および B_k) が Hessenberg 行列 (上三角行列) になるようにする. そこで, $A_k B_k^{-1}$ は, 本質的には, $A_{k-1} B_{k-1}^{-1}$ に QR 法を 1 段適用して得られる行列となる.

$k \to \infty$ のとき, A_k の極限の形は上ブロック三角であることが示される. Golub-Van Loan の pp. 251-266 に QZ 法の完全な記述がある.

5.8 Newton 法と Rayleigh 商反復

λ を A の"単純"固有値とすると, $y^*x = 1$ と正規化された固有ベクトル x は

$$F(x) = Ax - x(y^*Ax) = 0 \tag{5.8.1}$$

を満たす.

Newton 法は第 2 章の 2.10 節で定義したとおりであるが, (5.8.1) にそれを適用すると

$$\begin{cases} x^0 = \dfrac{u}{y^*u}, \quad z = x^{k+1} - x^k, \\ (I - x^k y^*)Az - z(y^*Ax^k) = -Ax^k + x^k(y^*Ax^k), \quad k \geq 0, \end{cases}$$

と書き表せる. ここで, 上付き指標 k は反復の番号を表す. これから次の方程式が導き出される:

$$Ax^{k+1} - x^{k+1}(y^*Ax^k) = x^k[y^*A(x^{k+1} - x^k)], \quad k \geq 0.$$

$\mu^k = y^*Ax^k, k \geq 0$, とおくと, 等価な方程式

$$(A - \mu^k I)x^{k+1} = \tau^k x^k \quad (\tau^k \text{ は非零定数})$$

が得られる.

これは次のように解釈できる: x^{k+1} は, 係数行列が $A - \mu^k I$ で x^k に比例する右辺をもつ連立 1 次方程式の解を, $y^*x^{k+1} = 1$ を満たすように正規化したものである.

命題 5.8.1 (5.8.1) に Newton 法を適用したものは右 Rayleigh 商反復に等価である.

証明 "右"Rayleigh 商反復（すなわち Rayleigh 商の右側のベクトルだけが修正されるような反復）は次のように定義される．
$$\begin{cases} q_0 = \dfrac{u}{\|u\|}, \quad \nu_0 = \dfrac{y^*Aq_0}{y^*q_0}, \\ (A-\nu_{k-1}I)z_k = q_{k-1}, \quad q_k = \dfrac{z_k}{\|z_k\|}, \quad \nu_k = \dfrac{y^*Aq_k}{y^*q_k}, \quad k \geq 1. \end{cases} \quad (5.8.2)$$

$\mu^k = \nu_k$ であること，そしてベクトル x^k と q_k とは同じ方向を向いているので，それぞれ，$y^*x^k=1$ と $\|q_k\|=1$ という正規化で定まる係数の分だけしか異ならないことを，帰納法により示す．$k=0$ のときには $\mu^0 = y^*Ax^0 = \dfrac{y^*Au}{y^*u} = \nu_0$, $q_0 = \dfrac{u}{\|u\|} = \dfrac{y^*u}{\|u\|}x^0$ が成立する．これが $k-1$ 回目の反復で成り立っていると仮定すると，ベクトル $q_k' = \dfrac{q_k}{y^*q_k}$ は $y^*q_k' = 1$ を満たす．したがって，$q_k' = x^k$ そして $\mu^k = \nu_k$ が成り立つ． □

このことから反復 (5.8.2) は局所 2 次収束することが結論される．

5.9 修正 Newton 法と同時逆反復

5.9.1 以下では常に λ は"単純"固有値であり付随する固有ベクトル x は $y^*x=1$ となるように正規化されていると仮定する．修正 Newton 法の反復公式を
$$\begin{cases} x_0 = \dfrac{y}{y^*u}, \quad z = x_{k+1}-x_k, \\ (I-x_ky^*)Az - z(y^*Ax_0) = -Ax_k + x_k(y^*Ax_k), \quad k \geq 0, \end{cases} \quad (5.9.1)$$
あるいはまた，$\zeta = y^*Ax_0$ とおいて，
$$(A-\zeta I)x_{k+1} = x_k[y^*A(x_{k+1}-x_0)]$$
によって定義する．

命題 5.9.1 修正 Newton 法 (5.9.1) は，u と $\zeta = \dfrac{y^*Au}{y^*u}$ を出発値とする A に関する逆反復法と等価である．

証明 これらの方法で定義されるベクトルは、それぞれ、$y^*x_k=1$ と $\|q_k\|_2=1$ という正規化に対応している。それらは同じ方向を向く。 □

注意 これら二つの方法は"数学的には"等価であるが、"数値的には"等価でない。実際、命題 5.4.2 において見たように、逆反復法で計算された q_k については機械精度を超えることができない。これに対して、連立1次方程式を解くときはすべて単精度で計算していても残差 $Ax_k - x_k(y^*Ax_k)$ をより高精度で計算すれば、x_k については残差計算で用いた精度と同じ精度が得られる。

5.9.2 同時逆反復

σ を代数的多重度 m の固有値 λ の近似値とし、U を m 個の独立なベクトルの集合とする。次のように、(5.4.1) を一般化して、部分空間逆反復法（あるいは、ブロック逆反復法、あるいは同時逆反復法）を定義することができる。

$$\begin{cases} (1) & U = Q_0 R_0, \\ (2) & k \geq 0 \text{ に対して } (A-\sigma I)Y_{k+1} = Q_k, \\ & Y_{k+1} = Q_{k+1}R_{k+1} \text{ の計算をする}. \end{cases} \quad (5.9.2)$$

Q および $\underline{Q}$ を、それぞれ、λ に付随する不変部分空間 M および補空間 $M^\perp$ の正規直交基底とする。$\alpha = \lambda - \sigma, \varepsilon = |\alpha|$ とおく。$A - \sigma I$ は特異に近い。すると、補助定理 5.4.1 に類似の定理が容易に証明される。

補助定理 5.9.2 $\mathrm{csp}(M) = \|\Sigma^\perp\|_F$ が普通の大きさなら、方程式

$$(A - \sigma I)Y = U \quad (5.9.3)$$

を解くときに生じる誤差は主として求めている部分空間 M の中にある。

証明 この証明は補助定理 5.4.1 に準じて行える。解くべき連立方程式は

$$[Q, \underline{Q}]\begin{bmatrix} B-\sigma I & Q^*A\underline{Q} \\ 0 & \underline{B}-\sigma I \end{bmatrix}\begin{bmatrix} Q^* \\ \underline{Q}^* \end{bmatrix}Y = U$$

と書ける。ただし、$B = Q^*AQ, \underline{B} = \underline{Q}^*A\underline{Q}$。あとなすべきことは、$\sigma$ が λ の近くにあるとき、$\|(\underline{B}, B)^{-1}\|_F$ と $\|(\underline{B}-\sigma I)^{-1}\|_2$ とを比較することである。λ が半単純なら、$B = \lambda I$ であり、補助定理 5.4.1 の仮定が満たされていることがわかる。λ が半単純でなければ、$\|(\underline{B}, B)^{-1}\|_F$ が普通の大きさなら $\|(\underline{B}-\sigma I)^{-1}\|_2$ も

普通の大きさになることが確かめられる(練習問題 5.5 参照). □

しかし σ が "欠陥のある" 固有値 λ に極端に近いときには,基底 Y がほとんど従属なベクトルから構成されることになる可能性がある.

補助定理 5.9.3 r 次の行列 $G = \begin{bmatrix} \alpha & 1 & 0 \\ & \ddots & \ddots \\ & & \ddots & 1 \\ 0 & & & \alpha \end{bmatrix}$ がある. $\varepsilon = |\alpha|$ が十分小さいときには G^{-1} は $\varepsilon^{1/2}$ のオーダーの量を除いて階数 1 である.

証明

$$G^{-1} = \begin{bmatrix} \alpha^{-1} & -\alpha^{-2} & \cdots & (-1)^{r+1}\alpha^{-r} \\ & \ddots & \ddots & \vdots \\ & & \ddots & -\alpha^{-2} \\ & & & \alpha^{-1} \end{bmatrix}$$

$$= (-1)^{r+1}\alpha^{-r} \begin{bmatrix} (-1)^{r+1}\alpha^{r-1} & (-1)^r\alpha^{r-2} & \cdots & 1 \\ & \ddots & \ddots & \vdots \\ & & & (-1)^r\alpha^{r-2} \\ & & & (-1)^{r+1}\alpha^{r-1} \end{bmatrix}$$

$$= (-1)^{r+1}\alpha^{-r}K$$

であることは容易に確かめられる.

Π を階数 1 の行列 $e_1 e_r^T$ とすると,Π の特異値の 1 個は 1 で他の $r-1$ 個は 0 である.実際,$\Pi^T \Pi = e_r(e_1^T e_1)e_r^T = e_r e_r^T$ は対角行列である.一方,G^{-1} と K は同じ階数をもつ.なぜならば,G^{-1} の列に α^r を掛けて適当に符号をつけると K が求められるからである.ところで,$\|K - \Pi\|_2 \leq c(2\varepsilon + 3\varepsilon^2 + \cdots + r\varepsilon^{r-1}) \leq c\varepsilon$. ただし,$c$ は r に依存する一般の定数である.

これから,K の特異値と Π の特異値との差は $\varepsilon^{1/2}$ のオーダーであることが結論される(練習問題 5.6 参照). □

補助定理 5.9.2 を見ると,(5.9.3) の解 Y の M の中にある部分,すなわち $Q^*Y = (B - \sigma I)^{-1}Q^*[U - A\underline{Q}(\underline{B} - \sigma I)^{-1}\underline{Q}^*U]$ の性質を調べてみたくなる.そのため連立方程式 $(A - \sigma I)Z = Q$ の解 Z について調べよう.

定理 5.9.4 λ が欠陥のある固有値のとき，$(A-\sigma I)Z=Q$ の m 個の解ベクトルは $\varepsilon^{1/2}$ のオーダーの量を除いて従属である．

証明 補助定理 5.9.2 の記号を用いると，$Z=Q(B-\sigma I)^{-1}$ である．V が $B=Q^*AQ$ の Jordan 基底で，B_λ が幾何的多重度 $g<m$ の固有値 λ に付随する B の Jordan 箱であるならば，Z の階数は $(B-\sigma I)^{-1}=V(B_\lambda-\sigma I)^{-1}V^{-1}$ の階数に等しい．ところで，λ の g 個の Jordan ブロックを $\{J_k\}_1^g$ として，$B_\lambda=\mathrm{diag}(J_1,\cdots,J_g)$ である．

$k=1,\cdots,g$ に対して $J_k-\sigma I$ は補助定理 5.9.3 の行列 G の形をしており，その次数 r_k は Jordan ブロック J_k が付随する固有ベクトルの高さに等しく，λ の指標を ℓ とすると $r_k \leqq \ell$ である．

したがって，十分小さな ε に対して，$(B_\lambda-\sigma I)^{-1}$ の階数は $\varepsilon^{1/2}$ のオーダーの量を除いて g に等しい．Z の階数についても同様である． □

系 5.9.5 λ が欠陥のある固有値のとき，同時逆反復法は十分小さな ε に対して不安定である．

証明 (5.9.2) により計算される基底は退化に近い．すなわち，$k\to\infty$ のとき Q_k は M の正規直交基底 Q に近づくから Y_k の階数 g は m より小さくなる傾向がある． □

このように，λ が欠陥のある固有値であるときには定理 5.4.2 に類似の定理は成り立たない．このことは次の例からも確かめられる．

例 5.9.1 $A=VJV^{-1}$,

$$J=\begin{bmatrix} 4 & 1 & 0 & 0 & 0 \\ 0 & 4 & 0 & 0 & 0 \\ 0 & 0 & 1 & 1 & 0 \\ 0 & 0 & 0 & 1 & 0 \\ 0 & 0 & 0 & 0 & 2 \end{bmatrix}, \quad V=\begin{bmatrix} 1 & 0 & 0 & 0 & -1 \\ 1 & 1 & 0 & 0 & -1 \\ 1 & 1 & 1 & 0 & -1 \\ 1 & 1 & 1 & 1 & -1 \\ 1 & 1 & 1 & 1 & 0 \end{bmatrix}$$

とする．

欠陥のある固有値 $\lambda=1$ に付随する不変部分空間 M の直交基底を計算した

い．それは，

$$X = \begin{bmatrix} 0 & 0 & a & a & a \\ 0 & 0 & -2b & b & b \end{bmatrix}^\mathrm{T}, \quad a, b \neq 0,$$

という形をしている．$U = \begin{bmatrix} 1 & 1 & 1 & 0 & 0 \\ -1 & 1 & 0 & 1 & 0 \end{bmatrix}^\mathrm{T}$ と σ から出発して，(5.9.2) で定義される同時逆反復法を使用する．考えている剰余行列は $R_k = AQ_k - Q_k(Q_0^*AQ_k)$ で，そのノルムは，$R = (r_{ij})$ とすると，$\|R\|_\star = \sum_{i,j} |r_{ij}|$ である．数値計算の結果は表 5.9.1 に要約したようになる．

表 5.9.1

σ	$\rho_k = \|R_k\|_\star$	解 Q_k
0.85	$\rho_{15} < 0.2 \times 10^{-10}$	$Q_{15} = \begin{bmatrix} 0 & 0 & 0.581 & 0.575 & 0.575 \\ 0 & 0 & 0.814 & -0.411 & -0.411 \end{bmatrix}^\mathrm{T}$
0.99	$\rho_7 < 0.25 \times 10^{-10}$	$Q_7 = \begin{bmatrix} 0 & 0 & 0.5779 & 0.5771 & 0.5771 \\ 0 & 0 & 0.8161 & -0.4086 & -0.4086 \end{bmatrix}^\mathrm{T}$
0.999999	$\rho_2 < 0.2 \times 10^{-3}$ ρ が小さくなっていないことに注意！	$Q_{100} = \begin{bmatrix} 0 & 0.5 \times 10^{-4} \\ 0 & -0.2 \times 10^{-4} \\ 0.5773503 & 0.8164965 \\ 0.5773503 & -0.4082488 \\ 0.5773503 & -0.4082486 \end{bmatrix}$
0.9999999	$2 < \rho_k < 4$	$Q_{100} = \begin{bmatrix} 0 & 0.81 \\ 0 & -0.064 \\ 0.5773503 & 0.42 \\ 0.5773503 & -0.050 \\ 0.5773503 & -0.37 \end{bmatrix}$

σ が λ から遠いとき（すなわち $\lambda - \sigma = 0.15$ のとき）に剰余 ρ_k が小さくなっていることが確かめられる．しかし，解には 1 桁くらいしか正しい桁数がない．これに対して，σ が λ に近いとき（$\lambda - \sigma = 10^{-7}$）には固有ベクトルは 7 桁も正しい有効数字を有しているが，一般化固有ベクトルにはそんなに正しい桁はない．

5.9.3 修正 Newton 法の一つの形

数学的には（以下の命題 5.9.6 の意味で）(5.9.2) と等価である修正 Newton 法の一つの変形を紹介しよう．それは

$$\begin{cases} X_0 = U, \quad Y^*U = I, \quad Z = X_{k+1} - X_k, \\ (I - X_k Y^*) AZ - \sigma Z = -\mathsf{F}(X_k), \quad k \geq 0, \end{cases} \quad (5.9.4)$$

である．

命題 5.9.6 (5.9.2) と (5.9.4) によって計算される基底は同じ部分空間 $(A - \sigma I)^{-k} S$ を生成する．

証明 (5.9.4) は

$$AX_{k+1} - \sigma X_{k+1} = X_k \underbrace{[Y^* AX_{k+1} - \sigma I]}_{E_k}$$

と書ける．

E_k は正則である．さもないと，$A - \sigma I$ が正則だから，X_{k+1} の階数が $< m$ になってしまうが，それは (5.9.4) により不可能である．X_{k+1} は $Y^* X_{k+1} = I$ を満たすはずだからである．したがって，$X_{k+1} = (A - \sigma I)^{-1} X_k E_k$ がいえる． □

λ が欠陥のある固有値のとき，(5.9.4) により計算される基底 X_k の階数は m であり，これは反復の過程でずっと数値的には一定である．一方，(5.9.2) により計算される基底 Y_k は，σ が λ の十分近くにあるとき，数値的には階数 g の行列に近づく．この本質的な原因は，公式 (5.9.4) において A に施される射影作用素 $I - X_k Y^*$ が，解の過程で，$A - \sigma I$ がその上で特異に近くなるような部分空間の影響を消してしまうということにある．

(5.9.4) の収束を調べるにはどうしたらよいであろうか？ たとえば，(5.9.4) を簡略 Newton 法 (2.11.1) で近似することができる．その簡略 Newton 法 (2.11.1) の収束性は，2.11 節において，出発基底 U に対して行列剰余 $R = AU - U\tilde{B}$ (ただし，$\tilde{B} = Y^* AU$) のノルムが十分小さいという条件の下で，証明されている．

Newton 法 (2.10.4)，簡略 Newton 法 (2.11.1)，修正 Newton 法 (5.9.4) の反復公式は，それぞれ，k 段目の反復において，Z を未知行列として次のように定義される Sylvester の方程式を解くことに帰着される：

$$(I - X^h Y^*)AZ - Z(Y^* AX^h) \quad (2.10.4) \text{ に対して;}$$
$$(I - UY^*)AZ - Z\tilde{B} \quad (2.11.1) \text{ に対して;}$$
$$(I - X_k Y^*)AZ - \sigma Z \quad (5.9.4) \text{ に対して.}$$

(5.9.4) は $\tilde{B}$ を σI で置き換えたものと解釈することができる．この置き換えは $\|\tilde{B} - \sigma I\|$ が十分小さいときには正当化されよう．しかし，λ が欠陥のある固有値のとき，これが正しくないこともあるということが見られるであろう．

$\tilde{B} = Y^* AU$ が対角化可能であると仮定する：すなわち $\tilde{B} = W \varDelta W^{-1}$. すると $\|\tilde{B} - \sigma I\| = \|W(\varDelta - \sigma I)W^{-1}\| \leq \text{cond}(W) \max_i |\zeta_i - \sigma|$ である．

命題 5.9.7 λ が欠陥のある固有値で $\tilde{B}$ が対角化可能ならば，$\|U - X\|_2$ が十分小さい限り $\text{cond}_2(W)$ は必然的に大きくなる．

証明 $F = UW$ は行列 $A_0' = U\tilde{B}Y^*$ の固有ベクトルの行列である．実際，$A_0' F = U\tilde{B}W = F\varDelta$ である．基底 U が正規直交基底に選ばれているとする．すると，$W^* W = F^* F$. そして $\text{cond}_2(W) = \dfrac{\sigma_{\max}(F)}{\sigma_{\min}(F)}$ である．ここで，$\sigma_{\max}(F)$ と $\sigma_{\min}(F)$ は F の最大特異値と最小特異値である．

固有値 λ に付随する A の固有部分空間を E_λ とすると，$\dim E_\lambda = g < m$. E_λ の上への直交射影を表す行列を $\varPi_\lambda$ とする．行列 $G = \varPi_\lambda F$ の各列ベクトルは A の固有ベクトルだから，G の階数が g である．一方，$F - G = (I - \varPi_\lambda)F$ であるから，$F = [f_1, \cdots, f_m]$ とおくと，$i = 1, \cdots, m$ に対して $\|(I - \varPi_\lambda)f_i\|_2 = \text{dist}(f_i, E_\lambda)$ である．$B = Y^* AX$ とおくと E_λ は $A_0 = XBY^*$ の固有部分空間でもあることを読者は確かめられたい．

定理 4.3.7 から，十分小さな $\eta = \|A_0' - A_0\|_2$ に対して，

$$\|F - G\|_F^2 = \sum_{i=1}^m \|(I - \varPi_\lambda)f_i\|_2^2 \leq c\|A_0' - A_0\|_2^{2/\ell}$$

という関係が導かれる．ただし，ℓ は λ の指標である．ところで $A_0' - A_0 = U\tilde{B}Y^* - XBY^* = (U - X)\tilde{B}Y^* + XY^* A(U - X)Y^*$ であるから，$\|U - X\|_2$ が十分小さい限り $\|A_0' - A_0\|_2$ は小さい．

$F^* F$ の小さい方から数えて $m - g$ 個の固有値 σ_i^2 は $\sigma_i^2 = O(\eta^{1/\ell})$ を満たす（練習問題 5.7 参照）．証明を完結するには，最大値 $\sigma^2_{\max}(F)$ の下界を評価すればよい．すなわち，$\sigma_{\max}^2(F) \geq \sigma_{\max}^2(G) - c\eta^{1/\ell}$. したがって，

$$\text{cond}_2(W) \geq c\eta^{-1/2\ell}(\sigma_{\max}^2(G) - c\eta^{1/\ell})^{1/2} = c\eta^{-1/2\ell}.$$

ここで，c は一般的な定数である．$\eta^{-1/2\ell}$ は η が小さくなるほど大きくなる量である．したがって，$\tilde{B}$ を対角行列 σI でうまく近似することはできない． □

反復 (5.9.2) の主な特徴は，反復 (2.11.1) の場合のように Sylvester の方程式を解くことに頼らずに，反復の過程を通じて行列 $A-\sigma I$ を一定に保っているという点にある．ここでは，λ が欠陥のある固有値のときにも安定でありながらこの特徴を備えているような (2.11.1) の修正版を紹介しよう．

λ が欠陥のある固有値のとき，$\tilde{B}$ は σI ではよく近似されない．$\tilde{B}=QTQ^*$ を $\tilde{B}$ の Schur 分解とする．ただし，$T=\mathrm{diag}(\zeta_i)+N$ で，N は T の狭義上三角部分である．$\hat{T}=\sigma I+N, \hat{B}=Q\hat{T}Q^*$ とおくと，$\|\tilde{B}-\hat{B}\|_2=\max_i|\zeta_i-\sigma|$ であるから，σ が $\{\zeta_i\}_1^m$ に十分近い限り，$\mathrm{cond}_2(W)$ の大きさにかかわらず，この値は小さい．このことから，λ が欠陥のある固有値のときにも安定で，計算量も (5.9.2) とほとんど同じである次のような修正 Newton 法を作ることができる．

$$\begin{cases} X_0=U, \quad Z=X_{k+1}-X_k, \\ (I-UY^*)AZ-Z\hat{B}=-\mathsf{F}(X_k), \quad k\geq 0. \end{cases} \quad (5.9.5)$$

この場合の σ の自然な選び方は，算術平均 $\hat{\zeta}=\dfrac{1}{m}\sum_{i=1}^m \zeta_i=\dfrac{1}{m}\mathrm{tr}\,\tilde{B}$ を採用することである．(5.9.5) の特徴は，(5.9.2) とは対照的に，M の基底ベクトルの"集合"を望む精度で計算できるということである．(5.9.5) が収束するための十分条件で，λ がそれほど悪条件でないときに満足される条件が練習問題 2.13 に挙げてある．

5.10 参考文献について

5.1 節と 5.5 節の幾何学的な説明は Parlett-Poole の基本的な論文 (1973) および Watkins のそれ (1982) から着想を得ている．単純固有値に対する逆反復法についての記述，特に命題 5.4.2 と例 5.4.2 は，Peters と Wilkinson の論文 (1979) を基にしたものである．欠陥のある固有値の計算のための同時逆反復法の考察は新しいものである (Cullum-Willoughby 編 (1986) の中の Chatelin の論文, pp. 267-282)．

用語法について："同時反復法" (Rutishauser, 1969) は，場合によって，

いろいろな名前で呼ばれている．Parlett の本では（構造力学の技術者仲間の用法に従って）"部分空間反復法"と呼んでおり，Golub-Van Loan の本（第 7 章）では，"直交反復法"と呼んでいる，等々．この方法を実際にプログラムするときには，常に，射影演算が取り入れられている（第 6 章参照）．

練習問題

5.1 [A] 定理 5.3.1（本文 p.179）の仮定の下では
$$|q_k{}^*Aq_k - \lambda_1| = \mathrm{O}\left(\left|\frac{\mu_2}{\mu_1}\right|^k\right)$$
であることを証明せよ．

5.2 [C] 例 5.3.2（本文 p.181）に対応する計算をせよ．

二つの極限ベクトルは
$$v_1 = (-0.115,\ 0,\ 0.577,\ 0.808)^\mathrm{T},$$
$$v_2 = (-0.115,\ 0,\ -0.808,\ -0.577)^\mathrm{T}$$
であること，そしてベクトル $v_1 + v_2$ と $v_1 - v_2$ は 3 と -3 に付随する固有ベクトルに比例することを確かめよ．

5.3 [A] QR 法は Hermite 3 重対角行列（あるいは対称行列）の形を崩さないことを証明せよ．

5.4 [A] $A, B \in \mathbf{C}^{n \times n}$ に対して一般化固有値問題
$$Ax = \lambda Bx, \quad x \neq 0$$
を考えよう．ただし $\det(A - \lambda B)$ は恒等的に 0 でないとする．S を $\mathbf{C}^n$ の m 次元部分空間で
$$\dim(A(S) + B(S)) \leq m$$
を満たすものとする．S を "減次部分空間" と呼ぶ．

i) ユニタリ行列 $U \in \mathbf{C}^{n \times n}$ とユニタリ行列 $V \in \mathbf{C}^{n \times n}$ を適当に選んで，V の最初の m 列が S の基底をなし

$$U^*AV = \begin{pmatrix} A_{11} & A_{12} \\ 0 & A_{22} \end{pmatrix},$$
$$U^*BV = \begin{pmatrix} B_{11} & B_{12} \\ 0 & B_{22} \end{pmatrix}$$

となるようにできることを証明せよ．ただし，$A_{11}, B_{11} \in \mathbf{C}^{m \times m}$.

さらに，
$$\mathrm{dif}(A_{11}, B_{11}; A_{22}, B_{22}) = \min_{\substack{\|X\|_\mathrm{F}=1 \\ \|Y\|_\mathrm{F}=1}} \max\{\varDelta(A_{11}, A_{22}), \varDelta(B_{11}, B_{22})\}$$

と定義する．ここで
$$\varDelta(A_{11}, A_{22}) = \|A_{22}Y - XA_{11}\|_\mathrm{F},$$
$$\varDelta(B_{11}, B_{22}) = \|B_{22}Y - XB_{11}\|_\mathrm{F}.$$

今度は $\mathbf{C}^{n \times n}$ の任意の二つのユニタリ行列
$$U = (U_1, U_2), \qquad V = (V_1, V_2)$$

を考えよう．ただし $U_1, V_1 \in \mathbf{C}^{n \times m}$ であるとする．
$$A_{ij} = U_i^* A V_j, \qquad B_{ij} = U_i^* B V_j$$

と定義し，そして $\mathbf{C}^{(n-m) \times m}$ の X, Y に対して
$$U_1' = (U_1 + U_2 X)(I + X^*X)^{-\frac{1}{2}},$$
$$U_2' = (U_2 - U_1 X^*)(I + XX^*)^{-\frac{1}{2}},$$
$$V_1' = (V_1 + V_2 Y)(I + Y^*Y)^{-\frac{1}{2}},$$
$$V_2' = (V_2 - V_1 Y^*)(I + YY^*)^{-\frac{1}{2}}$$

と定義する．

ii) $U' = (U_1', U_2')$ と $V' = (V_1', V_2')$ がユニタリ行列であることを証明せよ．

iii) $U_1^* A V_1' = U_2^* B V_1' = 0$ であるための必要十分条件は (X, Y) が条件
$$A_{22}Y - XA_{11} = XA_{12}Y - A_{21},$$
$$B_{22}Y - XB_{11} = XB_{12}Y - B_{21}$$

を満たすことであることを証明せよ．

次に，
$$\gamma = \max\{\|A_{21}\|_\mathrm{F}, \|B_{21}\|_\mathrm{F}\},$$
$$\delta = \mathrm{dif}(A_{11}, B_{11}; A_{22}, B_{22}),$$
$$\nu = \max\{\|A_{12}\|_2, \|B_{12}\|_2\}$$

と書くことにする．

iv) $$\frac{\gamma\nu}{\delta^2} < \frac{1}{4}$$
ならば，V_1' が減次部分空間の基底となるような $X, Y \in \mathbf{C}^{(n-m)\times m}$ が存在することを証明せよ．$\mathrm{sp}(A, B)$ は互いに素な集合 $\mathrm{sp}(A_{11}+A_{12}Y, B_{11}+B_{12}Y)$ と $\mathrm{sp}(A_{22}-XA_{12}, B_{22}-XB_{12})$ の合併集合であることを証明せよ．

v) 上のことから次の結果を導け：$A_{21}=B_{21}=0$ を満たす $U=(U_1, U_2)$, $V=(V_1, V_2)$ を考える．$E, F \in \mathbf{C}^{n\times n}$ が与えられたとき
$$E_{ij} = U_i^* E V_j,$$
$$F_{ij} = U_i^* F V_j,$$
$$\varepsilon_{ij} = \max\{\|E_{ij}\|_\mathrm{F}, \|F_{ij}\|_\mathrm{F}\},$$
$$\gamma = \varepsilon_{21},$$
$$\nu = \max\{\|A_{12}\|_2, \|B_{12}\|_2\} + \varepsilon_{12}$$
$$\delta = \mathrm{dif}(A_{11}, B_{11}\,;\,A_{22}, B_{22}) - (\varepsilon_{11} + \varepsilon_{22})$$
と定義する．このとき，
$$\frac{\gamma\nu}{\delta^2} < \frac{1}{4}$$
ならば，$V_1 + V_2 Y$ が摂動問題
$$(A+E)x = \lambda(B+F)x, \qquad x \neq 0$$
に付随する減次部分空間の基底となるような X, Y が存在し，スペクトル $\mathrm{sp}(A+E, B+F)$ は互いに素なスペクトル
$$\mathrm{sp}(A_{11}+E_{11}+(A_{12}+E_{12})Y, \quad B_{11}+F_{11}+(B_{12}+F_{12})Y)$$
と
$$\mathrm{sp}(A_{22}+E_{22}-X(A_{12}+E_{12}), \quad B_{22}+F_{22}-X(B_{12}+F_{12}))$$
の合併集合である．

vi) iii) と iv) の行列 X, Y は
$$\max\{\|X\|_\mathrm{F}, \|Y\|_\mathrm{F}\} < 2\frac{\gamma}{\delta}$$
を満たすことを証明せよ．

5.5 [A] 補助定理 5.9.2（本文 p. 196）の記法を用いる．$\sigma \to \lambda$ のとき $\|(\underline{B}, B)^{-1}\|_\mathrm{F}$ と $\|(\underline{B}-\sigma I)^{-1}\|_2$ とを比較せよ．

5.6 [**A**] 補助定理 5.9.3（本文 p. 197）を考える．行列 K の特異値と Π の特異値との差は $\varepsilon^{\frac{1}{2}}$ のオーダーであることを証明せよ．

5.7 [**A**] 命題 5.9.7（本文 p. 201）を考える．F^*F の固有値を σ_i^2 とすると
$$\sigma_i^2 = \mathrm{O}(\eta^{\frac{1}{\ell}})$$
であることを証明せよ．

5.8 [**A**] H が既約で対角化可能な Hessenberg 行列であるとき，H は単純固有値しかもたないことを証明せよ．このことから既約な 3 重対角対称行列についても同じことがいえることを導け．

第6章 大規模行列のための数値的方法

　大規模行列のための数値的方法はどれも適当な部分空間の上への射影の原理に基づいて作られている．それらの方法で必要とする計算は行列 A とベクトルとの積だけであって，行列 A は 2 次記憶に蓄えることができる．本章と次章で述べる方法は，ベクトルを単位にして処理を行うことができる伝統的なアーキテクチャーの（逐次型）計算機（たとえば Cray 1, Cyber 205, IBM 3090-VF など）の上で計算を行うときに実際には最も効果を発揮する．

　"大型"固有値問題とは何か？　この問いに対する正確で絶対的な答えはもちろん存在しない．なぜならば，規模という概念は使用する計算機によるからである．しかし，次のような定義をしてみてもよいであろう．すなわち，固有値問題が大型であると考えられるのは，所望のいくつかの固有値，固有ベクトルだけを計算する方が，全部の固有値，固有ベクトルを計算するよりはるかに安価であるときであると．

　疎な大型行列の固有値問題が現れるのは，主として偏微分方程式を離散近似したときである．最も多く必要とされるものは (i)（対称行列の）小さい方のいくつかの固有値，(ii)（非対称行列の）実数部が大きい方のいくつかの固有値などである．たとえば構造力学では，10^5 次以上の行列の固有値を何百個も計算したいこともある．量子化学では，規模が 10^6 次以上に達することもありうる．現在解かれているスペクトル問題の大多数は対称行列の問題であるが，"非対称な"問題の占める割合もどんどん増えている（第 3 章で見た安定性の問題や分岐の問題）．

　本章および次章では大型固有値問題の算法に関する技術の現状について紹介する．関連する理論的な問題の中には未解決なものもある．これから述べる算

法の中に"発見的な"様相を備えているものがあるのはこのためである．

第6章では最大固有値，最小固有値のことを扱う．また，第7章では（非対称行列に対して）実部の大きい固有値のいくつかを扱う．

6.1 諸方法の原理

主要な考え方は，大きな n 次の行列 A の固有値，固有ベクトルを，はるかに小さい次数 ν の行列の固有値，固有ベクトルで近似することにある．このような行列を得るのに最もよく使われるのが，次元 $\nu \ll n$ のベクトル部分空間 G_ℓ の上への"直交射影"である．この射影を表す行列を π_ℓ と記す．

スペクトル問題：
$$Ax = \lambda x \text{ を満たす } \lambda \in \mathbf{C}, 0 \neq x \in \mathbf{C}^n \text{ を求めよ} \quad (6.1.1)$$
は，G_ℓ においては
$$\pi_\ell(Ax_\ell - \lambda_\ell x_\ell) = 0 \text{ を満たす } \lambda_\ell \in \mathbf{C}, 0 \neq x_\ell \in G_\ell \text{ を求めよ} \quad (6.1.2)$$
で近似される．

(6.1.2) は (6.1.1) の "Galerkin[注1] 近似" である（Raviart - Thomas 参照）．A が Hermite 行列であるという特別な場合には，"Rayleigh-Ritz[注2] 近似" と呼ばれる．

数値計算の方法としては，G_ℓ の中に正規直交基底を作り，その基底に関して (6.1.2) を解くというようにする．その基底を表す $n \times \nu$ 型の行列を Q_ℓ とする．$\xi_\ell \in \mathbf{C}^\nu$ を方程式
$$Q_\ell^*(AQ_\ell - \lambda_\ell Q_\ell)\xi_\ell = 0 \quad (6.1.3)$$
の解，あるいはまた，$B_\ell = Q_\ell^* AQ_\ell$ とおいて
$$B_\ell \xi_\ell = \lambda_\ell \xi_\ell \text{ を満たす } \lambda_\ell \in \mathbf{C}, 0 \neq \xi_\ell \in \mathbf{C}^\nu \text{ を求めよ} \quad (6.1.4)$$
という問題の解として，$x_\ell = Q_\ell \xi_\ell$ とすればよい．

B_ℓ は写像

---

[1] Boris Grigorievich Galërkin（ボリス・グリゴリェーヴィッチ・ガリョールキン；1871-1945）：ポーロツクに生まれ，モスクワにて没す．

[2] Walter Ritz（ヴァルター・リッツ；1878-1909）：シオンに生まれ，ゲッチンゲンにて没す．

$$\mathcal{A}_\ell = \pi_\ell A_{|G_\ell} : G_\ell \to G_\ell$$

の基底 Q_ℓ に関する表現行列（ν 次の行列）である．

実際には，部分空間 G_ℓ は，1本のベクトル u あるいは r 本の独立なベクトル $\{u_i\}_1^r$ の集合によって生成される Krylov 列から構成される．$S = \text{lin}(u_1, \cdots, u_r)$, $1 \leq r < n$, とする．G_ℓ の選び方によりこれらの方法は次のように主として2種類に分けられる．

a) $S_\ell = A^\ell S$, $\ell = 1, 2, \cdots$．次元 $\dim S_\ell = r$ は反復を通じて一定である．このように基底を選ぶと，$r = 1$ に対してはベキ乗法が，$r > 1$ に対しては同時反復法が得られる．

b) $\mathcal{K}_\ell = \text{lin}(S, AS, \cdots, A^{\ell-1}S)$, $\ell = 1, 2, \cdots, \nu < n$, は次元が $r\ell$ であるが，これは $\{u_1, \cdots, u_r\}$ によって生成される "Krylov 部分空間" と呼ばれる．このように選ぶと，A が Hermite 行列のときには Lanczos 法（$r = 1$ に対して），ブロック Lanczos 法（$r > 1$ に対して）が，A が非 Hermite 行列のときには Arnoldi 法，ブロック Arnoldi 法が得られる．

注意 $\mathcal{K}_\ell = \text{lin}(p(A)S, p\text{ は次数} \leq \ell - 1 \text{ の多項式})$ という形の部分空間を用いると S_ℓ よりずっと多様な方法が得られる．p_ℓ を "Chebyshev[注1] の多項式" としたときの，部分空間 $\tilde{S}_\ell = p_\ell(A)S$ もこの特別な場合となっているが，これは第7章で部分空間反復法の収束を加速するために用いられるであろう．

固有値 λ, 固有ベクトル x が与えられたとき，$\mathcal{A}_\ell = \pi_\ell A_{|G_\ell}$（あるいは $A_\ell = \pi_\ell A$, 練習問題 6.1 参照）の固有値 λ_ℓ, 固有ベクトル x_ℓ の列で，ℓ が増大するにつれて λ, x に急速に収束するようなものが存在するかどうか知りたい．この近似法は射影法の一種であるから，誤差 $|\lambda - \lambda_\ell|$ と $\|x - x_\ell\|_2$ の上界は $\text{dist}(x, G_\ell) = \|(I - \pi_\ell)x\|_2 = \sin\theta(x, G_\ell)$ の関数として定められることがわかるであろう．ここで，$\theta(x, G_\ell)$ は $\text{lin}(x)$ と G_ℓ の間の鋭角を表す．事実上，収束の解析は次の2段階に分けて行うことになる．

(1) 今考えている G_ℓ の選び方に対して，$\alpha_\ell = \|(I - \pi_\ell)x\|_2$ が小さいような1個以上の固有ベクトルが存在することを示すこと．

---

[1] Pafnutiĭ L'vovich Chebyshëv（パフヌーチィ・リヴォーヴィッチ・チェブィショーフ；1821-1894)：オカトーヴォに生まれ，サンクト・ペテルブルグ（ペトログラード；旧ソ連のレーニングラード）にて没す．

（2） $|\lambda-\lambda_\ell|$ と $\|x-x_\ell\|_2$ の上界を α_ℓ の関数として定めること．

したがって，方法の収束の縮小率は α_ℓ から導かれる．この意味で，α_ℓ が枢要な役割を果たす．一般には λ は "単純" であると仮定することにする．λ が多重であると，より微妙な解析が必要で，指数に λ の指標が入ってくる（第4章参照）．

6.2 部分空間反復法（続き）

あらためて，$1 \leq r < n$ に対して
$$|\mu_1| \geq |\mu_2| \geq \cdots \geq |\mu_r| > |\mu_{r+1}| \geq \cdots \geq |\mu_n| \geq 0 \qquad (6.2.1)$$
であると仮定する．

M と P は第5章で定義したとおりとする．方法の収束性の定義と諸性質については第5章5.2節を参照されたい．そこでは，仮定 (6.2.1) と $\dim PS = r$ との下で
$$\omega(A^\ell S, M) = O\left(\left|\frac{\mu_{r+1}}{\mu_r}\right|^\ell\right)$$
であることが証明されている．これは全体的な収束率であるが，もっと精密な個々の固有値，固有ベクトルに対する上界を確立することにしよう．

6.2.1　$\|(I-\pi_\ell)x_i\|_2$ の推定

補助定理 6.2.1　$\dim PS = r$ ならば，固有値 μ_i に付随する任意の固有ベクトル x_i と任意の正数 $\varepsilon > 0$ とに対して
$$\|(I-\pi_\ell)x_i\|_2 \leq \|x_i - s_i\|_2 \left(\left|\frac{\mu_{r+1}}{\mu_r}\right| + \varepsilon\right)^\ell, \quad \ell > k,$$
を満たす S の中のベクトル s_i と指標 k が存在して，s_i は一意に定まる．

証明　任意の $s \in S$ は $s = \sum_{j=1}^{r} s_j u_j$ と書くことができる．そこで，$Ps = \sum_{j=1}^{r} s_j P u_j$ である．$\{Pu_j\}_1^r$ は独立であるから，$x_i \in M$ に対して $Ps_i = x_i$ を満たす s_i が S の中にただ一つ存在する．以下では，x_i は "固有ベクトル" であるとする：$Ax_i = \mu_i x_i$．定義により

$$\|(I-\pi_\ell)x_i\|_2 = \min_{y \in S_\ell}\|x_i-y\|_2 \leq \|x_i-y_i\|_2.$$

ここで

$$y_i = \frac{1}{\mu_i{}^\ell}A^\ell s_i = x_i + \frac{1}{\mu_i{}^\ell}A^\ell(I-P)s_i,$$

$$\|x_i-y_i\|_2 \leq \frac{1}{|\mu_i|^\ell}\|(A(I-P))^\ell\|_2\|(I-P)s_i\|_2.$$

いま $C = \dfrac{1}{\mu_i}A(I-P)$ とおくと，$\rho(C) = \left|\dfrac{\mu_{r+1}}{\mu_i}\right|$ であり，任意の $\varepsilon > 0$ に対して

$$\|C^\ell\|_2^{1/\ell} \leq \rho(C)+\varepsilon, \quad \ell > k$$

となるような k が存在する．

A が対角化可能ならば，$A = XDX^{-1}$ であって，$\|C^\ell\|_2 \leq \mathrm{cond}_2(X)\rho^\ell(C)$ となる．A が対角化可能でない場合の定数がどうなるかについては練習問題 6.2 を見よ． □

$\ell \to \infty$ のとき $\left|\dfrac{\mu_{r+1}}{\mu_i}\right|^\ell$ に比例して $\mathrm{dist}(x_i, S_\ell) \to 0$．固有ベクトル x_i が初期部分空間 S となす角が小さければそれだけ定数 $\|x_i-s_i\|_2$ は小さくなる（図 6.2.1 ($r=1$ の場合) を見よ）．

A が Hermite 行列ならば，P は直交射影で $\|x_i-s_i\| = \|(I-P)s_i\|_2 = \tan\theta(s_i, x_i)$ である．ここで，$\theta(s_i, x_i)$ は方向 $\mathrm{lin}(s_i)$ と方向 $\mathrm{lin}(x_i)$ の間の鋭角である．

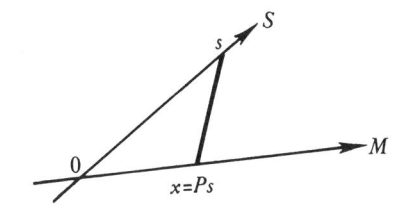

図 6.2.1

6.2.2 収束速度

補助定理 6.2.2 π を部分空間 S の上へのある射影行列とすると,πA と $\pi A \pi$ とは非零の固有値に付随する同一の固有ベクトルをもつ.

証明 $\lambda \neq 0$ に対して $\pi A x = \lambda x$ ならば,x は $x = \pi x$,すなわち,$x \in S$ を満たす.S の正規直交基底 V に関する $\pi A \pi$ の表現行列を B とする.$x = V\xi$ とおくと,$B\xi = \lambda \xi$. □

λ を A の"単純"固有値とし,付随する固有ベクトルを $x, \|x\|_2 = 1$ とする.λ を A の r 個の優越固有値の中に選ぶ.また,$\alpha_\ell = \|(I - \pi_\ell)x\|_2$ とおく.以下で,c は一般的な定数であるとする.

補助定理 6.2.3 A の固有値,固有ベクトル λ, x(ただし λ は単純固有値)が与えられたとき,十分大きな ℓ に対して,$A_\ell = \pi_\ell A$ の固有値,固有ベクトル λ_ℓ, x_ℓ で,$x^* x_\ell = 1, |\lambda - \lambda_\ell| \leq c\alpha_\ell, \|x - x_\ell\|_2 \leq c\alpha_\ell$ を満たすものが存在する.A が Hermite 行列ならば,$|\lambda - \lambda_\ell| \leq c\alpha_\ell^2$.

証明 補助定理 6.2.2 によれば,A_ℓ の固有値,固有ベクトルは $x_\ell = Q_\ell \xi_\ell$, $B_\ell \xi_\ell = \lambda_\ell \xi_\ell$ を満足する.π を M の上への直交射影とする.行列 $A_\ell = \pi_\ell A$ と $A' = \pi A$ に定理 4.4.5 を適用しよう.A_ℓ と A' が定理 4.4.5 の A と A' の役を,それぞれ,演ずることになる.すると,$H_\ell = A_\ell - A' = (\pi_\ell - \pi)A$ を得る.$\omega(A^\ell S, M) \to 0$ であるから $\|\pi_\ell - \pi\|_2 \to 0$,したがって $\ell \to \infty$ のとき $\|H_\ell\|_2 \to 0$ が導かれる.

考えている固有ベクトル x に対して $H_\ell x = (\pi_\ell - \pi)Ax = \lambda(\pi_\ell - \pi)x = \lambda(\pi_\ell - I)x$ である.十分大きな ℓ に対して,$x^* x_\ell = 1$ と正規化された A_ℓ の固有ベクトル x_ℓ で

$$\|x - x_\ell\|_2 \leq c\alpha_\ell, \quad \|\lambda - \lambda_\ell\| \leq c\alpha_\ell$$

を満たすものが存在する.ただし,λ_ℓ は対応する固有値である.$\ell \to \infty$ のとき $\|H_\ell\|_2 \to 0$ であるから,十分大きな ℓ に対してこの固有値は単純である.

$\hat{x}_\ell = \dfrac{x_\ell}{\|x_\ell\|_2}$ を正規化された固有ベクトルとする(図 6.2.2 を見よ).A が Hermite 行列ならば $\lambda_\ell = \hat{x}_\ell^* A \hat{x}_\ell, |\lambda - \lambda_\ell| \leq c\|(A - A_\ell)\hat{x}_\ell\|_2^2$ である.今度は

$(A-A_\ell)\hat{x}_\ell = \lambda(I-\pi_\ell)x + (I-\pi_\ell)A(\hat{x}_\ell - x)$ から $|\lambda - \lambda_\ell| \leq c\alpha_\ell^2$ であることが導ける．ここで λ は多重固有値であってもよい． □

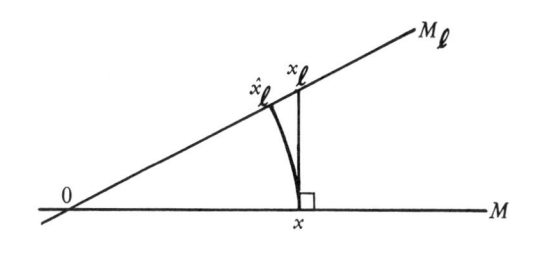

図 6.2.2

定理 6.2.4 仮定 (6.2.1) と $\dim PS = r$ の下で，r 個のベクトルに関する同時反復法は収束する．さらに，i 番目の優越固有値 μ_i が単純ならば，A_ℓ の i 番目の固有値，固有ベクトルの収束の誤差の縮小率は $\left|\dfrac{\mu_{r+1}}{\mu_i}\right|$, $i=1,\cdots,r$, のオーダーである．A が Hermite 行列なら，i 番目の固有値の収束の誤差の縮小率は $\left|\dfrac{\mu_{r+1}}{\mu_i}\right|^2$ となる．

証明 補助定理 6.2.1 と補助定理 6.2.3 の簡単な帰結である．練習問題 6.3 を見よ． □

6.2.3 射影を伴う部分空間反復法

第 5 章で述べた算法 (5.2.1) では $A^\ell S$ の基底 Q_ℓ を作っていた．以下では，部分空間 $A^\ell S$ の上への "射影を伴う" 方法を述べよう．簡単のために，A は "対角化可能" であると仮定する．この方法では，次のようにして，$A^\ell S$ の中に A_ℓ の固有ベクトルの基底 X_ℓ を作る（練習問題 6.4 参照）：

$$\left.\begin{array}{l}(1)\quad U = Q_0 R_0,\quad B_0 = Q_0^* A Q_0 = Y_0 D_0 Y_0^{-1},\quad X_0 = Q_0 Y_0; \\ \ell \geq 1 \text{ に対して，} \\ (2)\qquad\qquad AX_{\ell-1} = Q_\ell R_\ell, \\ (3)\quad B_\ell = Q_\ell^* A Q_\ell = Y_\ell D_\ell Y_\ell^{-1},\ X_\ell = Q_\ell Y_\ell\end{array}\right\} \quad (6.2.2)$$

を計算する（ここで，Y_ℓ は B_ℓ の固有ベクトルの行列である）．

補助定理 6.2.5 Q_ℓ と X_ℓ は $A^\ell S$ の基底である．

証明 読者に残しておく．(6.2.2) の基底 Q_ℓ と (5.2.1) の基底 Q_ℓ とはそれぞれ異なる基底であるということに注意してほしい． □

定理 6.2.6 A_ℓ, A それぞれの固有ベクトルの基底 X_ℓ, X が与えられたとき，$\ell \to \infty$ のとき $X_\ell \Delta_\ell \to X$ となるような正則なブロック対角行列 Δ_ℓ が存在する．

証明 $X_\ell \Delta_\ell \to X$ となるような正則な行列 Δ_ℓ の存在を確かめるには系 1.5.5 を用いればよい．
Δ_ℓ がブロック対角行列であるという事実の証明は帰納法によりなされる（練習問題 6.5 参照）． □

μ_i が A の"単純"固有値であるとすると，B_ℓ の i 番目の（単純）固有値 $\mu_i^{(\ell)}$ に対して $\mu_i^{(\ell)} \to \mu_i$ が成り立つ．$\mu_i^{(\ell)}$ に付随する固有ベクトルを $\xi_i^{(\ell)}$ とし，$x^{(\ell)} = Q_\ell \xi_i^{(\ell)}$ とおく．

系 6.2.7 μ_i が単純固有値ならば，収束 $\mu_i^{(\ell)} \to \mu_i$ と収束 $\mathrm{lin}(x_i^{(\ell)}) \to \mathrm{lin}(x_i)$ が実現し，その速度は誤差の縮小率が $\left| \dfrac{\mu_{r+1}}{\mu_i} \right|$ となるようなものである．

証明 定理 6.2.4 を述べ直したものである． □

実際には反復の各段階でいちいち B_ℓ を計算はしない．反復 k 段階ごとに射影を行うとすると，それは部分空間 $A^{k\ell} S$ の上への射影を行うこととなる．B_ℓ の次元 r が n に比べて小さければ，B を対角化するのに第 5 章の方法を用いることができる（たとえば QR 法や逆反復法など）．

6.3 Lanczos 法

本節（および次の 2 節）においては，A は"Hermite 行列"であると仮定する．

6.3.1 Lanczos の 3 重対角化法

ベクトル $u \neq 0$ に対して，$\mathcal{K}_n = \mathrm{lin}(u, Au, \cdots, A^{n-1}u)$ は u により生成される Krylov 部分空間である．$\dim \mathcal{K}_n = n$ であるための必要十分条件は u に関する A の最小多項式の次数が n であること，すなわち次数が $<n$ のすべての多項式 p に対して $p(A)u \neq 0$ であることである．

丸め誤差のない計算ができるとして述べると，Lanczos の算法とは $\mathbf{C}^n$ の正規直交基底 $V_n = [v_1, \cdots, v_n]$ を"逐次的に"次の公式により作るものである．基底 V_n に関して A は"3 重対角"行列 $T_n = V_n^* A V_n$ で表される．
(1) $v_1 = u/\|u\|_2, \quad a_1 = v_1^* A v_1, \quad b_1 = 0$；
(2) $j = 1, 2, \cdots, n-1$ に対して，
$$x_{j+1} = Av_j - a_j v_j - b_j v_{j-1}, \quad b_{j+1} = \|x_{j+1}\|_2 > 0,$$
$$v_{j+1} = b_{j+1}^{-1} x_{j+1}, \qquad a_{j+1} = v_{j+1}^* A v_{j+1}$$
を作る．

T_n は対角要素が $a_i, i=1, \cdots, n$, で対角線の一つ上の要素が $b_i, i=2, \cdots, n$, の 3 重対角 Hermite 行列である．

この算法は Hermite 行列を 3 重対角化する方法として Lanczos によって提案された (1950)．しかし，実際には，局所的直交化によって v_{i-1} と v_{i-2} を用いて作られるベクトル v_i は，i が進むにつれて丸め誤差のため，たちまちにして大域的直交性を失ってしまう．これが，実際家が Lanczos 法より Householder 法の方を好むことになった理由である．Householder 法は普通の大きさの Hermite 行列をより安定に 3 重対角化することができる．

6.3.2 不完全 Lanczos 法

ベクトル v_i は逐次的に計算されるから，$\ell < n$ 回計算したところで手続きを中断することができる．$V_\ell = [v_1, \cdots, v_\ell]$ は $\mathscr{K}_\ell = \mathrm{lin}(u, Au, \cdots, A^{\ell-1}u)$ の正規直交基底であり，この基底に関する Rayleigh-Ritz 近似 $\mathscr{A}_\ell$ の表現が次数 ℓ の3重対角行列 $T_\ell = V_\ell^* A V_\ell$ である．このようにして，次の算法が導き出される．

$$\left.\begin{aligned}
&(1)\quad u \neq 0,\quad b_1 = \sqrt{u^* u},\quad v_0 = 0. \\
&(2)\quad j = 1, 2, \cdots, \ell \text{ に対して,} \\
&\qquad v_j = \frac{u}{b_j},\quad u = Av_j - b_j v_{j-1},\quad a_j = v_j^* u, \\
&\qquad u := u - a_j v_j,\quad b_{j+1} = \sqrt{u^* u}.
\end{aligned}\right\} \quad (6.3.1)$$

$b_j, j = 2, \cdots, \ell,$ が正である，すなわち $\dim \mathscr{K}_\ell = \ell$ であると仮定する．この仮定は一般性を損うものではない．なぜならば，もしこの仮定が成り立たないならば，A に関する固有値問題は二つ以上の部分問題に分かれるからである（練習問題6.6参照）．近似問題の次元 ℓ は，前もって定めておくなり，$b_{\ell+1}$ の値に従って算法を進めながら動的に定めるなりする（6.3.5節参照）．

次に，3重対角行列 T_ℓ を対角化する：$T_\ell = Y_\ell D_\ell Y_\ell^*$．

$\mathscr{A}_\ell = \pi_\ell A$ の固有値 D_ℓ と固有ベクトル $X_\ell = V_\ell Y_\ell$ は A の"Ritz値"と"Ritzベクトル"と呼ばれている．これから見るように，これらが A の固有値，固有ベクトルのいくつかに対する求める近似となる．これらは，第4章4.6節で見たように，大域的には最良の近似であるという性質をもっている．

基本的な Lanczos 法においては，n に比べて ℓ が大きくならないようにすることをねらっている．また，ℓ は有限個の値しかとらないから，古典的意味での収束性の問題はない．n に比べて ℓ がほどほどの大きさならば，部分空間 $\mathscr{K}_\ell$ が含む $\mathscr{A}_\ell$ の固有ベクトルは，A の両端の方のいくつかの固有値に付随する固有ベクトルに十分近いということがわかる．この近似の性質が Krylov 部分空間 $\mathscr{K}_\ell$ を選ぶことを正当化するのであるが，それが正当化のただ一つの根拠ではない．計算の易しさがもう一つの理由である．Krylov 部分空間においては行列 T_ℓ が"3重対角"になるので Schmidt の直交化の手続きは特に簡単になる（練習問題6.7参照）．

次に，丸め誤差のない正確な計算をするときには，Lanczos 法では，多重固有値に付随する固有方向はただ1個しか近似できないことを示そう．

T_ℓ は"既約な"3重対角 Hermite 行列であるから，実数の"単純"固有値し

かもたない（練習問題 5.8）．それらを大きい順に並べて
$$\lambda_1^{(\ell)} > \lambda_2^{(\ell)} > \cdots > \lambda_\ell^{(\ell)}$$
とする．
$\{\lambda_i\}_1^d$ を A の相異なる固有値として，それも大きい順に並べると，
$$\lambda_1 > \lambda_2 > \cdots > \lambda_d = \lambda_{\min}.$$
P_i を λ_i に付随する固有射影とする．ベクトル $\{P_i u\}_1^d$ により生成される部分空間を E とする：$E = \text{lin}(P_1 u, \cdots, P_d u)$．これらのベクトルが非零なら，$A$ の相異なる固有値に対応する固有ベクトルであり，独立である．

補助定理 6.3.1 Lanczos の手続は $A' = A_{\restriction E}$ の固有値（みな単純である）を近似することになる．

証明
$$\sum_{i=1}^d P_i = I, \quad u = \sum_{i=1}^d P_i u, \quad A^\ell u = \sum_{i=1}^d \lambda_i^\ell P_i u.$$
したがって任意の ℓ に対して $\mathcal{K}_\ell \subseteq E$ である．Lanczos 法は A に適用しても A' に適用しても同じ行列 $\pi_\ell A \pi_\ell$ が得られる．$\dim E = d' \leq d$ ならば，次数 d' の A' は相異なる固有値に付随する独立な d' 個の固有ベクトルをもつが，これは単純固有値でしかありえない． □

6.3.3 $\tan \theta(x_i, \mathcal{K}_\ell), \ell < n$, の見積もり

$\mathbf{P}_{\ell-1}$ を次数が $\ell-1$ 以下の多項式の作るベクトル空間とする．$P_i u \neq 0$ と仮定し，$x_i = \dfrac{P_i u}{\|P_i u\|_2}$ とおく．x_i は λ_i に付随する固有ベクトルである．$(I - P_i) u \neq 0$ なら $y_i = \dfrac{(I - P_i) u}{\|(I - P_i) u\|_2}$ とおき，$(I - P_i) u = 0$ なら $y_i = 0$ とおく．

補助定理 6.3.2 $P_i u \neq 0$ なら，$\tan \theta(x_i, \mathcal{K}_\ell) = \min\limits_{\substack{p \in \mathbf{P}_{\ell-1} \\ p(\lambda_i) = 1}} \|p(A) y_i\|_2 \tan \theta(x_i, u)$．

証明 任意の $v \in \mathcal{K}_\ell$ はある $q \in \mathbf{P}_{\ell-1}$ を用いて $v = q(A) u$ と書くことができる．
$$\sum_{i=1}^d P_j = I$$
であるから

$$u = P_i u + \sum_{j \neq i} P_j u,$$

$$v = q(\lambda_i) P_i u + \sum_{j \neq i} q(\lambda_j) P_j u.$$

固有射影は互いに直交するから

$$\tan^2 \theta(P_i u, v) = \left(\sum_{j \neq i} q^2(\lambda_j) \|P_j u\|_2^2 \right) (q^2(\lambda_i) \|P_i u\|_2^2)^{-1}.$$

$(I - P_i) u \neq 0$ ならば

$$\sum_{j \neq i} q^2(\lambda_j) \|P_j u\|_2^2 = \|q(A) y_i\|_2^2 \|(I - P_i) u\|_2^2$$

$u = P_i u$ ならば,$y_i = 0$ とおく:$\theta(P_i u, v) = 0$. $p(\cdot) = q(\cdot)/q(\lambda_i)$ とおくと,$p \in \mathbf{P}_{\ell-1}, p(\lambda_i) = 1$ である.

$$\tan \theta(P_i u, \mathcal{K}_\ell) = \min_{v \in \mathcal{K}_\ell} \tan \theta(P_i u, v)$$

$$= \left[\min_{\substack{p \in \mathbf{P}_{\ell-1} \\ p(\lambda_i) = 1}} \|p(A) y_i\|_2 \right] \underbrace{\frac{\|(I - P_i) u\|_2}{\|P_i u\|_2}}_{= \tan \theta(P_i u, u)}. \qquad \Box$$

残されているのは

$$t_{i\ell} = \min_{\substack{p \in \mathbf{P}_{\ell-1} \\ p(\lambda_i) = 1}} \|p(A) y_i\|_2$$

を見積もることである.

Chebyshev(チェブィショーフ)の多項式の助けを借りてこの見積もりをしよう.k 次の第1種 Chebyshev 多項式は $|t| \geq 1$ なる実数 t に対して次のように定義される[注1]:

$$T_k(t) = \frac{1}{2} [(t + \sqrt{t^2 - 1})^k + (t + \sqrt{t^2 - 1})^{-k}].$$

第6章,第7章で必要となる実変数,複素変数の Chebyshev 多項式の諸性質は,第7章7.2節,7.3節にまとめてある.

定理 6.3.3 $P_i u \neq 0$ ならば

---

[1] 訳注:これは $t = \cosh x$ とすれば $T_k(\cosh x) = \cosh(kx)$ という関係.$|t| \leq 1$ に対しては,$t = \cos x$ として,$T_k(\cos x) = \cos(kx)$. 7.2.1節参照.

$$\tan \theta(x_i, \mathcal{K}_\ell) \leq \frac{\Delta_i}{T_{\ell-i}(\gamma_i)} \tan \theta(x_i, u),$$

ここで

$$\Delta_1 = 1, \quad \Delta_i = \prod_{j<i} \frac{\lambda_j - \lambda_{\min}}{\lambda_j - \lambda_i}, \quad i > 1,$$

$$\gamma_i = 1 + 2 \frac{\lambda_i - \lambda_{i+1}}{\lambda_{i+1} - \lambda_{\min}}.$$

証明 $A = QDQ^*$ であるから

$$t_{i\ell} = \min_{\substack{p \in \mathbf{P}_{\ell-1} \\ p(\lambda_i)=1}} \|p(A)y_i\|_2 \leq \min_{\substack{p \in \mathbf{P}_{\ell-1} \\ p(\lambda_i)=1}} \max_{j \neq i} |p(\lambda_j)| = \varepsilon_i^{(\ell)}$$

(第7章参照).

a) $i=1$ の場合:

$$\max_{j>1} |p(\lambda_j)| \leq \max_{t \in [\lambda_{\min}, \lambda_2]} |p(t)|.$$

定理 7.2.1 により

$$\min_{\substack{p \in \mathbf{P}_{\ell-1} \\ p(\lambda_1)=1}} \max_{t \in [\lambda_{\min}, \lambda_2]} |p(t)| = \frac{1}{T_{\ell-1}(\gamma_1)},$$

ここで, $\gamma_1 = 1 + 2 \dfrac{\lambda_1 - \lambda_2}{\lambda_2 - \lambda_{\min}}$.

b) $i>1$ の場合:

$$t_{i\ell} = \min_{\substack{p \in \mathbf{P}_{\ell-1} \\ p(\lambda_1)=\cdots=p(\lambda_{i-1})=0 \\ p(\lambda_i)=1}} \max_{j \neq i} |p(\lambda_j)| \leq \min_{\substack{p \in \mathbf{P}_{\ell-1} \\ p(\lambda_1)=\cdots=p(\lambda_{i-1})=0 \\ p(\lambda_i)=1}} \max_{j>i} |p(\lambda_j)|.$$

このような p は, ある $q \in \mathbf{P}_{\ell-i}$ を用いて, $p(t) = \left[\prod_{k<i} \dfrac{t - \lambda_k}{\lambda_i - \lambda_k}\right] \dfrac{q(t)}{q(\lambda_i)}$ と書くことができる. そこで,

$$\max_{j>i} |p(\lambda_j)| = \max_{j>i} \left| \left[\prod_{k<i} \frac{\lambda_j - \lambda_k}{\lambda_i - \lambda_k}\right] \frac{q(\lambda_j)}{q(\lambda_i)} \right|$$

$$\leq \left[\prod_{k<i} \frac{\lambda_k - \lambda_{\min}}{\lambda_k - \lambda_i}\right] \max_{j>i} \left| \frac{q(\lambda_j)}{q(\lambda_i)} \right|.$$

これから

$$t_{i\ell} \leq \Delta_i \min_{\substack{q \in \mathbf{P}_{\ell-i} \\ q(\lambda_i)=1}} \max_{t \in [\lambda_{\min}, \lambda_{i+1}]} |q(t)| = \frac{\Delta_i}{T_{\ell-i}(\gamma_i)}$$

がいえる. □

ℓ が増大するとき, $\tan \theta(x_i, \mathcal{K}_\ell)$ は $1/T_{\ell-i}(\gamma_i)$ と同じオーダーで減少する.

量 γ_i は相対距離 $\dfrac{\lambda_i - \lambda_{i+1}}{\lambda_{i+1} - \lambda_{\min}}$ に依存する.

$\tau_i = \gamma_i + \sqrt{\gamma_i^2 - 1}$ とおくと, 十分大きな ℓ に対して $T_{\ell-i}(\gamma_i)$ は $\dfrac{1}{2}\tau_i^{\ell-i}$ のオーダーであり, $\theta(x_i, \mathcal{K}_\ell)$ の減小率は $1/\tau_i$ である. γ_i が大きいほど, この減小率はよくなる. i が ℓ に比べて小さければ, いいかえれば x_i が A の大きい方の固有値の一つに付随する固有ベクトルであるならば, それだけ γ_i は大きくなる.

6.3.4 近似

A の固有値, 固有ベクトル λ, x ($\|x\|_2 = 1$) の組に対して, Lanczos 法の精度を ℓ や u や A のスペクトルの関数として見積もりたい. $a_\ell = \|(I - \pi_\ell)x\|_2 = \sin\theta(x, \mathcal{K}_\ell) \leq \tan\theta(x, \mathcal{K}_\ell)$ とおく. $\tan\theta(x, \mathcal{K}_\ell)$ は定理 6.3.3 により上からおさえることができる.

定理 6.3.4 λ, x が与えられたとき, 十分小さな a_ℓ に対して, A_ℓ の固有値, 固有ベクトル λ_ℓ, x_ℓ で $|\lambda - \lambda_\ell| \leq c a_\ell^2$, $\sin\theta_\ell \leq c a_\ell$ を満たすものが存在する. ここで c はある一般的な定数, θ_ℓ は固有の方向 $\mathrm{lin}(x_\ell)$ と $\mathrm{lin}(x)$ のなす鋭角である.

証明 $A_\ell = \pi_\ell A$ の固有値で λ に最も近いものを λ_ℓ とし, それに付随する固有ベクトルを x_ℓ とする.

Γ_ℓ を, $\mathrm{re}(A) \cap \mathrm{re}(A_\ell)$ に含まれる Jordan 曲線で λ と λ_ℓ を囲んでそれらを他のスペクトルから隔離するものとする. P_ℓ (および $R_\ell(z)$) を A_ℓ と λ_ℓ に付随する固有射影 (およびレゾルベント) とする. すると,

$$(P_\ell - P)x = \dfrac{-1}{2\mathrm{i}\pi}\int_{\Gamma_\ell}(R_\ell(z) - R(z))x\,\mathrm{d}z$$

$$= \dfrac{-1}{2\mathrm{i}\pi}\int_{\Gamma_\ell} R_\ell(z)(I - \pi_\ell)AR(z)x\,\mathrm{d}z$$

$$= \dfrac{-\lambda}{2\mathrm{i}\pi}\int_{\Gamma_\ell}\dfrac{R_\ell(z)}{\lambda - z}\,\mathrm{d}z(I - \pi_\ell)x$$

$$(\because \quad R(z)x = \dfrac{1}{\lambda - z}x).$$

したがって $\|(P_\ell - P)x\| \leq \dfrac{|\lambda|\mu_\ell}{2\pi}c_\ell d_\ell a_\ell$ である. ここで, $\mu_\ell = \mathrm{mes}(\Gamma_\ell)$, $c_\ell =$

$\max_{z \in \Gamma_\ell} \|R_\ell(z)\|$, $d_\ell = \mathrm{dist}^{-1}(\lambda, \Gamma_\ell)$.

$c = \dfrac{|\lambda|}{2\pi} \max_{1 \leq \ell \leq n} (\mu_\ell c_\ell d_\ell)$ とおくと，$\|(P_\ell - P)x\| \leq c\alpha_\ell$ であることがいえる．

ベクトル x_ℓ を $x_\ell = P_\ell x$ とし，θ_ℓ を $\mathrm{lin}(x)$ と $\mathrm{lin}(x_\ell)$ の間の鋭角とすると，$x_\ell^* x = x_\ell^* x_\ell = \cos^2 \theta_\ell$, $\|x_\ell - x\|_2 = \sin \theta_\ell \leq c\alpha_\ell$ である（図 6.3.1 を見よ）．

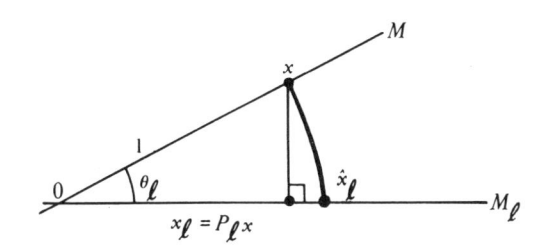

図 6.3.1

$\hat{x}_\ell = \dfrac{x_\ell}{(x_\ell^* x_\ell)^{1/2}}$ とおけば $\hat{x}_\ell^* \hat{x}_\ell = \hat{x}_\ell^* x = 1$. 等式 $\lambda = \hat{x}_\ell^* A x$, $\lambda_\ell = \hat{x}_\ell^* A_\ell \hat{x}_\ell$ が成り立つ．

すると
$$\lambda - \lambda_\ell = x^* A x - \hat{x}_\ell^* A_\ell \hat{x}_\ell$$
$$= x^* A(x - \hat{x}_\ell) + x^*(A - A_\ell)\hat{x}_\ell + (x^* - \hat{x}_\ell^*) A_\ell \hat{x}_\ell$$

が成り立つので，これから
$$|\lambda - \lambda_\ell| \leq \|A\|_2 \cdot (2\|x - \hat{x}_\ell\|_2 + \|(I - \pi_\ell)x\|_2)$$

が得られる．ところで，$\|x - \hat{x}_\ell\|_2 = 2 \sin \dfrac{\theta_\ell}{2}$ だから，

$$|\lambda - \lambda_\ell| \leq c \|x - \hat{x}_\ell\|_2 \leq c\alpha_\ell$$

が導かれる．最後に，補助定理 6.2.3 におけると同様にして $|\lambda - \lambda_\ell| \leq c\alpha_\ell^2$ も導かれる． □

定理 6.3.4 は，ℓ があまり大きくないときには Lanczos 法は A の両端に近い固有値（大きい方からいくつかの固有値と小さい方からいくつかの固有値——後者に対する結果は A と T_ℓ の固有値を小さい順に並べて得られる）を，これらの固有値がそれに続く固有値から十分離れているという条件の下で，近似できることを示している．

定理 6.3.4 に登場する諸定数はもっと精密化することができる（練習問題 6.8 参照）．

λ_i が λ_{i+1} に近いときには，定理 6.3.3 から導かれる上界は非常に悲観的なものとなる．しかし，スペクトルの特別な構造を考慮に入れることによってそれを改良することができる．たとえば，

$$0 \leq \lambda_i - \lambda_i^{(\ell)} \leq \frac{c_i}{T_{\ell-i-1}(\gamma_i')}, \quad \text{ただし } \gamma_i' = 1 + 2\frac{\lambda_i - \lambda_{i+2}}{\lambda_{i+2} - \lambda_{\min}}$$

であることを示すことができる（Saad, 1980 (a)）が，この定数 c_i の中には大きな数 $\frac{1}{\lambda_i - \lambda_{i+1}}$ が含まれている．

λ が多重固有値のときには，（丸め誤差が入らない理想的な計算をしたとすると）Lanczos 法では λ に付随する固有ベクトルの"集合"を計算することはできない．しかし実際には，計算誤差が原因で，何回かの反復計算の後，与えられた行列の近傍の行列で相異なる近い（そしてそれらはもはや多重ではない）固有値をもつものに Lanczos 法を適用しているという状況が生じるのである．実際には，λ の第 2 の仲間は，最初の固有ベクトルに比例しない次の固有ベクトルに対応して現れるということが確認される．この第 2 の仲間は，求める固有部分空間の中の成分が計算機精度では 0 に等しいような初期ベクトルから出発して，Lanczos 法を適用した結果として現れるものである．λ の多重度が m なら，ℓ が増大するにつれ，次々と m 個の仲間が現れる．次節では，"ブロック Lanczos 法"を使ったときの多重固有値の問題をさらに論じる．

6.3.5　誤差上界の事後評価

基底 V_ℓ を構成することにより恒等式

$$AV_\ell = V_\ell T_\ell + b_{\ell+1} v_{\ell+1} e_\ell^{\mathrm{T}} \tag{6.3.2}$$

が得られる．ここで，e_ℓ は $\mathbf{C}^\ell$ の ℓ 番目の正準基底ベクトルである．

このとき，$AX_\ell = X_\ell D_\ell - b_{\ell+1} v_{\ell+1} e_\ell^{\mathrm{T}} Y_\ell$．したがって，$A$ に関する剰余を $\lambda_i^{(\ell)}, x_i^{(\ell)}$ を用いて計算すると

$$Ax_i^{(\ell)} - \lambda_i^{(\ell)} x_i^{(\ell)} = b_{\ell+1}(e_\ell^{\mathrm{T}} \xi_i^{(\ell)}) v_{\ell+1} = b_{\ell+1} \xi_{\ell i}^{(\ell)} v_{\ell+1},$$
$$\|Ax_i^{(\ell)} - \lambda_i^{(\ell)} x_i^{(\ell)}\|_2 = b_{\ell+1} |\xi_{\ell i}^{(\ell)}| = \beta_{i\ell}$$

となる．

A の固有値 λ_i で $|\lambda_i - \lambda_i^{(\ell)}| \leq \beta_{i\ell}$ を満たすものが存在する．

さらに，$d_{i\ell} = \text{dist}(\lambda_i^{(\ell)}, \text{sp}(A) - \{\lambda_i\})$ とおけば，

$$|\lambda_i - \lambda_i^{(\ell)}| \leq \frac{\beta_{i\ell}^2}{d_{i\ell}},$$

$$\sin \theta_{i\ell} \leq \frac{\beta_{i\ell}}{d_{i\ell}}.$$

ここで，$\theta_{i\ell}$ は固有方向 $\text{lin}(x_i^{(\ell)})$ と $\text{lin}(x_i)$ のなす鋭角を表す．

実際に固有値 $\lambda_i^{(\ell)}$（固有ベクトル $x_i^{(\ell)}$）が"収束した"ことを知るには，T_ℓ の固有ベクトル $\xi_i^{(\ell)}$ の最後の成分の値に注目すればよい．T_ℓ の固有値を計算するのに原点移動を伴う QL 法を用いるときには，すべてのベクトル $\xi_i^{(\ell)}$ を計算することなしに $\xi_{\ell i}^{(\ell)}$ を計算することができる（詳細については Parlett, 1980, 第 13 章参照）．

6.3.6 有限精度計算の影響

上で行った考察では，ベクトル $\{v_i\}_1^\ell$ は互いに直交し続けると仮定していた．実際には"有限"精度の計算しかできない計算機を使用するので，こうはならない．特に，$\lambda_i^{(\ell)}, x_i^{(\ell)}$ が λ_i, x_i に近づき始めるとこの直交性が消えていく（練習問題 6.9 と練習問題 6.10 参照）．正確な Lanczos 法は $\ell < n$ で終了するはずであるが，実際にはいつまでも続く可能性もある．直交性がなくなったため生じる誤差は，"収束"を遅らせるだけで，収束を妨げることはしない．この状況に対処するために，Lanczos 法を具体的に実行する際に次の三つの手法が利用されてきた．それらの利点や不便な点を簡単に述べよう．

（ⅰ） 再直交化を行わない手法

記憶場所は最小で済むが，すべての固有値（多重固有値も含む）を求めるのに n 段階より多くの反復が必要とされる．一般に $2.5\,n$ から $6\,n$ 段階が必要である．停止基準は微妙で，固有ベクトルは別に計算しなければならない．

（ⅱ） 完全再直交化をする手法

この算法は正確な算法とよく似た振舞いをする．特に，必要とされる段階数が最小で済むという点で似ている．この反面，すべての v_j を蓄えておかなければならないのでより多くの記憶場所が必要であるし，またより多くの計算回数

を必要とする（しかし，Gram-Schmidt の手続きはベクトル・プロセッサー向きではある）．

(iii) 部分的再直交化をする手法

これは妥協的な手法で，Parlett (1980)，第13章に述べられている．これによると，ずっと少ない費用で実質的に完全再直交化の利点を実現することができる．部分的再直交化は，$\beta_{i\ell}$ の値の助けを借りて，得られている精度を観察しながら行う．

6.4 ブロック Lanczos 法

丸め誤差なしの正確な計算では，Lanczos 法は，計算中の固有値の多重度を検出することはできない．これに対処するため，ブロックの大きさを超えない多重度ならば決定できるようなブロック Lanczos 法が提案されている．

6.4.1 算法

独立な r 個のベクトル $\{u_i\}_1^r$ が部分空間 S を生成するとする．S によって生成される Krylov 部分空間は $\mathcal{K}_\ell = \mathrm{lin}(S, AS, \cdots, A^{\ell-1}S)$ である．
$\mathcal{K}_\ell$ の正規直交基底 V_ℓ を構成し，それにより $\mathcal{A}_\ell$ を行列 $V_\ell^* A V_\ell = \overset{\circ}{T}_\ell$ で表現する．$\overset{\circ}{T}_\ell$ はブロック3重対角行列（各ブロック $\overset{\circ}{A}_i$ の次数は r）で，さらに，帯幅 $r+1$ の帯行列でもある（図 6.4.1 を見よ）．
$V_\ell = [Q_0, \cdots, Q_{\ell-1}]$ であるが，ここで，$A^j S$ の正規直交基底 Q_j は S の正規直交基底 Q_0 から始めて次のようにして構成する：
(1) $\overset{\circ}{A}_1 = Q_0^* A Q_0, \quad B_1 = 0, \quad Q_{-1} = 0$;
(2) $j = 1, 2, \cdots, \ell-1$ に対して，
- $X_j = A Q_{j-1} - Q_{j-1} \overset{\circ}{A}_j - Q_{j-2} \overset{\circ}{B}_j{}^*$ を作り，
- Schmidt 分解 $X_j = Q_j R_j$（R_j は次数 r の上三角行列）を計算し，
- $\overset{\circ}{B}_{j+1} = R_j$ とおき，$\overset{\circ}{A}_{j+1} = Q_j^* A Q_j$ を作る．

$\dim \mathcal{K}_\ell = \ell r$ ならば，行列 R_j は正則である．ベクトル $\{u_i\}_1^r$ の最小多項式の

6.4 ブロック Lanczos 法

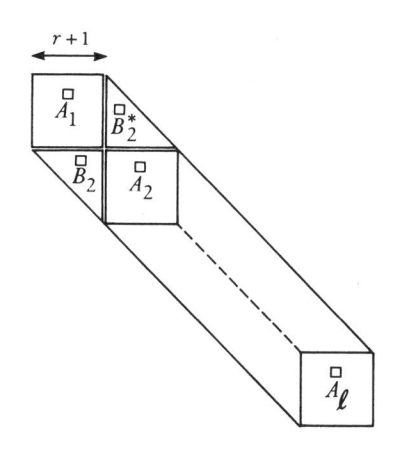

図 6.4.1

次数が $\geq \ell$ であれば，$\dim \mathcal{K}_\ell = \ell r$ であるということが確かめられる．

補助定理 6.4.1 行列 $\overset{\square}{T}_\ell$ の固有値の多重度は $\leq r$ である．

証明 行列 R_j が正則であるから，$\overset{\square}{T}_\ell$ の階数は $\geq n-r$ である．A の任意の固有値 λ に対して $\overset{\square}{T}_\ell - \lambda I$ の階数もまた $\geq n-r$ であり，$\dim \mathrm{Ker}(\overset{\square}{T}_\ell - \lambda I) \leq r$ である． □

次に E を $\{P_i S\}_1^q$ によって生成される部分空間とする．

補助定理 6.4.2 ブロック Lanczos 法は，$A' = A_{|E}$ の固有値を近似していることになる．この A' の固有値の多重度は $\leq r$ である．

証明 補助定理 6.3.1 の証明と同様．λ_i に付随する固有部分空間は $P_i S$ であり，$\dim P_i S \leq r$ である． □

$\{\mu_i\}_1^n$ を A の固有値の全体とする．多重度まで考慮に入れてそれらが大きさの順に並べてあるとする．すなわち，

$$\mu_1 \geq \cdots \geq \mu_{i-1} > \mu_i \geq \mu_{i+1} \geq \cdots \geq \mu_{i+r-1} > \mu_{i+r} \geq \cdots \geq \mu_n.$$

指標の集合 $\{i, i+1, \cdots, i+r-1\}$ を I と記す．各固有値 μ_i に固有ベクトル

x_i が付随しており，対応する固有射影を $P_i = x_i x_i^*$ と記す．すると，$P = \sum_{j \in I} P_j$ は代数的多重度の合計が r のブロック $\{\mu_i, \cdots, \mu_{i+r-1}\}$ に付随する固有射影である．

6.4.2 $\tan \theta(x_k, \mathcal{K}_\ell), k \in I,$ の見積もり

定理 6.4.3 $\dim PS = r$ ならば，

$$\tan \theta(x_k, \mathcal{K}_\ell) \leq \frac{\tilde{\Delta}_i}{T_{\ell-i}(\tilde{\gamma}_k)} \tan(x_k, s_k), \quad k \in I$$

を満たす $s_k \in S$ が存在する．ここで，

$$\tilde{\Delta}_1 = 1, \quad \tilde{\Delta}_i = \prod_{j<i} \frac{\mu_j - \mu_n}{\mu_j - \mu_i}, \quad i > 1,$$

$$\tilde{\gamma}_k = 1 + 2 \frac{\mu_k - \mu_{i+r}}{\mu_{i+r} - \mu_n}$$

である．

証明 ベクトル $s \in S$ は $s = \sum_{j=1}^r s_j u_j, Ps = \sum_{j=1}^r s_j P u_j$ と書くことができる．

r 個のベクトル $\{Pu_j\}_1^r$ は独立であるから，どの $k \in I$ についても，与えられた固有ベクトル x_k に対して $Ps_k = x_k$ を満たす $s_k \in S$ が一意に存在する．

$$v_k = (I-P)s_k = s_k - x_k,$$
$$\|s_k - x_k\|_2 = \tan \theta(x_k, s_k)$$

とおく．

与えられた x_k に対して，$v = q(A)s_k, q \in \mathbf{P}_{\ell-1}$，と書けるようなベクトル $v \in \mathcal{K}_\ell$ を考える．

$s_k = x_k + \sum_{j \in I} P_j s_k$ であるから，$v = q(\mu_k) x_k + \sum_{j \in I} q(\mu_j) P_j s_k$ となる．

a) $i = 1$ の場合：s_1 は x_1 により定義される．

$$\frac{\|(I-P)v\|_2^2}{\|Pv\|_2^2} = \sum_{j \geq 1+r} \frac{q^2(\mu_j) \|P_j s_1\|_2^2}{q^2(\mu_1)}.$$

$q \in \mathbf{P}_{\ell-1}$ に関する右辺の最小値が p において達成されるとする．$\tilde{s} = p(A)s_1 \in \mathcal{K}_\ell$ とおくと，

$$\alpha_1 = \frac{2}{\mu_{1+r} - \mu_n}, \quad \beta_1 = \frac{\mu_{1+r} + \mu_n}{\mu_{1+r} - \mu_n}.$$

このとき $j \geq 1+r$ に対して，$\alpha_1 \mu_j - \beta_1 = 1 - 2\frac{\mu_{1+r} - \mu_j}{\mu_{1+r} - \mu_n} = \theta_j$ で，

$$|\theta_j| \leq 1, \quad |T_{k-1}(\theta_j)| \leq 1.$$

したがって,

$$\tan^2\theta(x_1, \mathcal{K}_\ell) \leq \frac{\|(I-P)\tilde{s}\|_2^2}{\|P\tilde{s}\|_2^2} = \sum_{j \geq 1+r} \frac{p^2(\mu_j)\|P_j s_1\|_2^2}{p^2(\mu_1)}$$

$$\leq \sum_{j \geq 1+r} \frac{T_{\ell-1}{}^2(\alpha_1\mu_j - \beta_1)\|P_j s_1\|_2^2}{T_{\ell-1}{}^2(\alpha_1\mu_1 - \beta_1)} \leq \sum_{j \geq 1+r} \frac{\|P_j s_1\|_2^2}{T_{\ell-1}{}^2(\tilde{\gamma}_1)}.$$

そして

$$\sum_{j \geq 1+r} \|P_j s_1\|_2^2 = \|(I-P)s_1\|_2^2 = \|s_1 - x_1\|_2^2.$$

b) $i > 1$ の場合: 今度は

$$\alpha_i = \frac{2}{\mu_{i+r} - \mu_n}, \quad \beta_i = \frac{\mu_{i+r} + \mu_n}{\mu_{i+r} - \mu_n}$$

とおく. このとき $\alpha_i\mu_k - \beta_i = \tilde{\gamma}_k$.

$$p_i(t) = \left[\prod_{j<i}(t - \mu_j)\right] T_{\ell-i}(\alpha_i t - \beta_i), \quad p_i(\mu_j) = 0, \quad j < i,$$

と定義すると, $\tilde{s} = p_i(A)s_k$. この s_k は x_k により定義されるものである. ゆえに,

$$\tan^2\theta(x_k, \mathcal{K}_\ell) \leq \frac{\|(I-P)\tilde{s}\|_2^2}{\|P\tilde{s}\|_2^2} \leq \sum_{j \geq i+r} \frac{p_i^2(\mu_j)\|P_j s_k\|_2^2}{p_i^2(\mu_k)}$$

$$\leq \left[\prod_{j<i}\frac{\mu_j - \mu_n}{\mu_j - \mu_i}\right]^2 \frac{\sum_{j \geq i+r}\|P_j s_k\|_2^2}{T_{\ell-i}{}^2(\tilde{\gamma}_k)}$$

$$\leq \frac{\tilde{\Delta}_i^2}{T_{\ell-i}{}^2(\tilde{\gamma}_k)}\|x_k - s_k\|_2^2. \qquad \square$$

定理 6.4.2 で与えられる上界は, $r=1$ のときには定理 6.3.3 の上界に帰着すること, その場合の固有値は相異なるものであったことに注意しよう. $\theta(x_k, \mathcal{K}_\ell)$ は $T_{\ell-i}{}^{-1}(\tilde{\gamma}_k)$ と同じように減少する. ここで $\tilde{\gamma}_k$ は距離 $\mu_k - \mu_{i+r}$ に依存する. Lanczos 法からブロック Lanczos 法への一般化は, ベキ乗法から同時反復法への一般化によって得られる効果と似たような効果をもつ (6.2 節参照).

$|\mu_k - \mu_k{}^{(\ell)}|$ と $\|x_k - x_k{}^{(\ell)}\|_2, k \in I,$ の上界も定理 6.3.4 におけると同様に確立することができる.

6.5 一般化固有値問題 $Kx = \lambda Mx$

K が対称行列,M が正定値対称行列のとき,一般化固有値問題(第3章参照)
$$Kx = \lambda Mx, \quad x \neq 0 \tag{6.5.1}$$
を解くことを考えよう.いろいろなやり方でこの問題は標準形の固有値問題 $A - \nu I$ に帰着することができる.

6.5.1 M の Choleskey 分解

M を $M = R^T R$ と Choleskey 分解し,$A = R^{-T} K R^{-1}$ とおく.しかし,大型の行列に対しては行列の積を陽に計算することはしない.(6.5.1)は,$x = R^{-1} y$ とすれば,$Ay = \lambda y$ に等価である.この変形で固有値は変化しない.小さい方の固有値をいくつか計算しようとするのであれば,最小固有値 λ_1 に対する収束の縮小率は

$$\gamma_1 = \frac{\lambda_2 - \lambda_1}{\lambda_{\max} - \lambda_2}$$

に依存して定まる(縮小率は $1 - \gamma_1$ くらい).

ところで,γ_1 は非常に小さくなりうるものである.構造力学では,$\lambda_1 = 10^5, \lambda_2 = 2 \times 10^5, \lambda_{\max} = 10^{19}$ ということもまれではなく,このとき $\gamma_1 = 10^{-14}$ である.このようなときには,丸め誤差がなくても,λ_1 と λ_2 を分離するには Lanczos の反復がおよそ n 段階必要である.有効な対応策としては,逆反復法の自然な一般化であるスペクトル変換がある.

6.5.2 スペクトル変換

σ を,求める固有値の近くに,かつ $K - \sigma M$ が正則になるように選ぶ.方程式 (6.5.1) は方程式

$$(K - \sigma M)^{-1} M x = \frac{1}{\lambda - \sigma} x, \quad x \neq 0 \tag{6.5.2}$$

と同じ解をもつ.

当然，$A=(K-\sigma M)^{-1}M, \nu=\dfrac{1}{\lambda-\sigma}$ とおく．しかしこの A はユークリッド・スカラー積に関してもはや対称ではない．その代わり次の性質がある．

補助定理6.5.1 A は，M により定義されるスカラー積に関して自己随伴的である．

証明 M により定義されるスカラー積とは $\langle u, v\rangle_M = v^T M u$ であるから，
$$\langle Au, v\rangle_M = v^T M A u = v^T M (K-\sigma M)^{-1} M u$$
$$= ((K-\sigma M)^{-1} M v)^T M u = \langle u, Av\rangle_M. \qquad \square$$

したがって，算法 (6.3.1) を (6.5.2) に対して適用することができる．ただし，(6.3.1) におけるユークリッド・スカラー積は $\langle\cdot,\cdot\rangle_M$ で置き換える．すると，次の算法が得られる：

(1) $u \neq 0, w=Mu, b_1=u^T w, v_0=0$ とおく；
(2) $j=1, 2, \cdots, \ell$ に対して．

$$\left.\begin{aligned}
&v_j = \frac{u}{b_j},\ w:=\frac{w}{b_j} \text{ を作り,} \\
&(K-\sigma M)u = w \text{ を解き,} \\
&u := u - b_j v_{j-1}, \\
&a_j = u^T w,\ u := u - a_j v_j, \\
&w = Mu,\ b_{j+1} = u^T w \text{ を計算する}
\end{aligned}\right\} \qquad (6.5.3)$$

(6.3.1) に比べて余計にかかる手間は，各段で，$w=Mu$ を計算することと方程式 $(K-\sigma M)u=w$ を解くことである．

$(K-\sigma M)u=w$ を解くには分解 $K-\sigma M = LDL^T$ を利用する．ここで，L は対角要素が1の下三角行列である．ℓ をできるだけ小さくしておくために，ここでも完全再直交化をするのが望ましい．スペクトル変換 $t \mapsto \dfrac{1}{t-\sigma}$ により，$K-tM$ のスペクトルで σ の近傍にある部分が A のスペクトルの端の方に変換される．したがって，算法 (6.5.3) により，σ を含むある区間の中にある (6.5.2) の固有値が有効に計算されることになる．必要ならば，いくつもの異なる移動 σ を行ってよい．そのようにすれば，近似値 σ が知られているときにはスペクトルの中のどんな固有値でも定めることができる．

注意 非常に大型の問題に対しては,三角分解は主記憶装置内に収容しきれないことがある.主記憶装置と周辺記憶装置との間の転送時間がかさむときには,"ブロック"Lanczos 法を採用するのが有利になりうる.その場合ブロック Lanczos 法は $(K-\sigma M)u_i = w_i, i=1, \cdots, r$,という形の r 組の連立方程式を解くことになる.

簡単のため,M を正定値と仮定したが,実際には M は特異であってもよい(練習問題 6.11 と練習問題 6.12 参照).

6.6 Arnoldi 法

次に,Lanczos 法を"非 Hermite"行列の場合に拡張した方法について述べる.これは,行列の Hessenberg 形の行列への変換を繰り返す Arnoldi の算法に基づくものである(Arnoldi (1950)).

6.6.1 不完全 Arnoldi 法

あらためて,$u \neq 0$ によって生成される Krylov 部分空間を $\mathscr{K}_\ell = \text{lin}(u, Au, \cdots, A^{\ell-1}u)$ とする.Arnoldi 法は,写像 $\mathscr{A}_\ell$ が上 Hessenberg 形の行列 H_ℓ で表現されるような $\mathscr{K}_\ell$ の正規直交基底 $\{v_i\}_1^\ell$ を計算する方法である.

$$\left.\begin{aligned}
&(1)\quad v_1 := \frac{u}{\|u\|_2}, \quad h_{11} := v_1^* A v_1; \\
&(2)\quad j=1, \cdots, \ell-1 \text{ に対して次の計算をする}: \\
&\qquad x_{j+1} = Av_j - \sum_{i=1}^{j} h_{ij}v_i, \quad h_{j+1,j} = \|x_{j+1}\|_2, \\
&\qquad v_{j+1} = h_{j+1,j}^{-1} x_{j+1}, \quad h_{i,j+1} = v_i^* A v_{j+1}, \quad i \leq j+1.
\end{aligned}\right\} \quad (6.6.1)$$

$x_j = 0$ となったら算法を停止する.しかし,u に関する A の最小多項式の次数が $\geq \ell$ であるとこうなることは不可能である.最小多項式の次数が ℓ 以上であれば,$H_\ell = (h_{ij})$ は既約 Hessenberg 行列である.

以後,A(したがって A_ℓ)は固有値 $\{\lambda_i\}_1^n$ をもつ"対角化可能"行列であると仮定する.H_ℓ は対角化可能だから,必ず ℓ 個の単純固有値 $\{\lambda_i^{(\ell)}\}_1^\ell$ をもつ.P_i

を λ_i に付随する固有射影とする。$P_i u \neq 0$ ならば，$x_i = P_i u / \|P_i u\|_2$ とおく。

6.6.2 $\|(I-\pi_\ell)x_i\|_2$ の見積もり

補助定理 6.6.1 $P_i u \neq 0$ で，A が対角化可能なら，

$$\|(I-\pi_\ell)x_i\|_2 \leq \left[\min_{\substack{p \in \mathbf{P}_{\ell-1} \\ p(\lambda_i)=1}} \max_{j \neq i} |p(\lambda_j)|\right] c_i.$$

証明

$$\|(I-\pi_\ell)x_i\|_2 = \mathrm{dist}_2(x_i, \mathscr{K}_\ell) = \min_{q \in \mathbf{P}_{\ell-1}} \|x_i - q(A)u\|_2.$$

$\mathscr{K}_\ell$ の中に

$$\frac{1}{\|P_i u\|_2}(q(A)P_i u + q(A)(I-P_i)u)$$

という形のベクトルを選ぶ。

$q(A)P_i = q(\lambda_i)P_i$, $q(A)(I-P_i) = q(A(I-P_i))$ であるから，

$$\|(I-\pi_\ell)x_i\|_2 \leq \min_{\substack{p \in \mathbf{P}_{\ell-1} \\ p(\lambda_i)=1}} \|p(A(I-P_i))(I-P_i)u\|_2 \frac{1}{\|P_i u\|_2}$$

となる。

ところで，A は対角化可能であるから，D' を A の固有値 $\lambda_j, j \neq i$, を対角要素にもつ対角行列として，$A = XDX^{-1}, A(I-P_i) = XD'X^{-1}$。したがって，

$$\|p(A(I-P_i))\|_2 \leq \max_{j \neq i}|p(\lambda_j)| \mathrm{cond}_2(X)$$

である。

$$c_i = \frac{\|(I-P_i)u\|_2}{\|P_i u\|_2} \mathrm{cond}_2(X)$$

とおけば，証明が終わる。 □

$\varepsilon_i^{(\ell)} = \min_{\substack{p \in \mathbf{P}_{\ell-1} \\ p(\lambda_i)=1}} \max_{\mathrm{sp}(A)-\{\lambda_i\}} |p(\lambda)|$ とおく。これは，集合 $\mathrm{sp}(A)-\{\lambda_i\}$ 上で 0 となるような関数の，次数が ℓ 未満で $p(\lambda_i)=1$ を満たす複素変数多項式による最良近似の一様ノルムを表している。

第 7 章の定理 7.1.6 と例 7.1.2 において，A のスペクトルが相異なる d 個

の固有値で構成されているならば，λ と異なる A の $d-1$ 個の固有値の中に ℓ 個の固有値 $\lambda_1, \cdots, \lambda_\ell$ が存在して，$\ell \leq d-1$ に対して

$$\varepsilon^{(\ell)} = \min_{\substack{p \in \mathbf{P}_{\ell-1} \\ p(\lambda)=1}} \max_{\mathrm{sp}(A)-\{\lambda\}} |p(z)| = \left[\sum_{j=1}^{\ell} \prod_{\substack{k=1 \\ k \neq j}}^{\ell} \left| \frac{\lambda_k - \lambda}{\lambda_k - \lambda_j} \right| \right]^{-1},$$

$\ell \geq d$ に対して $\varepsilon^{(\ell)} = 0$ であることを証明する．

この式の形からわかるように，分母にある $\left|\frac{\lambda_k-\lambda}{\lambda_k-\lambda_j}\right|$, $k \neq j$, という形の項が大きければ大きいほど，大きな ℓ に対して，$\varepsilon^{(\ell)}$ は小さくなる．したがって，$\varepsilon^{(\ell)}$ は，スペクトルの内部にある固有値に対するよりも，スペクトルの縁にある固有値（優越固有値を含む）に対して，より小さくなることが期待できる．このことは経験からも確認されている．

6.6.3

ℓ が増大するとき $\varepsilon_i^{(\ell)}$ がどのように減少するかという解析は，"複素" 変数関数による近似理論における難しい問題である．スペクトルが非常に特殊な形をしているいくつかの特別の場合を除いて，簡単で同時に正確な $\varepsilon_i^{(\ell)}$ の上界を確立することは容易でない．以下の 2 例について，$\varepsilon_i^{(\ell)}$ が $\mathrm{sp}(A)$ に強く依存することを見てみよう．

例 6.6.1 固有値が区間 $[0,1]$ 上に一様に分布しているとき，$\lambda_j = \frac{j-1}{n-1}$, $j=1, \cdots, n$, で $\varepsilon^{(n-1)} = \frac{1}{2^{n-1}-1}$ である．

例 6.6.2 固有値が円周 $|z|=1$ 上に一様に分布しているとき，$\lambda_j = e^{2(j-1)\frac{\pi i}{n}}$, $j=1, \cdots, n$, で $\varepsilon^{(\ell)} = 1/\ell$ である．

ℓ が増大するときの $\varepsilon^{(\ell)}$ の減少し方は，スペクトルの分布の形によっては非常にゆっくりしていることもある．$\mathrm{sp}(A)-\{\lambda\}$ を含まない領域 D の中で z を変えたときの上界 $\eta^{(\ell)}$ を調べることにより，$\varepsilon^{(\ell)}$ を調べることができる．実際，

$$\max_{\mathrm{sp}(A)-\{\lambda\}} |p(z)| \leq \max_{z \in D} |p(z)|$$

であるから，

$$\varepsilon^{(\ell)} \leqq \eta^{(\ell)} = \min_{\substack{p \in \mathbf{P}_{\ell-1} \\ p(\lambda)=1}} \max_{z \in D} |p(z)|.$$

実行列 A のスペクトルは実軸に関して対称である．固有値 λ も実数ならば，実軸に関して対称な領域 D を選べばよい．

下の定理は次の三つの "特別な場合" (i)-(iii) に対して $\eta^{(\ell)}$ を定めている．
(i) λ が実数で D が直線分．
(ii) λ が実数で D が円板．
(iii) λ が実数で D が長径が実軸上にある楕円の内部．

定理 6.6.2 次の特徴づけができる．ただし，$a, \lambda-c, e, \rho$ は正の実数とする．
(i) D が実数区間 $\{t\,;\,|t-c| \leqq a\}$ の場合：
$$\eta^{(\ell)} = 1/T_{\ell-1}\left[\frac{\lambda-c}{a}\right].$$
(ii) D が円板 $\{z\,;\,|z-c| \leqq \rho\}$ の場合：
$$\eta^{(\ell)} = \left|\frac{\rho}{\lambda-c}\right|^{\ell-1}.$$
(iii) D が中心 c，中心から焦点までの距離 e，長半径 a の楕円で囲まれている場合：
$$\eta^{(\ell)} = T_{\ell-1}\left[\frac{a}{e}\right] / T_{\ell-1}\left[\frac{\lambda-c}{e}\right].$$

証明 第 7 章 7.3 節および図 6.6.1 参照． □

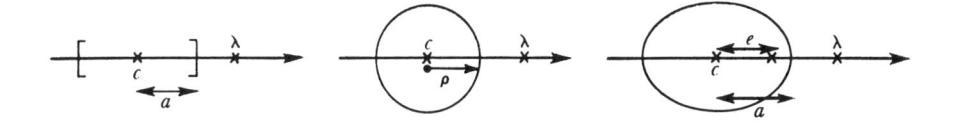

図 6.6.1

6.6.4 近似

$\alpha_\ell = \|(I-\pi_\ell)x\|_2$ とおいて，定理 6.3.4 に対応する定理を証明しよう．ただ

し，x は単純固有値 λ に付随する固有ベクトルである．

定理 6.6.3 単純固有値 λ とそれに付随する固有ベクトル x に対して，α_ℓ がいくら小さくとも，ℓ を十分大きくとれば A_ℓ の固有値，固有ベクトル λ_ℓ, x_ℓ が存在して $|\lambda - \lambda_\ell| \leq c\alpha_\ell$, $\sin \theta_\ell \leq c\alpha_\ell$ を満たす．ここで，c は一般的定数である．

証明 ベクトル x は $x_{\ell *}{}^* x = 1$ と正規化することにするが，この正規化は ℓ に依るので，そのように正規化された x のことを $\tilde{x}^{(\ell)}$ と記すことにする．そして，$\|x\|_2 = 1$ という正規化をしたものを表すのに x という記号を用いることにする．すると（図 6.6.2 を参照），

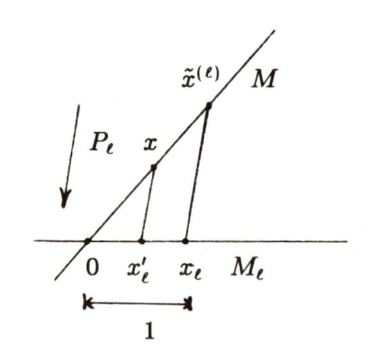

図 6.6.2

$$P_\ell \tilde{x}^{(\ell)} = x_\ell, \quad P_\ell x = x'_\ell$$

となり，さらに

$$\|(P_\ell - P)x\|_2 = \|x'_\ell - x\|_2 = \|x'_\ell\|_2 \cdot \|\tilde{x}^{(\ell)} - x_\ell\|_2$$

となる．したがって，

$$\lambda = x_{\ell *}{}^* A \tilde{x}^{(\ell)},$$
$$\lambda - \lambda_\ell = x_{\ell *}{}^* (I - \pi_\ell) A \tilde{x}^{(\ell)} + x_{\ell *}{}^* \pi_\ell A (\tilde{x}^{(\ell)} - x_\ell)$$
$$= \frac{1}{\|x'_\ell\|_2} [x_{\ell *}{}^* (I - \pi_\ell) A x + x_{\ell *}{}^* \pi_\ell A (x'_\ell - x)]$$

であり，これから

$$|\lambda-\lambda_\ell| \le c\left(\max_{1\le\ell\le n}\frac{\|x_{\ell*}\|_2}{\|x_\ell'\|_2}\right)a_\ell \le ca_\ell$$

が得られる。 □

最大固有値 $\lambda=\lambda_1$ を近似するとき，残りのスペクトルが "実数"（あるいは "ほとんど実数"，図 6.6.3 参照）であるなら，定理 6.6.2 から Lanczos 法の誤差上界 $1/T_{\ell-1}(\gamma_1)$ と同じ（あるいはたいへん近い）誤差上界が導ける（しかしながら，固有値に対しては指数 2 はない）．

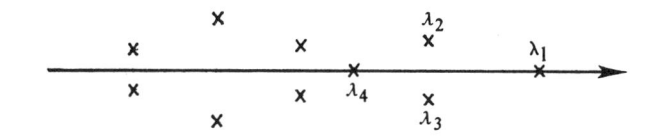

図 6.6.3

i 番目に大きい実数の固有値 λ を近似するときも，残りのスペクトルが実数あるいはほとんど実数という条件の下では，Lanczos 法のときの上界に非常に近い上界を証明することができる．

A が "複素" 固有値をもつ場合，Arnoldi 法の精度についての研究は Lanczos 法についてのものにははるかに及ばない．その大きな原因は，複素コンパクト領域上での一様近似の理論がまだはなはだ不完全なためであるということを読者は理解されたであろう．

6.6.5　誤差上界の事後評価

恒等式 $AV_\ell = V_\ell H_\ell + h_{\ell+1,\ell}v_{\ell+1}e_\ell^T$ から

$$AX_\ell = X_\ell D_\ell + h_{\ell+1,\ell}v_{\ell+1}e_\ell^T Y_\ell$$

が，そして i 番目の組 $\lambda_i^{(\ell)}, x_i^{(\ell)}$ に対して

$$\|Ax_i^{(\ell)} - \lambda_i^{(\ell)}x_i^{(\ell)}\|_2 = h_{\ell+1,\ell}|\xi_{\ell i}^{(\ell)}|$$

が導かれる．

A は仮定により対角化可能 $A=XDX^{-1}$ であり，定理 4.4.1 により，固有値 λ で

$$|\lambda - \lambda_i^{(\ell)}| \leq \mathrm{cond}_2(X) h_{\ell+1,\ell} |\xi_{\ell i}^{(\ell)}|$$

を満たすものが存在する．A が Hermite 行列のときと異なり，この上界は，係数 $\mathrm{cond}_2(X)$ があるため，完全に事後的に計算できるものではない．

6.6.6 実際的算法

行列 H_ℓ の計算は実際には非常に手間がかかる．それよりも"不完全直交化"の技法の方が好まれることが多い．この技法は，i を固定し j を増加させるとき H_ℓ の要素 h_{ij} が小さくなっていくという（発見的な）注意に基礎をおいている．

次のようにして，$\mathcal{K}_\ell$ の基底 $\{w_i\}_1^\ell$ を構成する．すなわち，整数 q，ベクトル $u \neq 0$ が与えられたとき，$w_1 = u/\|u\|_2$ とおき，$j = 1, \cdots, \ell$ に対して以下の計算をする：

$$\left.\begin{aligned}
&(1)\quad y = Aw_j; \\
&(2)\quad i = \max(1, j-q) \text{ から } i = \ell \text{ までに対して,} \\
&\qquad \tilde{h}_{ij} = w_i^* A w_j, \quad y := y - w_i \tilde{h}_{ij} \text{ を計算する；} \\
&(3)\quad \tilde{h}_{j+1,j} = \|y\|_2, \quad w_{j+1} = y/\tilde{h}_{j+1,j} \text{ とおく．}
\end{aligned}\right\} \quad (6.6.2)$$

定理 6.6.4 (6.6.2) で定義されるベクトルは，$|i-j| \leq q+1$ に対して $w_i^* w_j = \delta_{ij}$ を満たす $\mathcal{K}_\ell$ の基底 W_ℓ を構成する．

証明

$$i^* = \max(1, j-q) = \begin{cases} 1, & j \leq q \text{ のとき,} \\ j-q, & j > q \text{ のとき} \end{cases}$$

とおく．

$j = 1, \cdots, \ell$ に対して $Aw_j = \sum_{i=i^*}^{j+1} \tilde{h}_{ij} w_i$．$\tilde{H}_\ell$ を，$i-1 \leq j \leq i+q$ に対してのみ $\tilde{h}_{ij}$ が非零であるような帯 Hessenberg 行列とする：

$$\tilde{H}_\ell = \begin{bmatrix} & & 0 \\ & q+1 & \\ 0 & & \end{bmatrix}.$$

すると，恒等式

$$AW_\ell = W_\ell \tilde{H}_\ell + \tilde{h}_{\ell+1,\ell} w_{\ell+1} e_\ell^\mathrm{T} \qquad (6.6.3)$$

が成り立つ. □

命題 6.6.5 写像 $\mathcal{A}_\ell = \pi_\ell A_{|X_\ell}$ は,
$$\hat{H}_\ell = \tilde{H}_\ell + r_\ell e_\ell^{\mathrm{T}}, \quad r_\ell = \tilde{h}_{\ell+1,\ell} G_\ell^{-1} W_\ell^* w_{\ell+1}$$
を満たす行列 $\hat{H}_\ell$ により表現される. ただし, $G_\ell = W_\ell^* W_\ell$.

証明 $G_\ell = W_\ell^* W_\ell$, $B_\ell = W_\ell^* A W_\ell$ とおこう. 写像 $\mathcal{A}_\ell$ が, 随伴基底 W_ℓ, $W_\ell G_\ell^{-*}$ に関して行列 $\tilde{H}_\ell = G_\ell^{-1} B_\ell$ により表現されるということの証明は読者にまかせる (練習問題 6.13). 恒等式 (6.6.3) は W_ℓ^* を掛ければ得られる:
$$B_\ell = G_\ell \tilde{H}_\ell + \tilde{h}_{\ell+1,\ell} W_\ell^* w_{\ell+1} e_\ell^{\mathrm{T}}.$$
求める結果はこれから導かれる. □

命題 6.6.5 から, 不完全直交化を伴う Arnoldi の算法を実現する二つの実用されている方法を導き出すことができる. それらは修正項 $r_\ell e_\ell^{\mathrm{T}}$ をもつ, あるいはもたない, 帯状 Hessenberg 行列を利用するものである (練習問題 6.14 参照).

実際の計算の手間を抑えるためのもう一つの方法として, Arnoldi 算法の反復法的な変種を発見的に用いる方法がある. すなわち, u から出発して, ℓ を "あまり大きくない値に固定" して, $\mathcal{A}_\ell$ の固有ベクトル $\varphi_i^{(\ell)}$ を計算する. $\varphi_i^{(\ell)}$ の適当な線形結合を出発ベクトルにして同様のことを繰り返す. この方法の収束性の証明は存在しない (第 7 章, 7.9 節も参照).

6.7 斜交射影

6.1 節では, 合理的に選んだ部分空間への "直交" 射影によって A の固有値, 固有ベクトルを近似する原理を述べた. A が Hermite 行列でないときには, "斜交" 射影を考えることになろう. 以下のように形式的な述べ方をする. その際, $\nu \ll n$ 次元の一般には直交しない二つの部分ベクトル空間 G_ℓ^1, G_ℓ^2 を用いる. ϖ_ℓ を G_ℓ^2 の上への直交射影とする. 問題 (6.1.1) は G_ℓ^1 において
$$\varpi_\ell(Ax_\ell - \lambda_\ell x_\ell) = 0 \text{ を満たす } \lambda_\ell \in \mathbf{C} \text{ および } 0 \neq x_\ell \in G_\ell^1 \text{ を見出すこと}$$
(6.7.1)

により近似される.

(6.7.1) は (6.1.1) の "Petrov 近似" である (Chatelin (1983), p.64 および第4章).

G_ℓ^1 と G_ℓ^2 にそれぞれ正規直交基底 V_ℓ^1, V_ℓ^2 を作る. 方程式 (6.7.1) は
$$(V_\ell^{2*}AV_\ell^1)\xi_\ell = \lambda_\ell V_\ell^{2*}V_\ell^1\xi_\ell$$
となるが, これは一般化固有値問題である.

G_ℓ^2 の上への直交射影 ϖ_ℓ が G_ℓ^1 の上への "斜交" 射影 π' を定めることを, 読者は確かめられたい (練習問題6.15). 斜交射影法という名称はこのことに由来している.

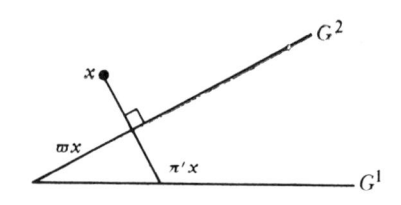

図6.7.1

例 6.7.1 非対称, 不完全 Lanczos 算法というのは, 部分空間 $\mathcal{K}_\ell = \text{lin}(u, Au, \cdots, A^{\ell-1}u)$ と $\mathcal{L}_\ell = \text{lin}(v, A^*v, \cdots, (A^*)^{\ell-1}v)$ の上への斜交射影法のことである.

(1) $w_1^*v_1 = 1, b_1 = c_1 = 0$ を満たす $v_1 = u, w_1 = v$ を選ぶ.

(2) $j = 1, 2, \cdots, \ell$ に対して,
$$a_j = w_j^*Av_j,$$
$$\hat{v}_{j+1} = Av_j - a_jv_j - b_jv_{j-1},$$
$$\hat{w}_{j+1} = A^*w_j - a_jw_j - c_jw_{j-1},$$
$$c_{j+1} = (|\hat{w}_{j+1}^*\hat{v}_{j+1}|)^{1/2},$$
$$b_{j+1} = \text{sgn}(\hat{w}_{j+1}^*\hat{v}_{j+1})c_{j+1},$$
$$v_{j+1} = \hat{v}_{j+1}/c_{j+1},$$
$$w_{j+1} = \hat{w}_{j+1}/b_{j+1}$$
を計算する.

行列 $W_\ell^*AV_\ell$ は要素が (c_i, a_i, b_{i+1}) の3重対角行列である. この方法には

"収束性"の証明はなく，実際には注意深く利用しなければならない方法である．Arnoldi の方法に比べてこの方法がもっている非常に大きな特徴は，必要な記憶場所が少なくて済むことである（Cullum-Willoughby,《A practical procedure for computing eigenvalues of large sparse nonsymmetric matrices（非対称大型疎行列の固有値計算の実用的手続き）》, Cullum-Willoughby (eds.), 193-240 (1986) 参照）．

6.8 参考文献について

本章の記述は大筋において Chatelin (1983) によっている．なお，Saad (1980 (a), (b)) も参照のこと．収束性の定理 6.2.4 は Chatelin-Saad に負う．定理 6.3.4 は，Saad (1980 (a)) では変分法の定式化を利用して証明されている．本書で与えたスペクトル理論に基づく証明は，A が対称であるということによっていない．それゆえ定理 6.6.3 にも適用しうるものである．

Lanczos の算法において計算精度が有限であることの影響についての 1970 年代の研究の始まりは C. Paige の学位論文（《The computation of eigenvalues and eigenvectors of very large sparse matrices（非常に大型で疎な行列の固有値と固有ベクトルの計算）》, London Uuiversity, Inst. of Comp. Sc. (1971)）にある．選択的再直交化の着想は Parlett-Scott（《The Lanczos algorithm with selective orthogonalization（選択的直交化を用いた Lanczos 算法）》, Math. Comp. **33**, 217-238 (1979)）に，部分的再直交化は Simon, H. D.（《The Lanczos algorithm with partial reorthogonalization（部分的再直交化を用いた Lanczos 算法）》, Math. Comp. **42**, 115-142 (1984)）に提案されており，再直交化なしの算法は Cullum-Willoughby の本（《Lanczos Algorithms for Large Symmetric Eigeuvalue Computations（大型対称行列の固有値計算に対する Lanczos 算法）》, Birkhäuser (1985)）で論じられている．ブロック Lanczos 法は G. Golub（《Some uses of the Lanczos algorithm in numerical linear algebra（線形計算における Lanczos 算法の利用法）》, Topics in Numerical Analysis（数値解析の話題）, J. J. H. Miller (ed.), 173-184, Academic Press (1973)）において導入されたものである．

Ericsson-Ruhe (1980) で論じられているスペクトル変換は構造力学でよく

利用される．(非対称実行列に対する) 複素平面上での原点移動の場合については，Parlett-Saad (《Complex shift and invert strategies for real matrices (実行列に対する複素域における移動と逆転の手法)》, Lin. Alg. Appl. 88/89, 575-595 (1987)) で扱われている．

(Chebyshev 加速を伴うあるいは伴わない) 同時反復法の性能と Lanczos 法の性能との比較研究は Nour-Omid, Parlett, Taylor の中で提唱されている (《Lanczos versus subspace iteration for solution of eigenvalue problems (固有値問題の解に対する Lanczos 法対部分空間反復法)》, Int. J. Num. Meth. Engng. **19**, 859-871 (1983))．部分空間反復法を加速しても Lanczos 法の方が性能がよいことが非常にしばしばあるが，行列が対称でなくなるとこの長所は一般にはなくなってしまう．そのことを第 7 章で見ることにしよう．最後に，Parlett の論文 (1984) には現在利用可能な数値計算ソフトウェアの概観が与えられている．

非対称 Lanczos 算法の実際的な利用法については，Parlett-Taylor-Liu (《The look ahead Lanczos algorithm for large non-symmetric eigenproblems (非対称大型固有値問題に対する先読み型 Lanczos 算法)》, Computing Methods in Applied Sciences and Engineering (応用科学と工学における計算法), R. Glowinski, J. L. Lion (eds.), North Holland (1985)) の中で研究されている．Saad (《The Lanczos biorthogonalization algorithm and other oblique projection methods for solving large unsymmetric systems (大型非対称系を解くための Lanczos の双直交化算法およびその他の斜交射影法)》, SIAM J. Numer. Anal. **19**, 470-484 (1982) および Cullum-Willoughby (《A Lanczos procedure for the modal analysis of very large nonsymmetric matrices (超大型非対称行列のモード解析のための Lanczos の方法)》, Proc. 23rd IEEE Conf. Decision Control, Las Vegas, 1758-1761 (1984)) も参照のこと．

練習問題

6.1 [A] 6.1 節で定義した数学的対象を $\Pi_\ell, G_\ell, \mathcal{A}_\ell$ とする (本文 p. 208)．A_ℓ

$= \Pi_\ell A$ とする．$\mathcal{A}_\ell$ と A_ℓ は同じ非零固有値をもつことを証明せよ．

6.2 [A] 行列 A が対角化可能でないとき，補助定理6.2.1（本文p.210）の定数 $\|C^\ell\|_2$ がどうなるかを調べよ．

6.3 [A] 定理6.2.4（本文p.213）を証明せよ．ただし $|\mu_i| > |\mu_{i+1}|$ と仮定する．

6.4 [A] 算法 (5.2.1)（本文p.174）により構成される行列 Q_k が部分空間 $A^k S$ の基底であることを証明せよ．

6.5 [A] 定理6.2.6（本文p.214）の行列 Δ_ℓ がブロック対角行列であることを帰納法で証明せよ．

6.6 [A] Lanczosの3重対角化法におけるKrylov部分空間 $\mathcal{K}_\ell$ の次元が $<\ell$ であるとき，大きさ $<n$ の二つの固有値問題に帰着されることを証明せよ．

6.7 [A] $(u_1, \cdots, u_n)$ を n 次元ベクトル空間 S の基底とする．Gram-Schmidt の算法により構成されるベクトル $\hat{y}_j$ を

$$y_1 = u_1,$$
$$\hat{y}_j = \frac{1}{\|\hat{y}_j\|_2} y_j,$$
$$y_{j+1} = u_{j+1} - \sum_{i=1}^{j} (\hat{y}_i{}^* u_{j+1}) y_i$$

で定義する．これが S の正規直交基底をなすことを証明せよ．
次に
$$u_1 = v_1,$$
$$u_j = A^{j-1} v_1, \quad j = 2, \cdots, n$$

によって作られるKrylov部分空間 $\mathcal{K}$ を考えよう．ここで，v_1 は $\|v_1\|_2 = 1$ を満たすとする．x_j を Lanczos の算法（本文p.215）により構成される基底ベクトルとし，y_j を Gram-Schmidt の正規直交化によって得られるべ

クトルとする．

$j = 1, 2, \cdots, n$ に対して
$$y_j = \theta_j x_j$$
となるような非負実数 θ_j が存在することを示せ．

このことから Lanczos の正規直交基底と Gram-Schmidt の正規直交基底とが一致することを導け．有限精度で計算するときに何故 Lanczos の算法の方が優れているのか？

6.8 [A] 定理 6.3.4（本文 p.220）に与えられている誤差の上界の式の中の定数を見積もれ．

6.9 [B : 46] すべての計算が ε のオーダーの機械誤差で行われるものと仮定する．そのとき，漸化式（6.3.2）（本文 p.222）は，L_ℓ を下3角行列として，
$$AV_\ell = V_\ell T_\ell + b_{\ell+1} v_{\ell+1} e_\ell^T + F_\ell,$$
$$V_\ell^* V_\ell = L_\ell + I + L_\ell^*$$
となる．局所直交性
$$v_\ell \perp \text{lin}(v_{\ell-1}, v_{\ell-2})$$
があって，L_ℓ の対角要素とその一つ下の部分の要素が 0 となるとしよう．さらに
$$\|F_\ell\|_2 \leq \varepsilon \|A\|_2$$
と仮定する．

i) $\|e_{\ell+1}^T L_{\ell+1}\|_2 = \|v_{\ell+1}^T V_\ell\|_2 = \|v_{\ell+1}^T X_\ell\|_2$
であることを示せ．

ii) X_ℓ の第 i 列 $x_i^{(\ell)}$ が
$$x_i^{(\ell)T} v_{\ell+1} = \frac{\gamma_{ii}}{\beta_{i\ell}}, \quad i = 1, 2, \cdots, \ell$$
を満たすことを示せ．ただし K_ℓ を $F_\ell^T V_\ell - V_\ell^T F_\ell$ の対角要素を含まない3角部分として
$$\gamma_{ik} = \xi_i^{(\ell)T} K_\ell \xi_i^{(\ell)}$$
とおく．

iii) $\|K_\ell\|_2 = O(\varepsilon\|A\|_2)$ であることを示せ.

iv) 関係式
$$\gamma_{ii} = O(\varepsilon\|A\|_2), \qquad x_i^{(\ell)\mathrm{T}} v_{\ell+1} \sim 1$$
から
$$\beta_{i\ell} = O(\varepsilon\|A\|_2)$$
が導かれることを示せ. このことから"直交性が崩れても収束はする"ということを示せ.

6.10 [D] 練習問題 6.9 の記法を用いる.

i) $i, k < \ell, i \neq k$ に対して
$$(\lambda_i^{(\ell)} - \lambda_k^{(\ell)}) x_i^{(\ell)\mathrm{T}} x_k^{(\ell)} = \gamma_{ii} \frac{\xi_{\ell k}}{\xi_{\ell i}} - \gamma_{kk} \frac{\xi_{\ell i}}{\xi_{\ell k}} - (\gamma_{ik} - \gamma_{ki})$$
であることを証明せよ.

ii) このことから Ritz ベクトル $x_i^{(\ell)}$ と $x_k^{(\ell)}$ は, それぞれ, 固有ベクトル x_i, x_k のあまりよい近似でない ($\xi_{\ell i}$ と $\xi_{\ell k}$ が大きすぎるため) ときでも, 機械の精度ぎりぎりまで直交していることを示せ.

6.11 [B : 47] K が正定値実対称行列で,
$$M = \mathrm{diag}(M_+, 0) \qquad (M_+ \text{ は正定値実対称行列})$$
により定められている場合に, 問題
$$(K - \lambda M)z = 0, \qquad z \neq 0$$
を考えよう. M の構造から K と z の分割
$$K = \begin{pmatrix} K_{11} & K_{12} \\ K_{12}^\mathrm{T} & K_{22} \end{pmatrix},$$
$$z = \begin{pmatrix} z_1 \\ z_2 \end{pmatrix}$$
が得られる.

i) もとの問題が
$$(K_{11} - \lambda M_+)z_1 + K_{12} z_2 = 0,$$
$$K_{12}^\mathrm{T} z_1 + K_{22} z_2 = 0$$
と書かれることを示せ.

ii) K_{22} が正則であると仮定できることを示せ.

iii) z_1 は行列
$$H_{11} = K_{11} - K_{12}K_{22}^{-1}K_{12}^T$$
の固有ベクトルであることを示せ．

iv) z_2 は z_1, K_{12}, K_{22} により完全に決定されることを示せ．

6.12 [D] 練習問題 6.11 で行った考察を，行列 M が半定値実対称行列の場合に一般化せよ．

6.13 [A] 命題 6.6.5（本文 p.237）において写像 $\mathcal{A}_\ell$ は基底 W_ℓ に関して行列 $\tilde{H}_\ell = G_\ell^{-1} B_\ell$ により表現されることを証明せよ．

6.14 [A] 算法 (6.6.2)（本文 p.236）を考えよう．不完全直交化を伴う修正項 $r_\ell\ell_\ell^T$ なしの Arnoldi 法は，$\mathcal{K}_\ell$ において A の Ritz 値，Ritz ベクトルを計算するのに行列 $\tilde{H}_\ell$ の固有値，固有ベクトルを利用するという方法になっている．対応する誤差上界を調べよ．

6.15 [A] (6.7.1)（本文 p.237）によって定義される Petrov 近似を考えよう．$\omega(G_\ell^1, G_\ell^2) < 1$ ならば，G_ℓ^2 の上への直交射影 ϖ_ℓ は G_ℓ^1 の上への一つの斜交射影 π' を定めていることを証明せよ．

6.16 [B : 61] A が n 次正定値実対称行列であるとする．問題 $Ax = b$ を解く以下の二つの方法を考える．

Lanczos 法：
　　　$x_0 \in \mathbf{R}^n$ を与える；
　　　$r_0 = b - Ax_0$；
　　　$q_{-1} = 0$；
　　　$\delta_0 = \|r_0\|_2$；
　　　$u_{-1} = r_0$；
　　　$k = 0, 1, 2, \cdots$ に対して以下を実行する：
　　　　　もし $\delta_k = 0$ なら終了し，そうでなければ以下を実行する：
　　　　　　　$q_k = u_{k-1}/\delta_k$；
　　　　　　　$\gamma_k = q_k^T A q_k$；

$$u_k = Aq_k - \gamma_k q_k - \delta_k q_{k-1};$$
$$\delta_{k+1} = \|u_k\|_2.$$

共役勾配法：

$x_0 \in \mathbf{R}^n$ を与える；
$r_0 = d_0 = b - Ax_0$；
$k=0, 1, 2, \cdots$ に対して以下を実行する：
　　もし $d_k=0$ ならば $x=x_k$ が $Ax=b$ の解であるからそれで終了し，そうでなければ以下を実行する：
$$\sigma_k = \frac{\|r_k\|_2^2}{d_k^\mathrm{T} A d_k};$$
$$x_{k+1} = x_k + \sigma_k d_k;$$
$$r_{k+1} = r_k - \sigma_k A d_k;$$
$$\beta_k = \frac{\|r_{k+1}\|_2^2}{\|r_k\|_2^2};$$
$$d_{k+1} = r_{k+1} + \beta_k d_k.$$

A の異なる固有値の個数を d とする．

i) $d_m=0$ となるような整数 $m \leqq d$ が存在することを示せ．

ii) ベクトル $d_0, \cdots, d_m$ は一次独立であることを示せ．

iii) 　　　$\mathrm{lin}(d_0, \cdots, d_k) = \mathrm{lin}(r_0, Ar_0, \cdots, A^k r_0)$
　　　　　　　　　$= \mathrm{lin}(r_0, r_1, \cdots, r_k), \quad 0 \leqq k \leqq m-1,$
$x_m = x$

であることを示せ．

iv) 次の諸性質を示せ．

$$d_i^\mathrm{T} A d_j = 0, \quad 0 \leqq i < j < m,$$
$$r_i^\mathrm{T} r_j = 0, \quad 0 \leqq i < j \leqq m,$$
$$\|r_i\|_2 > 0, \quad 0 \leqq i < m,$$
$$d_i^\mathrm{T} r_j = \begin{cases} 0, & 0 \leqq i < j \leqq m \text{ のとき}, \\ \|r_i\|_2^2 & 0 \leqq j \leqq i \leqq m \text{ のとき}. \end{cases}$$

v) σ_k において関数
$$g_k(\sigma) = (x_k - x + \sigma d_k)^\mathrm{T} A (x_k - x + \sigma d_k)$$
の最小値が達成されることを示せ．

以下の記号を定義する．

$$T_k = \begin{pmatrix} \gamma_0 & \delta_1 & & 0 \\ \delta_1 & \gamma_1 & \ddots & \\ & \ddots & \ddots & \delta_{k-1} \\ 0 & & \delta_{k-1} & \gamma_{k-1} \end{pmatrix},$$

$$D_k = \mathrm{diag}(\sigma_0^{-1}, \cdots, \sigma_{k-1}^{-1}),$$

$$Q_k = (q_0, \cdots, q_{k-1}),$$

$$r_j = -\sqrt{\beta_j}, \quad 0 \leq j \leq k-1,$$

$$L_k = \begin{pmatrix} 1 & 0 & \cdots & & 0 \\ r_0 & 1 & 0 & & \vdots \\ 0 & r_1 & 1 & & \\ & & & \ddots & 0 \\ 0 & & & r_{k-2} & 1 \end{pmatrix}$$

vi) 関係式

$$AQ_k - Q_k T_k = \delta_k q_k e_k^\mathrm{T},$$
$$Q_k^\mathrm{T} Q_k = I_k,$$
$$Q_k^\mathrm{T} q_k = 0,$$
$$T_k = L_k D_k L_k^\mathrm{T}$$

を証明し，それらからパラメタ $\gamma_i, \delta_i, \beta_i, \sigma_i$ の間の関係式を導き出せ．

vii) 共役勾配法が与える反復ベクトル x_k は，Lanczos 法から出発して

$$x_k = x_0 + \|r_0\|_2 Q_k T_k^{-1} e_1$$

によっても得られることを示せ．

viii) $x_k - x_0$ を計算するための，T_k の Cholesky 分解に基づいた方法を提案せよ．

6.17 [**B**:15] $A = (a_{ij})$ を与えられた n 次実対称行列，$v_1^{(1)}$ を任意のベクトル ($\|v_1^{(1)}\|_2 = 1$)，$k_0 \ll n$ を一つの整数とする．また，C を $\lambda \in \Omega \subseteq \mathbf{R}$ を $C(\lambda) \in \mathbf{R}^{n \times n}$ に対応させる関数とする．次の算法を考える．

$$V_1^{(1)} = (v_1^{(1)});$$

$\ell = 1, 2, \cdots$ に対して以下を実行する：

$k = 1, 2, \cdots, k_0$ に対して以下を実行する：

1) $W_k^{(\ell)} = A V_k^{(\ell)};$

2) $H_k^{(\ell)} = V_k^{(\ell)\mathrm{T}} W_k^{(\ell)};$

3) $H_k^{(\ell)}$ の一つの固有値 $\lambda_k^{(\ell)}$ とそれに付随する一つの固有ベクトル $y_k^{(\ell)}$（ノルムは 1）を計算する；
4) $x_k^{(\ell)} = V_k^{(\ell)} y_k^{(\ell)}$；
5) $r_k^{(\ell)} = (A - \lambda_k^{(\ell)} I) x_k^{(\ell)}$；
もし $\|r_k^{(\ell)}\|_2$ が十分小さければこれで終り，そうでなければ以下を行う：
6) $t_k^{(\ell)} = C(\lambda_k^{(\ell)}) r_k^{(\ell)}$；
7) $w_k^{(\ell)} = (I - V_k^{(\ell)} V_k^{(\ell)\mathrm{T}}) t_k^{(\ell)}$；
もし $\|w_k^{(\ell)}\|_2$ が十分小さければ $w_{k+1}^{(\ell)} = r_k^{(\ell)}$ とおく；
8) $v_{k+1}^{(\ell)} = \dfrac{1}{\|w_{k+1}^{(\ell)}\|_2} w_{k+1}^{(\ell)}$；
9) $V_{k+1}^{(\ell)} = (V_k^{(\ell)}, v_{k+1}^{(\ell)})$；
$k \leftarrow k+1$；
$V_1^{(\ell+1)} = x_{k_0}^{(\ell)}$；
$\ell \leftarrow \ell+1$.

次の不等式を証明せよ．

$\|V_k^{(\ell)}\|_2 = 1$,
$\|H_k^{(\ell)}\|_2 \leq \|A\|_2$,
$\|x_k^{(\ell)}\|_2 = 1$,
$\lambda_k^{(\ell)} \leq \lambda_{\max}(A)$ （$= A$ の最大固有値），
$\|r_k^{(\ell)}\|_2 \leq \|A\|_2$.

6.18 [B : 15, 16] 練習問題 6.17 においては，D を A の対角部分として，
$$C(\lambda) = (\lambda I - D)^{-1}$$
と選ぶと Davidson が提案した算法に対応するものが得られる．目的が A の最大固有値を計算することであるとする．$\lambda_1^{(1)} I - D$ が正定値になるように $v_1^{(1)}$ がとられていれば，算法は収束することを示せ．

6.19 [A] Davidson の算法を疎で対称な実行列 $A = (a_{ij})$ に適用することを考えよう．（練習問題 6.17 と練習問題 6.18 参照）．i_0 を
$$a_{i_0 i_0} = \max_i a_{ii}$$

を満たす添字番号とし，j_0 を
$$a_{i_0 j_0} \neq 0$$
を満たす添字番号とする．

i) このような j_0 が存在しないとき何が起きるか？
$$v_1^{(1)} = e_{i_0},$$
$$v_2^{(1)} = e_{j_0}$$
とする．

ii) 行列 $H_2^{(1)}$ を書き下せ．

iii) それから算法の収束性を導け．

第7章 Chebyshevの反復法

Chebyshev 多項式は，λ を含まない "楕円" で囲まれた複素領域を S とするとき，問題 $\min_{\substack{p \in \mathbf{P}_k \\ p(\lambda)=1}} \max_{z \in S} |p(z)|$ の最適解を与えるものであるので，線形反復の収束を加速する技術において中心的役割を果たす．

本章では，非対称行列の "実部が大きい" 固有値を計算するために Chebyshev 多項式のこの性質を利用するいくつかの方法についてまとめて述べる．

7.1 Cのコンパクト領域の上での一様近似の理論の基礎

S を $\mathbf{C}$（あるいは $\mathbf{R}$）のコンパクト領域とする．そして，$C(S)$ を S 上の実数値あるいは複素数値の連続関数の集合とし，$C(S)$ には一様ノルム $\|f\|_\infty = \max_{z \in S} |f(z)|$ が定められているとする．$C(S)$ のある k 次元部分ベクトル空間 V の元 v^* で，与えられた関数 f に（一様ノルムの意味で）最も近いものの特微づけをしよう．

定義
- V の元の中で v^* が f の S 上での "最良近似" であるというのは
$$\min_{v \in V} \max_{z \in S} |f(z) - v(z)| = \|f - v^*\|_\infty$$
のことである．
- 各 f には "臨界点" の集合（空ではない）$E(f, S) = \{t \in S\,;\, \|f\|_\infty = |f(t)|\}$ が付随している．

最良近似 v^* の存在については，読者は練習問題 7.1 を参照してほしい．次のような基本的な特徴がある．

定理 7.1.1 v^* が f の最良近似であるための必要十分条件は，実軸上の近似の場合 $r \leq k+1$，複素平面上の近似の場合 $r \leq 2k+1$ として，S の r 個の異なる点 $\{z_i\}_1^r$ の集合 σ と，r 個の正の数 $\{a_i\}_1^r$ が存在して，
$$\sum_{i=1}^r a_i \overline{(f(z_i)-v^*(z_i))} v(z_i) = 0, \quad \forall v \in V$$
を満たすことである．

証明 Rivlin (1974)，p. 63 を見よ．$\{z_i\}_1^r$ は誤差関数 $f-v^*$ の臨界点である． □

系 7.1.2 v^* が f の最良近似であるための必要十分条件は，次の条件を満たす $\sigma = \{z_i\}_1^r \subset E(f-v^*, S)$ と $\{a_i\}_1^r, a_i > 0$，が存在することである：
$$\sum_{i=1}^r a_i \varepsilon_i v(z_i) = 0, \quad \forall v \in V.$$
ここで，
(i) $\varepsilon_i = \mathrm{sgn}(f-v^*)(z_i)$
(ii) $\varepsilon_i (f-v^*)(z_i) = \|f-v^*\|_\infty, i=1, \cdots, r$.

証明 $\mathrm{sgn}\, z = \dfrac{\bar z}{|z|}, z \neq 0$，とおいた．そこで，$(\mathrm{sgn}\, z) z = |z|$ となる．系 7.1.2 は定理 7.1.1 を書き換えただけである． □

定理 7.1.3 v^* が S 上での f の最良近似であるならば，同時に σ 上での f の最良近似でもあり
$$\min_{v \in V} \max_{z \in S} |f(z)-v(z)| = \min_{v \in V} \max_{z_i \in \sigma} |f(z_i)-v(z_i)|$$
である．

証明 Rivlin, p. 64 を見よ． □

定義 k 次元部分空間 V が S 上で "Haar[注1]条件"（あるいは Chebyshev 条

件）を満たすというのは，V のどの非零関数も S の中にたかだか $k-1$ 個の零点しかもたないことである．

この定義は，S の異なる k 点における補間の条件――すなわち，S の任意の異なる k 点 $\{t_i\}_1^k$ および $\mathbf{R}$ または $\mathbf{C}$ の任意の k 個の値 $\{y_i\}_1^k$ に対して，$v(t_i)=y_i, i=1,\cdots,k$, を満たす関数 $v \in V$, $v=\sum_{i=1}^{k} a_i v_i$（$\{v_i\}_1^k$ は V の基底）が存在して一意に定まる――と等価である．

例 7.1.1 $\lambda \in \mathbf{C}$ が与えられたとき，$V=\bar{\mathbf{P}}_k=\{p \in \mathbf{P}_k, p(\lambda)=0\}$ は k 次元ベクトル空間で，λ を含まない $\mathbf{C}$ のあらゆるコンパクト領域の上で Haar 条件を満たす．

定理 7.1.4 V が Haar 条件を満たすならば，実軸上の近似の場合 $r=k+1$ であり，複素平面上の近似の場合 $k+1 \leq r \leq 2k+1$ である．

証明 Rivlin, p. 67 を見よ． □

定理 7.1.5（Haar の定理） 任意の関数 $f \in C(S)$ が V の中で一意に定まる最良近似 v^* をもつための必要十分条件は，V が Haar 条件を満たすことである．

証明 Rivlin, p. 67 を見よ． □

"実"変数の"実数値"関数に対する一様近似という特別な場合については Laurent (1972)，第 3 章で取り扱われている．

次の問題に注目しよう：与えられた異なる f 個の点の集合 $S=\{\lambda_i\}_1^f$ に対して

$$\|p^*\|_\infty = \min_{\substack{p \in \mathbf{P}_k \\ p(\lambda)=1}} \max_{z \in S} |p(z)| \tag{7.1.1}$$

---

[1] Alfred Haar（アルフレッド・ハール；1885-1933）：ブダペシュトに生まれ，セゲドにて没す．

を満たす多項式 p^* を定めること．

考察の対象としている多項式はあるアフィン空間の部分空間に属している．しかし，$q^*=1-p^*$ とおくと，今まで論じてきた枠内の話に帰着できる．すなわち，q^* は S 上で定数値 1 をとる関数の $\bar{\mathbf{P}}_k$ の多項式による最良近似である：

$$\|1-q^*\|_\infty = \min_{q\in\bar{\mathbf{P}}_k}\max_{z\in S}|1-q(z)|.$$

定理 7.1.6 $k<f$ に対して，S の $k+1$ 個の点 $\lambda_1,\cdots,\lambda_{k+1}$ で

$$\|p^*\|_\infty = \left(\sum_{j=1}^{k+1}\prod_{\substack{\ell=1\\\ell\neq j}}^{k+1}\left|\frac{\lambda_\ell-\lambda}{\lambda_\ell-\lambda_j}\right|\right)^{-1}$$

を満たすものが存在する．

証明 定理 7.1.1 により，誤差 $p^*=1-q^*$ の臨界点である S の r 個の点 $\{\lambda_i\}_1^r$ が存在して，

$$\sum_{i=1}^{r}\overline{p^*(\lambda_i)}\,v(\lambda_i)=0,\quad \forall v\in\bar{\mathbf{P}}_k,\quad k+1\leq r\leq 2k+1$$

を満たす．今考えている特別な場合については，$r=k+1$ であることを示そう．

p^* の臨界点 $r\geq k+1$ 個の中から選んだ $k+1$ 個の点を $\{\lambda_i\}_1^{k+1}$ と記す．

$\bar{\mathbf{P}}_k$ に対して基底 $\omega_j(z)=(z-\lambda)\ell_j(z), j=1,\cdots,k$ を考える．ここで，ℓ_j は次数 $k-1$ の Lagrange 補間多項式 $\ell_j(z)=\prod_{\substack{\ell=1\\\ell\neq j}}^{k}\frac{z-\lambda_\ell}{\lambda_j-\lambda_\ell}$ で，

$$\ell_j(\lambda_j)=1,$$
$$\ell_j(\lambda_i)=0,\quad i\neq j,\quad i\neq k+1,$$
$$\ell_j(\lambda_{k+1})\neq 0$$

を満たす．

$i\neq j, i\neq k+1$ に対して $\omega_j(\lambda_j)=\lambda_j-\lambda, \omega_j(\lambda_{k+1})\neq 0, \omega_j(\lambda_i)=0$ であることはただちに確かめられる．Haar 条件によれば，$\det(\omega_j(\lambda_i))\neq 0, i,j=1,\cdots,k$ である．したがって，$k+1$ 個の未知数 β_s に関する k 個の方程式からなる連立方程式

$$\sum_{s=1}^{k+1}\omega_j(\lambda_s)\beta_s=0,\quad j=1,\cdots,k \tag{7.1.2}$$

は，β_{k+1} を任意の非零の数としたとき，非零の解をもつ．

次に，k 次の Lagrange 補間多項式

$$\ell_j'(z) = \prod_{\substack{\ell=1 \\ \ell \neq j}}^{k+1} \frac{z-\lambda_\ell}{\lambda_j-\lambda_\ell}, \quad j=1, \cdots, k+1,$$

$$\ell_j'(\lambda_j) = 1,$$

$$\ell_j'(\lambda_\ell) = 0, \quad \ell \neq j$$

をとる．連立方程式 (7.1.2) は $\beta_j = \ell_j'(\lambda) \neq 0, j=1, \cdots, k+1$，なる特解をもつことを証明しよう．

実際，(7.1.2) の j 番目の式は

$$\omega_j(\lambda_j)\beta_j + \omega_j(\lambda_{k+1})\beta_{k+1} = (\lambda_j-\lambda)\beta_j + \beta_{k+1}(\lambda_{k+1}-\lambda)\prod_{\substack{\ell=1 \\ \ell \neq j}}^{k} \frac{\lambda_{k+1}-\lambda_\ell}{\lambda_j-\lambda_\ell} = 0$$

と書くことができる．β_{k+1} を非零に選ぶことができるから，

$$\beta_j = -\beta_{k+1}\frac{\lambda_{k+1}-\lambda}{\lambda_j-\lambda}\prod_{\substack{\ell=1 \\ \ell \neq j}}^{k}\frac{\lambda_{k+1}-\lambda_\ell}{\lambda_j-\lambda_\ell}, \quad j=1, \cdots, k$$

である．

$$\beta_{k+1} = \prod_{\ell=1}^{k}\frac{\lambda-\lambda_\ell}{\lambda_{k+1}-\lambda_\ell} = \ell_{k+1}'(\lambda) \neq 0$$

と選べば β_j は $\prod_{\substack{\ell=1 \\ \ell \neq j}}^{k+1}\frac{\lambda-\lambda_\ell}{\lambda_j-\lambda_\ell}$ に等しくとれるということを確かめられたい．

$$p(z) = \sum_{s=1}^{k+1} e^{i\theta_s}\ell_s'(z) \Big/ \sum_{s=1}^{k+1} e^{i\theta_s}\ell_s'(\lambda),$$

$$e^{i\theta_s} = \frac{\overline{\beta_s}}{|\beta_s|} = \operatorname{sgn} \beta_s = \operatorname{sgn} \ell_s'(\lambda), \quad s=1, \cdots, k+1$$

で定義される多項式 $p \in \mathbf{P}_k$ を考えよう．$p(\lambda)=1$ である．

$\rho = \left[\sum_{s=1}^{k+1} e^{i\theta_s}\ell_s'(\lambda)\right]^{-1}$ とおくと，$p(\lambda_s) = \rho e^{i\theta_s} = \rho \frac{\overline{\beta_s}}{|\beta_s|}$ であることは明らかである．一方，ρ は正の実数である．実際，

$$\rho = \left(\sum_{s=1}^{k+1}(\operatorname{sgn}\ell_s'(\lambda))\ell_s'(\lambda)\right)^{-1} = \left(\sum_{s=1}^{k+1}|\ell_s'(\lambda)|\right)^{-1} > 0$$

である．

このように定義された多項式 p は，

$$|\beta_s|\overline{p(\lambda_s)} = \rho\beta_s, \quad \rho > 0$$

であるから，

$$\sum_{s=1}^{k+1} |\beta_s| \overline{p(\lambda_s)} v(\lambda_s) = 0, \quad \forall v \in \bar{\mathbf{P}}_k$$

を満たす. これで, $k<f$ に対して $q=1-p$ が求める最良近似 $q^*=1-p^*$, $p^*=p$ であることが証明された. この最適多項式に対しては

$$\|p^*\|_\infty = \|1-q^*\|_\infty = (\operatorname{sgn} p(\lambda_s)) p(\lambda_s)$$
$$= |p(\lambda_s)| = \rho, \quad s=1,\cdots,k+1$$

である.

$k \geq f$ ならば, $p(\lambda)=1, p(\lambda_i)=0, i=1,\cdots,f$ を満たす次数が $\geq f$ の多項式が常に少なくとも一つ存在するから $\|p^*\|_\infty=0$ である. □

例 7.1.2 $\operatorname{sp}(A)=\{\lambda_i\}_1^d$ で行列 A の d 個の相異なる固有値を表し, $S=\operatorname{sp}(A)-\{\lambda\}$ とおく. 第6章6.6節で, $\varepsilon^{(\ell)} = \min_{\substack{p \in \mathbf{P}_{\ell-1} \\ p(\lambda)=1}} \max_s |p(z)|$ と定義した. 定理7.1.6によれば, A の λ と異なる $d-1$ 個の固有値の中に,

$$\begin{cases} \varepsilon^{(\ell)} = \left[\sum_{j=1}^{\ell} \sum_{\substack{k=1 \\ k \neq j}}^{\ell} \left| \dfrac{\lambda_k-\lambda}{\lambda_k-\lambda_j} \right| \right]^{-1}, & \ell < d \text{ のとき}, \\ \varepsilon^{(\ell)} = 0, & \ell \geq d \text{ のとき} \end{cases} \quad (7.1.3)$$

を満たす ℓ 個の固有値 $\lambda_1,\cdots,\lambda_\ell$ が存在する. λ 以外の固有値がすべて λ と十分離れた円の中にあるならば (図7.1.1参照), $\varepsilon^{(\ell)}$ は小さい.

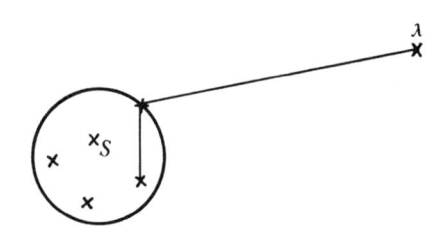

図 7.1.1

スペクトルの位置だけしか関与しない (各固有値の個々の位置は関与しない) $\varepsilon^{(\ell)}$ の上界の式を得るために, S を含む連続なコンパクト領域 D を考える. すると,
(i) $\forall p \in V$ に対して $\max_{z \in S} |p(z)| \leq \max_{z \in D} |p(z)|$ であり,

（ii） 多項式 p は D の内部で解析的であるから，$|p|$ の最大値は境界 ∂D の上で達成される．

定理 6.6.2 では最適性の特別な場合についての結果に触れたが，それは，ここで学んでいる第 1 種の Chebyshev 多項式が関係しているものである．

7.2 実変数の Chebyshev 多項式

多項式は簡単な関数でありながら，もっと複雑な関数を近似するのに有用である．実際，$p \in \mathbf{P}_k$ とすると，$p(t) = a_0 + a_1 t + \cdots + a_k t^k$ は $k+1$ 個の係数 $a_0, a_1, \cdots, a_k$ により完全に決定される．多項式の集合の中で，Chebyshev 多項式は一様ノルムの意味での近似について興味ある性質をもっている．

7.2.1 定義

$$T_k(t) = \cos(k \operatorname{Arccos} t), \quad |t| \leq 1,$$
$$= \cosh(k \operatorname{Arcosh} t), \quad |t| > 1,$$
$$= \frac{1}{2}[(t + \sqrt{t^2 - 1})^k + (t + \sqrt{t^2 - 1})^{-k}], \quad |t| > 1.$$

$|t| > 1$ のとき，$\cosh u = t$，あるいは同じことだが $u = \operatorname{Arcosh} t$ として，$\cosh ku = T_k(t)$ とおく．$e^u = w$ という変数変換をすると

$$T_k(t) = \frac{w^k + w^{-k}}{2}, \quad \frac{w + w^{-1}}{2} = t$$

である．$w^2 - 2wt + 1 = 0$ であるから，$w = t + \sqrt{t^2 - 1}$ と選ぶことができる．

7.2.2 性質

$$T_k(-t) = (-1)^k T_k(t),$$
$$T_0(t) = 1, \quad T_1(t) = t, \quad T_k(t) = 2t T_{k-1}(t) - T_{k-2}(t), \quad k = 2, 3, \cdots,$$
$$|t| \leq 1 \text{ に対して } |T_k(t)| \leq 1.$$

定理 7.2.1 $a < b < \lambda$ ならば，最適値

は

$$\min_{\substack{p \in \mathbf{P}_k \\ p(\lambda)=1}} \max_{t \in [a,b]} |p(t)|$$

は

$$\widehat{t}_k(t) = \frac{T_k\left(1+2\dfrac{t-b}{b-a}\right)}{T_k\left(1+2\dfrac{\lambda-b}{b-a}\right)}$$

のとき達成され，

$$\|\widehat{t}_k\|_\infty = \frac{1}{T_k\left(1+2\dfrac{\lambda-b}{b-a}\right)}$$

である．

証明 Laurent (1972), p.101, 定理 3.5.6 を見よ． □

7.3 複素変数の Chebyshev 多項式

複素変数 z に対しても，（たとえば）
$$T_k(z) = \cosh(k \operatorname{Arcosh} z)$$
という形で，T_k を定義することができる．

z が実数で $|z|<1$ である場合を除いて，$k \to \infty$ のとき $|T_k(z)| \to \infty$ である．以下では，λ は実数とする．

定義 $E = E(c, e, a)$ は，中心が c，長半径が a，中心から焦点までの距離が e の楕円を表す．ここで，c は実数，$a, e, \lambda-c$ は正の実数である．$\mathcal{E}$ は E によって囲まれる領域を表す（図 7.3.1 参照）．

補助定理 7.3.1

$$\eta^{(k)} = \min_{\substack{p \in \mathbf{P}_k \\ p(\lambda)=1}} \max_{z \in \mathcal{E}} |p(z)| \leq \frac{T_k\left[\dfrac{a}{e}\right]}{T_k\left[\dfrac{\lambda-c}{e}\right]}.$$

7.3 複素変数の Chebyshev 多項式   257

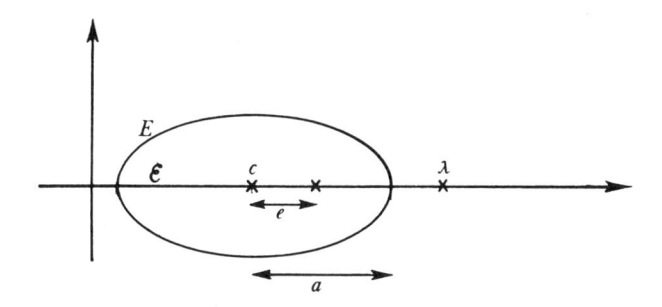

図 7.3.1

証明 $z' = \dfrac{z-c}{e}$ とおくと，z' は中心が 0，焦点までの距離が 1，長半径が $\dfrac{a}{e}$ の楕円 $E' = E\left(0, 1, \dfrac{a}{e}\right)$ によって囲まれる領域 $\mathcal{E}'$ に属す．したがって，最大値原理により

$$\eta^{(k)} \leq \max_{z' \in \mathcal{E}'} \left| \frac{T_k(z')}{T_k\left[\dfrac{\lambda-c}{e}\right]} \right| \leq \frac{1}{T_k\left[\dfrac{\lambda-c}{e}\right]} \max_{z' \in E'} |T_k(z')|$$

である．$z' = \dfrac{1}{2}\left(w + \dfrac{1}{w}\right)$ とおくと，

$$z' \in E\left(0, 1, \frac{a}{e}\right)$$

は

$$w \in C_\rho = \left\{ w \, ; \, |w| = \rho = \frac{a}{e} + \sqrt{\left(\frac{a}{e}\right)^2 - 1} \right\}$$

と等価である．

一方，$T_k(z') = \dfrac{1}{2}(w^k + w^{-k})$ であるから，

$$\max_{z' \in E'} |T_k(z')| = \max_{w \in C_\rho} \frac{1}{2} |w^k + w^{-k}| = \max_{0 \leq \theta \leq 2\pi} \frac{1}{2} |\rho^k e^{ik\theta} + \rho^{-k} e^{-ik\theta}|$$

である．

この最大値が

$$\frac{1}{2}(\rho^k + \rho^{-k}) = T_k\left(\frac{a}{e}\right)$$

であることは容易にわかる． □

定理 7.3.2 $\eta^{(k)}$ は多項式

$$\left. \begin{aligned} \hat{t}_k(z) &= T_k\!\left(\frac{z-c}{e}\right)\!\Big/T_k\!\left(\frac{\lambda-c}{e}\right) \\[4pt] \|\hat{t}_k\|_\infty &= T_k\!\left(\frac{a}{e}\right)\!\Big/T_k\!\left(\frac{\lambda-c}{e}\right) \end{aligned} \right\} \qquad (7.3.1)$$

に対して得られ,

である.

証明 Clayton (1963) を見よ. □

　この結果では c と a が "実数" であると仮定している. これらの量が複素数になるとこの結果はもはや成り立たない (図 7.3.2 と練習問題 7.2 参照).

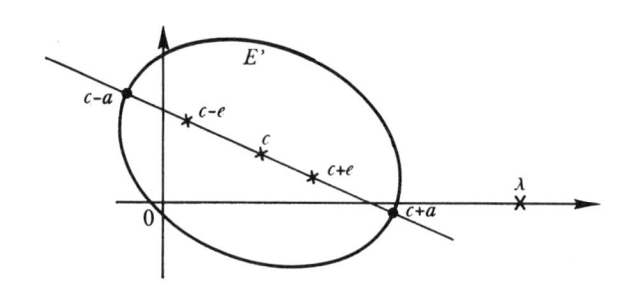

図 7.3.2

　しかし, この結果は "漸近的" には正しい. そのことを以下に示そう. $E' = E(c, e, a)$ を, λ を含まない "任意の" 楕円とする. また, p^* を,

$$\max_{z \in E'}|p^*(z)| = \min_{\substack{p \in \mathbf{P}_k \\ p(\lambda)=1}} \max_{z \in E'}|p(z)|$$

を達成する多項式とする (p^* の存在と一意性については練習問題 7.3 を参照).

命題 7.3.3

$$\lim_{k \to \infty} \max_{z \in E'}|p^*(z)|^{1/k} = \lim_{k \to \infty} \max_{z \in E'}|\hat{t}_k(z)|^{1/k}.$$

証明

（i） まずはじめに

$$\min_{z \in E'} |\hat{t}_k(z)| \leq \max_{z \in E'} |p^*(z)| \leq \max_{z \in E'} |\hat{t}_k(z)| \tag{7.3.2}$$

を示そう．

右側の不等号は明らかである．左の不等号が成り立たなかったと仮定しよう：$\max_{z \in E'} |p^*(z)| < \min_{z \in E'} |\hat{t}_k(z)|$．これはすべての $z \in E'$ に対して $|p^*(z)| < |\hat{t}_k(z)|$ であることを意味している．そこで Rouché[注1] の定理により $\hat{t}_k(z) - p^*(z)$ は E' の内部で $\hat{t}_k(z)$ と同じ個数の零点をもつ．ところで $\hat{t}_k$ は焦点 $c-e$ と $c+e$ を結ぶ線分上に k 個の零点をもつ（練習問題7.4）．一方，$\hat{t}_k(\lambda) - p^*(\lambda) = 0$ であり，λ は E' の外にある．このことは，k 次の多項式 $\hat{t}_k - p^*$ が少なくとも $k+1$ 個の零点をもつので，それは恒等的に 0 に等しくなければならないこと，したがって E' 上で $\hat{t}_k(z) = p^*(z)$ でなければならないことを示しているが，それでは仮定に反することになる．

（ii） (7.3.2) により，

$$\lim_{k \to \infty} \min_{z \in E'} |\hat{t}_k(z)|^{1/k} = \lim_{k \to \infty} \max_{z \in E'} |\hat{t}_k(z)|^{1/k}$$

を示せば十分である．

ところで，楕円 E' のすべての点 z に対して

$$\lim_{k \to \infty} |\hat{t}_k(z)|^{1/k}$$

は一定である． □

定理 7.3.4 $0 \leq r < 1$ に対して

$$\min_{\substack{p \in \mathbf{P}_k \\ p(1)=1}} \max_{|z| \leq r} |p(z)| = r^k.$$

証明 $\mathbf{Q}_k = \{p \in \mathbf{P}_k, \ p(1) = 1\}$ とおく．

---

[1] Eugène Rouché（ウージェーン・ルーシェ；1832-1910）：ソミエールに生まれ，リュネルにて没す．

$$\max_{|z|\leq r}|p(z)| = \lim_{s\to\infty}\left[\int_0^{2\pi}|p(re^{i\theta})|^{2s}d\theta\right]^{1/2s}$$

であることは知られている.

ところで, $p \in \mathbf{Q}_k$ ならば $q(z) = (p(z))^s, q \in \mathbf{Q}_{ks}$ である. したがって,

$$\min_{p\in\mathbf{Q}_k}\left[\int_0^{2\pi}|p(re^{i\theta})|^{2s}d\theta\right]^{1/2s} \geq \min_{q\in\mathbf{Q}_{ks}}\left[\left(\int_0^{2\pi}|q(re^{i\theta})|^2 d\theta\right)^{1/2}\right]^{1/s}$$

である.

$$q(z) = \sum_{\ell=0}^{ks} a_\ell z^\ell,$$

$$\int_0^{2\pi}|q(re^{i\theta})|^2 d\theta = 2\pi \sum_{\ell=0}^{ks}|a_\ell|^2 r^{2\ell}$$

とする.

$0 \leq r < 1$ であるから

$$\left(\sum_{\ell=0}^{ks}|a_\ell|^2 r^{2\ell}\right)^{1/2} \geq r^{ks}\left(\sum_{\ell=0}^{ks}|a_\ell|^2\right)^{1/2}$$

であり,

$$1 = \left|\sum_{\ell=0}^{ks} a_\ell\right| \leq \sum_{\ell=0}^{ks}|a_\ell| \leq \sqrt{ks+1}\left(\sum_{\ell=0}^{ks}|a_\ell|^2\right)^{1/2}$$

である (Cauchy-Schwarz の不等式).

したがって,

$$\min_{q\in\mathbf{Q}_{ks}}\left(\int_0^{2\pi}|q(re^{i\theta})|^2 d\theta\right)^{1/2s} \geq \sqrt[2s]{2\pi}\, r^{k}\sqrt[2s]{\sum_{\ell=0}^{ks}|a_\ell|^2} \geq r^k\left[\frac{2\pi}{ks+1}\right]^{1/2s}.$$

したがって, $s \to \infty$ のとき, $\min_{p\in\mathbf{Q}_k}\max_{|z|\leq r}|p(z)| \geq r^k$ という結論が導かれる. $p(z) = z^k$ のときこの下界が達成される. □

円板 $\{z\,;\,|z-c|\leq\rho\}$ を D と記す. ρ, c を実数とし, $\lambda > c + \rho$ とする.

系 7.3.5 最適値

$$\eta^{(k)} = \min_{\substack{p\in\mathbf{P}_k \\ p(\lambda)=1}}\max_{z\in D}|p(z)|$$

は, 多項式

$$\hat{q}_k(z) = \left(\frac{z-c}{\lambda-c}\right)^k$$

によって達成され,

$$\|\widehat{q}_k\|_\infty = \left(\frac{\rho}{\lambda-c}\right)^k$$

である.

証明 変数変換 $z' = \dfrac{z-c}{\lambda-c}$ をせよ. □

7.4 ベキ乗法の Chebyshev 加速

ベキ乗法は, $q_0 = u/\|u\|$ から出発して, 系列 $q^k = \alpha_k A q_{k-1}, \alpha_k = \|A q_{k-1}\|^{-1}$ を作り出す. この反復法はまた $y_k = \beta_k A^k u, k \geq 1$, と書くこともできる.

これを少々一般化して, $p_k \in \mathbf{P}_k$ を k 次の多項式として, 多項式反復 $y_k = p_k(A) u$ を考えることができる.

A が "対角化可能" で固有ベクトル $\{x_i\}_1^n$ をもつとする. また, 仮定 (5.3.1) も成り立っているとする. すなわち

$$|\lambda_1| > \max_{i \geq 2} |\mu_i|$$

であるとする.

このとき, $u = \sum_{i=1}^n \xi_i x_i$ で,

$$y_k = \xi_1 p_k(\lambda_1) x_1 + \sum_{i=2}^n \xi_i p_k(\mu_i) x_i \tag{7.4.1}$$

である.

$\lambda = \lambda_1$ とおく.

$i \geq 2$ に対して $|p_k(\mu_i)|$ が $|p_k(\lambda)|$ に比較して小さければ, y_k は $\mathrm{lin}(x_1)$ の良い近似となるであろう. このことから

$$\min_{\substack{p \in \mathbf{P}_k \\ p(\lambda)=1}} \max_{z \in \mathrm{sp}(A)-\{\lambda\}} |p(z)| = \varepsilon^{(k+1)}$$

を満たす多項式 p を求めるという問題に行きつく.

"最大固有値 λ が実数である" と仮定し, スペクトルの残りの部分は楕円 $E(c, e, a)$ (c, e, a は実数で $\lambda > c$) の中にあると仮定する. すると, 定理 7.3.2 により, 最適多項式は

$$\widehat{t}_k(z) = T_k\left(\frac{z-c}{e}\right) \Big/ T_k\left(\frac{\lambda-c}{e}\right)$$

となる．

y_k の計算は，T_k が満たす3項漸化式を用いることによって簡単化される．$\rho_k = T_k\left(\dfrac{\lambda-c}{e}\right)$, $k=0,1,2,\cdots$ とおくと，

$$\rho_{k+1}\hat{t}_{k+1}(z) = T_{k+1}\left(\frac{z-c}{e}\right) = 2\frac{z-c}{e}\rho_k\hat{t}_k(z) - \rho_{k-1}\hat{t}_{k-1}(z)$$

が得られる．

あるいはまた，$\sigma_{k+1}=\rho_k/\rho_{k+1}$ とおいて

$$\hat{t}_{k+1}(z) = 2\sigma_{k+1}\frac{z-c}{e}\hat{t}_k(z) - \sigma_k\sigma_{k+1}\hat{t}_{k-1}(z). \tag{7.4.2}$$

そこで，σ_k は漸化式

$$\sigma_1 = \frac{e}{\lambda-c}, \quad \sigma_{k+1} = \frac{1}{2/\sigma_1-\sigma_k}, \quad k=1,2,\cdots \tag{7.4.3}$$

によって定義される．

二つの漸化式 (7.4.2)，(7.4.3) を結びつけて $y_k = \hat{t}_k(A)u$, $k=1,2,\cdots$, を計算するための算法を定義することができる．λ の大きさはわからないけれども，λ は y_k の正規化因子 σ_k の分母 (の $\dfrac{2}{\sigma_1}$ の中) にしか現れないということに注意しよう．実際には，λ は適当な近似値で置き換えることができる．

7.5 Chebyshev 反復法

A の絶対値が最大の固有値 λ が正の実数で単純であるとして，それを求めよう．求める固有値 λ は "実部が最大の" 固有値である．楕円 $E(c, e, a)$ は λ 以外の A のスペクトルをすべて含むとする．

7.5.1 定義

y_k の計算法で "Chebyshev 反復" という名前で知られているのは下記のとおりである：

(1) $y_0 = u \neq 0$ に対して

$$\sigma_1 = \frac{e}{\lambda-c}, \quad y_1 = \frac{\sigma_1}{e}(A-cI)u$$

を計算する；

(2) $j=1, 2, \cdots, k-1$ に対して (7.5.1)

$$\sigma_{j+1} = \frac{1}{2/\sigma_1 - \sigma_j},$$

$$y_{j+1} = 2\frac{\sigma_{j+1}}{e}(A-cI)y_j - \sigma_j\sigma_{j+1}y_{j-1}$$

を計算する.

注意

1) 今までは楕円を定義するパラメータ c, e, a は実数であると仮定してきた. E が実軸上に中心をもち虚軸に平行な長軸をもつときには, e と a は虚数である. しかし, この場合にも, (7.5.1) の計算は常に実数演算のみで実行することができる. 実際, σ_j は虚数で, したがって σ_{j+1}/e と $\sigma_j\sigma_{j+1}$ は実数である.

a と e が虚数のとき, 多項式 $\hat{t}_k(z) = T_k\left(\frac{z-c}{e}\right) / T_k\left(\frac{\lambda-c}{e}\right)$ はもはや最適ではないが, k が大きくなるとき漸近的に最適であることに変わりはない.

2) 固有値がみな"実数"であって $|\mu_i - c| \leq a$, $i = 2, \cdots, n$, ならば, 最適多項式は定理 7.2.1 により $\hat{t}_k(t) = T_k\left(\frac{t-c}{a}\right) / T_k\left(\frac{\lambda-c}{a}\right)$ である. この場合, Chebyshev 反復を得るには e を a で置き換えれば十分である.

7.5.2 収束

Chebyshev 反復 (7.5.1) は, $t_k(z) = T_k\left(\frac{z-c}{e}\right)$ として, $\hat{u}_k = t_k(A)u$, $k = 1, 2, \cdots$, により生成される方向への射影法であると解釈することができる. 7.6節では, 5.2節と6.2節において部分空間反復法に対して確立した諸定理と同様の型の収束定理を与えることにする.

ここでは収束性についてどちらかというと定性的な考察を行う. $\xi_1 \neq 0$ なら, (7.4.1) により $\text{lin}(y_k)$ が固有値の方向 $\text{lin}(x)$ に収束するための必要十分条件は, $k \to \infty$ のとき $\max_{i \geq 2}|\hat{t}_k(\mu_i)| \to 0$ となることである.

方程式 $\frac{1}{2}(w_i + w_i^{-1}) = \frac{\mu_i - c}{e}$ の絶対値最大の根を w_i と定義すれば, $\hat{t}_k(\mu_i)$ は漸近的には $\left(\frac{w_i}{w_1}\right)^k$ のように振舞うことが知られている. なお, w_1 は $\frac{1}{2}(w_1 + w_1^{-1}) = \frac{\lambda - c}{e} = \frac{a_1}{e}$, $w_1 > 0$ を満たす.

定義 $\kappa(\mu_i) = \left|\frac{w_i}{w_1}\right|$ は, パラメータが c と e のときの μ_i における"減衰係数"

である．λ への収束率は $\tau(\lambda) = \max_{i>1} \kappa(\mu_i)$ である．

長半径が $a_i = \frac{1}{2}(\rho_i + \rho_i^{-1})e$ の楕円 $E(c, e, a_i)$ の上で $\kappa(\mu_i)$ は一定である．ただし，$\rho_i = |w_i|$, $a_1 = \lambda - c$ であり，したがって，

$$\kappa(\mu_i) = \frac{a_i + \sqrt{a_i^2 - e^2}}{a_1 + \sqrt{a_1^2 - e^2}}$$

である（図 7.5.1 を見よ）．

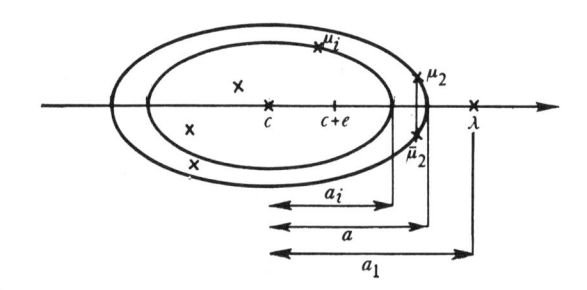

図 7.5.1

A が対称行列のとき，$c = \frac{\lambda_2 + \lambda_{\min}}{2}$, $a = \frac{\lambda_2 - \lambda_{\min}}{2}$ と選ぶことができる．このとき，$w_1 = \tau_1 = \dfrac{a}{a_1^2 + \sqrt{a_1^2 - a^2}}$ とおけば，λ への収束率は $1/w_1^2$ である．これは，Krylov の部分空間 $\mathcal{K}_{k+1} = \text{lin}(u, Au, \cdots, A^k u)$ により定義される Lanczos 法の収束率である．したがって，Lanczos 法は（c と e が知られていなくても）"自動的に" $\mathcal{K}_{k+1} = \text{lin}(p_k(A), p \in \mathbf{P}_k)$ の中のベクトル $\hat{u}_k = t_k(A)u$ を定める．このベクトルは，$\text{lin}(x_1)$ への収束の速さの点では最も良いベクトルである．

A が非対称で λ が絶対値最大の固有値のときでも，Lanczos 法を Arnoldi 法で置き換えれば，上で述べたことは成り立つ．すなわち，λ への収束率は $\dfrac{\max_{j>1}|w_j|}{|w_1|} = \dfrac{a + \sqrt{a^2 - e^2}}{a_1 + \sqrt{a_1^2 - e^2}}$ で，これは，十分大きな k に対して $\mathcal{K}_{k+1}$ により定義される Arnoldi 法の（$i=1$ に対する）収束率である（練習問題 7.5 参照）．

Chebyshev 反復のこのような性能は，"最適なパラメータ" c と e を使用しないと達成されないことを忘れてはならない．ところで，これらの量が既知であると仮定することは実際上非現実的である．それらを反復の過程で動的に定

める必要がある．このことについては 7.7 節で取り扱う．

7.6 （射影を伴う）同時 Chebyshev 反復法

固有値 $\{\mu_i\}_1^n$ を "実部が大きい順に" 並べて，"実部が大きい方の" r 個の固有値 $\{\mu_i\}_1^r$ を計算しよう．$\mathrm{Re}\mu_r > \mathrm{Re}\mu_{r+1}$ と仮定する．（図 7.6.1 を見よ）．ここでは $r=4$．）$\{\mu_i\}_1^r$ に付随するスペクトル射影と不変部分空間とを，それぞれ，$\hat{P}$ と $\hat{M}$ と記す．そして，部分空間射影法 $\hat{S}_k = t_k(A)S$ を考えよう．ここで，$t_k(z) = T_k\left(\dfrac{z-c}{e}\right)$ は，スペクトルの残りの部分 $\{\mu_i\}_{r+1}^n$ を含む楕円 $E(c, e, a)$ を定義するパラメータ c, e により定められる多項式である（7.7 節参照）．この算法では，次元 $m \geq r$ の部分空間 S のある基底 U と与えられた定数 σ_1, k, ε とから出発して，次のように，$\hat{S}_k$ の正規直交基底 Q_k を構成していく：

（1） $U_0 = U,\quad U_1 = \dfrac{\sigma_1}{e}(A - cI)U$;

（2） $j = 1, \cdots, k-1$ に対して

$\sigma_{j+1} = (2/\sigma_1 - \sigma_j)^{-1}$,

$U_{j+1} = 2\dfrac{\sigma_{j+1}}{e}(A - cI)U_j - \sigma_j\sigma_{j+1}U_{j-1}$

を計算する；

（3） $U_k = Q_k R_k$;

（4） $B_k = Q_k^* A Q_k = F_k D_k F_k^{-1}$ （射影および対角比）；

B_k の m 個の固有値の中から実部が大きい方の r 個を取り込んで，それらを対角要素とする対角行列を D_k' とし，それらに付随する r 個の固有ベクトルを F_k' として，$X_k' = Q_k F_k'$ を計算する；

（5） $\|AX_k' - X_k' D_k'\|_F > \varepsilon$ なら $U = Q_k F_k$ として（1）に戻る．

(7.6.1)

$\hat{t}_k(\lambda) = 1$ でなければならないから，"計算には" 多項式 $\hat{t}_k(z) = T_k\left(\dfrac{z-c}{e}\right) \Big/ T_k\left(\dfrac{\lambda-c}{e}\right)$ を使用する（(7.4.2) と (7.4.3) 参照）．

行列 A は "対角化可能" と仮定している．$\hat{S}_k$ の上への直交射影を $\hat{\pi}_k$ と記

266　第7章　Chebyshev の反復法

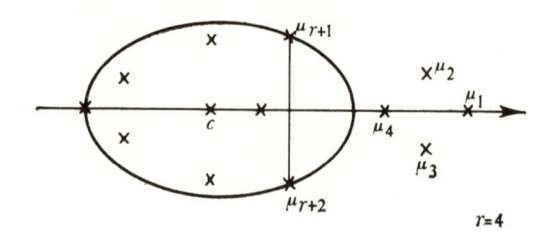

図7.6.1

す．

補助定理 6.2.1 にならって次の結果を得る．

補助定理 7.6.1 μ_i に付随する任意の固有ベクトル x_i に対して $\dim \widehat{P}S = r$ ならば，固有値 $\{\mu_i\}_{r+1}^n$ が楕円 $E(c, e, a)$ の中にあるとき，

$$\widehat{P}s_i = x_i,$$

$$\|(I - \hat{\pi}_k) x_i\|_2 \leq c_i \frac{T_k\left(\dfrac{a}{e}\right)}{\left|T_k\left(\dfrac{\mu_i - c}{e}\right)\right|}, \quad i = 1, \cdots, r$$

を満たす s_i が S の中にただ一つ存在する．

証明　補助定理 6.2.1 の証明をもう一度見直そう．定義により

$$\|(I - \hat{\pi}_k) x_i\|_2 = \min_{y \in \widehat{S}_k} \|x_i - y\|_2 \leq \|x_i - y_i\|_2$$

である．ただし，

$$y_i = \frac{1}{t_k(\mu_i)} t_k(A) s_i = x_i + \frac{1}{t_k(\mu_i)} t_k(A)(I - \widehat{P}) s_i,$$

$$\|y_i - x_i\|_2 \leq \frac{1}{|t_k(\mu_i)|} \|t_k(A(I - \widehat{P}))\|_2 \|(I - \widehat{P}) s_i\|_2.$$

A は対角化可能だから

$$\|t_k(A(I - \widehat{P}))\|_2 \leq \max_{j > r} |t_k(\mu_j)| \operatorname{cond}_2(X)$$

であり，また

7.6 （射影を伴う）同時 Chebyshev 反復法　267

$$\max_{z \in E} |t_k(z)| = T_k\left[\frac{a}{e}\right]$$

である．

定数 c_i は $\mathrm{cond}_2(X)\|(I-\widehat{P})s_i\|_2$ に当たる． □

系 7.6.2 補助定理 7.6.1 の仮定の下で，固有値 $\{\mu_i\}_1^n$ が実数で大きい順に並べられているとすると，

$$\|(I-\widehat{\pi}_k)x_i\|_2 \leq c_i \frac{1}{T_k(\widetilde{\gamma}_i)}, \quad i=1,\cdots,r,$$

である．ここで，

$$\widetilde{\gamma}_i = 1+2\frac{\mu_i-\mu_{r+1}}{\mu_{r+1}-\mu_n}.$$

証明　区間 $[\mu_n, \mu_{r+1}]$ の中には $n-r$ 個の固有値がある．

$$c=\frac{\mu_{r+1}+\mu_n}{2}, \quad a=\frac{\mu_{r+1}-\mu_n}{2}, \quad \widetilde{\gamma}_i=\frac{\mu_i-c}{a}$$

とおいて，補助定理 7.6.1 を適用すればよい． □

定理 7.6.3　補助定理 7.6.1 の仮定の下で，最適パラメータを用いた同時 Chebyshev 反復法は収束して，以下の性質をもつ：
（ⅰ） 大きい方から i 番目の実部をもつ固有値が単純で，$\{\mu_j\}_{r+1}^n$ が楕円 $E(c, e, a)$ の中にあるならば，その i 番目の固有値，固有ベクトルに対する誤差の上界は

$$T_k\left(\frac{a}{e}\right)\Big/\left|T_k\left(\frac{\mu_i-c}{e}\right)\right|$$

のオーダーである；
（ⅱ）　A が Hermite 行列なら，i 番目に大きい固有値に対する誤差上界は $T_k^{-2}(\widetilde{\gamma}_i)$ のオーダーになる．

証明　$\omega(\widehat{S}_k, \widehat{M})\to 0$． □

この収束率は，それぞれ，ブロック Arnoldi 法の収束率（優越固有値が正の実数の場合）とブロック Lanczos 法の収束率である．

非対称行列に対しては，同時 Chebyshev 反復にかかる手間はブロック Arnoldi 法に比べてかなり少ない．最適パラメータを見積もるための満足のいく方法があるのなら，前者の方法の方を実際には採用すべきであろう．

Chebyshev 加速を用いることの利点は，$|\mu_{r+1}/\mu_i|^k$ と $T_k\left(\dfrac{a}{e}\right) \Big/ \left|T_k\left(\dfrac{\mu_i-c}{e}\right)\right|$ を比較することによって，測ることができる．k が十分大きいとき，$i=1,\cdots,r$ に対して，$T_k\left(\dfrac{a}{e}\right) \Big/ \left|T_k\left(\dfrac{\mu_i-c}{e}\right)\right|$ は $(\max_{j>r}|w_j|/|w_i|)^k$ に等しくなる．

7.7 最適パラメータの定め方

Chebyshev 反復 (7.5.1), (7.6.1) は，計算する必要のない固有値を含む楕円 $E(c,e,a)$（あるいはスペクトルが実数の場合には線分 $[c-a, c+a]$）を定めるパラメータ c, e（あるいは，$a=e$）に依存している．

まず $r=1$ の場合を調べよう．最適パラメータ c, e は関係式

$$\min_{c,e} \tau(\lambda) = \min_{c,e} \max_{i>1} \kappa(\mu_i) = \min_{c,e} \max_{i>1} \left|\frac{w_i}{w_1}\right| \tag{7.7.1}$$

を満たすものである．

実部が最大の固有値 λ は実数であるとする．集合 $\mathrm{sp}(A)-\{\lambda\}$ は実軸に関して対称である．

$\mathrm{sp}(A)-\{\lambda\}$ がわかっているとすれば，問題 (7.7.1) は，有限個の（二つの実変数 c, e の）関数の中の最大のものの最小値を求めるものであり，常に解をもつ．この問題は，$\lambda=0$ の場合については，Manteuffel (1977) において研究されている．そこでは，c と e の一つの計算法が提案されている．

$r>1$ の場合については，

$$\min_{c,e} \tau(\mu_r) = \min_{c,e} \max_{i>r} \left|\frac{w_i}{w_r}\right| \tag{7.7.2}$$

を解くというのが自然な考え方である．

しかし，共役複素固有値が存在することがあるので，$r=1$ のときより事情は複雑である．

a) μ_r が実数のとき：— (7.7.2) を実現させれば十分である（図 7.7.1）．

b) μ_{r-1} と μ_r とが共役複素数のとき：— (7.7.2) を実現させる楕円は，μ_{r-1} と μ_r を通り求める固有値のいくつかを内部に含むようになってしまう場合も

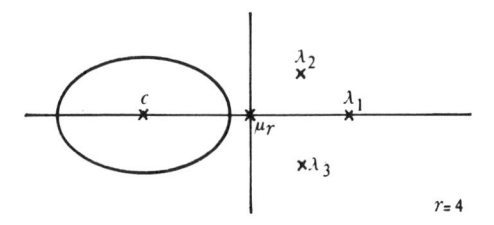

図 7.7.1

ありうる.こんなときには,$\mu = \mathrm{Re}(\mu_r)$ に対して最適な楕円を求めるのがよい(図 7.7.2 を見よ).より詳しくは Saad (1984) を参照されたい.また,Ho 他 (1990) では μ_r が複素数という一般の場合を扱っているのでそれも参照されたい.

実際には,$\mathrm{sp}(A)$ は未知であるから,最適パラメータは動的に定めていかなければならないが,それには固有値の見積もりをなんとかしなければならない.すでに紹介したいろいろな固有値計算法(ベキ乗法,同時反復法,Arnoldi 法)の中に含まれているスペクトルに関する必要な情報を利用することによってそのような見積もりをすることができる.たとえば,7.6 節の算法において,$m > r$ と選び,ステップ (4) で,B_k に含まれていない $m-r$ 個の固有値を利用することによって,パラメータ c, e を更新して新しい楕円を定めることができ

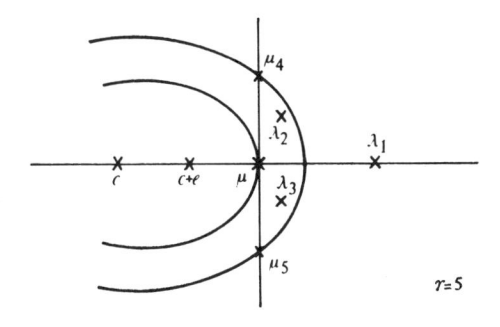

図 7.7.2

る．

7.8 多角形上の最小2乗多項式

上で詳しく見たように，Chebyshev反復法は，線形反復を加速する役を果たすので，連立1次方程式の解や実部が大きい方のいくつかの固有値の計算に利用される（練習問題7.6）．その基礎となる近似理論の問題は，λを除くAのスペクトルを含む複素平面の領域をSとしたとき，

$$\min_{\substack{p \in \mathbf{P}_k \\ p(\lambda)=1}} \max_{z \in S} |p(z)| \tag{7.8.1}$$

を実現する多項式を定める問題であった（連立方程式を解くという問題のときには，$\lambda=0$でSはAのすべてのスペクトルを含む領域である）．

Sが"楕円"で囲まれているときには，(7.8.1)の解はChebyshev多項式$\hat{t}_k(z)$で，Chebyshev反復法の由来はそこにある．

しかし，問題(7.8.1)の応用は線形反復の加速に限らず，他にも多くの応用がある．実際，非常に多様な場面において，Aのある固有値$\{\mu_i\}_1^r$の上で（ある意味で）大きな値をとり残りのスペクトルの上でできるだけ小さい値をとる多項式を定めるという，より一般的な問題に遭遇する．たとえば，フィルターの設計や行列の前処理などが例として挙げられる．

複素スペクトルの場合，(7.8.1)にある"一様"ノルムでは必ずしも本当に最良の多項式が出てくるわけではない．Chebyshev多項式は，消去すべきスペクトルの部分τを含む最適楕円の形に依存している．ところで，この楕円は，実際には，τに比較してあまりにも"大き過ぎる"場合が多いことがわかる（図7.8.1参照）．

それよりも，τの中の固有値の集合の凸包絡線である多角形Hを考えて，

$$\min_{\substack{p \in \mathbf{P}_k \\ \sum_{i=1}^{r} \alpha_i p(\mu_i)=1}} \|p\|_w \tag{7.8.2}$$

を実現する（最小2乗）多項式を定める方がよいこともある．ここで，$\{\alpha_i\}_1^r$は与えられた係数で，$\|\cdot\|_w$は境界∂H上で定義された与えられた重み関数wに関するℓ^2ノルムである．

7.8 多角形上の最小2乗多項式　271

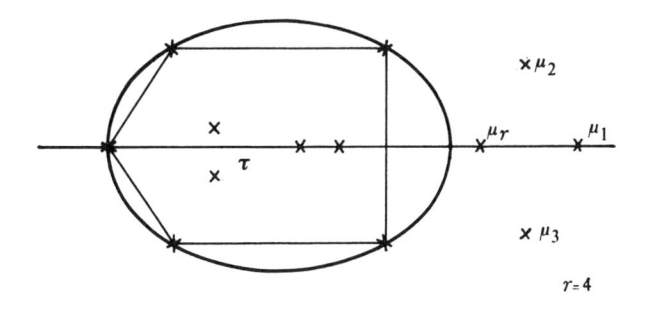

図 7.8.1

定理 7.8.1 $\{s_j\}_0^k$ を，重み w に関する最初の $k+1$ 個の直交多項式とする．(7.8.2) を実現する多項式は，

$$\beta_j = \sum_{i=1}^r \bar{a}_i \overline{s_j(\mu_i)}, \quad j=0,\cdots,k$$

として，

$$q^*(z) = \left(\sum_{j=0}^k \beta_j s_j(z)\right) \frac{1}{\sum_{j=0}^k |\beta_j|^2}$$

と書かれる．

証明 $r=1$ に対して知られている結果を一般化したものである．再生核

$$\ell_k(t,z) = \sum_{j=0}^k \overline{s_j(t)} s_j(z)$$

を使うと，各 $p \in \mathbf{P}_k$ に対して

$$\langle p(z), \ell_k(t,z)\rangle_w = \int_{\partial H} p(z) \overline{\ell_k(t,z)} w(z) \mathrm{d}z = p(t)$$

を得る．

q^* は拘束条件 $\sum_{i=1}^r a_i q^*(\mu_i) = 1$ を満たし，

$$q^*(z) = c \sum_{i=1}^r \bar{a}_i \ell_k(\mu_i, z),$$

$$c = \frac{1}{\sum_{j=0}^k |\beta_i|^2}$$

と書き換えられる．

$p \in \mathbf{P}_k$ が $\sum_{i=1}^{r} \alpha_i p(\mu_i) = 1$ を満たすとする. $p = q^* + e$ とおくと, 明らかに $\sum_{i=1}^{r} \alpha_i e(\mu_i) = 0$ である. 一方, $\|p\|_w^2 = \|q^*\|_w^2 + \|e\|_w^2 + 2\mathrm{Re}(\langle e, q^* \rangle_w)$ である. ところで,

$$\langle e, q^* \rangle_w = c \sum_{i=1}^{r} \alpha_i \langle e, \ell_k(\mu_i, \cdot) \rangle_w = c \sum_{i=1}^{r} \alpha_i e(\mu_i) = 0$$

であるから, $\|p\|_w \geq \|q^*\|_w$ であることが結論される. □

H の定め方, w の選び方, q^* の実際的な計算法については, 興味ある読者は Y. Saad (1987) の論文,《Least squares polynomials in the complex plane, and their use for solving sparse nonsymmetric linear problems (複素平面における最小2乗多項式とその非対称疎線形問題の解法への応用)》, SIAM J. Numer. Anal. **24**, 155-169) を参照するとよい.

7.9 Saad の混合法

今までと同様, 実部が大きい方から r 個の A の固有値 $\{\mu_i\}_1^r$ を計算したいとする. Arnoldi 法と減次や (加速あるいはスペクトル前処理のための) 多項式変換の技法とを結び合わせて性能の良い各種の混合法が作れることを手短かに述べよう. これらの方法については, Y. Saad (1989) の論文 (《Numerical solution of large non symmetric eigenvalue problems (非対称大型固有値問題の数値解)》, Comp. Phys. Comm. **53**, 71-90) の中に詳細が書かれている.

7.9.1 Arnoldi-Chebyshev 法

Arnoldi 法の"反復法版"であり, 出発ベクトルを更新するのに Chebyshev 反復を利用する. m を Arnoldi 法の大きさに固定し, k を Chebyshev 多項式の次数に固定する. 出発ベクトル u を選ぶ. この算法は次の3段階から成る:
1. u から出発して, Arnoldi 法によって得られる m 次の Hessenberg 行列を計算する. この行列の固有値を二つのグループに分ける. すなわち, 求める固有値を近似する r 個の固有値と, 最適パラメータを定めるために使われる残りの $m-r$ 個の固有値とに分ける;

2. 選ばれた r 個の固有値に付随する固有ベクトルの線形結合によって得られるベクトル z_0 から出発して，Chebyshev 反復を k 段実行し，$z_k = \widehat{t}_k(A) z_0$ を得る；
3. $u = z_k / \|z_k\|$ を計算し，1 に戻る．

第2段階は，z_0 の中で望まない固有値に付随する成分を減衰させる働きをする．

パラメータ m, k, r の実際的選択については Bennani (1991) で論じられている．A の非正規性の影響については Chatelin-Jodet-Thobie (1991) で調べられている．

7.9.2 スペクトル前処理を伴う Arnoldi 法

多項式 p_k を，実部が大きい方から r 個の A の固有値が $B_k = p_k(A)$ の r 個の優越固有値になるように定めて，Arnoldi 法を行列 B_k に適用する．このようにして計算された Arnoldi の基底を V_k とすると，B_k の r 個の優越固有値に付随する不変部分空間と A の r 個の実部が大きい固有値に付随する不変部分空間とは同一であるという原理によって，A の固有値は行列 $V_k^* A V_k$ の固有値によって近似される．

m, k を固定しておいて，u をいろいろに変えて選ぶ．この算法は次の各段階から成る：
1. 初期化：u から出発して，A に Arnoldi 法を適用し固有値を二つのグループに分け，3 に進む；
2. $V_k^* A V_k$ を計算し，固有値を二つのグループに分け，最適なパラメータを定める；
3. 次数 k の Chebyshev 多項式 p_k を計算し，選んだ r 個の固有値に付随する固有ベクトルの線形結合であるベクトル v を計算する；
4. v から出発して，$B_k = p_k(A)$ に Arnoldi 法を適用し基底 V_k を定め，2 に戻る．

注意
1) B_k に Arnoldi 法を適用するには B_k を陽に計算する必要はない．与えら

れたベクトル x に対して積 $p_k(A)x$ が計算できれば十分である．

2) 上に述べた二つの方法のそれぞれにおいて次のことがいえる．

（ⅰ） 求めようとしていない固有値を含む楕円に付随する Chebyshev 多項式は，その固有値の凸包絡線に付随する最小2乗多項式で置き換えることができる．

（ⅱ） 求める固有値の個数 r がある程度以上大きいときには，"減次"技法を利用した方が得である（練習問題 7.7 と 7.8 参照）．

3) 前処理としてスペクトル変換 $\lambda \mapsto (\lambda - \sigma)^{-1}$ を利用することもできる．このとき方程式 $(A-\sigma I)x=y$ を解くには，直接法（枢軸選択と前処理を取り入れた Gauss 分解法）あるいは前処理つき共役勾配法型の反復法を採用すればよい（Lascaux-Théodor, 2 巻, 1987 参照）．Saad と Schultz の最小残差算法は，行列 $A-\sigma I$ になんら特別の仮定をしていない（《GMRES：a generalized minimal residual algorithm for solving nonsymmetric systems（非対称方程式系を解くための一般化された最小残差算法）》，SIAM J. Sci. Stat. Comp. **7**, 856-869 (1986))．

7.10 参考文献について

本章は主として Saad (1984) に沿っている．"複素"変数の Chebyshev 多項式に関する文献は非常に少ない（H. E. Wrigley,《Accelerating the Jacobi method for solving simultaneous equations by Chebyshev extrapolation when the eigenvalues of the iteration matrix are complex（反復行列の固有値が複素数のときの連立方程式の解法のための Chebyshev 補外による Jacobi 法の加速）》, Comp. J. **6**, 169-176 (1963)；Rivlin (1974) および Manteuffel (1977))．定理 7.1.6 は Saad による（《Projection methods for solving large sparse eigenvalue problems（大型疎固有値問題を解くための射影法）》, P. Havbad, B. Kågström, A. Ruhe (eds.), Matrix Pencils, Lect. Notes Math., **973**, 121-144, Springer-Verlag (1982))．定理 7.3.3 は Manteuffel (1977) による．定理 7.3.4 は Zarantonello による（R. S. Varga,《A Comparison of successive over-relaxation and semi-iterative methods using Chebyshev polynomials（SOR 法（逐次過緩和法）と Chebyshev 多項式を用いる準反復

法)》, SIAM J. Numer. Anal. **5**, 39-46 (1957) 参照). 原子炉の臨界値の計算に Chebyshev 反復を利用することの歴史は非常に古い (たとえば Wrigley (1963) あるいは Wachpress (1966) の本を見よ). 集約・分解法はこのような場面でよく利用される (A. Stettari, K. Aziz,《A generalization of the additive correction methods for the iterative solution of matrix equations (行列方程式の反復解法のための加法的修正法の一般化)》, SIAM J. Numer. Anal. **10**, 506-521 (1973); F. Chatelin, W. Miranker, LAA (Linear Algebra and its Applications) **43**, 17-47 (1982) も参照).

練習問題

7.1 [A] S を $\mathbf{C}$ のコンパクト領域, $C(S)$ を $\mathbf{C}$ の中に値をもつ S 上の連続関数の集合, V を $C(S)$ の次元が k の部分空間とする. このとき,
$$\forall f \in C(S), \quad \exists v^* \in V, \forall v \in V : \|f-v^*\|_\infty \leq \|f-v\|_\infty$$
を証明せよ. ここで $\|\ \|_\infty$ は $C(S)$ 上の一様ノルムである:
$$\|f\|_\infty = \max_{z \in Z} |f(z)|, \quad \forall f \in C(S).$$

7.2 [A] パラメータ c と a が実数でないと定理 7.3.2 (本文 p.258) の多項式 $\hat{t}_k$ は最適ではなくなってしまうことを示せ.

7.3 [A] λ を含まない複素平面のコンパクト領域 D に対して
$$\max_{z \in D} |p^*(z)| = \min_{\substack{p \in \mathbf{P}_k \\ p(\lambda)=1}} \max_{z \in D} |p(z)|$$
を満たす多項式 p^* がただ 1 個存在することを証明せよ.

7.4 [A] $T_k(z)$ は実軸の区間 $[-1, 1]$ 上に k 個の零点をもつことを示せ.

7.5 [A] 大きな k に対して

$$\left(\frac{\max_{j>1}|w_j|}{|w_1|}\right)^k \sim \frac{T_k\left(\dfrac{a}{e}\right)}{T_k\left(\dfrac{\lambda-c}{e}\right)}$$

を証明せよ．

7.6 [A] x_0 を問題 $Ax=b$ の近似解とする．定数の集合 $\gamma_{ni}, i=1,2,\cdots,n-1$，をもとにして，$x_1, x_2, \cdots$ を

$$x_n = x_{n-1} + \sum_{i=1}^{n-1} \gamma_{ni} r_i, \qquad r_i = b - Ax_i$$

で定義する．誤差を

$$e_i = x - x_i$$

とする（x は正確な解）．

i) $P_n(0)=1$ を満たす n 次の多項式 P_n を適当に選ぶと，

$$e_n = P_n(A) e_0$$

と表せることを証明せよ．

$n \to \infty$ のとき $\|P_n(A)\|_2$ がなるべく早く 0 に近づくような多項式 P_n の列について調べたい．

ii) A が対角化可能な場合には，$n \to \infty$ で $\|P_n(A)\|_2 \to 0$ となるための必要十分条件は，

$$\forall \lambda \in \mathrm{sp}(A): \quad |P_n(\lambda)| \to 0, \qquad n \to \infty$$

であることを証明せよ．

そこで，$\lambda=0$ のとき (7.8.1)（本文 p.270）を実現する多項式を探すことになる．

iii) Jordan 標準形の助けをかりて上の結果を任意の行列の場合に拡張せよ．

ある多項式 P_n の列が与えられたとき，点 $\lambda \in \mathbf{C}$ に付随する漸近収束率を

$$r(\lambda) = \lim_{n \to \infty} |P_n(\lambda)|^{\frac{1}{n}}$$

で定義する．多項式

$$P_n(\lambda) = \frac{T_n\left(\dfrac{c-\lambda}{e}\right)}{T_n\left(\dfrac{c}{e}\right)}$$

を考えよう．

iv) この多項式 P_n に対して

$$r(\lambda) = \exp\left(\mathrm{Re}\left(\cosh^{-1}\left(\frac{c-\lambda}{e}\right) - \cosh^{-1}\left(\frac{c}{e}\right)\right)\right)$$

$$= \left|\frac{(c-\lambda) + ((c-\lambda)^2 - e^2)^{\frac{1}{2}}}{c + (c^2 - e^2)^{\frac{1}{2}}}\right|$$

であることを証明せよ．

$\max\limits_{\lambda \in \mathrm{sp}(A)} r(\lambda)$ を最小にするような (c, e) を最適パラメータと呼ぶ．

v) (c, e) が与えられたとき，まず

$$x_0 \in \mathbf{R}^n,$$
$$r_0 = b - Ax_0,$$
$$\varDelta_0 = \frac{1}{c} r_0,$$
$$x_1 = x_0 + \varDelta_0$$

を計算し，x_n まで計算したら次に

$$r_n = b - Ax_n,$$
$$\varDelta_n = \alpha_n r_n + \beta_n \varDelta_{n-1},$$

を計算することによって数列を作ることになることを示せ．ただし，

$$\alpha_1 = \frac{2c}{2c^2 - e_2},$$
$$\beta_1 = c\alpha_1 - 1,$$
$$\alpha_n = \left(c - \left(\frac{e}{2}\right)^2 \alpha_{n-1}\right)^{-1},$$
$$\beta_n = c\alpha_{n-1}.$$

7.7 [**A**] 固有値の順序を一つ固定しておいて，それに対応する Schur 分解 $AQ = QR$ が与えられているとする．このとき，複数の固有ベクトルの減次を定義せよ．

7.8 [**A**] 実部が大きい固有値を計算するための逐次的な減次の算法を与えよ．

7.9 [D] Chebyshev 多項式は
$$T_k(z) = \cos(k \operatorname{Arccos} z)$$
によっても定義できることを示せ.

7.10 [A] $z \in \mathbf{C}$ に対して, Chebyshev 多項式は漸化式
$$T_{k+1}(z) = 2zT_k(z) - T_{k-1}(z)$$
を満たすことを示せ.

文 献

単行本

BAUMGÄRTEL H(1985) Analytic perturbation theory for matrices and operators. Birkhauser Verlag, Basel.

BERMAN A, PLEMMONS RJ(1979) Nonnegative matrices in mathematical sciences. Academic Press, New York.

BREZIS H(1982) Analyse fonctionnelle-théorie et applications. Masson, Paris.

CHATELIN F(1983) Spectral approximation of linear operators. Academic Press, New York.

Ciarlet P(1989) Introduction to numerical linear algebra and optimisation. Cambridge Univ. Press

CULLUM J, WILLOUGHBY R(eds)(1986) Large scale eigenvalue problems. North-Holland, Amsterdam.

DAHLQUIST G, BJÖRCK Å(1974) Numerical methods. Prentice-Hall, Englewood Cliffs, NJ.

DIEUDONNÉ J(1969) Foundations of modern analysis. Academic Press, New York.

GANTMACHER FR(1959) The theory of matrices, vols. 1 & 2. Chelsea.

GLAZMAN I, LIUBITCH Y(1974) Finite-dimensional linear analysis: a systematic presentation in problem form. Cambridge, Mass. MIT Press.

GOLUB GH, VAN LOAN C(1984) 2nd ed(1989) Matrix computaions. North Oxford Academic, Oxford.

HAGEMAN LA, YOUNG DM(1982) Applied iterative methods. Academic Press, New York.

HALMOS PR(1974) Finite dimensional vector spaces, 2nd ed. Springer-Verlag, Berlin.

HOUSEHOLDER AS(1964) The theory of matrices in numerical analysis. Blaisdell, New York.

ISAACSON E, KELLER H(1966) Analysis of numerical methods. Wiley, New York.

JENNINGS A(1977) Matrix computations for engineers and scientists. Wiley, New York.

KATO T (1976) Perturbation theory for linear operators, 2nd ed. Springer-Verlag, Berlin, New York.

LANCASTER P, TISMENETSKY M (1985) Theory of matrices, 2nd ed. Academic Press, New York.

LAURENT PJ (1972) Approximation et optimisation. Hermann, Paris.

NOBLE B, DANIEL JW (1977) Applied linear algebra, 2nd ed. Prentice-Hall, Englewood Cliffs, NJ.

ORTEGA JM (1972) Numerical Analysis: a second course. Academic Press, New York.

ORTEGA JM, RHEINBOLDT WC (1971) Iterative solution of non linear equations in several variables. Academic Press, New York.

PARLETT BN (1980) The symmetric eigenvalue problem. Prentice-Hall, Englewood Cliffs, NJ.

RAVIART PA, THOMAS JM (1983) Introduction à l'analyse numérique des équations aux dérivées partielles. Masson, Paris.

RIVLIN TJ (1974) 2nd ed (1990) The Chebyshev polynomials. Wiley, New York.

STEWART GW (1973) Introduction to matrix computations. Academic Press, New York.

STOER J, BULIRSCH R (1980) Introduction to numerical analysis. Springer-Verlag, Berlin, New York.

STRANG G (1980) Linear algebra and its applications, 2nd ed. Academic Press, New York.

VARGA RS (1962) Matrix iterative analysis. Prentice-Hall, Englewood Cliffs, NJ.

WILKINSON JH (1963) Rounding errors in algebraic processes. Prentice-Hall, Englewood Cliffs, NJ.

WILKINSON JH (1965) The algebraic eigenvalue problem. Oxford Univ. Press, (Clarendon), London, New York.

WILKINSON JH, REINSCH C (1971) Handbook for automatic computaion. *Linear algebra*, vol. 2. Springer-Verlag, Berlin, New York.

論文

AFRIAT SN (1957) Orthogonal and oblique projectors and the characteristics of pairs of vector spaces. *Proc Cambridge Philos Soc* 53, 800-816.

ANSELONE PM, RALL LB (1968) The solution of characteristic valuevector problems by Newton's method. *Numer Math* 11, 38-45.

ARNOLDI WE (1951) The principle of minimized iterations in the solution of the matrix eigenvalue problem. *Quart Appl Math* 9, 17-29.

BARTELS RH, STEWART GW (1972) Algorithm 432, solution of the matrix equation AX+XB=C. *Comm ACM* 15, 820-826.

BENOIT (Commandant) (1924) Note sur la méthode de résolution des équations normales, etc. (Procédé du Commandant Cholesky). *Bull Géodésique* 2, 67-77. Toulouse.

BJÖRCK Å, GOLUB GH (1973) Numerical methods for computing angles between linear subspaces. *Math Comp* 27. 579-594.

CHATELIN F (1984) Simultaneous Newton's iterations for the eigenproblem. *Computing suppl* 5, 67-74.

CLAYTON A (1963) Further results on polynomials having least maximum modulus on an ellipse in the complex plane. *Techn Rep AEEW* -7348, UKAEA, Harwell.

DAVIS C, KAHAN W (1968) The rotation of eigenvectors by a perturbation, III. *SIAM J Numer Anal* 7, 1-46.

DANIEL GW et al (1976) Reorthogonalisation and stable algorithms for updating the Gram-Schmidt QR factorization *Math Comp* 30, 772-795.

DONGARRA JJ et al (1983) Improving the accuracy of computed eigenvalues and eigenvectors. *SIAM J Numer Anal* 20, 23-45.

ERISCSSON T, RUHE A (1980) The spectral transformation Lanczos method for the numerical solution of large sparse generalized symmetric eigenvalue problems. *Math Comp* 35, 1251-1268.

FLETCHER R, SORENSEN DC (1983) An algorithmic derivation of the Jordan canonical form. *AMS Monthly*, 90, 12-16.

FILIPPOV AF (1971) A short proof of the theorem of reduction of a matrix to Jordan form. *Vestnik*, 2, 18-19. Moscow Univ.

FRIELAND S (1980) Analytic similarity of matrices. *AMS Lect Appl Math* 18, 43-85.

GERSCHGORIN S (1931) Über die Abgrenzung der Eigenwerte einer Matrix. *Ser Fiz-mat Nauk* 6, 749-754. Izv Akad Nauk SSSR.

GOLUB GH et al (1979) A Hessenberg-Schur form for the problem AX+XB=C, *IEEE Trans Autom Control AC*-24, 909-913.

GOLUB GH, WILKINSON JH (1976) Ill-conditioned eigensystems and the computation of the Jordan canonical form. *SIAM Rev* 18, 578-619.

KAHAN W et al (1982) Residual bounds on approximate eigensystems of nonnormal matrices. *SIAM J Numer Anal* 19, 470-484.

LANCZOS C (1950) An iteration method for the solution of the eigenvalue problem of linear differential and integral operators. *J Res Nat Bur Stand* 45, 255-282.

MANTEUFFEL TA (1977) The Tchebychev iteration for nonsymmetric linear systems. *Numer Math* 28, 307-327.

PARLETT BN (1968) Global convergence of the basic QR algorithm on Hessenberg matrices. *Math Comp* 22, 803-817.

PARLETT BN (1984) The software scene in the extraction or eigenvalues from sparse matrices. *SIAM J Sci Stat Comput* 5, 590-604.

PARLETT BN, POOLE WG (1973) A geometric theory of the QR, LU and power iterations. *SIAM J Numer Anal* 10, 389-412.

PETERS G, WILKINSON JH (1979) Inverse iteration, ill-conditioned equations and Newton's method. *SIAM Rev* 21, 339-360.

RUHE A (1970) Properties of a matrix with a very ill-conditioned eigenproblem. *Numer Math* 15, 57-60.

RUTISHAUSER H (1969) Computational aspects of F. L. Bauer's simultaneous iteration method. *Numer Math* 13, 4-13.

SAAD Y (1980) On the rates of convergence of the Lanczos and block-Lanczos methods. *SIAM J Numer Anal* 17. 687-706.

SAAD Y (1980) Variations on Arnoldi's method for computing eigenelements of large unsymmetric matries. *Lin Alg Appl* 34, 269-295.

SAAD Y (1981) Krylov subspace methods for solving large unsymmetric linear systems. *Math Comp* 37, 105-126.

SAAD Y (1984) Chebychev acceleration techniques for solving nonsymmetric eigenvalue problems. *Math Comp* 42, 567-588.

SCHUR I (1909) Über die characteristchen Wurzeln einer linearen Substitution mit einer Anwendung auf die Theorie der Integralgleichungen. *Math Ann* 66, 488-510.

STETTER HJ (1978) The defect correction principle and discretization methods. *Numer Math* 29, 425-443.

STEWART GW (1971) Error bounds for approximate invariant subspaces of closed linear operators. *SIAM J Numer Anal* 8, 796-808.

STEWART GW (1973) Error and perturbation bounds for subspaces associated with certain eigenvalue problems. *SIAM Rev* 15, 727-764.

STEWART WJ, JENNINGS A (1981) Algorithm 510. LOPSI: a simultaneous iteration algorithm for real matrices. *ACM Trans Math Software* 7, 230-232.

VARAH JM (1968) The calculation of the eigenvectors of a general complex matrix by inverse iteration. *Math Comp* 22, 785-791.

VARAH JM (1979) On the separation of two matrices. *SIAM J Numer Anal* 16, 216-222.

WASOW W (1978) Topics in the theory of linear ordinary differential equations

having singularities with respect to a parameter. IRMA, Universitè Louis Pasteur, Strasbourg.
WATKINS DS(1982) Understanding the QR algorithm. *SIAM Rev* 24, 427-440.
WATKINS DS(1984) Isospectral flows. *SIAM Rev* 26, 379-391.

追加文献 (単行本)

ANDERSON E, BAI Z, BISCHOF C, DEMMEL J, DONGARRA J, DEU CROZ J, GREENBAUM A, HAMMARLING S, MCKENNEY A, OSTROUCHOV S, SORENSEN D(1992) *LAPACK User's Guide, release* 1. 0. SIAM, philadelphia.
CAMPBELL SL, MEYER CD JR(1991) Generalized inverses of linear operators. Dover, Mineola.

追加文献 (論文)

BENNANI M(1991) A propos de la stabilité de la résolution d'équations sur ordinateur. Ph. D. Thesis, INP Toulouse.
CHATELIN F(1986) Ill conditioned eigenproblems. In: *Large Scale Eigenvalue Problems*. Cullum J, Willoughby R(eds) pp. 267-282. North-Holland, Amsterdam.
CHATELIN F(1989) Résolution approcheé d'équations sur ordinateur. *Lect Notes*. Univ. Paris VI.
CHATELIN F(1993) The influence of nonnormality on matrix computations. In: *Linear Algebra, Markov Chains and Queueing Models*. Meyer CD, Plemmons RJ (eds) *IMA Volumes in Mathematics and its Applications*. Springer-Verlag, New York.
CHATELIN F, BELAID D(1987) Numerical analysis for factorial data analysis; Pt. 1: Numerical software-The package INDA for microcomputers. *Appl Stoch Mod Data Anal* 3, 193-206.
CHATELIN F, FRAYSSÉ V(1992) Elements of a condition theory for the computational analysis of algorithms. In: *Iterative Methods in Linear Algebra*. Beauwens R, de Groen P(eds) pp. 15-25. North-Holland, Amsterdam.
CHATELIN F, GODET-THOBIE S(1991) Stability Analysis in Aeronautical Industries. In: *High Performance Computing II*. Durand M, Dabaghi FEl(eds) pp. 415-422. North-Holland, Amsterdam.
CHATELIN F, PORTA T(1987) Numerical analysis for factorial data analysis, Pt. II: Special purpose hardware-The programmable systolic array SARDA. *Appl Stoch Mod Data Anal* 3, 237-246.
FRAYSSÉ V(1992) Reliability of computer solutions. Ph. D. Thesis, INP Toulouse.

GUERTS AJ (1982) A contribution to the theory of condition. Numer Math 39, 85-96.

GODET-THOBIE S (1992) Highly nonnormal eigenproblems of large scale. An industrial application. Ph. D. Thesis, INP Toulouse.

HO D, CHATELIN F, BENNANI M (1990) Arnoldi-Chebyshev procedure for large scale nonsymmetric matrices. M2AN, *Math Mod Num Anal* 24, 53-65.

MEYER CD JR, STEWART GW (1988) Derivatives and perturbations of eigenvectors. *SIAM J Numer Anal* 25, 679-691.

RICE JR (1966) A theory of condition. *SIAM J Numer Anal* 3, 287-310.

TREFETHEN LN (1991) Pseudospectra of matrices. In: *Proc 14th Dundee Biennal Conference on Numerical Analysis*. Griffiths DF, Watson GA (eds).

付録 A：数値計算用 ソフトウェア

中規模行列の固有値や固有ベクトルを計算するためのソフトウェアには非常に高品質のものが存在する．それらはみな，Wilkinson と Reinsch のハンドブック (1971) の中に公表されている ALGOL 60 で書かれたプログラムに基づいたものである．それらのうち下記の文献にある固有値・固有ベクトル計算用の汎用の副プログラム集を挙げておこう．

a) EISPACK（FORTRAN で書かれている）欧州での連絡先：
   NEA Data Bank
   BP n° 9 (Bat. 45)
   91191 Gif sur Yvette, France
b) IMSL（FORTRAN で書かれている）
   Sixth Floor, GNB Bldg.
   7500 Bellaire
   Houston, Texas 77036, USA
c) NAG（ALGOL, FORTRAN, PASCAL, C で書かれている）
   Wilkinson House, Jordan Hill Road
   Oxford OX 28 DR, UK

EISPACK のプログラムは ARPA ネット (netlib@ anl-mcs. arpa) にアクセスできるすべての情報ネットワークの上で利用可能である．

これとは異なるプログラム集（偏微分方程式，疎方程式の解）が W. R. Cowell 著《Sources and development of mathematical software（数学ソフトウェアの源流と発展)》, Prentice Hall, Englewood Cliffs, NJ (1984) にあ

る．

　大きな行列に対するもので上と同様の信頼性のあるソフトウェアはまだない．この分野はまだ研究段階にとどまっている．Parlett（1984）には逐次式計算機（並列型でない）用のプログラムで利用可能なもののかなり充実した一覧表がある．また，BLAS（Basic Linear Algebra Subroutines 基礎線形代数副プログラム集）をベクトル計算機用に拡張する努力がなされている（Dongarra J., Du Croz J., Duff I., Hammerling S.,《A set of level 3 Basic Linear Algebra Subproblems（第3水準の線形代数基本部分問題集）》ACM　Trems.　Math. Soft. **14**, 1-17（1988）を見よ）．最後に，並列計算機が固有値計算の算法の性能に与える影響についての考察も，I. Ipsen と Y. Saad の論文（《The impact of parallel architectures on the solution of eigenvalue problems（並列計算機の固有値問題の解法に与える影響)》, Cullum-Willoughby (eds.), 37-49 (1986)）などにおいて始められていることを注意しておこう．

付録 B：練習問題解答

1.1 V が正則であるとき V^{-*} の列の集合は V の列の集合の随伴基底である．V が正方行列でないと随伴基底は存在しないかあるいは一意に定まらないことに注意しよう．たとえば，

$$V = \begin{pmatrix} 1 & 0 \\ 0 & 1 \\ 1 & 0 \end{pmatrix}$$

のとき次のような少なくとも二つの随伴基底が存在する：

$$V_* = \begin{pmatrix} 1 & 0 \\ 0 & 1 \\ 0 & 0 \end{pmatrix} \text{ および } V_*' = \begin{pmatrix} 0 & 0 \\ 0 & 1 \\ 1 & 0 \end{pmatrix}.$$

1.2 非負定符号 Hermite 行列 T のスペクトル半径は

$$\rho(T) = \max_{\|x\|_2=1} x^* T x$$

と特徴づけることができる．$T = A^* A$ とおけば

$$\rho(A^* A) = \|A\|_2^2$$

である．

1.3
$$r = \dim M = \dim N > \frac{n}{2},$$
$$t = \dim(M \cap N)$$

とすると，

$$t \geq 2r - n > 0$$

である．$Q \in \mathbf{C}^{n \times r}$ を，最初の t 列が $M \cap N$ の正規直交基底であるような

M の正規直交基底とする．$U \in \mathbf{C}^{n \times r}$ を，最初の t 列が Q の最初の t 列と一致するような N の正規直交基底とする．すると

$$U^*Q = \begin{pmatrix} I_t & 0 \\ 0 & W \end{pmatrix},$$

ただし W の次数は $r-t$ である．このことは，U^*Q が少なくとも t 個の 1 に等しい特異値をもつこと，したがって M と N の間には非零の正準角が高々 $r-t$ 個しかないことを表している．しかるに

$$r - t \leqq n - r < \frac{n}{2}$$

であるから

$$r - t \leqq \left[\frac{n}{2}\right].$$
$$\lin V = M \cap N$$

として

$$Q = (V, Q'), \quad U = (V, U')$$

とおき，

$$M' = \lin Q', \quad N' = \lin U'$$

とすると，

$$M' \cap N' = \{0\},$$
$$(M \cap N) + M' + N' = M + N,$$
$$W = U'^*Q'$$

であり，M と N の間の非零の正準角は M' と N' の間の非零の正準角と一致する．

1.4 A が特異な行列であれば A^*A もまた特異である．したがって，0 は A^*A の一つの固有値であり，したがってまた A の特異値である．より一般的にいって，$n \geqq r$ で $A \in \mathbf{C}^{n \times r}$ の列が互いに線形従属であるなら，A は特異値 0 をもつ．

1.5 $Q \in \mathbf{C}^{n \times m}$ を M の正規直交基底，$U \in \mathbf{C}^{n \times m}$ を N の正規直交基底とする．M と N の間の最大の正準角を θ_1 とし $c_1 = \cos \theta_1$ とする．すると

$$\theta_1 = \frac{\pi}{2} \iff c_1 = 0 \iff U^*Q \text{ は特異}$$

$\iff \exists\, u \in \mathbf{C}^m (u \neq 0,\, U^*Qu = 0)$
$\iff \exists\, x \in \mathbf{C}^n (x \neq 0,\, x \in (M \cap N^\perp))$.

ベクトル u が M の基底 Q に関する x の座標を表すことに注意しよう．

1.6 $X = (X_1, X_2),\, Y = (Y_1, Y_2)$ は $\mathbf{C}^n$ の正規直交基底で，X_1 が M の基底，Y_1 が N の基底となっているとする：

$$X_1 \in \mathbf{C}^{n \times r}, \quad Y_1 \in \mathbf{C}^{n \times r}, \quad X_1^*X_1 = Y_1^*Y_1 = I_r$$
$$\left(\text{ただし } r \leq \frac{n}{2} \right).$$

そして，

$$W = X^*Y = \begin{pmatrix} X_1^* \\ X_2^* \end{pmatrix} (Y_1\, Y_2) = \begin{pmatrix} X_1^*Y_1 & X_1^*Y_2 \\ X_2^*Y_1 & X_2^*Y_2 \end{pmatrix} = \begin{pmatrix} W_{11} & W_{12} \\ W_{21} & W_{22} \end{pmatrix}$$

とする．すると，ユニタリ行列 $Z_1 \in \mathbf{C}^{r \times r}$ および $V_1 \in \mathbf{C}^{r \times r}$ を用いて，W_{11} の特異値分解が

$$C = Z_1^* W_{11} V_1 = \mathrm{diag}(c_1, \cdots, c_r)$$

と書ける．正準角の定義により

$$0 \leq c_1 \leq c_2 \leq \cdots \leq c_k < 1 = c_{k+1} = \cdots = c_r,\, k \leq r.$$

$$C' = \mathrm{diag}(c_1, \cdots, c_k)$$

と定義すると，

$$C = \begin{pmatrix} C' & 0 \\ 0 & I_{r-k} \end{pmatrix}.$$

行列 $\begin{pmatrix} W_{11} \\ W_{21} \end{pmatrix} V_1$ は正規直交な列をもつから

$$I_r = V_1^*(W_{11}^*\, W_{21}^*) \begin{pmatrix} W_{11} \\ W_{21} \end{pmatrix} V_1 = V_1(W_{11}^*W_{11} + W_{21}^*W_{21}) V_1$$
$$= V_1^* W_{11}^* W_{11} V_1 + (W_{21}V_1)^*(W_{21}V_1)$$
$$= C^2 + (W_{21}V_1)^*(W_{21}V_1).$$

したがって

$$(W_{21}V_1)^*(W_{21}V_1) = \mathrm{diag}(s_1^2, \cdots, s_k^2, 0, \cdots, 0),$$
$$s_i \neq 0,\quad s_i^2 + c_i^2 = 1,\quad i = 1, \cdots, k.$$

$\hat{Z}_2 \in \mathbf{C}^{(n-r) \times (n-r)}$ を，$W_{21}V_1$ の列を正規化したものを最初の k 列としてもつユニタリ行列であるとする．すると

$$\hat{Z}_2{}^* W_{21} V_1 = \begin{pmatrix} S \\ 0 \end{pmatrix},$$

$$S = \mathrm{diag}(s_1, \cdots, s_k, 0, \cdots, 0) \in \mathbf{C}^{r \times r}.$$

$S' = \mathrm{diag}(s_1, \cdots, s_k)$ とおけば，S' は正則で

$$S = \begin{pmatrix} S' & 0 \\ 0 & 0 \end{pmatrix}$$

である．したがって

$$\begin{pmatrix} Z_1 & 0 \\ 0 & \hat{Z}_2 \end{pmatrix}^* \begin{pmatrix} W_{11} \\ W_{21} \end{pmatrix} V_1 = \begin{pmatrix} C \\ S \\ 0 \end{pmatrix}.$$

同様にして

$$Z_1{}^* W_{12} V_2 = (T, 0)$$

となるようなユニタリ行列 $V_2 \in \mathbf{C}^{(n-r) \times (n-r)}$ が定められる．ただし，T は対角要素が非正の対角行列で

$$T^2 + C^2 = I_r$$

である．したがって $T = -S$．

$$\hat{Z} = \begin{pmatrix} Z_1 & 0 \\ 0 & \hat{Z}_2 \end{pmatrix}, \quad V = \begin{pmatrix} V_1 & 0 \\ 0 & V_2 \end{pmatrix}$$

とおくと

$$\hat{Z}^* W V = \begin{pmatrix} C' & 0 & -S' & 0 & 0 \\ 0 & I_{r-k} & 0 & 0 & 0 \\ S' & 0 & X_{33} & X_{34} & X_{35} \\ 0 & 0 & X_{43} & X_{44} & X_{45} \\ 0 & 0 & X_{53} & X_{54} & X_{55} \end{pmatrix}.$$

この行列の列は互いに直交するから $S' X_{34} = 0$．したがって $X_{34} = 0$．同様にして $X_{35} = 0, X_{43} = 0, X_{53} = 0$ が導かれ，

$$-C'S' + S' X_{33} = 0$$

から $X_{33} = C'$ が導かれる．行列

$$\hat{Z}_3 = \begin{pmatrix} X_{44} & X_{45} \\ X_{54} & X_{55} \end{pmatrix} \in \mathbf{C}^{(n-r-k) \times (n-r-k)}$$

はユニタリであり，

$$\widehat{Z}^*WV = \begin{pmatrix} C' & 0 & -S & 0 \\ 0 & I_{r-k} & 0 & 0 \\ S' & 0 & C' & 0 \\ 0 & 0 & 0 & \widehat{Z}_3 \end{pmatrix}$$

$$= \begin{pmatrix} I_k & 0 & 0 & 0 \\ 0 & I_{r-k} & 0 & 0 \\ 0 & 0 & I_k & 0 \\ 0 & 0 & 0 & \widehat{Z}_3 \end{pmatrix} \begin{pmatrix} C' & 0 & -S' & 0 \\ 0 & I_{r-k} & 0 & 0 \\ S' & 0 & C' & 0 \\ 0 & 0 & 0 & I_{n-r-k} \end{pmatrix}$$

である．

$$Z_2 = \widehat{Z}_2 \begin{pmatrix} I_k & 0 \\ 0 & \widehat{Z}_3 \end{pmatrix}, \quad Z = \begin{pmatrix} Z_1 & 0 \\ 0 & Z_2 \end{pmatrix}$$

とおけば

$$Z^*WV = \begin{pmatrix} C & -S & 0 \\ S & C & 0 \\ 0 & 0 & I_{n-2r} \end{pmatrix}.$$

つまり，

$Q = X_1 Z_1$ は M の正規直交基底，
$\underline{Q} = X_2 Z_2$ は $M^\perp$ の正規直交基底，
$U = Y_1 V_1$ は N の正規直交基底，
$\underline{U} = Y_2 V_2$ は $N^\perp$ の正規直交基底

であり，

$$[Q\underline{Q}]^*[U\underline{U}] = \begin{pmatrix} C & -S & 0 \\ S & C & 0 \\ 0 & 0 & I_{n-2r} \end{pmatrix}$$

である．

$$Q^*U = C,$$
$$\underline{Q}^*\underline{U} = \begin{pmatrix} C & 0 \\ 0 & I_{n-2r} \end{pmatrix}$$

であるから，$\frac{n}{2}$ より大きい等しい次元の二つの部分空間の間の正準角を計算するには，直交補空間の間の正準角を計算すれば十分であるという結論も得られる．

1.7 $Q^*Q=I$ ならば $\|Q\|_2=\|Q^{-1}\|_2=\|Q^*\|_2=1$ である.

1.8 A のすべての固有値 $\lambda_1, \cdots, \lambda_n$ が相異なると仮定しよう.
$$D = \mathrm{diag}(\lambda_1, \cdots, \lambda_n)$$
とおく. ユニタリ行列 Q を選んで A の Schur 形 $Q^*AQ=D+N_1$ を作る. さらにユニタリ行列 $U=(u_{ij})$ を選んで A の別の Schur 形 $(QU)^*A(QU)=D+N_2$ を作る. 行列 $N_1=(n_{ij}^{(1)})$ と $N_2=(n_{ij}^{(2)})$ は対角項を含まない上三角である. したがって,
$$UD+UN_2 = DU+N_1U$$
である. 以上のことから
$$\lambda_j u_{ij}+\sum_{k=1}^{j-1}u_{ik}n_{kj}^{(2)} = \lambda_i u_{ij}+\sum_{k=i+1}^{n}n_{ik}^{(1)}u_{kj}$$
である. ただし $\sum_{k=1}^{0}=\sum_{k=n+1}^{0}=0$ と約束する. $j=1, i=n$ とすれば $u_{n1}=0$ が得られる. $k>2$ に対して
$$i \in \{k, k+1, \cdots, n-1, n\} \Rightarrow u_{i1} = 0$$
であると仮定しよう. すると, $u_{k-1,1}=0$ が得られる. すなわち,
$$i = 2, 3, \cdots, n に対して u_{i1} = 0$$
である. 今度は, $j=1, 2, \cdots, l$ として, $k>j+1$ に対して
$$i \in \{k, k+1, \cdots, n-1, n\} \Rightarrow u_{ij} = 0$$
であると仮定しよう. これより $u_{k-1,j}=0$ が導かれる.
すなわち
$$j = 1, 2, \cdots, n-1, i = j+1, \cdots, n に対して u_{ij}=0$$
である. 重複固有値が存在するときには U の対角上にブロックが現れることの証明は読者にまかせる.

1.9 $P=(p_{ij})$ を
$$p_{ij} = \begin{cases} 1, & i+j=n+1 \text{ のとき} \\ 0, & \text{それ以外のとき} \end{cases}$$
によって定義すると,
$$P^{-1} = P = P^*$$
であり
$$J^* = P^*JP$$

である.

1.10 $X \in \mathbf{C}^{n \times m}$ の階数が $r < m$ であるとする. したがって, $X\Pi$ の特異値分解が

$$V^* X \Pi U = \begin{pmatrix} \Sigma & 0 \\ 0 & 0 \end{pmatrix}$$

と書けるような m 次の置換行列 Π が存在する. ただし V は大きさ n のユニタリ行列, U は大きさ m のユニタリ行列, Σ は大きさ r の正則な対角行列である.

$$U = \begin{pmatrix} U_{11} & U_{12} \\ U_{21} & U_{22} \end{pmatrix}$$

と書くことができる. ここで U_{11} は大きさ r で

$$X\Pi = V \begin{pmatrix} \Sigma U_{11}^* & \Sigma U_{21}^* \\ 0 & 0 \end{pmatrix}$$

である.

$$\Sigma U_{11}^* = \tilde{Q}_{11} R_{11}$$

を正則な行列 ΣU_{11}^* の Schmidt 分解とする. ここで, $\tilde{Q}_{11}$ はユニタリ, R_{11} は上三角で, 二つとも大きさは r である. すると

$$X\Pi = V \begin{pmatrix} \tilde{Q}_{11} & 0 \\ 0 & I \end{pmatrix} \begin{pmatrix} R_{11} & \tilde{Q}_{11}^* \Sigma U_{21}^* \\ 0 & 0 \end{pmatrix} = QR.$$

ただし

$$Q = V \begin{pmatrix} \tilde{Q}_{11} & 0 \\ 0 & I \end{pmatrix}, \quad R = \begin{pmatrix} R_{11} & R_{12} \\ 0 & 0 \end{pmatrix}, \quad R_{12} = \tilde{Q}_{11}^* \Sigma U_{21}^*.$$

Q はユニタリで R は上三角である. (訳注：この事実の証明は直接 $[X, I_n]$ の列の集合に対して左の列から順に Schmidt 分解の算法を施していけば自然に示される).

1.11 A を正規行列, D を対角, N を狭義上三角, Q をユニタリとし, A の Schur 形を

$$Q^* A Q = D + N$$

とする. すると, $A^* A = A A^*$ であるから

$$N^* N = N N^*$$

で，
$$N = (n_{ij})$$
とすると
$$i \leq j \Rightarrow n_{ij} = 0,$$
$$\forall i, j \sum_{k=1}^{n} \bar{n}_{ki} n_{kj} = \sum_{k=1}^{n} n_{ik} \bar{n}_{jk}.$$

$i=j=1$ とおくと $n_{k1}=0, \forall k,$ が導かれる．$i=j\leq l$ に対して $n_{kj}=0, \forall k,$ であると仮定しよう．すると，$n_{k,l+1}=0$ が導かれる．したがって，$N=0$ となり，A の固有ベクトルはユニタリ行列 Q の列である．このことは，すべてのスペクトル射影が直交すること，A が対角化可能であることを意味する．逆も同様．Hermite 行列でない正規行列は複素固有値をもつことがありうることに注意せよ．たとえば，対角項に虚の非零要素をもつ対角行列はすべて正規行列である．

1.12 練習問題 1.11 により
$$A = QDQ^*, A^* = QD^*Q.$$
したがって
$$AA^* = Q(D^*D)Q^*,$$
$$\rho(A^*A) = \rho(D^*D),$$
$$\|A\|_2^2 = \rho(A)^2.$$

1.13 スペクトルを小さい順に並べて考えよう．
$$\lambda_j(A) = \min_{\dim S = j} \max_{u \in S} \frac{u^*Au}{u^*u}$$
という表し方から出発する．
$$\lambda_j(A) = -\lambda_{n-j+1}(-A)$$
$$= \max_{\dim S = n-j+1} \min_{u \in S} \frac{u^*Au}{u^*u}$$
$$= \max_{\dim S^\perp = j-1} \min_{u \perp S^\perp} \frac{u^*Au}{u^*u}$$
$$= \max_{\dim S = j-1} \min_{u \perp S} \frac{u^*Au}{u^*u}.$$

1.14 X を A の固有ベクトルの基底，Q を Schur 形の基底とする：

$$A = XDX^{-1},$$
$$Q^*AQ = D+N.$$
D は固有値からなる対角行列,N は対角項のない上三角である.このとき
$$\|A\|_F^2 = \|Q^*AQ\|_F^2 = \|D\|_F^2 + \|N\|_F^2$$
$$\|A\|_F \leq \|X\|_2 \|X^{-1}\|_2 \|D\|_F.$$
したがって(訳注:$A=BC$ のとき $\|A\|_F \leq \|B\|_2 \cdot \|C\|_F$ に注意.)
$$\mathrm{cond}_2(X) \geq \frac{\|A\|_F}{\|D\|_F} \geq \left(1 + \frac{\|N\|_F^2}{\|D\|_F^2}\right)^{1/2} \geq \left(1 + \frac{\|N\|_F^2}{\|A\|_F^2}\right)^{1/2}.$$
一方
$$\|A^*A\|_F \leq \|X^{-1}\|_2^2 \|D^*X^*XD\|_F$$
$$= \|X^{-1}\|_2^2 \|XDD^*X^*\|_F$$
$$\leq \|X^{-1}\|_2^2 \|X\|_2^2 \|DD^*\|_F.$$
しかるに
$$\|DD^*\|_F = \|D^*D\|_F = \|D^2\|_F \leq \|A^2\|_F.$$
したがって
$$\mathrm{cond}_2^2(X) \geq \frac{\|A^*A\|_F}{\|A^2\|_F}.$$
さらに
$$\|A^*A - AA^*\|_F^2 = \mathrm{tr}((A^*A - AA^*)(A^*A - AA^*))$$
$$= \mathrm{tr}(A^*AA^*A + AA^*AA^* - AA^*A^*A$$
$$\quad - A^*AAA^*)$$
$$= 2(\|A^*A\|_F^2 - \|A^2\|_F^2).$$
これより
$$\mathrm{cond}_2^4(X) \geq 1 + \frac{1}{2} \frac{\nu^2(A)}{\|A^2\|_F^2}.$$

1.15 Q を Schur 形の基底とする:
$$Q^*AQ = R = D+N.$$
ここで,D は対角行列,N は対角項なしの上三角である.
$$\Gamma = R^*R - RR^* = (\gamma_{ij})$$
と定義する.たとえば A の大きさに関する帰納法を使うことによって
$$\|N\|_F^2 \leq \sum_{i,j}(j-i)|n_{ij}|^2 = \sum_{j=2}^{n}(j-1)\gamma_{jj}$$

が証明できる．$\sum_{i=1}^{n}\gamma_{ii}=0$ であるから，

$$\|N\|_F^2 \leq \frac{1-n}{2}\gamma_{11} + \frac{3-n}{2}\gamma_{22} + \cdots + \frac{n-1}{2}\gamma_{nn}$$

とも書ける．Cauchy-Schwarz の不等式から

$$\|N\|_F^4 \leq \left[\left(\frac{1-n}{2}\right)^2 + \left(\frac{3-n}{2}\right)^2 + \cdots + \left(\frac{n-1}{2}\right)^2\right][\gamma_{11}^2 + \gamma_{22}^2 + \cdots + \gamma_{nn}^2]$$

$$= \frac{n^3-n}{12}\sum_{j=1}^{n}\gamma_{jj}^2$$

しかるに，

$$A^*A - AA^* = Q\varGamma Q^*$$

であるから

$$\sum_{j=1}^{n}\gamma_{jj}^2 \leq \|\varGamma\|_F^2 = \nu^2(A).$$

したがって

$$\|N\|_F^2 \leq \sqrt{\frac{n^3-n}{12}}\nu(A).$$

また，$D \neq \lambda I$ であれば，$\|D\|_F \neq 0$ であって

$$s = \max_{1 \leq i,j \leq d}|\lambda_i - \lambda_j|$$

は正である．ここで，$\{\lambda_i\}_1^d$ は A の相異なる固有値である．

$$a = \frac{\|D\|_F}{\|A\|_F}, \quad b = \frac{\nu(A)}{\sqrt{2}\|A\|_F^2}, \quad c = \frac{s}{\sqrt{2}\|D\|_F}$$

とする．

$$b - 1 + a^2 \leq \sqrt{2}\,ca\sqrt{1-a^2}$$

を示すのは容易である．$b-1+a^2 < 0$ なら，$\frac{b^2}{3} \leq b < 1-a^2$ となり，求める不等式が得られる．$b-1+a^2 \geq 0$ なら

$$(1+2c^2)a^4 - 2(1-b+c^2)a^2 + (b^2-2b+1) \leq 0,$$

したがって

$$a^2 \leq \frac{1}{(1+2c^2)}(a-b+c^2+c(c^2+2b-2b^2)^{1/2}).$$

しかるに，

$$(c^2+2b-2b^2)^{1/2} = c\left(1 - \frac{2b^2}{c^2} + \frac{2b}{c^2}\right)^{1/2} \leq c\left(1 - \frac{b^2}{c^2} + \frac{b}{c^2}\right)$$

であるから

$$a^2 \leq 1 - \frac{b^2}{1+2c^2}.$$

$c^2 \leq 1$ であるから $a^2 \leq 1 - \frac{b^2}{3}$, すなわち

$$\frac{\nu^2(A)}{6\|A\|_F^2} \leq \|N\|_F^2.$$

1.16 A, B が Hermite 行列であるとする.
$$\rho(T) \leq \|T\|_2 \quad (\forall\ T \in \mathbf{C}^{n \times n})$$
であるから,
$$C = A - B + \|A - B\|_2 I$$
は非負定値である.
$$A' = A + \|A - B\|_2 I$$
とおくと,
$$A' = B + C$$
である. 練習問題 1.17 を用いれば,
$$\lambda_i(B) \leq \lambda_i(A')$$
となるように A' と B の固有値の番号をつけることができることがわかる.
$$\lambda_i(A') = \lambda_i(A) + \|A - B\|_2$$
であるから
$$\lambda_i(B) \leq \lambda_i(A) + \|A - B\|_2$$
である.

1.17 Hermite 行列 A, B に対して $C = A - B$ とおく. スペクトルを大きい順に並べると
$$\lambda_i(A) = \min_{v_1, \cdots, v_{i-1}} \max_{\substack{\|u\|_2 = 1 \\ u^* v_j = 0 \\ j = 1, \cdots, i-1}} u^* A u$$
であり,
$$u^* A u = u^* B u + u^* C u$$
である. ところで,
$$\lambda_1(C) = \max_{\|u\|_2 = 1} u^* C u,$$

$$\lambda_n(C) = \min_{\|u\|_2=1} u^*Cu = -\max_{\|u\|_2=1}(-u^*Cu).$$

$\|u\|_2=1$ とすると

$$u^*Bu + \lambda_n(C) \leq u^*Au \leq u^*Bu + \lambda_1(C)$$

である．いま $\max_{\substack{\|u\|_2=1 \\ u^*v_j=0 \\ j=1,\cdots,i-1}}$ をとってから $\min_{v_1,\cdots,v_{i-1}}$ をとると

$$\lambda_n(C) + \lambda_i(B) \leq \lambda_i(A) \leq \lambda_i(B) + \lambda_1(C)$$

であることがわかる．したがって

$$|\lambda_i(A) - \lambda_i(B)| \leq \|C\|_2$$

である．C が非負定値ならば $\lambda_n(C) \geq 0$ であり

$$\lambda_i(A) \geq \lambda_i(B)$$

である．

1.18 Hermite 行列 A, 非負定値 Hermite 行列 B に対して，$C=A+B$ とおく．$\|u\|_2=1$ を満たすすべての $u \in \mathbf{C}^n$ に対して $u^*Bu \geq 0$ であるから，

$$u^*Cu = u^*Au + u^*Bu \geq u^*Au$$

である．この左辺の $\max_{\|u\|_2=1}$ をとれば

$$\rho(C) \geq u^*Au$$

である．したがって

$$\rho(C) \geq \rho(A).$$

2.1 まず次のことを確めよう：

$$\mathbf{J} = (x_{\alpha\beta})$$

が

$$x_{\alpha\beta} = \begin{cases} \lambda, & \alpha=\beta \text{ のとき}, \\ 1, & \beta=\alpha+1 \text{ のとき}, \\ 0, & \text{それ以外のとき} \end{cases}$$

であるような正方行列であるとき，
 i) $\mathbf{J}$ が正則であるための必要十分条件は $\lambda \neq 0$ である．
 ii) $\lambda \neq 0$ かつ $\mathbf{J}^{-1}=(y_{\alpha\beta})$ ならば

$$y_{\alpha\beta} = \begin{cases} 0, & \alpha > \beta \text{ のとき}, \\ \dfrac{(-1)^{\beta-\alpha}}{\lambda^{\beta-\alpha+1}}, & \alpha \leq \beta \text{ のとき}. \end{cases}$$

他方，V を A の Jordan 基底とする：$V = (X_1, \cdots X_d)$．$V^{-*} = (X_{*1}, \cdots, X_{*d})$ とすると

$$P_j = X_j X_{*j}{}^*$$

は固有値 λ_j に付随する A のスペクトル射影である．$z \in \mathrm{sp}(A)$ とすると，P_j もまた固有値 $(\lambda_j - z)^{-1}$ に付随する $(A - zI)^{-1}$ のスペクトル射影である．

$$A = \sum_{j=1}^{d} (\lambda_j P_j + D_j)$$

が A のスペクトル分解であるならば $(A - zI)^{-1}$ のスペクトル分解は

$$(A - ZI)^{-1} = \sum_{j=1}^{d} \left(\frac{1}{\lambda_j - z} P_j + D_j'(z) \right)$$

であるといえる．ただし，ℓ_j を

$$D_j^{\ell_j} = 0$$

であるような最小の整数として，

$$D_j'(z) = \sum_{\alpha=1}^{\ell_j - 1} \frac{(-D_j)^\alpha}{(\lambda_j - z)^{\alpha+1}}$$

である．結局のところ，Γ_i が A の λ_i 以外のスペクトルから λ_i を隔離する Jordan 曲線であるなら

$$\int_{\Gamma_i} \frac{dz}{\lambda_j - z} = \begin{cases} -2i\pi, & j = i, \\ 0, & j \neq i, \end{cases}$$

$$\int_{\Gamma_i} \frac{dz}{(\lambda_j - z)^{k+1}} = 0, \quad j = 1, 2, \cdots, d\,;\quad k > 0.$$

したがって

$$-\frac{1}{2i\pi} \int_{\Gamma_i} (A - zI)^{-1} dz = P_i = X_i X_{*i}{}^*.$$

2.2 連立方程式

$$\begin{pmatrix} A - \lambda I \\ X_*{}^* \end{pmatrix} x = \begin{pmatrix} b \\ 0 \end{pmatrix}$$

は n 個の未知数，$n + r$ 個の方程式をもち，階数は n である．部分軸選択を伴う Gauss の消去法を用いれば

$$\begin{pmatrix} T \\ 0 \end{pmatrix} x = \begin{pmatrix} c \\ 0 \end{pmatrix}$$

という形の連立方程式になる．ただし，T は n 次の上三角行列である．T は置換行列と Gauss の基本変形行列とを $\begin{pmatrix} A-\lambda I \\ X_* * \end{pmatrix}$ の左から交互に掛けることによって得られる．Gauss の基本変形行列の代わりに Householder 行列を使えば（練習問題 1.20）Schmidt 分解が得られる．最終的に得られる式は同じ形の構造をしている．

2.3 同じスペクトルをもつ対角化可能な行列が相似であることは明らかである．欠陥がある行列が相似であるための必要十分条件は，それらが同じスペクトル構造（固有値の代数的多重度も幾何的多重度も等しく指標も等しい）をもつことである．すなわち，同じ Jordan 標準形をもつことである．

2.4 λ が $(I-\Pi)A$ の固有値ではないことを示す．もし λ が $(I-\Pi)A$ の固有値であるとすると，ある $u \neq 0$ に対して，

$$(I-\Pi)Au = \lambda u$$

ということになる．$\lambda \neq 0$ とすると

$$0 = \Pi(I-\Pi)Au = \lambda \Pi u \Rightarrow \Pi u = 0.$$

これより

$$u = (I-\Pi)u \neq 0,$$

そして

$$(I-\Pi)A(I-\Pi)u = \lambda u$$

である．すなわち，λ は $(I-\Pi)A(I-\Pi)$ の固有値であるということになるが，λ は $\bar{B}$ の固有値ではないから，これは不可能である．これより

$$z = \Sigma b$$

が唯一の解であるということが導かれる．

2.5 補助定理 2.6.2 により

$$A'(x_k - x_{k-1}) = b - A x_{k-1} \iff A'(x_k - x') = (A' - A)x_{k-1}.$$

したがって，無限精度の演算ができるとすれば，x_k が $x = A^{-1}b$ に収束するための必要十分条件は，$\rho(A'^{-1}(A'-A)) < 1$ である．有限精度の演算では何故 $b - Ax_k$ の計算が問題となるのか？

有効数字 3 桁の演算で

$$\begin{pmatrix} 0.986 & 0.579 \\ 0.409 & 0.237 \end{pmatrix} \begin{pmatrix} u \\ v \end{pmatrix} = \begin{pmatrix} 0.235 \\ 0.107 \end{pmatrix}$$

を解くと,反復の作り出す近似解の系列は

$$\begin{pmatrix} 2.11 \\ -3.17 \end{pmatrix}, \begin{pmatrix} 1.99 \\ -2.99 \end{pmatrix}, \begin{pmatrix} 2.00 \\ -3.00 \end{pmatrix}, \cdots$$

となることを確かめよ.なお正確な解は $\begin{pmatrix} 2 \\ -3 \end{pmatrix}$ である.

2.7 仮定 (H2) により,

$$\|x-x^*\| < r_1 \Rightarrow \|F'(x) - F'(x^*)\| < \|F'(x^*)^{-1}\|^{-1}$$

であるような $r_1 \in (0, r)$ が存在し,$F'(x)$ は $\|x-x^*\|<r_1$ なるすべての x に対して正則である.ところで,写像 $x \mapsto F'(x)^{-1}$ は x^* の近傍において連続であるから,

$$\|x-x^*\| < r_2 \Rightarrow \|F'(x)^{-1}\| \leq \mu$$

を満たす $r_2 \in (0, r_1)$ および $\mu>0$ が存在する.結局,

$$\|x-x^*\| < \rho \text{ かつ } \|y-x^*\| < \rho \Rightarrow \|F'(x) - F'(y)\| < \frac{1}{2\mu}$$

であるような $\rho \in (0, r_2)$ が存在することになる.

$$x_k(t) = x^* + t(x_k - x^*), 0 \leq t \leq 1$$

と定義すると,

$$F(x_k) = \int_0^1 F'(x_k(t))(x_k - x^*) dt$$

と表せる.$\|x_k - x^*\| < \rho$ である ($k=0$ に対してこれは成り立つ) とすると,

$$x_{k+1} - x^* = -F'(x_k)^{-1} \int_0^1 (F'(x_k(t)) - (F'(x_k))(x_k - x^*) dt$$

であり,

$$\|x_{k+1} - x^*\| \leq \frac{1}{2} \|x_k - x^*\|.$$

このことは,一方では,x_{k+1} が

$$\|x_{k+1} - x^*\| < \rho$$

を満たすことを示しており,他方では,

$$\lim_{k\to\infty} x_k = x^*$$

であることを示している．より精密な上界を出すと，

$$\|x_{k+1}-x^*\| \leq \|x_k-x^*\| \mu \sup_{0\leq t\leq 1} \|F'(x_k(t))-F'(x_k)\|$$

となるが，

$$\lim_{k\to\infty} \sup_{0\leq t\leq 1} \|F'(x_k(t))-F'(x_k)\| = 0$$

であるから，超1次の収束性が導き出される．

2.8 (H3) によれば

$$\sup_{0\leq t\leq 1} \|F'(x_k(t))-F'(x_k)\| \leq l \|x_k-x^*\|^p$$

である．これより，練習問題2.7と同様にして，

$$\|x_{k+1}-x^*\| \leq l\mu \|x_k-x^*\|^{1+p}.$$

ヤコビ行列がLipschitz連続であれば，$p=1$で2次収束となる．

2.9 次の記号を用いる：

$$\gamma' = \|J'^{-1}\|, \quad \rho = \|HX'\|, \quad t = \|X'\|,$$
$$u = \|Y^*\|, \quad s = \|Y^*A(I-X'Y^*)\|.$$

定義により $V_1 = J'^{-1}HX'$, $\|V_1\| \leq \gamma'\rho = \pi_1$ である．いま $\|V_k\| \leq \pi_k$ であるとし，

$$\varepsilon_1 = \|J'^{-1}H\|, \quad \varepsilon_2 = \|Y^*HX'\|,$$
$$\eta = \varepsilon_1 + \gamma'\varepsilon_2, \quad \varepsilon = \gamma'^2 s\rho$$

とおく．すると，

$$\|V_{k+1}\| \leq \pi_1 + \varepsilon_1\pi_k + \gamma'\varepsilon_2\pi_k + \gamma' s\pi_k^2$$
$$= \pi_1 + (\varepsilon_1 + \gamma'\varepsilon_2)\pi_k + \gamma' s\pi_k^2 \quad (=\pi_{k+1} \text{ とおく}).$$

$\pi_k = \pi_1(1+x_k)$, $k\geq 1$, とおくと，$k=1$ に対しては $x_1=0$ であり，$k\geq 2$ に対しては

$$\pi_2 = \pi_1(1+\eta+\gamma' s\pi_1) = \pi_1(1+\eta+\varepsilon) = \pi_1(1+x_2),$$

さらに

$$\pi_{k+1} = \pi_1[1+\eta(1+x_k)+\varepsilon(1+x_k)^2]$$
$$= \pi_1[1+x_{k+1}]$$

が満たされるべきであるから，x_k に対する漸化式
$$x_1 = 0, \quad x_{k+1} = \eta + \varepsilon + (\eta + 2\varepsilon)x_k + \varepsilon x_k^2 \quad (k \geq 1)$$
が得られる．x_k の $k \to \infty$ のときの極限値 x は
$$x = f(x) = \varepsilon x^2 + (\eta + 2\varepsilon)x + \eta + \varepsilon$$
を満たす．$2\sqrt{\varepsilon} + \eta < 1$ のときには，判別式が正になるので，$x = f(x)$ は 2 実根を有する．小さい方の根を x^* と記す．$k = 1, 2, 3, \cdots$ に対して，x_k は $x_1 = 0$ から x^* へ向けて単調に収束し，π_k は $\pi_1(1 + x^*)$ に収束する．
$$\mathbf{G}' : V \mapsto V_1 + \mathbf{J}'^{-1}[HV - V(Y^*HX') + V(Y^*AV)]$$
で定義される $\mathbf{G}'$ が閉球 $\mathcal{B} = \{V; \|V\| \leq (1+x^*)\pi_1\}$ における縮小写像であるための十分条件を定めよう：

$$\mathbf{G}'(V) - \mathbf{G}'(V')$$
$$= \mathbf{J}'^{-1}[H(V-V') - (V-V')Y^*HX'$$
$$\quad + (V-V')Y^*AV + V'Y^*A(V-V')] = \xi,$$
$$\|\xi\| \leq \|V-V'\|[\varepsilon_1 + \gamma'\varepsilon_2 + 2s\gamma'(1+x^*)\pi_1].$$

容易に確かめられるように，$\eta + 2\varepsilon < 1/2$（このとき $\eta + 2\sqrt{\varepsilon} < 1$ も成り立つ）ならば $x^* < 1$ であり，$\mathcal{B}$ における $\mathbf{G}'$ の Lipschitz 定数 κ は
$$\kappa = \eta + 2\varepsilon(1+x^*) < 1$$
を満たす．したがって，$\mathcal{B}$ においては一つそして唯一つの不動点 $V = X - X'(Y^*\dot{V} = 0$ となる) が存在して，
$$\|V\| = \|X - X'\| < 2\|V_1\| = 2\|\mathbf{J}'^{-1}HX'\|$$
を満たす．ところで，$B - B' = Y^*AX - Y^*A'X' = Y^*A(X-X') + Y^*(A-A')X'$ から $\|B-B'\| \leq s\|X-X'\| + u\|HX'\|$ が導かれる．そこで，条件 $\eta + 2\varepsilon < 1/2$ は
$$\gamma'\|H\| + \gamma'\|H\|tu + 2\gamma'^2 s\|H\|t < \frac{1}{2},$$
すなわち
$$\gamma'\|H\|[1 + tu + 2\gamma'st] < \frac{1}{2}$$
と書き直される．ユークリッド・ノルム $\|\cdot\|_2$ を用い，基底 $Y = X' = Q'$ を正規直交基底に選べば，$t = u = 1$ であるから，上記の十分条件は
$$\gamma'\|H\|_2(1+\gamma's) < \frac{1}{4}$$
となる．

2.10 正則行列 A を係数とする連立方程式

(1) $$Ax = b$$

を考え，B が

$$\mathrm{cond}_2(BA) \ll \mathrm{cond}_2(A)$$

であるような正則行列であるとする．すると，等価な連立方程式

$$BAx = Bb$$

の条件はより良くなっている．すなわち，B は (1) を解くための "前処理行列" である．

R を近似逆作用素（練習問題 2.5）として，$\rho(I-RA) \ll 1$ ならば，

$$\mathrm{cond}(RA) \ll \mathrm{cond}(A)$$

であることを証明することができ，$B=R$ と選ぶことができる．このようにして，B は A の近似逆作用素とみなせる．

$$x_0 = Bb$$

は，逐次改良法

$$x_{k+1} = x_k - B(Ax_k - b)$$

の出発解と考えることができる．

2.11 連立方程式

$$Ax = b$$

を考える．ここで，A は無限次元の線形作用素を離散化したものである．A は，離散化を特徴づける刻み h に対応したものである．A の大きさは h の減少関数 $n(h)$ である．より大きな刻み h'

$$h' \gg h$$

に対応する方程式を

$$A'x' = b'$$

とする．その大きさは $n(h') \ll n(h)$ である．

$$N = n(h),$$
$$m = n(h')$$

と記す．

$$rp = I_m,$$
$$A' = rAp$$

となるような

$$r \in \mathbf{C}^{m \times N}, \quad p \in \mathbf{C}^{N \times m}$$

が存在すること，また A' は正則であることを仮定しよう．すると，近似逆作用素として

$$R = pA'^{-1}rK^\nu$$

を用いることができる．ここで，K は十分小さな ν に対して

$$\rho(I-RA) \ll I$$

となるような作用素である．K は Jacobi 法，Gauss-Seidel 法，あるいは緩和法の反復行列に等しく選ばれることが多い（[B:9, 27] を見よ）．

2.13 $\hat{\gamma} = \|\hat{J}^{-1}\|, \|\tilde{B} - \hat{B}\| = \delta, R = AU - U\tilde{B}, \|R\| = \rho, \|S\| = s$ と書く．ここで，$S = Y^*A - \tilde{B}Y^* = Y^*A(I - UY^*)$ は左剰余行列である．また，$V_1 = -\hat{J}^{-1}R, \hat{G} : V \mapsto V_1 + \hat{J}^{-1}[V(Y^*AV) + V(\tilde{B} - \hat{B})]$ と定義する．明らかに (2.11.4) は (2.11.1) の修正版である．ここで，ブロック分解 $\left(\begin{array}{c|c} \hat{B} & S^* \\ \hline R & D \end{array}\right)$ は $\left(\begin{array}{c|c} \hat{B} & S^* \\ \hline R & D \end{array}\right)$ に修正されている．$\|V_1\| \leq \hat{\gamma}\rho = \pi_1$ である．いま $\|V_k\| \leq \pi_k$ を仮定する．すると $\|V_{k+1}\| \leq \pi_1 + \hat{\gamma}s\pi_k^2 + \hat{\gamma}\pi_k\delta = \pi_{k+1}$ である．$\pi_k = \pi_1(1 + x_k), \varepsilon = \hat{\gamma}^2 s\rho, \delta' = \hat{\gamma}\delta$ とおくと，$x = \lim_{k \to \infty} x_k$ が $x = f(x) = \varepsilon x^2 + (2\varepsilon + \delta')x + \varepsilon$ を満たすことがわかる．$\delta' + 4\varepsilon < 1$ のとき，この方程式は 2 個の実根をもつ．この条件の下で，x_k は $x_1 = 0$ から最小根 x^* に向けて単調に収束する．いま，球 $\mathcal{B} = \{V ; \|V\| \leq (1 + x^*)\pi_1\}$ 上で次のような $\hat{G}$ を考える：

$$\hat{G}(V) - \hat{G}(V') = \hat{J}^{-1}[(V - V')Y^*AV + V'Y^*(V - V') + (V - V')(\tilde{B} - \hat{B})] = \xi,$$
$$\|\xi\| \leq \|V - V'\|(2\varepsilon(1 + x^*) + \delta').$$

読者は，条件 $\delta' + 4\varepsilon < 1$ から $x^* < 1$ が導かれること，したがって

$$\kappa = 2\varepsilon(1 + x^*) + \delta' < 4\varepsilon + \delta' < 1$$

であることを確かめてみられたい．この条件は $4\hat{\gamma}^2 s\rho + \hat{\gamma}\delta < 1$ とも書くことができる．

摂動がないときには，(2.11.1) は $4\gamma^2 s\rho < 1$ のときに収束し，摂動 $\tilde{B} - \hat{B}$ があるときには (2.11.4) は $4\hat{\gamma}^2 s\rho + \hat{\gamma}\delta < 1$ のときに収束するということに注意しよう．ここで $\delta = \|\tilde{B} - \hat{B}\|$ である．このようにして，$V = X - U$ が唯 1 個の不動点であって $\|V\| = \|X - U\| < 2\|\hat{J}^{-1}R\|$ を満たすと結論

される.

3.1 $J = V^{-1}AV$ とすれば $J^k = V^{-1}A^k V$ である.このことから
$$e^A = V e^J V^{-1}$$
が導かれる.問題の結果は等式
$$e^{J(t+h)} - e^{Jt} = (e^{Jh} - I)e^{Jt} = hJe^{Jt}(I + O(h))$$
から出る. e^{Jt} の要素の計算は練習問題 3.3 から出せる.

4.1 $\|u\|_2 = 1$ で
$$\|A^{-1}u\|_2 = \max_{\substack{x \in \mathbf{C}^n \\ \|x\|_2=1}} \|A^{-1}x\|_2 = \|A^{-1}\|_2$$
を満たす u を選ぶ.そして,
$$v = \frac{1}{\|A^{-1}\|_2} A^{-1}u, \quad \Delta A = -\frac{1}{\|A^{-1}\|_2} uv^*$$
とおく.すると $\|v\|_2 = 1$ であり,ΔA の階数は 1 で
$$(A + \Delta A)v = 0$$
である.したがって $A + \Delta A$ は特異である.一方,
$$\|\Delta A\| \le \frac{1}{\|A^{-1}\|_2} = \frac{\|A\|_2}{\mathrm{cond}_2(A)}.$$

4.2 Q を M の基底,$(Q, \underline{Q})$ を $\mathbf{C}^n$ の正規直交基底とする.
$$B = Q^*AQ, \quad \mathrm{sp}(B) = \{\lambda\},$$
$$\underline{B} = \underline{Q}^*A\underline{Q}, \quad \mathrm{sp}(\underline{B}) = \mathrm{sp}(A) - \{\lambda\},$$
$$\delta = \min_{\mu \in \mathrm{sp}(\underline{B})} |\mu - \lambda|$$
とする.すると,
$$\delta^{-1} = \max_{\mu \in \mathrm{sp}(\underline{B})} \frac{1}{|\mu - \lambda|} = \rho((\underline{B} - \lambda I)^{-1}) \le \|(\underline{B} - \lambda I)^{-1}\|_2$$
である.
$$\Sigma^\perp = \underline{Q}(\underline{B} - \lambda I)^{-1}\underline{Q}^*$$
とすると

$$\|\Sigma^\perp\|_2 \leqq \|(\underline{B}-\lambda I)^{-1}\|_2$$

である．しかし

$$(\underline{B}-\lambda I)^{-1} = Q^* \Sigma^\perp Q$$

であるから

$$\|(\underline{B}-\lambda I)^{-1}\|_2 \leqq \|\Sigma^\perp\|_2$$

である．ただし

$$\|\Sigma^\perp\|_2 = \|(\underline{B}-\lambda I)^{-1}\|_2.$$

$\delta = |\underline{\lambda}-\lambda|$ であるような $\underline{\lambda} \in \mathrm{sp}(\underline{B})$ を選び，$\underline{B}$ の Jordan 標準形を

$$\underline{J} = V^{-1} \underline{B} V$$

とする．すると

$$(\underline{B}-\lambda I)^{-1} = V(\underline{J}-\lambda I)^{-1} V^{-1}$$

であり，したがって

$$\|(\underline{B}-\lambda I)^{-1}\|_2 \leqq \mathrm{cond}_2(V) \|(\underline{J}-\lambda I)^{-1}\|_2$$

である．$\underline{\lambda}$ の指標を ℓ，$\underline{J}(\underline{\lambda})$ を対応する $\ell \times \ell$ の Jordan ブロックとする．すると，十分小さな δ に対して

$$\|(\underline{J}(\underline{\lambda})-\lambda I)^{-1}\|_\mathrm{F} = \delta^{-\ell} \sqrt{1+2\delta^2+\cdots+\ell\delta^{2(\ell-1)}} \leqq 2\delta^{-\ell}$$

である．ところで，

$$\|(\underline{J}-\lambda I)^{-1}\|_2 = \max_{\underline{J}_{ij}} \|(\underline{J}_{ij}-\lambda I)^{-1}\|_2$$
$$\leqq \max_{\underline{J}_{ij}} \|(\underline{J}_{ij}-\lambda I)^{-1}\|_\mathrm{F}.$$

ただし $\underline{J}_{ij}$ は $\underline{J}$ の相異なる Jordan ブロックである．δ が十分小さいときには，この最後の max は $\underline{J}_{ij} = \underline{J}(\underline{\lambda})$ のときに達成される．このことから

$$\delta^{-1} \leqq \|(\underline{B}-\lambda I)^{-1}\|_2 = \|\Sigma^\perp\|_2 \leqq 2\,\mathrm{cond}_2(V) \delta^{-\ell}$$

という結果が得られる．

4.3 $\|\varDelta A\|_2$ が十分小さければ，練習問題 4.4 により，

$$|\lambda-\lambda'| < 1$$

である．ゆえに，

$$(1+|\lambda-\lambda'|)^{\frac{\ell-1}{\ell}} \leqq 2.$$

4.4 この証明は [B:1] に依る．関数

$$P(\varepsilon) = -\frac{1}{2\pi\mathrm{i}} \int_\Gamma (A(\varepsilon)-zI)^{-1} \mathrm{d}z$$

は
$$|\varepsilon| < \min_{z \in \Gamma} \rho(R(z)H)^{-1}$$
に対して正則である。ただし，
$$R(z) = (A-zI)^{-1}$$
で，Γ は λ を他の固有値から隔離する Jordan 曲線である．したがって
$$\lim_{\varepsilon \to 0} \|P(\varepsilon) - P\|_2 = 0$$
であり，
$$x(\varepsilon) = P(\varepsilon)\phi$$
は次のようにして正規化できる：
$$\phi(\varepsilon) = (\phi_*^* x(\varepsilon))^{-1} x(\varepsilon).$$
ここで
$$A^*\phi_* = \phi_*\theta^*, \quad \phi_*^*\phi = I_m.$$
実際，十分小さな ε に対しては，
$$\lim_{\varepsilon \to 0} |\phi_*^* x(\varepsilon) - 1| = 0$$
であるから，$\phi_*^* x(\varepsilon) \neq 0$ である．したがって，
$$\theta(\varepsilon) = \phi_*^* A\phi(\varepsilon)$$
であり，また
$$\frac{\mathrm{d}\theta}{\mathrm{d}\varepsilon}\bigg|_{\varepsilon=0} = \phi_*^* H\phi$$
であることが示される．このことから
$$\|\theta(\varepsilon) - \theta\|_2 \leqq \|\phi_*\|_2 |\varepsilon| + \mathrm{O}(\varepsilon^2),$$
このようにして ii) が証明された．

不等式 i) は次のようにして証明される．
$$QNQ^* = V\eta V^{-1}$$
であるから
$$N^k = Q^* V\eta^k V^{-1} Q.$$
しかるに，$\mathrm{sp}(\eta^*\eta) \subseteq \{0,1\}$ であるから
$$\|N^k\|_2 \leqq \mathrm{cond}_2(V), \quad \forall k \geqq 0.$$
不等式 iii) は，等式
$$(\lambda(\varepsilon)I_m - \theta)^{-1}(\lambda(\varepsilon)I_m - \theta(\varepsilon)) = I_m - (\lambda(\varepsilon)I_m - \theta)^{-1}(\theta(\varepsilon) - \theta)$$

から，$\lambda(\varepsilon)I_m - \theta(\varepsilon)$ が特異であることを使って，得られる結果である．不等式 iv) は

$$1 \leq \frac{l\,\mathrm{cond}_2(V)\|\theta(\varepsilon)-\theta\|_2}{|\lambda(\varepsilon)-\lambda|} \max\left\{1, \frac{1}{|\lambda(\varepsilon)-\lambda|^{l-1}}\right\}$$

から得られる結果である（[B：1, 25] 参照）．

4.5 計算により

$$B = \Delta^{-1}A\Delta = \begin{pmatrix} 1 & 1 \\ 0 & 0 \end{pmatrix}.$$

正規性の不足度は

$$\nu(A) = \|A^*A - AA^*\|_F = 10^4\sqrt{2(1+10^8)} > \sqrt{2}\cdot 10^8,$$
$$\nu(B) = \|B^*B - BB^*\|_F = 2.$$

固有ベクトルの基底はそれぞれ

$$X(A) = \begin{pmatrix} 1 & -1 \\ 0 & 10^{-4} \end{pmatrix},$$
$$X(B) = \begin{pmatrix} 1 & -1 \\ 0 & 1 \end{pmatrix}$$

である．これより

$$\|X(A)\|_2 > \sqrt{2},$$
$$\|X(A)^{-1}\|_2 > \sqrt{2}\cdot 10^4,$$
$$\|X(B)\|_2^2 = \frac{3+\sqrt{5}}{2},$$
$$\|X(B)^{-1}\|_2^2 = \frac{3+\sqrt{5}}{2}$$

であり，したがって

$$\mathrm{cond}_2((X)A) > 2\cdot 10^4,$$
$$\mathrm{cond}_2(X(B)) = \frac{3+\sqrt{5}}{2} < 2.62.$$

4.6 練習問題 4.4 における量 ε は，A の近似の際の $A(\varepsilon)$ の絶対誤差を表す．したがって，$A(\varepsilon)$ の相対誤差は

$$\varepsilon_R = \frac{\varepsilon}{\|A\|_2}$$

で与えられる．一方，正則な行列 A のすべての固有値 $\lambda \neq 0$ に対して

$$0 < \frac{1}{|\lambda|} \leq \|A^{-1}\|_2$$

である．したがって，λ が半単純（$\ell = 1$, $V = I_m$）であるならば，

$$\frac{|\lambda(\varepsilon) - \lambda|}{|\lambda|} \leq \mathrm{cond}_2(A) \|P\|_2 \varepsilon_R + \mathrm{O}(\varepsilon^2)$$

である．欠陥のある固有値の場合については読者に残しておく．

4.7
$$(A + \Delta A)(x + \Delta x) = (\lambda + \Delta \lambda)(x + \Delta x)$$

の 1 次のオーダーまでとると

$$\Delta \lambda x = \Delta A x + (A - \lambda I) \Delta x,$$

したがって

$$(x_*^{\ *} x) \Delta \lambda = x_*^{\ *} \Delta A x$$

である．ノルム空間 X の要素 $x \in X$ とその共役空間 X^* (Kato, p. 13) の要素 $y \in X^*$ に Schwarz の不等式 $|(y, x)| \leq \|y\|_* \|x\|$ を適用することにより，$|\Delta \lambda| \leq \dfrac{\|x_*\|_* \|\Delta A\| \|x\|}{|x_*^{\ *} x|}$ を得る．この上界は摂動 $\Delta A = \varepsilon \|A\| w v^*$ によって到達されることを示そう．ここで，v と w は

$$\begin{cases} v^* x = \|x\| \\ \|v\|_* = 1 \end{cases}, \quad \begin{cases} x_*^{\ *} w = \|x_*\|_* \\ \|w\| = 1 \end{cases}$$

によりそれぞれ定義されるベクトルである．実際，

$$\|\Delta A\| = \varepsilon \|A\| \max_{z \neq 0} \frac{\|w v^* z\|}{\|z\|}$$

$$= \varepsilon \|A\| \|w\| \|v\|_* = \varepsilon \|A\|.$$

これより

$$\Delta \lambda = \frac{1}{x_*^{\ *} x} \varepsilon \|A\| (x_*^{\ *} w)(v^* x) = \|\Delta A\| \frac{\|x_*\|_* \|x\|}{x_*^{\ *} x}$$

が得られ，所望の結果が得られる．

4.9 $\Delta x = -\Sigma \Delta A x$ なら $\|\Delta x\| \leq \|\Sigma\| \|\Delta A\| \|x\|$ である．等号は，$\Delta A = \varepsilon \|A\| \sigma v^*$ に対して成り立つことを示そう．ただし，ベクトル σ と v は

$$\begin{cases} \|\Sigma \sigma\| = \|\Sigma\| \\ \|\sigma\| = 1 \end{cases} \text{および} \begin{cases} v^* x = \|x\| \\ \|v\|_* = 1 \end{cases}$$

を満たすとする．実際，$\|\Delta A\| = \varepsilon \|A\| \max\limits_{z \neq 0} \dfrac{\|\sigma v^* z\|}{\|z\|} = \varepsilon \|A\| \|\sigma\| \|v\|_* = \varepsilon \|A\|$,

$$\Delta x = -\varepsilon \|A\|(\Sigma\sigma)(v^*x), \quad \|\Delta x\| = \|\Delta A\|\|\Sigma\|\|x\|.$$

4.16 不等式
$$0 < \varepsilon < \gamma < \frac{1}{c(\Gamma)}$$
が成り立つならば，
$$\forall z \in \Gamma : \rho(R(z)H) \leq \|R(z)\|_2 \|H\|_2 < 1$$
であり，級数
$$R'(z) = (I+R(z)H)^{-1}R(z) = \left(\sum_{n=0}^{\infty}(-1)^n[R(z)H]^n\right)R(z)$$
は一様収束する．さらに
$$\|R'(z)\|_2 \leq \|R(z)\|_2 \sum_{n=0}^{\infty}(c(\Gamma)\varepsilon)^n < c(\Gamma)\sum_{n=0}^{\infty}(c(\Gamma)\gamma)^n.$$
これから
$$\max_{z\in\Gamma}\|R'(z)\|_2 \leq \frac{c(\Gamma)}{1-\gamma c(\Gamma)}$$
が導かれる．

4.17 R を A の三角部分とする：
$$A = R - H.$$
ただし $\varepsilon = \|H\|_1$ は微小であるとする．a_{ii} に等しい対角要素が二つは存在しないのであるから，B^{-1} が存在して Σ が確定する．したがって，
$$\Sigma^k = (I-Q)B^{-k}(I-Q)$$
である．
$$R_i = [(I-Q)(R-a_{ii}I)]|_{\{e_i\}^\perp} : \{e_i\}^\perp \to \{e_i\}^\perp,$$
$$H_i = [(I-Q)H]|_{\{e_i\}^\perp} : \{e_i\}^\perp \to \{e_i\}^\perp,$$
$$s_1 = \|R_i^{-1}\|_1, \quad \varepsilon_1 = \|H_i\|_1$$
とする．ε を十分小さく選んで
$$\varepsilon_1 s_1 < 1$$
が成り立つようにする．
$$a = \frac{3s_1}{2(1-\varepsilon_1 s_1)}$$
と定義すれば，十分小さな ε に対して求める条件が成立することが確かめ

られる（[B：11] 参照）．

4.18 $\|A-A'\|_2 < 1$ と仮定する．A あるいは A' の固有値のすべての指標 ℓ に対して $\ell \leq n$ であるから

$$\|A-A'\|_2^{\frac{1}{\ell}} \leq \|A-A'\|_2^{\frac{1}{n}}$$

であり

$$\mathrm{dist}(\mathrm{sp}(A), \mathrm{sp}(A')) \leq c \|A-A'\|_2^{\frac{1}{n}}.$$

4.19
$$D = \mathrm{diag}(d_1, \cdots, d_n)$$

として，行列 $\tilde{A} = D^{-1}AD$ に定理 4.5.1（本文 p.151）を適用すればよい．

4.20 練習問題 4.19 において

$$d_1 = 0.25, \quad d_2 = d_3 = 10^{-4}$$

とおけば

$$|\lambda-1| \leq 4\cdot 10^{-8}, \quad |\lambda-2| \leq 0.2501, \quad |\lambda-3| \leq 10^{-4}$$

が得られる．系 4.5.2（本文 p.151）により，これら三つの円は互いに素であるから，各円は A の固有値を1個ずつ含む．

$$d_1 = 10^{-4}, \quad d_2 = 0.5, \quad d_3 = 10^{-4}$$

とすれば，A の一つの固有値 λ は

$$|\lambda-2| \leq 4\cdot 10^{-8}$$

に含まれることになる．最後に，

$$d_1 = d_2 = 10^{-4}, \quad d_3 = 0.25$$

とすれば，A の一つの固有値 λ は

$$|\lambda-3| \leq 4\cdot 10^{-8}$$

に含まれることになる．

4.22
$$T = \begin{pmatrix} A \\ B \end{pmatrix}, \quad \tilde{T} = \begin{pmatrix} A & B^* \\ B & W \end{pmatrix}$$

とおく．すべての行列 W に対して

$$\|T\|_2 \leq \|\tilde{T}\|_2$$

であることは容易に示される．$\rho > \|T\|_2$ とする．すると，$\rho > \|A\|_2$ であり

行列 $\rho^2 I - A^2$ は正定値 Hermite 行列である．したがって
$$K = B(\rho^2 I - A^2)^{-1}, \quad W = -KAB^*$$
が存在する．この行列 W を使って $\|\tilde{T}\|_2 < \rho$ であることを示し，このことから Hermite 行列 $\rho^2 I - \tilde{T}^2$ が正定値であることを示そう．
$$M = I - K(\rho^2 I - A^2)K$$
として，
$$\begin{pmatrix} I & 0 \\ KA & I \end{pmatrix}(\rho^2 I - \tilde{T}^2)\begin{pmatrix} I & AK^* \\ 0 & I \end{pmatrix} = \begin{pmatrix} \rho^2 I - T^*T & 0 \\ 0 & \rho^2 M \end{pmatrix},$$
$$\begin{pmatrix} I & 0 \\ KA & I \end{pmatrix}(\rho^2 I - TT^*)\begin{pmatrix} I & AK^* \\ 0 & I \end{pmatrix} = \begin{pmatrix} \rho^2 I - A^2 & 0 \\ 0 & \rho^2 M \end{pmatrix}$$
であるから，Hermite 行列 $\rho^2 I - TT^*$ が正定値であることをいえばよい．ところが，T^*T と TT^* の非零固有値は同じであり，ρ の選び方からして $\rho^2 I - T^*T$ は正定値であるから，それがいえる．したがって，M は正定値であり，$\rho^2 I - \tilde{T}^2$ もまた正定値である．したがって
$$\|\tilde{T}\|_2 < \rho.$$
いま，ρ を $\|T\|_2$ に近づけてみる．W は ρ の有理関数であるから，$\tilde{T}$ もまた ρ の有理関数である．$\tilde{T}$ は有界であるから，$\rho \to \|T\|_2$ のとき一つの極限をもつはずである．

4.23 U と Q を同一の m 次元部分空間 $S = \text{lin } Q$ の二つの正規直交基底とする．すると
$$U = QB$$
であるようなユニタリ行列 B が存在する．
$$\|AU - UU^*AU\|_2 = \|AQ - QQ^*AQ\|_2$$
であることが示せる．補助定理 4.6.6.（本文 p.159）により
$$\|AQ - QQ^*AQ\|_2 = \min_{\substack{\text{lin } U = S \\ U^*U = I_m \\ Z \in \mathbf{C}^{m \times m}}} \|AU - UZ\|_2.$$
$V \in \mathbf{C}^{m \times m}$ を Q^*AQ の固有ベクトルからなる正規直交基底とする．すると
$$V \varDelta V^* = Q^*AQ.$$
ただし，$\varDelta$ は Q^*AQ の固有値からなる対角行列である．ゆえに，

$$\min_{U,Z} \|AU - UZ\| = \|AQ - QV\Delta V^*\|_2$$
$$= \|(AQV - QV\Delta)V^*\|_2$$
$$= \|A(QV) - (QV)\Delta\|_2.$$

Δ は Ritz 値からなる対角行列であること，QV はそれに付随する Ritz ベクトルを表していることを注意しておく．

4.25 まずスペクトル・ノルムを考える．$\|B' - \mathring{C}\|_2$ または $-\|B' - \mathring{C}\|_2$ が Hermite 行列 $B' - \mathring{C}$ の一つの固有値であることは知られている．そこで，$\|v\|_2 = 1$ かつ

$$(B' - \mathring{C})v = \varepsilon \|B' - \mathring{C}\|_2 v$$

を満たすベクトル v を選ぶ．ただし，$\varepsilon = 1$ または -1 である．このとき

$$v^*(B'D - D\mathring{C})v = \varepsilon \|B' - \mathring{C}\|_2 v^* Dv + v^*(B'D - DB')v.$$

ところで，$\varepsilon \|B' - \mathring{C}\|_2 v^* Dv$ は実数であり，$v^*(B'D - DB')v$ は純虚数である．これより

$$\|B'D - D\mathring{C}\|_2 \geq |v^*(B'D - D\mathring{C})v| \geq \|B' - \mathring{C}\|_2 v^* Dv.$$

しかるに，$v^* Dv \geq \sigma_{\min}(U) = \sigma$ であるから，

$$\|B'D - D\mathring{C}\|_2 \geq \sigma \|B' - C\|_2.$$

Frobenius ノルムに関する不等式は次のようにして証明される：
$\sigma_i > \sigma_j$ を満たす i, j を選び，

$$\mu = \sigma_i / \sigma_j,$$
$$b = B' \text{ の } (i, j) \text{ 要素},$$
$$c = \mathring{C} \text{ の } (i, j) \text{ 要素}$$

とおこう．すると，

$$(|b - \mu c|^2 + |b\mu - c|^2)(\sigma_j/\sigma)^2 \geq (|c|^2 + |b|^2)(1 + \mu^2) - 2\mu(\overline{b}c + b\overline{c})$$
$$= 2|b - c|^2 + (\mu^2 - 1)\left(|b|^2 + |c|^2 - \frac{2(\overline{b}c + b\overline{c})}{\mu + 1}\right) \geq 2|b - c|^2.$$

これより求める不等式が得られる．

5.1 $\lambda_1 = \mu_1$ に付随する固有ベクトル ϕ とベクトル列 q_k が与えられれば，

$$\lim_{k \to \infty} \alpha_k q_k = \phi$$

となるような複素数列 α_k が存在する．しかるに

$$\omega(\operatorname{lin}\phi, \operatorname{lin} q_k) = \mathrm{O}(\|\alpha_k q_k - \phi\|_2) = \mathrm{O}\left(\left|\frac{\mu_2}{\mu_1}\right|^k\right)$$

である．$\|q_k\|_2 = \|\phi\|_2 = 1$ と仮定すれば $|\alpha_k| = 1$ となるような α_k を選ぶことができ，

$$q_k^* A q_k = (\alpha_k q_k)^* A (\alpha_k q_k), \quad \forall k \geqq 0$$

となる．しかし，$\phi^* A \phi = \lambda_1$ であるから

$$\begin{aligned}|q_k^* A q_k - \lambda_1| &= |(\alpha_k q_k)^* A (\alpha_k q_k) - \phi^* A \phi| \\ &\leqq |[(\alpha_k q_k)^* - \phi^*] A \phi| + |(\alpha_k q_k)^* A (\alpha_k q_k - \phi)| \\ &\leqq 2 \|A\|_2 \|\alpha_k q_k - \phi\|_2 = \mathrm{O}\left(\left|\frac{\mu_2}{\mu_1}\right|^k\right).\end{aligned}$$

5.3 H を Hessenberg 行列とする．QR 分解を行うために，$k=1, \cdots, n-1$ に対して平面 $(k, k+1)$ 内の回転を表す行列 G_k を用いて行列の $(k+1, k)$ 要素を0にするように回転角を定める：すなわち，

$$\begin{aligned} H &= QR, \\ Q^* &= \mathrm{G}_{n-1} \mathrm{G}_{n-2} \cdots \mathrm{G}_1, \\ R &= \mathrm{G}_{n-1} \cdots \mathrm{G}_2 \mathrm{G}_1 H \end{aligned}$$

とする．そこで，

$$\begin{aligned} \mathrm{K}_1 &= R, \\ \mathrm{K}_{k+1} &= \mathrm{K}_k \mathrm{G}_k^* \end{aligned}$$

と定義すれば，

$$\mathrm{K}_n = RQ$$

である．K_{k+1} は K_k から第 k 列と第 $k+1$ 列の線形結合を作ることにより導き出されるから，下三角の部分にはただ1個だけ新しい非零要素が生じる：その位置は $(k+1, k)$ である．したがって RQ は Hessenberg 行列である．

同様な論理によって，Q が Hessenberg 行列であること，その $(k+1, k)$ 要素が $\sin \theta_k$ (θ_k は G_k の回転角) であることがいえる．したがって，Q は既約である．$Q = (q_{ij})$, $R = (r_{ij})$ とおくと，RQ の $(i, i-1)$ 要素は $r_{ii} q_{i,i-1}$ である．このことから，H が正則なら RQ は既約であるといえる．なぜならば，R の対角要素はすべて非零であるはずだからである．H

が帯行列なら RQ もまた帯行列であることもいえる．特に，H が Hermite 行列（したがって3重対角行列）ならば，QR によって生ずる行列はすべて3重対角 Hermite 行列である．

5.4 証明は [B:60] に従う．

i) $V_1 \in \mathbf{C}^{n \times m}$ を S の正規直交基底とし，$V = (V_1, V_2)$ がユニタリ行列になるように V_2 をとる．部分空間 $(A(S) + B(S))^\perp$ に属する正規直交ベクトルを列としてもつ $U_2 \in \mathbf{C}^{n \times (n-m)}$ をとる．（ただし部分空間 $(A(S) + B(S))^\perp$ の次元は $\geq n-m$ とする．）さらに，$U = (U_1, U_2)$ がユニタリになるように U_1 を選ぶ．すると
$$A_{21} = B_{21} = 0.$$

ii) 正規直交性
$$U_1^* U_1 = I, \quad U_2^* U_2 = I, \quad U_2^* U_1 = 0, \quad U_1^* U_2 = 0$$
を考慮しながら $U'^* U'$ を計算すると，
$$U'^* U' = I$$
であることがわかる．V' についても同様．

iii) たとえば，$U_2'^* A V_1' = 0$ は
$$(I + XX^*)^{-\frac{1}{2}} (U_2^* - XU_1^*) A (V_1 + V_2 Y)(I + Y^* Y)^{-\frac{1}{2}} = 0$$
と等価である．さらに，
$$(U_2^* - XU_1^*) A (V_1 + V_2 Y) = 0,$$
すなわち
$$A_{21} + A_{22} Y - XA_{11} - XA_{12} Y = 0$$
と等価である．

iv) (X, Y) に収束する列 (X_i, Y_i) を次のように順々に作っていく：(X_0, Y_0) を
$$A_{22} Y_0 - X_0 A_{11} = -A_{21},$$
$$B_{22} Y_0 - X_0 B_{11} = -B_{21}$$
の解とする．(X_i, Y_i) が与えられたとして (X_{i+1}, Y_{i+1}) を
$$A_{22}(Y_{i+1} - Y_0) - (X_{i+1} - X_0) A_{11} = X_i A_{12} Y_i,$$
$$B_{22}(Y_{i+1} - Y_0) + (X_{i+1} - X_0) B_{11} = X_i B_{12} Y_i$$
によって定義する．

である。

$$\max\{\|X_0\|_F, \|Y_0\|_F\} \leq \frac{\gamma}{\delta}$$

とすると,

$$\rho_0 = \frac{\gamma}{\delta}, \quad \rho_{i+1} = \rho_0 + \frac{\nu\rho_i^2}{\delta}$$

である。

$$\max\{\|X_{i+1}\|_F, \|Y_{i+1}\|_F\} \leq \rho_{i+1}$$

と定義すれば

$$k_1 = \frac{\nu\gamma}{\delta^2},$$

$$k_{i+1} = k_1(1+k_i)^2$$

$$\rho_i = \rho_0(1+k_i),$$

$$k_i < \lim_{i\to\infty} k_i = \frac{2k_1}{1-2k_1+\sqrt{1-4k_1}} < 1$$

である. 一方, $\rho = \lim_{i\to\infty} \rho_i$ とすれば

$$\max\{\|X_{i+1}-X_i\|_F, \|Y_{i+1}-Y_i\|_F\} \leq \frac{2\nu\rho}{\delta} \max\{\|X_i-X_{i-1}\|_F, \|X_i-Y_{i-1}\|_F\}$$

であるから, 収束が示される. スペクトルに関することの証明は読者にゆずる.

v) 問題

$$(A+E)x = \lambda(B+F)x, \quad x \neq 0$$

に iv) を適用すればよい.

$$\mathrm{dif}(A_{11}+E_{11}, B_{11}+F_{11}; A_{22}+E_{22}, B_{22}+F_{22}) \geq$$
$$\mathrm{dif}(A_{11}, B_{11}; A_{22}, B_{22}) - \max\{\|E_{11}\|_2+\|E_{22}\|_2, \|F_{11}\|_2+\|F_{22}\|_2\}$$

という性質も示される.

5.5 $B = Q(\lambda I + N)Q^*$ を B の Schur 形とする. $(\underline{B}, B)$ の逆行列を求めることは

$$\begin{cases} (\underline{B}-\lambda I)z_1 = c_1 \\ (\underline{B}-\lambda I)z_2 = c_2 + n_{12}z \\ \quad\vdots \\ (\underline{B}-\lambda I)z_m = c_m + \sum_{i=1}^{m-1} n_{im}z_i \end{cases}$$

という形の連立方程式を解くことになる．このような連立方程式の条件数は $\|(\underline{B}-\lambda I)^{-1}\|_2$ と $\|N\|_F$ とに依存している．したがって，$\|(\underline{B},B)^{-1}\|_F$ があまり大きくなければ，$\|N\|_F$ と $\|(\underline{B}-\lambda I)^{-1}\|_2$ もあまり大きくないといえる．よって，σ が λ に近づくとき，$\|(\underline{B}-\sigma I)^{-1}\|_2$ はあまり大きくならない．

5.6 $A=K^*K, B=\Pi^*\Pi$ とおく．$\|K-\Pi\|_2=\mathrm{O}(\varepsilon)$ であるから
$$\|A-B\|_2 \leq (1+\|K\|_2)\|K-\Pi\|_2 = \mathrm{O}(\varepsilon).$$
これより
$$|\lambda_i(A)-\lambda_i(B)| = \mathrm{O}(\varepsilon).$$
ところで
$$\lambda_i(A) = \sigma_i(K)^2,$$
$$\lambda_i(B) = \sigma_i(\Pi)^2$$
であり，$\sigma_i(\Pi)$ のうち $r-1$ 個は 0 である．
$$I_0 = \{i : \sigma_i(\Pi)\sigma_i(K) = 0\}$$
とする．$i \in I_0$ に対しては
$$|\sigma_i(K)-\sigma_i(\Pi)| = \mathrm{O}(\varepsilon^{\frac{1}{2}})$$
が得られ，$i \notin I_0$ に対しては
$$|\sigma_i(K)-\sigma_i(\Pi)| = \mathrm{O}(\varepsilon)$$
が得られる．このようにして十分小さな ε に対しては，すべての $i=1,2,\cdots,r$ について
$$|\sigma_i(K)-\sigma_i(\Pi)| = \mathrm{O}(\varepsilon^{\frac{1}{2}})$$
であることが示される．

5.7 不等式
$$\|F-G\|_F^2 \leq c\eta^{\frac{2}{\ell}}$$
から
$$\|F-G\|_2 \leq c'\eta^{\frac{1}{\ell}}$$
が導ける．これより
$$\|F^*F-G^*G\|_2 \leq c''\eta^{\frac{1}{\ell}}$$
である．G の階数は g であるから，G^*G は $m-g$ 個の固有値 0 をもつ．Weyl の単調性定理（練習問題 1.18）により

$$\sigma_i{}^2 = \mathrm{O}(\eta^{\frac{1}{\ell}}), \quad i = 1, 2, \cdots, m-g$$

が得られる．ここで $\sigma_i{}^2$, $1 \leq i \leq m-g$, は F^*F の小さい方から $m-g$ 番目までの固有値である．

5.8 $H = (h_{ij}) \in \mathbf{C}^{n \times n}$ を既約な Hessenberg 行列とする．$\lambda \in \mathbf{C}$ とする．$i = 1, 2, \cdots, n-1$ に対して $h_{i+1,i} \neq 0$ であるから，$H - \lambda I$ の始めの $n-1$ 列は線形独立である．したがって

$$\dim \mathrm{Im}(H - \lambda I) \geq n-1$$

であり，その結果として

$$\dim \mathrm{Ker}(H - \lambda I) \leq 1$$

である．一方，$\lambda \in \mathrm{sp}(H)$ ならば

$$\dim \mathrm{Ker}(H - \lambda I) \geq 1.$$

したがって次の結論が得られる：

i) 既約な Hessenberg 行列のすべての固有値の幾何的多重度は 1 に等しい．

ii) 対角化可能な既約 Hessenberg 行列のすべての固有値は必ず単純である．たとえば，既約な対称 3 重対角行列の場合である．

6.1 G_ℓ の正規直交基底を V_ℓ とする．写像 $\Pi_\ell A|_{G_\ell} : G_\ell \to G_\ell$ はこの基底に関して行列

$$B_\ell = V_\ell{}^* A V_\ell$$

によって表現される．$\mu \neq 0$ を B_ℓ の一つの固有値とする．x_ℓ が μ に付随する B_ℓ の一つの固有ベクトルならば，

$$V_\ell V_\ell{}^* A (V_\ell x_\ell) = V_\ell B_\ell x_\ell = (V_\ell x_\ell) \mu.$$

ところで，$\|x_\ell\|_2 = 1$ のとき $\|V_\ell x_\ell\|_2 = 1$ であり，$V_\ell x_\ell$ は $\Pi_\ell A$ の固有ベクトルで μ はそれに対応する固有値である．逆に，μ を $\Pi_\ell A$ の固有値，y_ℓ をそれに付随する固有ベクトルとすると

$$\Pi_\ell A y_\ell = y_\ell \mu.$$

$\mu \neq 0$ なら

$$y_\ell \in G_\ell, \quad \Pi_\ell y_\ell = y_\ell, \quad V_\ell{}^* y_\ell \neq 0$$

である．したがって

$$V_\ell V_\ell^* A V_\ell V_\ell^* y_\ell = V_\ell V_\ell^* y_\ell \mu,$$

そして
$$(V_\ell^* A V_\ell)(V_\ell^* y_\ell) = (V_\ell^* y_\ell)\mu.$$

ゆえに
$$x_\ell = V_\ell^* y_\ell$$

は B_ℓ の固有ベクトルで μ は対応する固有値である.

6.2 すべての正方行列 B に対して
$$\|B^k\|_2 \leq a\rho(B)^k k^{L-1}$$
となることは [B:62] に証明されている. ここで, a は k によらない (≥ 1 と選ぶことができる). また, L は B の最も大きな Jordan ブロックの次数である. それゆえ A が対角化可能な行列のときには, 補助定理 6.2.1 が与える上界を
$$\|(I-\Pi_\ell)x_i\|_2 \leq a\|x_i-s_i\|_2 \left|\frac{\mu_{r+1}}{\mu_i}\right|$$
と書き直すことができる. そして, 一般の場合, $\varepsilon > 0$ が与えられたとき,
$$0 < \varepsilon < \left|\frac{\mu_{r+1}}{\mu_i}\right|(a^{\frac{1}{\ell}}\ell^{\frac{L-1}{\ell}}-1), \quad \forall \ell > k$$
となるようにして整数 k が定められる.

6.3 λ を r 番目までの優越固有値の中の一つの単純固有値とする. (6.2.1) が成り立ち
$$\dim PS = r$$
であると仮定する. すると, λ に付随するある固有ベクトルで,
$$\alpha_\ell = \|(I-\Pi_\ell)x\|_2$$
なら十分大きな ℓ に対して
$$\alpha_\ell = \mathrm{O}\left(\left|\frac{\mu_{r+1}}{\mu_r}\right|\right),$$
$$|\lambda - \lambda_\ell| \leq c\alpha_\ell,$$
$$\|x - x_\ell\|_2 \leq c\alpha_\ell$$
となるようなものが存在する. A が Hermite 行列のときは
$$|\lambda - \lambda_\ell| \leq c\alpha_\ell^2.$$
ただし c は一般の定数である.

6.4 $U=(u_1,\cdots,u_r)$ とする．定義により
$$S = \text{lin } U, \quad \dim S = r.$$
R_0 は正則な上 3 角行列，Q_0 はユニタリ行列であるから，$U=Q_0R_0$ は $S=\text{lin } Q_0$ を意味する．すなわち，Q_0 は S の正規直交基底である．$U_k=AQ_{k-1}$ であるから，Q_{k-1} が $A^{k-1}S$ の正規直交基底なら U_k は A^kS の基底である．Q_k をユニタリ行列，R_k を正則な上 3 角行列として，
$$U_k = Q_kR_k$$
なら Q_k は A^kS の正規直交基底である．

6.5 定理 5.2.3（本文 p.176）を思い起こそう．そこでは，Z_k が，単に 3 角行列であるというだけでなく，"対角行列"の形にできるということが，帰納法により示されている．

6.6 Lanczos の 3 重対角化法における Krylov の部分空間 $\mathscr{K}_\ell$ の次元が $<\ell$ ならば，
$$\beta_k = 0$$
となるような指標 $k(<\ell)$ がある．したがって 3 角行列 T_ℓ は二つのブロックをもつ．第 2 のブロックはどのようにして作られるか？

6.7 まず
$$v_i^*Av_j = \begin{cases} \beta_j, & i=j-1 \text{ のとき,} \\ \alpha_j, & i=j \text{ のとき,} \\ \beta_{j+1}, & i=j+1 \text{ のとき,} \\ 0, & \text{それ以外のとき} \end{cases}$$
と書けることに注意しよう．Gram-Schmidt 法は
$$y_1 = v_1, \quad (\|v_1\|_2=1),$$
$$y_{k+1} = A^kv_1 - \sum_{j=1}^{k}(\widehat{y}_j^*A^kv_1)\widehat{y}_j,$$
$$\widehat{y}_j = \frac{1}{\|y_j\|_2}y_j$$
と書ける．系列の作り方からして，

である.

$$y_1 = x_1 = \hat{y}_1 = v_1$$

である. θ_j を非負実数として, $1 \leq j \leq k$ に対して

$$y_j = \theta_j x_j$$

であるとする. すると

$$\theta_j \neq 0 \quad \text{なら} \quad \hat{y}_j = v_j$$

である. 一方, $j=k$ に対して

$$y_k = \theta_k x_k = A^{k-1}v_1 - \sum_{j=1}^{k-1}(v_j{}^* A^{k-1}v_1)v_j$$

である. そこで, $\theta_{k+1} = \theta_k \beta_k$ (θ_{k+1} は非負実数) とおけば

$$A^{k-1}v_1 = \theta_{k+1}v_k + \sum_{j=1}^{k-1}(v_j{}^* A^{k-1}v_1)v_j$$

となる. そして,

$$\begin{aligned}
y_{k+1} &= A^k v_1 - \sum_{j=1}^{k}(v_j{}^* A^k v_1)v_j \\
&= \theta_{k+1}Av_k + \sum_{i=1}^{k-1}(v_i{}^* A^{k-1}v_1)Av_i - \theta_{k+1}\sum_{j=1}^{k}(v_j{}^* Av_k)v_j \\
&\quad - \sum_{i=1}^{k-1}\sum_{j=i-1}^{i+1}(v_i{}^* A^{k-1}v_1)(v_j{}^* Av_i)v_j \\
&= \theta_{k+1}(Av_k - \alpha_k v_k - \beta_k v_{k-1}) + \\
&\quad \sum_{i=1}^{k-1}(v_i{}^* A^{k-1}v_1)(Av_i - \alpha_i v_i - \beta_i v_{i-1} - \beta_{i+1}v_{i+1})
\end{aligned}$$

である. しかるに,

$$Av_k - \alpha_k v_k - \beta_k v_{k-1} = x_{k+1},$$
$$Av_i - \alpha_i v_i - \beta_i v_{i-1} + x_{i+1} = \beta_{i+1}v_{i+1}.$$

したがって

$$y_{k+1} = \theta_{k+1}x_{k+1}.$$

6.8 [B:55] において

$$|\lambda - \lambda_\ell| \leq (\lambda - \lambda_{\min})\left(\frac{K_i^{(\ell)}}{T_{\ell-i}(\gamma_i)} \tan \theta(x, u)\right)^2,$$

$$\sin \theta_\ell \leq \alpha_\ell \sqrt{1 + \frac{r_\ell^2}{d_{i,\ell}^2}}$$

であることが証明されている. $\lambda = \lambda_i, \lambda_\ell = \lambda_i{}^{(\ell)}$ (本文 p.217 の番号付けに従って) とする. これらの上界に登場する定数は

$$K_i^{(\ell)} = \prod_{j=1}^{i-1} \frac{\lambda_j^{(\ell)} - \lambda_{\min}}{\lambda_j^{(\ell)} - \lambda_i}, \quad i \neq 1$$
$$K_1^{(\ell)} = 1,$$
$$\gamma_i = 1 + 2\frac{\lambda_i - \lambda_{i+1}}{\lambda_{i+1} - \lambda_{\min}},$$
$$r_\ell = \|(I - \pi_\ell) A \pi_\ell\|_2,$$
$$d_{i,\ell} = \min_{j \neq i} |\lambda_i - \lambda_j^{(\ell)}|$$

であり，T_k は k 次の第 1 種 Chebyshev 多項式である（本文 p. 255）．これらの上界の証明にはかなり複雑な技巧がいる．固有ベクトルに関する不等式は

$$\|(\pi_\ell - P_i^{(\ell)}) x\|_2 \leq \frac{r_\ell}{d_{i,\ell}} \alpha_\ell$$

から導かれる．ここで $P_i^{(\ell)}$ は固有値 $\lambda_i^{(\ell)}$ に付随する A_ℓ のスペクトル射影である．上記の諸上界から，$\lambda_i^{(\ell)}$ の λ_i への収束のオーダーが τ_i^2 であり，x_ℓ の（対応する固有ベクトル）x への収束のオーダーが τ_i であるということが導かれる．ここで

$$\tau_i = \gamma_i + \sqrt{\gamma_i^2 - 1}.$$

6.13 W_ℓ と $W_\ell G_\ell^{-*}$ は同一の部分空間 $\mathscr{K}_\ell$ の二つの基底である．これらの基底は

$$W_\ell G_\ell^{-*} W_\ell = I$$

を満たすから

$$\Pi_\ell = W_\ell G_\ell^{-1} W_\ell^*$$

は $\mathscr{K}_\ell$ の上への直交射影である．u（あるいは v）を基底 W_ℓ に関する $x \in \mathscr{K}_\ell$（あるいは $y \in \mathscr{K}_\ell$）の座標を与えるベクトルとすれば，

$$x = W_\ell u, \quad y = W_\ell v.$$

したがって

$$\mathscr{A}_\ell x = y$$

は

$$W_\ell G_\ell^{-1} W_\ell^* A W_\ell u = W_\ell v$$

と書ける．左から $G_\ell^{-1} W_\ell^*$ を掛けると

$$G_\ell^{-1} W_\ell^* A W_\ell u = v$$

が得られる．したがって
$$\tilde{H}_\ell = G_\ell^{-1} W_\ell^* A W_\ell = G_\ell^{-1} B_\ell$$
は基底 W_ℓ に関する写像 $\mathcal{A}_\ell$ の表現である．

6.14 論文 [B:56] に従って証明する．$\mu^{(\ell)}$ を $\tilde{H}_\ell$ の固有値，$z^{(\ell)}$ をそれに付随する固有ベクトルとする．対応する Ritz ベクトルは
$$\phi^{(\ell)} = W_\ell z^{(\ell)}$$
である．(6.6.3)（本文 p.236）より
$$\|(A-\mu^{(\ell)}I)\phi^{(\ell)}\|_2 = \tilde{h}_{\ell+1,\ell}|e_\ell^\mathrm{T} z^{(\ell)}|$$
が導かれる．[B:56] では
$$(A-\lambda^{(\ell)}I)\phi^{(\ell)} = e_\ell^\mathrm{T} x^{(\ell)} q_\ell,$$
$$(\tilde{H}_\ell - \lambda^{(\ell)}I)x^{(\ell)} = -e_\ell^\mathrm{T} x^{(\ell)} r_\ell$$
が証明されている．ただし $\lambda^{(\ell)}, x^{(\ell)}$ は $\hat{H}_\ell$ の固有値，固有ベクトル，$\phi^{(\ell)}$ はそれに付随する Ritz ベクトルであり，また
$$q_\ell = \tilde{h}_{\ell+1,\ell}(I-\pi_\ell)w_{\ell+1}$$
である．

6.15 V_ℓ^1 を G_ℓ^1 の正規直交基底，V_ℓ^2 を G_ℓ^2 の正規直交基底とする．$\omega(G_\ell^1, G_\ell^2) < 1$ とすると G_ℓ^1 と G_ℓ^2 の間の最大正準角は $\frac{\pi}{2}$ より小さい．したがって，行列
$$C_\ell = V_\ell^{2*} V_\ell^1$$
は必ず正則である．すると，
$$W_\ell^2 = V_\ell^2 C_\ell^{-*}$$
は G_ℓ^2 の基底であって
$$W_\ell^{2*} V_\ell^1 = I_v$$
を満たす．これより
$$\pi' = V_\ell^1 W_\ell^{2*}$$
が $G_\ell^{2\perp}$ に沿っての G_ℓ^1 の上への射影（直交射影とは限らない）であることがいえる．
問題：
$$\pi'(Ax_\ell - \lambda_\ell \pi_\ell) = 0$$
が

$$V_\ell{}^1 C_\ell{}^{-1} A V_\ell{}^1 C_\ell{}^{-1} V_\ell{}^{2*} x = \lambda_\ell V_\ell{}^1 C_\ell{}^{-1} V_\ell{}^{2*} x$$

を解くことと等価になるような $x_\ell \in G_\ell{}^1$ と $\lambda_\ell \in \mathbf{C}$ とを求めよ．

$$\xi_\ell = C_\ell{}^{-1} V_\ell{}^{2*} x$$

とおけば，上の方程式は

$$V_\ell{}^{2*} A V_\ell{}^1 \xi_\ell = \lambda_\ell V_\ell{}^{2*} V_\ell{}^1 \xi_\ell$$

と書かれる．このようにしても式 (6.7.1)（本文 p.237）が得られる．

6.19 そのような j_0 がなければ $a_{i_0 i_0}$ は A の一つの固有値であり，問題は二つの部分に分けられる．$H_2{}^{(1)}$ は

$$H_2{}^{(1)} = \begin{pmatrix} a_{i_0 i_0} & a_{i_0 j_0} \\ a_{j_0 i_0} & a_{j_0 j_0} \end{pmatrix}$$

により与えられる．

$$v_1^{(1)\mathrm{T}} A v_1^{(1)} > a_{ii}, \quad 1 \leq i \leq n$$

であるから行列 $(\lambda I - D)$ は正定値である．

7.1 $\{\phi_1, \cdots, \phi_k\}$ を V の基底とする．$f \in C(S)$ が与えられたとして写像（関数）

$$(\alpha_i) \in \mathbf{C}^k \longmapsto \|f - \sum_{i=1}^{k} \alpha_i \phi_i\|_\infty \in \mathbf{R}$$

を定義する．この関数が連続であることは容易に証明される．そこで，この関数は $\mathbf{C}^k$ の任意コンパクト領域の上で最小値をもつ．f の最良近似の存在を証明するには，コンパクト領域

$$K = \{(\alpha_i) \in \mathbf{C}^k ; \|\sum_{i=1}^{k} \alpha_i \phi_i\|_\infty \leq 2\|f\|_\infty\}$$

を考えれば十分である．なぜならば，$(\alpha_i{}^*)$ が最適解であれば

$$\|\sum_{i=1}^{k} \alpha_i{}^* \phi_i - f\|_\infty \leq \|f\|_\infty$$

であるからである．ところで一方

$$\|\sum_{i=1}^{k} \alpha_i{}^* \phi_i\|_\infty - \|f\|_\infty \leq \|\sum_{i=1}^{k} \alpha_i{}^* \phi_i - f\|_\infty$$

である．

7.2 c を実数, $e = \dfrac{ic}{10}$ を純虚数とする.

$0 < a < c$ を満たすすべての半長軸 a に対して

$$\max_{z \in E(c,e,a)} |\hat{t}_2(z)| < \max_{z \in E(c,e,a)} |\hat{t}_3(z)|,$$

$$\hat{t}_k(z) = \dfrac{T_k\left(\dfrac{z-c}{e}\right)}{T_k\left(\dfrac{\lambda-c}{e}\right)}$$

である.

7.3 $V = \{q \in \mathbf{P}_k ; q(\lambda) = 0\}$ とし, λ を含まない $\mathbf{C}$ のコンパクト領域を D とする. 例 7.1.1 (本文 p.251) により, V は Haar 条件を満たす. 練習問題 7.1 によれば, V の中に定数関数 $1 \in C(D)$ の最良近似 q^* が存在する:

$$\|1 - q^*\|_\infty \leq \|1 - q\|_\infty, \quad \forall q \in V.$$

したがって

$$\max_{z \in D} |p^*(z)| = \min_{\substack{p \in \mathbf{P}_k \\ p(\lambda)=1}} \max_{z \in D} |p(z)|$$

を満たす多項式 $p^* = 1 - q^*$ が一つ, そしてただ一つ存在する.

7.4 練習問題 7.9 によれば

$$T_k(z) = \cos(k \operatorname{Arccos} z).$$

実数 z と $\theta = \operatorname{Arccos} z \in [0, \pi]$ に対して

$$T_k(z) = \cos k\theta = 0 \iff \theta \in \{\theta_1, \cdots, \theta_k\},$$

$$\theta_j = \dfrac{2j-1}{2k}\pi$$

である. したがって, $T_k(z)$ は k 個の実の零点をもつ:

$$z_j = \cos\theta_j = \cos\left(\dfrac{2j-1}{k}\right)\dfrac{\pi}{2} \in [-1, 1], \quad j = 1, \cdots, k.$$

7.5 $|x| \geq 1$ に対して

$$T_k(x) = \dfrac{1}{2}((x + \sqrt{x^2-1})^k + (x - \sqrt{x^2-1})^k)$$

であり, したがって十分大きな k と $|x| \geq 1$ に対しては

$$T_k(x) \sim \frac{1}{2}(x+\sqrt{x^2-1})^k$$

であることが示される. $\frac{a}{e}>1, \frac{\lambda-c}{e}>1$ であるから, $\lambda-c=a_1$ として

$$\frac{T_k\left(\frac{a}{e}\right)}{T_k\left(\frac{\lambda-c}{e}\right)} \sim \left(\frac{a+\sqrt{a^2-e^2}}{(\lambda-c)+\sqrt{(\lambda-c)^2-e^2}}\right)^k = \left(\frac{\max_{j>1}|w_j|}{|w_1|}\right)^k.$$

7.6
$$r_i = A(x-x_i) = Ae_i$$

である.

i) $e_n = e_{n-1} - \sum_{i=1}^{n-1} \gamma_i A e_i$ であるから帰納法により

$$e_n = P_n(A)e_0.$$

ii) X を正則行列, D を対角行列, として

$$A = XDX^{-1}$$

と表せるから,

$$P_n(A) = XP_n(D)X^{-1},$$

$$P_n(D) = \begin{pmatrix} P_n(\mu_1) & O \\ & \ddots & \\ O & & P_n(\mu_n) \end{pmatrix}$$

である. ここで μ_i は A の固有値である.

iii) V が Jordan 基底, J が A の Jordan 形なら,

$$P_n(A) = VP_n(J)V^{-1}.$$

ところで

$$P_n(J) = \begin{pmatrix} P_n(J_1) & 0 \\ & \ddots & \\ 0 & & P_n(J_k) \end{pmatrix}$$

であり, t_i 次の各 Jordan ブロック

$$J_i = \begin{pmatrix} \lambda_i & 1 & & O \\ & \lambda_i & 1 & \\ & & \ddots & \ddots & \\ & O & & \ddots & 1 \\ & & & & \lambda_i \end{pmatrix}$$

に対して,

$$P_n(J_i) = \begin{pmatrix} P_n(\lambda_i) & P_n{}'(\lambda_i) & \frac{1}{2!}P_n{}''(\lambda_i) & \cdots & \frac{1}{(t_i-1)!}P_n{}^{(t_i-1)}(\lambda_i) \\ & P_n(\lambda_i) & \ddots & & \vdots \\ & & \ddots & & P_n{}'(\lambda_i) \\ O & & & \ddots & P_n(\lambda_i) \end{pmatrix}$$

である．$n\to\infty$ のとき $\|P_n(A)\|_2\to 0$ であるための必要十分条件は，すべての $j<t_i$，すべての Jordan ブロックに対して $n\to\infty$ のとき $|P_n{}^{(j)}(\lambda_i)|\to 0$ であることである．

$$P_n(\lambda) = \frac{T_n\!\left(\dfrac{c-\lambda}{e}\right)}{T_n\!\left(\dfrac{c}{e}\right)}$$

で定められる P_n に対しては

$$|P_n(\lambda_i)|\to 0 \Rightarrow |P_n{}^{(j)}(\lambda_i)|\to 0, \quad \forall j < t_i$$

であることが示される．

iv) $$P_n(\lambda) = \frac{e^{n\cosh^{-1}\left(\frac{c-\lambda}{e}\right)}+e^{-n\cosh^{-1}\left(\frac{c-\lambda}{e}\right)}}{e^{n\cosh^{-1}\left(\frac{c}{e}\right)}+e^{-n\cosh^{-1}\left(\frac{c}{e}\right)}}$$

および $\cosh^{-1}$ を対数関数を用いて表す式を考えれば十分である．

v) ここの算法は練習問題 7.10 で証明する漸化式から導き出される．

7.7
$$AU = UR$$

を満たす行列 $U=(u_1,\cdots,u_j)\in \mathbf{C}^{n\times j}$ ($U^*U=I_j$) を考える．ただし，$R\in \mathbf{C}^{j\times j}$ は上三角行列である．R の対角要素は A の固有値 $\lambda_1,\cdots,\lambda_j$ であるとしてよい．$\Sigma_j=\mathrm{diag}(\sigma_1,\sigma_2,\cdots,\sigma_j)$ ならば

$$A_j = A - U_j\Sigma_j U_j{}^*$$

の固有値は

$$\mu_i = \begin{cases} \lambda_i-\sigma_i, & 1\leq i\leq j \\ \lambda_i, & j<i\leq n \end{cases}$$

である．実際，

$$E_j = (e_1,\cdots,e_j)$$

とすれば，$R=U^*AU$ が A の（ユニタリ行列 U を使った）Schur 形なら

$$A_jU = U(R-E_j\Sigma_j E_j{}^*)$$

であり，これから上の結果が出る．

7.8 実部が大きい固有値とそれに付随する固有ベクトルを計算する算法 $\mathcal{A}$ (たとえば Arnoldi 法, Arnoldi-Chebyshev 法, 最小二乗 Arnoldi 法, 前処理つき Arnoldi 法など) が用意されているとする. 逐次減次は次のようにすればよい.

(1) $j = 0$, $U_0 = (\phi)$, $\Sigma_0 = 0$.

(2) $\mathcal{A}$ を用いて,
$$A_j = A - U_j \Sigma_j U_j^*$$
の実部が大きい固有値 λ_{j+1} とそれに付随する固有ベクトル y を計算する. 原点移動 σ_{j+1} を行って,
$$\Sigma_{j+1} = \mathrm{diag}(\sigma_1, \cdots \sigma_j, \sigma_{j+1})$$
とおく.

(3) ベクトル $u_1, \cdots, u_j$ に関して y を正規直交化したものを u_{j+1} とし,
$$U_{j+1} = (U_j, u_{j+1})$$
を作る.

(4) $j \leftarrow j+1$ とし (2) に戻る.

もし, 実部が大きい A の p 個の固有値が欲しいのなら, $j=p$ で停止して $R_p = U_p^* A U_p$ を計算すればよい.

7.10 練習問題 7.9 によれば
$$\begin{aligned}T_{k+1}(z) &= \cos((k+1)\mathrm{Arccos}\, z) \\ &= \cos(k\, \mathrm{Arccos}\, z)\cos(\mathrm{Arccos}\, z) \\ &\quad - \sin(k\, \mathrm{Arccos}\, z)\sin(\mathrm{Arccos}\, z) \\ T_{k-1}(z) &= \cos((k-1)\mathrm{Arccos}\, z) \\ &= \cos(k\, \mathrm{Arccos}\, z)\cos(\mathrm{Arccos}\, z) \\ &\quad + \sin(k\, \mathrm{Arccos}\, z)\sin(\mathrm{Arccos}\, z)\end{aligned}$$
が得られる. したがって
$$T_{k+1}(z) + T_{k-1}(z) = 2z T_k(z)$$
が得られる.

付録 C：練習問題参考文献

[1] AHUES M(1989) Spectral condition numbers for defective eigenelements of linear operators in Hilbert spaces. *Numer Funct Anal and Optim* 10, 843-861.
[2] AHUES M, TELIAS M(1986) Refinement methods of Newton type for approximate eigenelements of integral operators. *SIAM J Numer Anal* 23, 144-159.
[3] ATKINSON K(1973) Iterative variants of the Nyström method for the numerical solution of integral equations. *Numer Math* 22, 17-31.
[4] ATKINSON K(1976) A survey of numerical methods for the solution of Fredholm integral equations of the second kind. SIAM Philadelphia, Pennsylvania.
[5] AUBIN JP(1984) L'analyse non-linéaire et ses motivations economiques. Masson, Paris.
[6] BJÖRCK A, GOLUB G(1973) Numerical methods for computing angles between linear subspaces. *Math Comp* 27, 579-594.
[7] BRANDT A(1977) Multi-level adaptive solutions to boundary-value problems. *Math Comp* 31, 333-390.
[8] BRINKMANN H, KLOTZ E(1971) Linear algebra and analytic geometry. Addison-Wesley, Massachusetts.
[9] CAMPBELL SL, MEYER CD JR (1991) Generalized inverses of linear transformations. Dover, Mineola, New York.
[10] CARTAN H(1972) Calcul différentiel, Herman(eds), Paris.
[11] CHATELIN F(1983) Spectral approximation of linear operators. Academic Press, New York.
[12] CHATELIN F(1984) Iterative aggregation/disaggregation methods. International workshop on applied mathematics and performance/Reliability models of computer/Communication systems. North Holland, Amsterdam.
[13] CHATELIN F(1993) The influence of nonnormality on matrix computations. In : *Linear Algebra, Markov Chains and Queueing Models*, Meyer CD, Plemmons RJ(eds) *IMA Volumes in mathematics and its Applications* Springer-

Verlag, New York.

[14] CHATELIN F, BELAID D(1987) Numerical analysis for factorial data analysis Pt. 1: Numerical software-The package INDA for microcomputers. *Appl Stoch Mod and Data Anal* 3, 193-206.

[15] CROUZEIX M, SADKANE M(1989) Sur la convergence de la méthode de Davidson. CRAS 308, serie I, 189-191.

[16] DAVIDSON E(1983) Matrix eigenvector methods. In: *Methods in Computational Molecular Physics*. Diercksen, Wilson (eds) pp. 95-113. D. Riedel.

[17] DAVIS CH, KAHAN WM(1970) The rotation of eigenvectors by a perturbation III. *SIAM J Numer Anal* 7, 1-46.

[18] DEBREU G, HERATEIN IN(1953) Nonnegative square matrices. *Econometrica* 21, 597-607.

[19] DEMMEL J(1987) Three methods for refining estimates of invariant subspaces. *Comp J* 38, 43-57.

[20] FRAYSSÉ V(1992) Reliability of computer solutions. Ph. D. Thesis, Institut National Polytechnique de Toulouse, France.

[21] FRÖBERG C-E(1985) Numerical mathematics. Theory and computer applications. Benjamin/Cummings, California.

[22] GERADIN M, CARNOY E(1979) On the practical use of eigenvalue bracketing in finite element applications to vibration and stability problems. In: *Euromech* 112, pp. 151-171. Hungarian Academy of Sciences, Budapest.

[23] GEURTS AJ(1982) A Contribution to the theory of condition. *Numer Math*, 39, 85-96.

[24] GOLUB G, NASH S, VAN LOAN C(1979) A Hessenberg-Schur method for the problem $AX+XB=C$. *IEEE Trans Autom Control* AC-24, 909-913.

[25] GOLUB G, VAN LOAN C(1989) 2nd ed. Matrix computations. J Hopkins Univ. Press, Maryland.

[26] GOLUB G, WELSCH J(1969) Calculation of Gauss quadrature rules. *Math Comp* 23, 221-230.

[27] GRAHAM A(1981) Kronecker products and matrix calculus with applications. Ellis Horwood (eds), Chichester.

[28] HACKBUSCH W(1981) On the convergence of multigrid iterations. *Beiträge Numer Math* 9, 213-239.

[29] Ho D(1990) Tchebychev iteration and its optimal ellipse for nonsymmetric matrices. *Numer Math* 56, 721-734.

[30] Ho D, CHATELIN F, BENNANI M(1990) Arnoldi-Thebychev procedure for large

scale nonsymmetric matrices. MZAN *Math Mod Numer Anal* 24, 1, 53-65.
[31] HOFFMAN K, KUNZE R (1971) Linear algebra. Prentice-Hall, Englewood Cliffs, New Jersey.
[32] HOFFMAN AJ, WIELANDT HW (1953) The variation of the spectrum of a normal matrix. *Duke Math J* 20, 37-39.
[33] KAHAN WM (1967) Inclusion theorems for clusters of eigenvalues of Hermitian matrices. Computer Science Dept. Univ. of Toronto.
[34] KAHAN W M, PARLETT BN, JIANG E (1982) Residual bounds on approximate eigensystems of nonnormal matrices. *SIAM J Numer Anal* 19, 470-484.
[35] KATO T (1976) Perturbation theory for linear operators. Springer-Verlag, Berlin, Heidelberg, New York.
[36] KREWERAS G (1972) Graphes, chaînes de markov et quelques applications economiques. Dalloz (eds), Paris.
[37] LAGANIER J (1983) Croissance Diversifiée de l'economie mondiale. Cours DEUG. Univ. de Grenoble, France.
[38] LANCASTER P (1970) Explicit solutions of linear matrix equations. *SIAM Review* 12, 544-566.
[39] LASCAUX P, THEODOR R (1986) Analyse numérique matricielle appliquée à l'art de l'ingénieur. Masson Editeurs, Paris.
[40] MARDONES V, TELIAS M (1986) Raffinement d'eléments propres approchés de grandes matrices. In: *Innovative Numerical Methods in Engineering*, Shaw et al (eds) pp. 153-158. Springer-Verlag, Berlin, Heidelberg.
[41] MARKUSHEVICH A (1970) Théorie des fonctinons analytiques. Ed. Mir, Moscou.
[42] MATTHIES HG (1985) Computable error bounds for the generalized symmetric eigenproblem. *Comm Appl Numer Meth* 1, 33-38.
[43] MEYER CD JR, STEWART GW (1988) Derivatives and perturbations of eigenvectors. *SIAM J Numer Anal* 25, 679-691.
[44] MIMINIS GS, PAIGE CC (1982) An algorithm for pole assignment of time invariant linear systems. *Int J Control* 2, 341-354.
[45] PARLETT BN (1980) The symmetric eigenvalue problem. Prentice-Hall, Englewood Cliffs, New Jersey.
[46] PARLETT, BN (1985) How to maintain semi-orthogonality. In: *Problèmes Spectraux* vol. I, 73-86. INRIA (eds), France.
[47] PARLETT BN (1985) $(K-\lambda M)z=0$, Singular M, Block Lanczos. In: *Problèmes Spectraux* vol. I, 87-98. INRIA (eds), France.
[48] POTRA F, PTAK V (1980) Sharp error bounds for Newton's process. *Numer*

Math 34, 63-72.
[49] RALSTON A(1965) A first course in numerical analysis. Mc. Graw-Hill, New York.
[50] RIVLIN TH(1990) The Chebyshev polynomials. 2nd ed. Wiley, New York.
[51] ROBERT F(1974) Matrices nonnégatives et normes vectorielles. Cours DEA. Univ. de Grenoble, France.
[52] RODRIGUE G(1973) A gradient method for the matrix eigenvalue problem $Ax = \lambda Bx$. *Numer Math* 22, 1-16.
[53] RUHE A(1974) SOR-methods for the eigenvalue problem with large sparse matrices. *Math Comp* 28, 695-710.
[54] RUHE A(1979) The relation between the Jacobi algorithm and inverse iteration and a Jacobi algorithm based on elementary reflections. Report UMINF -72, 79. Umea University.
[55] SAAD Y(1980) On the rates of convergence of the Lanczos and the block-Lanczos methods. *SIAM J Numer Anal* 17, 687-706.
[56] SAAD Y(1980) Variations on Arnoldi's method for computing eigenelements of large unsymmetric matrices. *Lin Alg Appl* 34, 269-295.
[57] SAAD Y(1980) Chebychev acceleration techniques for solving nonsymmetric eigenvalue problems. *Math Comp* 42, 567-588.
[58] SAAD Y(1988) Projection and deflation method for partial pole assignment in linear state feedback. *IEEE trans Auto Cont* 33, 287-290.
[59] SIMON H(1984) The Lanczos algorithm with partial reorthogonalization. *Math Comp* 42, 115-142.
[60] STEWART GW(1972) On the sensitivity of the eigenvalue problem $Ax = \lambda Bx$. *SIAM J Numer Anal* 9, 669-686.
[61] STOER J(1983) Solution of large linear systems of equations by conjugate gradient type methods. In : *Mathematical Programming : The State of Art*. Bechem et al(eds) pp. 540-565 Springer-Verlag, Berlin, Heidelberg, New York, Tokyo.
[62] VARGA R(1962) Matrix iterative analysis. Prentice-Hall, New Jersey.
[63] VESENTINI E(1968) On the subharmonicity of the spectral radius. *Bollet Unione Mat Ital* 4, 427-429.
[64] WATKINS D(1982) Understanding the QR algorithm. *SIAM Review* 24, 427-440.
[65] WATKINS D(1984) Isospectral flows. *SIAM Review* 26, 379-391.
[66] WEINBERGER H(1974) Variational methods for eigenvalue approximation. SIAM Phi ladelphia, Pennsylavania.

[67] WILKINSON JH (1965) The algebraic eigenvalue problem. Oxford Univ. Press, New Jersey.

[68] WRIGLEY HE (1963) Accelerating the Jacobi method for solving simultaneous equations by Chebyshev extrapolation when the eigenvalues of the iteration are complex. *Comp J* 6, 169-176.

索引

ア
安定性　88
一般化固有値問題──→固有値問題
一様近似
　　コンパクト領域上での──　249
黄金分割比　90

カ
階数　24
　　数値的──　25, 200
解析的関数　43
解析的摂動　62
階段反復法　177
価格体系　95
過緩和法──→緩和法
拡張定理　157
確率過程　91
確率行列　91
緩和法
　　過──　80
簡略 Newton 法──→Newton 法
機械構造の力学　97, 105
機械精度　184
技術係数行列　94
基底
　　正規直交──　2, 161
　　随伴──　2, 6, 28
　　Schur ──　16, 176
既約　173, 216
　　──な3重対角 Hermite 行列　216

逆行列
　　部分──　56, 57, 59
　　ブロック部分──　62, 124
逆反復法　182, 202
　　同時──　195, 196, 202
　　部分空間──　196, 203
　　ブロック──　196
共役勾配法　274
共役転置行列　2
行列束　35
　　正則な──　35
　　特異な──　35
極　45, 53
　　──の位数　45
局所近似逆写像　79
均衡化　128
均衡成長　95, 105
経済モデル
　　Leontiev の──　94
　　Marx von Neumann の──　94, 105
　　von Neumann の──　94, 105
欠陥のある行列　15
欠陥のある固有値──→固有値
減次　178, 192, 274
原点移動　179, 194
　　Wilkinson の──　191
剛性行列　98
誤差解析
　　事後──　119, 142, 222, 235

事前── 119, 137
固有射影──→射影
固有値 4
　相異なる── 13
　欠陥のある── 14, 62, 197, 201, 202
　実部が大きい── 89, 249, 262
　絶対値が大きい── 179
　絶対値が等しい（異なる）── 180, 189
　多重── 14, 222, 225
　単純── 14, 210
　半単純── 14
　優越── 171, 179
　──のグループ化 128, 129
　──の算術平均 67, 141, 149
　──の指標 20
　──の優越ブロック 172
固有値問題
　一般化── 33, 228
固有ベクトル 4
　左── 14
　──のブロック 60

サ

最小距離 30
最小最大表現（Fisher-Poincaréの）26, 36
最小残差算法 274
最小2乗多項式 270
最大最小表現（Courant-Weylの）26, 37
再直交化
　完全── 223
　選択的──239
　部分的──224, 239
最適なパラメタ（Chebyshev反復の）264, 268, 269
最良近似 231, 249
差分方程式 89
残差修正法 79, 80, 81

事後誤差解析──→誤差解析
事前誤差解析──→誤差解析
自然補間公式（Nyströmの）103
質量行列 98
指標
　固有値の── 20, 52, 53
射影 7, 203, 213, 265
　固有── 22
　斜交── 237
　スペクトル── 20, 66
　制限── 27
　直交── 8, 208
社会技術行列 94
自由振動（減衰なしの）98
修正Newton法──→Newton法
収束
　1次── 75, 175, 189, 192
　2次── 186, 191, 195
　3次── 187, 191, 192
　部分空間列の── 11, 171
　本質的── 176
収束速度 175, 212
主成分分析 96
縮小写像 76, 77, 148
縮小率（収束の）182, 213, 264
条件数 119, 130
　行列の── 3, 31, 121, 201
　スペクトル── ──→スペクトル条件数
　大域的── 126
剰余 66
　行列── 157
剰余行列 28, 143, 145
剰余ベクトル 143
推移確率 91
随伴基底──→基底
酔歩 91
枢軸選択 178
数値計算ソフトウェア──→ソフトウェア

索 引　339

スケール調整　120
スペクトル　4
　グラフの——　100, 106
スペクトル射影——→射影
スペクトル条件数　144, 121
　固有値の——　121
　固有方向の——　122, 163, 183
　不変部分空間の——　126
スペクトル半径　4
スペクトル分解　20, 54
スペクトル変換　179, 228, 274
スペクトル前処理　178
スペクトル問題　3
正規行列　2, 25
正規性　132
　——の不足度——→不足度
正規直交基底——→基底
制限射影——→射影
生産活動　94
生産量
　正味——　94
正準角（二つの部分空間の間の）　5, 36, 78, 125, 145, 161
正準相関分析　97
正則関数　43
成長の黄金則　96
正定値　3
精度　66, 75, 81, 184, 223
積分作用素（コンパクトな）　103, 105
接線法　75
摂動解析　62
　線形——　62
摂動級数展開
　Rayleigh-Schrödinger の——　43, 69, 82, 125
　Rellich-Kato の——　43, 68
線形独立性　24
双直交族　2
ソフトウェア

数値計算——　240

タ

対応分析　97
対角化——→ブロック対角化
対角化可能行列　14, 231, 261
対角行列
　ブロック——　151
　——に近い行列　150
対角ブロック——→ブロック
大規模行列　207
楕円型微分作用素　103, 104
楕円型偏微分方程式　104
多重格子法　81
多重固有値——→固有値
多重度
　幾何的——　13
　代数的——　14
断面　27
直交化
　——→再直交化
　——→Schmidt の直交化
直交行列　3
直交射影——→射影
定常分布　93
データ解析　96
テンソル積　29
転置行列　2
同時反復法　202, 240
　射影を伴う Chebyshev の——　265
特異値　4
特異値分解　16
特異点
　孤立——　45
　真性——　45
特性多項式　44, 53
トレース　2, 67, 139, 140, 149
　——の解析性　67

ナ

ノルム
　従属―― 3
　スペクトル―― 4
　単調な―― 142
　導かれた―― 3
　ユークリッド―― 4
　Frobenius―― 4
　Hilbert-Schmidt―― 4
　Schur―― 4

ハ

ハミルトニアン 99
半正定値 3
半単純固有値――→固有値
反復集約/分解法 93, 105, 275
反復法
　逆―― →逆反復法
　直交―― 203
　同時―― →同時反復法
　部分空間―― →部分空間反復法
　部分空間逆―― →部分空間逆反復法
　ブロック逆―― 196
　両側―― 178
　Arnoldi―― →Arnoldi 法
　Chebyshev の―― →Chebyshev の反復法
　Rayleigh 商―― →Rayleigh 商反復
判別分析 97
微分方程式 88
開き（二つの部分ベクトル空間の間の） 9, 36
不安定性 88, 89, 198
不足度
　正規性の―― 33, 36, 123
部分空間
　固有―― 4
　左不変―― 23
　不変―― 4
部分空間逆反復法 196, 203
部分空間反復法 171, 174, 189, 209
　射影を伴う―― 213
部分空間列 11
　――の収束→収束
不変部分空間 4
　左―― 23
ブロック
　固有値の―― 60
　固有値の優越―― 172
　対角―― 16
　Jordan―― 20
　――対角行列 51, 151
　――三角行列 16
ブロック対角化 51
分離度 37
並列計算機 286
ベキ乗法 94, 174, 179, 261
ベキ等写像 7
ベキ零行列 52
ベクトル計算機 286

マ

前処理 81
　スペクトル―― 178, 179, 273
待ち行列 91

ヤ

優越固有値――→固有値
ユニタリ行列 2
ユニタリ相似 15

ラ

利益率 95
両側反復法――→反復法
量子化学 99

臨界点　249
レゾルベント　45, 65
　縮小——　52, 56
　ブロック縮小——　43, 59, 82, 127
　——の第1等式　46
　——の第2等式　46
レゾルベント集合　45
劣乗法的　3

欧文項目

Arnoldi 反復法——→反復法
Arnoldi 法　209, 230, 237, 270
　不完全——　230
　ブロック——　209
　——の反復法的変種　237
Arnoldi-Chebyshev 法　272
Banach 空間　53, 81
Bauer-Fike の定理　144
Bartels-Stewart の算法　30
BLAS　286
Brusselator　101
Cauchy の積分公式　43, 53, 81, 139
Cauchy の不等式　44
Chebyshev 加速　261
Chebyshev 多項式　209, 218
　実変数の——　255
　複素変数の——　256, 274
Chebyshev の楕円　256
Chebyshev の反復法　249, 262, 275
　射影を伴う——　265
Cholesky 分解　178, 228
Cramer の法則　152
Davis-Kahan の不等式　161
Fibonacci 数列　89
Fréchet 微分　73
Fredholm の積分方程式　102
Galerkin 近似　208
Gauss の消去法　31
Gauss 分解　177
　枢軸選択を取り入れた——　274
　枢軸選択をしない——　178, 191
Gauss-Seidel 法　80
Gershgorin 円　151
Givens 法　24, 174, 177
Gram 法　24
Gram-Schmidt 法　24
　修正——　24
Haar 条件　250
Hartree-Fock 近似　100
Hessenberg 行列　173, 188, 189, 191
　帯状——　237
Hessenberg-Schur の算法　30
Hermite 行列　2, 25, 153, 192, 208, 215
Hoffman-Wielandt の定理　158
Householder 法　24, 174, 177
Jacobi の反復法　80
Jordan 箱　20, 141
Jordan 標準形　17, 36
Jordan ブロック　20
Jordan 閉曲線　43
Kato-Temple の不等式　156
Krylov 列　171, 209
Krylov-Weinstein の不等式　154
Lanczos 法　209, 215, 240
　非対称——　238, 240
　不完全——　215
　ブロック——　209, 224, 239
Laurent 級数　45, 52
Liouville の定理　45
Lipschitz 連続　73
LR 分解
　Gauss の——　177
Markov 連鎖　91, 131
　定常——　91
Newton 法　72, 194, 200
　簡略——　75, 200
　修正——　78, 199, 200

Nyströmの自然補間公式　103
Nyströmの方法　103
Perron-Frobeniusの定理　26
Petrov近似　238
QL法　190
QR法　24, 171, 187
　不完全——　189
　——の基本算法　187
QZ法　193
Rayleigh商　27, 36, 153
　一般化された——　28
　行列——　28, 145, 157, 159
　——の最適性　153, 159
Rayleigh商反復　187, 192, 194

右——　194
Rayleigh-Ritz近似　208
Ritz値　216
Schmidtの直交化　174
　——の不完全直交化　236
Schmidt分解　24, 193
Schmidt法　24, 177
Schrödinger方程式　99
Schur形　15, 29, 193
Sylvester方程式　28, 200
Taylor級数　44, 47, 53
vec　29
Weylの定理　158

訳者あとがき

"行列と行列式"とか"線形代数"とか銘打った書物は数え切れないくらいあるが，そのほとんどは一種の入門書であって，何か本格的な仕事に使おうとすると物足りない思いがするものである．また，線形代数という分野は，理論的には無限の可能性を蔵しているので，専門雑誌に載る研究論文は多種多様で，専門外の人間はもちろん専門家ですら，どれが有用な結果でどれが単なる趣味の遊びなのか判断できなくて当惑するほどである．入門書より一歩進んだ知識を，体系的に整理して，それも応用の役に立つように具体的に詳しく述べた専門書を，誰かが著わしてくれないかと望んでいた人は多かったに違いない．

本書は，"固有値問題"という広く有用な応用分野を持つ線形代数の中核的主題を，理論的にしっかりと述べるとともに，具体的な数値計算の手法についてもコンピューター時代に適した最新の技術を解説するなど，本格的な応用志向の専門書である．特に好感が持てるのは，不必要に抽象的・形式的な述べ方を避け，本質的なことを平易に述べるというスタイルを取っていることである．これは，著者が，単に数学の研究だけでなく，多くの実際問題を手がけてきたという，経験の賜物であろう．訳出するにあたっては，このような原著の良い雰囲気ができるだけよく読者に伝わるよう努めたつもりである．

著者は女性数学者であるが，有名な数学者の生没の年や土地を詳しく調べ，脚注として添えてくれているのは，われわれにとって貴重である．もちろん，原著の人名，地名はフランス綴りになっていたので，それらは原綴りに直し，原語の発音に近い仮名を付した．

練習問題と解答とは，原著では大部の別冊になっていたが，訳書では本文で引用されているものをおもに拾って各章末に配し，付録Bにその解答を，付録Cに同じく関連文献を添えた．

訳者あとがき

　数学記号は，原著ではいわゆるフランス式のものも少なくなかったが，訳書ではできるだけ国際標準 ISO の規格（わが国の JIS の規格もほとんど同じ）に従うようにした．

　巻末の文献表のスタイルは，科学技術関係の論文・図書で伝統的に用いられているものとはかなり変わっており，異様に感じる読者も多いかも知れない．訳者にも大いに抵抗感があったが，Springer-Verlag が最近採用しているものであるというので，それに従わざるをえなかった．

　本書の翻訳作業は，初めの約束より大幅に遅れてしまって，シュプリンガー東京の関係者の方々には大変なご迷惑を掛けたことを，申し訳なく思っている．しかし，その間に訳者が原著者と直接会う機会があったので翻訳について打ち合わせることができたし，原著に対するかなり本質的な改良・修正を著者から受け取って訳書に取り入れることができたのは幸いであった．

1993 年 1 月　　　訳　者

新装版発行にあたって

　本書のような"しっかりと書かれた"本が市場に生き残り，より入手しやすい価格の新装版として今回発行されるに至ったのは，喜ばしいことである．旧版が発行されてからちょうど10年が過ぎたことになるが，この間かなり大型の計算まで机上のPCでできるようになった．また，固有値の計算という主題に限っても，多くの研究成果や使いやすそうなソフトウェアが現れた．それらの基本になるのがやはり本書であるのを見ると，著者の慧眼にあらためて感服したくなる．

　数学的内容とは直接関係ないが，この10年間の変化の中には，著者がGregory J. Chaitin氏（代数的な情報理論，アルゴリズムの観点からのランダムネスの理論，決定可能性に関する多くの新しい着想，等々で有名）と結婚したことがある．奥付で原著者の名がF. ChatelinからF. Chaitin–Chatelinに変わっているのはそのためである．本書もそうであるが，最近のChatelinの論文や著書にはChaitinの考え方の影響が各所に認められるのは興味深い．また，原著者のファーストネームFrançoiseは"フランソワーズ"と発音することも読者は覚えておかれるとよかろう．国際会議の講演のときなどに自国語が世界語だと信じている偉い座長が"フランソワ"と発音して紹介などすると「私は女性です！」と異議を唱えているのを何回か聞いているので，原著者はそれをかなり気にしているようであるから．

2003年4月　訳者

著　者	訳　者
F. シャトラン	伊理　正夫（いり　まさお）
Françoise Chaitin-Chatelin	1955 年　東京大学工学部卒
CEREMATH, University of	専攻　回路網理論，離散システム論，
Toulouse 1	数値計算法，言語工学，
CERFACS	地理情報システム，
42, av. G. Coriolis	オペレーションズ・リサーチ
31057 Toulouse Cedex	現在　東京大学名誉教授，工学博士
France	
	伊理　由美（いり　ゆみ）
	1956 年　東京大学工学部卒，工学修士
	専攻　数理工学

行列の固有値　新装版　最新の解法と応用　　　　　定価（本体 **3,500** 円＋税）

発　行	1993 年 3 月 1 日（初版）
	2003 年 6 月23日（新装版）
	2007 年 2 月 6 日（新装版 3 刷）
著　者	F. シャトラン
訳　者	伊理　正夫，伊理　由美
発行者	深田　良治
発行所	シュプリンガー・ジャパン株式会社
	〒102-0073　東京都千代田区九段北 1 丁目 11 番 11 号　第 2 フナトビル
	TEL (03) 6831-7005（営業直通）
印刷所	平河工業社
	＜検印省略＞許可なしに転載，複製することを禁じます．落丁本，乱丁本はお取り替えします．

This Japanese translation is based on the French original,
F. Chatelin: *Valeurs propres de matrices*
published by Masson, Paris Milan Barcelona Mexico
ISBN 2-225-80968-2
© Masson, Paris, 1988

ISBN 978-4-431-71037-0　C3041　　　　　　http://www.springer.jp
© 2003 Springer-Verlag Tokyo
Printed in Japan

はじめに

　インターネットが普及し、ウェブ上でアンケート調査が盛んに行われています。アンケート票作成ソフトや統計解析ソフトウェアなども市販され、手軽にアンケート調査ができるようになりました。しかし、多人数の回答を得てパーセントさえ算出すれば調査結果として通用するという一部の安易な風潮には危惧を感じます。

　統計は、操作する人の意図や知識によって、さまざまな課題を効率的に解決し、正しい判断を導く武器にもなれば、混乱と誤った判断を導く危険性もあることが広く認識されるべきです。情報があらゆる判断を左右する情報化社会においては、アンケート調査や統計解析について正しく理解し、適切に活用することが重要です。

　正確で客観的な情報を得るには、データ収集から解析まで首尾一貫した知識が必要です。統計分野でも多様な解析技術の研究開発が進んでいますが、高度な解析をするには精緻な企画のもとに、正しい手順で調査を行い、解析技法に応じたデータを収集する必要があります。

　本書では、アンケート調査の基本的な企画・集計・分析から高度な統計解析までの一連の実務的知識が理解できるよう解説しました。統計解析の手法については、基本概念、実施するために必要なデータ、アウトプットはどう解釈するか、の3点を概ね理解していただくための解説に的をしぼりました。多変量解析のメニュー集としても活用できるよう、できるかぎり多くの解析手法を紹介しました。

　アンケート調査と統計解析の基本知識が必要な人、各種アンケート調査・統計解析の手法を一通り知りたい人、調査の企画から分析までコントロールする知識が欲しい人、高度な解析を試みたいと思っている人などの手引書として役立てば幸いです。

2003年9月

㈱イクザス　酒井　隆

目次

第1部 アンケート調査はこうして進める！

第1章 これが代表的なアンケート調査だ

1 アンケート調査とは………10
2 アンケート調査の種類はさまざま………12
3 訪問面接調査とは………14
4 訪問留置き調査とは………16
5 郵送調査とは………18
6 来場者調査とは………20
7 会場アンケート調査とは………22
8 電話調査とは………24
9 インターネット調査とは………26
10 その他の調査方法………28

第2章 アンケート調査の企画を立てる

11 企画・設計の進め方………32
12 調査課題を検討する………34
13 調査対象者を定義する………36
14 調査（実査）方法を検討する………38
15 アンケート項目を決める………40
16 調査に必要な期間を決める………42
17 調査経費を積算する………44
18 標本数を決める………46
19 回収率を高める工夫をする………48

第3章 アンケート票を作る

- 20 アンケート票作成の手順………52
- 21 質問順序を考える………54
- 22 質問のタイプと回答のタイプを考える………56
- 23 調査対象者を測る4つの尺度とは………58
- 24 態度を測るものさしとは………62
- 25 質問文を作るときの注意点………64
- 26 調査ボリュームを調整する………66
- 27 対象者特性を5グラフィックスで把握する………68
- 28 アンケート票をレイアウトする………70
- 29 あいさつ状を作る………72

第4章 実査を行う

- 30 サンプリングとは………76
- 31 名簿からランダムに抽出するサンプリング◉単純抽出法と系統抽出法………78
- 32 地域と対象者を絞り込むサンプリング◉確率比例2段抽出法………80
- 33 住宅地図から抽出するサンプリング◉エリアサンプリング（ランダムウォーク）………82
- 34 通行人や電話番号を抽出する方法◉タイムサンプリング、RDD、プラス1………84
- 35 訪問調査のポイント………86
- 36 来場者調査のポイント………88
- 37 郵送・電話・FAX調査のポイント………90
- 38 会場アンケート調査のポイント………92
- 39 インターネット調査のポイント………94
- 40 回収データのチェック………96

第5章 データ集計を行う

- 41 集計作業の手順………100
- 42 データの最終チェック………102
- 43 自由回答をカテゴリー化する………104
- 44 集計計画の立て方………106
- 45 クロス集計とクロス分析のポイント………108
- 46 グラフ作成のポイント………110
- 47 調査報告書の作成ポイント………112

第2部　統計解析はこうして進める！

第6章 統計解析の基本を押さえる

- 48 統計解析の基本を押さえよう………116
- 49 度数分布とは………118
- 50 代表値とは………122
- 51 範囲と標準偏差とは………127
- 52 歪度と尖度とは………129
- 53 グループ間の比率の検定●カイ2乗検定とは………131
- 54 平均値の差の検定●t検定と分散分析とは………138
- 55 相関係数とは………143
- 56 単回帰とは………147
- 57 カテゴリーの得点化●シグマ値法とは………149

第7章 多変量解析はこうして進める！

- 58 多変量解析にはこんな種類がある………158
- 59 マーケットの市場性を予測する●重回帰分析………167
- 60 0から1の間の比率を予測する●プロビット分析………175

61	カテゴリーデータから予測する◉**数量化Ⅰ類**………184
62	新製品コンセプトの最適な組み合わせがわかる◉**コンジョイント分析**………189
63	属するユーザーグループを予測する◉**判別分析**………201
64	属するユーザーグループを非線形モデルで予測する◉**ロジスティック回帰分析**………211
65	カテゴリーデータを用いて判別する◉**数量化Ⅱ類**………216
66	消費者心理を探り、イメージを分析する◉**因子分析**………222
67	マーケットをセグメントする◉**クラスター分析**………237
68	1か0のカテゴリーデータを用いてイメージをパターン分析する◉**数量化Ⅲ類**………249
69	クロス集計表の表頭・表側カテゴリーを同じ空間にマッピングする◉**コレスポンデンス分析**………254
70	ブランドをポジショニングする◉**多次元尺度法**………259
71	因果関係をモデル化する◉**共分散構造分析**………264
72	多様な評価基礎から意思決定するための◉**AHP(階層化意思決定分析法)**………275

さくいん………282

第1部

アンケート調査はこうして進める！

第1章

▼

これが代表的な
アンケート調査だ

1 アンケート調査とは

共通の調査票を用いて、多数の人に回答を求めた結果を、統計的な情報にして示すこと。

アンケート調査の定義は、次のとおりです。
① 調査対象（例えば、特定商品の顧客、20歳以上の男女個人など）の意識や行動などを把握するために、
② 統計的な調査の場合は、一定のルールで調査の対象を選び、（統計的ではない調査の場合は、回答者を募集し、）
③ いろいろな調査方法で、多数の人に回答を求め、
④ 特定の期間内で、
⑤ 様式化した質問への回答をもとに、統計的処理を行うもの。

　調査対象を代表し、統計的に意味のあるデータを得るには、一定のルールで調査対象を選ぶ**サンプリング**（**標本抽出**）により、本章で紹介する特定の調査方法（面接、郵送、電話など）を使って、1週間以内などのように期日を区切って、多数の人に回答を求めます。ただし、統計的である必要がない場合は、インターネット調査のように回答者を募集します。

　質問は統一された様式（**アンケート票**または**調査票**といいます）の一問一答スタイルで、知りたい事柄を回答者にわかりやすく整理・構成し、見やすく、回答しやすくレイアウトしなくてはなりません。そして、アンケート調査で得られた情報を集計し、構成比や平均値を計算したり、もっと高度な統計解析を行ったりします。

　統計的な調査としてのアンケート調査は、同じ条件で実施すれば誰が行っても、また、答える人が同じ調査対象に属する別の人であっても、同じ結果が得られる再現可能で科学的な調査手法です。一方、統計的ではないアンケート調査は、同じ結果が得られる保証はないという点に留意しなければいけません。

◆ アンケート調査の5W1H

WHY	なぜ	●既存資料では欲しい情報が得られないから
	何の目的で	●企業活動、行政、研究などに役立てるために
WHAT	何を	●調査対象の実態・意識・行動などを
HOW (WHEN・WHERE)	どのようにして調べるのか	●調査目的により、対象者の条件を定める ●一定のルールで調査対象を選出 　↳ 同じ条件で実施すれば誰が行っても、また、答える人が同じ調査対象に属する別の人であっても、同じ結果が得られる ●統計的である必要がない場合は回答者を募集 　↳ 統計的ではないアンケート調査は、同じ結果が得られる保証はない ●多数の人に回答を求める ●特定の期間内に調査する ●アンケート票を用い、様式化した質問で回答を求める ●統計的処理を行う
WHO	調査主体	●企業、官公庁、研究機関等

2 アンケートの種類はさまざま

アンケートの依頼方法と回収方法によりさまざまな方法がある。

◎アンケート調査の実施概要

①調査を依頼する場所

　対象者の自宅、路上や施設内、小売店や飲食店の店内、インターネット、新聞や雑誌広告の紙面などがあります。

②調査を依頼する方法

　面接調査の調査員、会場アンケートの募集員、郵便、電話、FAX、回答者を募集するマスメディアやチラシの広告、インターネットや携帯電話へのメールなどがあります。

③アンケート票の記入者

　調査員が記入する他記式（たきしき）と回答者が記入する自記式（じきしき）の2種類です。

④アンケート票（内容）を回収する方法

　依頼と同じ方法がありますが、新聞、チラシなどで回答者を募集し、インターネットやはがきで回答を得るなど、依頼と回収の方法が異なる場合もあります。

◎主な調査方法

　訪問面接調査、訪問留（と）め置（お）き調査、街頭調査、来場者調査、郵送調査、電話調査、FAX調査、インターネット調査、回答者募集式調査などがあり、調査を依頼する方法で大まかに分類すると、右ページのようになります。

　このほか、特定の一時点のみに実施する「単発（たんぱつ）調査」と、同じ質問あるいは同じ人を対象に一定期間に繰り返し実施して時間の経過による変化を調べる「継続調査」という分け方もあります。

　調査方法を決めるには、調査課題、調査目的、調査期間、調査経費などさまざまな事項を検討しなくてはなりません。

調査を依頼する方法	調査方法の種類
調査員が訪問して依頼	・訪問面接調査 ・訪問留置き調査
街頭・施設等で調査員が依頼	・街頭・来場者面接調査 ・街頭・来場者自記式調査 ・会場アンケート調査
情報通信手段を利用して依頼	・郵送調査 ・電話調査 ・インターネット調査
新聞や雑誌広告・チラシ・インターネット広告・店頭ポスター、パッケージ等で依頼	・回答者募集式調査 ・ホームユーステスト[1] ・FAX調査

●調査目的 ●調査内容 ●質問の量 ●対象者 ●予算 ●実施期間 等で選ぶ

第1章 ◎これが代表的なアンケート調査だ

調査の種類別にみた主な ・依頼場所 ・依頼メディア ・記入者 ・回収メディア		訪問面接調査	訪問留置き調査	来場者面接調査	来場者自記式調査	会場アンケート調査	郵送調査	電話調査	インターネット調査	回答者募集式調査	ホームユーステスト	FAX調査
主な依頼場所	対象者の自宅	○	○				○	○			○	○
	路上			○	○							
	施設内や店内			○	○	○				○		
	インターネット								○	○		
	新聞・雑誌									○		
依頼メディア	調査員	○	○	○	○	○						
	募集員					○	○					
	郵便						○					
	電話							○				
	FAX											○
	各種広告									○	○	○
	インターネット								○			
	携帯電話								○			
記入者	調査員	○		○				○			○	
	対象者		○		○	○	○		○	○	○	○
回収メディア	調査員	○		○		○					○	
	郵便		○				○				○	
	電話							○				
	FAX										○	○
	パソコン								○			
	インターネット								○	○		○
	携帯電話								○			
	回収BOX					○					○	

[1] ホームユーステスト→調査対象商品を実際に家庭で試してもらい、それを試用した評価や具体的な問題点を尋ねる調査。

3 訪問面接調査とは

調査員が対象者宅を訪問し、対象者本人に質問してその場で回答を得る方法。

　訪問面接調査は、対象者に直接会うため、対象者本人の回答が確実に得られ、調査への理解や協力が得やすいメリットがあります。また、質問の意図が伝えやすい、調査員の判断で枝分かれ質問を効率的に進められる、調査員の観察による情報も得られる、記入ミスが防ぎやすい、見せる、聞かせる、触らせるなどによる調査が可能、などの長所もあります。

　複雑で説明を要する質問がある調査、商品見本などを見せる、聞かせる、触らせるなどの体験が必要な調査、対象者が子供や老人など質問や回答方法の理解が困難などの際に適した調査方法です。

　しかし、対象者を訪問するには、対象者の氏名と現住所がわかる対象者リストがなければ困難です。（住宅地図を用いて、現地で対象者を抽出する方法もあります）。対象者リストとしては、官公庁のリスト、私的機関のリスト、顧客リストなどがありますが、選挙人名簿[1]や住民基本台帳[2]など官公庁のリストは、個人情報の取り扱いに慎重になっている世相から閲覧が困難になってきています。

　また、生活時間の夜型化などによる対象者の不在や、インターフォン、テレビフォンの普及等による拒否の増加、対象者と面接できるまで時間を要する、調査員の面接技術の質が調査結果に反映する、調査員の教育・管理・監督が困難、多くの人手や訪問のための交通費を要するため調査費用が高いなどの欠点もあります。

　短期間で結果を出したい、調査予算が少ない、対象者の氏名と現住所がわかるリストがない、現地での抽出が困難、調査対象地域が広範囲、人前で答えにくい質問がある、単身者など在宅率が低い人が対象、などの場合には、他の調査方法を検討したほうがよいでしょう。

---

[1] 選挙人名簿→市町村の選挙管理委員会が管理する有権者のリスト。
[2] 住民基本台帳→住所・氏名・生年月日などが記載された住民票をまとめたもの。全国の市町村がおのおの整備・管理している。

訪問面接調査の作業の流れ	対象者宅を調査員が訪問 ▶ 調査員が対象者本人に質問して調査員が記入 ▶ 回収
調査方法の適性・具体例	・複雑な質問など、説明を要する質問がある場合 ・商品見本などを、見せる、聞かせる、触らせることが必要な場合 ・対象者が子供や老人など、質問や回答方法の理解が困難な場合 ・観察で得たい情報がある場合 など **具体例** 「一人暮らしの高齢者の生活実態調査」「広告注目度調査」など
必須条件	・対象者の氏名と現住所がわかるリストが必要 （現地で対象者を抽出する場合は不要）
対象者本人の確認	○対象者本人の回答が確実に得られる
対象者とのコンタクトしやすさ	×生活時間の夜型化などで対象者の不在率が増えている ×インターフォン、テレビフォンで拒否されやすい ×対象者と会えるまで、時間を要する
調査への協力の得やすさ	○調査の意図が伝えやすい ○協力、信頼が得やすい
質問・回答方法への理解の得やすさ	○質問の補足説明ができる ○複雑な質問も可能 ○見せる、聞かせる、触らせるなどが可能 ○アンケート票以外の道具を使った質問が可能 ○枝分かれ質問を効率的に進められる ○観察による情報が入手可能 ○記入ミスが防ぎやすい
スタッフ管理のしやすさ	×調査員の面接技術が必要 ×調査員の教育・管理・監督が困難
実査[1]期間	×短期間では無理な場合が多い
実査費用	×調査員所要人数が多く人件費が高い ×訪問のための交通費がかかる

○：長所、×：短所

[1] **実査**→対象者宅の訪問からアンケートの実施回収までの一連の調査実務のこと。

4 訪問留置(とめお)き調査とは

調査員が対象者宅を訪問し、調査への協力を依頼してアンケート票を預け、後日、回収する方法。

　訪問留置き調査は、訪問面接調査と同様に、調査員が対象者を訪問しますが、アンケート票の記入は対象者本人にお願いし、後日、再訪問してアンケート票を回収する点が異なります。また場合により、対象者が不在の場合は、在宅している人に対象者への伝言を依頼し、アンケート回収時も対象者以外の人の手を経て回収することもあるため、調査員が対象者と全く対面しないケースもあります。

　訪問面接調査と比較した訪問留置き調査の長所は、質問項目が多くても、対象者の時間の都合がつくときにゆっくり回答できる、答えには時間がかかる質問や対面では答えにくい質問も可能、訪問時に対象者が不在でも調査が可能な場合もある、面接技術に熟練した調査員でなくても可能、などです。また、回収時にチェックを行えば、訪問面接調査と同様、回答もれやミスも防ぐことができます。

　一方、訪問面接調査と比べて、対象者本人の回答かどうかの確認が困難な場合がある、本人の回答であっても家族などの意見や考えに左右されている可能性がある、調査依頼時と回収時の2回の訪問を要するため、交通費や人件費がかかる、という欠点もあります。

　訪問留置き調査は、直接訪問して調査の主旨を説明したほうが協力が得やすく、しかも時間をかけて考えたり、調べたり、家族に聞いたりして回答する必要がある場合などに適しています。

　なお、訪問してアンケート票を配付し、郵送で回収する方法もあります。また、本人の考えを聞きたい質問や、アンケート票を読んでも理解するのが困難な質問など、直接本人に質問したほうがよい部分だけを調査員の面接で行う方法もあります。

訪問留置き調査の作業の流れ	対象者宅を、調査員が訪問 → 対象者本人か同居者にアンケート票を託し、協力を依頼 → 対象者がアンケート票に記入 → 調査員が再訪問して回収	
調査方法の適性・具体例	・質問量が多く、面接で回答を得るには時間がかかりすぎる場合 ・回答者が時間をかけて考えたり、調べたり、家族に聞いたりするなどの必要がある場合 ・面接者と対面しては答えにくい質問がある場合など 具体例 「家計についての調査」「食事のメニューについての調査」など	
必須条件	・対象者の氏名と現住所がわかるリストが必要 （現地で対象者を抽出する場合は不要）	
対象者本人の確認	×対象者本人の回答かどうか、本人に確認しなければわからない。本人の回答でも家族の意見の可能性もある。	
対象者とのコンタクトしやすさ	○対象者が不在の場合、家族を通じて依頼することも可能	
調査への協力の得やすさ	○対象者が多忙、不在、質問量が多い場合なども、時間の都合がつくときに回答できる ×家族等を通じて依頼する場合は、伝言や、調査の意図が伝わらないことがある	
質問・回答方法への理解の得やすさ	○詳しい説明文を読む、ゆっくり考える、家族に聞いたり調べるなどが可能 ○回収時に回答もれやミスがチェックできる ×見せる、聞かせる、触らせるなど、アンケート票以外の道具を使った質問はしにくい	
熟練した実査スタッフの必要性・実査管理のしやすさ	○依頼と回収だけの場合、調査員の熟練は不要	
実査期間	×短期間では無理な場合が多い	
実査費用	○対象者が不在の場合でも家族が在宅であれば依頼時と回収時の2回の訪問費用だけでよい ×依頼時と回収時の2回の訪問費用（人件費、交通費）がかかる	

○：長所、×：短所

5 郵送調査とは

アンケート票の送付や回収などを郵便などで行う調査方法。

　郵送調査は、アンケート票を対象者に郵便などで発送し、対象者が郵便で返送する調査方法です。郵送調査の最大の長所は、広範囲な調査が低コストで可能だということ、欠点は、対象者の氏名と現住所がわかるリストがないと実施できない、発送から返送までの期間が長いという点です。

　また、調査対象者と直接の接触が不要という点で、訪問留置き調査と同様の長所と短所があり、質問量が多い調査も可能、直接答えにくい質問への抵抗が少ない、調査員の教育・コントロールが不要などの長所がある一方、対象者本人の回答かどうか確認が困難、回答ミスが防ぎにくいなどの欠点があります。

　郵送調査のバリエーションとしては、アンケートの依頼は郵送、回収は別の方法で行う方法、逆にアンケートの依頼を郵送以外の方法で行い、回収を郵便で行う方法があります。

　アンケートを郵送で依頼し、回収を郵便以外で行う方法として、調査員による回収調査、電話回収調査、FAX回収調査があります。このような調査方法を採るのは、調査ボリュームが多い、または、商品の使用テストをするなどアンケート票を含む調査用具を届ける必要がある場合です。例えば、商品のホームユーステストがこれに該当します。調査対象者は、調査協力を事前に了承を得た契約モニターである場合が多いでしょう。

　回収のみを郵送で行う場合の依頼方法として、調査員による訪問依頼、街頭や施設内でのアンケート票の手渡し依頼、新聞・雑誌広告などでのアンケートへの回答募集、愛用者カードや商品パッケージでの回答募集などがあります。郵送費を節約したい、回答者の自己負担を少なくし回収率を高めたいなどの場合、回答をはがきで求める場合があります。

郵送調査の作業の流れ	対象者宅にアンケート票を郵送 → 対象者本人が記入 → 郵便で返送 / 調査員、電話、FAX、Eメール等で回収 / 郵便で回収　　手渡しで依頼、広告等で回答者を募集など →
調査方法の適性・具体例	・調査対象地域が広範囲な場合や、対象者数が多い場合 ・質問量が多く、面接で回答を得るには時間がかかりすぎる場合 ・面接者と対面しては答えにくい質問がある場合 など 具体例 ・商品やサービスの利用者対象の全国調査 ・各種意識調査
必須条件	・郵送で依頼する場合、対象者の氏名と現住所がわかるリストが必要
対象者本人の確認	×対象者本人の回答かどうかは確実ではない
対象者とのコンタクトしやすさ	○対象者が不在がちでも依頼可能 ○地域、時間の制約がない ×対象者の住所がわからなければ郵送不能 ×対象者が長期不在、転居の可能性もある ×アンケート票が返送されるまで期間がかかる
調査への協力の得やすさ	○対象者が多忙、不在、質問量が多い場合なども、時間の都合がつくときに回答できる ○対面では答えにくい質問でも抵抗感が少ない ×見ないで捨てられたり、放置、投函を忘れられるなどの可能性がある ×質問量が多いと協力が得にくい
質問・回答方法への理解の得やすさ	×見せる、聞かせる、触らせるなど、アンケート票以外の道具を使った質問は困難 ×質問への誤解、回答ミスの可能性がある
熟練した実査スタッフの必要性・実査管理のしやすさ	○投函するだけなので、調査員は不要
実査期間	×短期間では無理
実査費用	○人件費が少ない ○広範囲な調査が低コストで可能

○：長所、×：短所

6 来場者調査とは

通行人や施設への来場者に、その場で短時間の面接調査などを行う調査。

　来場者調査は、ショッピングセンターなどの施設の来場者や道路を通行している人などを対象に調査を行う方法の総称で、実施場所や調査対象もさまざまです。具体的には、商店街や繁華街への来街者調査、駅などでの鉄道やバスの利用者調査、スーパーなど大規模小売店舗への来店客調査や駐車場でのドライバーへのアンケート調査などがあります。

　来場者調査の場合、事前に現地を入念に視察し、調査地点や時間帯による通行人の性・年齢などの特性を把握する必要があります。また、調査場所を決める際には、警察署や施設管理者の許可が必要な場合があります。さらに、調査員の面接で調査を行う場合、訪問面接調査と同様、調査員手配と教育も重要です。

　来場者調査の長所は、多数の対象者に短時間で調査できることです。調査員による対面での調査の場合、訪問面接調査と同様、対象者本人の回答が確実に得られる、調査の趣旨や質問の意図が伝えやすい、枝分かれ質問を効率的に進められる、記入ミスが防ぎやすい、見せる・聞かせる・触らせるなどアンケート票以外の調査用具が利用できるなどの長所もあります。

　しかし、通行人や買物客などが対象であるため、対象者の協力を得にくい、長時間を要する質問や複雑な質問には不向き、調査地点に当日来なかった人は対象者にならない、悪天候などの影響で調査結果に影響が出る可能性があるなどの欠点を考慮して行う必要があります。

　来場者調査は、調査員が面接して行う方法のほか、対象者に記入を依頼し、後ほど郵送してもらったり、アンケート票の回収BOXを設けて回収する方法もあります。混雑した店内での買物客を対象にした調査の場合は、周囲への影響を配慮した実査の方法を検討することが必要です。

来場者調査の作業の流れ	街頭、店頭、各種施設などに調査員が待機	→ 調査員が来場者に協力を依頼	→ 調査員が質問・記入・回収 → 対象者が記入、郵送、回収BOX等で回収する方法もある
調査方法の適性・具体例	・場所、時間等を限定した調査が必要な場合 ・対象者のリストがない場合 など **具体例** ・店、道路、駅、交通機関、病院、劇場、テーマパークなど特定施設利用者への調査		
必須条件	・調査実施場所について、警察署や施設管理者の許可		
対象者本人の確認	○条件に合致する対象者をその場で確認できる ×事前に現地を観察して調査地点や時間帯による通行人の性・年齢などの特性を把握する必要がある		
対象者とのコンタクトしやすさ	○多数の対象者に短時間で接触できる ○時間帯、場所などの条件設定が可能 ○対象者リストが不要 ×調査地点に当日来なかった人には調査できない ×悪天候などで調査できない場合がある		
調査への協力の得やすさ	×対象者の協力を得にくい		
質問・回答方法への理解の得やすさ	○見せる、聞かせる、触らせるなどによる質問が可能 ○質問・回答方法を説明できる ○枝分かれ質問を効率的に進められる ○記入ミスが防ぎやすい ×回答に長時間を要する質問、複雑な質問には不向き		
熟練した実査スタッフの必要性・実査管理のしやすさ	×調査員の面接技術が必要 ×調査員の教育・監督が必要		
実査期間	○短時間で可能		
実査費用	×多くの人手を要するため調査費用が高い		

○:長所、×:短所

7 会場アンケート調査とは

通行人や施設への来場者などに協力を依頼し、調査会場に案内して、30分程度の調査を行う方法。

　会場アンケート調査は、アンケートの対象者を、事前、または人が集まる場所などで当日に募集して、調査のために設置した会場で調査を行う方法で、**セントラルロケーションテスト（CLT）**ともいいます。

　アンケートの進行方法は、2種類です。1つは一斉回答・終了方式で、司会者の進行に従って多数の人が同時にアンケート票に記入、リモコンボタンを押すなどして回答していきます。もう1つは対象者ごとに開始・終了する方式です。回答方法は、調査員との面接や、パソコン画面にキーボード入力するなどです。

　会場アンケートは、市場投入前の新製品や試作レベルのコマーシャルフィルムなどを見せたり聴かせたりして回答を求める調査でよく行われています。例えば、以下に示すような目的で行う場合に用いられます。

①その場で1番良いものを選定する
　新製品開発の試作品やCM案などをテストしたいときに行われます。

②その場で賛成または反対の人数を知る
　TV番組などで、賛成・反対の数をその場で調べるときに行われます。司会者の合図により、手元スイッチで賛成、反対の数を測ります。

③実験設備を使って反応評価を知る
　最も目立つデザイン、印象に残るロゴマークなどを選ぶときに行われます。例えば会場のスクリーンに評価対象のデザインを個々に視認時間を変化させて映写し、対象者に見えたものを描いてもらいます。回答結果を分析すれば、視認時間が短く、しかも正確に見えるデザインを選ぶことができます。

会場アンケート調査の作業の流れ	参加者を事前に募集 → 参加者は調査会場へ → 司会者の進行に従い参加者が一斉に回答 現地周辺で通行人等に参加を依頼 → 参加者は調査会場へ → 対象者ごとに、個別に調査を開始・終了
調査方法の適性・具体例	・調査環境を統一、コントロールする必要がある場合 ・大仕掛けな機械設備などを使う必要がある場合 ・短時間で結果を知りたい場合 など 具体例 ・同一環境のもとで評価・選定 　　例：新製品試用、試食等による評価 ・実験設備を用いて反応・評価を調査 　　例：CMを見せて反応を見る ・その場で賛否等を調べる 　　例：TV番組等での実況アンケート
必須条件	・呼び込み方式で対象者を集める場合、募集場所について、警察署や施設管理者の許可を得る
対象者本人の確認	○対象者の確認が不要
対象者とのコンタクトしやすさ	○多数の対象者に短時間で接触できる ○時間帯、場所などの条件設定が可能 ×対象者を一堂に集めることができる条件（会場所在地、集合時間など）に制約がある
調査への協力の得やすさ	×拘束時間が長いため協力が得にくい ×代表性のある対象者を特定時間、特定場所に集めるのは困難
質問・回答方法への理解の得やすさ	○調査環境を統一、コントロールできる ○大仕掛けな装置などが利用可能
熟練した実査スタッフの必要性・実査管理のしやすさ	×熟練した実査スタッフ（司会者含む）が必要
実査期間	○短時間で結果がわかる
実査費用	○調査モニターを対象とする調査の場合、交通費や人件費など経費が高くなる

○：長所、×：短所

第1章 ◎これが代表的なアンケート調査だ

8 電話調査とは

世論調査などでよく行われている調査であり、調査員が対象者に電話で質問し、回答を得る方法。

電話調査の長所は、電話機と調査員を多数配置できれば、同時に一斉に実査可能、短時間で回収可能、1ヵ所で行えば実査状況のチェックが可能であることなどです。また、対象者と対面しないことにより、広範囲な調査が短期間、低コストで可能、個人的質問への抵抗が低いなどの長所もあります。

一方、対象者の確認が困難、拒否されやすい、長時間を要する質問、複雑な質問には不向きなどの欠点があります。電話調査独自の欠点としては、回答者が在宅率の高い人に偏る可能性がある、携帯電話の普及により、固定電話に加入しない単身世帯が増えているなどの問題があります。また、電話帳で対象者を選ぶ場合には、電話帳非掲載や住宅用電話と事務用電話の混在、対象者の特性がわからないなどの問題もあります。

電話による世論調査では、サンプリングを選挙人名簿で行った後に電話番号を調べる場合が多いようです。

アンケートの回答者を雑誌などで募集し、電話で回答を求める調査形式もあります。音声自動応答システムで質問を流し、電話相手がプッシュダイヤルを押して回答し、それをパソコンで記録します。

また、テレゴング[1]も電話調査の一種です。

---

[1] テレゴング→アンケート調査の実施者（通常、テレビや新聞などのメディア）がメディアを通して、ある質問の選択肢に対応する電話番号をPRし、それに応じて回答者から各電話番号にかかってくる通話の回数をカウントして集計する調査。報道番組の世論調査などで利用されている。

電話調査の作業の流れ	調査員が対象者に電話 →	調査員が電話で質問 →	調査員が回答をアンケート票に記入 →	パンチ入力後集計
	パソコンで発生させた電話番号に自動発信 →	電話がかかればオペレーターがパソコン画面の質問を読む →	オペレーターが回答をパソコン入力 →	パソコンで自動集計
	雑誌広告等にアンケートを掲載し回答者を募集 →	回答者が指定された電話番号に電話 →	音声自動応答にプッシュホンで回答	
	雑誌広告等にアンケートを掲載し、回答選択肢ごとに電話番号を指定 →		→ 回答選択肢ごとのダイアル回数を自動的に集計	
調査方法の適性・具体例	・多数の人を対象に、短時間で結果を知りたい場合 など 具体例 ・コンピュータによる電話の自動発信システムとアンケート票の画面表示・回答入力システムを用いた報道機関による世論調査 ・特定ブランドのユーザーの発見とユーザーアンケート調査			
必須条件	・対象者宅に電話があること（回答者を募集する場合はなくても可） ・短時間でできる質問であること			
対象者本人の確認	×対象者本人かの確認、対象者の条件に合致しているかの確認が困難			
対象者とのコンタクトしやすさ	○対象者リストがなくても可能 ○訪問するより簡単にコンタクトできる ○電話さえあればどこからでもコンタクト可能 ○人員を多数動員すれば、同時に一斉に実査可能 ×回答者が在宅率の高い人に偏る可能性がある ×携帯電話の普及により、電話がない単身世帯が増えている ×ナンバーディスプレイや、留守番電話で知らない相手からの電話には出ない場合がある ×電話をかける時間帯に制約がある			
調査への協力の得やすさ	×用件を聞いたとたんに拒否されやすい ×調査員への信頼が得にくい ×長時間を要する質問は協力が得にくい			
質問・回答方法への理解の得やすさ	○個人的質問への抵抗が面接調査より低い ×複雑な質問には不向き ×何かを見せて回答を求める質問は不可能			
熟練した実査スタッフの必要性・実査管理のしやすさ	○実査状況の監督が可能 ×内容によっては熟練した調査員が必要			
実査費用	○広範囲な調査が低コストで可能			
実査期間	○短時間で結果がわかる			

○：長所、×：短所

第1章 ◎これが代表的なアンケート調査だ

9 インターネット調査とは

インターネットなどで回答者を募集し、アンケートへの回答や回収をインターネットのサイトやEメールで行う方法。

インターネット調査は、回答者募集式調査の代表です。調査対象者リストが不要、サンプリングなしでも可能、調査員が不要、回答データはそのまま集計できるなどのため、短期間で調査結果が判明する、調査費用が安い、大量の標本数が確保できるなどの長所があります。一方、インターネットでは、回答者が性・年齢や氏名を偽ることができるため、回答者の匿名性、謝礼目当ての重複応募などの欠点もあります。

ところで、回答者の募集は次のような方法で行われています。

①インターネットの複数サイトで募集（サイトミックス）

インターネット接続可能な媒体や複数ホームページの組み合わせを考え、回答者を募集します。例えば、バナー広告、自社のホームページ、携帯電話用のサイトでの募集などが考えられます。

②複数の広告媒体で回答者を募集（メディアミックス）

マスメディア、特に新聞広告とのタイアップ告知や、テレビ、ラジオでのホームページアドレスの広告は募集に有効です。市町村など狭い地域では、新聞折込チラシも有効です。

インターネット調査の専門会社では、モニターの特性を把握していますので、例えば、「東京都内在住の子供のある30歳代既婚女性を調査対象とする」などのアンケート調査を実施することができます。

インターネット調査は、インターネット利用者でかつ自主的応募者だけが対象となるため、対象者全体を推計する意識調査や実態調査には適しません。しかし、多数の回答者があれば、全体の傾向が把握できることもあるため、モニターの回答した値から全体を推計するための試みが行われています。

インターネット調査の作業の流れ	回答者募集: インターネット上で募集／メディアミックスで募集／特定の対象者にEmailを送信／モニター会員専用サイトで募集 → インターネットのアンケートサイトでアンケートに回答 → 回答者が回答内容を送信 → 回答受信内容を集計用データに変換し、集計
調査方法の適性・具体例	・多数の人を対象に、短時間で結果を知りたい場合 など 具体例 ・インターネットの利用についてのアンケート募集
必須条件	・対象者がインターネット利用者であること
対象者本人の確認	×回答者を募集する場合は、対象者の性・年齢等の確認がほとんど困難 ×謝礼品目当てに複数回応募されても、完全にチェックできない ×特定の対象者（各種会員等）に依頼する場合も本人の回答であるかの確認が困難 ×対象者の条件に合致するかの確認が困難
対象者とのコンタクトしやすさ	○対象者リストがなくても実施できる ○時間の制限がなくコンタクトできる ○インターネット利用者であればどこからでもコンタクト可能 ○1回の手間で多数に発信できる ×インターネット非利用者には、コンタクトできない
調査への協力の得やすさ	×対象者が関心を持たなければ回答が得られない ×調査のテーマに関心がある人だけが回答しがち
質問・回答方法への理解の得やすさ	○個人的質問への抵抗が面接調査より低い ○画像を見せて回答を求める質問も可能 ×回答をクリックする際、ミスしてもわからない
熟練した実査スタッフの必要性・実査管理のしやすさ	○調査員が不要
実査費用	○広範囲な調査が低コストで可能
実査期間	○短時間で結果がわかる

○：長所、×：短所

第1章 ◎これが代表的なアンケート調査だ

10 その他の調査方法

FAX、携帯電話など、さまざまな通信手段を利用した調査方法がある。

①FAX調査

FAX調査は、マスコミ報道などで話題になったことについて、どんな反応かをすぐに調べることができる大変便利な方法です。FAX調査は、ほとんどがモニター調査になります。

FAX機能も日進月歩で、インターネットを利用して、Eメールで発信、FAXで受信できるサービスも提供されています。FAXをパソコンで受信し、OCR（光学式文字読取装置）シートの図形認識技術を利用してFAXの内容を文字や数字に変換するソフトウェアもあり、FAX受信内容を変換して、データとして直ちに活用することもできます。

②携帯電話調査

インターネット接続の携帯電話使用者にEメールでアンケート票を送信し、Eメールで回答を得るなどの調査方法です。ホームページでの携帯電話用アンケートもできるようになりました。使用者の現在位置や画像も送信できる携帯電話が普及していますので、調べたい対象（例えば冷蔵庫の中）の静止画や動画などリアルな調査結果を得ることも可能です。

③その他IT機器を利用した調査

IT技術の進展に伴い、調査分野でもスピード化が図られています。**パームトップパソコンを使った調査**が訪問面接調査、来場者調査、会場アンケート調査などで試みられています。動画や音声を組み込んだアンケート票や対象者の許可があれば映像でライフスタイルも調査できますので、調査分野が拡張されるでしょう。

このほか、デジタル放送など**双方向通信機器**を用いた調査方法も実用レベルになってきています。

	FAX調査	インターネット接続携帯電話調査	デジタルテレビによる調査
	広告等で公募したり訪問等で依頼して了解を得たモニター契約者にFAXで調査票を送信・回収する方法。	インターネット接続の携帯電話所有者にemailでアンケート送信して反応を得たり、ホームページ上でアンケートをする方法。	デジタルテレビの双方向通信機能により、受信者の回答を得る方法。
長所	・FAX番号さえわかればほぼ確実に対象者にコンタクトできる。 ・時間の制約がない。 ・自動送受信が可能。 ・調査員、アンケート票印刷が不要。 ・直接答えにくい質問への抵抗が少ない。 ・広範囲な調査が低コストで可能。	・即座に回答が得られる。 ・IT技術の進展により動画やGPSにより現在地情報も送れる。	・即座に回答が得られる。
短所	・調査モニター契約をしないと不可能。 ・通信コストを要し、あらかじめ対象者の了解を得ないと、悪印象を与える可能性が大きい。 ・対象者本人かどうか確認が困難。	・短い質問しかできない。 ・モニター契約等が必要。 ・対象者が特定の層に偏りやすい。	・該当時間に該当チャンネルを見ていた人のみが対象になる。 ・対象者本人かどうか確認が困難。

第1章 ◎これが代表的なアンケート調査だ

質問のタブー

　質問文を作成する際、わかっているようで無意識に使ってしまいがちなのは、回答者が気に障るような言葉、意味が通じにくい言葉、解釈が人によって異なるあいまいな言葉、答が複数になるような質問文などです。回答者の年代によっては意味が通じない熟語や外来語もたくさんあります。

あいまいな表現や、答が複数になるような質問文は意外に気が付きにくいものです。

Q1　火の始末や火元の管理ができないことが…（介護保険認定調査）。
　　→1つの質問のなかで2つのことをきいている。

Q2　シャネルやエルメスなど、知っているブランド名をあげてください。
　　→質問文にブランド名があがっているので誘導質問になっている。

Q3　食事にはどれくらいかけますか。
　　→食費なのか、外食費なのか、食事時間なのか、あいまいな質問。

Q4　どんな種類の洗剤をお使いですか。
　　→液状洗剤か顆粒状洗剤か、洗剤のブランド名なのかがあいまい。

第2章

アンケート調査の企画を立てる

11 企画・設計の進め方

調査課題を設定し、予算を配慮し、調査対象、調査方法、調査項目、分析方法などを決める。

企画・設計ではまず、どんな目的で、何を調べるために調査を行うのかといった調査課題を明確に整理することがポイントです。

①調査課題を設定する

ISO（国際標準化機構）では、プロジェクトを管理、改善するための手法として、PDCAサイクルを定めています。すべてのプロジェクトには、計画の立案（PLAN）、実行（DO）、結果の点検・監査（CHECK）、計画活動の改善・見直し（ACTION）、次の計画活動への反映という継続的なサイクルがあります。調査もPDCAサイクルに即して調査課題の設定を行うと、何を課題として設定すべきかがわかりやすくなります。

②調査対象者を設定する

調査対象者の条件や属性[1]などを定義し、対象者はどんなリストから抽出するかを検討します。統計的な調査[2]（標本調査ともいいます）を行うには、調査対象の住所・氏名などが記載されたリストが必要です。統計的でない調査[3]を行うには、対象者を募集するので、通常は、リストは不要です。

③調査（実査）方法を検討する

対象者リストの有無、調査内容、調査地域、必要な調査精度、調査期間、調査費用などの条件を考慮して調査方法を選択します。

④アンケート項目を決める

過去の調査結果や既存資料、社内検討会やグループインタビューなどで得た情報をもとにアンケートの調査項目を検討します。

⑤分析方法を決める

多変量解析などの高度な統計解析が必要な場合には、それに応じたアンケート票の設計と、標本数、期間、費用などが必要です。

---

[1] 属性→性別、年齢、年収など個人の特性がわかる情報のこと。68～69ページ参照。
[2] 統計的な調査→調査対象の一部を確率的に抽出して、全体を代表する調査結果を得る方法。たとえば、北海道在住の20歳代男性の飲酒率を調査する場合、実際上調査対象者のすべてを調査するのが不可能なため、ランダムに数百人をピックアップし、その数百人の調査結果から北海道全体の傾向を推測する。

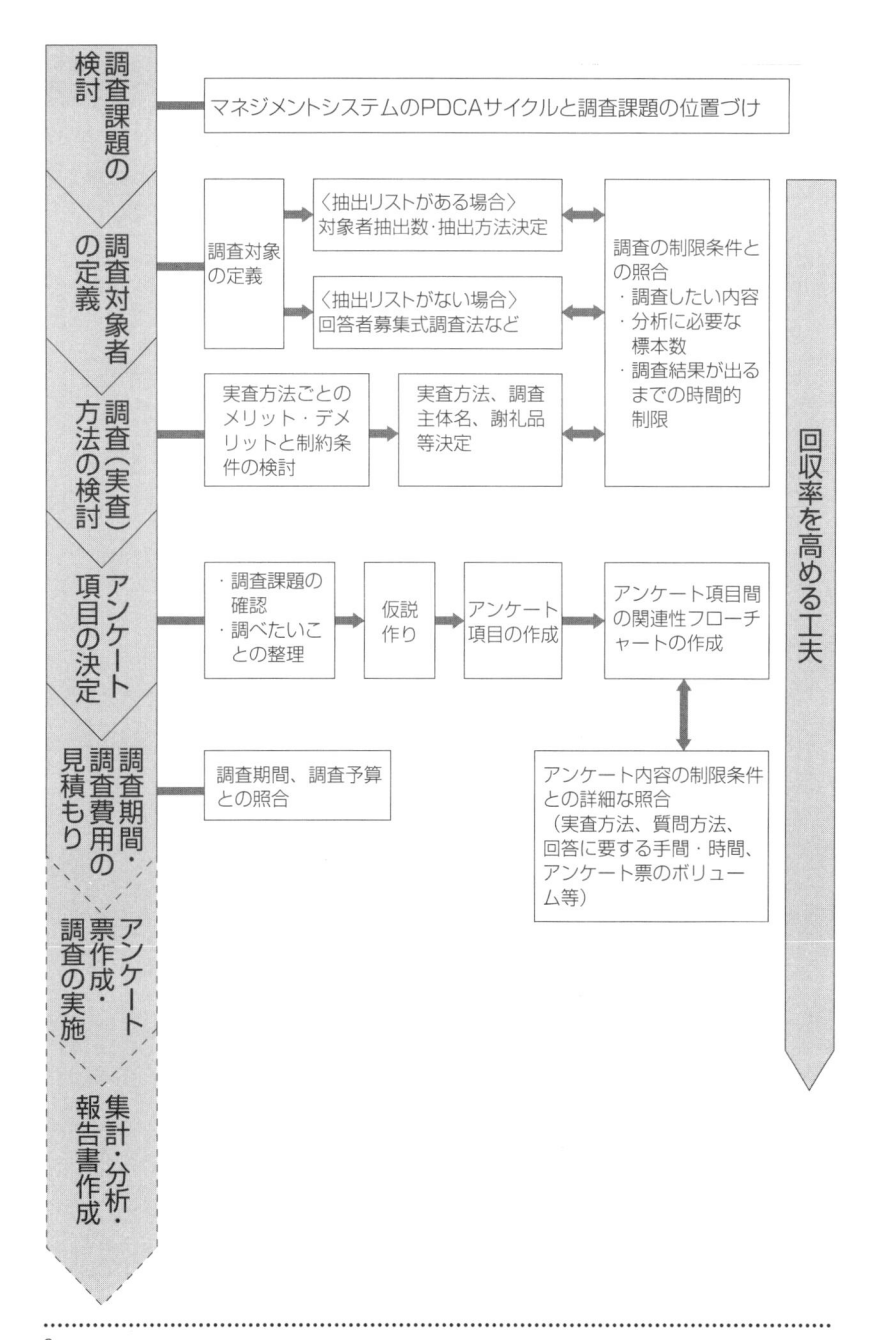

アンケート調査の企画フロー

調査課題の検討 → マネジメントシステムのPDCAサイクルと調査課題の位置づけ

調査対象者の定義 → 調査対象の定義
- 〈抽出リストがある場合〉対象者抽出数・抽出方法決定
- 〈抽出リストがない場合〉回答者募集式調査法など

↔ 調査の制限条件との照合
- 調査したい内容
- 分析に必要な標本数
- 調査結果が出るまでの時間的制限

調査（実査）方法の検討 → 実査方法ごとのメリット・デメリットと制約条件の検討 ↔ 実査方法、調査主体名、謝礼品等決定

アンケート項目の決定
- 調査課題の確認
- 調べたいことの整理
→ 仮説作り → アンケート項目の作成 → アンケート項目間の関連性フローチャートの作成

調査期間・調査費用の見積もり → 調査期間、調査予算との照合

↕ アンケート内容の制限条件との詳細な照合（実査方法、質問方法、回答に要する手間・時間、アンケート票のボリューム等）

アンケート票作成・調査の実施

集計・分析・報告書作成

→ 回収率を高める工夫

第2章 ◎アンケート調査の企画を立てる

---

[3] 統計的でない調査→調査対象者を集団全体から作為的に選んだり、対象者の自主的意志で集めるので、調査テーマに関心がある人、謝礼品が欲しい人など特定の人が集まる可能性があり、調査結果は必ずしも集団全体を代表するとは限らない。インターネット調査や回答者募集式調査ではこの点に留意が必要。

12 調査課題を検討する

これから行おうとしている調査は、PDCAサイクルのどの段階に位置づけられるかを考え、調査課題を設定する。

PDCAサイクルに調査を位置づけると以下のようになります。

①PLAN（計画段階）

課題を抽出したり、仮説を設定したりするための調査が当てはまります。例えば、市場動向、住民の意向などの調査があります。

②DO（実行段階）

実態を詳細に説明するための調査が当てはまります。例えば、小売店の販売状況、消費者の商品・サービスの利用実態、行政サービスの利用状況などがあります。

③CHECK（点検・監査段階）

因果関係を検証するための調査や、成果・効果を測る調査が当てはまります。例えば、販売不振の原因を探る調査、広告効果測定、施策実施後の評価調査などがあります。

④ACTION（改善・見直し段階）

将来を予想する調査（販売や公表などに対する市場や社会の反応、需要見込み、アイデアの受容性など）や、適・不適などの判断へのサポートのための調査（事業を継続するか中止するかを、市場性・顧客満足度などをもとに判断）があります。

PDCAサイクルはACTIONが済めば、次にPLANに戻り、次々と循環します。PDCAサイクルの一巡目は、費用をあまりかけない調査が一般的です。二巡目以降になりますと本格的な調査を行うことが望まれます。

◆ PDCAサイクルと調査課題の関係

```
          課題抽出、
       仮説設定のための調査

            Plan
           (計画)

将来を予想する調査や
適・不適などの判断を    Action      Do         実態を詳細に
サポートする調査       (改善)      (実行)       説明する調査

            Check
           (点検)

       因果関係を検証したり、
       成果・効果を測る調査
```

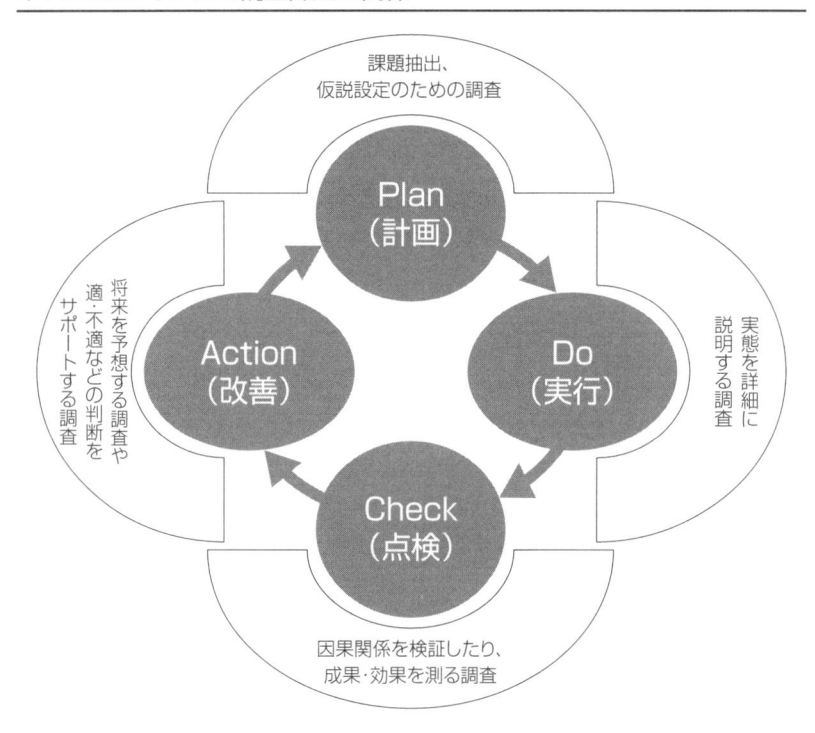

◆ PDCAサイクルと調査課題のチェックリスト

	事実の記述			因果関係の説明		評価	将来の予想		意思決定
	生の声を聞いて行動、意識やその理由を詳しく記述する	行動の実態を定量的に記述する	意識を定量的に記述する	ある事象や行動の因果関係の仮説をたてる	ある事象や行動の因果関係を説明する	施策などに対する評価・要望を定量的に記述する	色々な事柄について、市場や社会の反応を予想する	アイディア、コンセプトを開発する	適・不適などの判断をくだすためのサポートをする
Plan…計画	○	○	○	○			○	○	○
Do…実行		○	○						
Check…点検・監査	○	○	○		○	○	○	○	○
Action…改善・見直し	○	○	○				○	○	○

13 調査対象者を定義する

調査対象の構成単位（個人か世帯かなど）、必要条件（所有状況など）を時間的空間的に定義する。

まず、調査課題に従い、調査対象の条件を定義し、右ページに示したような対象者を抽出するリストの有無を確認します。リストに調査対象全員が記載されていれば、統計的な標本調査が可能です。

①調査対象と抽出リストを決める

マーケティングリサーチの場合、商品・サービスの利用者や見込み客の客層を対象とするのが一般的です。ターゲットが若者なら、調査対象は15歳～24歳の男女、小売業の見込み客なら、施設を中心に半径5km圏内の住民などと定義します。統計的な調査（標本調査）では、調査対象者のリストから、アンケートを依頼する人を確率的に抽出する方法、すなわち、サンプリングを行い、実査の対象者を選びます。標本調査の対象（母集団[1]）は、次のように定めます。

- 調査対象の構成単位…個人、世帯、会社・団体などの構成単位。
- 調査目的に応じた必要条件…性別、年齢、特定商品所有の別など個人の特性、世帯の種類、上場か非上場かなど企業の特性。
- 空間的、時間的条件…都道府県、市区町村、東京40km圏内など地理的条件や○年○月○日現在で○歳以上など時間的規定。

②抽出リストがない場合の対象者の決め方

調査対象のリストがない場合は、人が集まる場所での会場アンケートや、インターネット、広告メディアなどを通してアンケートを依頼することになります。その場合には、好奇心旺盛な人、景品目当ての人などに回答者が偏ることがないように留意します。

---

[1] 母集団→調査対象者を抽出する前の、調査対象者集団全体のこと。例えば、東京都の有権者の世論調査を行う場合、○年○月○日現在20歳以上の選挙権を有するすべての東京都民が母集団。

◆ 対象者の種類とリストの種類

構成単位	必要条件(例)	時間的・空間的条件(例)	公的リスト	市販リスト	私的リスト
個人	性別 年齢 未既婚の別 特定商品や サービス利用の 有無等	特定箇所から特定距離圏内居住 特定場所を通行中 特定時点で特定年齢以上の男女 等	住民基本台帳 選挙人名簿 等	電話帳 等	会員名簿 顧客リスト 等
世帯	単身世帯 高齢世帯 子供がいる世帯 等	特定箇所から特定距離圏内所在 等	住民基本台帳	住宅地図 等	
企業・団体 ・事業所	上場の有無 従業員数 資本金 事業の種類 等	人口30人以上の都市に所在 設立後10年以上 等	総務省統計局の 事業所・企業統 計調査の事業所 名簿(財)統計 情報研究開発セ ンターの抽出サ ービス)	電話帳 等	会員企業 名簿 取引先リスト 等
社員・職員 等	勤務先 役職の有無 等	特定地に通勤 勤続5年以上等		職員録	社員名簿 学生名簿 等

調査したい内容に応じて、対象者の条件を決める

⬇

【構成単位】
個人
世帯
企業・団体・事業所
等

＋

【必要条件(例)】
個人:性別、年齢、特定商品やサービス利用の有無等
世帯:種類(単身世帯、高齢世帯、子供がいる世帯等)
企業・団体:上場の有無、従業員数、資本金、事業の種類等
職員:勤務先、役職の有無等

＋

【時間的・空間的条件(例)】
特定箇所から特定距離圏内の住民
特定時点で特定年齢以上の男女
等

14 調査(実査)方法を検討する

調査対象者リストの有無、回収率、調査内容、調査地域、調査費用などを検討する。

①リストの有無を確認する

調査対象者の住所などのリストがあれば、訪問・郵送調査などが可能ですが、無ければ、対象者を募集する方法などに限定されます。

②回収率を考慮する

一般的に回収率が高いと、調査精度も高いと判断されます。通常、訪問調査は電話調査、郵送調査などより回収率が高いとされています。

③調査内容の量と質の両面を考える

量とは回答に要する時間で、面接調査では30分程度、留(とめ)置(お)き調査では1時間程度が目安です。質的には、対象者が回答しやすい方法を検討します。人前で答えにくい質問は郵送調査など自記式、見る、聴くなどの実験を伴う調査は会場アンケートなど、調査方法の適性を考えます。

④調査地域を考える

調査目的や予算などを考慮しながら調査対象エリアを検討します。広範囲のエリアを対象とする場合、面接調査は非効率で高額です。

⑤調査期間を検討する

いつまでに調査結果が必要かで調査期間の許容範囲が決まります。短期間の場合は、訪問面接調査、会場アンケート調査などが適しています。

⑥調査費用を検討する

調査方法やサンプル数、対象エリアなどの条件で調査費用は大きく変わります。例えば、訪問調査は、調査員の人件費など、費用が割高です。調査目的と費用のバランスを考慮して調査方法を検討します。

⑦その他の検討ポイント

対象者の生活時間や在宅率、電話の有無など、生活様式も考慮します。

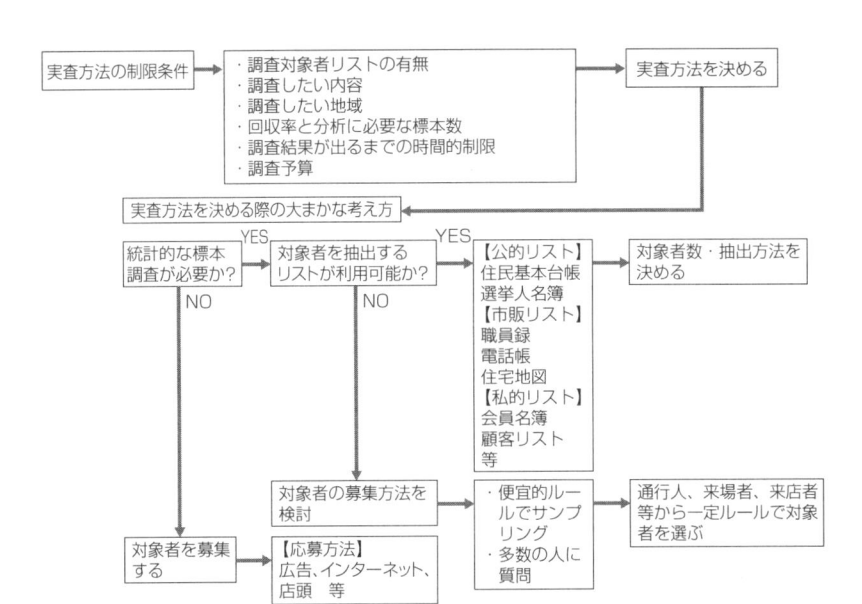

第2章 アンケート調査の企画を立てる

実査方法の制限条件
- 調査対象者リストの有無
- 調査したい内容
- 調査したい地域
- 回収率と分析に必要な標本数
- 調査結果が出るまでの時間的制限
- 調査予算

→ **実査方法を決める**

実査方法を決める際の大まかな考え方

- 統計的な標本調査が必要か？
  - YES → 対象者を抽出するリストが利用可能か？
    - YES → 【公的リスト】住民基本台帳、選挙人名簿／【市販リスト】職員録、電話帳、住宅地図／【私的リスト】会員名簿、顧客リスト等 → 対象者数・抽出方法を決める
    - NO → 対象者の募集方法を検討 → ・便宜的ルールでサンプリング ・多数の人に質問 → 通行人、来場者、来店者等から一定ルールで対象者を選ぶ
  - NO → 対象者を募集する → 【応募方法】広告、インターネット、店頭 等

調査方法を決める際の留意事項

	抽出リストまたは対象者名簿の必要性	統計的な代表性の確保（○可能、△困難、×不可能）	調査地域	調査内容 質問量（○多くても可、△30分以内、×10分以内）	調査内容 答えにくい質問の可否（○×）	調査内容 視聴や触感などの感想の可否（○×）	実査期間	回収率（注1）
訪問面接調査	必要（現地抽出の場合は住宅地図がリスト）	○	地理的に広域は費用アップ	△	×	○	1週間を目安	高い（80％前後）
訪問留置き調査	必要	○	地理的に広域は費用アップ	○	○	○	2週間を目安	高い（70～80％）
郵送調査	必要（広告等で回答者を募集する場合不要）	○	地域は考慮しない	△	○	×	3週間を目安	中程度（50～60％）
来場者調査	不要（リストがないことを前提）	○	人が集まる場所のみ	×	×	○	1日でも可能	低い
会場アンケート	必要（当日、回答者募集の場合は不要）	△	会場に集合できる範囲	○	○	○	1日でも可能	―
電話調査	必要（自動ダイヤルシステムでは不要）	○	全国どこでも	×	×	×	1日でも可能	低い（70％）
インターネット調査	必要（回答者募集方式の場合は不要）	×	全世界	×	○	○（視聴）	1日でも可能	―
携帯電話による調査	必要（モニター）	×	全国どこでも	×	○	○（画像送信）	1日でも可能	高い
デジタルテレビによる調査	不要	×	全国どこでも	×	×	○（視聴）	1日でも可能	―
ホームユーステスト	必要（モニター）	×	全国どこでも	○	○	○	1週間を目安（長期も可）	高い
FAX調査	必要	×	全国どこでも	△	○	×	1日でも可能	高い

注1. （ ）内の％は世論調査年鑑による回収率。
企業名の場合、これより回収率が5割程度低くなることもある。
回収率は謝礼品や調査主体の名称、調査内容にも左右される。

15 アンケート項目を決める

過去の資料なども参考にし、調べたい課題を大項目から小項目に細分化し、項目間の関連性を図化などして検討する。

①過去の調査報告書類を参考にするときのチェックポイント
- **調査課題**…PDCAサイクルのどの段階か判断します。
- **調査項目**…目次構成やタイトルから、大項目や小項目を把握します。
- **アンケート項目**…調査票の質問項目を参考にします。
- **詳細さの程度**…どの項目をどの程度詳細に調べたかを参考にします。
- **因果関係の仮説検証**…コメント部分を参考にします。
- **解析手法**…統計的解析を行っている場合、統計解析技法に適合した質問項目とはどんなものかを参考にします。

②内部の検討会やグルインなどの発言録から調べたい課題を抽出する
- **キーワードを作る**…重要な、興味を引く発言などを、キーワード化してラベルに記入したり、パソコンに入力します。
- **似たもの同士を集めタイトルをつける**…キーワードを分類し、さらに大きく分類する作業を繰り返し、タイトルをつけます。
- **行動と意識に分類し、因果関係を検討する**…意識と行動の分類、関連性を検討し、フローチャートなどで示します。

③アンケート項目を考える

　①②の作業の後、アンケート項目を考えます。質問順または、大項目から小項目の順に項目を示したりするとわかりやすいでしょう。

④項目間の関連性フローチャートを作成する

　項目間の関連性をフローチャートで示すと、集計分析の時の分析キーが理解しやすくなります。右ページ下に例として、新聞銘柄についての調査項目間の関連性フローチャートを示します。調査目的は、新聞や新聞広告に対する態度とよく読む新聞銘柄の関連を把握することです。

◆ アンケート項目を考える手順

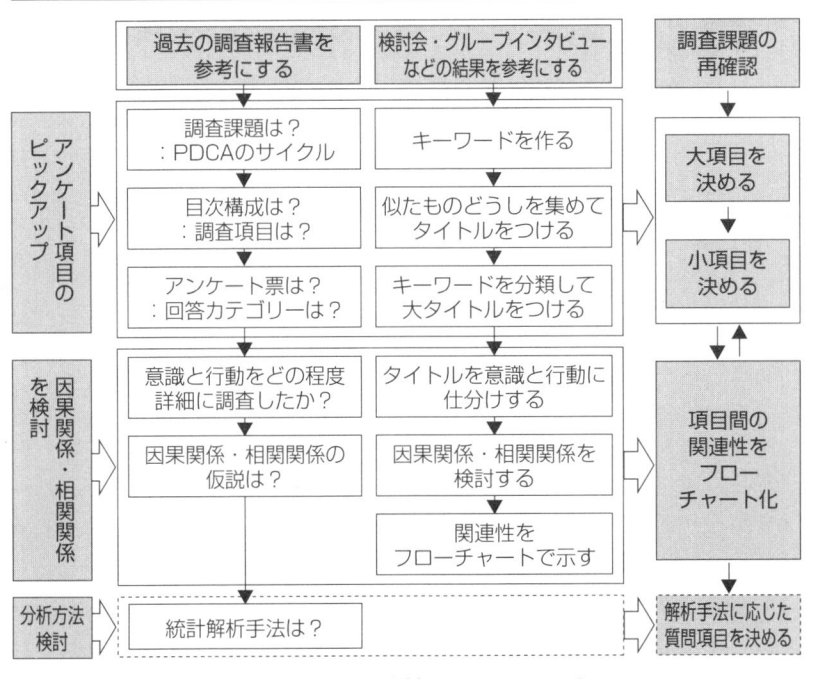

```
                    ┌──────────────┐  ┌──────────────┐  ┌──────────┐
                    │過去の調査報告書を│  │検討会・グループインタビュー│  │調査課題の│
                    │参考にする      │  │などの結果を参考にする    │  │再確認    │
                    └──────────────┘  └──────────────┘  └──────────┘
         ┌──┐  ┌──────────────┐  ┌──────────────┐  ┌──────────┐
         │ア│  │調査課題は？    │  │キーワードを作る│  │大項目を  │
         │ン│  │：PDCAのサイクル│  │                │  │決める    │
         │ケ│  └──────────────┘  └──────────────┘  └──────────┘
         │ー│  ┌──────────────┐  ┌──────────────┐  ┌──────────┐
         │ト│  │目次構成は？    │  │似たものどうしを集めて│ │小項目を  │
         │項│  │：調査項目は？  │  │タイトルをつける│  │決める    │
         │目│  └──────────────┘  └──────────────┘  └──────────┘
         │の│  ┌──────────────┐  ┌──────────────┐
         │ピ│  │アンケート票は？│  │キーワードを分類して│
         │ッ│  │：回答カテゴリーは？│ │大タイトルをつける│
         │ク│  └──────────────┘  └──────────────┘
         │ア│
         │ッ│
         │プ│
         └──┘
         ┌──┐  ┌──────────────┐  ┌──────────────┐
         │因│  │意識と行動をどの程度│ │タイトルを意識と行動に│
         │果│  │詳細に調査したか？│ │仕分けする      │
         │関│  └──────────────┘  └──────────────┘
         │係│  ┌──────────────┐  ┌──────────────┐  ┌──────────┐
         │・│  │因果関係・相関関係の│ │因果関係・相関関係を│ │項目間の  │
         │相│  │仮説は？        │  │検討する        │  │関連性を  │
         │関│  └──────────────┘  └──────────────┘  │フロー    │
         │関│                     ┌──────────────┐  │チャート化│
         │係│                     │関連性を        │  └──────────┘
         │を│                     │フローチャートで示す│
         │検│                     └──────────────┘
         │討│
         └──┘
┌────┐    ┌──────────────┐                        ┌──────────┐
│分析方法│    │統計解析手法は？│                        │解析手法に応じた│
│検討    │    └──────────────┘                        │質問項目を決める│
└────┘                                                  └──────────┘
```

◆ 新聞銘柄を例にした項目間の関連性フローチャート

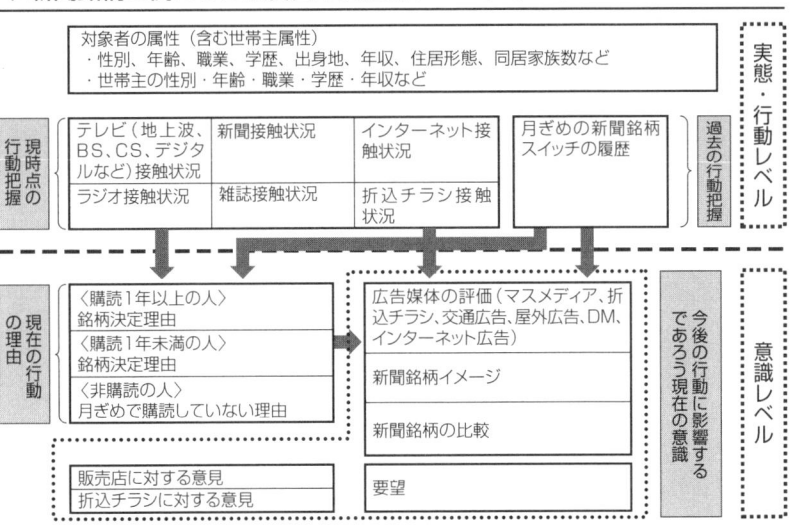

	対象者の属性（含む世帯主属性） ・性別、年齢、職業、学歴、出身地、年収、住居形態、同居家族数など ・世帯主の性別・年齢・職業・学歴・年収など				実態・行動レベル
現時点の行動把握	テレビ（地上波、BS、CS、デジタルなど）接触状況	新聞接触状況	インターネット接触状況	月ぎめの新聞銘柄スイッチの履歴	過去の行動把握
	ラジオ接触状況	雑誌接触状況	折込チラシ接触状況		
現在の行動の理由	〈購読1年以上の人〉銘柄決定理由		広告媒体の評価（マスメディア、折込チラシ、交通広告、屋外広告、DM、インターネット広告）		今後の行動に影響するであろう現在の意識
	〈購読1年未満の人〉銘柄決定理由		新聞銘柄イメージ		意識レベル
	〈非購読の人〉月ぎめで購読していない理由		新聞銘柄の比較		
	販売店に対する意見 折込チラシに対する意見		要望		

16 調査に必要な期間を決める

調査期間は、目的、内容、地域、対象者、調査方法、標本抽出方法などを考慮して決める。

●**各作業の必要期間を決める要素**

- **調査目的**…広告接触率調査など、調査日時を特定する調査の場合、実査は1日または数日で完了させなければなりません。
- **調査内容**…質問の内容により、回答に要する期間を考慮します。
- **調査ボリューム**…郵送や訪問留置き調査で調査ボリュームが多い場合、土曜・日曜を2回はさむようにしましょう。
- **調査方法**…調査方法により、必要な実査期間が異なります。
- **アンケート票の作成**…調査項目、質問文、回答カテゴリー、アンケート票の印刷用レイアウトなどの作成に要する期間を考慮します。
- **対象地域**…訪問面接調査など調査員が現地に出向く調査の場合、地理的範囲や交通の便などが調査期間に影響します。
- **対象者特性**…訪問面接調査の場合など対象者年齢や職業、在宅時間帯を配慮し、休日を2回、調査期間に含めるなどを考慮します。
- **対象者リストとサンプリング**…多数の市町村の住民登録台帳からのサンプリング（標本抽出）作業には1ヵ月以上要することがあります。
- **調査員数**…個別訪問調査の場合、対象者数によっては臨時調査員を募集し教育する期間が必要です。
- **データ処理**…データ入力と集計の所要期間を見込みます。手入力で量が多い場合、データ点検期間も必要です。
- **自由回答の量**…自由回答が多く、整理、集計する必要がある場合は、所要期間が増えます。
- **解析**…多変量解析を行う場合、所要期間が長くなります。

◆ 調査期間の決め方

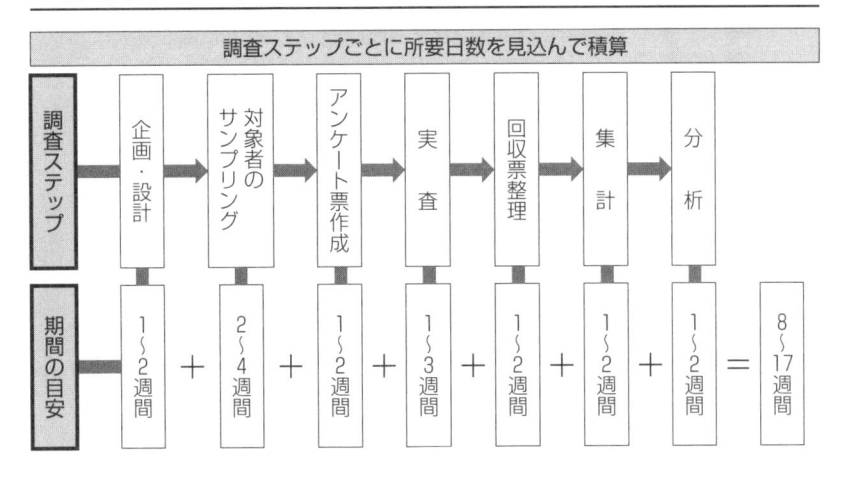

調査ステップごとに所要日数を見込んで積算

調査ステップ	企画・設計	対象者のサンプリング	アンケート票作成	実査	回収票整理	集計	分析	
期間の目安	1～2週間	＋ 2～4週間	＋ 1～2週間	＋ 1～3週間	＋ 1～2週間	＋ 1～2週間	＋ 1～2週間	＝ 8～17週間

◆ 調査期間を決める要素

調査目的	特定日に実施する必要がある場合は実査期間が限定される 例：新聞広告接触率調査、選挙の投票行動調査
調査内容	回答に時間を要する質問は期間を加味 例：健康食品使用後1ヵ月後の感想など
調査ボリューム	質問量が多い場合、休日を2回はさむように期間を設定 （個別訪問留置き調査、郵送調査等）
調査方法	調査方法により目安が異なる 郵送調査（3～4週間）、個別訪問留置き調査（2～3週間）、面接調査（1～2週間）、来場者調査（平日・休前日・休日の3日間）
アンケート票の形式・印刷の有無	質問文と回答カテゴリー作成、印刷用レイアウト、印刷等の所要期間（1～2週間は必要）
対象地域	訪問面接調査等、調査員が現地に出向く場合は地理的範囲や交通の便が所要期間に影響
対象者特性	対象者の年齢・職業により在宅率・在宅時間を考慮 （一般個人対象調査は土曜・日曜を2回含む調査期間に）
対象者リストとサンプリング方法	多数の市町村に居住する対象者を、住民登録台帳、選挙人名簿から抽出する場合、抽出作業の所要期間が長い
調査員数	多数の調査員が必要な場合、調査員の募集、教育の期間も必要
データ処理	データ点検、入力の所要期間を見込む
自由回答の量	多くの自由回答を整理・集計する場合、集計所要期間が長くなる
解析の有無	複雑な統計解析（多変量解析）をする場合、期間がさらに必要

17 調査経費を積算する

調査経費は、標本数、サンプリング方法、実査、分析方法、調査会社に委託するかなど条件によって大きく変動する。

①アンケート調査の経費積算方法

アンケート調査の経費は、原価の積み上げで見積り、調査を委託する場合は、原価合計に諸経費を乗じて見積る方式が一般的です。調査の種類別に、費用の積算項目例を右ページに示します。

②アンケート費用の削減方法

調査費用を低減するには、調査精度の低下を考慮しつつ、次のような方法を検討します。個人対象の訪問調査を例にあげてみましょう。

- 調査の標本数を少なくする、あるいは、調査の地域を狭くする。
- 調査対象者を個人から世帯（主婦）に変更できないか検討する。
- 対象者リストを住民基本台帳や選挙人名簿等から住宅地図に変更し、現地抽出法[1]（個人対象の場合は性別年齢別に割当）とする。
- 質問量を減らすことにより、実査費用と集計費用を削減する。
- 面接調査から留置き調査に変更し、アルバイト調査員にする。
- 訪問調査から電話調査法や郵送調査法などに変更する。
- 質問数を絞って、調査会社が主催する相乗り調査に変更する。
- インターネット調査や回答者募集式調査法に変更する。
- 集計は対象者属性別集計にとどめ、特殊な解析はしない。
- 図と簡単なコメントのみにする。

などです。

ただし、何が何でもコストダウンを図るというのではなく、アンケート調査の結果に基づいて、ビジネスの意思決定を行うわけですから、調査精度を優先する方針で進めることがポイントになります。

---

[1] 現地抽出法→訪問調査で対象者リストがない場合、住宅地図をもとに対象者の世帯を現地で抽出する方法。

◆ 調査費用項目の内訳

○：必要　▲：場合により必要

		積算の基本的考え方	個別訪問面接調査法	個別訪問留置き調査法	会場アンケート調査	ホームユーステスト	街頭・来場者面接調査法	街頭・来場者自記式調査法	郵送調査	電話調査	FAX調査	インターネット調査	回答者募集式調査法
企画・設計	企画・設計費	協議・企画時間で換算する方法が主流	○	○	○	○	○	○	○	○	○	○	○
	資料収集費	資料探索、インターネット検索等のスタッフ以外の人件費	▲	▲	▲	▲	▲	▲	▲	▲	▲	▲	▲
	図書・資料費	資料購入費、コピー代の実費	▲	▲	▲	▲	▲	▲	▲	▲	▲	▲	▲
	スタッフ人件費	資料収集のスタッフ人件費	▲	▲	▲	▲	▲	▲	▲	▲	▲	▲	▲
サンプリング	名簿代・コピー代等	名簿購入費、コピー代の実費	▲	▲					▲	▲	▲		
	住民基本台帳等閲覧費	閲覧費の実費、自治体により閲覧費用が異なる	○	○					▲	▲			
	サンプリング員手当	アルバイト日給×日数＋交通費実費	○	○					▲	▲			
	スタッフ人件費	サンプリング計算、サンプリング員管理	○	○	▲	▲	▲	▲	○	○	▲	▲	▲
調査票作成	印刷費	ワープロ代、印刷費、コピー代等の実費	○	○	▲	○	○	○	○	○	○		▲
	スタッフ人件費	調査票の質問文、印刷用レイアウト作成	○	○	○	○	○	○	○	○	○	○	○
実査用品	謝礼品、謝礼金	対象者への謝礼の実費	○	○	○	○	○	○	○	○	○	○	○
	図表等調査用具、筆記用具	調査員用の調査用具（図表など）や筆記用具	○		▲		○	▲					
	説明道具	パソコン、プロジェクター、会場費など	▲	▲	○	▲	▲	▲					
	調査員腕章等	実費	▲	▲	▲		▲	▲					
募集員	募集広告費	調査会社によっては、諸経費に含む	▲	▲	▲		▲	▲		▲			
	スタッフ人件費	同上	▲	▲	▲		▲	▲					
説明会	調査員手当	半日分の手当と交通費実費	○	○	▲		○	○		○			
	説明会会場費	会場費を要した場合、実費	▲	▲	▲		▲	▲		▲			
	スタッフ人件費	説明会開催に要したスタッフ人数分	○	○	▲		○	○		○			
実査	調査員手当	調査会社、調査の難易度に応じて相違	○	○	▲	▲	○	○		○			
	交通費	実費精算等	○	○	▲	▲	○	○					
	通信・連絡費	郵送費、宅配便費、電話代等	▲	▲	▲	○	▲	▲	○	○	○	○	▲
	回答者募集費	回答者募集広告費、紹介料など											○
	実査会場費	実査で会場を使った場合の会場費			○								
	スタッフ人件費	実査管理スタッフ人数分	○	○	○	○	○	○	○	○	○	○	○
点検回収	点検・回収要員手当	スタッフのアシスタント（アルバイトなど）人数分	○	○	○	○	○	○	○	▲	○		○
	スタッフ人件費	点検回収等のスタッフ人数分	○	○	○	○	○	○	○	○	○		○
集計・解析	データ入力代（パンチ代）	データ入力会社により様々だが安いデータ入力はミスが多く調査精度を下げる	○	○	▲	○	○	○	○	○	○		▲
	集計費	クロス集計ソフト、パソコン使用料等	○	○	○	○	○	○	○	○	○	○	○
	スタッフ人件費	データチェック、集計指示、集計実施などのスタッフ人数	▲	▲	▲	▲	▲	▲	▲	▲	▲	▲	▲
	多変量解析等	解析ソフト、パソコン使用料等	▲	▲	▲	▲	▲	▲	▲	▲	▲	▲	▲
分析	分析費	分析スタッフ人件費、グラフやコメント文の作成、報告書取りまとめなど	○	○	○	○	○	○	○	○	○	○	○
諸経費、営業費		上記費用総額×諸経費率、スタッフ人件費×技術経費など調査会社により様々	▲	▲	▲	▲	▲	▲	▲	▲	▲	▲	▲

注）スタッフ人件費、営業費は、調査会社に委託をした場合の経費項目

18 標本数を決める

サンプリング誤差を考慮する観点や経験による観点で決める。

①比率（パーセント）のサンプリング誤差から決める方法

標本数が多いほど誤差が少ないため、誤差をどの程度まで許すかは、調査費用と密接に関係します。「パーセントのサンプリング誤差の早見表[1]」を見ると、標本数が多いほど誤差が少なくなっています。例えば、ある意見への賛成率が50％のとき、標本数100では±10％、つまり真の値は40％～60％の間にあると見なします。50％±10％ですから2割の精度です。目標精度を1割（50％±5％）にするには標本数を400にする必要があります。

パーセントのサンプリング誤差は、統計的には信頼度95％、つまり、20回調査をすると19回は同じような結果が得られることを意味します。2段抽出法[2]では、サンプリング誤差が$\sqrt{2}$倍に増えると言われています。

②経験から決める方法

必要な標本数については、経験的に次のように言われています。

- 1地域や1施設の標本数が500あれば色々な分析ができます。例えば、3地域を比較する場合、各地域500人合計1,500人の回収標本数があれば充分です。また、来場者や街頭調査の場合でも、1日の調査で500人回収できれば充分です。
- クロス集計[3]の際は、1グループ最低30サンプルは必要とされます。例えば、性別年齢を10歳代～60歳以上の6区分で分析する場合360人必要ですが、年齢構成比が少ない層を考慮すると500人程度必要になります。
- クロス集計の結果をもとに、統計的な検定[4]を行う場合、1グループあたり最低25サンプル、できれば50サンプルは必要とされています。
- 多変量解析には、変数の数の10倍程度の標本数が必要です。

---

[1] パーセントのサンプリング誤差の早見表→回答比率の誤差と標本数との関係を示す表。右ページ参照。
[2] 2段抽出法→大規模な母集団から標本抽出する場合、1段目に丁目を抽出し、2段目にその丁目に居住する個人を抽出するなど、2段階に分けて抽出する方法。（「32 確率比例2段抽出法」参照）。
[3] クロス集計→複数の質問項目間の集計。例えば年齢別にある意見の賛否を集計すること。
[4] 統計的な検定→「53 カイ2乗検定とは」参照。

◆ 標本数の決め方

> 必要な調査対象標本数＝分析に必要な回収標本数÷調査方法ごとの回収率

- サンプリング誤差の許容範囲で決める
- 標本数が多いほど高精度だが高費用
- 目標精度に必要な標本数を下表で求め、予算を勘案して決める

- 経験から決める

経験による目安
- 地域・施設ごとに色々な分析をするには、各地域・施設ごとに500サンプル必要
  例：地域別比較　地域数×500、3地域なら1500サンプル
- クロス集計には1グループ30サンプル以上が必要
  例：性年齢別クロス分析
      性・年齢カテゴリー数×30、
      性・10代〜60代までの6分類なら360サンプル
      年齢分布を考慮すると500サンプル
- 多変量解析には変数の数の10倍程度のサンプル数が必要
  例：50変数なら、50×10=500サンプル

パーセントのサンプリング誤差の早見表（5％水準の危険度＝信頼度95％）

%(p)	標本数	標本数(n)とサンプリング誤差(E) 系統抽出法など単純無作為抽出法の誤差					$=2\sqrt{p(1-p)/n}$		(単位：％)
		100	200	300	400	500	1,000	2,000	3,000
1%	99%	2.0	1.4	1.1	1.0	0.9	0.6	0.4	0.4
5%	95%	4.4	3.1	2.5	2.2	1.9	1.4	1.0	0.8
7%	93%	5.1	3.6	2.9	2.6	2.3	1.6	1.1	0.9
10%	90%	6.0	4.2	3.5	3.0	2.7	1.9	1.3	1.1
15%	85%	7.1	5.0	4.1	3.6	3.2	2.3	1.6	1.3
20%	80%	8.0	5.7	4.6	4.0	3.6	2.5	1.8	1.5
25%	75%	8.7	6.1	5.0	4.3	3.9	2.7	1.9	1.6
30%	70%	9.2	6.5	5.3	4.6	4.1	2.9	2.0	1.7
35%	65%	9.5	6.7	5.5	4.8	4.3	3.0	2.1	1.7
40%	60%	9.8	6.9	5.7	4.9	4.4	3.1	2.2	1.8
45%	55%	9.9	7.0	5.7	5.0	4.4	3.1	2.2	1.8
50%	50%	10.0	7.1	5.8	5.0	4.5	3.2	2.2	1.8

見方：単純無作為抽出法に基づく調査結果で、標本数100の時、ある回答の％が10％または90％の場合、早見表の値6.0％（$=2\times\sqrt{10\times90\div100}$）、つまり、10％±6％（または90％±6％）に真の値があると見なします。
統計的に、この範囲に真の値が含まれることは、95％確か（95％の信頼度、5％の危険度、20回に1回は間違う可能性）です。
2段抽出法の場合、サンプリング誤差は概ね、上の表の数値の$\sqrt{2}$倍です。

> 必要な標本数の簡便計算式（上表の50％、50％の行の値を参照）
> 標本数＝$(2\div 目標精度)^2$
> 計算例　目標精度10％の場合の標本数＝$(2\div 0.1)^2=400$
> 　　　　目標精度10％とは、50％の時±5％（＝5％÷50％＝0.1）の誤差を目指すこと
> 　　　　目標精度を2倍→標本数は$2^2=4$倍

第2章 ◎ アンケート調査の企画を立てる

19 回収率を高める工夫をする

回収率は、調査方法、調査員マナー、調査ボリューム、調査主体名、謝礼品などに左右される。

①回収率の計算方法

回収率とは、調査アタック数（調査依頼数）を100％とした回収票数の割合です。アタック数の定義により、回収率が変わるので、回収率を見る際は計算方法と回収不能理由に注意が必要です。

②回収不能になる理由

- **調査対象者のリスト不備**…転居、死亡、住居表示ミスなど。
- **事件・事故**…災害や交通期間の事故等による調査不能。
- **対象者の事情**…出張、旅行、入院などによる長期不在など。
- **実査管理**…調査員への教育不足による拒否、訪問先不明など。

③回収率を高める工夫

- **事前の調査依頼状**…対象者に調査の意義や主旨を理解してもらい、調査主体や調査員への信頼感を得ます。
- **調査員の身分証明書の提示**…身分証明書を対象者に提示します。来場者調査では、調査員腕章も身につけるようにします。
- **あいさつ状は誠心誠意**…調査主体と連絡先、調査の主旨、対象者を選んだ方法、個人情報保護の確約などを記載します。
- **督促状**…郵送調査の場合、返信締切日の数日前に１回目、締切日の１週間後に２回目の督促状を出したりします。
- **回答者の立場で**…答えやすく、詰め込み過ぎないアンケート票を。
- **調査員のマナー教育**…服装、言葉遣いの教育が必要です。
- **謝礼**…調査時間に応じた謝礼が必要です。
- **調査主体の名称**…知名度が低い企業が調査主体の場合、事前の依頼状などで誠意を示すなどして、調査への理解を促します。

回収率は調査精度と比例	回収率が低い ────── 回収率が高い
↓	↓
調査対象全体をどれだけ反映しているかの目安	調査精度が低い ────── 調査精度が高い

回収率の算出方法はひとつではない

回収率（％）＝回収標本数÷調査アタック数×100
調査アタック数＝調査を依頼した全対象者数
　①全数調査の場合の対象者数＝対象者全員の人数
　②リストから対象者を抽出する場合、対象者数＝リストから抽出した人数
　　　または
　　　リストから抽出した人数－回収不能数（不能理由①〜④＊）
　③街頭調査の場合の対象者数＝調査を依頼した通行者数（拒否を含む）
　④現地抽出の場合の対象者数＝対象者に該当するか否かの質問対象者
　　　または
　　　対象者に該当するか否かの質問後、対象者に該当した人数

＊回収不能の理由

　①対象者リストの不備
　　転居、書類上の居住、死亡、記載ミス、住居表示変更など
　②事件・事故
　　抽出地点が風水害、大地震、大事故等災害にあった場合
　　抽出地点への交通手段がない場合
　③対象者の事情
　　出張、旅行、海外赴任、出稼ぎ、入院など調査期間中の不在、
　　病気等による、アンケートに回答できない心身状態
　④実査管理
　　住所が探し出せない、短期不在、拒否など

対象者の信頼感を高める工夫で回収率アップ

・調査主体名が官公庁、公益法人、教育機関、マスコミ等公共性が高い団体や知名度の高い企業名なら有利
・訪問調査は事前の依頼状（事前に調査目的、意義等を説明）を
・誠意ある挨拶状の添付
　（調査目的の説明、調査結果の用途、個人情報の守秘、協力への謝意等を示す）
・調査員は身分証明証を提示
・来場者調査では、調査員はユニフォーム、腕章などを身につける
・調査員マナーに注意（服装、態度、言葉遣いの指導）
・アンケート票は対象者の身になった質問量・内容で
・回答時間に応じた謝礼品を
・郵送調査では督促状を（締切り日の前と後に各1回が効果的）

アンケート調査の謝礼品

　アンケート調査では謝礼が回収率を上げるためのキーポイントです。官公庁の調査でも、ボールペンなどの謝礼を用意したりします。

　回答義務のないアンケート調査では、義務感を植え付けるための重要なツールのひとつです。謝礼の渡し方や謝礼の価値によって、回収率が異なってきます。アンケートを依頼するときに謝礼を渡すと、回収後に謝礼を渡すよりも回収率が上がります。

　郵送調査の場合、回答してくれれば全員に100円相当の謝礼品を送るよりも、抽選で1等1万円、2等5000円、3等1000円相当の謝礼を送るほうが回収率が高くなります。

　アンケート調査の謝礼は、以前は軽いがかさばるもの（対象者が喜びそうなもので、調査員が持ち運んでも重くないもの）、例えばタオルをキチンと包装したものを使っていました。現在は、謝礼の予算が500円以上なら各種プリペイドカードが使われます。

　500円未満の謝礼は、回答するときに使う筆記用具、ハンカチなどの日用品が使われます。

第3章

▼

アンケート票を作る

20 アンケート票作成の手順

アンケート票は、協力をお願いするあいさつ部、質問本体部、対象者特性部の3部で構成する。

①アンケート票の基本構成
- 調査協力のお願い…対象者への最初の接触は「調査への協力依頼」です。「挨拶状」は、調査主体や調査員への信頼獲得に重要です。
- 質問本体…質問文と回答カテゴリーで構成されます。答えやすく、わかりやすいよう、質問順、言葉遣い、回答カテゴリー[1]を工夫し、短時間で終わるボリュームに収めましょう。
- 対象者特性…最後に質問することが望ましい項目です。住所・氏名や、年齢、職業、年収などについては個人情報保護の確約も必要です。

②質問本体の作成手順
- 質問順の案を作る…答えやすい質問から始め、質問間のつながりをスムースにし、答えにくい質問は後ろにします。
- 質問のタイプを決める…質問で求めるのは自由意見か選択方式か、回答のタイプは単一・複数回答、自由回答かなどを決めます。
- 回答カテゴリーの案を作る…各質問の回答選択肢の案を決めます。
- 回答尺度[2]のタイプを決める…集めたデータでどんな集計をしたかによって58～63ページに示した回答尺度のタイプを決めます。
- 質問文の案を作る…回答カテゴリーと回答数も指示します。
- アンケート票のレイアウト案を作る…調査ボリューム、用紙サイズ、印刷の向き、罫線や文字、イラストなどレイアウトを検討します。
- アンケート票点検のためのプリテストを行う…同僚などに対象者になってもらい、質問文や回答カテゴリーに問題がないか調べます。
- 見直しと問題点の改善を行う…問題点の見直し、改善をします。
- レイアウトを決める…レイアウトを決め、印刷（またはコピー）します。

---

[1] 回答カテゴリー→回答の選択肢のこと。性別（男・女）や血液型（A・B・AB・O）などのように回答選択肢を示し、その中から回答を選ぶように作成する。男・女なら2カテゴリー、A・B・AB・Oなら4カテゴリーとなる。
[2] 回答尺度→「23 調査対象者を測るものさしとは」「24 態度を測るものさしとは」参照。

◆ アンケート票の作成手順とポイント

作成手順	ポイント
質問順の案作成	質問の流れをわかりやすく 答えやすい質問を先に 重要な質問はなるべく前に
各質問の質問方法、回答方法決定	質問内容に応じて 　回答カテゴリーの有無 　回答カテゴリーの種類（尺度） 　答えの数 　答えの形式 等を決める
言葉遣いを決める	対象者、調査内容に応じた言葉遣い
各質問の回答カテゴリー案作成および質問文作成	明瞭簡潔 誘導質問に注意 1質問に複数質問が入らないよう
回答方法の指示文案作成	回答方法に応じて指示文を統一 （当てはまるもの一つに○） （自由にお答えください）　など
レイアウト案作成	調査ボリュームの調整 用紙サイズ 縦書・横書 罫線囲み、イラスト挿入など
挨拶状（調査依頼状）作成	対象者の立場で
プリテスト	アンケート（案）を用いて、内部で実査を行い、問題点をチェック
見直し・問題点改善	
アンケート票のレイアウト決定	
印刷（またはコピー）	

第3章 ◎アンケート票を作る

21 質問順序を考える

簡単でやさしい質問から始め、論理的な順序で質問する。

①**質問は、論理的な順序で並べる**
- **質問の優先順序**…対象者選定のスクリーニング質問[1]（ユーザー調査の場合、所有の有無など）は、最初にします。広告調査の場合、再生知名[2]は、再認知名[3]の前に質問します。
- **質問内容を論理的に**…現在と過去、意識と現実などが混乱しないよう、質問の対象となる時制や内容を一致させます。
- **誘導的な質問順序の排除**…次の質問に影響しないよう質問順序に配慮します。例えば商品の長所の次に購入意向を質問すると購入意向が高めになる可能性があるので、購入意向を先に質問します。
- **話題の変化を明確に**…話題ごとに質問をまとめます。

②**簡単でやさしい質問から始める**

　対象者にとって簡単でやさしい、興味を引く質問から始めます。

③**一般的な質問から個別の具体的な質問へ展開する**

　一般的な話題から身近な話題、具体的な質問から一般的な質問、簡単なテーマから複雑なテーマなど、答えやすい順序を考えます。

④**事実をきく質問は前に、意識をきく質問は後にする**

　事実をきく質問は、答えやすいので先にします。また、質問数が多いと回答者も疲れてくるので重要な質問を先にします。

⑤**総合評価は個別評価の前か後かを検討する**

　広告評価など感性に関わる評価は、総合評価を先に、個別評価を後に聞きます。施策評価など客観的に評価してほしい事項は、個別評価が先です。

⑥**対象者の特性は後にする**

　対象者の収入や地位など嫌がられる質問は、後にします。

---

[1] スクリーニング質問→調査対象者の条件に合った回答者に絞るための質問。例えばドライバー対象の調査では運転免許の有無。
[2] 再生知名→ヒントを与えられなくても思い出せる名称。
[3] 再認知名→ヒントを与えられてはじめて思い出すことができる名称。

◆ 質問の順序を決めるポイント

- 誘導質問にならないように注意する
- 回答者が答えやすい順序に
- 回答者の心証に気配りを

論理的な順序で	・再生知名（ヒントなしで思い出せる）→再認知名（ヒントを与えて思い出す） ・知名の有無→利用の有無→評価→今後の利用意向 ・所有の有無→所有台数→最新の購入年 など
時間の流れを踏まえて	・過去の状態→現在の状態→将来の予想 またはその逆
簡単で答えやすい質問を先に	・事実を聞く質問のあとで意識を聞く質問を ・身近なことから先に
一般的な質問と具体的な質問の順序はケースバイケースで	・質問順による回答者への心理的影響の有無 ・質問の流れのわかりやすさ などを考慮する
総合評価と個別評価の順序はケースバイケース	・評価が好き嫌いなど感性に関わる場合は総合評価が先 ・良い悪いなど客観的評価を求める場合は総合評価が後
重要な質問はできるだけ前に	・回答を求める対象となるかどうかを確認する質問を先に ・質問数が多い場合、優先的に聞きたい質問を前のほうに
対象者の特性は後に	・性別、年齢等を先に ・年収、学歴、地位などは後回し

22 質問のタイプと回答のタイプを考える

回答の方法を指示するために質問や回答のタイプを決める

質問のタイプと調査方法（調査員が読み上げるか、対象者が読むか）に応じて、質問文を作成します。

①**質問のタイプ**

- **自由回答型質問**…自由に回答してもらう質問で、回答は言葉・文字、イラストや数字になります。
- **プリコード型質問**…番号や記号をつけた回答カテゴリーから回答を選んでもらう質問です。
- **プリコード付自由回答型質問**…対象者に自由に回答してもらいながら、調査員がその回答を聞いて該当する回答カテゴリーを選ぶ方法です。

②**回答のタイプ**

- **自由回答**〔文字主体／数字〕
- **二項目選択式回答**〔単一回答（一対比較含む）〕
- **多項目選択式回答**〔単一回答（順位回答含む）／複数回答・無制限選択／複数回答・制限選択〕

プリコード型質問の回答は、2項目選択式と多項目選択式に分けられます。2項目選択式回答は、「はい」か「いいえ」など回答コードから1つを選んでもらいます。「A銘柄とB銘柄で好きな方を」のような一対比較による単一回答も含みます。多項目選択式回答は、3つ以上の回答コードから選んでもらいます。この方式には、単一回答と複数回答があります。単一回答は、複数の選択肢から1つを選んでもらいます。複数回答には、「いくつでもお知らせください。」といった無制限選択式と、「3つまでお知らせください。」のように制限選択式があります

右ページの質問方法の長所と短所も参考にしてください。

◆ 質問のタイプと回答のタイプ

質問のタイプ

- 自由回答型質問
  - ・具体的数字を質問→単位を示す
  - ・文章で意見や感想を

- プリコード型質問
  - ・質問の答えを回答カテゴリーで示す

- プリコード付き自由回答型質問
  - ・調査員による質問のみ可能
  - ・対象者は自由に回答し、該当する回答カテゴリーを調査員が選ぶ

回答のタイプ

- ●自由回答
  - ・言葉・文字、数字
  - ・イラストなど

- ●二項目選択式
  - 「はい」か「いいえ」、「A」か「B」など二者択一

- ●多項目選択式（選択肢3つ以上）
  - ・単一回答（一つだけ選択）
  - ・複数回答・無制限選択
    （いくつでも選択）
  - ・複数回答・制限選択
    （3つまでなど、質問で示された数を選択）

◆ 質問方法の種類と長所短所

質問方法	長所	短所
自由回答型質問	・質問者が予期しない回答が得られる ・数字や意見などが具体的にわかる ・回答の内容や数字の幅が予想できなくても質問できる	・集計やとりまとめに時間がかかる ・回答に手間がかかるため、無回答が多くなりがち ・ピントはずれの回答も発生する
プリコード型質問	・集計やとりまとめがしやすい ・質問の意味がわかりやすい ・短時間で回答できる	・回答コードが不適切な場合、正確な結果が得られない ・回答コードが回答のヒントになってしまう
プリコード付き自由回答型質問	・集計やとりまとめがしやすい ・ピントはずれの回答は発生しない ・回答コードを示さないので自由な意見がきける	・調査員による面接調査で利用可能 ・調査員の能力が低いと正しい結果が得られない

第3章 ◎アンケート票を作る

23 調査対象者を測る4つの尺度とは

名義尺度や順序尺度で定性的データを測り、間隔尺度や比例尺度で定量的データを測る。

● **統計的データは4つに分類できる**

統計的に処理できるデータを得るには、尺度という物差しで測る必要があります。尺度には、名義尺度、順序尺度、間隔尺度、比例尺度の4種類あります。**名義尺度と順序尺度で測ったデータは定性的データ、間隔尺度と比例尺度で測ったデータは定量的データ**です。

①名義尺度

性別や職業などの対象者特性を便宜的に数字で表したものです。スポーツ選手の背番号やクレジットカードの番号も名義尺度のひとつです。対象者をカテゴリー分けするための名義尺度としては、例えば、男性は1、女性は2などがあり、全員が割り付けた数字に含まれます。

名義尺度の数字は、加減乗除はできません。統計処理の方法としては、男性112人、女性138人というようにそれぞれの数を足し上げた度数（頻数、すなわち該当する人数）や、度数の順位づけによる最頻値（一番多かった回答カテゴリーの度数）などが可能です。

②順序尺度

一番好きなものから順にランクをつけ、「Aより好き」とか「Bより嫌い」などの関係を表わすことができる数字です。多数の選択カテゴリーについて好きな順位や買いたいものの順位を質問したり、複数の選択肢の中からベスト3やワースト3を質問したりします。

順序尺度で得た数値は、中央値（各選択カテゴリーに与えられた順位値を並べ変え、その中位にあたる数値）や順位相関係数（1位10点、2位9点…などの得点を割り付け、相関係数を計算する）などの統計処理が可能です。

◆ データのタイプ

対象者の回答を数字で表わす（データ化）

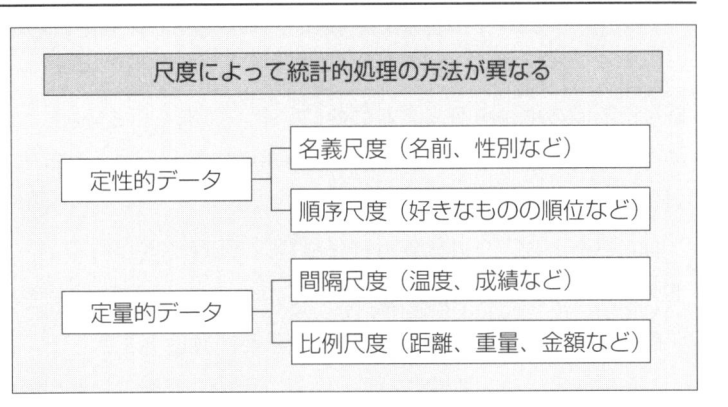

尺度によって統計的処理の方法が異なる

- 定性的データ
  - 名義尺度（名前、性別など）
  - 順序尺度（好きなものの順位など）
- 定量的データ
  - 間隔尺度（温度、成績など）
  - 比例尺度（距離、重量、金額など）

◆ 名義尺度

対象者特性を便宜的に数字で表現

(例)
性別：男性＝1、女性＝2
好きな動物に○
　：犬＝1、猫＝2、小鳥＝3、
　うさぎ＝4、ハムスター＝5、
　その他＝6　　　　　など

● 統計的処理の方法 ●

・度数（頻数）のカウント
　（例：男性112人、女性138人）
・度数の順位づけ
　（例：1位猫57人、2位犬49人、
　　　　3位うさぎ41人‥）

◆ 順序尺度

順位やベスト3、ワースト3などを質問

(例)
・次の動物に好きな順位をつけて
　下さい。
・行きたい国から順に3つ、
　お知らせ下さい。

● 統計的処理の方法 ●

・順位別度数
　（例：1位　犬36人、猫28人…
　　　　2位　犬19人、うさぎ17人…
　　　　3位　猫32人、小鳥28人…
・順位の得点換算
　（例：1位3点、2位2点、3位1点
　　　　としてカテゴリー別に平均
　　　　得点算出）

第3章 ◎アンケート票を作る

③間隔尺度

アンケート調査で一番よく使われているのが間隔尺度です。「非常に満足、かなり満足、やや満足、どちらともいえない、やや不満、かなり不満、非常に不満の中から該当するものに○をつけてください。」といった質問形式で使われものです。本来は一種の順序尺度ですが、間隔尺度として扱っています。

間隔尺度では、目盛間隔の差は等しいという仮定のもとに、「非常に満足7点、…、非常に不満1点」という得点を与えることができます。原点を自由に決めることができるので、「非常に満足＋3点、…、どちらともいえない0点、…、非常に不満－3点」といった得点化も可能です。しかし、心理的には目盛間隔の差（1点）は異なる可能性が大きいので、目盛間隔間の心理的な距離を測る方法もあります。（[57 シグマ値法とは] 参照）

間隔尺度で得た数値は、平均値、分散、標準偏差、相関係数などの統計的処理ができます。（[51 範囲と標準偏差とは] [55 t検定と分散分析とは] 参照）

④比例尺度

統計的処理が最も自由にできるのは、比例尺度です。比例尺度は、例えば、重さ・長さ・金額などです。100万円は1万円の100倍、100万円は10万円の10倍の大きさというように数値的に比例関係があります。絶対的な原点をもっていますので、いろいろな平均を計算することができます。（[50 代表値とは] 参照）

小売店対象のアンケート調査において年間売上額、来店客数、駐車台数などを質問したり、消費者対象では年収、年齢などを質問したりするときに用いられます。

◆ 間隔尺度

評価などを質問

例
満足度（順序尺度だが、目盛り間の差は等しいと仮定し、間隔尺度として活用）
- ___ 非常に満足
- ___ やや満足
- ___ どちらともいえない
- ___ やや不満
- ___ 非常に不満

から選択　　など

● 統計的処理の方法 ●

・度数のカウント
　（非常に満足15人、満足23人…）
・得点換算
　非常に満足5点～不満1点で
　平均得点算出
　（5点×15人＋4点×3人＋…）
　（15人＋3人＋…）
・分散、標準偏差などデータのばらつきなど

◆ 比例尺度

数、量などを質問

例
・年収
・年齢
・年間売上金額
・来場者数　　など

● 統計的処理の方法 ●

・カテゴリー化として度数をカウント
　（10歳代18人、20歳代25人、…）
・算術平均の算出
　（平均年齢　42.8歳）
・幾何平均
　（年平均伸び率1.5倍、…）
・調和平均
　（平均時速40.7km、…）
　〈平均については、[50 代表値とは]参照〉
・分散、標準偏差などデータのばらつき
　〈[51 範囲と標準偏差とは]参照〉
など

第3章 ◎アンケート票を作る

24 態度を測るものさしとは

質問の目的に応じて態度を測るものさしを使い分けよう。

心理学では、態度[1]を測る物差しを**態度尺度**と呼んでいます。態度は、認知要素、情緒要素と意図・行動要素の3つからできています。態度を測るために心理学などで工夫された物差しの例を以下に示します。

① カテゴリー尺度

最もよく使われる物差しです。2カテゴリーのものは、「1.賛成 2.反対」などです。7段階尺度では、「1.非常に重要 2.かなり重要 3.やや重要 4.どちらともいえない 5.やや重要でない 6.かなり重要でない 7.非常に重要でない」などです。

② 極カテゴリー尺度

カテゴリー尺度は、すべてのカテゴリーに名称をつけますが、この尺度は、両端の「極」にのみ名称をつける尺度です。

③ 両極尺度、単極尺度

「明るい−暗い」などプラスとマイナスの両極を持たせた尺度を両極尺度といいます。単極尺度は、「きれい−ふつう」のように中立点から一方向のみに伸びる場合です。

④ バランス尺度、アンバランス尺度

アンバランス尺度は、「1.非常に満足 2.かなり満足 3.やや満足 4.どちらともいえない 5.不満」など、片方の極は細かく分けません。

⑤ 強制選択尺度

「どちらともいえない」という回答を避けることを工夫した尺度です。例えば、「1.非常に満足 2.満足 3.不満 4.非常に不満」といった尺度です。

⑥ 相対評価尺度

一対比較を間隔尺度で質問する方法です。

---

[1] 態度→生活環境のさまざまな状況に対し、一貫した一定の反応傾向を示すことを意味する。比較判断、好き嫌い、反応や行動の意図が含まれる。

◆ 態度を測るいろいろなものさし

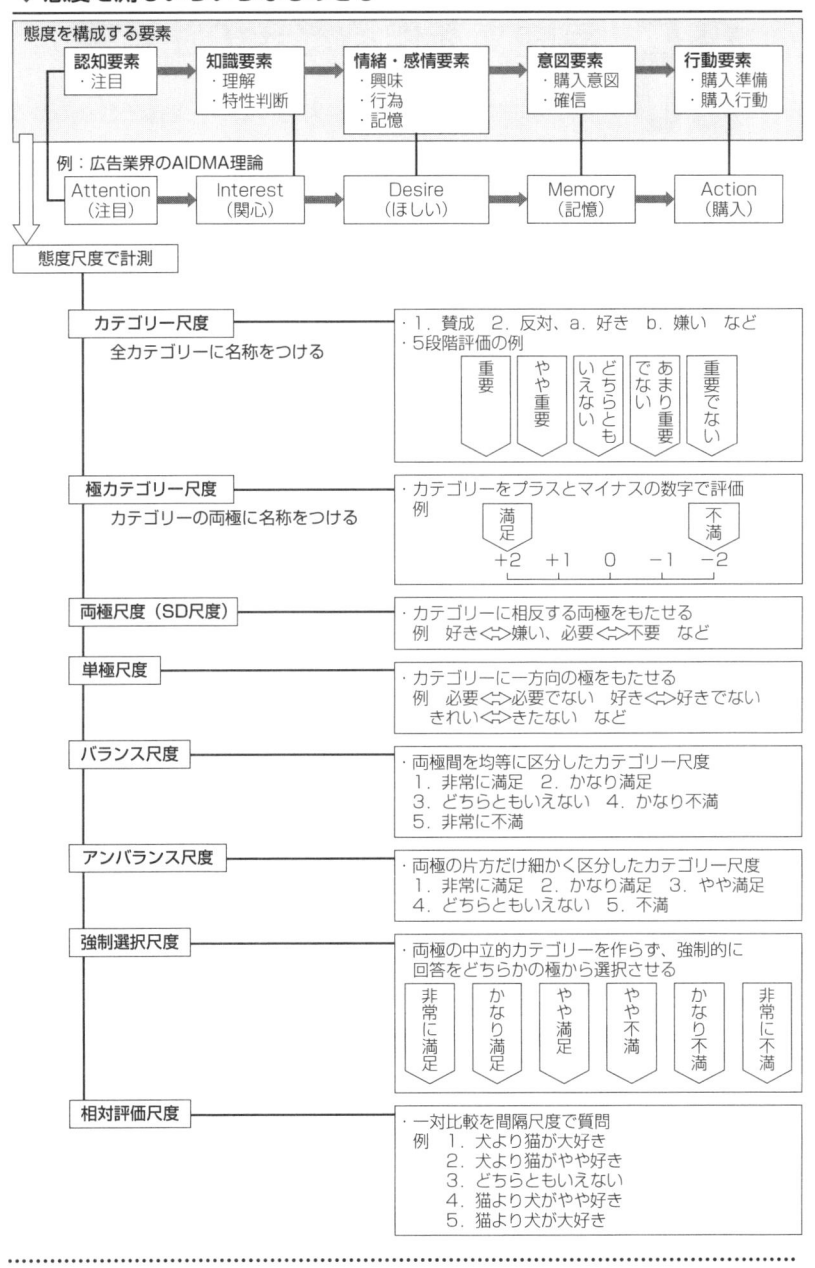

態度を構成する要素

認知要素	知識要素	情緒・感情要素	意図要素	行動要素
・注目	・理解 ・特性判断	・興味 ・行為 ・記憶	・購入意図 ・確信	・購入準備 ・購入行動

例：広告業界のAIDMA理論

Attention（注目）	Interest（関心）	Desire（ほしい）	Memory（記憶）	Action（購入）

態度尺度で計測

- **カテゴリー尺度** — 全カテゴリーに名称をつける
  - 1. 賛成 2. 反対、a. 好き b. 嫌い など
  - 5段階評価の例：重要／やや重要／どちらともいえない／あまり重要でない／重要でない

- **極カテゴリー尺度** — カテゴリーの両極に名称をつける
  - カテゴリーをプラスとマイナスの数字で評価
  - 例：満足 +2 +1 0 −1 −2 不満

- **両極尺度（SD尺度）**
  - カテゴリーに相反する両極をもたせる
  - 例 好き<―>嫌い、必要<―>不要 など

- **単極尺度**
  - カテゴリーに一方向の極をもたせる
  - 例 必要<―>必要でない 好き<―>好きでない
  - きれい<―>きたない など

- **バランス尺度**
  - 両極間を均等に区分したカテゴリー尺度
  - 1. 非常に満足 2. かなり満足
  - 3. どちらともいえない 4. かなり不満
  - 5. 非常に不満

- **アンバランス尺度**
  - 両極の片方だけ細かく区分したカテゴリー尺度
  - 1. 非常に満足 2. かなり満足 3. やや満足
  - 4. どちらともいえない 5. 不満

- **強制選択尺度**
  - 両極の中立的カテゴリーを作らず、強制的に回答をどちらかの極から選択させる
  - 非常に満足／かなり満足／やや満足／やや不満／かなり不満／非常に不満

- **相対評価尺度**
  - 一対比較を間隔尺度で質問
  - 例 1. 犬より猫が大好き
  - 2. 犬より猫がやや好き
  - 3. どちらともいえない
  - 4. 猫より犬がやや好き
  - 5. 猫より犬が大好き

25 質問文を作るときの注意点

質問の対象者や質問方法を考慮しつつ、簡潔でわかりやすい文章を工夫する。

①**質問文は簡潔にする**

回答者がイライラしたり、読み飛ばしがないよう、簡潔にします。

②**誰もが理解できる言葉を使う**

難しい言葉や漢字、専門用語や流行語などは使いません。

ただし、対象者がマニア、専門家など特殊な用語に習熟している場合は、積極的に活用するほうが良い場合もあります。

③**意味や範囲などが不明確な言葉は使わない**

「ときどき、しばしば、たびたび」「○○周辺、この付近、ここ、ご近所」など、時間や範囲があいまいな質問は、さまざまに解釈されます。また、期間、範囲、単位などの特定がない質問は混乱をまねきます。

④**誘導的な質問をしない**

知名のためにブランド名を質問文に含ませるなど、質問者に都合の良い回答を導き出すような誘導質問は、調査結果を歪めます。

⑤**一つの質問で複数のことを聞かない**

「美容と健康に良い」「面白くて役に立つ」「便利だから勧めたい」など複数の言葉はひとつの質問に入れず、複数の質問に分けます。

⑤**必要以上にプライバシーに触れない**

プライバシー保護から、生年月日を聞かないなどの配慮が求められます。

⑥**質問相手を明確にする**

特定の回答をした人だけに質問したい場合、回答すべき人の条件、回答を求めていない人には、どの質問まで飛ぶかを指示します。

⑦**調査方法に応じた質問文にする**

電話調査や面接調査などでは、聞いてわかる質問文を工夫します。

◆ 質問文作成のポイント

- 質問相手の特性を考えて
- わかりやすい言葉で
- 質問方法に応じた文章に
  （対象者に読んで聞かせるか、読ませるか）

簡潔な文章で	・わかりやすく、かつ、できるだけ短く ・敬語は過剰にならないように
対象者が理解できる言葉で	・専門用語、業界用語、流行語は原則として使わない ・マニア、専門家等が対象の場合、専門用語、業界用語がよい場合もある ・年少者が対象の自記式調査ではふりがなを
意味や範囲を明確に	・意味、程度があいまいな言葉や表現は使わない ・質問の対象となる範囲、期間などを明確に
誘導的な質問をしない	・表現や言葉遣いが回答に影響を与えないように ・都合のよい回答を意図的に導く質問はしない
ひとつの質問で複数のことをきかない	・「美容と健康によい」「親しみやすく好感が持てる」など慣用句に注意
個人情報にふれる質問は最小限に	・生年月日より年齢を、年齢より年代を ・年収は範囲で示す 　など

26 調査ボリュームを調整する

調査対象者が回答に要する時間を配慮して、質問量を調整する。

調査ボリューム（アンケート票の質問量）を考える際の主な要素は、調査可能時間、調査主体の名称、謝礼品などです。

①調査可能時間に配慮する

調査方法別の調査可能時間の目安を、右ページ上図に示しました。これを参考に調査可能時間内に収まるように工夫してください。

②調査主体の名称や謝礼品によって協力意識を高める

民間企業の名称でアンケート調査を行う場合、調査ボリュームが多いときは、謝礼品をできるだけ高額なものにしてアンケートへの協力意識を高める配慮が必要です。

③調査ボリュームを少なくする工夫も検討する

調査ボリュームが多いと、回答がいい加減になり、回収率も低くなりがちです。調査ボリュームを少なくする方法を以下に紹介します。

● **質問数を削減する**

調査ボリュームを削減する一番の方法は、質問数を少なくすることです。

● **回答形式を変更する**

回答形式を変えるだけで、回答時間を少なくできます。自由回答を文字主体方式からプリコード型の多項目選択式回答に変えます。

● **特定の人のみに質問する**

全員に質問しないで、特定の回答をした人だけに質問すれば、その他の人は負担がかかりません。

● **他の調査方法と併用する**

調査ボリュームを減らせない場合は、他の調査方法を併用します。例えば、訪問面接調査は、留置き調査と郵送調査が併用できます。

◆ 調査可能時間の目安

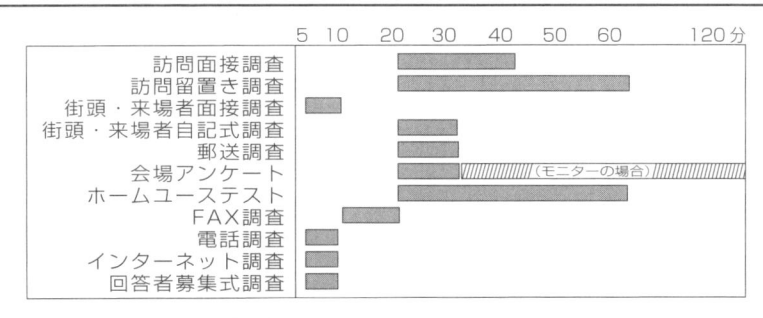

調査方法	時間（分）
訪問面接調査	20〜40
訪問留置き調査	20〜60
街頭・来場者面接調査	5〜10
街頭・来場者自記式調査	15〜25
郵送調査	15〜30
会場アンケート	20〜40（モニターの場合 30〜120）
ホームユーステスト	20〜60
FAX調査	10〜15
電話調査	5〜10
インターネット調査	5〜10
回答者募集式調査	5〜10

◆ 調査可能時間を延ばす条件

調査可能時間大＞調査可能時間小
- 調査主体名 → 官公庁、公的機関＞民間企業、民間機関
- 謝礼品 → 高額＞低額＞なし

◆ 調査ボリュームを減らすポイント

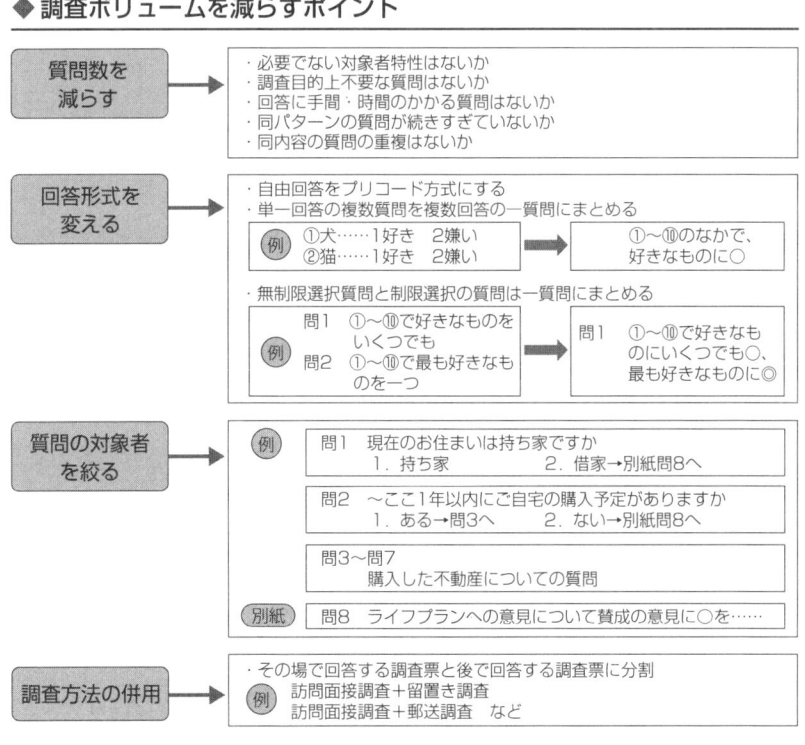

質問数を減らす
- 必要でない対象者特性はないか
- 調査目的上不要な質問はないか
- 回答に手間・時間のかかる質問はないか
- 同パターンの質問が続きすぎていないか
- 同内容の質問の重複はないか

回答形式を変える
- 自由回答をプリコード方式にする
- 単一回答の複数質問を複数回答の一質問にまとめる

（例）
①犬……1好き　2嫌い
②猫……1好き　2嫌い
→ ①〜⑩のなかで、好きなものに○

- 無制限選択質問と制限選択の質問は一質問にまとめる

（例）
問1　①〜⑩で好きなものをいくつでも
問2　①〜⑩で最も好きなものを一つ
→ 問1　①〜⑩で好きなものにいくつでも○、最も好きなものに◎

質問の対象者を絞る

（例）
問1　現在のお住まいは持ち家ですか
　1．持ち家　　2．借家→別紙問8へ

問2　〜ここ1年以内にご自宅の購入予定がありますか
　1．ある→問3へ　　2．ない→別紙問8へ

問3〜問7
　購入した不動産についての質問

（別紙）問8　ライフプランへの意見について賛成の意見に○を……

調査方法の併用
- その場で回答する調査票と後で回答する調査票に分割

（例）訪問面接調査＋留置き調査
　　　訪問面接調査＋郵送調査　など

27 対象者特性を5グラフィックス で把握する

調査目的に応じて、性、年令、職業以外のさまざまな特性も把握しよう。

　対象者の特性は、5つに分類できます。このうち人口統計的特性は必ず把握しますが、それ以外の特性は調査テーマに応じて考えます。

① 人口統計的特性ーデモグラフィックス

　人口統計的特性とは、男女の別、年齢、結婚の有無、学歴、職業、就業上の地位、世帯の種類、世帯人員、家計の収入、個人の年収、住居の種類などのことです。アンケート結果をどんな切り口で分析したいかなどをあらかじめ考慮して、必要以上に詳しい個人情報収集にならないように配慮します。

② 心理的特性ーサイコグラフィックス

　対象者の感性や知性についての特性、例えば、どんな感じ方、考え方、関心を持ち、どんな性格やライフスタイルかなどのことです。

③ 経験的特性ーエキスペリエンスグラフィックス

　調査テーマと直接関わりのあるものごとについての経験を示す特性のことです。例えば、ネットショッピングについての調査なら、ネット利用の有無、インターネットをはじめてからの年数、ネットショッピングの経験の有無、購入品目、購入金額などが考えられます。

④ 地理的特性ージオグラフィックス

　例えば、来場者調査や交通機関に関するアンケート調査なら、居住地、最寄駅、最寄駅からの時間距離や利用交通手段などが考えられます。

⑤ 特殊な特性ースペシャルグラフィックス

　これまで説明した特性以外の特性です。例えば、栄養ドリンクなどについての調査ならば、体力を特殊な特性とすることが考えられます。

◆ **人口統計的特性**

```
・性別      ・年齢      ・未既婚     ・学歴
・職業      ・職種      ・役職       ・家族構成
・同居家族数  ・住居形態   ・世帯年収    ・個人年収  など
```

例えば、国勢調査の職業構成比と比較 → 調査結果の歪みの有無を確認

● **職業分類の例**

①事務職	官公庁・会社・団体の事務職・営業職など
②専門職・技術職	医師、看護士、薬剤師、弁護士、会計士、教員、プログラマー、専門技術者、芸術家、作家、茶道などの師範、デザイナー、カメラマン　など
③管理職	議員、課長以上の従業員またはそれに準じる地位以上の公務員、会社・団体役員、船長、機長　など
④商工業自営	小売店主、卸売店主、飲食店およびその家族従業員、工場経営者およびその家族従業員
⑤販売・内勤サービス業関係従事者	小売店・飲食店の店員、不動産仲介業、保険の外交員、調理人、ホテル・娯楽施設等従業員、理容師、美容師、アパート管理人　など
⑥生産・外勤サービス業関係従事者	工員、職人、運転手、駅員、郵便配達人、警察官、警備員、船員、スチュワーデス、清掃員など
⑦農林漁業従事者	
⑧専業主婦	
⑨学生（浪人含む）	
⑩その他の職業・無職	

◆ **心理的特性**　　感性や知性 ▶ 感じ方、考え方、関心、記憶、ライフスタイル、性格など

◆ **経験的特性**　　調査テーマと直接関連する経験 ▶ 例：喫煙の有無、本数、きっかけなど

◆ **地理的特性**　　居住地、最寄駅、最寄駅からの時間距離など

◆ **特殊な特性**　　調査テーマに応じて分析に必要な特性

第3章 ◎アンケート票を作る

28 アンケート票を レイアウトする

回答を求める人を正しく指定したり、飽きずに回答してもらえるレイアウトにする。

レイアウトを考える際、決めるべき事項は、以下のとおりです。

- アンケート票のサイズ…Ｂ５、Ａ４、Ｂ４、Ａ３など。
- 用紙の向きや印刷面…縦使いか横使いか。片面印刷か両面印刷か。
- 質問欄と回答欄の位置関係…左右使い（質問欄を左、回答欄を右）か、上下使い（質問欄を上、回答欄を下）。
- 回答を求める人の指定方法…枝分かれ質問で、質問相手が代わった時だけ、または、質問ごと。
- 文字の大きさ…何ポイントで印刷または画面表示するのか。
- 質問番号の表示方法…アルファベット表示（Ｑ１、ＳＱ４など）、または、日本語表示（問１、質問２、おたずね３など）。
- 調査員への指示の位置…質問文の直前、または、それ以外。
- 回答の種類の提示方法…単一回答、複数回答などの指示や略号表示（単一回答はSA、複数回答はMA、回答数制限の複数回答は制限数も表わし3MA、自由回答はOA、数字による回答はFAなど）。
- 表形式の回答を使用する場合…質問は異なるが回答カテゴリーは同じ場合、表形式にすると一覧できて、わかりやすくなります。
- 自由回答の記入スペース、カット図の使用などを決めなければいけません。

アンケート票のレイアウトを検討する時間があまりない場合は、ワープロの標準であるＡ４サイズを用いて、質問欄、次に回答欄の順で作成していきます。調査員による面接調査の場合は、この形式で充分です。しかし、自記式の留置き調査や郵送調査の場合は、回答することに飽きてきますので、やはり、レイアウトを工夫して対処すべきでしょう。

◆レイアウトの方針を決めるポイント

スペースを考えて	必要スペースを考える	タイトル＋質問＋回答＋α（調査主体名、連絡先など）
	用紙サイズ	B5／A4／B4／A3など
	印刷面	片面印刷／両面印刷
体裁良く	用紙の向き	縦使い／横使い
	質問欄と回答欄の区切り	左右分割／上下分割／別紙分割
見やすく	質問と質問の間の区切り	罫線仕分け／空白行仕分けなど
	スペースにゆとりを	カット図の使用など
読みやすく	文字の大きさ	できれば12ポイント程度に
	漢字の使用	対象者によってはルビを
わかりやすく	質問番号の表示方法	1．2．3．…／（1）．（2）．（3）．／A．B．C．…／ア．イ．ウ．…など
	回答カテゴリーの並べ方	複数列なら数字は行方向に昇順
	回答を求める人の指定	枝分かれ質問のみ指定／質問ごとに指定
	調査員への指示の位置	質問文の直前など
	回答の種類の提示方法	単一回答（1つだけ○印）、複数回答（いくつでも○印）、数字、文章で回答などの指示 複数回答の場合、回答数の制限など 単一回答（SA:single answer） 複数回答（MA:multiple answer） 自由回答（OA:open answer） 数字による回答（FA:figure answer）
記入しやすく	回答欄の工夫	回答カテゴリーが同じ質問が連続する場合は表形式に
	回答の記入スペース	自由回答のスペースは充分に
データ処理も考慮して	質問外の記入欄も必要	調査日時、調査地点、対象者番号、調査員名など
	能率よくデータ入力できるように	回答箇所をわかりやすく

第3章 ◎アンケート票を作る

29 あいさつ状を作る

あいさつ状には事前、調査開始時、督促の3種類がある。あいさつ状の出来不出来は、回収率に影響する。

①事前に出す調査のあいさつ状

訪問面接や留置き調査など、調査員が対象者の自宅に訪問する場合、事前の予告の有無で対象者の協力姿勢は変わります。予告なしの突然の訪問は、調査員にとっても苦痛です。事前に郵便はがきで挨拶状を発送しておくと、転居や所在不明などもわかり、対象者リストから除外することができますので、余計な労力が削減できます。

②対象者に見せたり、手渡したりするあいさつ状

対象者の自宅に訪問する場合、調査員は、あいさつ状を手渡し、口頭で調査への協力を依頼します。

来場者調査の場合、あいさつ状を手渡すと、調査終了後は捨てられゴミになりますので、見せるだけとし、調査員による口頭のあいさつとしましょう。ただし、要望があれば、手渡すようにします。

③督促状

郵送でアンケート票を返送してもらう調査方法を採用した場合、対象者へのアンケート調査への協力と返送の督促は、はがきによる督促状となります。

対象者個人ごとに回収状況を管理している場合は、アンケート票が未着の対象者に督促状を出します。それ以外は、対象者全員にお礼を兼ねた督促状を出すことになります。

◆ 提示（送付）のタイミング

- 調査の事前（訪問調査）
- 調査直前（来場者調査、郵送調査など）
- 回収締切り前の督促（郵送による回収）

◆ 提示の対象者

- 対象者本人／保護者（未成年対象など）

◆ 提示すべき内容

● 事前に出す調査の挨拶状 ・調査への協力お願いのキャッチフレーズ ・時節の挨拶 ・調査主体の紹介 ・調査の主旨（目的や用途など） ・対象者の選出方法 ・回答結果の使用方法とプライバシー保護 ・訪問予定期間 ・謝礼品の内容 ・年月日 ・調査主体の名称、連絡先	● 未返信の対象者への督促状 ・アンケート票の返送のお願い ・アンケート票到着の有無の確認 ・調査の趣旨の説明 ・調査期限の延長のお知らせ ・調査への協力依頼 ・年月日 ・調査主体の名称、連絡先 ● 対象者全員にお礼を兼ねた督促状 ・アンケートへの協力のお礼 ・調査結果の活用方法のお知らせ ・未返送者への期限のお知らせと返信の督促 ・年月日 ・調査主体の名称、連絡先

◆ あいさつ状の例

○○に関するアンケートのお願い

　盛夏のみぎり、ご清栄のこととお慶び申し上げます。
　この度、私ども（調査主体名○○）は（調査委託先名称△△）より調査委託を受け、○○についてのアンケート調査を行うこととなりました。
　今回の調査の目的は、○○について、皆様の幅広いご意見をうかがうことにより、よりよい商品、サービスを提供させていただくためのヒントを得ることです。
　アンケートをお願いする方は、住民基本台帳からくじ引き式に選ばせていただきました。
　お答えいただいた内容は、すべて%や平均などで統計的に示し、個人名や回答内容などプライバシーに関わる情報が公表されることは決してないことをお約束致します。
　お忙しいこととは存じますが、調査の主旨をご理解の上、ご協力下さいますようよろしくお願いいたします。
　調査員が、下記の期間内に、あらかじめご連絡の上、訪問させていただきますのでよろしくお願いいたします。
　希望日：平成○年○月下旬～○月初旬の間でご都合のよい日
アンケート時間は30分程度です。

　アンケート調査員氏名
　　○○

　なお、この調査について、ご不明、ご不審な点がございましたら、下記の連絡先まで何なりとお問い合わせ下さい。

連絡先
　調査主体名称、部署、担当者氏名
　郵便番号、住所
　電話番号、FAX番号
　E-mailアドレス

第3章 ◎アンケート票を作る

アンケート調査と個人情報保護

「個人情報の漏えい」について、1999年に、総務省郵政事業庁（旧郵政省電気通信局）が電気通信サービスモニター1000名を対象にした調査によると、個人情報（住所、電話番号、職業等）が知らないうちに利用されていると感じたことが「ある」人は93％でした。他人に知られたくない個人情報は、「年間収入・財産状態・納税額等の情報」「家族・親族等家庭生活の情報」「電話番号」などがトップ3で、「個人情報を漏えいした行為者及びその組織両方に対する法的な規制が必要」が84％と、個人情報保護への関心と警戒心の高まりを示しています。

アンケート調査の対象者になることを危険と受け取る人もいるでしょう。調査主体は、調査対象者の協力を得るために、個人情報保護の約束に加え、保護方法も公開する必要があると思います。

個人情報を取り扱う業界団体では、個人情報保護JIS規格に適合した企業に「プライバシーマーク」のロゴの使用を認めています。また、独自に「プライバシーポリシー」を定め公表している業界団体や企業もあります。

海外では、OECDの個人情報保護についての8原則があり、調査・リサーチのグローバル化とともに、世界標準の個人情報保護のための法令が必要になってくるでしょう。

第4章

▼

実査を行う

30 サンプリングとは

サンプリングとは調査対象全体を忠実に代表するように、対象者の一部を抽出すること。

調査対象者の全体のことを統計学では**母集団**といいます。**サンプリング**とは、調査対象の全体、つまり母集団（例えば、東京都23区内に居住する20歳以上の男女個人など）の一部を統計的に抽出することです。ですから全数を調査できれば、サンプリングは不要です。

アンケート調査を対象者の抽出方法の視点で見ると、**全数調査**（**悉皆[1]調査**）と**標本調査**（**サンプル調査**ともいいます）の２種類があります。

対象者リスト（サンプリング台帳）はあるものの、全数調査をする費用も時間もない場合は、標本調査を行うことになります。標本調査では、サンプリングで抽出した標本（サンプル）の回答結果から、全体の傾向を推察、推論、推測します。ですから、サンプリングは、母集団を忠実に代表するような方法で行い、サンプリング誤差を小さくしなければなりません。

調査対象の母集団リストがない場合でも、便宜的にサンプリングを行う方法もあります。例えば訪問面接調査では、便宜的に住宅地図をリストとみなしてサンプリングします。また、来場者調査では、時間を等間隔にして対象者を選びます。電話調査では、パソコンで無作為に数字を発生させて電話番号を作ります。

インターネットや広告などで回答者を募集する調査(回答者募集式調査)では、サンプリングを行いません。ですから、母集団を代表する標本かどうかを統計的に検証することはできません。しかし、標本数が多数あり、母集団特性の分布がわかっている場合には、母集団と回答者の特性を比較して、母集団に類似しているかどうかを確認します。

---

[1] 悉皆→「残らず」「すべて」という意味。

◆ アンケート対象者の抽出方法

- 全数調査（悉皆調査）
- 標本調査（サンプル調査）
  ↓
  サンプリング を行う

（全数を調査できない場合、全体の傾向を推察するために母集団を忠実に代表するように調査対象者を抽出する）

◆ サンプリングの要・不要

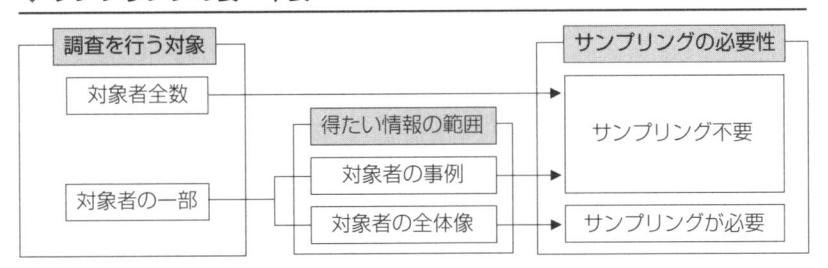

調査を行う対象	得たい情報の範囲	サンプリングの必要性
対象者全数	→	サンプリング不要
対象者の一部 → 対象者の事例	→	サンプリング不要
対象者の一部 → 対象者の全体像	→	サンプリングが必要

◆ サンプリングの方法

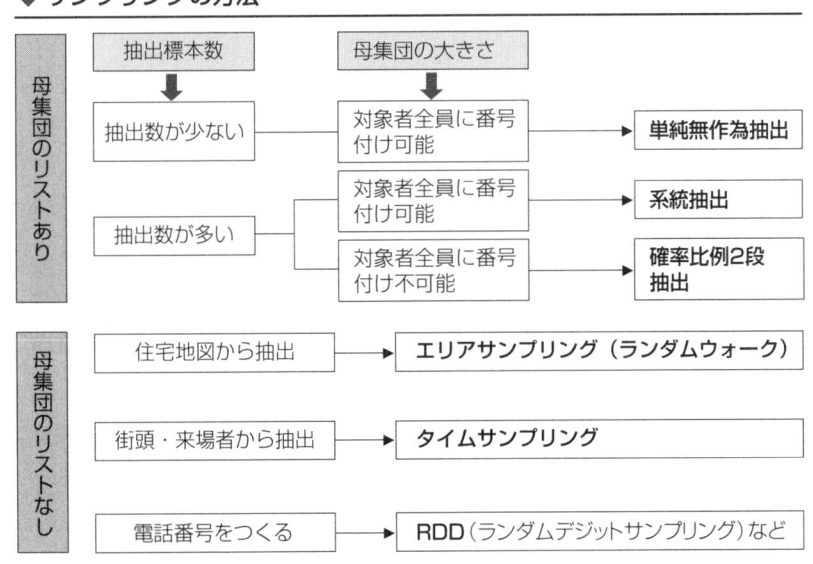

母集団のリストあり

抽出標本数	母集団の大きさ	
抽出数が少ない	対象者全員に番号付け可能	→ 単純無作為抽出
抽出数が多い	対象者全員に番号付け可能	→ 系統抽出
抽出数が多い	対象者全員に番号付け不可能	→ 確率比例2段抽出

母集団のリストなし

- 住宅地図から抽出 → エリアサンプリング（ランダムウォーク）
- 街頭・来場者から抽出 → タイムサンプリング
- 電話番号をつくる → RDD（ランダムデジットサンプリング）など

◆ サンプリングをしない調査

- 全数調査
- 回答者募集方式
  （インターネット／新聞・雑誌・チラシ等／店頭・各種施設内／商品パッケージ）

31 名簿からランダムに抽出するサンプリング
単純抽出法と系統抽出法

単純抽出法と系統抽出法は、対象者全員につけた一連番号をもとに、無作為に抽出する方法。

　単純抽出法（単純無作為抽出法ともいいます）は、対象者全員に一連番号を付けることが可能な場合に利用できる抽出方法です。対象者の番号を、乱数表を引くなどの方法で、無作為に抽出します。例えば、顧客名簿に500人が記載され、一連番号がついているとします。乱数表を引いて、重複のない乱数を50個選び、その番号に該当する人を標本とします。単純抽出法は、全体を代表する標本をまんべんなく抽出できるという点で精度が高い方法ですが、標本数が多いと乱数表を引く回数も多くなり大変です。

　手間がかからないという点では、**系統抽出法**が便利です。系統抽出法では、**抽出間隔値**（インターバルといい、名簿記載人数÷抽出数の小数点以下を切り捨てた整数）を求めます。次に、この範囲で乱数を１つ選び、スタート番号とします。スタート番号にインターバルを加算し、標本とします。さらに、その値に繰返しインターバルを足しこんで標本を選びます。抽出した標本数が、抽出数より多い場合は、単純抽出法で削除する標本を選びます。例えば、500人の顧客名簿から50人をピックアップする場合、インターバルは500÷50＝10、スタート番号は乱数表より４が選ばれたとします。次は、4＋10＝14、その次は14＋10＝24、…というようにして、494まで50人を抽出します。

　なお、系統抽出法は、ルールは簡単ですが、名簿の記載方法に一定の決まりがある場合に問題が生じることがあります。例えば、従業員名簿など、部門単位に記載され、ひとつの部門の人数が等しく、役職順に並んでいる場合、スタート番号を１、インターバルを部門の人数で行うと、部長ばかりが選ばれることになってしまいます。名簿の特徴を調べてからサンプリング方法を選びましょう。

◆ 単純抽出法と系統抽出法の特徴と実施手順

単純抽出法	標本すべてを無作為に抽出
系統抽出法	無作為に抽出した標本をスタートに、等間隔で抽出

	長　所	短　所
単純抽出法	精度が高い	・手間・時間が多大 ・母集団が広域な訪問調査の場合・実査費用が多大
系統抽出法	手間・時間がかからない	・単純抽出法より精度が劣る ・母集団リストに規則性がある場合、特定の性質の標本だけが選ばれる可能性がある（下の例）

系統抽出法で特定の性質をもつ標本だけが選ばれる例：社員名簿からの抽出（1000人から100人抽出）

総務部	No.	経理部	No.	営業部	No.	企画部	No.
部長	1	部長	11	部長	21	部長	31
課長	2	課長	12	課長	22	課長	32
課長代理	3	課長代理	13	課長代理	23	課長代理	33
係長	4	係長	14	係長	24	係長	34
係長	5	係長	15	係長	25	係長	35
役職無し	6	役職無し	16	役職無し	26	役職無し	36
役職無し	7	役職無し	17	役職無し	27	役職無し	37
役職無し	8	役職無し	18	役職無し	28	役職無し	38
役職無し	9	役職無し	19	役職無し	29	役職無し	39
役職無し	10	役職無し	20	役職無し	30	役職無し	40

No.3からスタートしてインターバル10の場合、課長代理だけが抽出されます。

（解決策）
・社員名簿の並び順を、年齢などで並び替えてから系統抽出または単純抽出法で抽出するなどします。

単純抽出の作業例

①母集団全員に一連番号を付ける
　↓
②乱数表により標本抽出
　必要な標本数より多めに、パソコン上で、乱数をExcel関数等で発生させる
　↓

乱数表の例（母集団が2ケタの場合の例）

31	78	79	41	89	3	34	20	59	36
53	93	59	76	11	34	45	28	13	31
14	67	53	8	26	53	22	16	22	89
49	73	44	31	84	3	98	2	9	51
68	38	58	58	71	27	41	33	21	98
47	65	96	2	22	85	18	56	31	64
58	89	70	34	44	94	36	59	70	58
21	16	84	15	44	87	94	98	65	17
54	24	95	6	29	91	75	71	2	14
76	85	91	25	51	64	75	92	18	87

発生した番号に該当する標本を選ぶ
重複番号は飛ばす
例：31、78、79、41、89、3、34、20、59、36、53、93、76、11、34、45、28、13、…

系統抽出の作業例

①母集団全員に一連番号を付ける
　↓
②抽出する標本のインターバルを計算する
　例：999から50サンプル抽出する場合
　　999÷50＝19.98→小数点以下切り捨て
　　インターバルは19とする
　↓
③スタート番号を無作為に抽出
　インターバルの数以下の乱数を1つ、パソコン上で、Excel関数等で発生させる
　乱数の例：16
　↓
④抽出する標本番号を算出
　スタート番号＋インターバルにより、最終番号を超える手前まで、順次抽出
　16、35、54、73、92、111……985
　51個抽出されたため、51−50＝1個余分
　↓
⑤余分な標本を無作為抽出で選出し削除
　抽出した標本に一連番号をつけ、抽出数の範囲で乱数を発生させ、該当する数を削除
　例：1〜51の一連番号をつけ、この範囲で乱数を発生。6が出たため、6番目の標本番号111を削除

32 地域と対象者を絞り込むサンプリング
確率比例２段抽出法

サンプリングの抽出単位が複数ある場合の抽出方法で、広範囲な母集団からも効率的に抽出できる。

　確率比例２段抽出法とは、まず町丁目を選び（第１次抽出単位）、次に選ばれた町丁目の世帯または個人（第２次抽出単位）を選ぶ方法です。個人抽出の確率比例２段抽出法では、町丁目別に人口を累積して並べ、合計人口を抽出地点数で割った整数をインターバル、インターバルの中から乱数表で選んだ１つの整数をスタート番号として町丁目を系統抽出し、次に選んだ町丁目から個人を系統抽出します。

　第２次抽出単位のサンプル（世帯や個人）を選ぶときは、選んだ町丁目ごとにスタート番号とインターバルを決めます。実用上、町丁目を抽出した際の抽出数値（第１次抽出時のスタート番号＋インターバル×地点番号）が、選んだ町丁目の何番目に該当するかを計算してスタート番号とします。インターバルは、10（調査対象外を除く）とすることが多いようです。

　ところで、選挙人名簿や住民基本台帳によるサンプリングは、困難になってきています。選挙人名簿の閲覧は、個人情報保護の観点より全国的に規制されており、実質的に行政、マスコミと大学等研究機関しか利用できません。また、住民基本台帳の閲覧を規制している自治体もあります。名簿業者などの商業目的利用が問題視されているためです。

　住民基本台帳の閲覧を行うには、アンケートの目的、調査依頼主、実査期間、アンケート内容などを明記した「住民閲覧申請書」の提出が義務づけられています。また、閲覧の順番待ちや抽選をする自治体もあります。さらに、自治体ごとに閲覧料金や料金体系が異なります。住民基本台帳でサンプリングを行うには、期間と閲覧料、サンプリング要員の人件費や交通費なども考慮することが必要です。

◆ 確率比例2段抽出法の実施手順

特徴 : ・サンプリングの抽出単位が2段階
       (例：1段階目＝県内の市町村、2段階目＝市町村内の住民)
      ・広範囲の地域を対象にした訪問調査の場合に用いることが多い
長所 : ・母集団構成員が多数であったり、広範囲であっても効率的に標本抽出可能
      ・訪問調査の場合、調査地域が分散しすぎない
短所 : ・単純無作為抽出や系統抽出より精度が低い
      ・母集団が異質なグループで構成されている場合、全体像を反映しない
       (例：1段階目が年齢層別、所得額別、成績別のグループなど)

---

①1段目と2段目の抽出単位を決める
　例：調査対象母集団　いろは市民68000世帯
　　　　標本数　200世帯
　　　1段目　町丁目　2段目　世帯

⬇

②1地点（町丁目）ごとの標本数と、抽出地点数を決める
　例：1地点10世帯
　　　抽出地点数＝200÷10＝20地点

⬇

③町丁目名ごとに世帯数をリストアップし、世帯数合計を算出〔例〕

いろは市 町丁目名	世帯数	世帯数累積	調査対象 地区No.	備考
にほへ1丁目	1203	1203		
にほへ2丁目	408	1611		
とちり1丁目	1451	3062	1	2358を含む
とちり2丁目	862	3924		
ぬるを1丁目	768	4692		
ぬるを2丁目	238	4930		
ぬるを3丁目	746	5676		
わかよ1丁目	1520	7196	2	2358＋3400＝5758を含む
わかよ2丁目	428	7624		
わかよ3丁目	329	7953		
わかよ4丁目	298	8251		
たれそ1丁目	1895	10146	3	2358＋3400＊2＝9158を含む
たれそ2丁目	1754	11900		
ちりぬ町	106	12006		
るをわ1丁目	1427	13433	4	2358＋3400＊3＝12558を含む
るをわ2丁目	689	14122		
るをわ3丁目	489	14611		
・	・	・	・	
・	・	・	・	
せすん町	526	68000	20	2358＋3400＊19＝66958を含む

⬇

④地点を抽出するインターバルを計算
　例：68000世帯÷20地点＝3400

⬇

⑤スタート番号を、乱数を発生させて抽出し、スタート地点を決める
　例：インターバル3400より小さい乱数を発生させる
　　　2358＝スタート番号とする
　　　2358番が含まれる町丁目＝スタート地点

⬇

⑥スタート番号＋インターバルで20地点を抽出
　例：地点No1＝2358番が含まれる町丁目
　　　地点No2＝2358＋3400＝5758が含まれる町丁目
　　　・
　　　地点No20＝2358＋3400×19＝66958が含まれる町丁目

⬇

⑦選出された地点ごとに世帯を系統抽出
　地点ごとのスタートNo＝
　1段目の抽出世帯番号－1つ手前の地点までの累積世帯数
　例：地点No1＝2358番目の世帯
　　　地点No2＝5758－5676＝わかよ1丁目の82番目の世帯
　　　インターバルは10とすることが多い

第4章　○実査を行う

33 住宅地図から抽出するサンプリング
エリアサンプリング（ランダムウォーク）

訪問調査で対象者リストが無い場合にに住宅地図をサンプリング台帳として利用する方法。

　訪問調査では、住民基本台帳が利用しづらいため、1段目の町丁目を選んだ後の2段目のサンプル（世帯や個人）を選ぶときのサンプリング台帳に住宅地図を用いることがあります。住宅地図をサンプリング台帳に用いる方法を、**エリアサンプリング**、または**ランダムウォーク**と称します。

　エリアサンプリングは、一戸建、庭のある家、車がある家などの条件から世帯を探すには便利な場合もあります。まず、市販の住宅地図の該当ページ数を乱数から選び、次にスタート住宅を無作為に選びます。住宅地図上でスタート住宅が決まれば、時計回りに住宅を訪問するように道順を矢印で示しておきます。インターバルは3軒から10軒と定めます。

　対象者リストなしで訪問調査が実施できるメリットはありますが、次のようなデメリットも併せ持っています。世帯対象調査の場合は、おおむね1住宅1世帯ですし、人が住んでいるかどうかは外見で大体わかりますが、対象者の条件まではわからないため、訪問世帯が対象外の可能性があります。また、個人対象調査では、該当する性別や年齢の人が居住していても、対象者が外出中の可能性もあるため、実査はさらに非効率で、難しくなります。

　そして、エリアサンプリングは、在宅率が高い対象者に偏る可能性があることにも留意が必要です。そこで、標本の代表性を得るため、母集団の属性構成比に近い比率になるよう対象標本を割り付けるか、集計時に母集団の属性構成比に近い比率になるようウェイトバック[1]を行います。

---

[1] ウェイトバック→女性20〜49歳を対象とする調査の場合、例えば、調査地点Aの女性人口が、20歳代1000人、30歳代1500人、40歳代2000人とします。アンケート調査の1地点の標本数を6人とし、各年代2人ずつ現地抽出したとする。この場合の1標本のウェイトは、20歳代500（＝1000÷2）、30歳代750（＝1500÷2）、40歳代1000（＝2000÷2）となる。集計する際、地点Aの標本は年齢に応じて上記で算出したウェイトを乗じる。このような集計方法を「ウェイトバックを行う」という。

◆ エリアサンプリング（ランダムウォーク）の実施手順

特徴：訪問調査で、対象者リストがない場合に用いる
長所：・住民基本台帳など名簿がなくても訪問調査が可能
　　　　・外見でわかる条件の世帯を探すには便利な場合もある（庭のある家、車がある家など）
短所：・在宅率が高い対象者に偏る可能性がある
　　　　・外見でわからない条件や、個人対象調査の場合は非能率（訪問世帯が調査対象条件に非該当、対象者が外出中等）

確率比例2段抽出法の①〜⑥の手順で町丁目を抽出

↓

⑦町丁目ごとに、調査目的や母集団の属性構成比等を考慮して、抽出する調査対象の属性、属性ごとの抽出数を決める

例：コミュニティー活動についての意識調査
　　対象者の条件　20歳以上の男女
　　抽出数　10

	20代	30代	40代	50代	60代以上
男性	1	1	1	1	1
女性	1	1	1	1	1

母集団の属性構成比に近い比率にするか、集計時に母集団の属性構成比に近い比率になるようウエイトバックする

↓

⑧町丁目ごとに、住宅地図で調査対象を抽出

例：
1）抽出された町丁目の住宅地図を用意する
2）乱数でページNoを抽出
3）住宅を抽出
　（1）タテ、ヨコをセンチで測る
　（2）タテ、ヨコ、それぞれの位置を乱数で決める
　（3）（2）のクロスした位置をスタート地点とする
　（4）インターバルを決める（5軒から10軒）
　（5）インターバルに従い、時計回りに抽出
　（6）個人対象調査の場合、対象条件に該当する人がいるか確認

調査員への指示書（例）

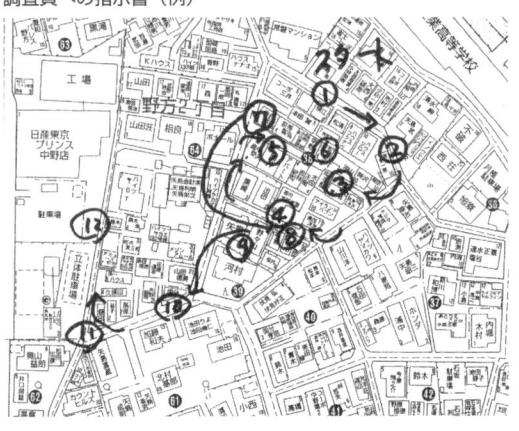

**当調査における
ランダムウォーク法の原則**

1. 事前に決められたスタート地点から地番順に5軒おきに一般住宅を訪問する。
2. 調査対象者世帯を抽出し、調査対象となる「家族の存在を確認」し、「調査の協力依頼」をする。
3. 応諾を受けた対象者の性別、年齢を調査対象名簿に記入する。
4. 順次、同様な方法で調査を依頼し、調査対象者名簿の割り当て不足分を補充していく。
5. その他
　①集合住宅が調査対象となった場合はその中で3軒おきに抽出する。
　②1つのブロック内は道順とは無関係に3軒おきに回り、そのブロック内の世帯の抽出が終了したら、次の地域に移動する。

34 通行人や電話番号を抽出する方法
タイムサンプリング、RDD、プラス1

通行人を時間間隔で抽出するタイムサンプリングや、乱数を発生させて作った電話番号で調査するRDDなど。

●**通行人や来場者からのサンプリング**

タイムサンプリングは、例えば、通行人50人のうちから1人に調査を依頼するといったときに用いるサンプリングです。母集団がわからないため、抽出率は計算できません。しかし、標本数を多くしたり、抽出間隔をできるだけ等しくすることで、便宜的に代表性を持たせる工夫をしています。標本に代表性を持たせるには、経験的には500人以上、できれば1000人程度を必要とします。

調査地点の曜日別時間帯別通行人数を事前に測ると、必要な調査員人数、抽出間隔や目標回収人数を決めるのに役立ちます。例えば、調査地点別の通行人数を回収目標人数で割れば、何人おきに調査を依頼すればよいかが計算できます。

事前に観察した時間帯別通行者数と、実際に回収された時間帯別標本構成が実態と異なる場合、集計結果をウェイトバックにより調整することが必要です。

●**電話番号の自動発生や電話帳によるサンプリング**

電話調査独自のサンプリング方法として、**RDD**（ランダム・デジット・ダイヤリング）と**プラス1**があります。RDDは、地域によって使用している電話番号桁数の番号を乱数で発生させて電話番号を作ります。プラス1は、電話帳データベースで抽出した電話番号の最後の一桁1から9のどれかを加算または減算する方法です。RDDもプラス1も、作った電話番号を自動ダイヤルするパソコン上で行われますので、サンプリング作業は実際には行われません。印刷された電話帳をサンプリング台帳にする方法もありますが、電話帳無記載などの問題もあります。

◆ タイムサンプリングの特徴

特徴：街頭調査、来場者調査など、その場所に来た人を、一定の時間間隔で抽出する
長所：・名簿を必要としない
短所：・母集団の数が明白ではない
　　　・時間帯によって通行人や来場者の数が異なるため、時間帯によって抽出率が異なる点を考慮する必要がある

①調査地点で、時間帯別の通行人、来場者等の数を事前観察する
　日曜の調査なら、事前調査も日曜に行うなど、調査日と同条件で行う

⬇

②事前観察の結果から、時間帯別の標本数の配分、調査員の配置等を検討する
　例：必要標本数＝1000とした場合の計算方法

	来場者数	来場者構成比（％）	必要標本数
10時～12時	1500	22.7	227
12時～14時	1300	19.7	197
14時～16時	2000	30.3	303
16時～18時	1800	27.3	273
合計	6600	100.0	1000

⬇

実際に回収された時間帯別標本構成が実態と異なる場合、集計結果をウェイトバックにより調整することが必要

◆ RDD（ランダム・デジット・ダイヤリング）の特徴

特徴：・電話調査に用いるサンプリング方法
　　　・電話番号を乱数表で自動的に発生させ、調査対象とする方法
長所：・電話帳を必要としない
短所：・母集団の数が明白ではない

◆ プラス1の特徴

特徴：・電話調査に用いるサンプリング方法
　　　・電話帳データベースで抽出した電話番号の最後の1桁の数字に1～9を加算または減算
長所：・電話帳データベースに無記載の世帯も抽出
短所：・電話帳データベースの更新が必要

35 訪問調査のポイント

調査員管理。雇用契約や説明会、回収等のチェックをしっかり行う。

①調査員を手配する

　教育訓練された専属調査員を持つ調査会社もありますが、標本数が多い場合はアルバイト調査員を募集し、教育訓練する期間が必要です。調査員の必要人数は、標本数÷1日あたり実査完了予定数（ノルマ）÷（実査日数−1.5日）です。1.5日は、説明会、中間点検と回収に要する日数です。

　調査員とは雇用契約を交わします。契約書には、虚偽などの不正行為防止や、対象者の個人情報保護などを記載します。また、調査員の不慮の事故に備えて、損害保険への加入も検討します。

②調査員説明会を行う

　調査員説明会では、調査の主旨、調査方法などを説明します。説明会の準備、説明事項については右ページを参照してください。

③実査管理を行う

　実査管理者は、調査員の回収票数の把握、調査員や対象者からの問い合わせなどへの対応、調査員を増員する必要性の判断、調査員が住宅を発見できなかった場合の指示などを行います。実査の品質管理のため、対象者不在や拒否の場合も日を変え時間を変えて最低3回は調査依頼の努力を行う「3コールの原則」を遵守させます。

④点検・回収を行う

　調査員ごとに、回収した最初の数票を担当者が点検します。原則として、説明会の翌日または2～3日後に中間点検を行い、誤解している点がないかを点検します。点検ミス防止のため、点検・回収マニュアルの作成が必要です。（［40 回収データのチェック］参照）

◆ 訪問面接・訪問留置き調査の実施手順

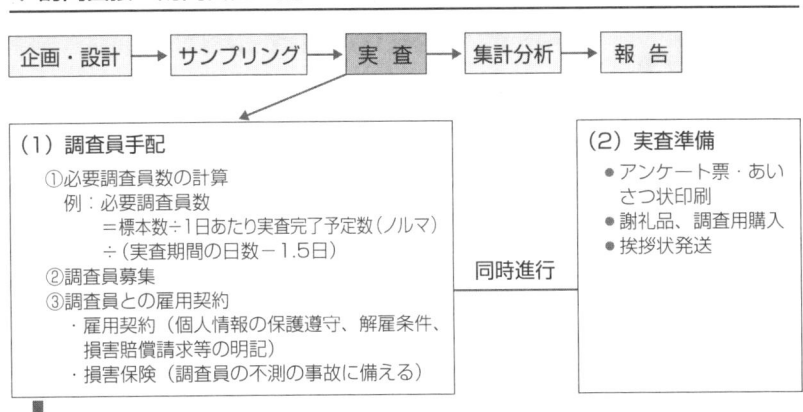

企画・設計 → サンプリング → **実査** → 集計分析 → 報告

(1) 調査員手配
① 必要調査員数の計算
　例：必要調査員数
　　＝標本数÷1日あたり実査完了予定数(ノルマ)
　　÷(実査期間の日数－1.5日)
② 調査員募集
③ 調査員との雇用契約
　・雇用契約（個人情報の保護遵守、解雇条件、損害賠償請求等の明記）
　・損害保険（調査員の不測の事故に備える）

同時進行

(2) 実査準備
- アンケート票・あいさつ状印刷
- 謝礼品、調査用購入
- 挨拶状発送

(3) 調査員説明会
① 説明会準備
　・会場予約
　・調査員への案内
　・配付物の用意
　　調査員別対象者リスト（現地抽出の場合実査地点割付リスト）
　　調査員手当の支払基準書
　　調査員の手引き（調査概要、実査手順と注意事項など）
　　調査用具
　　（アンケート票、あいさつ状、謝礼品、対象者リスト、地図、筆記用具、
　　　身分証明書、交通費請求用紙、担当者連絡先電話番号等）
② 説明会実施
　・調査用具、アンケート票配付
　・調査についての説明
　　（説明資料、アンケート票等の読み上げ質疑応答）
　・面接の練習

(3) 実査管理
　・調査員管理
　・回収状況の把握
　・対象者からの問い合わせへの対応
　・不測の事態への対応（予備標本の指示、トラブルへの対応等）

(4) 点検・回収
　・回収票数の確認
　・指定した対象者に面接したかの確認
　・回収票の記入もれ、記入ミス等のチェック（点検・回収マニュアルを作成）
　・不正行為のチェック（回収票と対象者リストを生年月日等で照合）

第4章 ◎実査を行う

36 来場者調査のポイント

調査場所の事前視察や現場での調査員管理、道路・施設の使用許可や悪天候への備えを万全に。

①調査場所を視察する

調査場所は、調査目的に応じて決まりますが、調査員を配置する地点は、現地を見て判断します。ポイントは、以下のとおりです。

- 視察必携用具（ビデオカメラ、カメラ、時刻表、道路地図、住宅地図、施設配置図、店内配置図、カウンターなど）の準備
- 交通アクセス（交通機関のダイヤ、駐車場の有無など）や交通量の把握
- 実査不可能または困難な天候や時間帯を判断
- 道路での調査の場合、集客施設や自販機の前など営業妨害にならない地点か確認し、警察署に道路使用許可を申請
- 施設内での調査の場合は、施設管理者と折衝し許可を取得（駐車場や出入口付近など邪魔にならない地点を抽出）

②実査計画書を作成する

実査計画書は、実査を適切に実施するためのチェックリストを兼ね、調査場所管理者への許可申請の説明資料にもなるように作ります。

③実査準備

実査計画書にもとづき、必要な調査書を募集したり実査当日に向けての準備を行います。

④実査当日の留意点

調査開始時刻前に調査地点に調査員を全員待機させ、調査実施をアピールするのぼり・看板などがあれば設置します。

調査地点を巡回し、1時間ごとに回収数をチェックし、目標回収数に足りなければ調査員を投入、多ければ抽出間隔を長めにするなどの判断をします。実査完了後、調査員ごとに回収数を確認します。

◆ 来場者調査の実施手順

企画・設計 → 調査場所視察 → 実査計画書作成 → 実査 → 集計分析 → 報告

(1) 調査場所の視察
- ●交通アクセスの把握
- ●方向別交通量の計測
- ●人・車の流れ、動静等の観察・把握
- ●実査による周辺への影響、トラブルが生じないか等の把握
- ●実査条件の判断
  - ・実査に適した曜日、時間帯、地点、実査中止条件等の検討
  - ・道路、施設等調査場所の使用許可申請先、許可が得られるかの確認
  - ・対象者の抽出方法と抽出間隔の検討

(2) 実査計画書の作成
- ●調査場所を管理者に許可を申請するための説明資料として必要
- ●実査を適切に実施するためのチェックリストを兼ねる
- ●記載内容
  - ・調査概要（目的、調査対象場所、調査期間など）
  - ・実査方法（面接調査、自記式現地回収、自記式郵送回収など）
  - ・実査日時、実査延期の条件および予備実査日
  - ・調査地点（地点数と地図上への配置）と地点選定理由
  - ・歩行者や自動車の交通量（時間帯別、曜日別など）があれば記載
  - ・調査員配置計画
  - ・対象者の抽出方法（タイムサンプリング、抽出間隔など）
  - ・雨天の場合の備え
  - ・道路上での実査の場合は警察署への届出、施設内の場合は施設管理者の許可
  - ・調査員の損害保険加入
  - ・謝礼品の種類
  - ・調査主体の名称

(3) 調査員手配
（[35 訪問調査のポイント] 参照）

同時進行

(4) 実査準備
- ・調査員配置図
- ・調査票印刷
- ・警察への道路使用許可申請（公道で調査する場合）
- ・施設管理者への挨拶
- ・必要に応じて、調査員ユニフォーム、腕章、調査実施中ののぼり等の用意

(5) 調査員説明会
（[35 訪問調査のポイント] 参照）

(6) 実査管理
- ・調査員管理（現地巡回）
- ・回収状況の把握（回収状況により、人員配置や抽出間隔を調整）
- ・不測の事態への対応（問い合わせ、トラブルへの対応等）

(7) 点検・回収
- ・回収票数の確認
- ・指定した条件の対象者に面接したかの確認
- ・回収票の記入もれ、記入ミス等のチェック

37 郵送・電話・FAX調査のポイント

郵送調査は配達日に注意、電話・FAX調査はIT機器で効率的に。

①郵送調査のポイント

　郵送調査では、アンケート票を発送し、返送されるまで、2週間～3週間は必要です。宛名は手書きか、料金別納にするかなど、対象者が受け取ったときの印象と調査費用とを考慮して選択します。

　発送後は、問い合わせに対応したり、回収票を点検します。返送枚数は毎日記録し、回収率が思わしくない場合は、督促を検討します。

　回収率を高める工夫として、回答しやすいアンケート票、木～金に到着するように発送、締切日前に土・日曜を2回含める、謝礼品の同封、締切日直前のお礼を兼ねた督促はがきなどがあります。

②電話調査のポイント

　電話調査システムは、パソコン画面に表示された質問文を調査員が読み上げ、回答を入力するしくみで、実査管理と集計が簡単に行えます。

　標本数が多い電話調査は、電話調査システムを持つ調査機関に依頼するのが一般的です。依頼する際は、調査員の集中管理、電話の完全自動発信システム、アンケート票の画面表示と入力システムの有無などを確認し、サンプリング方法、調査対象者のスクリーニング方法、回収率の分子と分母の定義なども協議しておきます。

③FAX調査のポイント

　FAX番号は電話帳に非掲載、受信者に用紙代の負担がかかる、FAX受信中は住宅用電話が使用できないなどの理由から、FAX送信による調査の場合は、対象者の事前募集が必要です。回収のみFAXで、調査依頼は郵送、訪問、広告などで行う場合もあります。パソコンソフトなどによるFAX一斉送信やデータ変換などの効率化も可能です。

◆ 郵送調査の実施手順

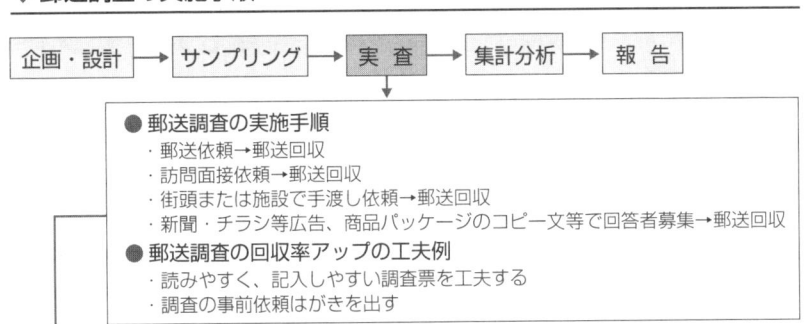

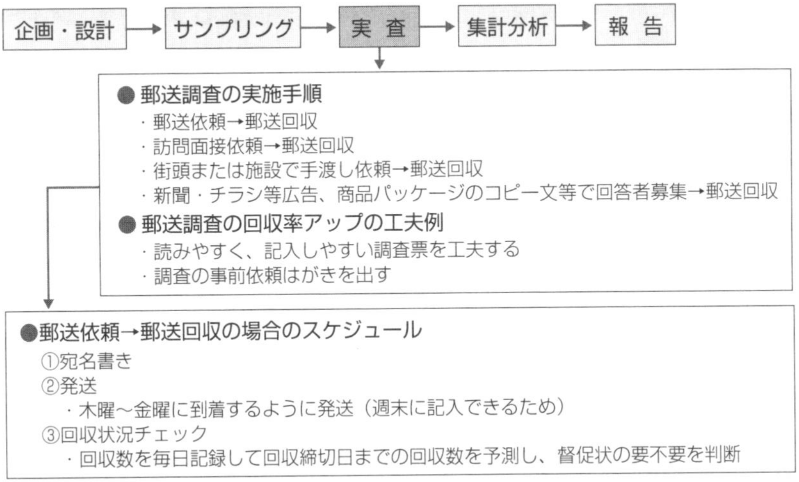

企画・設計 → サンプリング → 実査 → 集計分析 → 報告

- ● 郵送調査の実施手順
  - ・郵送依頼→郵送回収
  - ・訪問面接依頼→郵送回収
  - ・街頭または施設で手渡し依頼→郵送回収
  - ・新聞・チラシ等広告、商品パッケージのコピー文等で回答者募集→郵送回収
- ● 郵送調査の回収率アップの工夫例
  - ・読みやすく、記入しやすい調査票を工夫する
  - ・調査の事前依頼はがきを出す

- ● 郵送依頼→郵送回収の場合のスケジュール
  ① 宛名書き
  ② 発送
  　・木曜〜金曜に到着するように発送（週末に記入できるため）
  ③ 回収状況チェック
  　・回収数を毎日記録して回収締切日までの回収数を予測し、督促状の要不要を判断

◆ 電話調査システムの例

例1：電話オペレーターによる調査

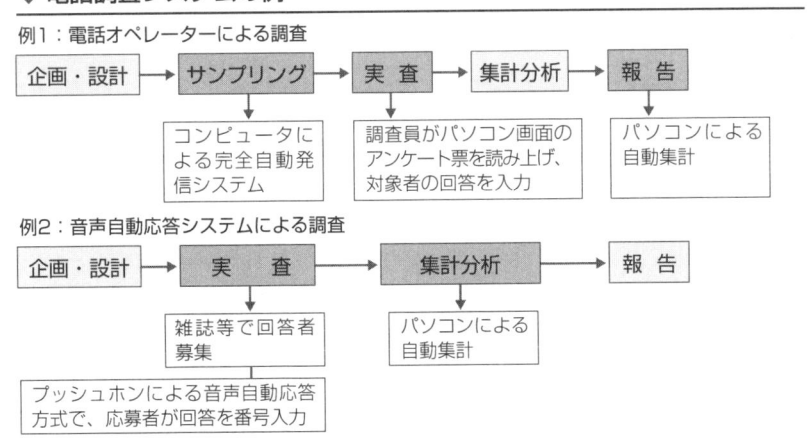

企画・設計 → サンプリング → 実査 → 集計分析 → 報告

- サンプリング：コンピュータによる完全自動発信システム
- 実査：調査員がパソコン画面のアンケート票を読み上げ、対象者の回答を入力
- 報告：パソコンによる自動集計

例2：音声自動応答システムによる調査

企画・設計 → 実査 → 集計分析 → 報告

- 実査：雑誌等で回答者募集／プッシュホンによる音声自動応答方式で、応募者が回答を番号入力
- 集計分析：パソコンによる自動集計

◆ FAX調査の実施手順

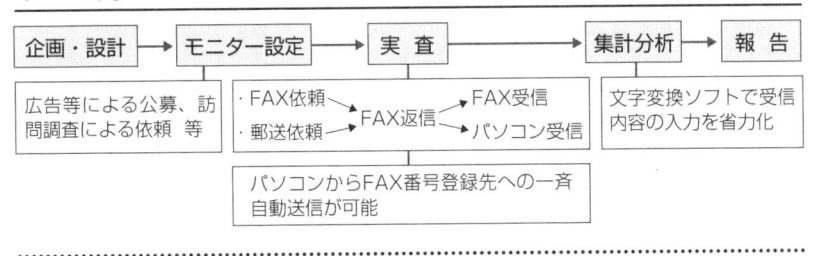

企画・設計 → モニター設定 → 実査 → 集計分析 → 報告

- モニター設定：広告等による公募、訪問調査による依頼 等
- 実査：
  - ・FAX依頼 → FAX返信 → FAX受信
  - ・郵送依頼 → FAX返信 → パソコン受信
  - パソコンからFAX番号登録先への一斉自動送信が可能
- 集計分析：文字変換ソフトで受信内容の入力を省力化

第4章 ○実査を行う

38 会場アンケート調査のポイント

対象者は当日または事前に募集し、会場準備も万全に。

対象者を当日募集する場合のチェックポイントを以下に示します。

①募集場所の使用許可を取得しておく

道路を使用する場合は、事前に警察署に道路使用許可を届出します。施設内であれば、施設管理者の許可を得ておきます。

②募集用具を準備する

会場アンケートの対象者を募集していることを告知する広報用具(のぼり、看板など)を募集個所とその前後10m付近に配置します。

③募集チラシを準備する

チラシには、調査の主旨、アンケート内容、個人情報保護、所要時間、謝礼、調査主体名称、所在地、連絡先などを掲載します。なお、募集終了後にチラシが捨てられるなどしていたら、付近の清掃を行います。

④募集担当者の留意点

募集チラシを手渡し、協力を依頼する人は、清潔な服装で、身分証明書を常に明示します。言葉遣いは丁寧にし、しつこい勧誘は厳禁です。

⑤会場へ案内する

協力を約束していただいた対象者を、会場に案内します。会場と募集場所が離れた場所にある場合は、地図を渡すか、案内係を同行させます。

⑥トラブル対応のポイント

募集責任者は常に募集場所にいなければなりません。歩行者から通行の邪魔だと苦情を言われれば直ちに対応し、邪魔と指摘された事項を改善します。道路上での募集の際、警察署に苦情がくれば、警察官がきて対応を求めます。こうなったら、募集どころではありません。次に道路使用許可を求めた場合、許可が得られない場合もあります。

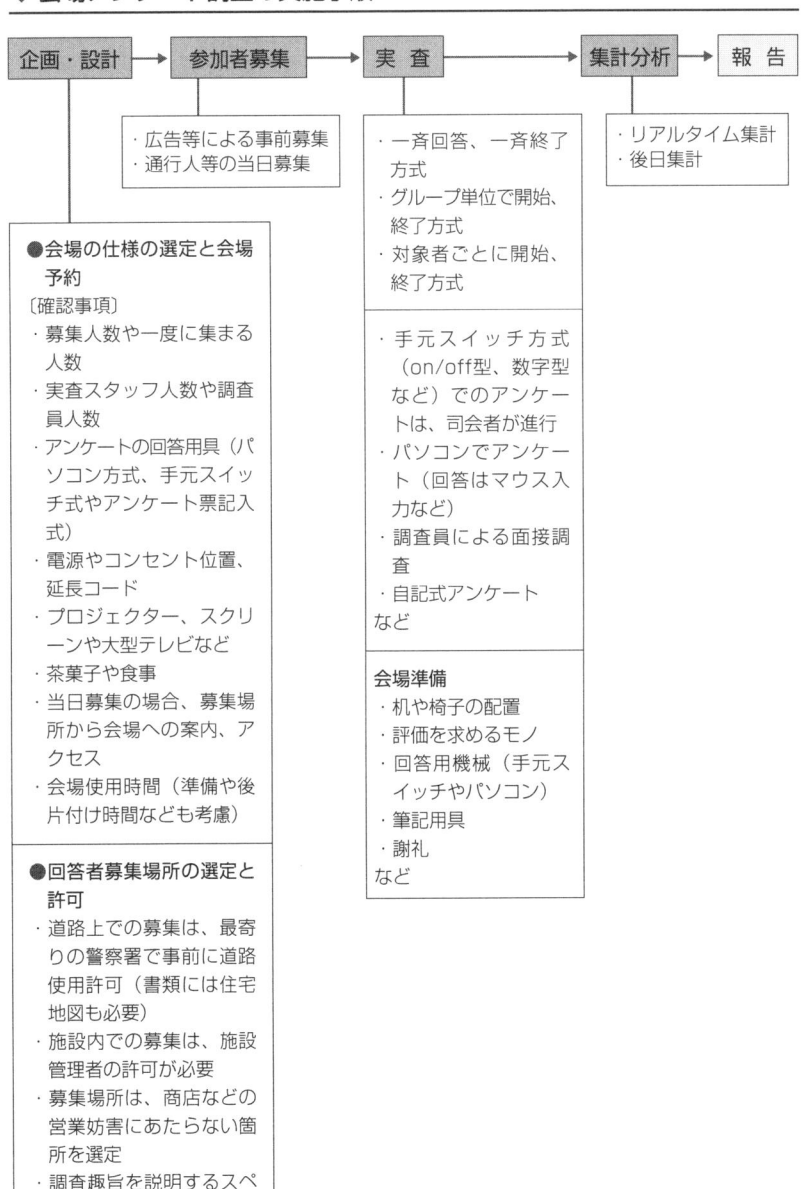

◆ 会場アンケート調査の実施手順

```
企画・設計 → 参加者募集 → 実査 → 集計分析 → 報告
```

参加者募集
- 広告等による事前募集
- 通行人等の当日募集

実査
- 一斉回答、一斉終了方式
- グループ単位で開始、終了方式
- 対象者ごとに開始、終了方式

- 手元スイッチ方式（on/off型、数字型など）でのアンケートは、司会者が進行
- パソコンでアンケート（回答はマウス入力など）
- 調査員による面接調査
- 自記式アンケート

など

会場準備
- 机や椅子の配置
- 評価を求めるモノ
- 回答用機械（手元スイッチやパソコン）
- 筆記用具
- 謝礼

など

集計分析
- リアルタイム集計
- 後日集計

●会場の仕様の選定と会場予約
〔確認事項〕
- 募集人数や一度に集まる人数
- 実査スタッフ人数や調査員人数
- アンケートの回答用具（パソコン方式、手元スイッチ式やアンケート票記入式）
- 電源やコンセント位置、延長コード
- プロジェクター、スクリーンや大型テレビなど
- 茶菓子や食事
- 当日募集の場合、募集場所から会場への案内、アクセス
- 会場使用時間（準備や後片付け時間なども考慮）

●回答者募集場所の選定と許可
- 道路上での募集は、最寄りの警察署で事前に道路使用許可（書類には住宅地図も必要）
- 施設内での募集は、施設管理者の許可が必要
- 募集場所は、商店などの営業妨害にあたらない箇所を選定
- 調査趣旨を説明するスペースも必要

第4章 ◎実査を行う

39 インターネット調査のポイント

多数の回答者を集めるには、複数のサイトやマスメディアなども利用する。

①ウェブページ（またはサイト）アンケート調査の方法

Yahoo！などの検索サイトに広告を出し、回答者を募集します。広告に興味を持った人は、クリックして、会員登録サイトにジャンプし、希望者は、住所、氏名、年齢、電話番号、Eメールアドレス、職業など個人属性と、趣味などライフスタイルを回答します。

アンケートそのものへの回答は、ウェブページのアンケート票の回答コードをクリックします。そして、回答を送信します。携帯電話用のアンケートのウェブページも開発されています。

②Eメール調査の方法

Eメールの添付ファイル、またはテキスト文のみでアンケート票を送信します。添付ファイルの場合、ウェブページ調査同様、動画も送信可能です。Eメールアドレスを登録した会員が対象で、調査目的に応じて、男性30歳代などと定めることも可能です。

回答義務のない会員対象のセミクローズ型と、回答義務のある契約モニター会員対象のクローズ型があります。

③携帯Eメール調査の方法

インターネット接続ができる携帯電話などの使用者が対象で、アンケート内容はテキスト文のみです。簡単な質問しかできませんが、いつでもどこからでも、アンケートに回答できるフットワークの良さが特長です。

④モニター会員ウェブ調査の方法

ID番号とパスワードを入力しないと見ることができない会員専用のウェブページを設けます。電子掲示板を設け、インターネットでグループインタビューを行うこともできます。

◆ インターネット調査の実施手順

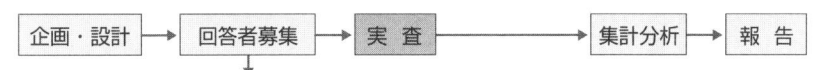

```
企画・設計 → 回答者募集 → 実査 → 集計分析 → 報告
```

- ● 複数サイトで募集
  - ・検索ページへのバナー広告
  - ・自社や協力会社のホームページからのリンク
  - ・携帯電話専用サイトでの募集
  - など
- ● メディアミックスによる募集
  - ・新聞広告とのタイアップ告知
  - ・テレビ、ラジオ等でのホームページアドレスの広告
  - ・新聞折込チラシでのホームページアドレスの広告

多くの回答者を得る工夫により、インターネット調査の欠点(代表性のあいまいさ)をカバー

◆ インターネット調査の種類と回答の集め方

	ウェブページ(ホームページ)	会員専用サイト(ホームページ)	Eメール	インターネット接続の携帯電話
公募式(オープン型:公募への応募者対象)	Yahoo!やMSNなどの検索サイトの広告で回答者を募集し、ウェブページでアンケート票を表示、回答を得る		インターネット接続を提供するプロバイダーの協力があれば、メールアドレスを取得している加入者の全員あるいは一部にアンケート依頼できる場合もある	携帯電話専用の検索サイトの広告で回答者を募集 ウェブページで質問し、回答を得る
公募兼会員式(セミオープン型:公募への応募者と、アンケートの回答者となる会員を混在)				
会員式―回答義務なし(セミクローズ型:アンケートの回答義務はないモニター会員対象)		会員専用のウェブページを設け、ID番号とパスワードを入力しないとウェブページを見ることができない。電子掲示板も設けることができる。	Eメールの添付ファイルでアンケート送付、またはテキスト文のみでアンケートを送付	インターネット接続の携帯電話などの使用者を対象に、テキスト文のみでアンケートを送付
モニター契約・回答義務あり(クローズ型:アンケートに回答する契約を結んでいるモニター会員対象)				

第4章 ◎ 実査を行う

40 回収データのチェック

一票づつの情報を積み上げて結果を出すアンケート調査は、回収票のチェックが重要

①訪問面接や留置き調査のデータチェック

調査員の不正がないか、訪問、電話、はがきなどで確認します。

- 訪問による確認：時期をずらして、別の調査員を対象者宅に訪問させ、本人の回答か、調査員に問題がなかったかを確認します。
- 電話による確認：回収直後に、回収票の1割から2割をランダムに抽出し、対象者に電話をして確認します。
- 郵送による確認：回答者全員にはがきによるアンケートを行い、対象者になったことや調査員への感想を質問します。

②郵送調査のデータチェック

郵送調査の場合、調査票に、氏名、住所、電話番号の記入があれば、10％程度を抽出して、お礼を兼ねた電話で確認します。無記名式の場合、返信用封筒に番号などを付ければ対象者は特定できますが、本人の記入かどうかは確認できません。

③回答者募集式調査のデータチェック

インターネット、新聞、雑誌などの記事や広告で回答者を公募すると、謝礼品が高額なほど重複応募があります。重複応募者は、謝礼品を送付する住所、氏名、電話番号、Ｅメールアドレスなどをもとにチェックします。

④モニターなど調査の回答契約者のデータチェック

モニター契約者も本人の同意や指示で家族が回答する可能性があります。ＦＡＸや郵送によるモニター調査では、過去と現在の筆跡などを比較し、歴然とした差がある場合、それとなく問い合わせるなどします。インターネット調査の場合、筆跡チェックは不可能なうえ、パスワードを複雑にしても、本人の同意による他人の回答は発見不可能です。

◆ 回収票のチェックポイント

対象者に対して ①対象者本人の回答であることの確認	→	調査員の態度や言葉遣いに問題が無かったかも確認し、調査員教育に生かす

アンケート票の記入内容について ②嘘の回答がないかのチェック ③回答ミス、記入ミスのチェック	→	嘘が多い回収票は集計対象から除外 回答ミス、記入ミスは対象者か調査員に確認

◆ 対象者本人の回答かをチェックする方法（例）

調査の方法	対象者本人の回答かの確認方法
面接・留置き調査	・時期をずらして、別の調査員を対象者宅に訪問させ確認 ・回収票からランダムに抽出した対象者に電話で確認 ・対象者全員に往復はがきで確認
郵送調査	・住所、氏名、電話番号の記入があればお礼を兼ねた電話で確認 （謝礼品の発送のため、住所、氏名、電話番号記載をお願いする）
回答者募集式調査	・氏名、住所、電話番号、Eメールアドレスなどで、謝礼品目当ての重複回答者を発見
モニターなど調査の回答契約者	・過去と現在のアンケート回答票の筆跡等を比較し、疑わしい場合は失礼の無いように問い合せる

疑わしい回答の例
・同じ番号ばかりに○がついていたり、○の付け方が規則的すぎる
・無記入が多すぎる
・数値で回答を求めた場合の範囲が常識を超えている（例：1ヵ月のこづかい額1000万円等）

実査のバイアス

実査ではいろんなバイアスが発生します。例えば、

・どこの会社が調査をしているのだろう。メーカー評価の質問の回答で先頭にあった会社がスポンサーだろうな。わざわざ調査をするからには、良いという結果を出したいのだろうから、良いと答えてあげよう。

・こんな多くの質問に答えさせて謝礼品は安っぽい、早く終らせよう。

・意味がわからない質問だが面倒だから1番と答えよう。

・この質問の前に良いと答えたから、ここでも良いと答えよう。

などと回答者に思われては、妥当性のある調査結果は出せません。

また、実査では、調査員の嘘や間違いの予防、発見対策が必要不可欠です。面接調査の場合、一番困るのは、対象者に面接をしないで、調査員本人が対象者になりすまして回答をすることです。実査では、回収票の一定割合について、本当に調査を行ったかどうかを対象者本人に確かめる必要があります。

繁華街でキャッチセールスマンがアンケート調査を口実にモノを売りつけることがあります。また、アンケート調査の依頼を口実に住宅のドアを開けさせ、強盗をした例もあります。物騒な世の中になっていますので、調査員には身分証明書を携帯させ、対象者に見せて怪しいものでないことを信じてもらうなどの対策が必要です。

第5章

▼

データ集計を行う

41 集計作業の手順

回収票の最終点検からはじめ、データ入力、データクリーニング、集計、統計解析の順序で実施する。

アンケート票を念には念をいれてチェックし、そのうえで、集計キー項目や自由回答のカテゴリー分類を確定します。

①集計作業の流れ

集計作業の流れは、次のようになります。

1) 回収票の最終点検と整理（通称、エディティング）
2) 自由回答のカテゴリー分類（通称、コーディング）
3) データ入力（データパンチともいいます）
4) 質問の流れの論理チェックなどデータクリーニング
5) 単純集計（質問の回答カテゴリーごとの度数と構成比）
6) クロス集計（複数項目間の回答カテゴリーの度数と構成比）

必要があれば、検定や多変量解析などを行います。

②マニュアル類の作成

- エディティングマニュアル：回収したアンケート票を最終点検するためのマニュアルです。
- コーディングマニュアル：自由回答を分類して頻数で集計するために、回答のカテゴリー分類とコード番号を示すマニュアルです。
- データ入力指示書：データ入力を委託する場合は、指示書または協議事項の確認書が必要です。内部作業にも指示書は必要です。
- データチェック（クリーニング）指示書：エディティングマニュアルをプログラマー用に作成したもので、パソコンで、質問の流れやありえない回答コードをチェックするための指示書です。
- 集計、検定、多変量解析などの指示：どんな集計や統計解析を行うかを指示します。

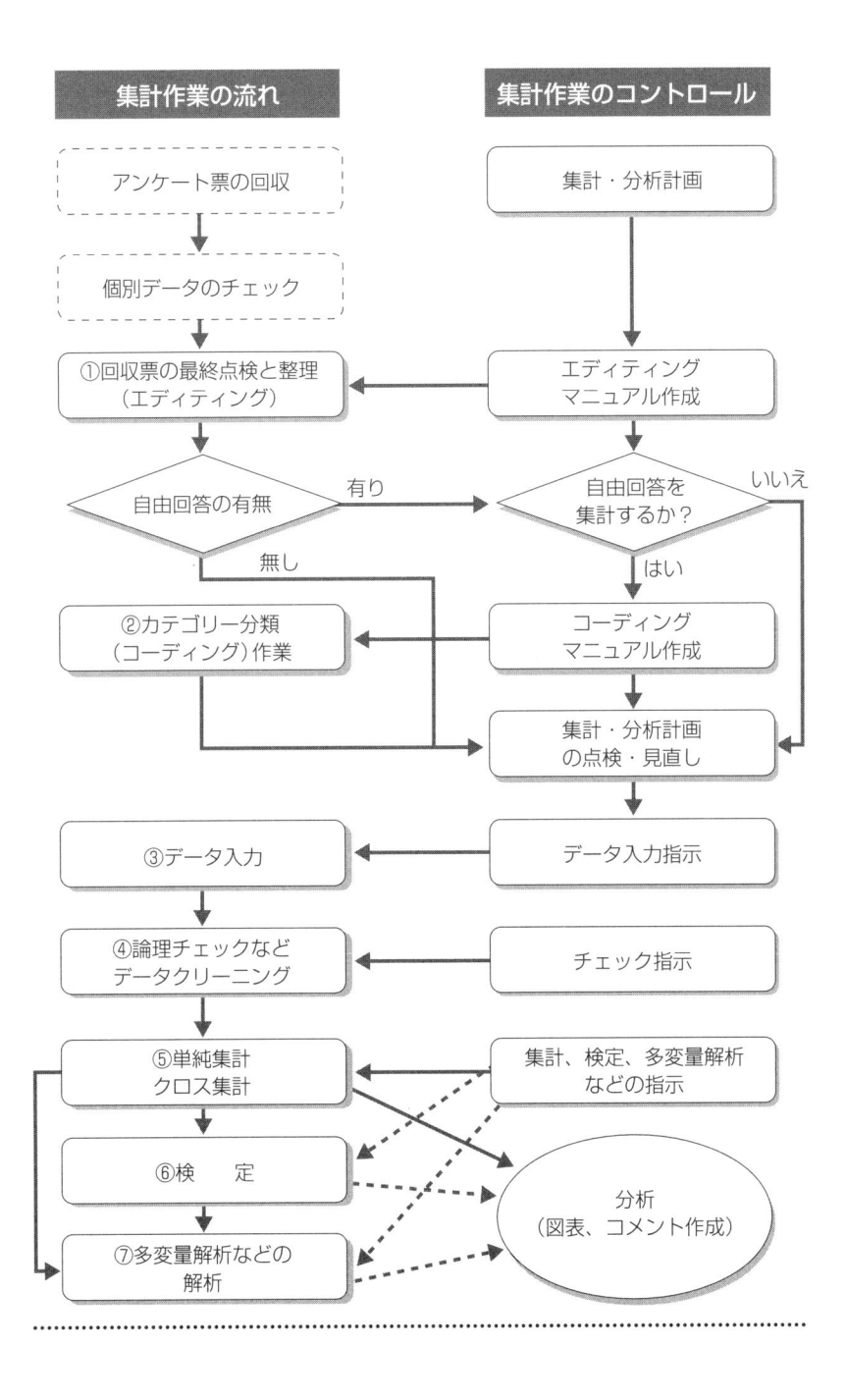

集計作業の流れ

- アンケート票の回収
- 個別データのチェック
- ①回収票の最終点検と整理（エディティング）
- 自由回答の有無
  - 有り → ②カテゴリー分類（コーディング）作業
  - 無し
- ③データ入力
- ④論理チェックなどデータクリーニング
- ⑤単純集計 クロス集計
- ⑥検定
- ⑦多変量解析などの解析

集計作業のコントロール

- 集計・分析計画
- エディティングマニュアル作成
- 自由回答を集計するか？
  - はい → コーディングマニュアル作成
  - いいえ
- 集計・分析計画の点検・見直し
- データ入力指示
- チェック指示
- 集計、検定、多変量解析などの指示
- 分析（図表、コメント作成）

第5章 ◎データ集計を行う

42 データの最終チェック

集計に備えて、回答もれ、記入ミスなどの点検と、回答間の論理的矛盾などの点検を行い、不備や矛盾を修正する。

①**基本的点検のポイント**

- **調査対象の確認**：スクリーニング質問の回答や、性・年齢などが対象者の条件に合致しているか、最終点検します。
- **標本番号の確認**：重複番号や記入ミスを点検します。
- **有効回収票の確認**：回答もれや無回答が多すぎる場合、無効票とします。
- **回答チェックマークの点検**：入力ミス防止のため、○印や✓印などのチェック位置を確認します。
- **回答方法の点検**：求めた数より多すぎる回答、順位の重複など、回答ミスを点検し、一定の法則を決めて修正します。
- **自由回答の文字や数字の点検**：乱筆で読めない字を判読します。
- **自由回答の意味内容の点検**：意味不明の回答を判読、処理します。
- **その他の具体内容の点検**：「その他（具体的に）」の内容が、選択肢と同じ場合、該当する選択肢に訂正します。

②**論理的点検のポイント**

- **質問のとび方の点検**：回答すべき質問をとばしていないか、回答しなくてよい枝分かれ質問などに回答していないか、点検します。
- **回答内容の整合性の点検**：女性なのに男性への質問に回答、正反対の複数意見に賛成など、質問間の矛盾を点検します。
- **回答のくせの点検**：同じ選択肢番号ばかりに○、賛否などの回答パターンが全て同じなどの問題票は、無効票とするか判断します。

③**データ入力後の点検**

パンチミスによる重複データ、回答カテゴリー番号外の数字、回答間の論理矛盾の有無などがないかチェックします。

◆ 集計前の準備作業

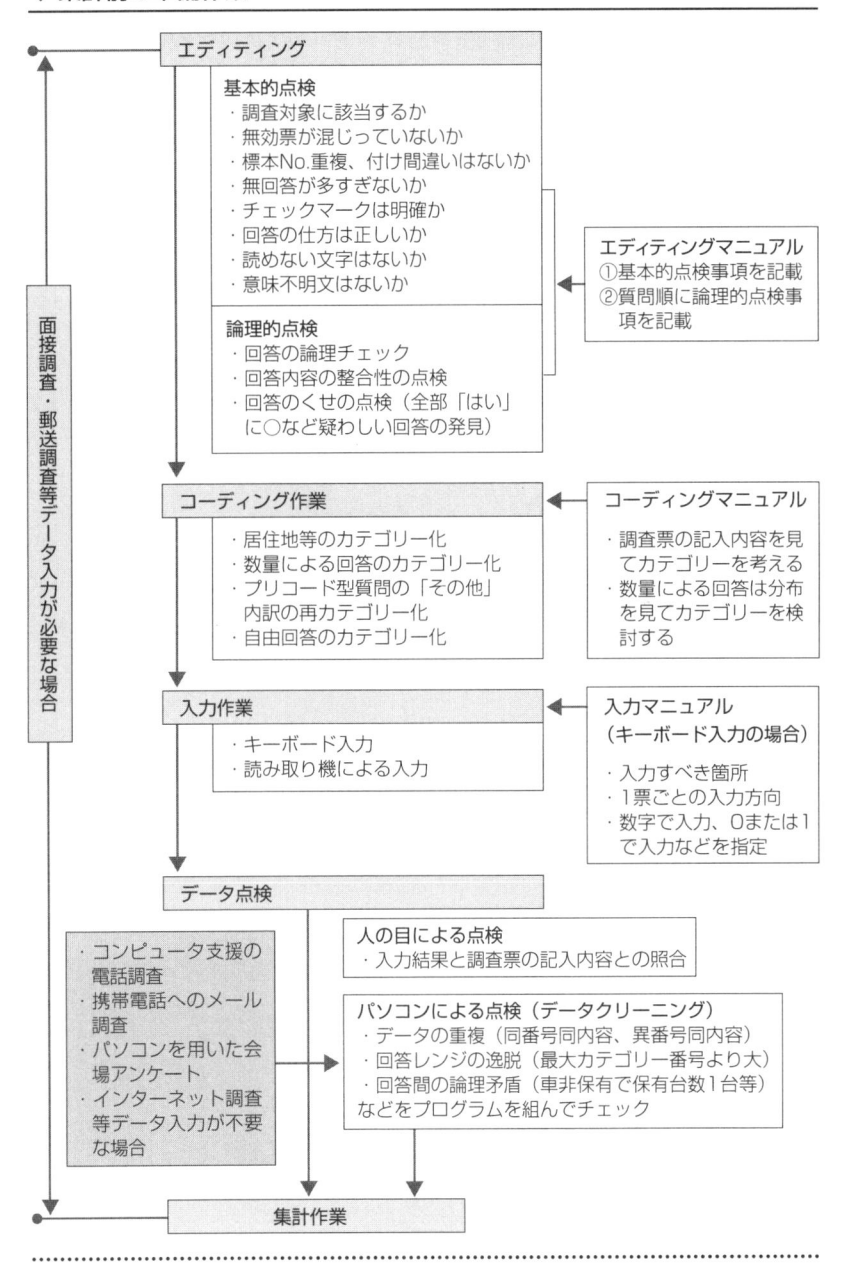

```
エディティング
  基本的点検
    ・調査対象に該当するか
    ・無効票が混じっていないか
    ・標本No.重複、付け間違いはないか
    ・無回答が多すぎないか
    ・チェックマークは明確か
    ・回答の仕方は正しいか
    ・読めない文字はないか
    ・意味不明文はないか
  論理的点検
    ・回答の論理チェック
    ・回答内容の整合性の点検
    ・回答のくせの点検（全部「はい」
     に○など疑わしい回答の発見）
          ↑
  エディティングマニュアル
    ①基本的点検事項を記載
    ②質問順に論理的点検事
     項を記載

   ↓
コーディング作業         ← コーディングマニュアル
  ・居住地等のカテゴリー化      ・調査票の記入内容を見
  ・数量による回答のカテゴリー化    てカテゴリーを考える
  ・プリコード型質問の「その他」   ・数量による回答は分布
   内訳の再カテゴリー化        を見てカテゴリーを検
  ・自由回答のカテゴリー化       討する

   ↓
入力作業              ← 入力マニュアル
  ・キーボード入力           （キーボード入力の場合）
  ・読み取り機による入力        ・入力すべき箇所
                     ・1票ごとの入力方向
                     ・数字で入力、0または1
                      で入力などを指定

   ↓
データ点検
  人の目による点検
    ・入力結果と調査票の記入内容との照合

  パソコンによる点検（データクリーニング）
    ・データの重複（同番号同内容、異番号同内容）
    ・回答レンジの逸脱（最大カテゴリー番号より大）
    ・回答間の論理矛盾（車非保有で保有台数1台等）
   などをプログラムを組んでチェック

   ↓
集計作業
```

（左側の枠：面接調査・郵送調査等データ入力が必要な場合）

（下部左の枠：
・コンピュータ支援の電話調査
・携帯電話へのメール調査
・パソコンを用いた会場アンケート
・インターネット調査等データ入力が不要な場合）

第5章 ◎データ集計を行う

43 自由回答をカテゴリー化する

自由回答を集計するにはカテゴリーに分けて番号化するコーディング作業が必要

　自由回答には、プリコード型質問にあるような「その他（具体的に）」の具体的内容を回答するもののほか、自由回答型質問の回答、数量による回答の3種類があります。（[49 度数分布とは]参照）

　自由回答型質問は、最低10～20％以上の回答を読み、分類します。

　例えば購入金額など数量による回答は、回答結果を見てカテゴリーの幅を判断し、10分類前後に区切ります。

　自由回答のカテゴリー化の方法を以下に、事例を右ページに示します。

①回答内容を分野・領域別にまとめる

　「行政について」「新聞について」「商品やサービスについて」など、広い視点での自由回答を求めた場合、回答もさまざまです。回答頻度が多い場合は、回答内容を分野や領域で分け、必要に応じて、分野ごとにさらに細かく分けていきます。

　例えば、新聞記事についての自由回答なら記事面別に分ける、企業の商品・サービスついての質問では商品・サービスの種類別とその他の分野に分けてカテゴリー化するといいでしょう。

②類似した回答をまとめる

　同じ意味の回答は、ひとつのカテゴリーにまとめます。

③評価をしてまとめる

　回答内容を見て、好意的、非好意的、中立的評価に分類します。評価視点は複数あってもよいでしょう。好き嫌い、良い悪い、満足不満などが考えられます。評価結果の頻数や構成比を集計した結果と、それぞれの具体的な回答内容を例示すると説得力が増します。

◆ 自由回答のカテゴリー化の例

①回答内容を分野・領域別にまとめる　例：商品についての不満点

コード	内　容	回　答　例
1	価格	・高い ・店によって価格差が大
2	デザイン	・ほしい色がない ・小型化してほしい
3	使いやすさ	・ふたが開けにくい ・ノズルが詰まりやすい
4	機能	・すぐ壊れる ・何度も故障した
5	アフターサービス	・すぐ修理に来ない ・修理代が高い
6	販売方法	・取り扱い店が少ない ・通販でも売ってほしい

②類似した回答をまとめる　例：販売店についての要望

コード	内　容	回　答　例
1	値引きサービスの充実	・特売日を増やして ・購入金額のポイント制を ・タイムサービスの実施 ・特売スケジュールの広告を
2	品揃えの充実	・定番品は欠品がないように ・鮮魚の種類を増やして ・季節感のある商品を
3	レジの効率化	・夕方の行列を解消して ・レジをスピードアップして
4	レイアウトの改善	・何がどこにあるかわかりにくい ・店内がごちゃごちゃしている
5	従業員教育強化	・商品は丁寧に扱うように ・商品知識を持ってほしい
6	品質管理をしっかり	・賞味期限切れは置かないで ・産地表示は必ず付けて
7	付帯サービスの充実	・配達サービスをしてほしい ・駐車場をもっと増やして
8	価格表示	・表示価格とレジ価格の相違がないように

③評価をしてまとめる　例：A社の広告についての印象

コード	内　容	回　答　例
1	好意的	・画像がきれい ・テーマ音楽がよい ・俳優に好感が持てる
2	非好意的	・訴えたいことがピンと来ない ・商品と広告のイメージが合わない
3	中間的	・あまり興味が無い ・よく覚えていない

44 集計計画の立て方

企画・設計段階で立てた集計計画を、回収・整理の段階で再検討し、集計計画を確定する。

　集計作業に入る前に、集計計画表を作成します。集計計画表は、データ入力や集計の外部委託指示書にもなります。入力されたデータや集計結果の点検にも役立ちます。

　基本的な集計は、度数分布とパーセントの計算です。数量データは平均値、標準偏差などを算出します。満足度や重要度、順位などは得点換算などを行います。（［第6章 統計の基本を押さえる］参照）

　パソコン集計用の集計計画表に含める主な項目は以下のとおりです。

①質問No.と質問名称
②回答の種類（ＳＡ…単一回答、ＭＡ…複数回答、ＯＡ…自由回答、ＦＡ…数字による回答、など）
③複数回答の表示方法（回答ありのコード番号を示す方法とコード番号ごとに回答の有無を1か0で示す方法があります。）
④回答コード（質問ごとの回答コード番号の最小値と最大値。）
⑤無回答／不明コード（番号やアルファベットで示します。）
⑥度数分布のパーセントの母数（全数か特定の回答者かを指定。）
⑦平均値・標準偏差（数量の質問箇所は計算の有無を示します。）
⑧平均値母数（平均値を算出する回答者の母集団を定義します。）
⑨得点換算（カテゴリーごとの割り付けた得点値を示します。）
⑩その他（偏差値の計算や、ウェイトバックなどを指示します。）
⑪クロス集計のキー（キー項目とする「属性」や「質問」を示します。）

◆ 集計計画表の例

調査名称　　　　　　　　　　　　　集計計画表

質問No.				1	2	3	4	5	6	7	8	9	F1	F2	F3	F4	F4'
名称	調査種別番号	地点No.	サンプルNo.	大人の喫煙への好き嫌い	お父さんの喫煙の有無	お父さんの喫煙に対する態度	お父さんにたばこを止めてほしい理由	たばこを吸わないお父さんのイメージ	たばこを吸うお父さんのイメージ	たばこについての意見21項目への賛否	健康という言葉から連想すること	お父さんにやってほしいスポーツ	性別	年齢	学年	1ヵ月の小遣い	1ヵ月の小遣いのカテゴリー値（F4データ変換＝新変数）
回答の種類　SM…単一回答　MA…複数回答　FA…数字による回答　OA…自由回答				SA	SA	SA	MA	MA	MA	各SA	OA	MA	SA	FA	SA	FA	SA
複数回答の表示方法							1.0タイプ	1.0タイプ	1.0タイプ	2桁コード	1.0タイプ						
回答コード（最小値～最大値）	4	01～99	001～999	1～2	1～2	1～5	1～0	1～0	1～0	各々1～2	01～20	1～0	1～2	6～19	1～8	0～99999	01～15
無回答／不明のコード				B	B	Y	Y	Y	Y	B	YY	B	B	B	B	B	YY
度数分布の%母数				全数	全数	Q2①	Q3②	Q2①	Q2①	全数	全数	全数	全数	全数	全数	全数	全数
平均値・標準偏差																○	
平均値母数																B以外	
得点換算																	
その他の計算（　）																	
単純集計				○	○	○	○	○	○	○	○	○	○	○	○	○	○
クロス集計　性別年齢(F1×F2)				○	○	○	○	○	○	○	○	○			○	○	○
クロス集計　学年(F3)				○	○	○	○	○	○	○	○	○				○	
クロス集計　Q1喫煙への好悪					○	○	○	○	○	○	○	○					

第5章 ◎データ集計を行う

45 クロス集計とクロス分析のポイント

複数の質問項目間の因果関係や相関関係を調べるには集計キーの設定がポイント。

①クロス集計キー作成のチェックポイント

- 表側カテゴリーの標本数(ひょうそく)は、25人以上、できれば50人以上必要です。標本数が少ない場合、回答カテゴリーをまとめます。
- 性、年齢などの対象者の特性を、調査目的に応じて分類します。
- 調査目的からみて重要な質問を集計キーとします。自社商品購入意向が課題なら、購入頻度や満足度などをキーにします。
- 意識と行動の関係など、質問項目間の因果関係を調べるには、原因と思われる質問をキー項目にします。

②クロス分析のチェックポイント

- 人口統計的特性を母数とした構成比は意味がありますが、質問項目を母数として人口統計的特性の構成比を分析してもあまり意味がありません。右下の表の例では、女性の回収数が多いことにより、「はい、いいえ」とも女性が多いというおかしな結果になります。
- 集計キーの設定が不適切な場合、関連性がないのにあるように見えたり、差異があるのに見えない場合があります。例えば、小学生の学力を足のサイズ別に集計すると、足のサイズが大きいほど学力が高いとなりますが、本来は、学年とのクロス集計が適切でしょう。また、社員旅行先についてアンケートし、全部署で賛成率1位のA市に決めたら、女性が猛反対し、男女別に集計すべきだったということがあるかもしれません。
- 特定の特性をもつ人々だけを対象とした調査だけでは、他の特性の人々との差異は証明できません。例えば、調査結果から、非行少年は親と食事を一緒にしていないという結論を検証するには、一般の少年についても調査することが必要です。

◆ クロス集計の手順

```
単純集計 → 実数、構成比、平均値等を算出

集計結果
のチェック
・標本数
・構成比の母数
・質問間の整合性
・数値による回答のカテゴリーの切り方が適切か
・不明、無回答が多すぎる箇所など、データや集
　計結果が疑わしい箇所はないか
等をチェック

・標本数＝有効回収数か
・枝分かれ質問の標本数は正しいか
・単一回答の構成比合計＝100％か
・平均値と分布の関係はおかしくな
　いか

集計キー
の検討
・調査仮説、調査目的により集計キーを検討
・回答者の属性、調査課題への影響が大きそうな項目
　等を集計キーに

性年齢別の相違を知りたい→
性年齢を集計キーに

・母数となるカテゴリーの標本数は最低25以上に
・集計キーにしたいカテゴリーの標本数は十分か
・カテゴリーの切り直し、まとめ直しの必要はな
　いか

20歳代～70歳以上まで各標本数
15しかない→
20～30歳代、40～50歳代、
60歳以上にまとめる

クロス項
目の検討
・質問間の因果関係を考えてクロス項目を決める
・原因と思われる項目を母数に、結果と思われる
　項目を集計する
・全質問の集計キーとする項目、一部の質問の集
　計キーとする項目を検討

性別による賛否の相違がありそうだ
→性別を母数にして賛否を集計

クロス集計
```

第5章 ◎データ集計を行う

クロス表（横％表）の例　年齢別に賛否（単一回答）

	標本数	賛成	反対	無回答
全体	100.0 804	52.2 420	47.3 380	0.5 4
20歳代	100.0 116	55.2 64	41.4 48	3.4 4
…	…	…	…	…
70歳以上	100.0 179	42.5 76	53.1 95	4.5 8

表頭、セル、構成比、表側、クロスキー、母数、頻数

パーセントのとり方で、解釈を誤りやすい例

①頻数表

	計	はい	いいえ
男　性	22	20	2
女　性	1100	100	1000
計	1122	120	1002

②横パーセント表

	計	はい	いいえ
男　性	100.0%	90.9%	9.1%
女　性	100.0%	9.1%	90.9%
計	100.0%	10.7%	89.3%

③縦パーセント表

	計	はい	いいえ
男　性	2.0%	16.7%	0.2%
女　性	98.0%	83.3%	99.8%
計	100.0%	100.0%	100.0%

46 グラフ作成のポイント

グラフ化により結果の概要やキーポイントを視覚化する。

　グラフの種類は、何を表現したいかに応じて選択します。構成比を示すには「円グラフ」や「帯グラフ」、推移を示すには「折れ線グラフ」、2種類の数値の関係を示すには「散布図」、3つ以上の数値のバランスを示すには「レーダーチャート」、値を横並び比較するには「棒グラフ」などが用いられます。

　グラフ作成のポイントは以下のとおです。

- 表現目的に応じてグラフの種類選択を適切に…例えば、構成比を比較するには、円グラフを複数並べるより、帯グラフを並べたほうが、差異がわかりやすくなります。
- 何を表わすグラフかを明確に…グラフごとに表題、凡例、数値の単位、標本数、データ出典などを必ず明記します。
- 数値軸の値の設定を適切に…数値軸の設定によって、差異が大きく見えたり小さく見えたりします。数値軸の最小値と最大値の幅が小さいほど差異が拡大されてわかりやすくなりますが、誇張し過ぎると誤解を招きます。
- 推移を示すグラフは原点に注意…例えば、商品別の売上高の推移についてグラフで示す場合、ある年度の値を100とした伸び率の推移を商品別に示すか、売上金額そのものの推移を商品別に示すかにより、印象が全く異なります。
- 原則として数値を併記する…数値を併記することにより、グラフで示したデータの信頼感が増します。
- 凡例区分を明確に…凡例区分が不明確だと分析ミスを招きます。

第5章 ◎データ集計を行う

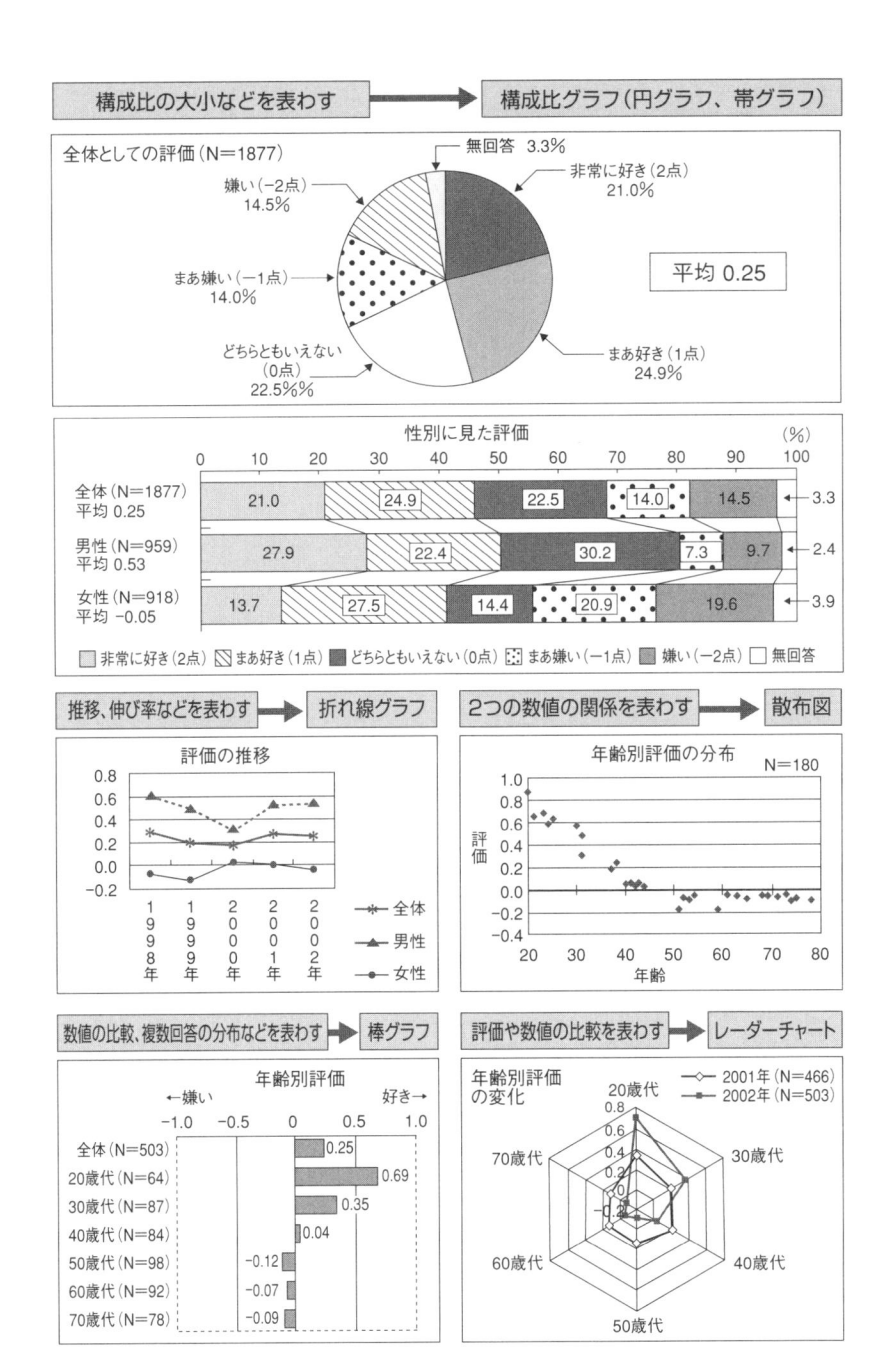

構成比の大小などを表わす → 構成比グラフ（円グラフ、帯グラフ）

全体としての評価（N=1877）
- 非常に好き（2点）21.0%
- まあ好き（1点）24.9%
- どちらともいえない（0点）22.5%
- まあ嫌い（−1点）14.0%
- 嫌い（−2点）14.5%
- 無回答 3.3%

平均 0.25

性別に見た評価 (%)

	非常に好き(2点)	まあ好き(1点)	どちらともいえない(0点)	まあ嫌い(−1点)	嫌い(−2点)	無回答
全体（N=1877）平均 0.25	21.0	24.9	22.5	14.0	14.5	3.3
男性（N=959）平均 0.53	27.9	22.4	30.2	7.3	9.7	2.4
女性（N=918）平均 −0.05	13.7	27.5	14.4	20.9	19.6	3.9

推移、伸び率などを表わす → 折れ線グラフ

評価の推移（1998年、1999年、2000年、2001年、2002年）
全体／男性／女性

2つの数値の関係を表わす → 散布図

年齢別評価の分布　N=180
横軸：年齢（20〜80）、縦軸：評価（−0.4〜1.0）

数値の比較、複数回答の分布などを表わす → 棒グラフ

年齢別評価

	←嫌い　好き→
全体（N=503）	0.25
20歳代（N=64）	0.69
30歳代（N=87）	0.35
40歳代（N=84）	0.04
50歳代（N=98）	−0.12
60歳代（N=92）	−0.07
70歳代（N=78）	−0.09

評価や数値の比較を表わす → レーダーチャート

年齢別評価の変化
- 2001年（N=466）
- 2002年（N=503）

軸：20歳代、30歳代、40歳代、50歳代、60歳代、70歳代

47 調査報告書の作成ポイント

読者は誰かを考え、見やすくわかりやすいレポートを心がける。

　調査報告書には、調査目的、調査設計の概要、調査目的に合致する調査結果のグラフとコメントを記述し、必要があれば調査結果から導かれる結論を記述します。

　チェックポイントは、以下のとおりです。

- 第三者にもわかるように、やさしく記述します。
- 調査の目的を、フローチャートなどを描いて、簡潔にしかも明解に示します。
- 調査対象、調査方法、実査期間、回収率などの調査設計の概要を記述します。
- 調査結果をグラフ化し、グラフの意味することをわかりやすくコメントします。
- 調査結果の説明は、調査対象者の特性から始めます。次に、調査で判明した意識や購入・使用などの行動に関する質問項目と対象者特性との関連性のコメントをします。質問順に記述する必要はありません。知りたい順、重要と思われる順など、調査テーマに応じて、的確に記述順序を決めてください。
- 必要があれば、対象者の意識や行動を把握したことによって導かれる結論（例えば、新製品コンセプト、商品価格案、顧客満足度を高める施策など）を記述します。
- 結論部分は、論理的に説得力を持たせるように工夫します。論理の流れを、フローチャートにして示すと、よりわかりやすいでしょう。
- レポートの最後には、調査の問題点あるいは今後の課題を記述します。

◆ 調査報告書の基本構成

	記載内容	用途
概要編	調査概要 （調査目的、調査対象、調査方法、実査期間、回収率など） 調査結果 （対象者属性、調査結果のまとめ、結論、今後の課題等）	報告会用 発表資料用
本編	調査概要 （調査目的、調査対象、調査方法、実査期間、回収率など） 調査結果 （対象者属性、全質問の調査結果を質問順に示す）	調査担当者 用内部資料
資料編	数表、アンケート票、企画・分析に用いた参考資料など	

◆ 概要編の作成ポイント

- 読者は誰かに応じた表現、内容にする
- 全体のボリュームは報告時間等を考慮する
- 調査課題に応じ、重要部分を優先的に記述
- 結果はグラフ＋簡潔なコメントで表示
- 結論をフローチャート等で論理的に示す
- 今後の検討課題も示す

◆ 本編の作成ポイント

- 調査の背景、調査設計の詳細も記述
- 質問ごとの結果を、質問のタイトル、コメント、グラフあるいは数表で、質問順に示す
- 多変量解析などを行った場合は、多変量解析の結果、解析手法の概要（テクニカルノート）も示す
- 年月の経過、担当者の変更などがあっても資料として活用できるよう、標本数、％の母数、各種数値の算出方法等を明記する

◆ 資料編の作成ポイント

- 全質問のクロス集計表
- 多変量解析を行った場合は、最終的に採用した解析結果のアウトプット
- 2次データなどの参考資料
  などで構成する

第2部

統計解析はこうして進める！

第6章

統計解析の基本を押さえる

48 統計解析の基本を押さえよう

統計解析の目的は、アンケート調査で得たデータを集計・分析して、意思決定の判断材料になる情報に加工すること。

(1) マーケティング・リサーチで使う統計解析

アンケート調査の個人情報（住所、氏名など個人や世帯が特定できる情報）と個別の回答内容のみに着目するだけなら個人情報の収集であり、統計調査ではありません。

統計的な調査としてのアンケート調査は、個人情報を収集しますが、特定個人の識別が不可能なようにデータ化し、度数分布や平均などの統計量を計算したり、もっと高度な統計解析である多変量解析をしたりします。

統計的な調査では、調査対象をグループとみなし、グループの特性を客観的に測定し、数量的にとらえます。そうすることによって、例えば、事象AとBとの関係を数量的にとらえ、その因果関係や相関関係を推測することができるようになるのです。

このように、アンケート調査の結果を意味のあるものにするには統計が不可欠であり、製品計画、価格計画、販売計画、広告販促計画などのマーケティングデータに活用されます。例えば、顧客ターゲットの量的な特性は、ターゲットの人数、売上げ額などの数量を用いて表わします。質的な特性は、ターゲットの性別年齢、職業、年収、居住地域、趣味、好きなテレビ番組、買物先の店の種類などを構成比などの数量で表わします。

また、価格をいくら下げると需要がいくら増えるかといった関係を調べ、将来を予測したりします。

(2) 統計のキーワード

① 4つの尺度

統計データを測るものさしは、名義尺度、順序尺度、間隔尺度、比例尺

アンケート調査で利用する統計の例

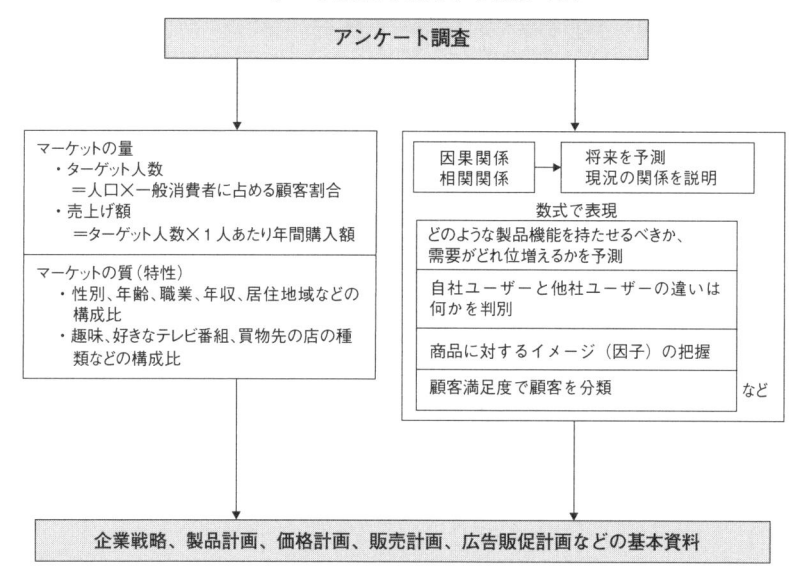

```
                    ┌──────────────────┐
                    │   アンケート調査   │
                    └──────────────────┘
                            │
        ┌───────────────────┴───────────────────┐
        ▼                                       ▼
┌──────────────────────┐          ┌──────────────────────────┐
│ マーケットの量        │          │ 因果関係  →  将来を予測   │
│ ・ターゲット人数      │          │ 相関関係     現況の関係を説明│
│  ＝人口×一般消費者に  │          ├──────────────────────────┤
│    占める顧客割合    │          │        数式で表現         │
│ ・売上げ額           │          │ どのような製品機能を持たせ│
│  ＝ターゲット人数×1人 │          │ るべきか、需要がどれ位増え│
│   あたり年間購入額    │          │ るかを予測                │
├──────────────────────┤          ├──────────────────────────┤
│ マーケットの質（特性）│          │ 自社ユーザーと他社ユーザー│
│ ・性別、年齢、職業、  │          │ の違いは何かを判別        │
│  年収、居住地域などの │          ├──────────────────────────┤
│  構成比              │          │ 商品に対するイメージ(因子)│
│ ・趣味、好きなテレビ  │          │ の把握                    │
│  番組、買物先の店の   │          ├──────────────────────────┤
│  種類などの構成比     │          │ 顧客満足度で顧客を分類    │
└──────────────────────┘          └──────────────────────────┘  など
        │                                       │
        └───────────────────┬───────────────────┘
                            ▼
        ┌─────────────────────────────────────────┐
        │ 企業戦略、製品計画、価格計画、販売計画、  │
        │ 広告販促計画などの基本資料               │
        └─────────────────────────────────────────┘
```

度の4つがあります。（[23 調査対象者を測る4つの尺度とは] 参照）

アンケート調査では、この4つの尺度を扱いますので、それぞれの尺度に適した統計解析が必要です。

②代表値

代表値とは、グループを代表する数値のことです。最も一般的に知られている代表値といえば、**平均**です。（[50 代表値とは] 参照）

③ばらつき

統計では、データのばらつきが重要です。ばらつきを表わすために、度数分布があります。（[49 度数分布とは] 参照）

また、ばらつきを1つの数値で表わすために範囲や標準偏差があります。（[51 範囲と標準偏差とは] 参照）

(3) 表計算ソフトによる統計解析

表計算ソフトの代表であるExcelを使えば、手軽に統計解析ができます。本書では、必要と思われる箇所でExcel関数[1]を紹介します。

---

[1] Excel関数→処理量の多い計算や複雑な計算を簡単に行うために、あらかじめ表計算ソフトのExcelに用意されている計算式のこと。Excelには300以上もの関数が装備されている。

49 度数分布とは

度数とは、カテゴリーへの回答者数のこと。各カテゴリーへの回答のばらつきを示したのが度数分布で、度数分布から調査対象者の集団にどんな傾向があるかがわかる。

(1) プリコード型質問で単一回答の場合の度数分布の読み解き方

アンケート調査では、度数分布表で**度数**（カテゴリーごとの回答人数のことで**頻数**ともいいます）と構成比（％）の両方を表わします。度数分布表は、調査対象者の特性（例えば、性別、職業、家族構成など）、意識や行動（例えば、賛否や買物頻度など）などの回答結果から、対象者集団にどんな傾向があるかを調べるために作成するものです。

下表では、回答カテゴリーの構成比の母数は1,043人です。回答は単一回答なので、構成比の合計は100％になります。この表では、「夫婦と子供がいる世帯」が全体の49.4％と半数近くを占めることがわかります。このように度数分布表は、アンケートの集計結果にどんな特徴があるのかを判定するために活用されるものです。

調査対象者の特性・家族類型の度数と構成比（％）

	標本数	夫婦のみの世帯	夫婦と子供がいる世帯	男親又は女親と子供のいる世帯	夫婦とその親の世帯	夫婦と子供と親の世帯
構成比（％）	100.0	28.9	49.4	5.0	3.6	13.1
度数（家族類型）	1,043	301	515	52	38	137

これが度数分布表です！

特定商品の顧客を対象に満足度を質問した場合は、特定商品の顧客全員を母数に構成比を算定します。無回答（あるいは不明）があった場合は、回答カテゴリーの1つとして扱い、構成比も算定します。（［22 質問のタイプと回答のタイプを考える］参照）

商品Aの満足度の度数と構成比（％）

	標本数	カテゴリー					
		満足	やや満足	どちらともいえない	やや不満	不満	無回答（不明）
構成比（％）	100.0	24.6	32.6	18.6	9.4	13.3	1.6
度数（商品Aの顧客）	512	126	167	95	48	68	8

(2) プリコード型質問で複数回答の場合の度数分布の読み解き方

複数回答の場合も、アンケート票の該当する回答カテゴリーに回答した人の度数を数えますが、構成比の合計は100％以上になります。各回答カテゴリーに該当しない人の度数や構成比は表示しませんが、読み取ることは可能です。例えば、下表でシステムキッチンの所有率が44.4％とは、非所有率が55.6％であることを意味します（厳密には、非所有＋無回答です）。

商品の所有状況の度数と構成比（％）

	標本数	カテゴリー				
		システムキッチン	給湯器（ガス瞬間湯沸器を除く）	温水洗浄便座	パソコン	オートバイ・スクータ
構成比（％）	100.0	44.4	53.9	50.2	51.7	11.7
度数（所有）	1,043	463	562	524	533	122

(3) 自由回答型質問の場合の度数分布の表わし方

文字主体の自由回答（例えば、製品についての意見・要望や好きな料理など）は、［43 自由回答をカテゴリー化する］を参考にしてカテゴリー化してから、カテゴリーごとの度数を数え、度数分布表を作成します。

数字による自由回答（毎月の小遣い、自家用車の年間走行距離など）をカテゴリー化してから度数分布表を作成する例を示します。カテゴリー化するには、数量を適切な等間隔幅の**級区間**（**インターバル**または**階級**ともいいます）、例えば5刻み、10刻み、50刻み、100刻み、500刻みなどに区切ります。年齢なら0歳～4歳、5歳～9歳、10歳～14歳、…、60歳～64歳、65歳以上などです。

　級区間の数をいくつに設定するかは一概に言えませんが、データ例を使って、決める手順を下表をもとに説明しましょう。

100人の商品Aに対する評価点（100点よい、…、0点よくない）

5	28	35	47	53	63	68	71	75	82
12	29	39	48	57	64	68	71	75	84
16	29	40	49	58	64	68	72	76	84
18	30	41	49	58	64	68	73	77	86
21	30	41	50	58	64	69	73	77	87
21	30	41	50	59	64	69	73	79	87
23	31	41	50	60	64	69	73	79	88
23	32	45	51	62	65	69	74	80	91
23	32	45	52	63	66	70	74	80	100
26	34	46	52	63	66	70	74	81	100

①まず、数値の最大値（この例では100）と最小値（5）を求めます。

②次いで、範囲（最大値－最小値、100－5＝95）を求め、10、15や20といった区切りのよい数で割ります（95÷10＝9.5、95÷15＝6.33、95÷20＝4.75）。この例では、商が5か10に近い10区間か20区間がわかりやすいため、便宜的に10区間を採用しました。最終的には、1区間平均のデータ数も考慮して決めます。

③そして、級区間を、0～10点未満、10～20点未満、…、80～90点未満、90点以上などと表わします。ただし、100点の人が何人いるかを知りたい場合もありますので、その場合は新たな級区間として追加します。
（度数分布表は、表計算ソフト「Excel」の**FREQUENCY**関数を用いれば、作成できます。）

級区間の表現方法の例

0〜10点未満	10〜20点未満	20〜30点未満	30〜40点未満	40〜50点未満	50〜60点未満	60〜70点未満	70〜80点未満	80〜90点未満	90点以上
0〜9点	10〜19点	20〜29点	30〜39点	40〜49点	50〜59点	60〜69点	70〜79点	80〜89点	90点以上
10点未満	10点台	20点台	30点台	40点台	50点台	60点台	70点台	80点台	90点以上
〜9点	〜19点	〜29点	〜39点	〜49点	〜59点	〜69点	〜79点	〜89点	90点以上

④最後に、度数分布表を作成し、グラフを描きます。

分布形を示すには、棒グラフや折れ線グラフを用います。構成比を表わすには、円グラフや棒グラフを用います。

商品Aに対する評価点の度数分布表

標本数	10点未満	10点台	20点台	30点台	40点台	50点台	60点台	70点台	80点台	90点以上
100	1	3	9	9	12	12	22	19	10	3

商品Aに対する評価点の度数分布図

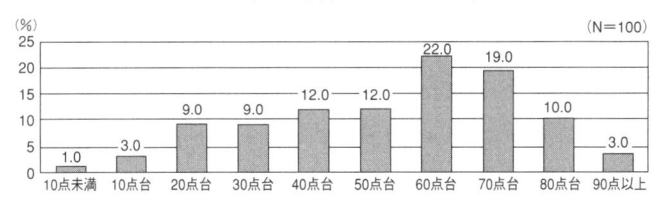

(%) (N=100)

区分	%
10点未満	1.0
10点台	3.0
20点台	9.0
30点台	9.0
40点台	12.0
50点台	12.0
60点台	22.0
70点台	19.0
80点台	10.0
90点以上	3.0

第6章 ◎ 統計解析の基本を押さえる

50 代表値とは

調査対象者の全体やグループの「分布の中心位置」の値のことで、平均や中央値を用いることが多い。

(1) もっともポピュラーな代表値である「平均」

平均には、①算術平均、②幾何平均、③調和平均、④トリム平均の4種類があります。年収など100万円刻みで回答カテゴリーを示して答えを得るような場合、各カテゴリーの数字の中心点で算術平均を計算したりします。例えば200〜300万円未満だと250万円と見なして計算します。

①平均の基本形である「算術平均」

一般的に平均といえば**算術平均**（相加平均ともいいます）のことです。算術平均のExcel関数は、**AVERAGE**です。

> 算術平均＝データの合計÷データの個数

算術平均は、aとbの2つのデータの場合、(a+b)÷2で求めます。60と40の2つの数字の場合は、50が算術平均です。

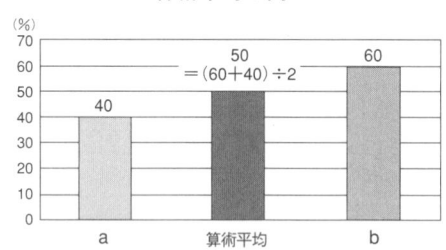

算術平均の例

(%)
- a: 40
- 算術平均: 50 ＝(60＋40)÷2
- b: 60

②売上伸び率や価格変動率などの計算で使われる「幾何平均」

幾何平均（相乗平均ともいいます）は、売上げ伸び率や価格の変動率など比例数の代表値として用いられます。例えば、小売店の売上げ額が、2001年2,000万円、2002年4,000万円、2003年16,000万円だったとすると、対前年比は、2002年2倍、2003年4倍です。対前年比は算術平均だと3倍

（＝(2+4)÷2）となりますが、2003年の売上げ額を計算すると2,000万円×3倍×3倍＝18,000万円となり、実際の値の16,000万円と一致しません。一方、幾何平均は2.83[1]で、2003年の売上げ額は2,000万円×2.83倍×2.83倍≒16,000万円となり、実際の値と一致します。

売上げ推移と前年比および幾何平均の例

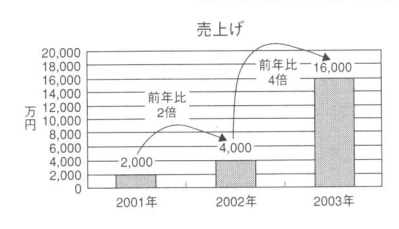

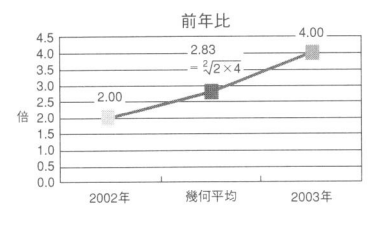

このように、幾何平均は、n個の数字をすべて掛け合わせた値のn乗根の正の値であり、データがプラスの値の時だけ計算できます。

$$幾何平均 = \sqrt[n]{データの積} = データの積^{1/n} \quad n：データの個数$$

幾何平均のExcel関数は、**GEOMEAN**です。

③速度の平均などで使われる「調和平均」

調和平均をわかりやすく理解していただくために、例題で説明しましょう。「12km離れた場所に、行きは4km/h、帰りは6km/hで歩いたとき、平均時速は何km/hか？」との問いに平均5km/hとすると誤りで、正しい平均時速は4.8km/hです。

なぜならば、

　　　往路の所要時間　12km÷4km/h＝3h
　　　復路の所要時間　12km÷6km/h＝2h
　　　平均時速　24km÷5h＝4.8km/h

となり、往き帰り2つの時速の調和平均と等しくなります。

調和平均は、n個の数字の**逆数（1÷数字）**の合計を分母、nを分子とした値で、データがプラスの値の時だけ計算できます。調和平均は、速度の平均を計算する場合や下限値（最も低い値）付近の度数が多い場合に使います。調和平均のExcel関数は、**HARMEAN**です。

---

[1] 2.83の算出方法→例題の対前年比のデータは2002年2倍、2003年4倍とデータの個数nは2つである。また、データそのものは2（倍）と4（倍）であるため、幾何平均の計算式にそれらの数字を当てはめると$\sqrt[2]{2 \times 4} = 2.83$ということになる。

調和平均＝データの個数÷データの逆数の合計

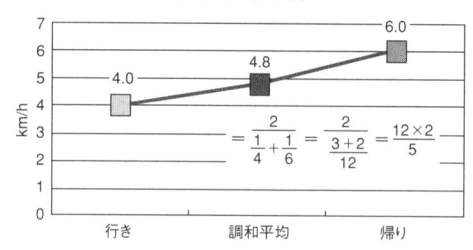

調和平均の例

$$= \frac{2}{\frac{1}{4}+\frac{1}{6}} = \frac{2}{\frac{3+2}{12}} = \frac{12\times 2}{5}$$

　同じデータを使った計算結果は、算術平均、幾何平均、調和平均の順に大きいか等しくなります。

算術平均、幾何平均、調和平均の計算例

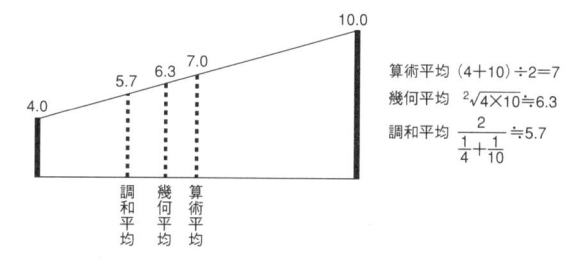

算術平均　$(4+10)\div 2 = 7$
幾何平均　$\sqrt[2]{4\times 10} \fallingdotseq 6.3$
調和平均　$\dfrac{2}{\frac{1}{4}+\frac{1}{10}} \fallingdotseq 5.7$

④データの上限と下限の開きが大きい場合に使う「トリム平均」

　トリム平均（**調整平均**ともいいます）とは、上限値と下限値から一定の割合のデータをカットした残りのデータの算術平均です。

　トリム平均のExcel関数は、**TRIMMEAN**です。

　例えば、10人の専門家に製品アイデアの評価を11段階尺度（0点悪い、5点どちらともいえない、10点良い）で求めるようなアンケート調査を行い、0点1人、6点2人、7点6人、10点1人という回答が得られたとします。これの算術平均は6.4ですが、これだと最大の10点と最低の0点が他の専門家と比べると著しく離れているため、上限値と下限値をカットし、残りの8人の算術平均6.75となり、極端な評価の影響を避けることができます。そもそも専門家の評価はばらつかないので、上限値と下限値をカッ

トしても全体の評価には影響がなく、トリム平均こそ正しい答えだと考えられているからです。よく目にするトリム平均は、スポーツ競技の芸術得点の時に使われています。

(2) 年収などデータのばらつきが著しい平均に使う「中央値」

中央値（**中位数**ともいいます）とは、データを大きさの順に並べた時に中央にくる値です。

年収や貯蓄額などの代表値に用いられます。年収や貯蓄額が多い人は少数ですが金額が桁違いに大きいため、平均値が大きくなり、庶民感覚に合わないことが見られます。そんな時は中央値が用いられます。

中央値のExcel関数は、**MEDIAN**です。

勤労者世帯の貯蓄現在高（「平成14年家計調査」総務省統計局より）

（棒グラフ：世帯割合(%)　200万円未満 15.4、200万円以上400万円未満 13.0、400万円以上600万円未満 11.5、600万円以上800万円未満 10.2、800万円以上1000万円未満 8.2、1000万円以上1200万円未満 7.0、1200万円以上1400万円未満 5.3、1400万円以上1600万円未満 4.4、1600万円以上1800万円未満 3.9、1800万円以上2000万円未満 2.5、2000万円以上2500万円未満 5.5、2500万円以上3000万円未満 3.5、3000万円以上4000万円未満 4.2、4000万円以上 5.4　中央値817万円　平均(算術平均)1280万円）

貯蓄額の回答データを概ね200万円刻みの級区間で表した上図に総務省発表の中央値と平均値（算術平均）を示しました。世帯全体を二分する貯蓄額、すなわち中央値は817万円ですが、平均値は1280万円で、その差が463万円にもなります。

(3) 最も多くの度数を示す「最頻値」

最頻値（**モード**、**並み数**、**流行数**ともいいます）とは、度数分布で最も

多数のものが集中しているカテゴリーの度数のことです。通常、度数分布表から求めます。新築マンションの売り出し時の最多販売価格帯などは最頻値の代表例といえます。

　前ページのグラフでは、最頻値は、200万円未満の数字となり、少額の貯蓄額の世帯が多いことがわかります。

　最頻値のExcel関数は、**MODE**です。

　アンケート調査では、ほとんどの場合、代表値は「算術平均」を用いますが、参考値として、中央値を用いることがあります。その他の代表値は、予測や数値計算などを行う際に活用することがあります。

51 範囲と標準偏差とは

データの性質を知るには、代表値に加え、分布の範囲とばらつきも確認する。

(1)「ばらつき」から調査データの性質をつかむ

調査データのばらつきの状態を確認することで、どんな性質のデータかがわかります。分布が大きいということは、分布の位置、つまり代表値のまわりに広くデータがばらついている（**散らばり**ともいいます）、すなわち多様なデータであることが想定されます。逆に、分布が小さいということは、データが密集しており、等質なデータであることが想定できます。

分布の大きさを表わす指標の代表は、**範囲**と**標準偏差**（または**分散**）の2つです。

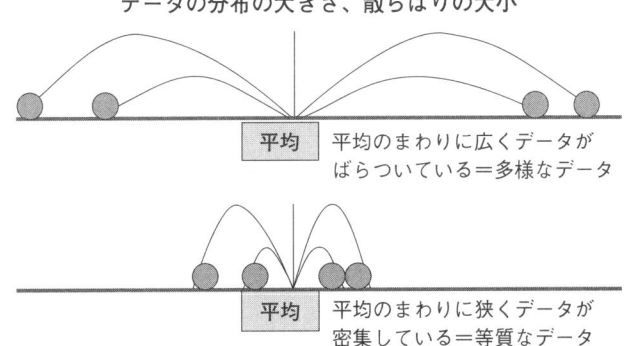

データの分布の大きさ、散らばりの大小

平均 — 平均のまわりに広くデータがばらついている＝多様なデータ

平均 — 平均のまわりに狭くデータが密集している＝等質なデータ

(2) データの最大値と最小値の差の「範囲」

範囲（レンジや領域ともいいます）は、分布の最大値と最小値のへだたりを指し、度数分布の級区間を決める時にも活用します。範囲を求めるExcel関数も、最大値の関数**MAX**と最小値の関数**MIN**を用い、**MAX-MIN**で範囲を求めることができます。

範囲は、サンプル数によって変わる性質があります。同じ母集団から抽

出したサンプルでもサンプル数が少ない場合よりも多い場合のほうが、概ね、範囲は大きくなるといえます。複数のグループの範囲を比較する場合は、それぞれのサンプル数が同数であることが求められます。

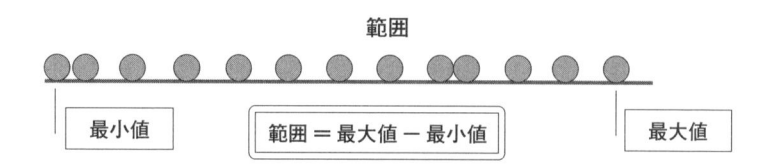

(3) 調査データのばらつき具合を知る指標「標準偏差」

個々のデータが、平均からどれ位ばらついているかを表わす指標として、「データの平均と個々のデータの差（これを**偏差**といいます）」の2乗の平均と、その平方根が考えられました。このときの差の2乗の平均を「**分散**」、その平方根を「**標準偏差**」といいます。

平均からの差は、プラスの値もあればマイナスの値もあるため、差の平均の合計がゼロになることもありえます。そこで、差を2乗することで、ゼロになるような問題を解決したのです。

例えば、1、5、9の3つのデータで考えてみましょう。

> 平均は、
> $$(1+5+9) \div 3 = 15 \div 3 = 5$$
> 「平均と個々のデータの差の2乗」の平均は、
> $$[4^2 + 0^2 + (-4)^2] \div 3 = (16 + 0 + 16) \div 3 = 32 \div 3 ≒ 10.7$$

なお、標準偏差が0（当然、分散も0です）とは、ばらつきがない、すなわち、データの値がすべて同じことを意味します。

標準偏差を求める式は、平均と個々のデータの差をデータ数nで割るか、$n-1$で割るかで、違いがあります。nで割る式は母集団すべてのデータの場合、$n-1$で割る式は母集団から標本抽出を行ったデータの場合です。[1]

アンケート調査の多くは標本抽出を行っていますので、$n-1$で割る式を用います。標準偏差を求めるExcel関数は、**STDEV**です。

---

[1] アンケート調査のデータから母集団の標準偏差を推定したい場合、nで割ると真の値よりも小さくかたよりがあるので好ましくない。このかたよりを補完するためにn−1で割っている。

52 歪度と尖度とは

歪度は分布が左右対称かどうかを表わす、尖度は分布が尖がっているか緩やかかどうかを表わす指標。

集計データの特徴を把握するには、そのデータをグラフ化して分布状況を目で確かめる方法が最もわかりやすいでしょう。しかし、処理するデータ項目が多い場合、グラフに表わす手間が掛かります。そんな時、歪度や尖度という指標が便利です。

歪度や尖度のイメージを、Excel関数を使って説明します。

(1) 分布が左右対称か非対象かを見る指標「歪度」

分布の左右対称性は、次のようなイメージ図で表わせます。

分布型のイメージ

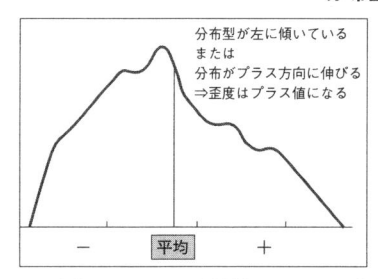

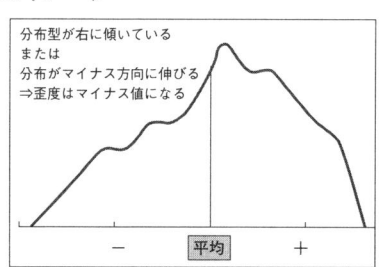

分布型が左に傾いている
または
分布がプラス方向に伸びる
⇒歪度はプラス値になる

分布型が右に傾いている
または
分布がマイナス方向に伸びる
⇒歪度はマイナス値になる

歪度は、Excel関数の**SKEW**を用いて計算します。歪度が0とは左右対称であることを意味します。歪度がプラスの値をとる時は、分布型が左に傾いている、または分布が右側（プラス方向）に伸びる場合です。逆に、歪度がマイナス値をとる時は、分布が右に傾いている、または分布が平均より左側（マイナス方向）に伸びる場合です。

分布が左右対称
⇒歪度はゼロになる

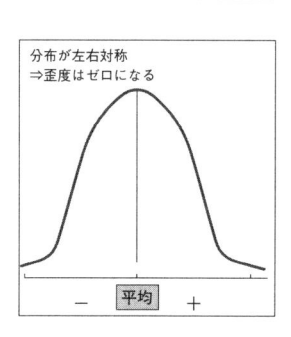

(2) 分布が尖がっているかどうかを見る指標「尖度」

分布型は、中尖度、急尖度、緩尖度の3つのタイプに分類できます。

分布の尖度のイメージ

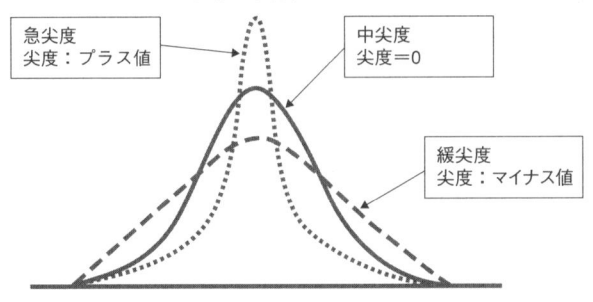

- 急尖度 尖度：プラス値
- 中尖度 尖度＝0
- 緩尖度 尖度：マイナス値

尖度は、Excel関数の**KURT**を用いて計算します。尖度0は中尖度、尖度がプラス値は急尖度、尖度がマイナス値は緩尖度を意味します。

Excel関数のヘルプに記載されたデータをグラフ化し、歪度と尖度を、以下に計算しました。

歪度と尖度の計算例

歪度（SKEW）＝0.359 … 左に傾き、右に伸びる
尖度（KURT）＝－0.152 … 緩尖度

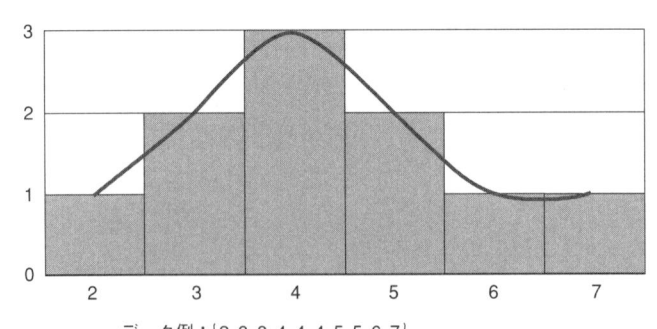

データ例：{2, 3, 3, 4, 4, 4, 5, 5, 6, 7}

53 グループ間の比率の検定
カイ2乗検定とは

クロス集計表でグループ間の比率（例えば、男女間で賛否のパーセント）に差があるかないかを統計的に判断する。

(1) 検定とは

　男女別などグループ別の賛成反対率などのクロス集計（[45 クロス集計とクロス分析のポイント] 参照）をすると、グループ間の比率が全く等しくなることはまれです。だからといって、複数のグループ間にはほとんど必ず差があるという論理は何となくおかしいと思うでしょう。多少の差はまぐれによるかもしれません。では、差があるかないかはどうやって見極めればよいのでしょうか。それを統計的に見極める方法が、**検定**です。

　検定とは、母集団の様子に関する仮説（例えば、男性と女性の賛成率に差がある）が正しいかどうかの判断を下すことです。クロス集計では、グループ間の構成比に差があるかどうかを読み取ろうとするのですが、これは、**帰無仮説**（賛否が検証されていない仮定で、検定により否定される〔無に帰する〕ことが検討される）と**対立仮説**（帰無仮説を否定する仮説）の2種類の仮説を検定しようとしていることなのです。

　例えば、

> 帰無仮説は、グループ間に差がない。
> 対立仮説は、グループ間に差がある。

の2つの仮説のうち、どれが正しいかを判断しようとします。これを**仮説検定**（以下、「**検定**」と略します）といいます。

　帰無仮説を採択するか棄却するか（つまり対立仮説を採択）どうかは、「**棄却域**」という考え方で説明できます。統計学では、母集団から抽出した標本集団に適当な限界点を設け、データ（ここではクロス集計表）から計算した検定統計値と限界点を比較し、ある区間内なら帰無仮説を否定し（対立仮説を採択、つまり、グループ間に差がある）、区間外なら対立仮説

　検定は、農業統計で発達した。農作物の実験を行う際、研究者の研究期間を20年（1年サイクルで1回の研究）としたら、1回くらい研究が失敗しても許されると見なす、つまり20分の1の確率＝**5％水準**（95％結果を信頼できるが、5％は間違う可能性もある）であれば、有意差があると判定する。1％水準であれば、1％は間違うかもしれないという意味。

を否定する（帰無仮説を採択、つまり、グループ間に差がない）と判断するようなルールを定めています。そして、帰無仮説（グループ間に差はない）の棄却に関して設定した区間を、棄却域といいます。カイ2乗検定の棄却域は、136ページの「カイ2乗分布表」に示しております。

統計学では、検定を用いて判断をするとき、100％正しい判断を下せるとは考えません。間違うかもしれないと考えるのです。検定の場合、95％の確からしさで判断しようとします。逆から見ると、間違う危険率が5％あるということです。これを**有意水準**といい、統計学では5％水準で検定するのが慣例です。

(2) カイ2乗検定とは

カイ2乗（χ^2）**検定**は、**適合度の検定**と**独立性の検定**という2つの目的に使われます。

> 適合度の検定とは、
> 　　母集団の比率がわかっているとき、アンケート調査の結果から得られた比率が、母集団と一致しているかどうかを判断することです。

> 独立性の検定とは、
> 　　グループとカテゴリーとの関係は無関係（統計学では「独立している」といいます）かどうかを判断します。クロス集計表の見方に例えると、グループ間の比率に差があるかどうか[1]を判断することです。

この節では、クロス集計表のグループ間に差があるかどうかを判断することに重点をおきますので、独立性の検定を先に説明します。

クロス集計の主なキー項目である性別、年齢、職業、使用しているブランドなどの属性グループ間とある質問項目への回答比率に統計的に差があるかどうかを判断するために、カイ2乗検定を行います。

カイ2乗検定では、グループ間の統計的な差に何らかの意味がある場合を「**有意差がある**」といい、逆に意味がなければ、「**有意差がない**」と表

---
[1] アンケート調査には誤差がつきもの。グループの比率のちがいを誤差とみるべきかグループのちがいとみるべきかを理論的に調べる。

現します。この「有意差」を判断する値がクロス集計表をもとに計算した**カイ2乗値**です。計算したカイ2乗値が棄却域の値よりも大きければ「グループ間に有意な差がある」と判断します。つまり、帰無仮説（グループ間に差がない）を棄却します。

なお、カイ2乗値を求める式には、クロス集計表の表側と表頭の数が各々2つの場合の「2×2分割表」と、それより多い場合の「K×L分割表」の2種類があります。

①2×2分割表

クロス集計表で、グループ数もカテゴリー数もともに2つの場合を、カイ2乗検定では、**2×2分割表**といいます。事例をもとに説明しましょう。

意見Aに対する性別の賛否

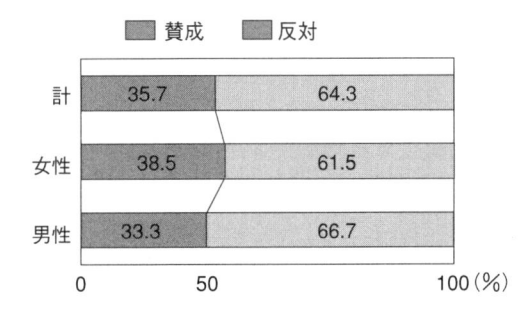

	賛成	反対
計	35.7	64.3
女性	38.5	61.5
男性	33.3	66.7

上図は、ある意見への賛否を男女別に尋ねた結果をグラフにしたものです。このグラフから、賛成しているのは男性よりも女性のほうが多いように見えます。このようなケースでは、本当にそうなのかを知るには、カイ2乗検定を行います。

それでは検定を行ってみましょう。まず、カイ2乗値を求めます。カイ2乗値は、パーセントでなく、標本数（回答者数）から計算します。次ページの表のように、パーセントが同じでも標本数が異なると、統計的に有意差があったり無かったりすることがあるため、標本数から計算しなくてはなりません。

標本数は異なるが、同じパーセントの2×2分割表の見本

例A（人）

	計	賛成	反対
男性	750	250	500
女性	650	250	400
計	1400	500	900

例B（人）

	計	賛成	反対
男性	75	25	50
女性	65	25	40
計	140	50	90

パーセント表（％）

	賛成	反対
男性	33.3	66.7
女性	38.5	61.5
計	35.7	64.3

カイ2乗値を求める計算式は、以下のとおりです。

カイ2乗値を求める計算式

$$x^2 = \frac{n(ad-bc)^2}{(a+b)(a+c)(b+d)(c+d)}$$

	計	カテゴリー1	カテゴリー2
グループⅠ	a+b	a	b
グループⅡ	c+d	c	d
計	n=a+b+c+d	a+c	b+d

例Bのカイ2乗値の計算

$x^2 = [140 \times (25 \times 40 - 50 \times 25)^2] \div (75 \times 50 \times 90 \times 65)$
　　$= 8750000 \div 21937500$
　　$= 0.3989$

　計算したカイ2乗値の値とカイ2乗分布表（136ページ参照）の自由度[1]が1でP＝5％の値である3.841（カイ2乗分布表はExcel関数の**CHIINV**で計算しました）を比較し、計算した値が3.841よりも大きければ5％水準で有意差がある、つまり、グループ間で賛否の比率が異なるといえます。逆に、カイ2乗値が3.841よりも小さければ、有意差なしで、グループ間の賛否の比率は異なるとはいえません。

　例Aのカイ2乗値は3.989のため、5％水準で有意差があるといえますが、例Bのカイ2乗値は0.3989で有意差はありません。カテゴリーへの回答比率は同じなのに、サンプル数が少ないとカイ2乗検定では有意差は表れません。パーセントだけを見て、クロス表の分析を行うと誤った解釈をすることになりかねません。クロス表の検定を必ず実施しましょう。

② K×L分割表

　グループ数またはカテゴリー数が3つ以上のものを**K×L分割表**と称し、カイ2乗値を求める式は2×2分割表とは変わります。Kは表側、Lは

---

[1] 自由度→自由度とは、2カテゴリーの場合、1カテゴリーの値がわかれば残りの1カテゴリーの値は計算できることを意味する。同じく、3カテゴリーでは、任意の2カテゴリーの値がわかれば、残りの1カテゴリーは計算できることを意味する。任意、すなわち自由に選べるカテゴリー数は、カテゴリー数から1を引いた値になるので、自由度と称している。

表頭のことです。

それでは例題でK×L分割表を説明しましょう。

下にある部署の男女別残業時間の実態調査の集計結果を示しました。この結果から男性のほうが女性よりも多く残業していると仮定しました。そして、このデータを計算式に当てはめて計算することにしました。

K×L分割表のカイ2乗値の計算式と計算例

	カテゴリー1	カテゴリー2	…	カテゴリーL	計
グループI	f_{11}	f_{12}	…	f_{1L}	$f_{1\cdot}$
グループII	f_{21}	f_{22}	…	f_{2L}	$f_{2\cdot}$
…	…	…	…	…	…
グループK	f_{k1}	f_{k2}	…	f_{kL}	$f_{k\cdot}$
計	$f_{\cdot 1}$	$f_{\cdot 2}$	…	$f_{\cdot L}$	n

〔カイ2乗の数式〕

$$x^2 = n \times \left\{ \frac{セル_{1,1}の回答者数の2乗}{セル_{1,1}の(行小計 \times 列小計)} + \cdots + \frac{セル_{K,L}の回答者数の2乗}{セル_{K,L}の(行小計 \times 列小計)} - 1 \right\}$$

例えば、上の表では、セルの数は、グループⅠではカテゴリー1～カテゴリーLまでL個あります。同様に、グループⅡでもL個、グループKでもL個あり、合計でK×L個のセルがあります。計算例のように、セルごとに分数を1つずつ計算していきます。

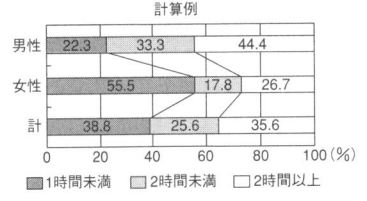

計算例

男性 22.3 | 33.3 | 44.4
女性 55.5 | 17.8 | 26.7
計 38.8 | 25.6 | 35.6

■1時間未満 □2時間未満 □2時間以上

	1時間未満	2時間未満	2時間以上	計
男性	10	15	20	45
女性	25	8	12	45
計	35	23	32	90

$$x^2 = 90 \times \left[\frac{10^2}{35 \times 45} + \frac{15^2}{23 \times 45} + \frac{20^2}{32 \times 45} + \frac{25^2}{35 \times 45} + \frac{8^2}{23 \times 45} + \frac{12^2}{32 \times 45} - 1 \right] = 10.559$$

自由度 $df = (K-1)(L-1) = (2-1)(3-1) = 2$

計算例のカイ2乗値は10.559です。自由度は、(K-1)×(L-1)で求めますので、この場合は、(2-1)×(3-1)=2です。136ページに示した「カイ

2乗分布表」の自由度2、P＝5％の値5.991よりも大きいので男女間で有意差がある、つまり男性のほうが多く残業しているといえます。

P＝5％と1％の「カイ2乗分布表」

df	1	2	3	4	5	6	7	8	9	10
p＝0.05	3.841	5.991	7.815	9.488	11.070	12.592	14.067	15.507	16.919	18.307
p＝0.01	6.635	9.210	11.345	13.277	15.086	16.812	18.475	20.090	21.666	23.209
df	11	12	13	14	15	16	17	18	19	20
p＝0.05	19.675	21.026	22.362	23.685	24.996	26.296	27.587	28.869	30.144	31.410
p＝0.01	24.725	26.217	27.688	29.141	30.578	32.000	33.409	34.805	36.191	37.566
df	21	22	23	24	25	26	27	28	29	30
p＝0.05	32.671	33.924	35.172	36.415	37.652	38.885	40.113	41.337	42.557	43.773
p＝0.01	38.932	40.289	41.638	42.980	44.314	45.642	46.963	48.278	49.588	50.892

df：自由度、P：5％水準と1％水準

　自由度は、グループ数から1を引いた値とカテゴリー数から1を引いた値を乗じた値です。2グループ2カテゴリーだと、$(2-1)×(2-1)=1$となります。

(3) 適合度の検定

　適合度の検定とは、母集団の比率がわかっているとき、アンケート調査の結果から得られた比率が、母集団と一致しているかどうかを判断することです。例えば、平成12年の国勢調査の結果とアンケート調査の結果を比較し、アンケート調査の標本は母集団と差があるかを比べます。

母集団(東京都に居住する日本人)と標本の年齢構成の比較

東京都の年齢構成	20歳代	30歳代	40歳代	50歳代	60歳代	合計
母集団 (H12年国勢調査)	24.1% 2,058,264	21.5% 1,834,479	17.3% 1,471,026	20.9% 1,779,216	16.2% 1,383,630	100.0% 8,526,615
アンケート調査の標本	14.3% 141	18.0% 178	23.8% 235	26.3% 260	17.5% 173	100.0% 987
アンケート調査の期待度数(母集団構成比×アンケート調査の回答総数987人)[1]	239	212	170	206	160	987

	20歳代	30歳代	40歳代	50歳代	60歳代
回答者分布	141	178	235	260	173
期待度数分布	239	212	170	206	160

$$x^2 = \frac{\text{カテゴリー1の(回答者数－期待度数)}^2}{\text{カテゴリー1の期待度数}} + \cdots + \frac{\text{カテゴリーLの(回答者数－期待度数)}^2}{\text{カテゴリーLの期待度数}}$$

計算式に、当てはめて計算すると以下のようになります。

$$x^2 = \frac{(141-239)^2}{239} + \frac{(178-212)^2}{212} + \frac{(235-170)^2}{170} + \frac{(260-206)^2}{206} + \frac{(173-160)^2}{160} = 85.7$$

自由度df＝(5－1)(2－1)＝4で、136ページの「カイ2乗分布表」の自由度4、p＝5％の値9.488よりも大きいので、母集団と標本とは年齢構成比が異なる、つまり母集団から見ると歪んだ標本集団だといえます。

---

[1] 母集団構成比×アンケート調査の回答総数を四捨五入し整数化するが、合計すると回答者総数にならないこともある。そのような場合は、一番大きな数字で調整する。この例では、0.241×987＝238であるが、他のカテゴリーの期待度数を合計すると986であるため、一番大きな値238で調整し、238＋1＝239とした。

54 平均値の差の検定
t検定と分散分析とは

グループ間の平均値の差を比較して有意差があるかないかを統計的に判断する。

2つ以上のグループ間の平均値の差を比較して、どちらのグループの平均値が大きいか小さいかを、統計的に判断をくだすことができます。下図は2つのグループ間の平均値の比較を例示したものです。

2つの平均値の比較イメージ

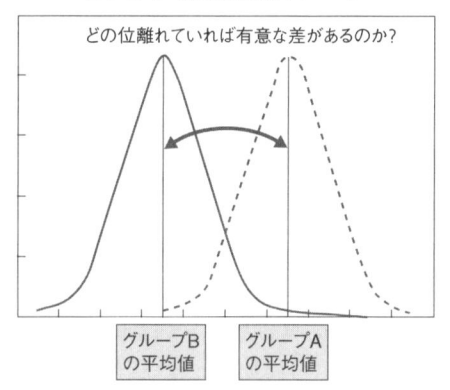

どの位離れていれば有意な差があるのか？

グループB の平均値 / グループA の平均値

やっぱり、平均年収の多いグループ層をねらいましょうよ。

いや、平均だけを見ても、本当の金持ちグループかどうかわかりませんよ。t検定や分散分析をしないと。

（1） t 検定とは

t検定は、2つのグループの平均値が等しいかどうかを統計的に比較する検定方法です。2つのグループの平均値と標準偏差がわかっていれば、t検定ができます。

①標本数が異なる場合の計算方法

比較するグループの標本数が異なる場合、平均値の差とグループの標準偏差をもとにした指数の比を計算し、その値を **t 値** といいします。学校の社会のテストの平均値を比較する計算事例で説明します。

社会のテストについての男女の平均値の比較、男女間に有意差はあるか？

	平均値	標準偏差	標本数
男子	72.5	1.2	25
女子	71.3	1.3	23

$$t = \frac{x_1 - x_2}{\sqrt{\frac{n_1 s_1^2 + n_2 s_2^2}{n_1 + n_2 - 2}\left(\frac{1}{n_1} + \frac{1}{n_2}\right)}}$$

n_1, n_2：各グループの標本数
x_1, x_2：各グループの平均値
s_1^2, s_2^2：各グループの標準偏差の2乗（分散）
自由度 $df = n_1 + n_2 - 2$

$$t = \frac{72.5 - 71.3}{\sqrt{\frac{25 \times 1.2^2 + 23 \times 1.3^2}{25 + 23 - 2}\left(\frac{1}{25} + \frac{1}{23}\right)}}$$

$$2 = \frac{1.2}{\sqrt{\frac{74.87}{46} \times 0.0835}} = 3.256$$

df = 25 + 23 − 2 = 46

計算例では、t = 3.256です。この値は、自由度46（= 25 + 23 − 2）のP = 0.05、すなわち5％水準の値2.013（Excel関数**TINV**で計算）より大きいので、統計的に有意な差があるといえます（P140の「tの表」参照）。

t検定の結果から、社会のテストの成績には男女差があり、このテストでは男子のほうが成績がよいといえます。平均値は、1.2点しか差がないのですが標準偏差が小さいのでこのような結果になります。もし、標準偏差がそれぞれ2倍だったとするとt = 1.628となり、有意差はみられません。

②標本数が等しい場合の計算方法

tの計算式が簡単になります。自由度dfは2（n − 1）で求めます。

$$t = \frac{x_1 - x_2}{\sqrt{\frac{s_1^2 + s_2^2}{n - 2}}}$$

以下に、tの表を示します。P=0.05、すなわち5％水準の値とP＝0.01、すなわち1％水準の値で、これより大きければ有意差があることになります。自由度(df)は無限大（∞）まで表わしました。この表は、Excel関数**TINV**で計算しました。

P＝5％と1％の「tの表」

df	1	2	3	4	5	6	7	8	9	10
p=0.05	12.706	4.303	3.182	2.776	2.571	2.447	2.365	2.306	2.262	2.228
p=0.01	63.656	9.925	5.841	4.604	4.032	3.707	3.499	3.355	3.250	3.169
df	11	12	13	14	15	16	17	18	19	20
p=0.05	2.201	2.179	2.160	2.145	2.131	2.120	2.110	2.101	2.093	2.086
p=0.01	3.106	3.055	3.012	2.977	2.947	2.921	2.898	2.878	2.861	2.845
df	21	22	23	24	25	26	27	28	29	30
p=0.05	2.080	2.074	2.069	2.064	2.060	2.056	2.052	2.048	2.045	2.042
p=0.01	2.831	2.819	2.807	2.797	2.787	2.779	2.771	2.763	2.756	2.750
df	40	50	60	70	80	90	100	120	1000	∞
p=0.05	2.021	2.009	2.000	1.994	1.990	1.987	1.984	1.980	1.962	1.960
p=0.01	2.704	2.678	2.660	2.648	2.639	2.632	2.626	2.617	2.581	2.576

（2）分散分析とは

分散分析は、3つ以上のグループの平均値を統計的に比較する方法です。Excelでは、アドイン分析ツールの「分散分析：一元配置」などを利用することができます。計算例で説明します。

グループ間の給与の平均値の比較の計算例－分散分析：一元配置

グループ別給与　　　　　　　（単位：万円）

グループA	グループB	グループC
25	20	41
26	20	48
28	21	50
29	26	53
32	26	
32	29	
33		
33		

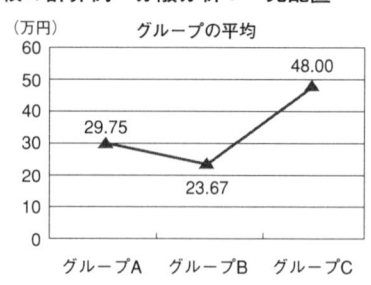

（万円）　グループの平均
- グループA: 29.75
- グループB: 23.67
- グループC: 48.00

Excelの分析ツールの分散分析（一元配置）を使用すると、簡単に分散分析が計算でき、有意差水準（P値と表示されます）までわかります。計算例のデータを用いて、Excelで計算した結果を示します。

分散分析：一元配置の結果

概要

グループ	標本数	合計	平均	分散
グループA	8	238	29.750	10.214
グループB	6	142	23.667	14.667
グループC	4	192	48.000	26.000

分散分析表

変動要因	変動	自由度	分散	F（観測された分散比）	P値	F境界値（P＝0.05の値）
グループ間	1,480.278	2	740.139	49.822	0.000	3.682
グループ内	222.833	15	14.856			
合　　計	1,703.111	17				

分散分析は、比較したいグループ間の差を検定します。この例ではP値が0.05以下なので、3グループ間に有意差ありといえます。2グループ（AとB、AとC、BとC）の間に差があるかどうかはt検定します。

● **分散分析：一元配置の計算例**

分散分析の一元配置の計算例を示します。実際には、Excelのアドイン分析ツールで計算しますので、読み飛ばしてもかまいません。

修正項K＝合計値の2乗÷データ数

計算例では、

$K = (25 + 26 + 28 + 29 + 32 + 32 + 33 + 33 + 20 + 20 + 21 + 26 + 26 + 29 + 41 + 48 + 50 + 53)^2 \div 18 = 18176.889$

全体（合計）の変動SS_t＝個々のデータの2乗－K

計算例では、

$SS_t = (25^2 + 26^2 + 28^2 + 29^2 + 32^2 + 32^2 + 33^2 + 33^2 + 20^2 + 20^2 + 21^2 + 26^2 + 26^2 + 29^2 + 41^2 + 48^2 + 50^2 + 53^2) - 18176.889 = 1703.111$

グループ間の変動SS_b＝グループごとの（合計値の2乗÷データ数）の合計－K

計算例では、

$SS_b = (238^2 \div 8 + 142^2 \div 6 + 192^2 \div 4) - 18176.889 = 1480.278$

グループ内の変動$SS_w＝SS_t－SS_b$

計算例では、

$SS_w＝1703.111－1480.278＝222.833$

となります。

分散は、変動を自由度で割った値です。グループ間の自由度は3グループですから3－1、グループ内の自由度は各グループの人数－1の合計ですから(8－1)＋(6－1)＋(4－1)＝15です。

計算例では、グループ間の分散＝1480.278÷2＝740.139、グループ内の分散＝222.833÷15＝14.856となります。

F値＝グループ間の分散÷グループ内の分散

で計算しますので、

F＝740.139÷14.856＝49.856

となります。

F値は、棄却域の表を見て有意差の有無を判断するのですが、ExcelのアドインソフトではFの境界値と有意水準P値を計算してくれます。この場合は、グループ間自由度2とグループ内自由度15のF境界値は3.682です。

有意差の有無は、この値よりも大きければ有意差あり、小さければ有意差なしと判断します。計算したF値は49.856ですから、有意差あり、つまり、グループ間に給与の差があるといえます。また、有意差水準のP値も計算してくれます。この場合のP値は0.000ですから、この判断はほぼ100％正しいといえます。なお、P値は、F確率分布を求めるExcel関数**FDIST**で求めることができます。

55 相関係数とは

2つの変数の間で、一方が増加するにつれて、他方が直線的に増加または減少する関係を表わした指標。

アンケート調査では、意見項目への賛否を「非常に賛成、かなり賛成、やや賛成、どちらともいえない、やや反対、かなり反対、非常に反対」などの回答カテゴリーで質問することがよくあります。このような際に、いろいろな意見項目間の関係を調べる方法の一つが、相関係数を計算することです。相関係数を計算するには、意見項目への賛否のカテゴリーに得点を与え、例えば、非常に賛成7点、…、非常に反対1点などとし、変数として扱います。

意見項目間に相関があるとは、一方の意見に賛成していれば、他方の意見にも賛成しているといった傾向があることを示します。ただし、直線関係以外は発見することはできませんので、散布図[1]を描いて、曲線関係があるかどうかを調べなければなりません。

> 年収と購入金額をクロス集計してみたが、どうもよく関係がはっきりしない。

> それなら、散布図を描いて相関係数を計算すれば、どんな関係があるかわかるよ。

---

[1] 散布図→相関図ともいう。「パソコンの価格とハードディスクの容量」など2種類のデータを対象にしてその関係を知るために、例えばパソコンの価格を横軸に、ハードディスクの容量を縦軸にした2次元の座標にデータを布置したもの。

下図は2つの変数間の相関関係を、散布図と相関係数で表わしたものです。

2つの変数の散布図と相関係数

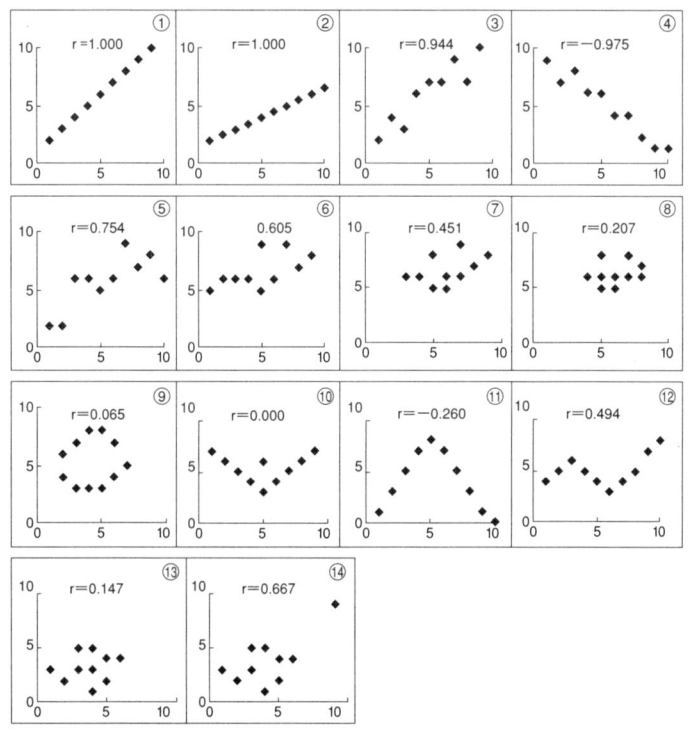

① r=1.000　② r=1.000　③ r=0.944　④ r=−0.975
⑤ r=0.754　⑥ 0.605　⑦ r=0.451　⑧ r=0.207
⑨ r=0.065　⑩ r=0.000　⑪ r=−0.260　⑫ r=0.494
⑬ r=0.147　⑭ r=0.667

相関係数は直線的な関係を示し、曲線的な関係は示しません。統計では、相関係数は、rという記号で表示します。

- rは、+1.0〜−1.0の間の値（−1.0≦r≦1.0）
    - ・r=1.0（またはr=−1.0）なら完全に一直線の関係
    - ・r≒0.7（またはr≒−0.7）程度なら、かなり直線的な関係
    - ・r≦0.3（またはr≒0.3）程度なら、あまり関係がない
    - ・r=0なら、まったく関係がない
- rがプラス（r＞0）の場合、右肩上がりの直線的な関係（正比例）
- rがマイナス（r＜0）の場合、右肩下がりの直線的な関係（反比例）

図①～③は、2つの変数が右肩上がりの直線関係にあることを示しています。図④は、右肩下がりの直線関係です。図⑤～⑦は、直線関係がありそうです。しかし、図⑧～⑩は、直線関係はありません。

　また、図⑪は2次曲線の関係（∩字形）がありますが、直線関係はありません。図⑫は3次曲線の関係（∩字と∪字の連続形）がありますが、直線関係はあまりありません。

　図⑬は、データが特定箇所に固まっており、相関係数が低いのですが、図⑭のように固まりからはずれた値が1つあると相関係数が0.667と高くなります。相関係数の数字だけを見ていると、データ間の直線的でない関係を見落とすことになります。

　Excelの分析ツール「相関」を利用すれば、2つ以上の変数間の相関係数が計算できます。

　相関係数を求める式は、以下のとおりです。

$$XYの偏差平方和 = XYの積の合計 - \frac{Xの合計 \times Yの合計}{データ数}$$

$$Xの偏差平方和 = X^2の合計 - \frac{Xの合計の2乗}{データ数}$$

$$Yの偏差平方和 = Y^2の合計 - \frac{Yの合計の2乗}{データ数}$$

$$相関係数 = \frac{XYの偏差平方和}{\sqrt{Xの偏差平方和} \times \sqrt{Yの偏差平方和}}$$

　相関係数の計算例を次ページに示します。例えば10人の人が商品AとBの好き嫌いを評価したとします。11段階尺度（11点非常に好き、…6点どちらともいえない、…1点非常に嫌い）を用いて評価しました。

相関係数の計算例

サンプル	商品Aの評価 X	商品Bの評価 Y	X^2	Y^2	XY
1	1	2	1	4	2
2	2	4	4	16	8
3	3	3	9	9	9
4	4	6	16	36	24
5	5	7	25	49	35
6	6	7	36	49	42
7	7	9	49	81	63
8	10	11	100	121	110
9	8	7	64	49	56
10	9	10	81	100	90
合計	55	66	385	514	439

XYの偏差平方和 $= 439 - 55 \times 66 \div 10 = 76.0$

Xの偏差平方和 $= 385 - 55 \times 55 \div 10 = 82.5$

Yの偏差平方和 $= 514 - 66 \times 66 \div 10 = 78.4$

相関係数 $= \dfrac{76.0}{\sqrt{82.5}\sqrt{78.4}} = 0.945$

　相関係数を上表のデータをもとに計算すると、r＝0.945となります。

　この結果から、商品AとBの好き嫌いの評価は、類似していることがわかります。商品の差別化の観点からみると、商品AかBのイメージを変化させたほうが望ましいかもしれません。

56 単回帰とは

相関関係を直線式（1次式Y＝aX＋b）で表わし、予測に活用する方法。

商品Aの売上げとテレビCMの放送回数との間に直線的な関係があったとします。つまり、CM放送回数が多いと売上げが増加し、CM放送回数が少ないと売上げが減少します。

このような関係を、**単回帰**（**直線回帰**ともいいます）で表わすと、

商品Aの売上げをY、テレビCMの放送回数をXとすると、

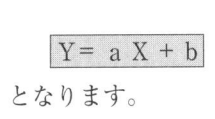

$$Y = aX + b$$

となります。

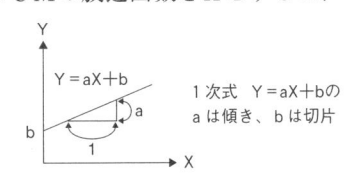

1次式 $Y = aX + b$ の a は傾き、b は切片

単回帰式は、相関係数の計算過程を用いれば簡単に計算できます。Excelでは、散布図を描き、点と点を結ぶ「近似曲線の追加」を選択し、「線形近似」とオプションで「グラフに数式を表示する」と「R2乗値を表示する」を指定すれば、計算されます。**R2乗値**とは、**決定係数**といい、**観測値**（計算に用いた実際の値）と**予測値**（式に当てはめて計算した値）の相関係数の2乗値です。

単回帰式のaとbを求める式は、以下のとおりです。

$$a = \frac{XYの偏差平方和}{Xの偏差平方和}$$

$$b = Yの平均値 - a(Xの平均値)$$

単回帰式では、aは回帰係数 bは定数といいます

前頁の相関係数の計算例（r =0.945）の表より、

a ＝ 76.0 ÷ 82.5 ＝ 0.9212
b ＝ (66 ÷ 10) − 0.9212 × (55 ÷ 10) ＝ 1.533
決定係数 R^2 ＝ 0.945 × 0.945 ＝ 0.893

となります。

決定係数は、1.0に近いほど観測値と予測値が近いことを意味します。

下図は、相関係数を示した散布図に、単回帰式と決定係数を表わしたものです。

相関係数と単回帰式

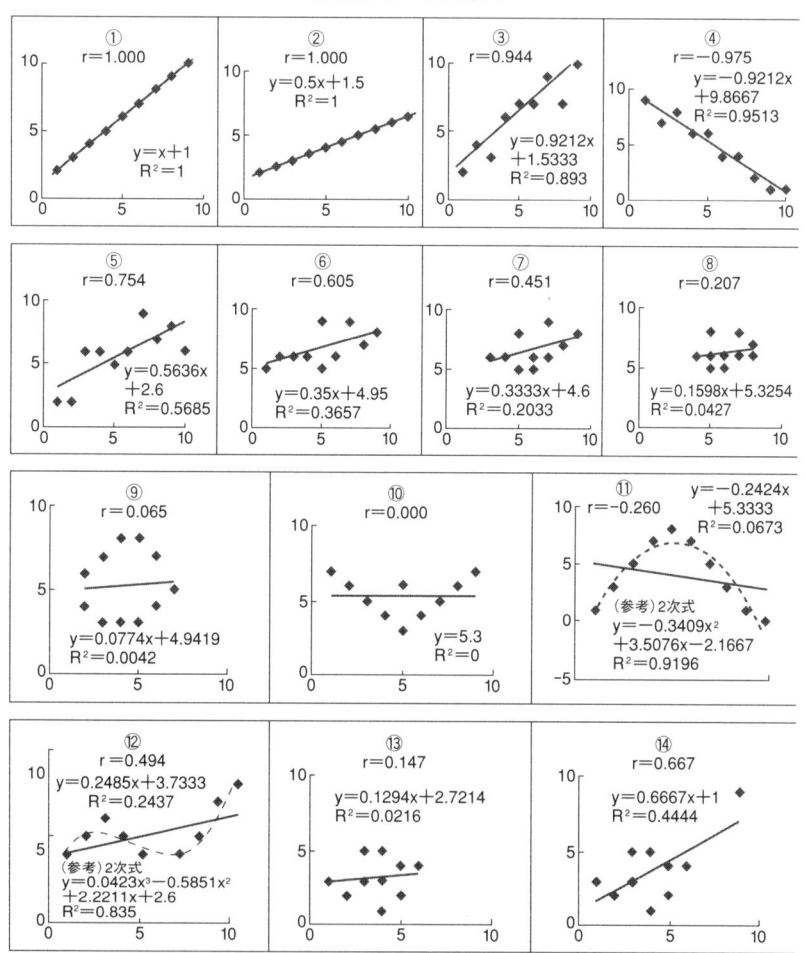

① r=1.000, y=x+1, R²=1

② r=1.000, y=0.5x+1.5, R²=1

③ r=0.944, y=0.9212x+1.5333, R²=0.893

④ r=−0.975, y=−0.9212x+9.8667, R²=0.9513

⑤ r=0.754, y=0.5636x+2.6, R²=0.5685

⑥ r=0.605, y=0.35x+4.95, R²=0.3657

⑦ r=0.451, y=0.3333x+4.6, R²=0.2033

⑧ r=0.207, y=0.1598x+5.3254, R²=0.0427

⑨ r=0.065, y=0.0774x+4.9419, R²=0.0042

⑩ r=0.000, y=5.3, R²=0

⑪ r=−0.260, y=−0.2424x+5.3333, R²=0.0673
（参考）2次式 y=−0.3409x²+3.5076x−2.1667, R²=0.9196

⑫ r=0.494, y=0.2485x+3.7333, R²=0.2437
（参考）2次式 y=0.0423x³−0.5851x²+2.2211x+2.6, R²=0.835

⑬ r=0.147, y=0.1294x+2.7214, R²=0.0216

⑭ r=0.667, y=0.6667x+1, R²=0.4444

57 カテゴリーの得点化
シグマ値法とは

意見項目の回答カテゴリーを得点化し、重みづけるための方法。

多数の意見項目などを、多変量解析で分析する場合、態度を測るものさしであるカテゴリー尺度は、本来は順序尺度ですから、間隔尺度に換算して重みづける必要があります。しかし、普通は、回答カテゴリーのコード番号を間隔尺度の得点として簡便に用いています。（[23 調査対象者を測る4つの尺度とは] [24 態度を測るものさしとは] 参照）

> 5段階のカテゴリー尺度（非常に賛成、やや賛成、どちらともいえない、やや反対、非常に反対）の「非常に」と「やや」の差は、本当に1点なの？

> 本当はカテゴリー間の差は1点ではないよ！シグマ値法を使えば、カテゴリー得点を間隔尺度に換算することができるよ！

心理学では、カテゴリーの順序尺度を間隔尺度に換算する方法を開発しています。ここでは、**シグマ値法**（**系列カテゴリー法**ともいわれます）と呼ばれるカテゴリー尺度の換算点を求める方法を紹介します。

シグマ値法は、意見項目の各カテゴリーへの一連の回答率を、標準正規分布の面積と考え、面積に対応する縦座標と面積の比という間隔尺度に換算する方法です。

標準正規分布とは、元のデータを平均0、標準偏差1.0に置き換えたデー

タ（**標準得点Z**といいます）のことです。受験生にはお馴染みの偏差値に置き換えると、偏差値は平均50、標準偏差10ということです。

偏差値50の人（標準得点Zでは0）は平均点をとった人で上位から数えて50%、偏差値60（$Z=1$）の人は上位から数えて15.9%（$=0.1360+0.0214+0.0013=0.1587$）、偏差値40（$Z=-1$）の人は上位から84.1%（下位からだと15.9%）に該当します。

シグマ値法は、回答カテゴリーの回答率を標準正規分布の面積とみなし、面積に対応する縦座標の比に変換することで、順序尺度を間隔尺度に換算します。

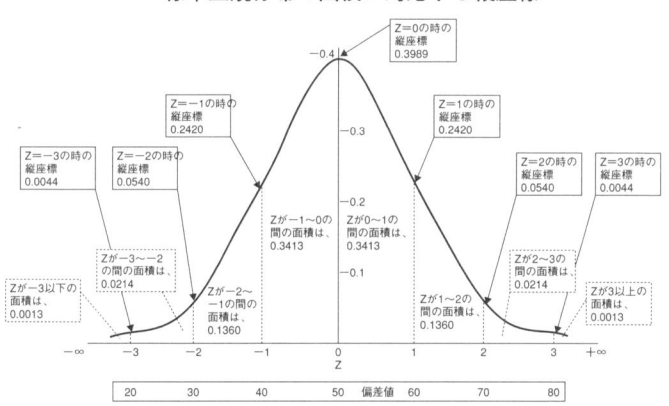

標準正規分布の面積に対応する縦座標

標準正規分布の縦座標は、平均（標準得点0、偏差値50）のときに最も高くなり、0.3989という値をとります。正規分布では、平均からのばらつきが等しいので、標準得点Zが+1と−1（偏差値60と40）は同じ縦座標0.2420となります。

回答率を面積とみなしますので、例えば、Zが$-\infty$〜-2の間の面積に対応する縦座標と面積との比は、$Z=-\infty$の縦座標0.0000と$Z=-2$の縦座標0.0540の差（$0.0540=0.0540-0.0000$）を面積0.0227（$=0.0013+0.0214$）で割った値となります。Zが−2と0の間の面積に対応する縦座標と面積と

の比は、Z＝0の縦座標0.3989とZ＝－2の縦座標の差0.3449（＝0.3989－0.0540）を面積0.4773（＝0.1360+0.3413）で割った値となります。

シグマ値法の算出手順を、以下のフローに示します。

シグマ値法によるカテゴリー得点の算出フロー

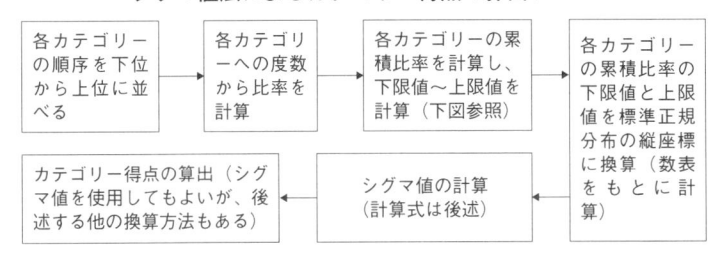

各カテゴリーの順序を下位から上位に並べる → 各カテゴリーへの度数から比率を計算 → 各カテゴリーの累積比率を計算し、下限値～上限値を計算（下図参照）→ 各カテゴリーの累積比率の下限値と上限値を標準正規分布の縦座標に換算（数表をもとに計算）

カテゴリー得点の算出（シグマ値を使用してもよいが、後述する他の換算方法もある）← シグマ値の計算（計算式は後述）

カテゴリーの累積比率と下限値・上限値のイメージ

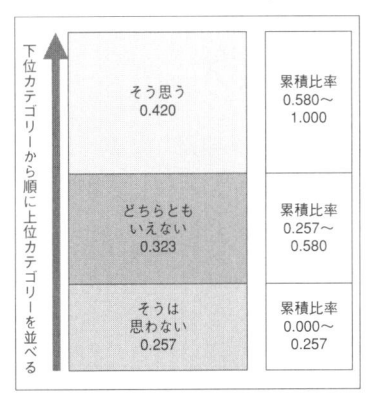

下位カテゴリーから順に上位カテゴリーを並べる

そう思う 0.420	累積比率 0.580～1.000
どちらともいえない 0.323	累積比率 0.257～0.580
そうは思わない 0.257	累積比率 0.000～0.257

- 「そうは思わない、どちらともいえない、そう思う」の順に並べ、回答率を記入します。
- 「累積比率を計算します。「そうは思わない」は0.000～0.257、「どちらともいえない」は0.257～0.580（＝0.257＋0.323）、「そう思う」は0.580～1.000（＝0.580＋0.420）です。
- カテゴリーごとの累積比率の下位の数字、すなわち下限値（0.000、0.257と0.580）と、上位の数字、すなわち上限値（0.257、0.580と1.000）を把握します。

シグマ値法によるカテゴリー換算点の算出方法を例示しましょう。

シグマ値算出の例

回答カテゴリー	各カテゴリーの回答者数	①カテゴリーの回答率 p	②各カテゴリーの下限までの比率 $p_ℓ$	③各カテゴリーの上限までの比率 $p_u = p + p_ℓ$	④各カテゴリーの下限の縦座標 y_1	⑤各カテゴリーの上限の縦座標 y_2	⑥シグマ値 $z = (y_1 - y_2)/p$
そう思う	302	0.420	0.580	1.000	0.3909	0.0000	0.9306
どちらともいえない	232	0.323	0.257	0.580	0.3224	0.3909	－0.2122
そうは思わない	185	0.257	0.000	0.257	0.0000	0.3224	－1.2531

> ステップ1　各カテゴリーの回答率を計算

　回答カテゴリーの回答者数を記入し、回答率（p）を計算します。例えば、「そう思う」のpは、302÷（302+232+185）で求めます。回答カテゴリーは、上位を肯定的なカテゴリー、下位を否定的なカテゴリーとし、最上位から順に最下位まで並べます。

> ステップ2　各カテゴリーの下限までの比率の算定

　そのカテゴリーよりも下限のカテゴリーを選んだ人の比率（p_l）を求めます。例えば、「そう思う」は、0.580（=1-0.420）、「どちらともいえない」は、0.257=（0.580-0.323）となります。

> ステップ3　各カテゴリーの上限までの比率の算定

　そのカテゴリーの上限までのカテゴリーを選んだ人の比率（$p_u = p + p_l$）を求めます。例えば、「そう思う」は，1.000(=0.420+0.580)です。

　カテゴリーごとの累積比率を点検します。前ページの累積比率のイメージを参考に、各カテゴリーの下限比率〜上限比率を確認してください。

> ステップ4　下限と上限の比率を縦座標に換算

　各カテゴリーの下限と上限までの比率を、標準正規曲線（P.154の図参照）のz＝-∞からの面積比率とみなし、面積に対応する縦座標の値を表に記入します。

★標準正規曲線の面積に対応する標準得点と縦座標の数表のつくり方
①Z＝-∞からの面積を0.000〜1.000まで0.001刻みで作成。
②面積に対応するZ（標準得点）を計算。
　面積0.000に対応するZは-∞、1.000は＋∞と入力。
　面積0.001〜0.999に対応する標準得点Zを求める計算式は、
　NORMSINV（1-面積）＊-1
　です。
③Zにおける縦座標を計算。標準得点-∞と＋∞は、0.0000と入力。標準得点Zに対応する縦座標を求める計算式は、
　(1/SQRT(2＊PI()))＊EXP(1)^(-1＊(標準得点^2/2))
　です。
　なお、この式は、標準正規曲線の確率密度を求める式です。
＜参考＞標準正規曲線の確率密度＝$\frac{1}{\sqrt{2\pi}} e^{-\frac{z^2}{2}}$
　　　　自然数e≒2.7183、パイπ≒3.1416

標準正規曲線の面積（0.05刻み）に対応する標準得点と縦座標の数表の例

Z=-∞ からの面積	Z （標準得点）	Zにおける縦座標
0.00	-∞	0.0000
0.05	-1.6449	0.1031
0.10	-1.2816	0.1755
0.15	-1.0364	0.2332
0.20	-0.8416	0.2800
0.25	-0.6745	0.3178
0.30	-0.5244	0.3477
0.35	-0.3853	0.3704
0.40	-0.2533	0.3863
0.45	-0.1257	0.3958
0.50	0.0000	0.3989
0.55	0.1257	0.3958
0.60	0.2533	0.3863
0.65	0.3853	0.3704
0.70	0.5244	0.3477
0.75	0.6745	0.3178
0.80	0.8416	0.2800
0.85	1.0364	0.2332
0.90	1.2816	0.1755
0.95	1.6449	0.1031
1.00	+∞	0.0000

自分で作るときは、0.001刻みとする

作成した「標準正規曲線の面積に対応する標準得点と縦座標」の数表をもとに、面積に対応する縦座標を記入します。

下限と上限比率を縦座標に換算

回答カテゴリー	各カテゴリーの回答者数	①カテゴリーの回答率 p	②各カテゴリーの下限までの比率 p_l	③各カテゴリーの上限までの比率 $p_u = p + p_l$	④各カテゴリーの下限の縦座標 y_1	⑤各カテゴリーの上限の縦座標 y_2
そう思う	302	0.420	0.580	1.000	0.3909	0.0000
どちらともいえない	232	0.323	0.257	0.580	0.3224	0.3909
そうは思わない	185	0.257	0.000	0.257	0.0000	0.3224

数表をひいて、比率=面積に対応する縦座標を記入（もちろん、Excelの計算式で作成できます）

> **ステップ5** シグマ値の算定

シグマ値は、以下の式で求めます。

シグマ値の算定

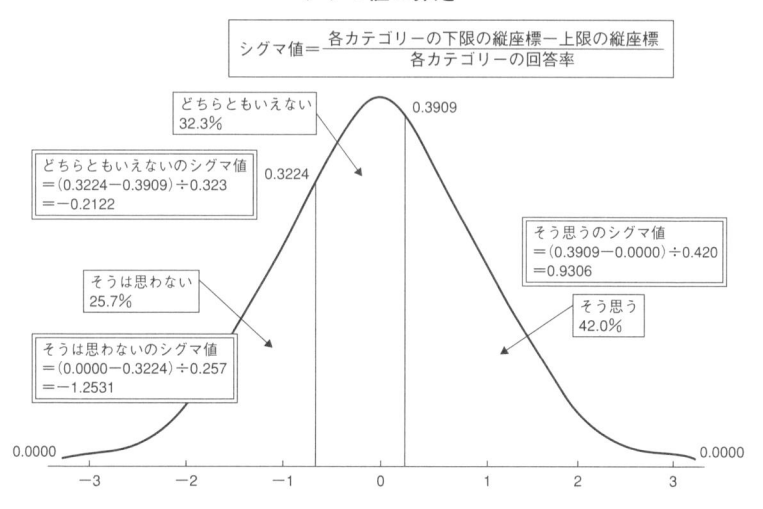

$$\text{シグマ値} = \frac{\text{各カテゴリーの下限の縦座標} - \text{上限の縦座標}}{\text{各カテゴリーの回答率}}$$

- どちらともいえない 32.3%
- 0.3909
- 0.3224
- どちらともいえないのシグマ値 = (0.3224−0.3909)÷0.323 = −0.2122
- そう思うのシグマ値 = (0.3909−0.0000)÷0.420 = 0.9306
- そうは思わない 25.7%
- そう思う 42.0%
- そうは思わないのシグマ値 = (0.0000−0.3224)÷0.257 = −1.2531
- 0.0000
- 0.0000

シグマ値を見ると、「そう思う」と「どちらともいえない」の差は1.1428、「どちらともいえない」と「そうは思わない」の差は1.0409となっていますから、カテゴリー間の差は等しいとはいえないのです。

カテゴリー間の差

	簡便法	シグマ値
「どちらともいえない⇔そうは思わない」の差	1.0000	1.0409
「そう思う⇔どちらともいえない」の差	1.0000	1.1428

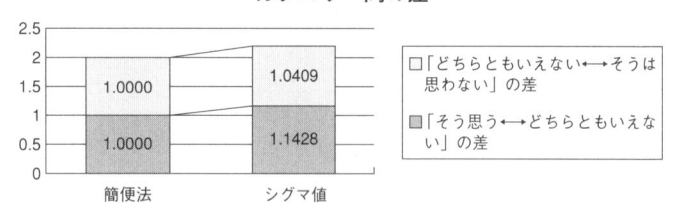

これらのシグマ値は、カテゴリーの並び順とその回答率によって決まります。この例では、「そう思う」人が「そうは思わない」人よりも多いために、「どちらともいえない」の得点が「そう思う」に近くなっています。

> **ステップ6** 換算点の算定

各カテゴリー得点は、シグマ値をそのまま使ってもよいのですが、下限

カテゴリー、すなわち最低得点を0として得点を算定するのがわかりやすいと思います。いろいろな換算点の計算方法を、以下に紹介します。

カテゴリー換算点のいろいろ

回答カテゴリー	回答カテゴリーの回答者数	シグマ値（換算点A）$Z_e=(y_l-y_u)/p$	換算点B（最低得点を0とするように調整）	換算点C（換算点Bを10倍し、整数化）	換算点D（最高得点を100、最低得点を0に調整）
そう思う	302	0.9306	2.1837	22	100
どちらともいえない	232	－0.2122	1.0409	10	48
そうは思わない	185	－1.2531	0.0000	0	0

換算点A：シグマ値をそのまま使用

換算点B：最低得点を0とするように、シグマ値の最低点の絶対値を各カテゴリーのシグマ値に加えます。例では、各々のシグマ値に1.2531を加算。

換算点C：換算点Bを10倍し、整数化します。「そう思う」のシグマ値2.1837は、22とします。

換算点D：最低0点、最高100点になるように調整します。換算点Bを用いて、最高を100にする値を計算し（例では、100÷2.1837＝45.79）、その値を他の得点に乗じ、整数化します（例では、45.79×1.0409≒48）。

シグマ値法で換算した値を使って、第7章で紹介する多変量解析（特に因子分析など）を行えば、カテゴリー得点をカテゴリーの数字で代替する簡便法よりは、明解な解析結果が得られるでしょう。

アンケート調査の嘘

　公表されたアンケート結果を見る際は、調査概要の記載がないものは信用してはいけません。アンケート調査を誇大広告などに利用する方法は、「90％の人が"効果がある"と回答されました。」といったように、部分的な都合の良い数字だけで訴求することです。調査主体の有名、無名に係わらず、調査設計が明確に記載されていないようなアンケート調査は疑わしいと思いましょう。

　また、パーセントの母数がない場合は嘘の可能性があります。10人中9人、100人中90人、1000人中900人は、すべて90％です。調査対象、調査地域、サンプリング台帳、抽出方法、実査時期、回収率、標本数や実査機関など、調査結果を左右する調査設計を明示しなければ、本当の意味で公表とは言えません。できれば、インターネットなどでアンケートデータも公開（もちろん、回答者の氏名、住所など、回答者を特定できる情報は非公開）してほしいものです。

第 **7** 章

▼

多変量解析は
こうして進める！

58 多変量解析にはこんな種類がある

多変量解析手法は、「基準変数解析」「相互依存変数解析」「その他の解析」に大別できる。

(1) 多変量解析の種類

単純集計は1変量解析、クロス集計は2変量解析です。3変量以上の多変量間の関連は、クロス集計ではわかりにくいため、多変量解析と呼ばれる統計手法を使います。**多変量解析**とは、3つ以上の変量に基づいて予測、判別、分類や統合などを行う統計手法の総称です。目的に応じてどんな手法が使えるかという視点で、主な手法を次ページの表に示しました。

> ブランドイメージと対象者特性（性別年齢、年収など）やライフスタイルなどの関係を、総合的に説明できる方法はないかな？

> クロス集計だけでは、無理だね。多変量解析がいいだろう。ただし、何をしたいか目的をはっきりさせないで、闇雲にやってもだめだよ！
> 例えば、
> ●ターゲットにしたい顧客特性のブランドイメージが、アクションを変化させたらどうなるか予測したい。
> ●自社ブランドと競合ブランドのユーザーの違いを説明したい。
> ●ブランドイメージをわかりやすく要約したい。
> ●ブランドイメージで人々を分類したいなど、目的をはっきりさせること。
> それに、データの性質によって使える解析手法も違ってくるから、アンケート調査の企画段階から考えておかないと、良い結果は出ないかもしれないよ。

多変量解析の分類

解析手法の分類名 解析の目的	目的変数（従属変数、外的基準）の有無	目的変数のデータタイプ	説明変数（独立変数）のデータタイプ	代表的な多変量解析の例
〈基準変数解析〉 ①ある項目を、複数の要因で予測、説明、判断したい（複数の原因によって引き起こされた結果を数式で表したい）	あり	定量的データ（量的データ）	定量的データ	重回帰分析 プロビット分析
			定性的データ	数量化Ⅰ類 コンジョイント分析
		定性的データ（質的データ）	定量的データ	判別分析 ロジスティック回帰分析
			定性的データ	数量化Ⅱ類
〈相互依存変数解析〉 ②似たものどうしをまとめたい ③変数間の関連性を図示したい ④変数間の関係を要約したい ⑤項目間の相関関係を説明する潜在的構造を知りたい	なし	—	定量的データ	因子分析 クラスター分析
			定性的データ	数量化Ⅲ類 コレスポンデンス分析 多次元尺度法

その他の解	潜在変数を組み込んだ因果関係解析モデル	共分散構造分析
	複数候補案の一対比較による評価モデル	AHP（階層化意思決定分析法）

第7章 ◎多変量解析はこうして進める！

● **多変量解析は習うより慣れよ！**

　多変量解析というと数学の苦手な人や統計になじみが薄い人などにとって、とっつきにくい、あるいは高度な解析手法だから専門家に任せておけばよいと感じるかもしれません。

　便利で使いやすい統計解析のソフトウェアが数多く開発されていますので、気軽にチャレンジして、統計解析の楽しさを味わってほしいと思います。

　多変量解析のソフトウェアを利用すれば、必要なデータをインプットすれば、すぐに計算してくれますので、アウトプットを解釈するだけでよいのです。

　以下に説明する各種多変量解析の手法についても、それぞれの用途と必要なデータおよびアウトプットの解釈方法がわかればよいという観点で読んでください。

①基準変数解析とは

「ある項目を複数の要因で予測・説明・判別したい、あるいは複数の原因によって引き起こされた結果を数式で表したい」といった場合に用います。

> 最近の売上げ不振の原因がよくわからない。何が悪いんだ？

> 売上げに影響しそうな要因は何かをまず検討しましょう。
> その後で、データを揃えて、重回帰分析をすれば、何がどれ位売上げに影響しているかがわかってきますよ！

　数式で表現すると、左辺が**目的変数**（非説明変数、従属変数、**外的基準**ともいいます）、右辺が複数の**説明変数**（**独立変数**ともいいます）となります。アンケート項目でいえば、目的変数は、満足度やあるブランドのユーザーの別。説明変数は、性別や使用年数などです。

基準変数

目的変数
$\begin{pmatrix} 非説明変数 \\ 従属変数 \\ 外的基準 \end{pmatrix} = f \begin{Bmatrix} 説明変数 \\ (独立変数) \end{Bmatrix}$

例えば
〈予測や関連性の説明〉
　　満足度＝a_1性別＋a_2使用年数＋b
　　　a_1とa_2は傾き、bは切片（［56 単回帰とは］を参照）
〈判別＝所属グループの予測〉
　　満足の有無＝z_1性別＋z_2使用年数＋z_0＝0
　　　z_1とz_2は傾き、z_0は切片

基準変数解析は、目的変数と説明変数のデータのタイプが、定量的（量的）データか定性的（質的）データかで、4つに分かれます。大雑把にいうと、目的変数が定量的データの場合は予測や関連性の説明問題、目的変数が定性的データの場合は所属グループの予測、すなわち判別問題を扱う多変量解析です。

◆基準変数解析は4種類

目的変数のデータタイプ		説明変数のデータタイプ
● 定量的データ ● 定性的データ	×	● 定量的データ ● 定性的データ

②相互依存変数解析とは

　「似たものどうしをまとめたい、集めたい」「変数間の関連性を図示したい」「変数間の関係を要約したい」「項目間の相関関係を説明する潜在的構造を知りたい」といった場合に用いられます。説明変数のデータのタイプによって、2つに分けられます。

> DMを送る顧客を絞り込みたいんだけど、どうすればいいの？

> 顧客リストの購入した商品・価格・頻度や家族構成などのデータを使って、顧客をグルーピングしてみましょう。

　相互依存変数解析は、目的変数がなく説明変数のみです。大雑把にいうと、変数またはサンプルの分類問題、変数のマッピング問題を扱う多変量解析です。

● **相互依存変数解析は2種類**

説明変数の間の
● 類似度指標（近ければ近いほど大きな値、例えば相関関係）
● 非類指標（遠ければ遠いほど大きな値、例えば距離）

項目間の相関関係を説明する潜在的構造を知りたい

・似たものどうしをまとめたい、集めたい
・変数間の関連性を図示したい
・変数間の関係を要約したい

③その他の解析手法

　潜在変数を用いた因果関係を表わす複雑なモデルを、オリジナルにつくりたいといった場合に利用できる「共分散構造分析」という解析手法があります。統計ソフトウェアを利用し、フローチャートを描いて変数間の因果関係を表示すれば、自動的に計算してくれる"優れもの"です。

　価値基準が多様化している社会では、何を基準にアクションすべきか迷うこともあります。このような場合、グループミーティングなどで評価基準を大中小など階層的に分類し、評価基準の重要度を一対比較で選択することにより、評価項目の効用ウェイトを算定する「AHP（階層化意思決定分析法）」という解析手法があります。

◆多変量解析の目的別選定フロー

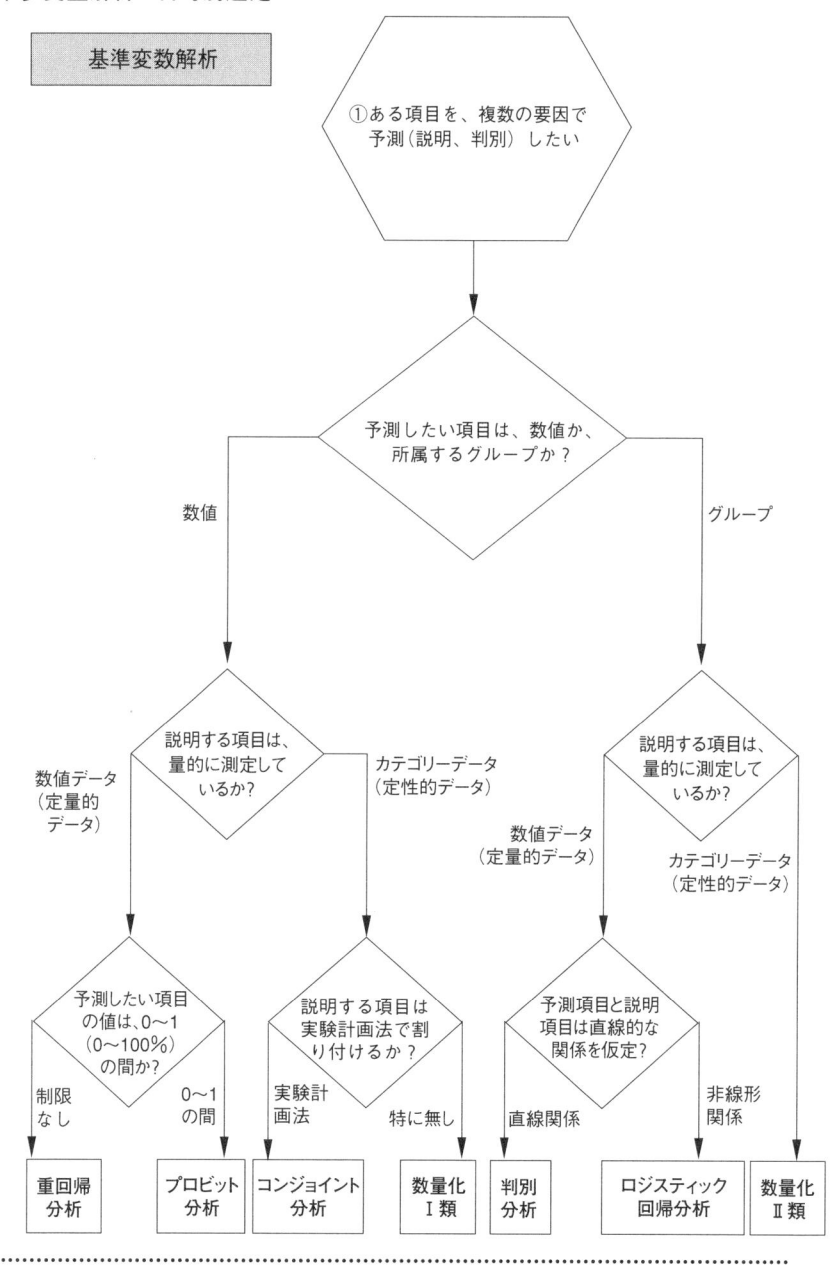

基準変数解析

①ある項目を、複数の要因で予測(説明、判別)したい

↓

予測したい項目は、数値か、所属するグループか？

― 数値 →
― グループ →

【数値側】
説明する項目は、量的に測定しているか？

- 数値データ（定量的データ）
- カテゴリーデータ（定性的データ）

【数値データの場合】
予測したい項目の値は、0〜1（0〜100%）の間か？

- 制限なし → **重回帰分析**
- 0〜1の間 → **プロビット分析**

【カテゴリーデータの場合】
説明する項目は実験計画法で割り付けるか？

- 実験計画法 → **コンジョイント分析**
- 特に無し → **数量化Ⅰ類**

【グループ側】
説明する項目は、量的に測定しているか？

- 数値データ（定量的データ）
- カテゴリーデータ（定性的データ）

【数値データの場合】
予測項目と説明項目は直線的な関係を仮定？

- 直線関係 → **判別分析**
- 非線形関係 → **ロジスティック回帰分析**

【カテゴリーデータの場合】
→ **数量化Ⅱ類**

第7章 ◎多変量解析はこうして進める！

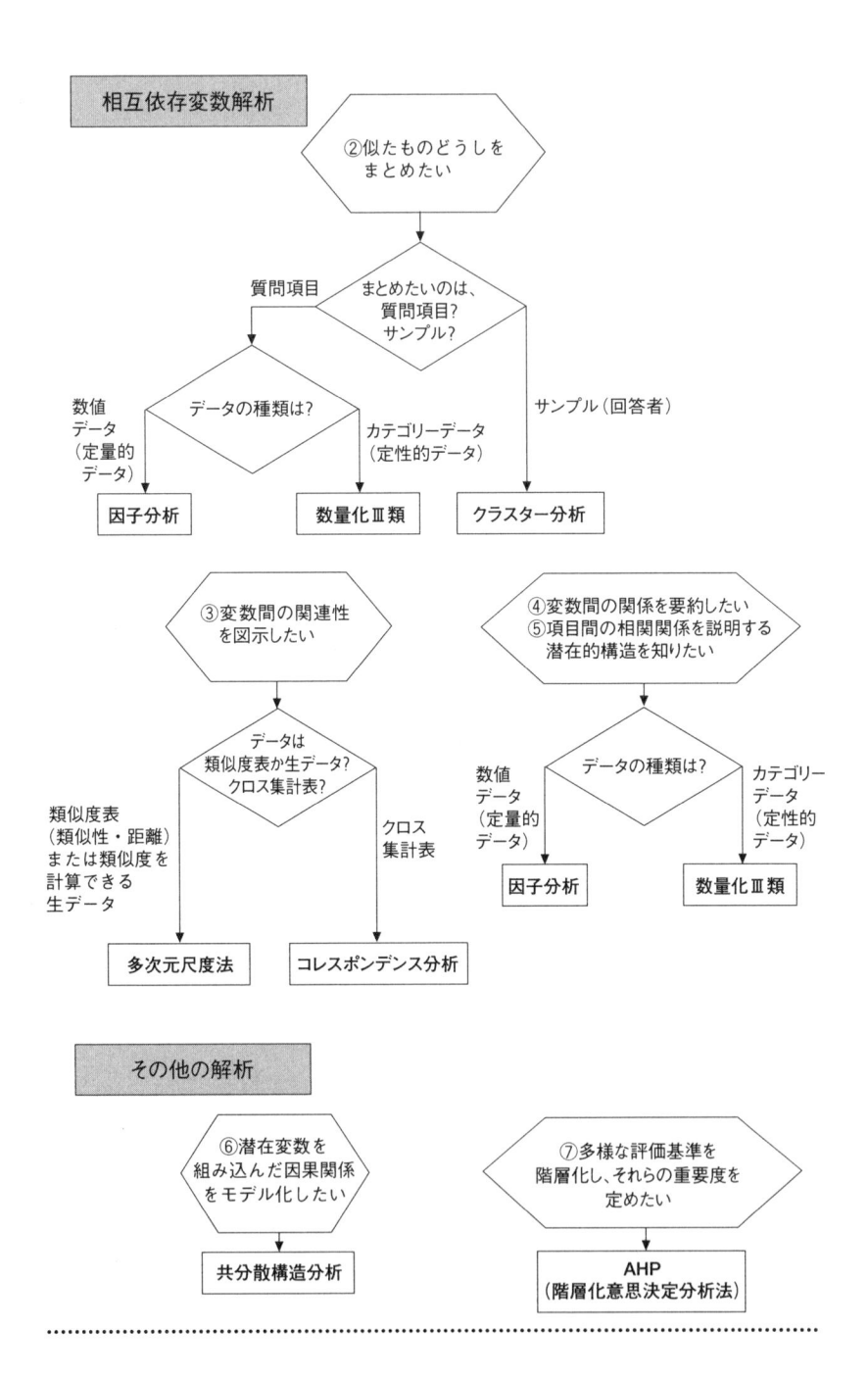

第2部 ● 統計解析はこうして進める！

相互依存変数解析

②似たものどうしをまとめたい
↓
まとめたいのは、質問項目？サンプル？
- 質問項目 → データの種類は？
  - 数値データ（定量的データ）→ **因子分析**
  - カテゴリーデータ（定性的データ）→ **数量化Ⅲ類**
- サンプル（回答者）→ **クラスター分析**

③変数間の関連性を図示したい
↓
データは類似度表か生データ？クロス集計表？
- 類似度表（類似性・距離）または類似度を計算できる生データ → **多次元尺度法**
- クロス集計表 → **コレスポンデンス分析**

④変数間の関係を要約したい
⑤項目間の相関関係を説明する潜在的構造を知りたい
↓
データの種類は？
- 数値データ（定量的データ）→ **因子分析**
- カテゴリーデータ（定性的データ）→ **数量化Ⅲ類**

その他の解析

⑥潜在変数を組み込んだ因果関係をモデル化したい
→ **共分散構造分析**

⑦多様な評価基準を階層化し、それらの重要度を定めたい
→ **AHP（階層化意思決定分析法）**

マーケティング分野では、多変量解析を利用して、いろいろな分析を行っています。

多変量解析の主な利用分野

	基準変数解析							相互依存変数解析					その他	
	重回帰分析	プロビット分析	数量化Ⅰ類	コンジョイント分析	判別分析	ロジスティック回帰分析	数量化Ⅱ類	因子分析	クラスター分析	数量化Ⅲ類	コレスポンデンス分析	多次元尺度法	共分散構造分析	AHP（階層化意思決定分析法）
予測（市場性、広告効果、売上げなど予測値に制限がないもの）	○		○	○										
予測（満足率、快適率など予測値が0～100％の間）		○		○		○								
新製品コンセプトの選定	○		○					○			○		○	
販売価格の検討	○		○	○										
販売促進策の検討	○		○	○										○
販売促進策のターゲットの選定検討					○	○	○							
広告計画の検討	○		○	○										○
顧客満足（CS）	○	○	○			○		○		○				
企業やブランドイメージの分析								○	○	○	○	○		
マーケットセグメンテーション・顧客の分類					○	○	○	○	○					
クロス集計表項目間の関連性											○			
因果関係の検討	○							○					○	

　多変量解析の技術開発も、IT技術同様に進展しています。これまでは、直線的な関係式で考えられていたものが、非線形式（曲線式など）で考えられたりします。本書では、代表的な多変量解析手法について、次節以降に説明します。

（2）多変量解析のソフトウェアについて

多変量解析の計算ソフトウェアには、SASやSPSSなどの統計パッケージソフト、表計算ソフトのアドインソフトや多変量解析の書籍の付録CD-ROMやインターネットからダウンロードできるフリーソフトなどがあります。ただし、ソフトウェアによっては、同じデータでも計算結果が異なるものもありますので注意して使ってください。

①SAS、SAS／JUMP

SASはレンタルで使用する統計ソフトウェアです。統計分析のほとんどすべてを含んでいます。SAS／JMPは、SASとは別のソフトウェアで、購入することができます。多変量解析の基本的な技法は装備しています。

②SPSS

SPSSは、SASと同等の統計機能を持っている使いやすいソフトウェアです。共分散構造分析のAMOSソフトウェアなど、オプション製品も充実しています。

③その他海外ソフトウェア

STATISTICA、STATVIEW、S-PLUSなどがあります。ビジュアル表現や地理情報システムとのリンクが検討されたりしています。

④JUSE-MA、JUSE-StatWorks

日本科学技術研修所のソフトウェアです。

⑤エクセルアドインソフト

エクセル統計（社会情報サービス）とＥＸＣＥＬ多変量解析と数量化理論（エスミ）が有名です。

⑥無料か安価なソフトウェア

インターネットのフリーソフトやシェアウェアを扱う国内サイトから、多変量解析プログラムをダウンロードできます。また、統計学習サイトで、統計ソフトのサイトにジャンプして、ダウンロードできます。海外の統計サイトでは、試用版がダウンロードできます。

※本書の計算は、SPSS、EXCEL多変量解析と自作ソフトを用いています。

59 マーケットの市場性を予測する
重回帰分析

将来を予測したり、関連性を説明したりする際に、最も一般的に使われる解析手法。

(1) どんなときに使う手法か

①利用目的の例

- 個人（世帯）が特定商品やサービスを1年間に購入する金額や量と個人（世帯）特性との間に、どんな関係があるのかが知りたい。また、個人特性がこんな人は、いくら位購入するか予測したい。
- ある商品に占めるブランドAの購入率は、個人特性やライフスタイル特性とどの程度関係があるのかが知りたい。
- 自社商品を10％値下げすれば、販売量はどの程度増えるのか。あるいは、競争相手が10％値下げすれば、自社の販売量は減るのか、減るとすればどれ位なのかが知りたい。
- 顧客満足度を上げるには、性能やデザイン特性のうち、優先的にどれを改良すればよいかが知りたい。
- 新製品モニターの評価から、発売後の売れ行きを予測したい。

②必要なデータの例

上記の利用例の場合、以下のようなデータが必要です。個人や世帯特性のデータは、説明変数[1]として使われることが多いでしょう。

重回帰分析に必要なデータ例

目的変数	説明変数
購入金額（量）	年齢、年収、同居家族数など
ブランドAの購入率	年齢、年収、同居家族数、ライフスタイル意見項目への賛成得点など
自社購入量	競争会社の購入量、価格値下げによる購入量の増減意向得点など
顧客満足度	性能やデザイン項目の評価得点など
モニター評価製品の発売後の売れ行き評価	これまでの製品モニターの評価得点

[1] 説明変数→重回帰分析など原因と結果の関係を説明するための解析手法において、原因にあたる変数をいう。一方の結果にあたる変数は「目的変数」という。

（2）重回帰分析の計算例

単回帰（147ページ参照）は、目的変数を１つの説明変数で表わす１次式です。重回帰は、複数の説明変数で表わす１次式です。

計算事例で説明しましょう。

アンケート調査で、商品Ａの「満足度」「性能評価」「価格評価」を、５段階尺度（得点が高いほど、良い評価を表わす）で質問し、次のような結果が得られました。

重回帰分析のデータ

	満足度	性能評価	価格評価
Ａさん	2	1	3
Ｂさん	3	2	3
Ｃさん	3	3	2
Ｄさん	4	4	3
Ｅさん	5	5	5

３つの変数の関係を次のように考えました。

仮　説

性能評価が良いと満足度が高く、
また、価格評価が良いと満足度が高い。

散布図を描いてみましょう。

変数間の散布図と単回帰式（Y）、決定係数（r^2）

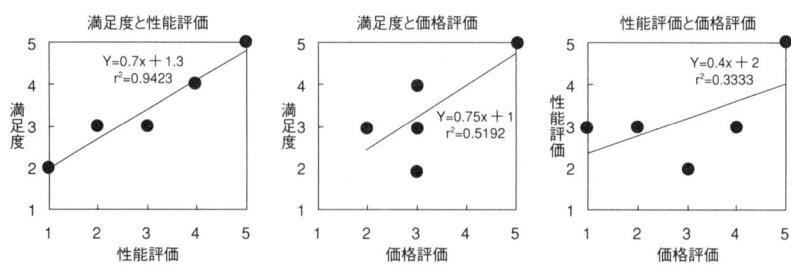

満足度と性能評価
$Y=0.7x+1.3$
$r^2=0.9423$

満足度と価格評価
$Y=0.75x+1$
$r^2=0.5192$

性能評価と価格評価
$Y=0.4x+2$
$r^2=0.3333$

散布図より、満足度と性能評価・価格評価は、決定係数$R^2>0.5$で正の相関があり、直線関係で説明することができそうです。（決定係数については、［56 単回帰とは］参照）

満足度と性能評価との間には、

$$Y = a_1 X_1 + b_1$$

という1次式の関係、満足度と価格評価との間にも、

$$Y = a_2 X_2 + b_2$$

という1次式の関係がありそうです。

そこで、この2つの式をまとめて、

$$Y = a_1 X_1 + a_2 X_2 + b \cdots\cdots 予測式$$

　　　　　　Y…目的変数、予測値（満足度の予測値）
　　　　　　a_1、a_2…偏回帰係数（単回帰では回帰係数）
　　　　　　b…定数項（Y軸との切片）
　　　　　　X_1、X_2…説明変数1（性能評価）と説明変数2（価格評価）

という1次式で表わします。

　なお、重回帰分析の偏回帰係数と定数項は、「最小2乗法」と呼ばれる解法で求めます。最小2乗法とは、残差（観測値と予測値の差）の2乗和を最小にする（すなわち誤差を最も少なくする）解き方です。

　重回帰分析の計算ソフトウェアによるアウトプット例と、その解釈の仕方を次ページに示します。

重回帰割合のアウトプット例

記述統計量

	平均値	標準偏差	N（サンプル数）
満足度	3.40	1.1402	5
性能評価	3.00	1.5811	5
価格評価	3.20	1.0954	5

→ 変数の平均値と標準偏差です。

相関係数

	満足度	性能評価	価格評価
満足度	1.000	0.971	0.721
性能評価	0.971	1.000	0.577
価格評価	0.721	0.577	1.000

→ 変数間の相関係数を表します。性能は価格以上に満足度への影響が大きいことがわかります。

分散分析

	平方和	自由度	平均平方	F値	有意確率
回帰	5.1	2	2.55	51	0.019
残差	0.1	2	5.00E－02		
全体	5.2	4			

ここでは、「仮説：求めた重回帰式の説明変数は、予測に役立たない」を検定しています。有意確率が0.05より小さいので、予測に役立つといえます。

数値を指数で表示しています。5.00×10^{-2}のこと。

重回帰式の各変数にかかる係数と有意確率を示します

t値＝偏回帰係数÷標準偏差

回帰係数

	非標準化係数		標準化係数	t検定	有意確率
	B（偏回帰係数）	標準誤差	ベータ		
（定数）	0.800	0.343		2.334	0.145
性能評価	0.600	0.087	0.832	6.928	0.020
価格評価	0.250	0.125	0.240	2	0.184

性能評価の偏回帰係数は0.6
価格評価の偏回帰係数は0.25
重回帰式はY＝0.6性能評価＋0.25価格評価＋0.8
標準偏回帰係数については、次ページ参照。

有意確率が0.05より小さい説明変数は、満足度に効果があるといえます。

(3) 標準偏回帰係数からわかること

偏回帰係数(前記の式では0.6や0.25)は、説明変数(前記の式では性能評価や価格評価)の値の大きさとばらつきに影響されます。例えば、評価点に加え、年収と使用経験年数などの説明変数を用いたりしたとします。

説明変数の単位を変えると、偏回帰係数も変わります(例えば、1000ccを1kgにすると、もとの係数の1000倍になります)。いろいろな説明変数が混在すると、どの説明変数が、目的変数に最も影響を与えているかは、偏回帰係数を見ただけでは、わかりません。

説明変数の影響力を調べるには、すべての説明変数の単位を等しくすればいいのです。すべての変数の単位を等しくする方法として、データの**標準化**があります。標準化とは、次のように変換を行うことです。([57 シグマ値法とは] 参照)

(個々のデータ−データ平均)÷データの標準偏差

標準化を行うと、平均0、標準偏差1のデータになり、数字の単位が等しくなりますので、説明変数が目的変数に与える影響力が比較できます。

計算例を下に再掲します。

回帰係数

	非標準化係数		標準化係数	t検定	有意確率
	B(偏回帰係数)	標準誤差	ベータ	(回帰係数÷標準誤差)	
(定数)	0.800	0.343		2.334	0.145
性能評価	0.600	0.087	0.832	6.928	0.020
価格評価	0.250	0.125	0.240	2	0.184

その結果、性能評価の標準偏回帰係数は0.832となり、価格評価の標準偏回帰係数は0.240となります。

この結果は、性能評価が満足度に一番影響を与えている、いいかえると、満足度を向上させる効果が最も高いといえます。価格評価は、性能評価と比べて3割程度の効果といえます。この例では、商品の性能を高めることが、顧客満足を高める王道なのでしょう。

（4）重回帰分析の決め手は、決定係数にある

重回帰分析で得られた重回帰式の予測精度を示す指標が、**重相関係数**と**決定係数**です。

求めた重回帰式

　　Y＝0.6性能評価＋0.25価格評価＋0.8

を用いれば、満足度の予測値が計算できます。

しかし、予測精度が悪ければ、使えない重回帰式、役立たない重回帰式を作ったことになります。

重相関係数は、観測値と予測値との相関係数です。相関係数は、＋1～－1の間の数値で、両者が同じなら＋1の値となります。決定係数は、重相関係数の2乗の値です。

計算例で、観測値と予測値を比べてみましょう。

観測値と予測値の表とグラフ

観測値	予測値	残差
2	2.15	－0.15
3	2.75	0.25
3	3.10	－0.10
4	3.95	0.05
5	5.05	－0.05

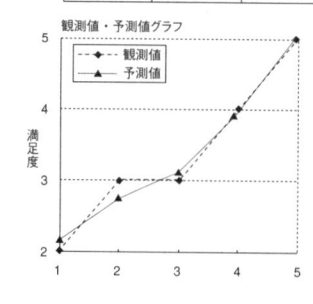

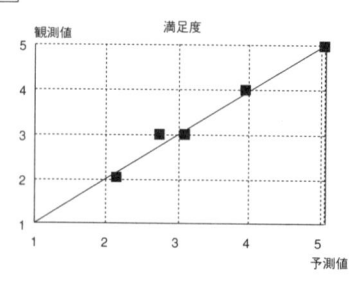

予測精度に関するアウトプットは、次のようになります。

R	R^2
0.99	0.9801

　観測値と予測値の重相関係数は0.99、決定係数（重相関係数の2乗）は0.9801(=0.99×0.99)となります。決定係数が0.8以上あればよい精度、0.5以上ならばまあよい精度といえます。

(5) 説明変数を選ぶ目安

　重回帰分析では、予測精度を重視すべきですが、重回帰式を説明する変数の役割、つまり、なぜこの説明変数が予測に有効なのか、有効とすれば、どの程度の効果があるかを考える必要があります。

　また、統計ソフトウェアを使うと、簡単に計算結果がでますが、多数の計算結果からどれを用いるかを決める必要があります。

　説明変数を選択する際の考え方を以下に紹介します。

①予測精度を優先する

　目的変数と相関の高い説明変数をすべて使用すると、予測精度は高くなります。しかし、説明変数が多い場合、説明変数の回帰係数を解釈すると、本来は説明変数の値が大きくなれば目的変数の値も大きくなるという関係（偏回帰係数がプラス値になります）が成り立たず、偏回帰係数がマイナス値になり関係が逆転する結果となる可能性があります。

　このような現象を例えで説明しますと、天体望遠鏡で遠くの星を見る時、多数の調整キーを個別に上下左右に動かして、ピントを調整するのと似ています。

　ただし、説明変数間の相関が極めて高い場合、求めた偏回帰係数の誤差が大きくなり、推定値の信頼をおくことができないことがあります。このような現象を、「**多重共線性**あるいは**マルチコリニアリティ**」と呼んでいます。

②偏回帰係数の解釈を重視する

　予測精度が高くても、なぜこの説明変数の値が大きく（または小さく）なると、目的変数が大きく（または小さく）なるかが説明できないと、重回帰式そのものの価値が失われる場合もあります。

　多重共線性を判定する統計ソフトウェアもありますので、複数の計算を行ったうえで、合理的な説明変数を選択します。

(6) 説明変数の選び方

　重回帰分析の統計ソフトウェアの中には、説明変数を選択することができるものがあります。

　説明変数選択の方法は、以下の3つです。

①変数増加法

　説明変数が1つも含まれないモデルから計算をスタートし、変数を1つずつ増加させます。説明変数を採用するかどうかは、偏回帰係数の検定を行い、有意差があれば採用します。

②変数減少法

　説明変数をすべて含むモデルから計算をスタートし、変数を1つずつ減少させます。説明変数を除去するかどうかは、偏回帰係数の検定を行い、有意差がないものから除去していきます。

③変数増減法（ステップワイズ法）

　変数増加法では、一度採用した説明変数は除去されません。また、変数減少法では、一度除去した変数は二度と採用されません。偏回帰係数は、計算に採用される説明変数によって、変動します。

　そこで、最初に、目的変数と一番相関の高い説明変数を初期モデルとし、計算を行います。残りの説明変数を順に1つずつ採用し、偏回帰係数の検定を行い、有意差があれば採用します。有意差検定は、変数を1つ採用するたびに行いますので、採用した変数でも有意差がなくなることもあります。その場合は、有意差がなくなった説明変数を除去します。

60 0から1の間の比率を予測する
プロビット分析

0～1の間の比率を消費者グループの特性の違いで予測する解析手法。

(1) どんなときに使う手法か

①利用目的の例

プロビット分析は、重回帰分析と似ていますが、0～1の間の比率を予測しますので、100%を超えてはならないものなど、次のような調査テーマを分析するための有効なツールのひとつです。

- 利用商品の種類など顧客グループ別の顧客満足者率（顧客のうち満足と回答した人の比率）データをもとに、顧客グループの特性の違いがもたらす満足者率を予測したい。
- ある商品に占めるブランドAの購入率は、個人特性やライフスタイル特性とどの程度関係があるのかが知りたい。
- 新製品モニターの評価から発売後の成功率を予測したい。
- 業種別広告注目率を広告回数、広告量から予測したい。

この商品、もっと広告したら、たくさん売れると思うけど、どんな広告にすればいいんだろう？

プロビット分析で、購入率の高い人やグループは、どんな属性や意識・行動をとっているかを説明してみましょう。ターゲットの意識や行動がわかれば、それに適した広告を作ればいいんだ。少なくとも、ターゲットから反発されるような広告には、ならないよ。

第7章 ◎ 多変量解析はこうして進める！

②必要なデータの例

上記の利用例の場合、以下のようなデータが必要です。

プロビット分析に必要なデータ例

目的変数	説明変数
グループの顧客満足者率	グループ平均の年齢、使用年数、購入価格など
ブランドAの購入率	年齢、年収、同居家族数、ライフスタイル意見項目への賛成得点など
発売後の成功率	新製品モニターの評価点
モニター評価製品の発売後の売れ行き評価	これまでの製品モニターの評価得点
広告注目率	業種別広告回数、広告回数

プロビット分析は、マーケティング分野以外でも数多く利用されています。適用例を表にまとめました。

プロビット分析の適用例

分野	目的変数	説明変数の例
医療分野	医薬品の治癒率	薬品の種類、薬品濃度、投与量、病歴
経済分野	景気の後退と拡張	基準時点からの経過月数、株価、他の経済指標
金融分野	預貯金に占める預金率	年収、家族人数、職業、住居形態

(2) プロビット分析とは

プロビット分析は、重回帰分析と似ています。

説明変数が2変数の重回帰式は、

$Y = a_1 X_1 + a_2 X_2 + b$

となります。

プロビット分析の回帰式は、

$\mathrm{Probit}\ (Y) = a_1 X_1 + a_2 X_2 + b$

となり、右辺は同じ式です。

プロビット分析では、目的変数Yは比率となり、さらに、比率の大きさ

に制限があります。

　　　$0 \leq 目的変数 Y \leq 1$

　プロビット分析は、目的変数（すなわち予測値）が0未満や1（または100％）を超えてはならない場合に使います。

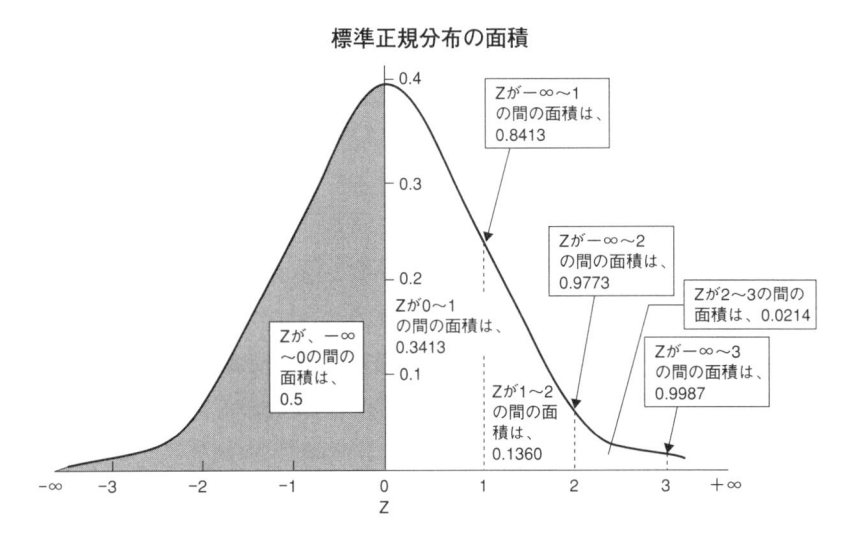

標準正規分布の面積

- Zが、$-\infty$〜0の間の面積は、0.3413
- Zが0〜1の間の面積は、0.3413
- Zが1〜2の間の面積は、0.1360
- Zが$-\infty$〜1の間の面積は、0.8413
- Zが$-\infty$〜2の間の面積は、0.9773
- Zが2〜3の間の面積は、0.0214
- Zが$-\infty$〜3の間の面積は、0.9987

　ところで、プロビットとは、目的変数をプロビット変換することに由来しています。では、プロビット変換とはなんでしょう。

　標準正規分布を思い出してください（［57 シグマ値法とは］参照）。正規分布曲線の面積と横軸 z の関係は、面積0.5のとき、 z は0となります。面積0.5とは、 z がマイナス無限大（$-\infty$）から0の間（または0から$+\infty$）の面積です。ちなみに、平均±1標準偏差の面積は0.6826（Zが-1〜$+1$の面積、0〜1の間の面積0.3413の2倍）、平均±2標準偏差の面積は0.9546（$=0.6826+0.1360\times2$）です。

　プロビット変換とは、比率を正規分布曲線の面積とみなし、面積に対応する標準得点 z （プロビット値）に変換することです。プロビット変換のイメージをグラフで示します。

標準正規累積分布の面積とプロビット変換値の関係

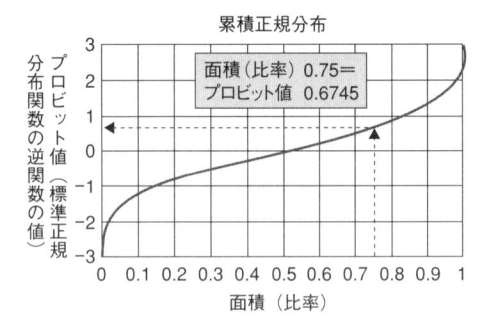

累積正規分布

面積(比率) 0.75 ＝
プロビット値 0.6745

縦軸：プロビット値（標準正規分布関数の逆関数の値）
横軸：面積（比率）

プロビット変換値を求めるExcel関数は、**NORMSINV**（比率）です。また、プロビット変換値から比率（面積）を求める関数は、**NORMSDIST**（プロビット変換値）です。

比率（面積）に対応するプロビット変換値（標準正規累積分布関数の逆関数の値）

比率（面積）	プロビット変換値
0.0001	−3.7195
0.05	−1.6449
0.10	−1.2816
0.15	−1.0364
0.20	−0.8416
0.25	−0.6745
0.30	−0.5244
0.35	−0.3853
0.40	−0.2533
0.45	−0.1257
0.50	0.0000
0.55	0.1257
0.60	0.2533
0.65	0.3853
0.70	0.5244
0.75	0.6745
0.80	0.8416
0.85	1.0364
0.90	1.2816
0.95	1.6449
0.9999	3.7195

＜参考＞プロビット分析と重回帰分析の違い

プロビット分析の回帰係数は、**最尤推計法**（最尤法と略します）を用いて計算しています。一方、重回帰分析の回帰係数は**最小2乗法**を用いて計算しています。最尤法は、母数の点推定をする方法で、母集団の分布形がわかっているとき、標本値からその母数を決めようとする解法です。最も起こりうる関係を満たす値が最尤推定値となります。なお、最小2乗法は、観測値と予測値の残差の2乗を最小にする解法です。

（3）プロビット分析の計算例

3種類の商品のユーザーについて月間利用回数でグルーピングし、会場テストで顧客満足度を調査したとします。満足度は、4段階尺度（満足、やや満足、やや不満、不満）で測定したとします。個人ごとに分析する方法もありますが、ここでは使用している商品別、会場テストごとにグループ分けし、性能評価（10点満点法）と月間利用回数が満足者率に与える影響を調べました。

プロビット分析の目的変数は、満足者率（＝満足者数÷標本数）、説明変数は、商品、性能評価および月間利用回数です。参考として、満足者率（＝満足者数÷標本数）とそのプロビット変換値を、表に記載します。

商品別性能評価、利用回数と満足度の分析データ

① 商品	② 標本数	③ 満足者数	④ 性能評価	⑤ 月間利用回数	⑥ 参考 満足者率（＝③÷②）	⑦ 参考 満足者率のプロビット変換値
1	28	24	10	10	0.86	1.07
	28	18	9	10	0.64	0.37
	28	16	8	3	0.57	0.18
	20	6	6	5	0.30	−0.52
	22	8	7	6	0.36	−0.35
	20	13	9	9	0.65	0.39
2	20	12	9	9	0.60	0.25
	20	10	9	8	0.50	0.00
	19	10	6	7	0.53	0.07
	23	14	9	8	0.61	0.28
3	25	8	6	8	0.32	−0.47
	27	15	6	8	0.56	0.14
	28	20	7	9	0.71	0.57
	24	12	8	10	0.50	0.00
	24	18	8	11	0.75	0.67

プロビット分析のモデルは、

$$\text{Probit（満足者率）} = a_1 \text{性能評価} + a_2 \text{月間利用回数} + b_i$$

ただし、b_i は商品 1 〜 3 ごとの定数

となります。

計算結果は、以下のようにアウトプットされます。

回帰係数の推定結果

	回帰係数	標準誤差	t（回帰係数÷標準誤差）
性能評価	0.20283	0.08172	2.48178
利用回数	0.03869	0.04906	0.78871

	切片（定数）	標準誤差	t（定数÷標準誤差）
商品1	−1.73915	0.51016	−3.40901
商品2	−1.83907	0.51434	−3.57559
商品3	−1.5865	0.42817	−3.70526

商品 1 のプロビット回帰式は、

　Probit（満足者率）＝0.20283性能評価＋0.03869利用回数−1.73915

商品 2 のプロビット回帰式は、

　Probit（満足者率）＝0.20283性能評価＋0.03869利用回数−1.83907

商品 3 のプロビット回帰式は、

　Probit（満足者率）＝0.20283性能評価＋0.03869利用回数−1.5865

となりました。

　この計算例の t 値（回帰係数÷標準誤差）は、1.96以上であれば回帰係数に意味があることを示します。この場合、性能評価の回帰係数は、満足者率に影響がある、つまり、性能評価がよければ満足者率が高くなることを意味します。このように、プロビット分析は、グループ（この例では商品）が異なっていても回帰係数を等しくし、グループ間の差を切片（定数）で説明することができます。

　統計ソフトウェアでは、回帰係数の適合性の検定を計算例のようにアウトプットします。

$$x^2 = 16.183 \quad 自由度 = 10 \quad P = 0.095$$

となりました。モデルの有意確率P=0.095は有意水準0.05より大きいので、モデル式の当てはまりは良いとみなせます。

平行性の検定、つまり商品別に分けた3グループの回帰係数は等しいかどうかの検定は、

$$x^2 = 7.090 \quad 自由度 = 2 \quad P = 0.029$$

となりました。有意水準P=0.029は、有意水準0.05より小さく、商品グループ別に回帰係数は等しくないとみなせます。

この結果より、性能評価が満足者率に影響を与え、利用回数の影響は少ない。そのため、性能評価のみでプロビット回帰式を作成することが望ましい。また、商品別に同じ回帰係数を当てはめるのは無理があるといえます。本来は、性能評価だけを用いて、再計算を行いますが、ここでは、計算事例の紹介にとどめます。

満足者率の予測精度を重回帰分析の結果に準じて説明すると、観測値と予測値の重相関係数は0.7322、決定係数は0.5361です。決定係数は0.5以上ですから、まあまあの結果といえます。

満足者率の観測値と予測値の相関図

＜参考＞プロビット変換値を目的変数とした重回帰分析

プロビット分析の統計ソフトウェアがなくても、Excelの分析ツールの重回帰分析を使って、プロビット変換の解析を試行することができます。

目的変数のデータをプロビット変換します。商品グループは、新たに2

変数（商品1の有無と商品2の有無）で表わします。商品3の有無という変数は、商品1と商品2がいずれも0であれば商品3であることが判明しますから不要です。このようにカテゴリーを変数として扱い、1か0で表現された数値を「**ダミー変数**」といいます。

満足者率のプロビット変換値と説明変数

満足者率のプロビット変換値	性能評価	月間利用回数	商品1	商品2
1.07	10	10	1	0
0.37	9	10	1	0
0.18	8	3	1	0
-0.52	6	5	1	0
-0.35	7	6	1	0
0.39	9	9	1	0
0.25	9	9	0	1
0	9	8	0	1
0.07	6	7	0	1
0.28	9	8	0	1
-0.47	6	8	0	0
0.14	6	8	0	0
0.57	7	9	0	0
0	8	10	0	0
0.67	8	11	0	0

重回帰分析の計算結果は、以下のようにアウトプットされます。

満足者率の重回帰分析結果

	非標準化係数		標準化係数	t	有意確率
	B（偏回帰係数）	標準誤差	ベータ		
（定数）	-1.629	0.541		-3.012	0.013
性能評価	0.189	0.104	0.609	1.819	0.099
月間利用回数	0.05299	0.067	0.264	0.788	0.449
商品1	-0.108	0.315	-0.128	-0.343	0.739
商品2	-0.207	0.3	-0.222	-0.689	0.506

この結果より、重回帰式は、

　　満足者率のプロビット変換値
　　　　　＝0.189性能評価＋0.05299月間利用回数
　　　　　－0.108商品1－0.207商品2－1.629

となります。

回帰係数の有意確率は、商品1と商品2および月間利用回数が0.05以上あるので、満足者率のプロビット変換値には影響がないといえます（[59

重回帰分析]参照)。性能評価が、満足者率のプロビット変換値に影響を与えているといえます。

予測結果をみましょう。重回帰式で求めた予測値は、予測満足者率のプロビット変換値ですから、これを満足者率に戻す必要があります。以下に示す「重回帰分析にもとづく満足者率の予測結果」の表の③が重回帰式で求めた満足者率のプロビット変換値の予測値、④はそれを面積変換（Excel関数のNORMSDISTを用います）し、満足者率に戻した値です。

重回帰分析にもとづく満足者率の予測結果

①満足者率	②満足者率のプロビット変換値	③満足者率のプロビット変換値の予測値	④満足者率の予測値（プロビット変換値）の面積変換値
0.86	1.07	0.68461	0.753205
0.64	0.37	0.4954	0.689841
0.57	0.18	-0.06474	0.47419
0.30	-0.52	-0.3372	0.367983
0.36	-0.35	-0.09499	0.462161
0.65	0.39	0.44241	0.670904
0.60	0.25	0.34372	0.634472
0.50	0.00	0.29073	0.614371
0.53	0.07	-0.32991	0.370734
0.61	0.28	0.29073	0.614371
0.32	-0.47	-0.07026	0.471993
0.56	0.14	-0.07026	0.471993
0.71	0.57	0.17195	0.568262
0.50	0.00	0.41416	0.660621
0.75	0.67	0.46714	-0.6798

満足者率について、観測値と予測値をグラフに示します。

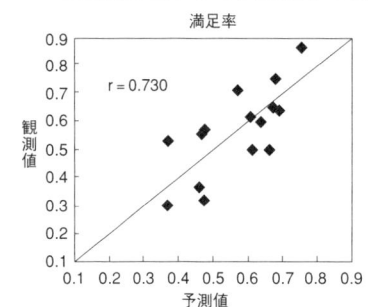

重回帰分析による満足者率の観測値と予測値の相関

満足者率の観測値と予測したプロビット変換値を面積（満足者率）に戻した予測値の相関図は、重相関係数0.730、決定係数0.533となり、まあまあの結果です。

61 カテゴリーデータから予測する
数量化Ⅰ類

カテゴリーデータを用いて作るモデルで、広告注目率予測モデル式などに使われている解析手法。

(1) どんなときに使う手法か

①利用目的の例

数量化Ⅰ類は、重回帰分析と似ていますが、説明変数がすべてカテゴリーの場合に用いられる手法という点で異なります。

- 個人（世帯）が特定商品やサービスを1年間に購入する金額や量と個人（世帯）特性との間に、どんな関係があるのかや個人特性がこんな人は、いくら位購入するか予測したい。
- ある商品に占めるブランドAの購入率は、個人特性やライフスタイル特性とどの程度関係があるのか知りたい。
- 自社商品を値下げすれば、販売量はどの程度増えるのか。あるいは、競争相手が値下げすれば、自社の販売量は減るのか予測したい。
- 顧客満足度を上げるには、性能やデザイン特性のうち、優先的にどれを改良すればよいか知りたい。
- 新製品モニターの評価から発売後の売れ行きを予測したい。

> 性能もデザインも最高の商品にしたら、価格も最高になって、作っても売れないだろう。

> 性能を重視すべきか、デザインを重視すべきかは、アンケート調査で顧客にきいてみましょう。
>
> 価格と性能やデザインの関係は、数量化Ⅰ類で解析すればわかりますから。数量化Ⅰ類のカテゴリースコアの大小で判断できます。

② 必要なデータの例

左の利用例の場合、以下のようなデータが必要です。個人や世帯特性のデータは、説明変数として使われることが多いでしょう。

数量化Ⅰ類に必要なデータ例

目的変数	説明変数（カテゴリーデータ）
購入金額（量）	性別、年齢（20歳代、30歳代…）、年収（100万円未満、200万円未満、200万円以上…）、職業（管理職、自由業、事務職、商工業自営…）などのカテゴリー
ブランドAの購入率	年齢（20歳代、30歳代…）、年収（100万円未満、200万円未満、200万円以上…）、同居家族数（1人、2人、3人以上）、ライフスタイル意見項目への賛否の別など
自社購入量	競争会社の購入量ランク（大、中、小）、価格値下げによる購入量の増減意向（増やす、変らない、減らす）など
顧客満足度	性能やデザイン項目の評価（高、中、低）
モニター評価製品の発売後の売れ行き評価	これまでの製品モニターの評価（高、中、低）など

(2) 数量化Ⅰ類とは

数量化Ⅰ類は、性別、職業、乗用車所有の有無、好きな音楽のジャンル、好き嫌いの程度など定性的（質的）な説明変数にもとづいて、目的変数を定量的に予測しようというものです。

数量化Ⅰ類の式は、重回帰式と同様です。

$$Y = \bar{y} + a_1 X_{11} + a_2 X_{12} + b_1 X_{21} + b_2 X_{22} + b_3 X_{23}$$

Y：目的変数（例えば、商品Aの想定価格）
$\bar{y}$：目的変数Yの平均値
a_1：説明変数aの第1カテゴリーの偏回帰係数（数量化Ⅰ類では、偏回帰係数をカテゴリースコアといいます）
a_2：説明変数aの第2カテゴリーのカテゴリースコア
X_{11}、X_{12}：説明変数X_1のカテゴリー（例えば男性は $X_{11} = 1$、$X_{12} = 0$、女性は$X_{11} = 0$、$X_{12} = 1$）
b_1：説明変数bの第1カテゴリーのカテゴリースコア
b_2：説明変数bの第2カテゴリーのカテゴリースコア
b_3：説明変数bの第3カテゴリーのカテゴリースコア

X_{21}、X_{22}、X_{23}：説明変数X_2のカテゴリー（例えば
有職自営は$X_{21} = 1$、$X_{22} = 0$、$X_{23} = 0$、
有職勤めは$X_{21} = 0$、$X_{22} = 1$、$X_{23} = 0$、
無　　職は$X_{21} = 0$、$X_{22} = 0$、$X_{23} = 1$）

男性で有職者・勤めについて、当てはめますと、

$Y = \bar{y} + a_1 \times 1 + a_2 \times 0 + b_1 \times 0 + b_2 \times 1 + b_3 \times 0$

$= \bar{y} + a_1 + b_2$

となります。

要するに、予測式の答えは、目的変数の平均値に該当するカテゴリースコアを加算していけば求められます。

(3) 数量化Ⅰ類の計算例

アンケート調査で、音響製品の購入希望価格を、サイズ（大型か小型か）とリモコンの有無（有りか無しか）の2条件でいろいろ組み合わせた結果をデータとします。

データ例

サンプル	サイズ (1：大型、2：小型)	リモコン (1：有り、2：無し)	製品の購入希望 価格（千円）
1	1	1	55
2	1	2	40
3	2	1	25
4	2	2	20
5	2	2	15

このデータを数量化Ⅰ類で計算すると、平均値と説明変数のカテゴリー別のクロス集計の度数分布表がアウトプットされます。

カテゴリー平均値表

項目名	カテゴリー名	サンプル数	平均
全体		5	31.00
サイズ	C-1 大型 C-2 小型	2 3	47.50 20.00
リモコン	C-1 有 C-2 無	2 3	40.00 25.00

クロス集計表

項目名	カテゴリー名	サイズ C-1	サイズ C-2	リモコン C-1	リモコン C-2
サイズ	C-1 大型	2	0	1	1
	C-2 小型	0	3	1	2
リモコン	C-1 有	1	1	2	0
	C-2 無	1	2	0	3

重回帰分析の偏相関係数に該当するカテゴリースコアは、次のようになります。カテゴリースコアをグラフにしました。

カテゴリースコア表

項目名	カテゴリー名	サンプル数	カテゴリースコア	レンジ	偏相関
サイズ	C-1 大型	2	15.4286	25.7143	0.9820
	C-2 小型	3	-10.2857		
リモコン	C-1 有	2	6.4286	10.7143	0.9078
	C-2 無	3	-4.2857		

数量化Ⅰ類の特徴のひとつは、項目（説明変数）ごとにカテゴリースコアのレンジ（最大値－最小値）を算出し、どの項目が予測に影響しているかの指標としていることです。

カテゴリースコア

サイズ	C-1 大型					15.4286
	C-2 小型	-10.2857				
リモコン	C-1 有				6.4286	
	C-2 無		-4.2857			

この例では、サイズが価格に最も影響があるといえます。

予測精度は、決定係数で判断します。

決定係数	0.9733
重相関係数	0.9866

重相関係数は、観測値と予測値の相関係数
決定係数は、重相関係数の2乗

観測値と予測値の相関

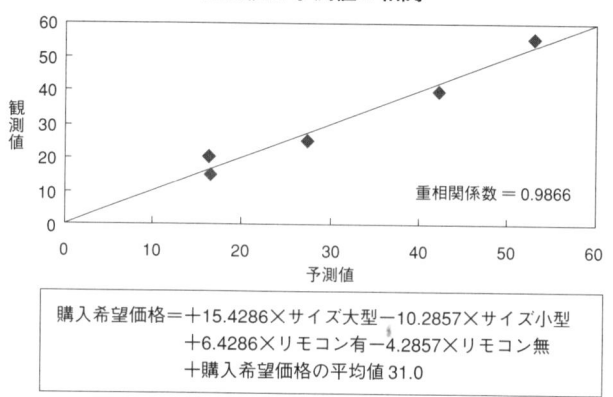

重相関係数 = 0.9866

購入希望価格 = +15.4286×サイズ大型 −10.2857×サイズ小型
+6.4286×リモコン有 −4.2857×リモコン無
+購入希望価格の平均値 31.0

数量化Ⅰ類と同じデータで、ダミー変数[1]を用いた重回帰分析を行うと次のようになります。

データ

サンプル	サイズ （1：大型、0：小型）	リモコン （1：有り、0：無し）	製品の購入 希望価格（千円）
1	1	1	55
2	1	0	40
3	0	1	25
4	0	0	20
5	0	0	15

決定係数、分散分析表などは、数量化Ⅰ類と全く等しい結果となっています。異なるのは、切片と偏回帰係数です。

偏回帰係数

	係数	標準誤差	t	P値
切片	16.42857	2.474358	6.639528	0.021941
サイズ	25.71429	3.499271	7.348469	0.018019
リモコン	10.71429	3.499271	3.061862	0.092159

この表より、

購入希望価格 = +25.71429×サイズ大型 + 0×サイズ小型 +
10.71429×リモコン有 + 0×リモコン無 + 16.42857

となります。このように重回帰分析で算出した答え（購入希望価格）は、数量化Ⅰ類と同じになります。

---

[1] ダミー変数→1か0の値しかとらない変数のこと。上表のリモコンの有無などの2値データは1つのダミー変数で表わせるが、サイズが大中小の3値データであれば、「サイズ大かそれ以外」と「サイズ中かそれ以外」の2つのダミー変数を用いる必要がある。

62 新製品コンセプトの最適な組み合わせがわかる
コンジョイント分析

新製品開発の際、どんな機能や効能を組み合わせればベストな評価が得られるかを調べるための解析手法。

(1) どんなときに使う手法か

①利用目的の例

コンジョイント分析は、新製品・新サービス開発の際に使われます。新製品や新サービスの機能・効能と商品価格を組み合わせた場合、購入意向の順序や好き嫌いの評価がどうなるかを予測することができます。数量化Ⅰ類と同様、説明変数はカテゴリーデータです。

- アンケート調査で質問する説明変数の組み合わせが最小限に設計できます。例えば、飲料の新製品コンセプトとして、サイズで3種類（大中小）、色で3種類（赤青黄）、容器形状で3種類（○△□）を組み合わせた場合、どれが一番評価が高いかを見たいとします。この例では、すべての組み合わせは3×3×3＝27回ですが、コンジョイント分析では最も少ない組み合わせを計算（この例では9回）してくれます。

> 新製品のアイデアがいっぱい出たけど、多すぎてうまく絞り込めない。

> アイデアを整理し、要因別に分類してみよう。
> コンジョイント分析を使えば、アンケートをするときの要因の最小限の組み合わせが設計できるし、アンケート結果をもとに要因のウェイトを計算してくれるよ。
> アンケートの企画も解析も簡単だよ。

② 必要なデータの例

コンジョイント分析では、2種類のアウトプットが得られます。

　　a）質問する要因の組み合わせ表の作成
　　b）評価得点や順位の解析

上記の場合、以下のようなデータが必要です。

コンジョイント分析に必要なデータ例

アウトプットまたは目的変数	インプットデータまたは説明変数
アンケートの調査で質問する要因の組み合わせ表	要因数（サイズ、色、形状など）、各要因の内訳（例えばサイズ、色、形状で各々3種類）
組み合わせたときの評価得点（または好ましい順位）	各要因の内訳

(2) コンジョイント分析の3つのモデル

　同じデータで解析をした場合、数量化Ⅰ類とコンジョイント分析の**離散モデル**（数量化Ⅰ類と同様にカテゴリー間に直線関係も曲線関係もなく、カテゴリーはバラバラに目的変数に影響する）と呼ばれる解析は、等しい結果になります。

　コンジョイント分析には、離散モデル以外に**線形モデル**（回答カテゴリー番号と回帰係数の間に直線関係があり、カテゴリー番号の大きいものほどカテゴリースコアが大きい増加型とその逆の減少型の2種類）と**2次関数モデル**（カテゴリー番号と回帰係数の間に2次関数の関係があり、∪字型と∩字型の2種類）があります。次ページにこれら3つのモデルのイメージを図示しました。

コンジョイント分析の3つのモデルのイメージ

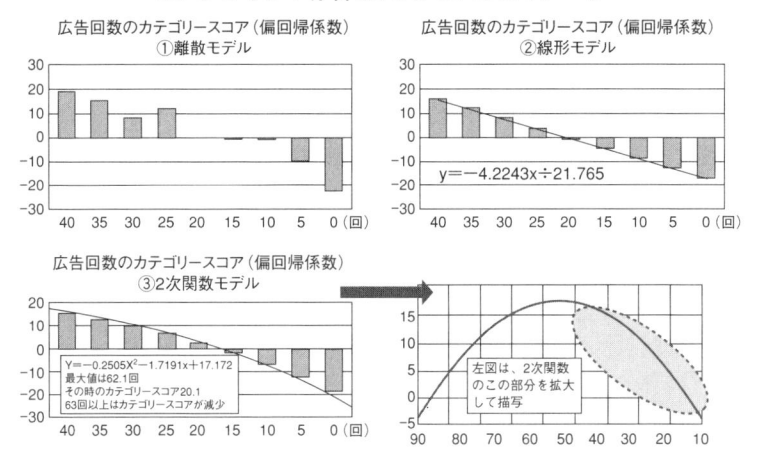

広告回数のカテゴリースコア（偏回帰係数）
①離散モデル

広告回数のカテゴリースコア（偏回帰係数）
②線形モデル

$y = -4.2243x + 21.765$

広告回数のカテゴリースコア（偏回帰係数）
③2次関数モデル

$Y = -0.2505X^2 - 1.7191x + 17.172$
最大値は62.1回
その時のカテゴリースコア20.1
63回以上カテゴリースコアが減少

左図は、2次関数のこの部分を拡大して描写

コンジョイント分析では、ややこしいことに、偏回帰係数の呼び方が変わります。重回帰分析では「偏回帰係数」、数量化Ⅰ類では「カテゴリースコア」でしたが、コンジョイント分析では「**効用値（ユーティリティスコア）**」となります。

> 偏回帰係数の呼び名は、解析手法によって異なる。
> - 重回帰分析……偏回帰係数
> - 数量化Ⅰ類……カテゴリースコア
> - コンジョイント分析…効用値（ユーティリティスコア）

　コンジョイント分析は、製品の機能別の効用（重視するもの、必要なもの）を推計、予測するために開発されたため、偏回帰係数を効用値と称します。また、数量化Ⅰ類でいうところのレンジ（カテゴリーの最大値－最小値の値）を要因ごとに合計し、その構成比を要因別の重要度と称しています。これによって、どの機能が重要か、機能ごとに効用の高いカテゴリーはどれかがわかります。

　さらに、コンジョイント分析は、実験計画法（次ページ参照）に基づいてアンケート調査を行う説明変数の組み合わせも行いますので、実験計画

第7章 ◯多変量解析はこうして進める！

法＋数量化Ⅰ類というシステム的な解析手法です。また、個人ごとに効用値を算出しますので、個人属性別の効用値の分析もできます。

コンジョイント分析の活用フロー

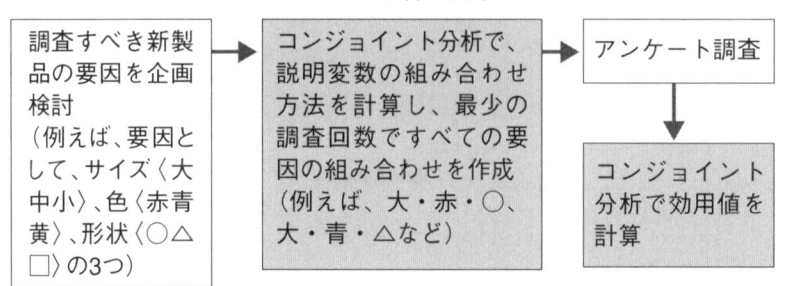

調査すべき新製品の要因を企画検討（例えば、要因として、サイズ〈大中小〉、色〈赤青黄〉、形状〈○△□〉の3つ） → コンジョイント分析で、説明変数の組み合わせ方法を計算し、最少の調査回数ですべての要因の組み合わせを作成（例えば、大・赤・○、大・青・△など） → アンケート調査 → コンジョイント分析で効用値を計算

(3) 実験計画法とは

科学分野では、温度や高さなどの物理的要因を変化させれば、どのような効果があるかなどといったことを実験で調べたりします。実験は、ある結果を生み出す複数の要因を厳密にコントロールすることで、因果関係を解明し、要因ごとの効果や要因間の相乗効果（複数の要因が相互に影響し合うことで、交互作用と称します）を調べる場合に用います。

「広告を多く出すほど販売量は増えるのか？」

「低価格ほど販売量は増えるのか？」

「広告量と価格の交互作用はあるのか？」

「ＰＯＰ（店頭展示物）は効果があるのか？」

「パッケージの色はどれがよいか？」などを効率的に調べたいとします。

1つだけの要因（例えば広告）、2要因（広告と価格）、3要因（広告と価格と試供品）さらに、4つ以上の要因を評価したい場合などさまざまですが、実験計画法を活用すれば、各要因の効果（**主効果**といいます）と複雑な交互作用を少ない実験回数で計測できます。

実験の割り付けは、1要因の場合は簡単です。例えば広告を「多い―少ない」の2種類（**水準**といいます）、3種類なら「多い―ふつう―少ない」の3水準で比較するとします。2要因2水準なら、「広告が多く高価格―

広告が多く低価格─広告が少なく高価格─広告が少なく低価格」の4種類の比較（2×2）、3要因2水準なら、2×2×2=8種類の組み合わせの比較を行います。さらに、4要因2水準なら、2×2×2×2=16種類の比較となります。8種類の実験なら簡単に思えますが、16種類になると大変です。

1要因2水準		2要因2水準			
広告		広告		価格	
多い		多い		高い	
少ない		少ない		安い	

1要因3水準	
広告	
多い	
ふつう	
少ない	

	広告		価格	
	多い	少ない	高い	安い
実験1	○		○	
実験2	○			○
実験3		○	○	
実験4		○		○

　そのような場合、実験計画法の**直交表**（要因と水準を組み合わせた割り付け表）を用いると、すべての組み合わせよりも少ない実験回数で要因の効果を調べることができます。実験計画法には直交表を用いた実験以外にもさまざまな方法があります。

　実験計画法は、効果の加法性（加算される性質）を前提に、考えられた手法です。
　例えば、ペットボトルの平均販売量が、30本だったとします。条件を変えた場合の販売量は、広告が多い35本・少ない25本、価格が標準20本・特売40本、色が透明33本・青27本になったとします。
　広告が多い・特売・青という組み合わせの場合、
　平均の30本に
　　広告が多いの効果（35－30＝5）、
　　特売の効果（40－30＝10）、
　　青の効果（27－30＝－3）
　を加えた値42本（＝30＋5＋10－3）の販売が見込まれると推定します。

実験結果と要因組み合わせにもとづく販売数の見込み

		広告		価格		色		販売量	備　考
		多い	少ない	標準	特売	透明	青		
販売数		35	25	20	40	33	27	30	平均
要因効果	要因別販売数−平均	5	−5	−10	10	3	−3		
組み合わせ効果の予測		○		○		○		28	＝30＋5−10＋3
		○		○			○	22	＝30＋5−10−3
		○			○	○		48	＝30＋5＋10＋3
		○			○		○	42	＝30＋5＋10−3
			○	○		○		18	＝30−5−10＋3
			○	○			○	12	＝30−5−10−3
			○		○	○		38	＝30−5＋10＋3
			○		○		○	32	＝30−5＋10−3

　もともと、実験計画法は農業分野で開発されたもので、農産物の収穫量を最大にするには、どんな品種を、いつ蒔き、肥料をどう与えるかといった要因の主効果や要因間の交互作用を、長期間かけて調べる労力を節約しようという工夫から生まれたもので、農業以外のさまざまな分野でも活用されています。複数の要因の効果を調べるテストマーケティングの目的と農業実験の目的は、分野は違いますが考え方は似ています。

　実験計画法を応用して、新製品の機能をどう組み合わせれば、どのような評価が得られるかを、少サンプルのアンケート調査、例えば会場テストなどで、調べることができます。アンケートの対象者も、すべてを組み合わせた多数の質問に回答する手間が少なくなります。

　コンジョイント分析の統計ソフトウェアパッケージ（SPSS）は、直交計画（直交表をコンジョイントカードという名称で作成）とコンジョイント分析をセットにし、操作が非常に楽にできています。

　手間がかかってもよい、ソフトウェアを購入したくない方は、実験計画

の直交表を勉強すれば、簡単に直交計画を組むことができます。また、インターネットのウェブサイトから、直交計画のフリーソフトウェアをダウンロードすることもできます。

直交計画で作成したデータを、数量化Ⅰ類で解析すると、コンジョイント分析と同じ結果になります。ただし、直線モデルや2次関数モデルを試行したい方は、市販ソフトウェアを購入することをお勧めします。

(4) コンジョイント分析の計算例

新製品コンセプトを考えようとしています。調べたい要因は、3要因（3種の機能）3水準（1機能あたり3種類の選択肢）とします。

計算例は、携帯用ペットボトルの水の新製品の機能を検討するもので、好ましい順に1位から9位の順位をつけてもらいます。

①評価対象の商品の要因と水準

サイズ、形状、色の3要因で、各要因の水準は以下のとおりです。

水準	サイズ	容器の形状	色
1	350ml	円筒形	透明
2	500ml	柱形	淡いグリーン
3	750ml	コーラ瓶形	濃いグリーン

②コンジョイントカード（直交表による要因・水準の割り付け）

3要因3水準を組み合わせると、27通り（＝3×3×3）できますが、実験計画法の直交表を用いると9通りで、27通りを調査した結果が推計できます。

コンジョイント分析の統計ソフトウェアを用いて、直交表をアウトプットした例を、次ページに示します。

コンジョイントカード

Card 1	サイズ　750ml	
	容器の形状　コーラ瓶形	
	色　透明	
Card 2	サイズ　350ml	
	容器の形状　柱形	
	色　濃いグリーン	
Card 3	サイズ　750ml	
	容器の形状　円筒形	
	色　濃いグリーン	
Card 4	サイズ　350ml	
	容器の形状　コーラ瓶形	
	色　淡いグリーン	
Card 5	サイズ　500ml	
	容器の形状　コーラ瓶形	
	色　濃いグリーン	
Card 6	サイズ　750ml	
	容器の形状　柱形	
	色　淡いグリーン	
Card 7	サイズ　500ml	
	容器の形状　柱形	
	色　透明	
Card 8	サイズ　500ml	
	容器の形状　円筒形	
	色　淡いグリーン	
Card 9	サイズ　350ml	
	容器の形状　円筒形	
	色　透明	

〈参考〉直交表　L9（3^4）型

組合せNo.	a	b	c
1	1	1	1
2	1	2	3
3	1	3	2
4	2	1	2
5	2	2	1
6	2	3	3
7	3	1	3
8	3	2	2
9	3	3	1

③アンケート調査のデータ例

アンケート調査としては、調査対象者から9通りの新製品組み合わせ（コンジョイントカード）に対して、好ましい順位（または、評価得点）の回答を得ればよいのです。

計算用データ（1位～9位の順位データ）例

サンプルNo.	Card 1	Card 2	Card 3	Card 4	Card 5	Card 6	Card 7	Card 8	Card 9
1	6	3	8	5	2	1	4	7	9
2	7	3	8	9	1	6	4	2	5
3	2	6	4	7	1	3	5	8	9
4	7	6	8	5	1	3	2	4	9
5	2	3	6	5	1	4	8	7	9

コンジョイント分析では、1位9点、2位8点、…、8位2点、9位1点として、重回帰分析を行います。

上記のデータを数量化Ⅰ類用のデータとするには、説明変数としてCard 1〜9の要因と水準の組み合わせと、順位データを得点化した値（10点マイナス順位）を目的変数とします。例えば、次のようにします。

数量化Ⅰ類で計算するためのデータ例

サンプルNo.	サイズ	容器の形状	色	順位	順位の得点化
1	3	3	1	6	4
1	1	2	3	3	7
1	3	1	3	8	2
1	1	3	2	5	5
1	2	3	3	2	8
1	3	2	2	1	9
1	2	2	1	4	6
1	2	1	2	7	3
1	1	1	1	9	1
2	3	3	1	7	3
2	1	2	3	3	7
2	3	1	3	8	2
2	1	3	2	9	1
2	2	3	3	1	9
2	3	2	2	6	4
2	2	2	1	4	6
2	2	1	2	2	8
2	1	1	1	5	5

- 1サンプル9データとなります。
- コンジョイントカード1〜9をカテゴリーデータとして表現。全サンプル共通です。
- 順位を得点換算した値が目的変数。この場合、9位までだから、得点は1位9点、2位8点、…、9位1点です

　ここでは、評価対象に評価得点や順番をつける「評定型コンジョイント分析」を説明している。他に、好ましいコンセプトを1つだけ選ぶ「選択型コンジョイント分析」もあります。

　コンジョイント分析は、実験計画法で評価要因を割り付け、割り付けたものについて評価したデータをもとに、数値または所属するグループを予測・判断するための、線形または非線形の多変量解析の総称といえます。

コンジョイント分析の分類

実験計画法に基づく要因配置	評定型コンジョイント分析 ・重回帰分析　・数量化Ⅰ類　・プロビット分析
	選択型コンジョイント分析 ・判別分析　・ロジスティック回帰分析　・数量化Ⅱ類

④順位データにもとづく計算結果

a）離散モデル

コンジョイント分析の離散モデルは、次のようにアウトプットされます。

重要度	効用値（偏回帰係数、またはカテゴリースコア）	カテゴリー（水準）	要因
31.8%	−1.7472	350ml	サイズ
	0.4395	500ml	
	1.3077	750ml	
39.1%	−1.9890	円筒形	形状
	0.2144	柱形	
	1.7748	コーラ瓶形	
29.1%	−1.4945	透明	色
	0.1868	淡いグリーン	
	1.3077	濃いグリーン	
—	5.0000	CONSTANT	定数

Pearson's R ＝ .994　Significance ＝ .0000

注）ピアソンの相関係数は、重相関係数に相当します。

各要因の効用

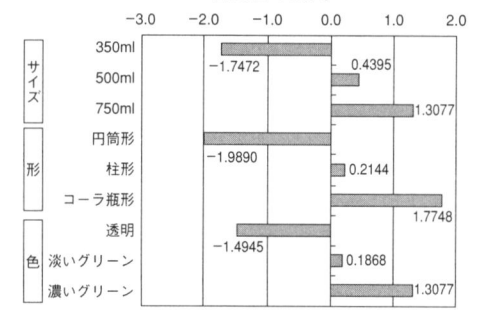

要因	カテゴリー	効用値
サイズ	350ml	−1.7472
	500ml	0.4395
	750ml	1.3077
形状	円筒形	−1.9890
	柱形	0.2144
	コーラ瓶形	1.7748
色	透明	−1.4945
	淡いグリーン	0.1868
	濃いグリーン	1.3077

重要度の要約

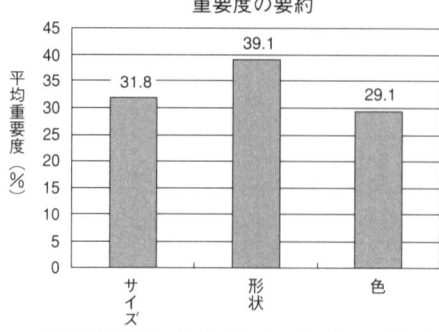

サイズ	形状	色
31.8	39.1	29.1

〈結果の解釈〉
● 水のペットボトルの選好に与える重要度は、形状、サイズ、色の順。
● サイズは750ml、形状はコーラ瓶形、色は濃いグリーンが好まれる。

● 重要度は、各要因の効用レンジ（最大値−最小値）の構成比。

b）線形モデル

　サイズは、大中小の順に並んでおり、大きいほうが好まれるという傾向がありそうです。そこで、サイズについて、1次関数で計算してみました。コンジョイント分析では、サイズのように数値で表現したカテゴリーデータは、1次式（線形モデル）で効用値を計算することができます。

重要度	効用値（偏回帰係数、またはカテゴリースコア）	カテゴリー（水準）	要因
31.8%	1.5275	350ml	サイズ
	3.0549	500ml	
	4.5824	750ml	
39.1%	−1.9890	円筒形	形状
	0.2144	柱形	
	1.7748	コーラ瓶形	
29.1%	−1.4945	透明	色
	0.1868	淡いグリーン	
	1.3077	濃いグリーン	
—	5.0000	CONSTANT	—

Pearson's R ＝ .994　　Significance ＝ .0000

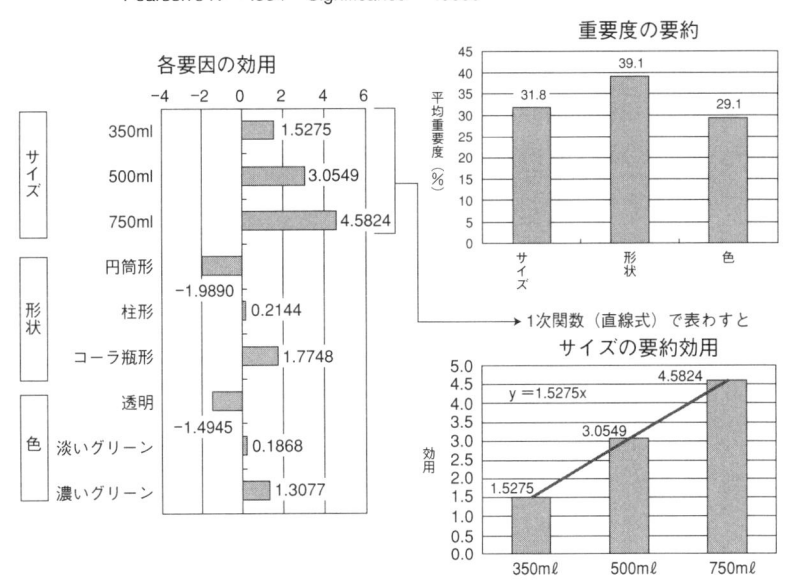

各要因の効用

	効用値
350ml	1.5275
500ml	3.0549
750ml	4.5824
円筒形	−1.9890
柱形	0.2144
コーラ瓶形	1.7748
透明	−1.4945
淡いグリーン	0.1868
濃いグリーン	1.3077

重要度の要約

サイズ：31.8　形状：39.1　色：29.1

→ 1次関数（直線式）で表わすと

サイズの要約効用

$y = 1.5275x$

350ml	500ml	750ml
1.5275	3.0549	4.5824

c）2次関数モデル

次に、サイズが大きければよいのはわかりました。しかし、大きすぎても問題があろうと考え、2次関数を当てはめてみました。この結果を採用するとすれば、携帯用のペットボトルのサイズは750ml程度の効用値が最大で、これ以上だと効用値が下がると考えられます。形状はコーラ瓶形、色は濃い目のカラーが好ましいと結論づけられるでしょう。

重要度	効用値（偏回帰係数、またはカテゴリースコア）	カテゴリー（水準）	要因
31.8%	3.5055	350ml	サイズ
	5.6924	500ml	
	6.5604	750ml	
39.1%	－1.9890	円筒形	形状
	0.2144	柱形	
	1.7748	コーラ瓶形	
29.1%	－1.4945	透明	色
	0.1868	淡いグリーン	
	1.3077	濃いグリーン	
―	5.0000	CONSTANT	―

Pearson's R = .994　Significance = .0000

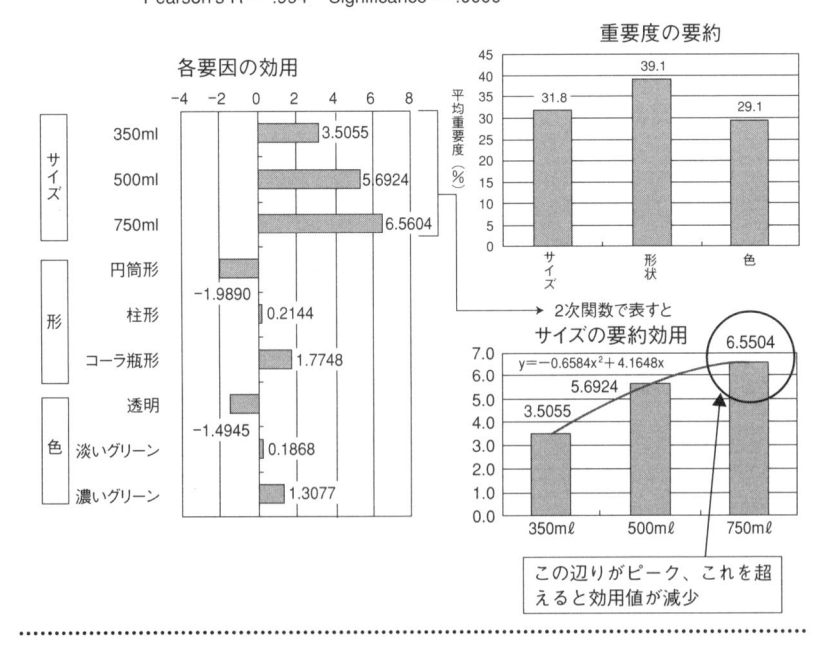

各要因の効用

サイズ
- 350ml: 3.5055
- 500ml: 5.6924
- 750ml: 6.5604

形
- 円筒形: －1.9890
- 柱形: 0.2144
- コーラ瓶形: 1.7748

色
- 透明: －1.4945
- 淡いグリーン: 0.1868
- 濃いグリーン: 1.3077

重要度の要約
- サイズ: 31.8
- 形状: 39.1
- 色: 29.1

→ 2次関数で表すと

サイズの要約効用

$y = -0.6584x^2 + 4.1648x$

- 350mℓ: 3.5055
- 500mℓ: 5.6924
- 750mℓ: 6.5504

この辺りがピーク、これを超えると効用値が減少

63 属するユーザーグループを予測する
判別分析

グループの違いを分ける境界線を見つける解析手法。

(1) どんなときに使う手法か

判別分析は、グループを分ける境界線を求める回帰式を導き出します。

①利用目的の例

判別分析は、次のような調査テーマを分析するための有効なツールのひとつです。

- 特定商品のヘビーユーザー（購入頻度が高い）とライトユーザー（購入頻度が少ない）の違いを知りたい。どの変数がユーザーグループを分けるのに効果があるのか。
- ブランドAとブランドBのユーザーを区別する特性は何かを見つけ、広告キャンペーンを計画したい。
- 個人特性やライフスタイル特性から、自社の車を買いそうか他社の車を買いそうかを予測したい。

今度出した新製品の反響、いまいちなんだけどなぜだろう？
ユーザーの特性は、従来品と変わらないんだけど。

新製品と従来品のユーザーの違いを、判別分析で調べれば、わかると思うよ。
ちょっとした差も積み重なれば大きい差になるよ。
もし、判別分析で説明つかないようだったら、これまでとは違う新しい説明変数を見つけるための調査が必要になるよ。

②**必要なデータの例**

上記の利用例の場合、以下のようなデータが必要です。説明変数は、数値データであることが必要です。ただし、カテゴリーデータも、各カテゴリーに該当するか非該当かを、1か0に変換することで使えます。

判別分析に必要なデータ例

目的変数	説明変数
ヘビーユーザーとライトユーザーの区別	年齢、年収、同居家族数など
ブランドAとブランドBのユーザーの区別	年齢、年収、同居家族数、ライフスタイル意見項目への賛成得点、テレビの視聴時間、好きな番組など
自社顧客と他社顧客の区別	年齢、年収、住居形態、以前の車のメーカー、好きな車のタイプ、環境への関心など

(2) 判別分析とは

アンケート調査の目的のひとつに、自社ユーザーと他社ユーザーの違いを知って、他社ユーザーから自社ユーザーにスイッチしてもらうためのヒントを得たい場合があります。

このような場合、自社ユーザーと他社ユーザー別に質問項目間クロス集計を行い、グループ間の構成比の差をみて、どこに違いがあるかを判断していきます。しかし、クロス分析だけでは、不十分です。グループ間の違いを説明する変数とそれらの重要度を明解にする解析が求められます。

重回帰分析では目的変数が数量でしたが、判別分析ではグループの種類というカテゴリー値です。判別分析は、グループとグループをもっともうまく分離する境界線を引こうという解析手法です。判別分析では、境界線を重回帰分析のような式で表わします。そして、その式を、**判別関数**と称します。

判別分析のイメージ1

判別関数
$Z=a_1X_1+a_2X_2+b$

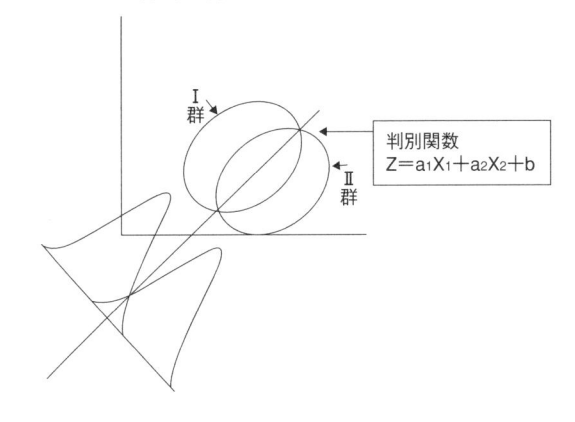

Ⅰ群
Ⅱ群

判別分析のイメージ2

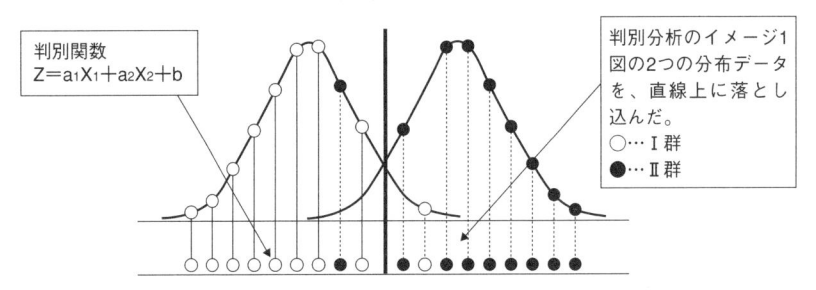

判別関数
$Z=a_1X_1+a_2X_2+b$

判別分析のイメージ1
図の2つの分布データ
を、直線上に落とし
込んだ。
○…Ⅰ群
●…Ⅱ群

判別関数は、説明変数が2つの場合、以下の式で表わします。

$$Z=a_1X_1+a_2X_2+b$$

どのグループに属するかは、Zの大きさが0以上か0未満かで判定をくだします。計算したZは、判別得点と称します。

Zを求めるための考え方には、分散や標準偏差で説明した平方和がでてきます。

判別得点の
　総平方和＝グループ間平方和＋グループ内平方和
　平方和＝（個々の判別得点－判別得点の平均）の2乗和

となります。

ここで、グループ間平方和÷総平方和（**相関比**といいます）が最大にな

るようなZを求めます。

判別分析の解析技法は、概ね2つに分けられます。

> **①直線式で判別境界線を引く方法**
>
> 　正準判別分析（判別分析という方法を精緻化したもの）
>
> **②2次式で判別境界線を引く方法**
>
> 　2次判別関数による判別分析

判別の方法は、2つに分けられます。

> **①判別得点で分ける**
>
> 　判別得点で判定する
>
> **②マハラノビスの汎距離で分ける**
>
> 　インドの数学者マハラノビスが考えた指標で、グループの重心と個別データの距離。個別データは、距離が近いグループに属すると考えます。

また、判別分析に用いる説明変数を重回帰分析と同じように、変数増減法（ステップワイズ法）[1]で選択する手法もあります。

（3）判別分析の計算例

2種類のビールのイメージについてのアンケート調査の結果を例に判別分析の計算方法を説明します。

サンプルは12人、2つの意見項目への賛否を7段階で質問しています。7点…全くその通り、4点…どちらともいえない、1点…全くそうは思わないとしました。

---

[1] 変数増減法（ステップワイズ法）→P174参照。

①データ例

グループ1はAブランドのビールユーザー、グループ2はBブランドのビールユーザーです。

グループ	アルコール度数が高い	のどごしがよい
1	6	5
1	7	7
1	6	4
1	5	5
1	7	5
1	5	4
2	2	3
2	1	1
2	3	3
2	1	3
2	6	6
2	1	2

グループ統計量

グループ		平均値	標準偏差
1	アルコール度数	6.0000	0.8944
	のどごし	5.0000	1.0954
2	アルコール度数	2.3333	1.9664
	のどごし	3.0000	1.6733
合計	アルコール度数	4.1667	2.4058
	のどごし	4.0000	1.7056

このデータを散布図で表わすと、以下のようになります。

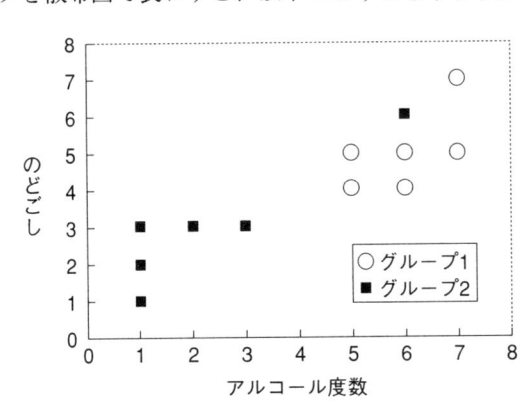

データを、グループ別にまとめました。

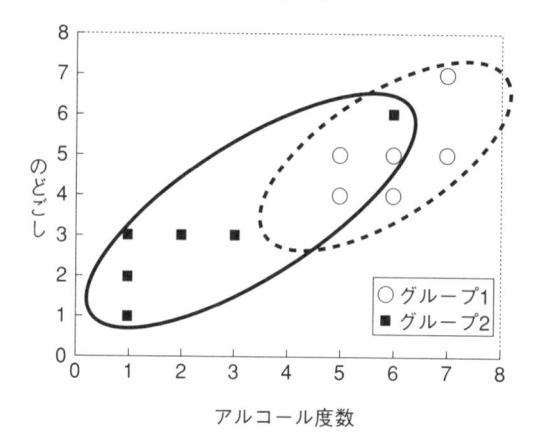

2つのグループを分ける直線が、引けそうです。

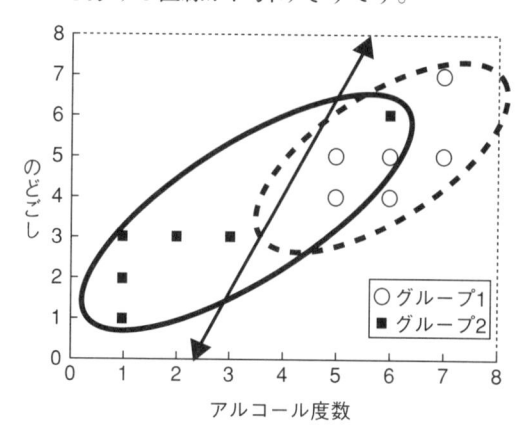

正準判別分析で、正準判別関数（線形式）を求めると、以下のようになります。

Z = 0.997 × アルコール度数評価 − 0.516 × のどごし評価 − 2.09

このままの式では、説明変数の単位（例えばkgとgやcm）が異なると、どの変数が判別に効果があるかを見極めることができません。標準化した正準判別関数を計算すると、どの変数が判別に効果があるか、つまり重要

度がわかります。(標準化は平均0、標準偏差1のデータ。重回帰分析の標準偏回帰係数と同じ意味。)

標準化した式を見ると、アルコール度数が2つのグループを分けるキー要因だとみなせます。

> 標準化判別関数 $Z = 1.523 \times$ アルコール度数評価 $- 0.730 \times$ のどごし評価

この式は、ブランド間の差は、アルコール度数への評価の差だといえます。Aブランドユーザーは、アルコール度数が高いものを好み、Bブランドユーザーはアルコール度数の低いものを好むことがわかります。

正準判別分析の結果を要約すると、以下のようになります。(この表も、計算ソフトウェアでアウトプットされます。)

正準判別分析の結果が、実際とどの位一致するか(判別的中率はどの位か)は、この表をもとに判断します。

判別分析結果の要約アウトプット

サンプルNo.	実際の グループ	予測した グループ	グループ重心への マハラノビスの距離の2乗		判別得点
			グループ1 との距離	グループ2 との距離	
1	1	1	0.000	6.885	1.312
2	1	1	0.001	6.699	1.276
3	1	1	0.267	9.862	1.828
4	1	1	0.995	2.646	0.315
5	1	1	0.995	13.113	2.309
6	1	1	0.231	4.593	0.831
7	2	2	8.740	0.111	−1.644
8	2	2	8.530	0.088	−1.609
9	2	2	3.838	0.442	−0.647
10	2	2	15.631	1.768	−2.642
11	2	1	0.267	4.441	0.795
12	2	2	11.814	0.661	−2.125

(注) サンプルNo.11は、実際の所属グループと予測したグループが異なります。

判別得点は0以上がグループ1、0未満はグループ2と判定します。従って、サンプルNo.11は、判別得点がプラスですからグループ1と判定します。

　各グループ重心へのマハラノビスの距離の2乗値を比較して判別することもできます。例えば、サンプル1は、グループ1と2を比べると、グループ1のほうが近いので、グループ1に属すると判定してもいいのです。サンプルNo.11もグループ1のほうが近い結果となっています。

　どのグループに属するかを分析者が決める場合があります。例えば、癌か癌でないかを診断するとき、癌の人を癌でないと誤って診断する場合と癌でない人を癌と誤って診断する場合を考えます。癌の人を癌でないと診断する確率を減らしたほうがいいと判断したとします。そのような場合、例えば、判別境界点を0.5や−0.5とすることもあり得ます。杓子定規に、計算結果を採用する必要性はありませんので、よく考えて使いましょう。

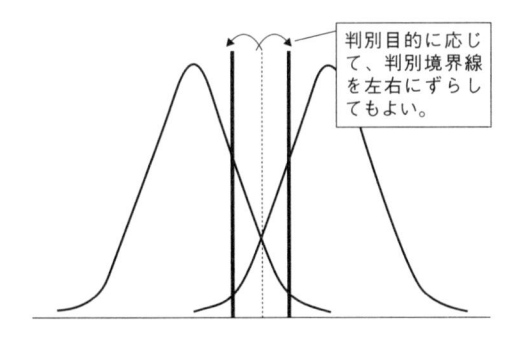

判別目的に応じて、判別境界線を左右にずらしてもよい。

判別的中率は、
　　正しく判定されたサンプル数÷全サンプル数×100％
で算出します。

　この例では、判別的中率は91.7％（＝11÷12）です。なお、判別的中率の反対語は、誤判定率です。

判別的中率の目安は、概ね以下のようになります。

判別的中率	評　価
90%以上	よい
80%〜90%未満	ややよい
50%〜80%未満	よくない

　判別的中率は、マーケティング分野では低くてもよいという考え方もあります。実際のところ、ブランドユーザーを判別分析して、判別的中率が100%だったら、その市場規模が小さいか特殊市場といえます。競争が激しい市場であれば、自社ユーザーと他社ユーザーが入り混じり、複雑な様相を呈しています。

　例えば、ビール市場は、1人が複数ブランドのユーザーという形態が当たり前ですから、判別的中率は低くなります。これをチャンスと考えることも可能です。つまり、他社ユーザーなのに自社ユーザーと誤って判定された人は、自社の潜在ユーザーなのです。逆に、自社ユーザーが他社ユーザーと誤って判定された人は、浮気な人なのかもしれません。

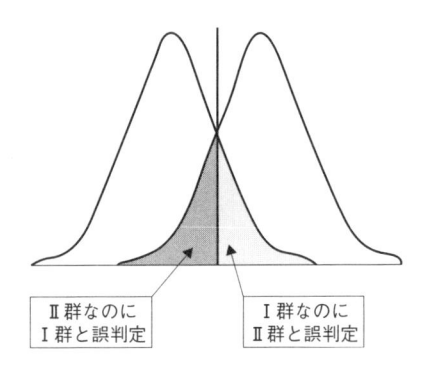

Ⅱ群なのに
Ⅰ群と誤判定

Ⅰ群なのに
Ⅱ群と誤判定

　誤判定率が高い（すなわち、判別的中率が低い）ことを、逆転の発想で利用することも可能です。競合ブランドに似た、あるいは競合ブランドの製品を超える性能・機能をもった製品を開発し、市場に投入することで、自社のシェアを維持、拡張することができるのです。ブランド多様化、あるいはバラエティ戦略を検討する根拠として、判別分析を活用することも

第7章 ◎ 多変量解析はこうして進める！

考えられます。

　計算例は、**2群判別分析**でしたが、3群以上の**多群判別分析**の場合はどうなるのでしょうか。

　正準判別分析の場合、判別境界線がグループ数マイナス1本に増えますから、それだけ複雑になります。しかし、本質的な考え方は、2群の場合と変わりません。

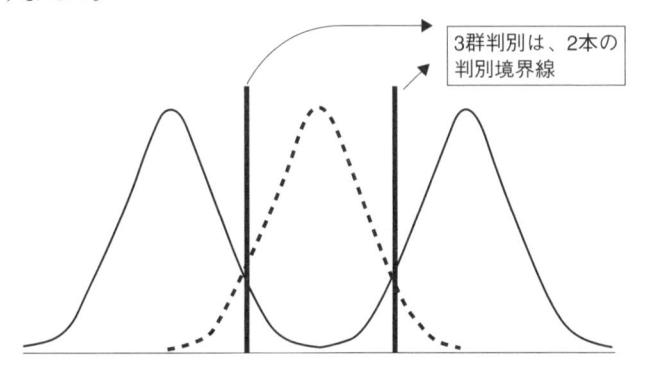

3群判別は、2本の判別境界線

判別分析は、1930年代にフィッシャーによって開発されました。その後、マハラノビスやラオなどが改良を加えてきました。当初は、人骨と民族の判別でしたが、医学の計量診断、心理学の適正診断、政治学、マーケティングなどでも使われています。なお、正準判別分析は、フィッシャーの判別分析の方法を拡張したものです。

64 属するユーザーグループを非線形モデルで予測する
ロジスティック回帰分析

医学や疫学分野で開発されたリスク要因の解析手法。

(1) どんなときに使う手法か

①利用目的の例

- 特定商品のヘビーユーザー（購入頻度や使用量が多い）とライトユーザー（購入頻度や使用量が少ない）の違いを知りたい。
- どの変数がユーザーグループを分けるのに効果があるのか知りたい。
- ブランドAとブランドBのユーザーを区別する特性は何かを見つけ、広告キャンペーンを計画したい。
- 個人特性やライフスタイル特性から、自社の車を買いそうか他社の車を買いそうかを予測したい。

②必要なデータの例

上記の利用例の場合、下表のようなデータが必要です。説明変数は、判別分析と同様に数値データであることが必要です。カテゴリーデータ[1]は、ダミー変数[2]（該当1、非該当0）を用いて数値化します。

ロジスティック回帰分析に必要なデータ例

目的変数	説明変数
ヘビーユーザーとライトユーザーの区別	年齢、年収、同居家族数など
ブランドAとブランドBのユーザーの区別	年齢、年収、同居家族数、ライフスタイル意見項目への賛成得点、テレビの視聴時間、好きな番組など
自社顧客と他社顧客の区別	年齢、年収、住居形態、以前の車のメーカー、好きな車のタイプ、環境への関心の度合いなど

(2) ロジスティック回帰分析とは

ロジスティック回帰分析は、判別分析と同様、複数のグループの違いを

---
[1] カテゴリーデータ→［61 数量化Ⅰ類］参照。
[2] ダミー変数→188ページの脚注参照。

明らかにするときに用いられる解析手法です。ただし、判別分析では、グループの境界線を分ける線形式を求めますが、ロジスティック回帰分析は、ユーザーとノンユーザーの比を目的変数とする非線形式を求め、予測値の値の大小で、所属グループを判別するという違いがあります。

例えば、広告を見るか見ないか、あるいは、商品を購入するかしないかの確率は、性別、年齢や職業等によって変化するものとしましょう。ここで、広告を見る（あるいは購入する）確率［P］と、広告を見ない（あるいは非購入）確率［1－P］との比を、**オッズ比**といいます。オッズ比は、賭け事でいえば、勝つ確率と負ける確率の比です。医学では、治癒確率と死亡確率の比となります。

そして、オッズ比の自然対数[1]をとったものを**対数オッズ**といいます。対数に換算すると、確率Pは0と1の間の値をとるようになります。

ロジスティック回帰分析は、目的変数をPとしたとき、

$$\log \frac{p}{1-p} = \alpha_1 x_1 + \alpha_2 x_2 + \cdots + \alpha_k x_k + \beta$$

という重回帰式を考えます。なお、logは自然対数、αは回帰係数、xは説明変数、βは定数です。

対数オッズ比の式を、Pについて解くと、

$$p = \frac{1}{1 + e^{-(\alpha_1 x_1 + \alpha_2 x_2 + \cdots + \alpha_k x_k + \beta)}}$$

となります。（eは自然数で、約2.718）

この式は、普及率の需要予測で使われているロジスティック曲線と同じ式です。なお、ロジスティックという用語は物流や兵站（へいたん）という意味でなく、シグモント（S字形）曲線を対数関数式で表わしたのでlogisticと名付けたと思われます。

目的変数を判別するグループが2つに分かれている場合は、**2項ロジスティック回帰分析**、3グループ以上の場合は、**多項ロジスティック回帰分析**と称します。

---

[1] 自然対数→任意の正数Xはa（$a>0$, $a \neq 1$）のベキで表わすことができる。つまりX＝a^yと表わす。このとき、YをXの対数といい、aを対数の底（てい）という。そしてYを求める式は、Y＝$\log_a X$と表わす。これをaの底とする対数といい、自然数e（約2.718）を底とする対数を自然対数と呼ぶ。

> 2項ロジスティック回帰分析のグループ判定基準は、
> Pの値が0.5以上か未満かで、
> どのグループに属するかの判定を行います。（判別分析は、判別得点0以上か未満かで判定しています。）

なお、ロジスティック回帰分析の回帰係数の推定には、プロビット分析と同様、最尤法[1]を用います。

(3) ロジスティック回帰分析の計算例

購入率を予測するモデルを検討するため、業種Aの広告による購入希望率を性別と年齢を用いて予測する例で説明しましょう。データ例では、広告を見て購入を希望するのは、女性の40代以上が多そうです。

①データ例

広告を見て購入を希望 （1：買いたい、0：買いたくない）	性別 （1：女性、0：男性）	年齢
0	1	16
1	1	25
1	1	31
1	1	45
1	1	55
0	0	18
0	0	22
0	0	39
1	0	41
1	0	51
0	1	29

このデータを用いて、

$$\log(買いたい／買いたくない) = \alpha_1 \times 性別 + \alpha_2 \times 年齢 + \beta$$

という、ロジスティック回帰式を求めます。

---

[1] 最尤法→179ページ参照。

②計算結果

　統計ソフトウェアでロジスティック回帰分析を計算すると、回帰係数と回帰係数を指数変換したオッズ比などが示されます。この計算例では、変数の有意確率が0.05以上ですから、予測には役立たないという結果になります。オッズ比はカテゴリーデータに着目して見ます。性別のオッズ比は男より女の方が約68倍も購入することを意味します。

　計算結果を以下に示します。

	回帰係数 α	標準誤差	検定統計量	有意確率	オッズ比 $Exp(\alpha)$
性別	4.212281	3.7556	1.2580	0.2620	67.51035
年齢	0.304917	0.2454	1.5443	0.2140	1.356513
定数	−12.1426	0.0181	1.4691	0.2255	5.33E−06*

*5.33×10^{-6}のこと

　個人別に購入希望の確率を計算しましょう。この計算は、予測にも使えます。

　女性の16歳は、

　　　　$y = 4.212281 \times 1 + 0.304917 \times 16 - 12.1426 = -3.051667152$

となります。

　次に、以下の計算をします。

　　　　$P = e^y / (1+e^y)$　自然数eのy乗の値（自然数$e \fallingdotseq 2.7183$）

Excel関数ではe^yを**EXP（y）**と表わしますので、

　P = EXP(y) ／ (1+EXP(y))

　P = EXP(−3.05) ÷ (1+EXP(−3.05)) = 0.04728 ÷ 1.04728 ≒ 0.04515

となり、0.5より小さいので「買いたくない」と判定します。

　全データについて確率Pを計算した結果を示します。

---

[1] このデータ例の有意義推定は、サンプル数が11人と少ないためだと思われる。

広告による購入希望の有無(1:買いたい、0:買いたくない)	性別(1:女性、0:男性)	年齢	重回帰式の計算結果(y=4.212281×性別+0.304917×年齢-12.1426)	買う確率P=$e^y/(1+e^y)$	判定(1:買いたい、0:買いたくない)
0	1	16	−3.05167	0.04515	0
1	1	25	−0.30741	0.42375	0
1	1	31	1.52209	0.82085	1
1	1	45	5.79093	0.99695	1
1	1	55	8.84010	0.99986	1
0	0	18	−6.65411	0.00129	0
0	0	22	−5.43445	0.00434	0
0	0	39	−0.25085	0.43761	0
1	0	41	0.35898	0.58879	1
1	0	51	3.40815	0.96796	1
0	1	29	0.91226	0.71346	1

　判定は、確率Ｐの値が0.5未満は買いたくない、0.5以上は買いたいと判定します。上表では「買いたい」とする女性25歳が「買いたくない」と、「買いたくない」女性29歳が「買いたい」と、誤まって判定されています。

　判別結果を判別適中率表にまとめると、全体の判別的中率は81.8％になります。広告を見て購入を希望するかどうかは、性別と年齢で概ね判別できることがわかります。このことから、購入しそうな性別年齢層向けの広告を放映することが効果的であるという結論が導き出されることになります。また、購入を希望しない層に向けた新しいコンセプトの商品を開発することも考えられます。

判別適中率表

		予　測		判別的中率
		買いたくない	買いたい	
観測	買いたくない	4	1	80.0％＝(4÷5)
	買いたい	1	5	83.3％＝(5÷6)
全体の判別的中率				81.8％＝(9÷11)

　マーケティングでは、2群を判別する問題、あるいは、多群判別問題は、数多くあります。カテゴリー値を目的変数とする判別分析でうまく説明できなかったデータについて、オッズ比を目的変数とするロジスティック回帰分析を用いて、判別を試みることが考えられます。

65 カテゴリーデータをを用いて判別する
数量化Ⅱ類

グループの違いを分ける境界線をカテゴリーデータを用いて見つける解析手法。

（1）どんなときに使う手法か

①利用目的の例

　数量化Ⅱ類は、判別分析と同様、グループの境界線を求める解析手法であり、説明変数がカテゴリーデータのみという点に違いがあります。そして、判別分析やロジスティック回帰分析と同様の調査テーマを分析するために用います。

②必要なデータの例

　211ページと同様の利用例の場合、以下のようなデータが必要です。判別分析やロジスティック回帰分析と異なるのは、説明変数がすべてカテゴリーデータである点です。年齢や年収など数値データは、カテゴリーデータに変換して使います。

数量化Ⅱ類に必要なデータ例

目的変数	説明変数
ヘビーユーザーとライトユーザーの区別	性別、年齢（20歳代、30歳代…）、年収（100万円未満、200万円未満…）、職業（管理職、事務職、商工業自営、主婦…）、学歴（大卒、高卒…）など
ブランドAとブランドBのユーザーの区別	性別、年収、ライフスタイル意見項目への賛否の別、テレビの視聴時間（1時間未満、2時間未満…）、好きな番組（ニュース、バラエティー…）など
自社顧客と他社顧客の区別	年齢、年収、住居形態（一戸建て、マンション…）、以前の車のメーカー（A社、B社…）、好きな車のタイプ（セダン、ワンボックス…）、環境への関心の有無など

（2）数量化Ⅱ類とは

　数量化Ⅰ類は、目的変数が数量、説明変数がカテゴリーの場合の重回帰

分析です。数量化Ⅱ類は、目的変数がグループの種類というカテゴリー値、説明変数がすべてカテゴリーの場合の判別分析です。

数量化Ⅱ類のデータ形式は、次のようになります。

目的変数(外的基準)	No.	アイテム1		アイテム2		⋯	アイテムP	
		カテゴリー1	カテゴリー2	カテゴリー1	カテゴリー2	⋮	カテゴリー1	カテゴリー2
グループ1	1	∨			∨		∨	
	2		∨		∨		∨	
	⋯							
	n_1		∨	∨			∨	
グループ2	1	∨		∨			∨	
	2	∨		∨				∨
	⋯							
	n_2	∨		∨			∨	
⋯								
グループk	1		∨	∨				∨
	2		∨	∨				∨
	⋯							
	n_k	∨		∨			∨	

数量化Ⅱ類は、正準判別分析と同様、相関比（上記のデータ形式では相関比の平方根が、重相関係数になります）を最大にするようにグループを分ける境界線を引くように工夫されています。

そして、2群判別では境界線は1本、3群以上の判別ではグループ数マイナス1本の境界線が引かれます。判別得点（数量化Ⅱ類では、**サンプルスコア**といいます）は、標準化（平均0、標準偏差1）して計算されます。

このサンプルスコアをもとに、個人がどのグループに属しているかを判定します。その際の判定の基準は、判別境界点です。判別境界点よりも大きければグループ1に、小さければグループ2に属すると判定します。

なお、判別境界点は、以下のような考え方で決めることができますが、統計ソフトウェアによって、異なる場合もあるので注意してください。

①グループの重心と重心の中点

　2群判別の場合は、グループ1のサンプルスコア（判別得点）の平均とグループ2のサンプルスコアの平均を足して2で割った値とします。

　多群判別の場合は、グループ1と2の判別境界点、グループ2と3の判別境界点を求めます。

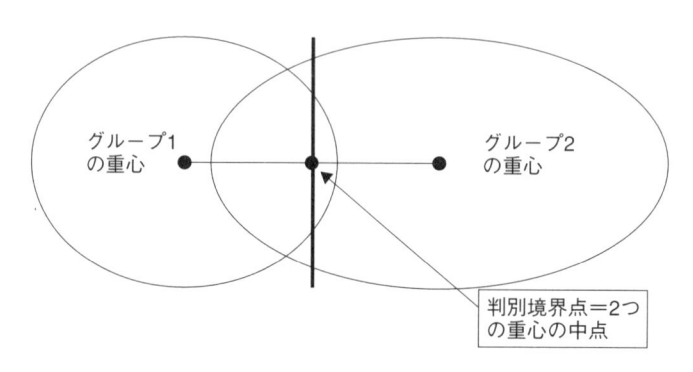

```
    グループ1           グループ2
    の重心              の重心

                判別境界点＝2つ
                の重心の中点
```

②グループ平均と標準偏差を加味した点

　2群判別の場合は、次の式で求めます。

　　判別境界点＝（グループ1の標準偏差×グループ2の平均＋グループ2の標準偏差×グループ1の平均）÷（グループ1の標準偏差＋グループ2の標準偏差）

③グループに属する確率

　どのグループに属するかの的中確率の計算をして、最も確率の高いグループに属すると判定します。平均からの偏差に含まれる確率です。

（3）数量化Ⅱ類の計算例

　ブランドの愛好者を性別年齢別に判別したいとします。ブランドはA・B・Cの3グループ、年代は20代〜50代の4カテゴリー、職業は会社員・自営・管理・無職の4カテゴリーです。元のデータと解析用データを以下に示します。

元のデータ

グループ	年代	職業
ブランドA	20代	会社員
ブランドA	20代	自営
ブランドA	20代	無職
ブランドA	40代	会社員
ブランドA	40代	会社員
ブランドA	40代	会社員
ブランドA	50代	会社員
ブランドA	50代	管理
ブランドB	20代	自営
ブランドB	20代	自営
ブランドB	20代	管理
ブランドB	30代	管理
ブランドB	30代	無職
ブランドB	40代	会社員
ブランドB	50代	会社員
ブランドC	30代	自営
ブランドC	30代	管理
ブランドC	40代	会社員
ブランドC	50代	管理
ブランドC	50代	無職
ブランドC	50代	無職

解析用データ

グループ	年代	職業
1	1	1
1	1	2
1	1	4
1	3	1
1	3	1
1	3	1
1	4	1
1	4	3
2	1	2
2	1	2
2	1	3
2	2	3
2	2	4
2	3	1
2	4	1
3	2	2
3	2	3
3	3	1
3	4	3
3	4	4
3	4	4

グループ別の項目集計のクロス集計結果は以下のとおりです。

項目名	カテゴリー	全体	グループ1	グループ2	グループ3
		21	8	7	6
年代	20代	6	3	3	0
年代	30代	4	0	2	2
年代	40代	5	3	1	1
年代	50代	6	2	1	3
職業	会社員	8	5	2	1
職業	自営	4	1	2	1
職業	管理	5	1	2	2
職業	無職	4	1	1	2

また、項目間クロス集計表は次ページの上の表のようになります。項目間クロス集計表が、ばらついている場合は問題ないのですが、対角線上にのみあれば計算ができない場合もあります。

例えば、年代の20代の6人が、すべて会社員でしたら、20代＝会社員となり、判別できません。

項目	カテゴリー	全体	年代				職業			
		21	20代	30代	40代	50代	会社員	自営	管理	無職
年代	20代	6	6				1	3	1	1
	30代	4		4			0	1	2	1
	40代	5			5		5	0	0	0
	50代	6				6	2	0	2	2
職業	会社員	8	1	0	5	2	8			
	自営	4	3	1	0	0		4		
	管理	5	1	2	0	2			5	
	無職	4	1	1	0	2				4

統計ソフトウェアを用いて計算すると、カテゴリースコア（重回帰分析の偏回帰係数）は、以下のようになります。

項目名	カテゴリー	カテゴリースコア（偏回帰係数）		レンジ	
		第1軸	第2軸	第1軸	第2軸
年代	20代	−1.4198	−0.7127	2.0716	2.1649
	30代	0.4210	−1.2421		
	40代	0.5847	0.9228		
	50代	0.6519	0.7718		
職業	会社員	−1.0739	0.0227	2.0887	0.6297
	自営	1.0148	−0.1869		
	管理	0.3776	−0.2170		
	無職	0.6610	0.4127		

	第1軸	第2軸
相関比	0.3762	0.1177

2本の軸の相関比（重相関係数の平方根）を見ると、第1軸が第2軸よりも相関比が大きく、判別に寄与しているといえます。

判別は、第1軸では第1グループかそれ以外か、第2軸では第2グループかそれ以外かを判定し、第1グループでも第2グループでもない人が第3グループと判定します。

判別得点をもとに、グループに属する確率がサンプルごとに計算され、

所属するグループが推定されます。(確率計算については、説明を省きます。また、グループの平均判別得点と標準偏差から、判別境界点を計算する方法もあります。)観測したグループと判定した所属グループの関係は、以下のようにアウトプットされます。

〈所属グループの推定〉

サンプル No.	観測 グループ	第1軸の 判別得点	第2軸の 判別得点	グループ1 の所属確率	グループ2 の所属確率	グループ3 の所属確率	推定所属 グループ
1	1	−2.4937	−0.6900	61.1	37.5	1.4	1
2	1	−0.4049	−0.8996	30.4	54.5	15.1	2
3	1	−0.7588	−0.3000	44.4	43.4	12.2	1
4	1	−0.4892	0.9454	56.2	24.1	19.6	1
5	1	−0.4892	0.9454	56.2	24.1	19.6	1
6	1	−0.4892	0.9454	56.2	24.1	19.6	1
7	1	−0.4220	0.7945	53.0	26.2	20.8	1
8	1	1.0294	0.5549	18.1	20.4	61.5	3
9	2	−0.4049	−0.8996	30.4	54.5	15.1	2
10	2	−0.4049	−0.8996	30.4	54.5	15.1	2
11	2	−1.0422	−0.9297	38.7	53.7	7.6	2
12	2	0.7986	−1.4591	11.4	53.1	35.5	2
13	2	1.0820	−0.8294	11.6	37.9	50.5	3
14	2	−0.4892	0.9454	56.2	24.1	19.6	1
15	2	−0.4220	0.7945	53.0	26.2	20.8	1
16	3	1.4359	−1.4290	6.7	40.4	52.9	3
17	3	0.7986	−1.4591	11.4	53.1	35.5	2
18	3	−0.4892	0.9454	56.2	24.1	19.6	1
19	3	1.0294	0.5549	18.1	20.4	61.5	3
20	3	1.3129	1.1846	15.3	12.1	72.6	3
21	3	1.3129	1.1846	15.3	12.1	72.6	3

判別的中率は、以下の表より、14÷21＝66.7％です。この数値では、よい判別結果とは言えません。しかし、まぐれで当たる確率（3群判別では3つのうち1つが当たる確率は1÷3＝33.3％）よりは高いと言えます。

〈判別的中率〉

	全体	推定グループ1	推定グループ2	推定グループ3
観　測	21	9	6	6
グループ1	8	6	1	1
グループ2	7	2	4	1
グループ3	6	1	1	4

66 消費者心理を探り、イメージを分析する
因子分析

ライフスタイル、商品やサービスに対する潜在的態度を分類し、消費者心理を探る解析手法。

（1）どんなときに使う手法か

①利用目的の例

因子分析は、次のような調査テーマを分析するための有効なツールの1つです。

- 多数のライフスタイル意見項目に潜在する次元（因子といいます）を発見したい。

 さらに、個人別に因子をどの程度持っているかを知り、対象者特性別に比較したい。

- ブランドイメージの構造を知りたい（イメージを少数の潜在因子で説明したい）。

 または、消費者の態度を、いくつかに要約したい。

- 交通量などの物理的な値と「交通が多いと思う－少ないと思う」などの心理的な尺度値など多数の変数間（物理量のみ、心理量のみ両者混在も含む）で、似たものをまとめたい。

- 100項目以上の質問項目の測定値を、少数の次元に減らしたい。また、質問項目は、何を測っているかを確認したい。

- 重回帰分析や判別分析などの説明変数として使える変数を探したい。重回帰分析の多重共線性（173ページ参照）を避けるため説明変数同士の相関が少ないことが必要なので、同じ分類に入った変数は使わないようにしたい。

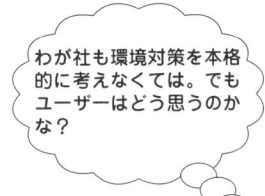

②必要なデータの例
- ライフスタイル意見項目への賛否データ（3段階以上の尺度）。得点の付けかたは、一番否定的な意見を1点にし、肯定側に＋1点を加算する簡易得点化とシグマ値（[57 シグマ値法とは] 参照）に換算する方法。
- 異なる数量についての偏差値化（平均50、標準偏差10）や標準化（平均0、標準偏差1）したデータ。

(2) 因子分析とは
①因子とは
　因子とは、ある現象の原因や先行条件となるものです。因子分析は、心理学者が人間の心理的能力を把握しようと開発したものです。元来、数種類の学力テストの相関関係を説明するために工夫された方法です。
　心理学では、学力テスト相互間の相関係数表（相関行列）を見て、次のようなことを考えました。

	英語	数学	国語	理科	社会
英語	1.000	0.471	0.611	0.450	0.663
数学	0.471	1.000	0.204	0.642	0.177
国語	0.611	0.204	1.000	0.329	0.737
理科	0.450	0.642	0.329	1.000	0.331
社会	0.663	0.177	0.737	0.331	1.000

> 相関係数が高いということは、2つのテストの間に、共通に作用する潜在的な部分があるはずだ。

共通的で潜在的な部分のことを因子(factor)と呼びます。

★英語の得点は社会の得点と最も相関が高く、数学は理科と、国語は社会との相関が最大です。
★因子を多く持つ人(潜在的な変数の値で、因子得点と称します)は、両方のテストで高得点をとり、反対に因子を少なく持つ人は、両方のテストで低い得点をとる。だから、テストの相関が説明できるのです。

複数の因子が存在する。あるいは、テストに含まれる(または含まれない)因子の割合が異なる。

②因子分析のモデル

因子分析について説明していきますが、行列や回転の話など文系の人にはなじみにくいかもしれません。実際には、理論がわからなくても因子分析はできます。最小限必要な作業は、因子分析に必要なデータを用意し、統計ソフトウェアで計算し、アウトプットの数字をもとに因子解釈をするだけです。数式がにが手な方は、233ページの因子の解釈までは、ざっと読む程度でもかまいません。

心理学者のサーストンは1940年代に、多因子説を考えました。多因子説は、数種類の共通因子があるという考え方です。テストの成績は、数種類の共通因子の1次式で表わすことができる数学モデルなのです。

$$\text{テストの成績} = a_1 \times 共通因子_1 + a_2 \times 共通因子_2 + \cdots + a_m \times 共通因子_m + 独自因子$$
$$Z = a_1 f_1 + a_2 f_2 + \cdots + a_m f_m + u$$

上の式は、重回帰式に似ています。

この式で、

テストの成績（Z）は、標準化（平均 0、標準偏差 1）しています。

共通因子（f）は、因子得点と呼ばれ、これも標準化しています。

a は、共通因子にかかるウェイトで重回帰式の偏回帰係数に相当し、心理学では、「因子負荷量」と呼びます。

独自因子（u）は、実は特殊因子（特定のテストのみに関係し、他のテストとは無関係な因子）と測定誤差を合わせたものです。

重回帰式では、目的変数は 1 つだけです。しかし、因子分析のモデル式は、目的変数であるテストの成績が複数あります。そこで、因子分析のモデルを行列のイメージで表わしますと、次のような式になります。

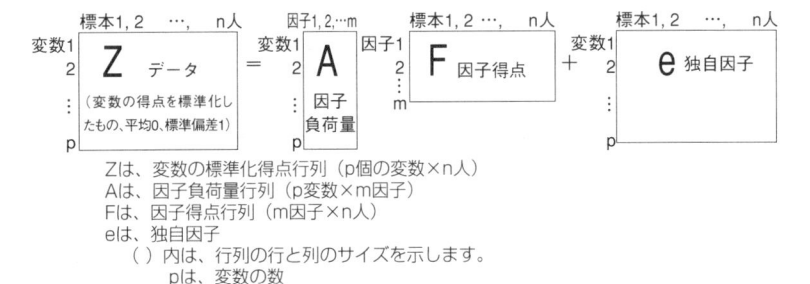

$$Z = A \times F + e$$
(p変数×n人) (p変数×m因子) (m因子×n人) (p変数×n人)

Zは、変数の標準化得点行列（p個の変数×n人）
Aは、因子負荷量行列（p変数×m因子）
Fは、因子得点行列（m因子×n人）
eは、独自因子
　（ ）内は、行列の行と列のサイズを示します。
　　　pは、変数の数
　　　nは、データ数（サンプル数）
　　　mは、因子の数

③相関係数と因子負荷量

因子分析のモデルでは、因子負荷量 **A** を求めれば因子得点 **F**（＝**AZ**）が計算できます。

因子負荷量 **A** は、変数間の相関係数行列から求めます。しかし、独自因子もありますので、いろいろな仮定をします。

> 仮定

共通因子間、つまり因子得点間には相関がない（相関係数は 0、すなわち、幾何学的には直交）。これが「**直交因子**」の仮定です。

直交因子の別の概念は、**斜交因子**ですが、これについては、後ほど説明します。

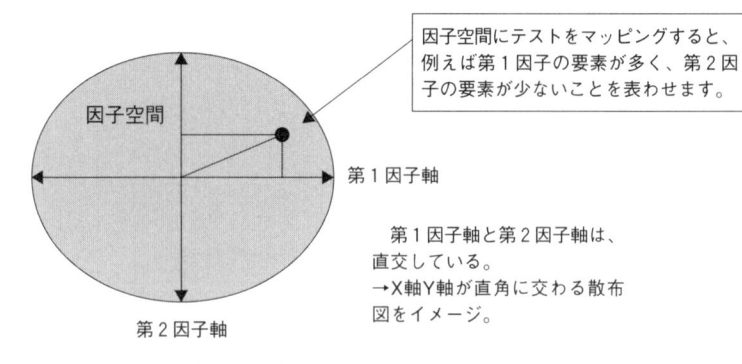

因子空間にテストをマッピングすると、例えば第1因子の要素が多く、第2因子の要素が少ないことを表わせます。

因子空間

第1因子軸

第2因子軸

第1因子軸と第2因子軸は、直交している。
→X軸Y軸が直角に交わる散布図をイメージ。

直交因子を仮定すれば、

> どのテスト（変数）でも、因子負荷量の2乗和は1

になります。

複数の共通因子と1つの独自因子に分けて考えると、

変数の分散 ＝ 共通因子の2乗和 ＋ 独自因子の2乗

となります。

共通因子つまり因子負荷量の2乗和を「**共通性**」とし、共通性がどのくらいあるかを仮定し、相関係数行列から因子負荷量を求める時の出発条件とします。

各個人のテスト得点Zは標準化していますので、テストjとkの相関係数r_{jk}は、

> r_{jk}＝（テスト得点j×テスト得点k）÷データ数n
> 　　となり、さらに展開すると、
> r_{jk}≒因子負荷量を互いに掛け合わせて合計したもの

で求められます。

直交因子を仮定すると、変数間の相関係数は、その変数に含まれる共通因子の因子負荷量を相互に掛け合わせて合計したものになります。ですから、共通性が小さい因子は、相関への寄与が小さく相関が低くなります。逆に、共通性が大きいと、相関が高くなります。

相関行列Rから因子負荷量行列を推計するときに重要なのは、共通性をどうやって推計するかです。共通性を推定してからでないと、因子負荷量が推定できません。

(3) 因子分析の解き方
①解析の手順
因子分析の手順は、相関行列から出発し、共通性の推定と因子数の推定をもとに、因子負荷量を計算します。次に、因子軸を回転し、因子得点を計算します。

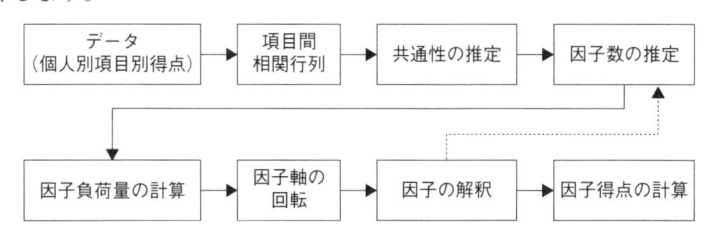

```
データ            → 項目間    → 共通性の推定 → 因子数の推定
(個人別項目別得点)    相関行列
        ↓                                         ↑
因子負荷量の計算 → 因子軸の → 因子の解釈 → 因子得点の計算
                    回転
```

②共通性の推定方法
因子分析が考え出された当時は、計算機がなく、手計算でしたので、因子分析を行っただけで、学位がとれたほど、大変な労力でした。ですから、当時は、共通性の推定は、単純に、相関行列の絶対値の最大値を当てはめていました。その後、重回帰分析で推定する方法が開発されました。

それが、1950年代に開発されたSMC(重相関係数の2乗、squared multiple correlation)と呼ばれる方法です。SMCの考え方は、

$$\text{変数}j\text{の共通性} = \boxed{\text{変数}j\text{を目的変数、他の変数を説明変数とした重回帰分析の重相関係数の2乗}}$$

で推定します。

③因子数の推定方法
共通性の推定結果を用いて、相関係数行列または相関行列の対角成分を共通性に置き換えた行列をもとに、因子数の推定を行います。

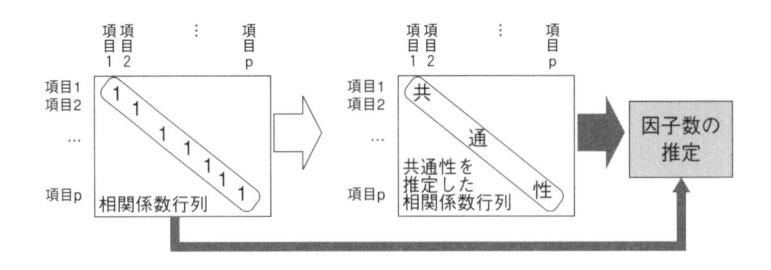

因子数を推定するには、**主成分分析**を行い、固有値を求めます。

主成分分析については、詳しい説明を省きますが、因子分析と同様に、相関関係を解析し、すべてのデータの持つ情報量（分散）をなるべく少ない変数の変動で説明しようとするものです。データの圧縮といえます。

> ＜参考＞主成分分析と固有値
>
> 　主成分分析では、固有値と固有ベクトルと呼ばれる合成変数が計算されます。固有ベクトルは、因子分析でいうところの因子負荷量に相当します。
>
> 　固有値とは、変数の情報量の大きさを表わす指標です。固有値が大きければ大きいほど、重要な成分といえます。

因子数を推定する方法は、主に3種類あります。

- **固有値の値をもとにする場合**

　　固有値が1.0以上の数を因子数とします。

- **スクリープロット（高得点から順にプロットすると崖のような形に描かれる）をもとにする場合**

　　固有値を最大値から最小値まで順に並べ、その減少の様子を見ます。ある段階から急に小さな固有値となって、以後は安定する段階を因子数とし、それ以下は誤差因子と考えます。

- **累積固有値のパーセンテージをもとにする方法**

　　固有値の累積パーセントを計算し、累積パーセントが60％～80％になる数を因子数とします。

ライフスタイルに関する意識（50変数）の相関係数行列について、固有

値のスクリープロットと累積パーセントを以下に例示します。

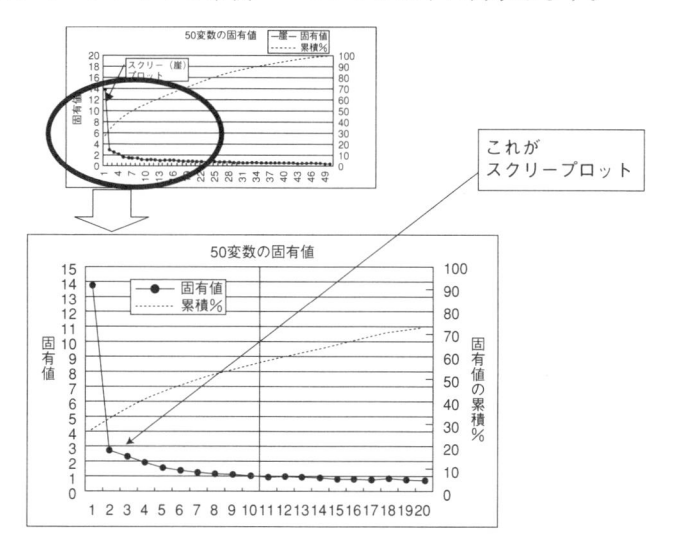

固有値のスクリープロットは、10個を超えると安定してきています。また、固有値が1.0以上の数は10個であり、累積%は57%です。以上のことから、このデータからは10因子と推定しました。

因子数は、この段階では仮決定と考え、因子分析を実行し、回転後の因子負荷量行列の解釈を試み、因子が解釈不能の場合は、因子数を少なくして再計算を行うことが望ましいでしょう。逆に、因子数を増やして再計算を試みることもあります。

④因子負荷量の計算

因子数の推定が終われば、因子負荷量行列の推定計算をします。因子負荷量行列を求める方法には、数多くの解法があります。代表的な方法として、

- **反復主因子法**…共通性を反復推定
- **非反復主因子法**または**主成分分析**…主成分分析と同じ
- **最尤法**…多変量正規分布を仮定した推定
- **最小2乗法**…多変量正規分布を仮定しない推定

などがあります。

どれにするか迷いますが、著者は、因子軸の回転方法に応じて、使い分けをしています。

- 直交回転をする ⇒ 反復主因子法
- 斜交回転をする ⇒ 最尤法

決め手はありませんので、因子解釈が明解な解法を試し、自分なりのノウハウを作ってください。

⑤**因子軸の回転**

計算された因子負荷量をもとに因子の解釈をし、意識構造を探っていくことこそ、因子分析の醍醐味です。しかし、計算された因子負荷量は、このままでは解釈することが難しいのです。

変数の因子負荷量が1か0であれば、因子の解釈は単純です。例えば、第1因子は、変数ａ・ｂ・ｃの３つが関係し、他の変数は無関係だから、ａｂｃの３つをイメージさせる解釈をすればいいのです。このような考え方を、「**単純構造**」といいます。単純構造にするには、因子負荷量行列の数字を、１か０にするように、因子軸を回転させればいいのです。開発された当時は、因子負荷量の散布図を見て、回転角度を目で決めていました。

回転前因子負荷量の散布図（第１軸は横軸、第２軸は縦軸）の上に、直交回転をした場合と斜交回転をした場合のイメージを表わしました。

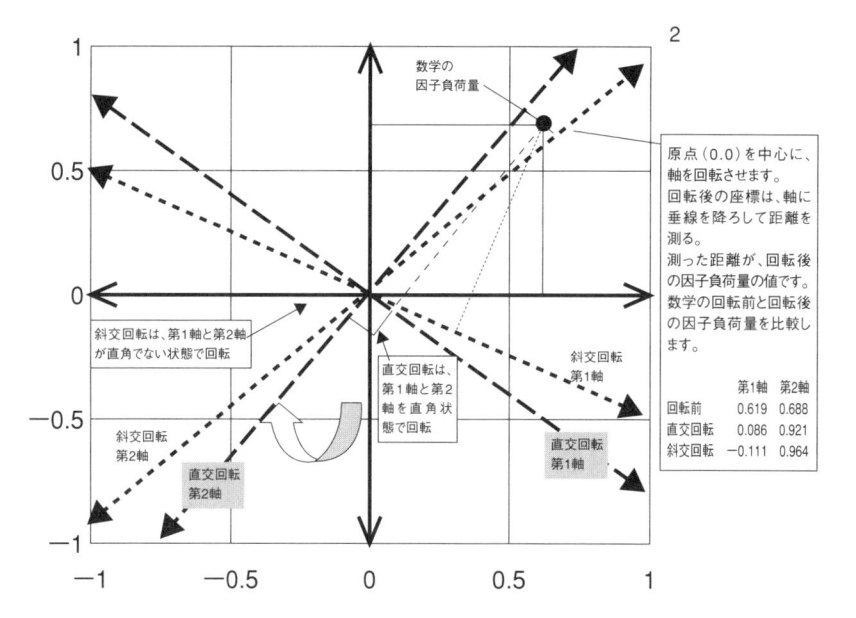

図中の注釈:
- 数学の因子負荷量
- 原点(0,0)を中心に、軸を回転させます。回転後の座標は、軸に垂線を降ろして距離を測る。測った距離が、回転後の因子負荷量の値です。数学の回転前と回転後の因子負荷量を比較します。
- 斜交回転は、第1軸と第2軸が直角でない状態で回転
- 直交回転は、第1軸と第2軸を直角状態で回転
- 斜交回転 第1軸
- 斜交回転 第2軸
- 直交回転 第1軸
- 直交回転 第2軸

	第1軸	第2軸
回転前	0.619	0.688
直交回転	0.086	0.921
斜交回転	−0.111	0.964

第7章 ◎ 多変量解析はこうして進める!

　回転前の数学の因子負荷量を●印で示していますが、回転前後の因子負荷量は変化しており、単純構造に近づいていることがわかります。

　直交回転は軸と軸の関係を直角に保った状態で回転を行いますので、因子間の相関係数は0です。

　斜交回転は、因子間にある程度の相関を許容し、単純構造に近づけようとする回転方法です。

　回転前と回転後の因子負荷量の値を以下に示します。

変数	回転前因子負荷量		直交回転後の因子負荷量		斜交回転後の因子負荷量	
	1軸	2軸	1軸	2軸	1軸	2軸
英語	0.863	−0.090	0.746	0.443	0.699	0.307
数学	0.619	0.688	0.086	0.921	−0.111	0.964
国語	0.786	−0.445	0.896	0.113	0.932	−0.079
理科	0.699	0.537	0.241	0.848	0.071	0.851
社会	0.798	−0.469	0.920	0.100	0.960	−0.098

回転方法にも複数の方法があり、次のような名前がついています。

> ● **直交回転**
>
> バリマックス回転…最も普及している方法
>
> オーソマックス回転…一般的な方法
>
> など
>
> ● **斜交回転**
>
> プロマックス回転…因子の単純構造を追求した方法
>
> オブリミン回転…異なる因子間の共分散を最小にする方法
>
> などがあります。

回転後の因子負荷量は、直交回転は＋1から－1の間の値をとりますが、斜交回転は±1の値を超えることがあります。

主因子法を用いた場合、回転後の因子負荷量行列をもとに、因子の大きさ（**寄与率**といい、因子負荷量の2乗和に占める因子ごとの2乗和の比率）を測り、共通因子の大きさと考えます。なお、項目ごとの因子負荷量の2乗和は、共通性です。

共通性と寄与率の作成方法を以下の表に示します。

項目 （変数）	因子負荷量				共通性
	1	2	…	m	
1	a11	a12		a1m	$a11^2+a12^2+\cdots a1m^2$
2	a21	a22		a2m	$a21^2+a22^2+\cdots a2m^2$
…					
p	ap1	ap^2		apm	$ap1^2+ap2^2+\cdots apm^2$
2乗和	$a11^2+a21^2+$ $\cdots+ap1^2$	$a12^2+a22^2+$ $\cdots+ap2^2$		$a1m^2+a2m^2+$ $\cdots+apm^2$	2乗和計（w）
寄与率	A1％＝上記÷w	A2％＝上記÷w		Am％＝上記÷w	100％＝w

⑥因子の解釈

　因子の解釈こそが、因子分析の目的であるといって差し支えありません。因子解釈は、回転後の因子負荷量行列（斜交回転の場合は、因子パターン行列）の数字を見て、検討します。

> ＜因子解釈のヒント＞
>
> ● 単純構造の考え方を適用し、因子負荷量の絶対値が、0.25以下は誤差とみなし無視します。因子負荷量は、絶対値が大きいものほど、その因子との関係が強いのです。
> ・因子ごとに、因子負荷量の絶対値が大きいものから順に、項目（変数）を並べ替えると解釈に便利です。
> ・因子負荷量がプラスの項目は、意見項目ならば「そう思う、賛成」など肯定的な方向とみなします。反対に、マイナスの項目は、「そうは思わない、反対」など否定的な方向とみなします。
> ● 因子のネーミングを考えます。因子ごとに、絶対値の大きな項目が包含できるように因子にネーミングします。
> ・ネーミングは2種類つけましょう。1つは略称、もう1つは詳しいネーミングです。略称がうまくネーミングできれば不要です。
> ・調査報告会で、因子分析の説明をする際、解析について理解が得られるかどうかの分かれ目は、ネーミングです。報告の受け手の立場にたって、わかりやすい言葉で、因子の名付け親になってください。

　著者が企画分析を行った因子のネーミング例を紹介しましょう。「心理的サイフの測定と分析」（朝日新聞大阪本社広告部、1972年）では、次ページのようにネーミングを考えました。

<参考 因子分析のネーミング例>

各種商品・サービスにお金を支払うのが、「イタイ⇔イタクない」かを6段階尺度（どちらともいえないを除く強制選択尺度）で質問したアンケート結果を、因子分析しました。

第1因子　より高い趣味指向の心理的必需品用サイフ

	因子負荷量
美術全集	0.742
文学全集	0.735
カセットテープレコーダー	0.695
百科事典	0.618
8ミリカメラ	0.580
ポピュラー・ジャズの音楽会	0.577
ステレオ	0.576
LPレコード	0.555
クラシックの音楽会	0.549
ギター	0.547
本棚	0.541
ピアノ	0.525
絵・彫刻の展覧会	0.517

第2因子　つきあい用サイフ

	因子負荷量
友人と外で会食したときの食事代	0.671
外出先で1人で食べる夕食代	0.596
散髪・ヘアセット代	0.530
通勤先でのふだんの昼食	0.517
高級レストランでの友人との食事代	0.517

第3因子　女性のおしゃれ用サイフ

	因子負荷量
ハンドバック	0.685
ヘアピース	0.675
香水	0.671
栄養クリーム	0.643
外出用ワンピース	0.643
ペンダント・ブローチ	0.622
口紅	0.592
ネックレス	0.582
ネグリジェ	0.535
お花のけいこ代	0.503

第4因子　（病気などの）不安に対する防衛用サイフ

	因子負荷量
総合ビタミン剤	0.770
ビタミンC剤	0.756
筋肉痛・はり薬	0.665
頭痛薬	0.640
栄養ドリンク剤	0.585
強肝保健薬	0.574
目薬	0.511

第5因子　日常的生活必需品用サイフ

	因子負荷量
電気洗濯機	0.682
電気冷蔵庫	0.678
洋服ダンス	0.550

第6因子　生活水準引き上げ用サイフ

	因子負荷量
乗用車	0.570
ルームクーラー	0.540

第7因子　ちょっと息ぬき用サイフ

	因子負荷量
チューインガム	0.633
チョコレート	0.592
マンガ（劇画）本	0.521

⑦因子得点の計算

　全体の因子パターンがわかれば、次は、個人別に、因子をどの程度持っているかを調べます。調査目的によっては、因子の解釈で完了する場合もあります。

　因子得点は、因子分析モデルより、

$$F = ZR^{-1}A$$

　　F：因子得点行列（n人×m因子、標準化されています）
　　Z：変数の標準化得点行列（n人×p個の変数）
　　R^{-1}：相関行列の逆行列
　　A：回転後因子負荷量行列

で求めますが、因子得点の求め方にも複数の方法があります。独自性を最小にする推定方法、共通因子による最小2乗的推定方法などです。なお、求められた因子得点は、平均0、標準偏差1に標準化されています。

　因子得点を活用して、以下の分析を行うことが望ましいでしょう。

- **グループ別因子得点の平均値の比較**
  　クロス集計と同じように、性別、年齢別などのクロスキー項目で、因子得点の平均値を比較すると、グループの特徴が明確になります。分散分析を行えば、グループ間の差が統計的に明確になります。
  　因子得点の得点ランク別のクロス分析を行うことも考えられます。
- **新たな多変量解析のデータに**
  　因子得点を用いて、クラスター分析（［67 クラスター分析］参照）を行うことができます。データのエッセンスが因子得点に煮詰まっていますので、他の多変量解析でも、充分に活用できます。

性別平均因子得点の比較

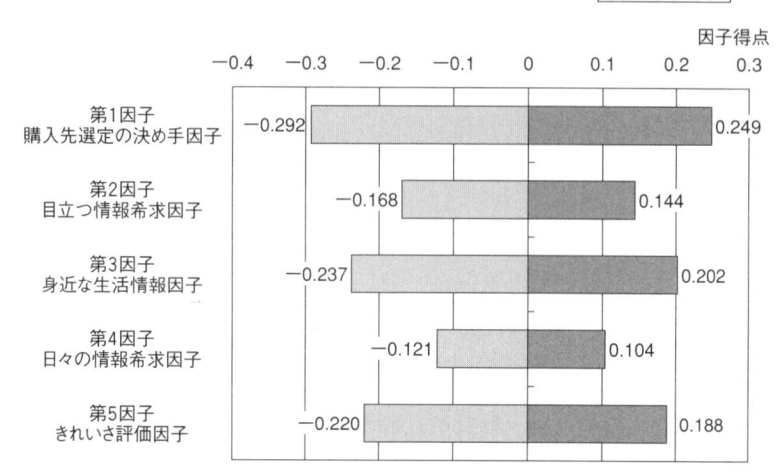

□男性 ■女性

因子	男性	女性
第1因子 購入先選定の決め手因子	−0.292	0.249
第2因子 目立つ情報希求因子	−0.168	0.144
第3因子 身近な生活情報因子	−0.237	0.202
第4因子 日々の情報希求因子	−0.121	0.104
第5因子 きれいさ評価因子	−0.220	0.188

上記のグラフは、広告情報に関する因子分析の結果で、因子得点の平均値を、性別に比較しました。例えば、以下のようなことがわかるでしょう。

- 極めて、性差が大きい。女性は、広告情報について肯定的な態度、男性は否定的な態度です。

因子得点を上位25％、下位25％、中位50％に分けて、上位下位分析を行っても、興味ある結果が表れるでしょう。

		性別	
		男性	女性
第1因子 購入先選定の決因子	上位	10.0%	75.0%
	中位	20.0%	20.0%
	下位	70.0%	5.0%
…	上位	…	…
	中位	…	…
	下位	…	…
第5因子 きれいさ評価因子	上位	…	…
	中位	…	…
	下位	…	…

67 マーケットをセグメントする
クラスター分析

人やモノを、グループ分けする解析手法。他の多変量解析結果を引継いで、活用される場合も多い。

（1）どんなときに使う手法か

①利用目的の例

クラスター分析は、セグメンテーションの有効なツールです。

- アンケート調査の回答者を、商品に対する意見項目への賛否をもとに、いくつかのグループに分けたい。さらに、グループをまとめていく過程を視覚的に見たい。
- 大規模サンプル（1000人以上）を、グルーピングしたい。
- 因子分析の結果、計算された因子得点をもとに、回答者をいくつかのグループに分けたい。
- 質問項目をグルーピングしたい。

＜吹き出し1＞因子分析で環境因子が複数あることがわかった。因子の持ち方のパターンで人を分類し、わが社との関わりを知りたい。

＜吹き出し2＞因子得点をもとにクラスター分析してみましょう。クラスターに分類してから、クラスター別のクロス集計をすれば、ユーザー層の詳細な分析ができます。

②**必要なデータの例**

因子分析のデータ例と類似しています。
- ライフスタイル意見項目への賛否データ。
- 異なる数量についての標準化（平均0、標準偏差1）データ。
- 因子分析の因子得点データや数量化Ⅲ類のサンプルスコア。

(2) クラスター分析とは

クラスターは、ブドウなどの「房」「同類の群」「集落」という意味の英語です。ですから、クラスター分析とは、いろいろな特性をもつサンプル（アンケート調査の対象者）を、類似性の指標をもとに、似たもの同士を集め、いくつかのグループ（クラスター）に分類する方法の総称です。

クラスター分析は、グループを分ける目安を調べる判別分析と違い、いくつのグループがあるのかといった情報がゼロの段階からスタートしますので、さまざまな方法が考案されています。

しかも、類似性の指標も多数あります。ですから、同じ手法でも、異なる類似性の指標を使えば、異なる結果になることも起こります。クラスター分析の手法と類似性指標について、クラスター分析をしなくては、ならないといった冗談も耳にします。

ある意味で、分析者の知見が問われるため、複数のクラスター分析を実施し、調査目的や調査仮説の検証という視点で、1つだけ解析結果を選定することになります。

①**類似性の指標**

クラスター分析では、類似性の指標として、**類似度**と**非類似度**の2つの指標を考えます。

> 類似度 ― 近ければ近いほど、大きな値になる
>   　　　例えば、相関係数
> 非類似度 ― 遠ければ遠いほど、大きな値になる
>   　　　例えば、距離

距離指標：非類似度の指標

非類似度の指標は、距離指標とも称し、距離の大小をクラスターを作るときの指標とします。

距離にもいろいろあります。わかりやすいのは、地図でa地点からb地点までの直線距離です。これを、統計学では、**ユークリッド距離**と呼んでいます。

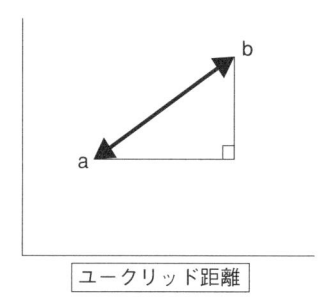

ユークリッド距離

都市の市街地内を移動するときは、直線距離では移動できません。碁盤の目のような道路を想定してください。a地点からb地点に行くのに、a地点を通る道路を通り、次にb地点を通る道路を通ることになります。それが**市街地距離**です。

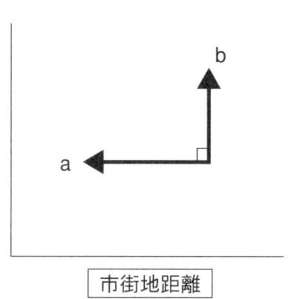

市街地距離

距離指標を、まとめると以下のとおりです。

> ・ユークリッド距離
> ・市街地距離
> ・ミンコフスキー距離（ユークリッド距離と市街地距離を含む一般的指標）
> ・マハラノビスの汎距離（分散共分散行列の推定値を使った指標）
> 　など

類似度指標

類似度の指標も、変数の尺度に応じて、いろいろと考案されています。変数の尺度に応じて、次のような値を算出し、その大小でクラスターを作っていきます。

> **間隔尺度**
> ・ピアソンの相関係数（[55 相関係数とは] 参照）
>
> $$相関係数 = \frac{XYの偏差平方和}{\sqrt{Xの偏差平方和} \times \sqrt{Yの偏差平方和}}$$

> **順序尺度**
> ・グッドマン・クラスカルの γ（ガンマ）
>
> $$\gamma = \frac{サンプルAとBでデータの順位が一致した対の数}{サンプルAとBでデータの順位が不一致の対の数}$$
>
> など

> **名義尺度**
>
> | | | サンプルA（カテゴリーは1か0） | | |
> |---|---|---|---|---|
> | | | 計 | 1 | 0 |
> | サンプルB | 1 | a+b | a | b |
> | （カテゴリーは1か0） | 0 | c+d | c | d |
> | | 計 | n=a+b+c+d | a+c | b+d |
>
> ・一致係数 = (a+d) ÷ n
> ・ファイ係数 = $\dfrac{ad - bc}{\sqrt{(a+b)(a+c)(b+d)(c+d)}}$
> ・類似比 = a ÷ (n−d)
> 　など

参考までに、著者は、間隔尺度は相関係数、順序尺度はグッドマン・クラスカルの γ(ガンマ)、名義尺度はファイ係数を用います。

② クラスター分析の手法

クラスター分析の手法は、多数ありますので、どれを使うか迷うこともしばしばです。

クラスター分析は、2つに大別されます。

- **階層的方法**

　似たもの同士を併合して、いくつかのクラスターにまとめる方法。樹状図（デンドログラム）で、クラスターの併合過程がわかります。

- **非階層的方法**

　集団全体から出発して、似たもの同士が同じくクラスターに入るように集団分割し、最終的に個体レベルまで分割する方法。クラスターの数を指定する必要があり、例えば2、3、…、7クラスターなど、1つずつ試算し、クラスターに含まれるサンプル数がどう変化するかを見て、クラスター数を決めます。

クラスター分析の手法は、以下のとおりです。

クラスター分析の種類

	手法名
階層的方法 （似たもの同士を併合して、いくつかのクラスターにまとめる）	最近隣法
	最遠隣法
	群平均法
	重心法
	メディアン法
	ウォード法
	その他
非階層的方法 （集団全体から出発して、似たもの同士が同じくクラスターに入るように集団を分割し、最終的に個体レベルまで分割）	最適化法（K平均法）
	その他

階層法によるクラスター分析の主な手法の考え方、つまり、クラスターを作るときの距離の測り方をイメージで表わすと、次のようになります。

最近隣法（最短距離法）

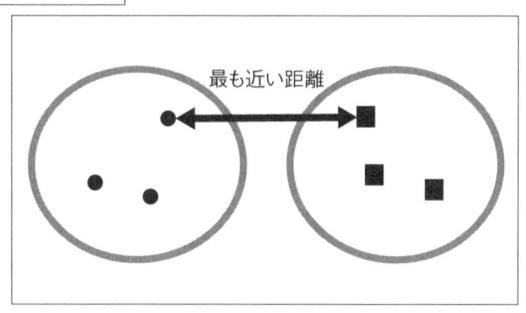

最も近い距離

最遠隣法（最長距離法）

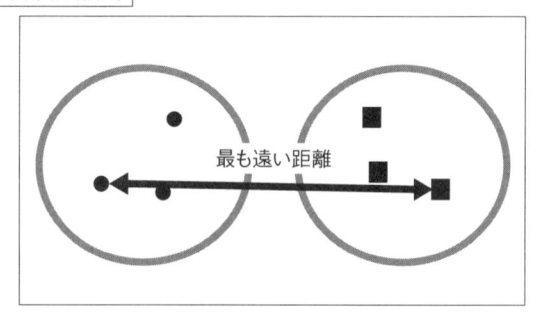

最も遠い距離

群平均法（グループ間平均連結法）

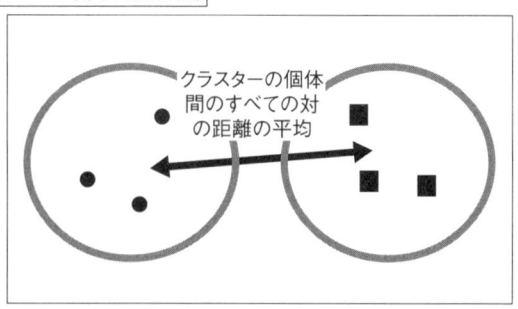

クラスターの個体間のすべての対の距離の平均

重心法

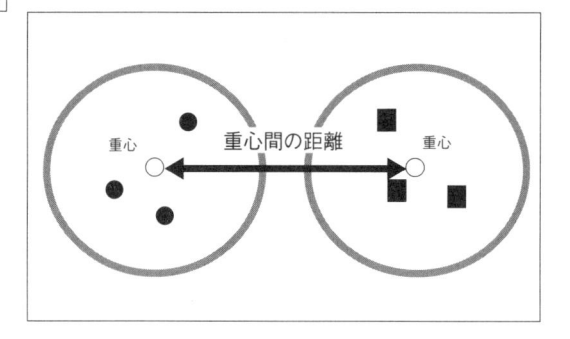

メディアン法

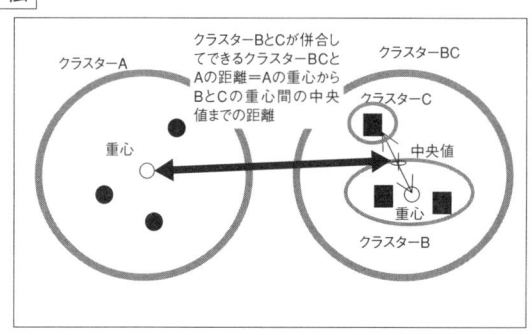

クラスターBとCが併合してできるクラスターBCとAの距離＝Aの重心からBとCの重心間の中央値までの距離

ウォード法

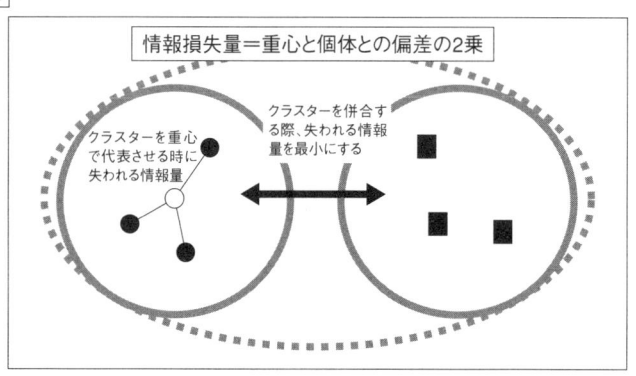

情報損失量＝重心と個体との偏差の2乗

クラスターを重心で代表させる時に失われる情報量

クラスターを併合する際、失われる情報量を最小にする

第7章 ◎ 多変量解析はこうして進める！

非階層法のＫ平均法は、次のような考え方で、クラスター化します。

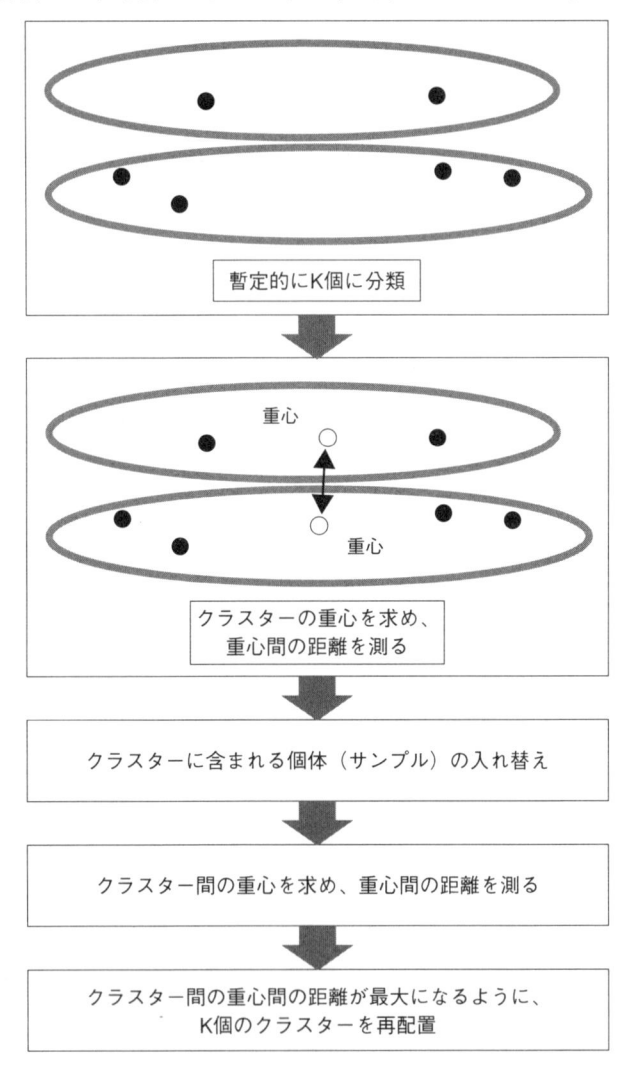

暫定的にK個に分類

↓

クラスターの重心を求め、重心間の距離を測る

↓

クラスターに含まれる個体（サンプル）の入れ替え

↓

クラスター間の重心を求め、重心間の距離を測る

↓

クラスター間の重心間の距離が最大になるように、K個のクラスターを再配置

③クラスター分析の手法と類似性指標の関係

クラスター分析の手法と類似性指標との間には、適・不適の関係があります。

クラスター分析の手法と類似性指標の関係（○適、×不適）

	距離指標	類似度指標
最近隣法	○	○
最遠隣法	○	○
群平均法	○	○
重心法	ユークリッド距離のみ	×
メディアン法	ユークリッド距離のみ	×
ウォード法	ユークリッド距離のみ	×

　最近隣法、最遠隣法、群平均法は、距離指標、類似度指標のどちらも使えます。しかし、重心法、メディアン法、ウォード法は、ユークリッド距離のみです。なぜならば、ユークリッド距離が与えられていることが、解析の前提条件だからです。統計ソフトウェアを使用する際、クラスター分析手法にあった類似性指標を選んでください。

　非階層法のK平均法もユークリッド距離を用いています。計算する際は、類似性指標の指定はしません。非階層法のクラスター分析は、大規模サンプルのクラスター化を行う際に使用します。

　階層法と非階層法の使い分けは、著者は、以下のように行っています。

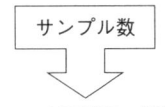

> サンプル数

100以下→階層法
100〜300→階層法と非階層法の両方
300以上→非階層法（場合により、サンプル抽出で階層法）

(2) クラスター分析の計算例

　データは、生徒20人の数学と国語の成績です。2つの成績から、生徒をグルーピングしてみましょう。

サンプル	数学	国語
1	82	74
2	95	75
3	52	82
4	44	75
5	42	66
6	64	54
7	36	69
8	89	57
9	46	55
10	68	41
11	73	47
12	59	61
13	73	72
14	32	49
15	50	69
16	35	47
17	56	55
18	40	36
19	37	59
20	32	61

このデータから、
・数学と国語ともに高得点
・数学と国語ともに低得点
・数学が高得点、国語が低得点
・数学が低得点、国語が高得点
の4クラスターが作れそうです。

どのクラスター分析の結果を採用するかは、あなたが判断してください。

サンプル（生徒）間のユークリッド距離は、以下のとおりです。

ケース	1	2	3	4	5	6	7	8	9	10	11	12	13	14	15	16	17	18	19	20
1		170	964	1445	1664	724	2141	338	1657	1285	810	698	85	3125	1049	2938	1037	3208	2250	2669
2	170		1898	2601	2890	1402	3517	360	2801	1885	1268	1492	493	4645	2061	4384	1921	4546	3620	4165
3	964	1898		113	356	928	425	1994	765	1937	1666	490	541	1489	173	1514	745	2260	754	841
4	1445	2601	113		85	841	100	2349	404	1732	1625	421	850	820	72	865	544	1537	305	340
5	1664	2890	356	85		628	45	2290	137	1301	1322	314	997	389	73	410	317	904	74	125
6	724	1402	928	841	628		1009	634	325	185	130	74	405	1049	421	890	65	900	754	1073
7	2141	3517	425	100	45	1009		2953	296	1808	1853	593	1378	416	196	485	596	1105	101	80
8	338	360	1994	2349	2290	634	2953		1853	697	356	916	481	3313	1665	3016	1093	2842	2708	3265
9	1657	2801	765	404	137	325	296	1853		680	793	205	1018	232	212	185	100	397	97	232
10	1285	1885	1937	1732	1301	185	1808	697	680		61	481	986	1360	1108	1125	340	809	1285	1696
11	810	1268	1666	1625	1322	130	1853	356	793	61		392	625	1685	1013	1444	353	1210	1440	1877
12	698	1492	490	421	314	74	593	916	205	481	392		317	873	145	772	45	986	488	729
13	85	493	541	850	997	405	1378	481	1018	986	625	317		2210	538	2069	578	2385	1465	1802
14	3125	4645	1489	820	389	1049	416	3313	232	1360	1685	873	2210		724	13	612	233	125	144
15	1049	2061	173	72	73	421	196	1665	212	1108	1013	145	538	724		709	232	1189	269	388
16	2938	4384	1514	865	410	890	485	3016	185	1125	1444	772	2069	13	709		505	146	148	205
17	1037	1921	745	544	317	65	596	1093	100	340	353	45	578	612	232	505		617	377	612
18	3208	4546	2260	1537	904	900	1105	2842	397	809	1210	986	2385	233	1189	146	617		538	689
19	2250	3620	754	305	74	754	101	2708	97	1285	1440	488	1465	125	269	148	377	538		29
20	2669	4165	841	340	125	1073	80	3265	232	1696	1877	729	1802	144	388	205	612	689	29	

ユークリッド距離は、以下のように求めます。

　　サンプル1と2の距離は、

　　　数学 $(82-95)^2$ + 国語 $(74-75)^2 = 13^2 + 1^2 = 169 + 1 = 170$

距離行列のデータを用いて、階層法によるクラスター分析を試みました。

どのクラスター分析の計算結果を採用するかは、クラスターごとの人数のバランスでみたり、元データを当てはめてみたり、クラスターごとにデータをクロス集計したりして検討します。

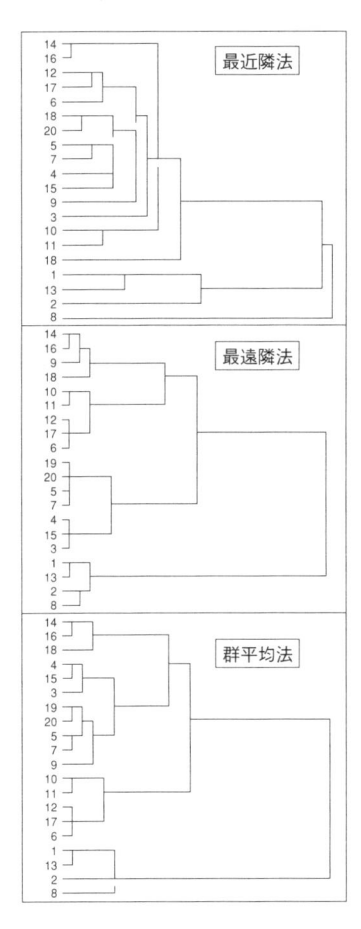

最近隣法　　3クラスターあり、しかもNo.8が離れている

最遠隣法　　2クラスターに分けた時、クラスターに属する人数がアンバランス

群平均法　　同上

| 重心法 | 2クラスターに分けた時、クラスターに属する人数がアンバランス |

| メディアン法 | 同上 |

| ウォード法 | 2クラスターに分けた時、クラスターに属する人数がバランスがとれている |

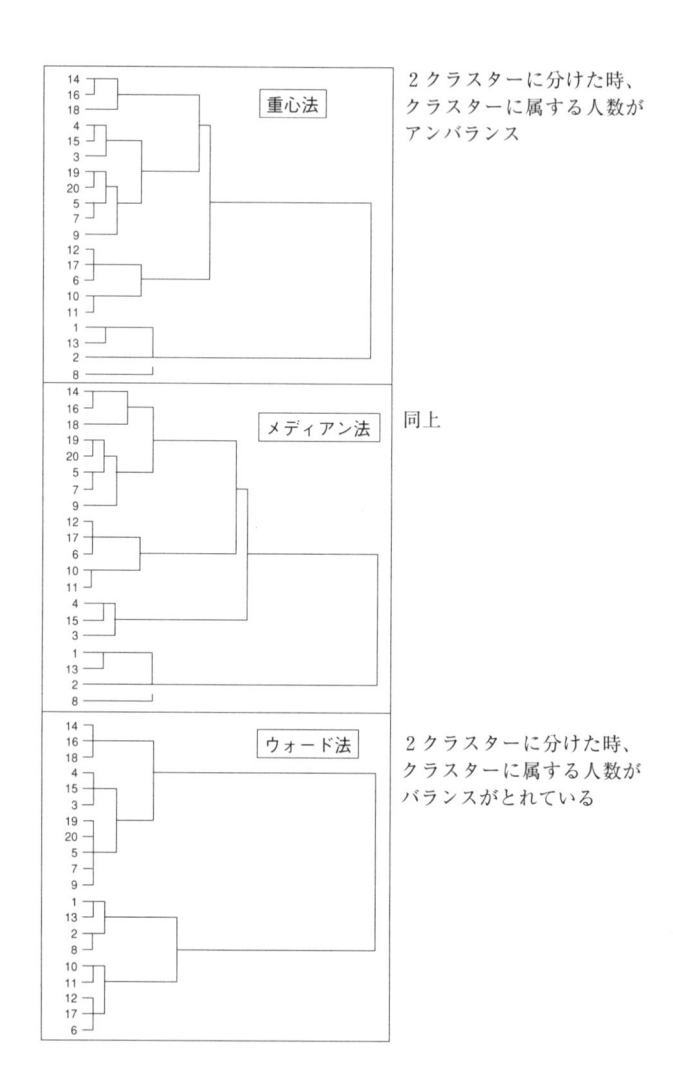

68 1か0のカテゴリーデータを用いてイメージをパターン分析する
数量化Ⅲ類

カテゴリー値を1か0の数値に置き換えて、似たものを集める解析手法。

(1) どんなときに使う手法か

数量化Ⅲ類は、因子分析と似た利用をします。ただし、数量化Ⅲ類は、意見項目の賛否について、「はい」か「いいえ」に2分類したカテゴリーデータを使います。

①利用目的の例
- 多数のライフスタイル意見項目に潜在する次元（相関軸といいます）を発見したい。さらに、個人別に因子をどの程度持っているかを知り、対象者特性別に比較したい。
- ブランドイメージを表わす項目を重複回答（該当するものに○印で回答）で質問した結果をもとに、ブランドイメージの構造を知りたい。

②必要なデータの例
- ライフスタイル意見項目への賛否データ（肯定に1、否定に0）。

(2) 数量化Ⅲ類とは

数量化Ⅲ類は、個人別のアンケートデータをもとにしたクロス集計表の表側（ひょうそく）カテゴリー（サンプル）と表頭（ひょうとう）カテゴリー（質問の回答カテゴリー）の間の相関を最大にすることを目指した多変量解析です。

数量化Ⅲ類は、サンプル×カテゴリーのデータ行列（あるカテゴリーに反応を1、無反応を0とした、1か0のデータ）があった場合、回答パターンの類似性にもとづいて、それを反応の多いサンプルから順に、そして、ほぼ対角状になるように、「行」と「列」を入れ替えて、サンプルとカテゴリーの相関を最大にする方法です。

数量化Ⅲ類のイメージ

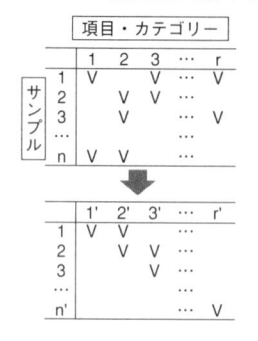

	項目・カテゴリー				
	1	2	3	…	r
サンプル 1	V		V		
2		V	V		
3		V			V
…					
n	V	V			

V印は、反応ありで、データ的には値1となります。

無印は、値0となります。

↓

	1'	2'	3'	…	r'
1					
2		V	V		
3		V			
…					
n'					V

　数量化Ⅲ類の解析結果は、主成分分析や因子分析の回転前の因子負荷量行列（［66 因子分析］参照）と、ほぼ一致します。因子分析は、因子解釈のため因子軸を回転しますが、数量化Ⅲ類は、軸回転は行いません。

　ここで、これまで説明した数量化Ⅰ類、Ⅱ類とあわせて、数量化Ⅲ類の特徴を一覧表にしました。

数量化Ⅰ類、Ⅱ類、Ⅲ類の特徴

	目的	目的変数と説明変数のタイプ	解法の考え方	他の多変量解析との関係
数量化Ⅰ類	ある項目を、複数の要因で予測、説明したい	目的変数は定量的データ（数量）、説明変数は定性的データ（カテゴリー）	相関係数を最大または予測誤差の2乗の平均を最小	ダミー変数（1か0の変数）を用いた重回帰分析に相当
数量化Ⅱ類	グループを、複数の要因で判別したい	目的変数は定性的データ（グループの種類）、説明変数は定性的データ（カテゴリー）	相関比（グループ間平方和÷総平方和）を最大〈注〉平方和＝（個々の判別得点－判別得点の平均）の2乗	ダミー変数を用いた判別分析に相当
数量化Ⅲ類	・似たもの同士をまとめたい ・変数間の関連性を図示したい ・変数間の関係を要約したい ・項目間の相関関係を説明する潜在的構造を知りたい	説明変数は定性的データ（カテゴリー） 目的変数なし	クロス表の表側と表頭（個人×カテゴリー）の相関を最大	ダミー変数を用いた主成分分析・因子分析に相当

(3) 数量化Ⅲ類の計算例

広告イメージの分析を例に説明しましょう。データは、広告に対する評価で、その通りと思えば1、そうは思わないは0で示します。サンプルは、性別年齢別に1人ずつです。

	信頼できる	関心が持てる	わかりやすい	印象に残る	親しみやすい	役に立つ	商品内容がわかる	企業に親しみを感じる	最新情報が得られる	地域の情報がよくわかる	得する情報が得られる
男性・10歳代	1	0	0	0	0	1	1	0	0	0	1
男性・20歳代	0	0	1	1	0	0	0	0	0	0	0
男性・30歳代	0	0	0	0	1	0	1	1	0	0	0
男性・40歳代	1	1	0	1	1	1	0	0	0	0	0
男性・50歳代	1	0	0	1	1	0	1	0	1	0	0
男性・60歳代	1	0	0	1	0	1	1	1	1	1	0
男性・70歳代	1	0	0	0	0	0	0	1	0	1	1
女性・10歳代	1	1	0	0	1	0	0	0	1	1	1
女性・20歳代	1	0	1	0	0	0	0	0	0	1	0
女性・30歳代	0	1	0	0	0	0	0	0	0	1	0
女性・40歳代	0	1	1	1	0	1	1	1	1	1	1
女性・50歳代	0	0	1	0	1	1	1	1	0	0	0
女性・60歳代	0	0	0	0	0	0	0	1	0	0	0
女性・70歳代	0	0	1	0	0	1	1	0	0	1	0

計算結果として、カテゴリースコア（因子分析の因子負荷量行列に相当）とサンプルスコア（因子分析の因子得点に相当）がアウトプットされます。以下の例は、第3軸まで抽出した場合です。

カテゴリースコア	第1軸	第2軸	第3軸
信頼できる	−0.049	0.004	−0.103
関心が持てる	0.182	−0.119	−0.145
わかりやすい	−0.137	−0.197	0.188
印象に残る	0.046	−0.104	0.267
親しみやすい	0.312	−0.035	−0.029
役に立つ	−0.031	−0.053	−0.053
商品内容がよくわかる	0.015	0.038	0.051
企業に親しみを感じる	0.006	0.321	0.088
最新情報が得られる	0.015	0.147	0.054
地域の情報がよくわかる	−0.128	−0.009	−0.063
得する情報が得られる	−0.130	−0.010	−0.165

軸ごとに、プラス方向マイナス方向で数値が大きいものをマーク

カテゴリースコアと第1軸と第2軸の散布図を描きます。

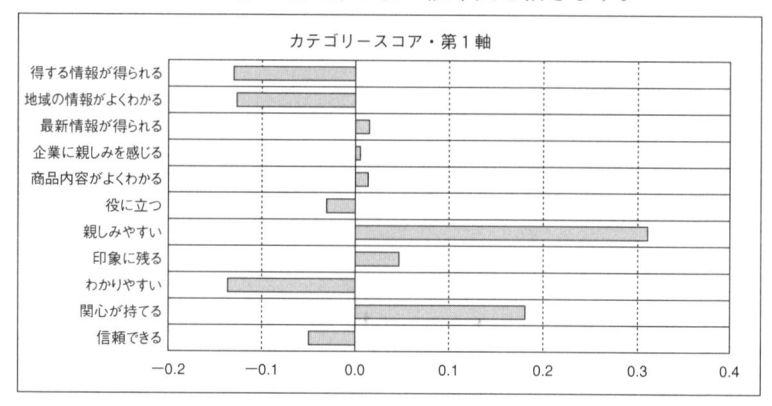

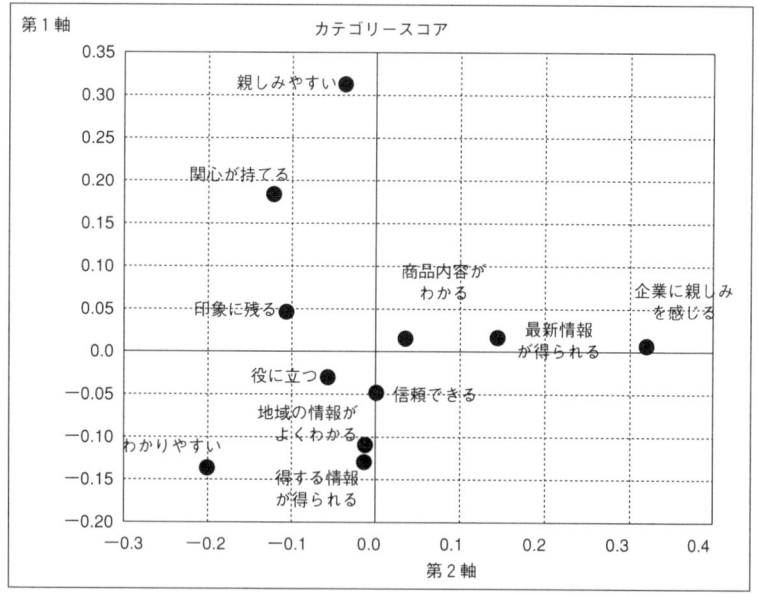

カテゴリースコア・第1軸

得する情報が得られる	約 −0.13
地域の情報がよくわかる	約 −0.12
最新情報が得られる	約 0.01
企業に親しみを感じる	約 0.00
商品内容がよくわかる	約 0.01
役に立つ	約 −0.03
親しみやすい	約 0.31
印象に残る	約 0.04
わかりやすい	約 −0.13
関心が持てる	約 0.18
信頼できる	約 −0.05

（横軸: −0.2 〜 0.4）

カテゴリースコア（第1軸 対 第2軸 散布図）

- 親しみやすい（第2軸 約 −0.05, 第1軸 約 0.31）
- 関心が持てる（約 −0.10, 0.18）
- 印象に残る（約 −0.07, 0.05）
- 商品内容がわかる（約 0.05, 0.02）
- 最新情報が得られる（約 0.15, 0.02）
- 企業に親しみを感じる（約 0.33, 0.02）
- 役に立つ（約 −0.05, −0.04）
- 信頼できる（約 0.03, −0.05）
- 地域の情報がよくわかる（約 −0.02, −0.10）
- 得する情報が得られる（約 0.00, −0.13）
- わかりやすい（約 −0.20, −0.13）

この事例では、軸解釈は明解ではありませんが、各軸のプラス方向とマイナス方向の絶対値の大きいカテゴリースコアを見て解釈をします。ここでは、評価対象の広告は、「企業への親しみ－わかりやすさ」と「親しみ－得する情報」という次元で評価されていると思われます。

サンプルスコアは、右表のとおりです。

サンプルスコア

	第1軸	第2軸	第3軸
男性・10歳代	−0.049	−0.005	−0.068
男性・20歳代	−0.046	−0.151	0.227
男性・30歳代	0.111	0.108	0.037
男性・40歳代	0.092	−0.062	−0.013
男性・50歳代	0.068	0.010	0.048
男性・60歳代	−0.018	0.049	0.034
男性・70歳代	−0.075	0.076	−0.061
女性・10歳代	−0.023	−0.007	−0.079
女性・20歳代	−0.111	−0.053	−0.036
女性・30歳代	0.247	−0.077	−0.087
女性・40歳代	−0.018	0.001	0.025
女性・50歳代	0.012	−0.030	−0.020
女性・60歳代	0.010	0.234	0.071
女性・70歳代	−0.070	−0.055	0.031

第7章 ◎ 多変量解析はこうして進める！

サンプルスコアの散布図を描き、これにカテゴリースコアを重ね合しします。そうすると、例えば、「女性30歳代と親しみやすい」、「女性20歳代とわかりやすさ」、「男性50歳代と商品内容がわかる」などが近い関係にあることがわかります。

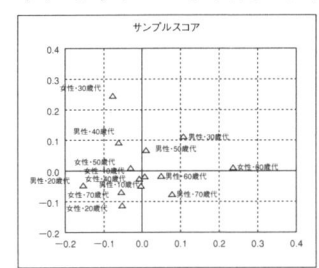

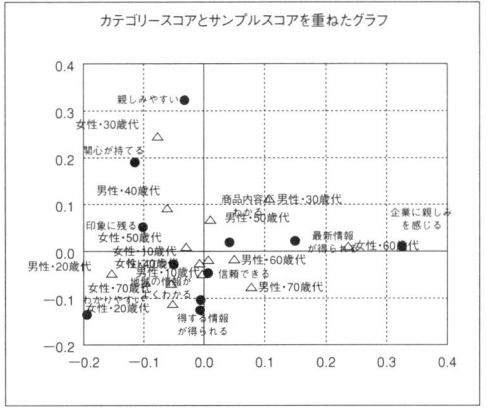

69 クロス集計表の表頭・表側カテゴリーを同じ空間にマッピングする
コレスポンデンス分析

表頭カテゴリーと表側カテゴリーの相関を最大にする解析手法。

(1) どんなときに使う手法か

①利用目的の例

　コレスポンデンス分析は、クロス集計表がデータです。ですから、クロス分析をするのと、同じような感覚で分析を行います。

- 媒体別に広告効果を表わす項目への賛成の有無のクロス集計表から、媒体効果を図化したい。
- 公表されているクロス集計表（平均値表含む）、例えば、同居家族数別家計費目別家計費や、居住地域別重点的に実施して欲しい施策などを図化したい。

②必要なデータの例

- クロス集計表（頻数か平均値）のみです。

> クロス集計の分析をしようと思ったけど、カテゴリー数が多すぎてグラフにしてもわかりにくいし、コメントも長ったらしくてわかりにくいので、困った。

> コレスポンデンス分析なら一目でわかる図にできるよ。クロス表がそのままデータとして使えるから、やってみれば。

(2) コレスポンデンス分析とは

　年齢や職業などをキー項目に、賛否の程度（このなかから1つだけ選んでくださいといった単一回答）や好きなブランド（該当するものに○印をいくつでもといった複数回答）などの2次元クロス集計表の頻数（度数）をデータとして、表頭カテゴリー（年齢だったら、10歳代、20歳代、…、60歳代など）と表頭カテゴリー（非常に好き、…、非常に嫌いといった単一回答や、Aブランド、Bブランド、…、Nブランド）を、同時に多変量空間に布置（マッピング）するものです。クロス集計表であれば、頻数分布表以外に、平均値表でも解析にかけることができます。

　コレスポンデンス分析は、表側と表頭の相関が最大になるように数量化します。これは、数量化Ⅲ類と同じ考え方です。計算結果も、数量化Ⅲ類と似た結果になるので、頻数Ⅲ類とも称せられます。なお、コレスポンデンス分析は、対応分析とも呼ばれます。

　クロス表があれば、簡単にコレスポンデンス分析を行いカテゴリー間の関係を目で見ることができますので、便利な多変量解析です。

　コレスポンデンス分析で計算された、表頭カテゴリーと表側カテゴリーの座標をデータとして、クラスター分析を行うこともできます。クラスター分析との連携プレーで、知りたいターゲット層と密接に関連するカテゴリーを知ることができます。

(3) コレスポンデンス分析の計算例

　コレスポンデンス分析で、広告イメージと性年齢の関係を図化してみましょう。

	信頼できる	関心が持てる	わかりやすい	印象に残る	親しみやすい	役に立つ	商品内容がわかる	企業に親しみを感じる	最新情報が得られる	地域の情報がよくわかる	得する情報が得られる
男性・10歳代	1	0	0	0	0	1	1	0	0	0	1
男性・20歳代	0	0	1	1	0	0	0	0	0	0	0
男性・30歳代	0	0	0	0	1	0	1	1	0	0	0
男性・40歳代	1	1	0	1	1	1	0	0	0	0	0
男性・50歳代	1	0	0	1	1	0	1	0	1	0	0
男性・60歳代	1	0	0	1	0	1	1	1	1	1	0
男性・70歳代	1	0	0	0	0	0	0	1	0	1	1
女性・10歳代	1	1	0	0	1	0	0	0	1	1	1
女性・20歳代	1	0	1	0	0	0	0	0	0	1	0
女性・30歳代	0	1	0	0	1	0	0	0	0	0	0
女性・40歳代	0	1	1	1	0	1	1	1	0	0	0
女性・50歳代	0	1	1	0	1	1	1	0	1	1	1
女性・60歳代	0	0	0	0	0	0	0	1	1	0	0
女性・70歳代	0	0	1	0	0	1	1	0	0	1	0

カテゴリースコアは、以下のように描けます。

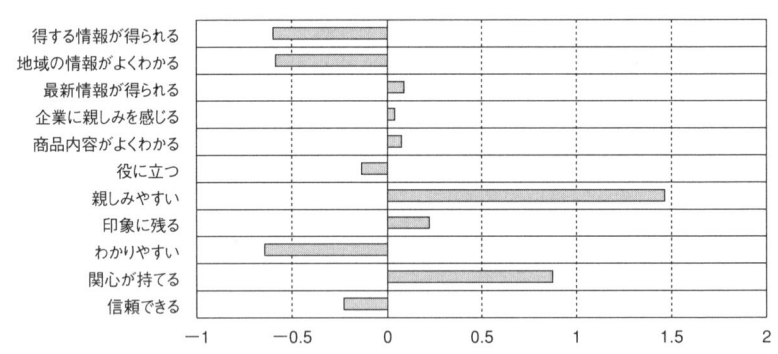

カテゴリースコア・第1軸

参考までに、数量化Ⅲ類のカテゴリースコアを再掲すると、類似していることがわかります。

〈参考〉数量化Ⅲのカテゴリースコア

カテゴリースコア・第1軸

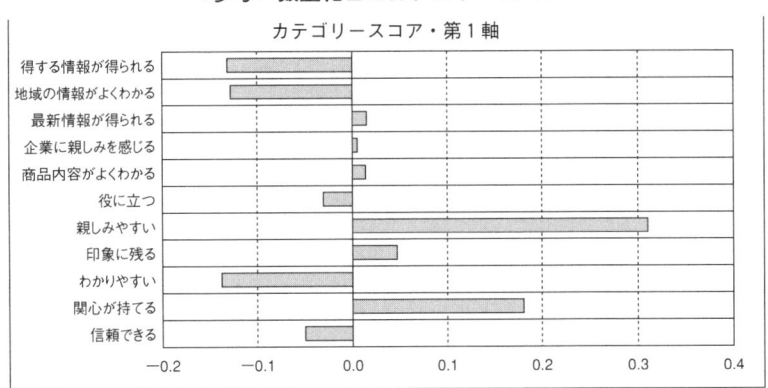

得する情報が得られる	約 −0.13
地域の情報がよくわかる	約 −0.13
最新情報が得られる	約 0.01
企業に親しみを感じる	約 0.01
商品内容がよくわかる	約 0.02
役に立つ	約 −0.03
親しみやすい	約 0.31
印象に残る	約 0.05
わかりやすい	約 −0.14
関心が持てる	約 0.18
信頼できる	約 −0.05

表頭と表側カテゴリーを同じ空間に表示すると、次のようになります。

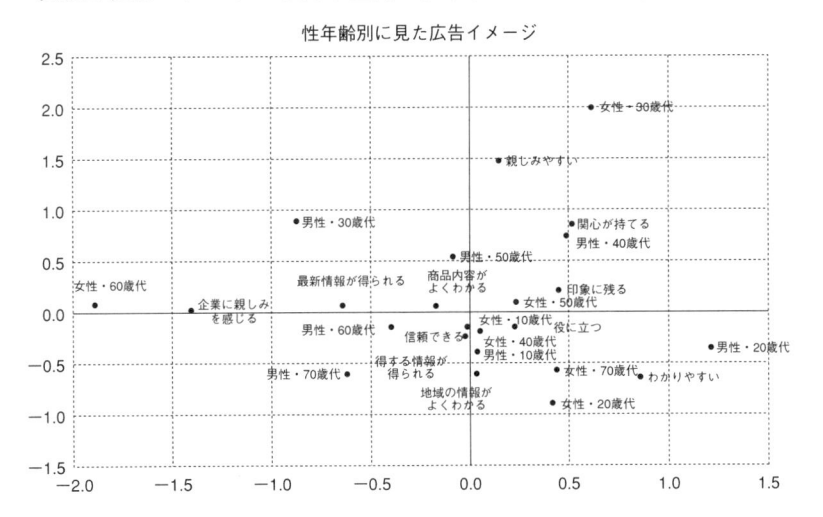

性年齢別に見た広告イメージ

（散布図：女性・90歳代、親しみやすい、男性・30歳代、関心が持てる、男性・40歳代、男性・50歳代、最新情報が得られる、商品内容がよくわかる、印象に残る、女性・60歳代、企業に親しみを感じる、女性・50歳代、男性・60歳代、信頼できる、女性・10歳代、役に立つ、男性・20歳代、得する情報が得られる、女性・40歳代、男性・10歳代、男性・70歳代、地域の情報がよくわかる、女性・70歳代、わかりやすい、女性・20歳代）

第7章 ◎多変量解析はこうして進める！

参考までに、クラスター分析結果との連携の方法を、紹介しましょう。
　コレスポンデンス分析でマッピングしたデータを、クラスター分析でグループ化し、グループごとに線で囲みました。
　この結果は、以下のように解釈できます。

- 男性30歳代と女性60歳代は、広告をする企業に親しみを感じます。
- 男性60歳以上は、最新情報が得られ、商品内容がわかると評価しています。
- 男女10歳代と女性40歳代は、役に立つ、信頼できる、得する情報、地域の情報がよくわかると評価しています。
- 女性30歳代、男性40歳代と男女50歳代は、親しみやすい、関心が持てる、印象に残ると評価しています。
- 男女20歳代と女性70歳代は、わかりやすいとしています。

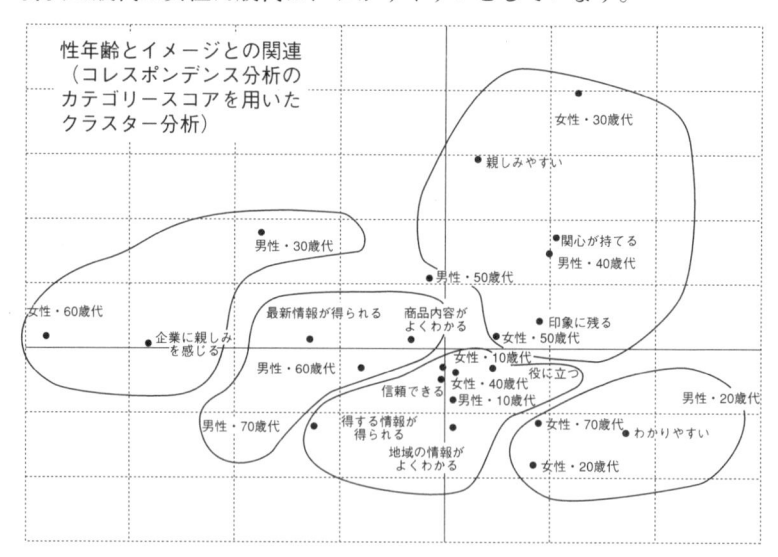

性年齢とイメージとの関連
（コレスポンデンス分析のカテゴリースコアを用いたクラスター分析）

70 ブランドをポジショニングする 多次元尺度法

ブランドを多次元心理空間の中の点として表現し、視覚化する解析手法。

(1) どんなときに使う手法か

①利用目的の例

多次元尺度法は、次のような調査テーマを分析するときに使われます。

- 市販されている商品や、自社ブランドを、消費者はどのように位置づけているかを知りたい。つまり、ブランドの評価構造を取り出し、ブランド評価空間にいろんなブランドをマッピングしたい。

②必要なデータの例

類似性データが必要です。詳しくは、次節で紹介します。

> 他社製品と類似品で値下げ競争するより、自社独自の製品を開発したいですね。

> 多次元尺度法で、各社の製品ポジショニングを調べて、隙間やもっと伸ばしたらよい特徴を発見しましょう。それをヒントに新製品コンセプトを考えましょう。

(2) 多次元尺度法とは

多次元尺度法は、**多次元尺度構成法**や**MDS**（MultiDimensional Scaling）とも呼ばれています。評価をしたい対象間の類似性（「67 クラスター分析」の類似度指標と距離指標を参照）データ、主に距離データをもとに、評価対象を多次元空間の点として表現します。

多次元尺度法のアウトプットイメージは、以下のとおりです。

空港間の所要時間表（一部推定）　→　多次元尺度法による空港の布置

（単位：分）

	千歳	青森	東京	金沢	大阪	広島	高松	福岡	沖縄
千歳	0								
青森	45	0							
東京	90	70	0						
金沢	95	80	60	0					
大阪	110	95	75	40	0				
広島	125	90	75	70	45	0			
高松	120	100	75	60	35	35	0		
福岡	145	120	100	75	65	50	70	0	
沖縄	185	160	140	130	125	110	120	95	0

多次元尺度法で距離をマッピングすることにより、地理的関係がほぼ表れました。所要時間と距離は必ずしも比例しないので、実際の地理的関係とは多少ずれがあります。

個人あるいは特定グループが感じているブランド間の類似度評価の結果をもとに、ブランドを多次元空間に布置（ポジショニング）したい場合などに用いられます。類似性のデータは、対象間の類似性を質問するのが一般的ですが、対象についての好き嫌いの2値（1か0）データや多段階評価データなどを用いることもあります。

データが間隔尺度や比例尺度で与えられている場合は、計量的多次元尺度法が適用されます。また、データが、順序尺度や名義尺度で与えられている場合は、非計量的多次元尺度法が適用されます。

(3) 多次元尺度法の計算例
①類似性を把握するための質問

多次元尺度法で分析をするには、マッピングしたい対象間の類似性データが必要です。そのため、アンケート調査で類似性を質問しなければなりません。

〈マッピングしたい対象〉車のメーカー4社

〈質問方法1〉一対比較で類似度を質問

問　車のメーカーを比較してください。それぞれの組み合わせについて、似ているかどうかをお教えください。

	非常に似ている	まあ似ている	どちらともいえない	あまり似ていない	全く似ていない
A車とB車	1	2	3	4	5
A車とC車	1	2	3	4	5
A車とD車	1	2	3	4	5
B車とC車	1	2	3	4	5
B車とD車	1	2	3	4	5
C車とD車	1	2	3	4	5

〈質問方法2〉一対比較で類似順位を質問

問　車のメーカーを比較してください。それぞれの組み合わせについて、似ている順に1位から3位までをお教えください。

①A車と1番似ているのは？2番目に似ているのは？3番目に似ているのは？（　）内に数字を入れてください。	B車（　） C車（　） D車（　）
②B車と1番似ているのは？2番目に似ているのは？3番目に似ているのは？	A車（　） C車（　） D車（　）
③C車と1番似ているのは？2番目に似ているのは？3番目に似ているのは？	A車（　） B車（　） D車（　）
④D車と1番似ているのは？2番目に似ているのは？3番目に似ているのは？	A車（　） B車（　） C車（　）

〈質問方法3〉一対比較で類似の有無を質問

　質問方法2の回答様式を使い、似ていれば○印、似ていなければ×印、どちらともいえなければ△印をつけてもらいます。

〈その他の質問方法〉一対比較をしない質問

　因子分析や数量化Ⅲ類などで用いるような意見項目への賛否をもとに対象ごとに項目間の相関係数やクラスター分析で用いる距離などの類似度を用いることもできます。

②一対比較で類似度を質問した場合の計算例

多次元尺度法は、同じデータでも、解き方により計算結果が異なることがあります。しかし、マッピングの相対的な位置は、ほぼ同じといってもよいでしょう。ここでは、SPSSを用いた計算例を示します。

4車種のコンセプトについてのアンケート結果は、以下のとおりです。

		非常に似ている	まあ似ている	どちらともいえない	あまり似ていない	全く似ていない
サンプル1	A車とB車	1	②	3	4	5
	A車とC車	1	2	3	4	⑤
	A車とD車	1	2	3	4	⑤
	B車とC車	1	②	3	4	5
	B車とD車	1	2	③	4	5
	C車とD車	1	②	3	4	5
サンプル2	A車とB車	1	2	3	④	5
	A車とC車	1	2	3	④	5
	A車とD車	1	2	3	④	5
	B車とC車	1	2	③	4	5
	B車とD車	1	②	3	4	5
	C車とD車	1	②	3	4	5
サンプル3	A車とB車	1	2	3	4	⑤
	A車とC車	1	2	3	④	5
	A車とD車	1	2	③	4	5
	B車とC車	1	2	③	4	5
	B車とD車	1	2	③	4	5
	C車とD車	1	②	3	4	5

アンケートの結果を類似性行列とみなし、次のようなデータとします。

		A車	B車	C車	D車
サンプル1	A車	0			
	B車	2	0		
	C車	5	2	0	
	D車	5	3	2	0
サンプル2	A車	0			
	B車	4	0		
	C車	4	3	0	
	D車	4	2	2	0
サンプル3	A車	0			
	B車	5	0		
	C車	4	3	0	
	D車	3	3	2	0

多次元尺度法では、モデルのデータへの適合度としてストレスという指標が使われます。使用する統計ソフトウェアによって、ストレスを求める式が異なる場合がありますが、ストレスは、0に近いほど適合がよいとされています。

また、重回帰分析の観測値と予測値の精度を表わす決定係数として、ＲＳＱ（squares correlation）という用語が用いられます。決定係数は、1に近いほどよいのです。

以下に、多次元尺度法に基づく、4車種のマッピングを示します。これによると、調査した4車種は、A車、B車とC車・D車の3グループに分かれており、C車とD車は、車種の差別化が求められるといえます。

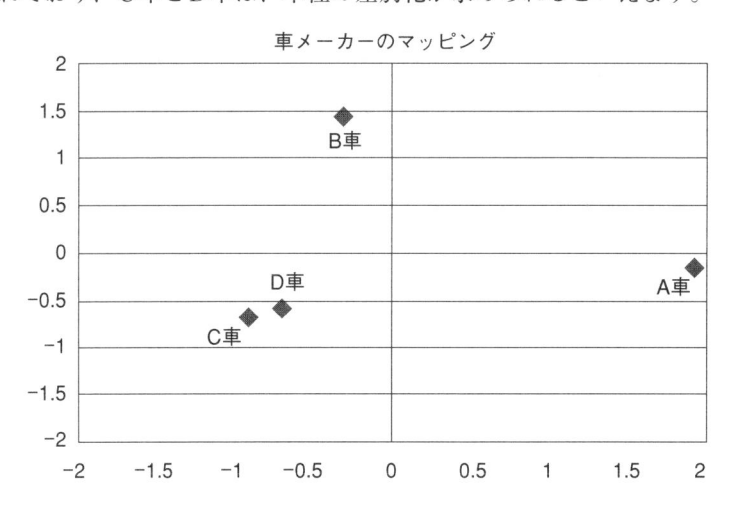

車メーカーのマッピング

多次元尺度法は、クラスター分析など他の多変量解析と連携して使うと、ブランドの差別化戦略や新製品開発のためのコンセプト探索などのマーケティング課題を解決するのに役立ちます。

71 因果関係をモデル化する
共分散構造分析

重回帰分析と因子分析の両方の機能を持つ解析手法。

(1) 共分散構造分析とは

　従来の多変量解析は、観測した変数をもとに解析をしてきました。ところが、共分散構造分析は、直接観測できない「潜在変数」を使って、観測変数と潜在変数との間の因果関係を、分析者の創意工夫により自由にモデル化することが可能です。重回帰分析と因子分析の両方の機能をもつモデルです。例えていいますと、計量経済モデルのように多数の変数の因果関係を組み込んだ連立方程式のモデルです。なお、共分散構造分析は、欧米では **SEM**：Structural Equation Modeling（構造方程式モデル）と称せられます。

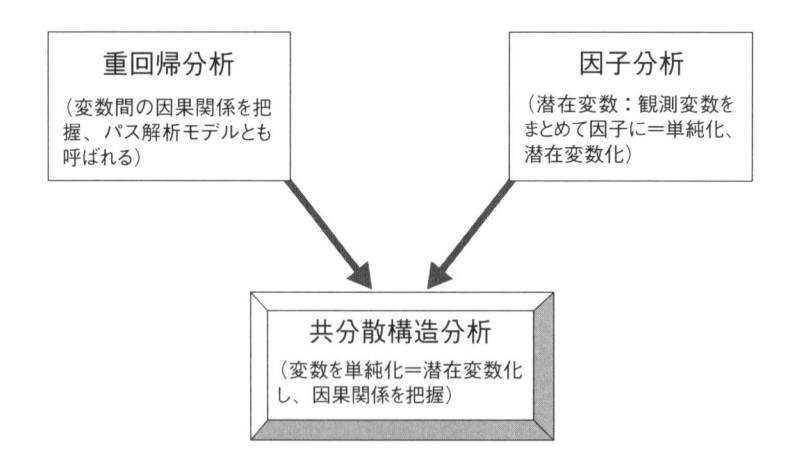

```
┌─────────────────┐        ┌─────────────────┐
│   重回帰分析     │        │    因子分析      │
│ (変数間の因果関係を把握、│        │ (潜在変数：観測変数を│
│  パス解析モデルとも │        │  まとめて因子に＝単純化、│
│  呼ばれる)       │        │  潜在変数化)     │
└────────┬────────┘        └────────┬────────┘
         │                          │
         └──────────┐    ┌──────────┘
                    ▼    ▼
         ┌─────────────────────────┐
         │    共分散構造分析        │
         │ (変数を単純化＝潜在変数化│
         │  し、因果関係を把握)     │
         └─────────────────────────┘
```

（風が吹けば桶屋が儲かると言うけれど、それ本当？
（風が吹くと埃が目に入り目の病気が増え、目の見えない人の三味線の需要が増え、猫の皮が必要になり、その結果ねずみが増え、桶がかじられ桶屋が儲かる）

風と桶屋の関わるデータ（例えば、風力、風向、目医者の患者数、目の悪い人の人数、三味線の販売数、猫の数、ねずみの被害数、桶の被害数、桶屋の販売数、桶屋の売上げなど）があれば、共分散構造分析を使って因果関係を数式にできるよ。

共分散構造分析を行うには、統計ソフトウェアが必要です。ソフトウェア会社による学生向けなどの無料試用版がインターネットでダウンロードできます。

ソフト名	会社名	サイト
AMOS	Small Waters	http://www.smallwaters.com/amos/student.html
EQS	Multivariate Software	http://www.mvsoft.com/demos.htm
LISEREL	Scientific Software International	http://www.ssicentral.com/other/download.htm

ここでは、重回帰分析を繰り返すパス解析という手法を説明します。その後で、共分散構造分析を説明するとわかりやすいと思います。

①パス解析とは

重回帰分析は、変数間の相関関係をもとに目的変数を予測する手法です。

パス解析は変数間の因果関係を調べる手法です。相関関係と因果関係は異なります。因果関係があれば必ず相関関係が認められますが、相関関係があっても、必ずしも因果関係は認められません。

アンケート調査のクロス分析で説明した小学生の学力と足の大きさの関係を思い出してください。学力と足の大きさは相関関係がありますが、因果関係はありません。

相関関係から因果関係を調べる場合、つぎの2つの条件を満たす必要があります。

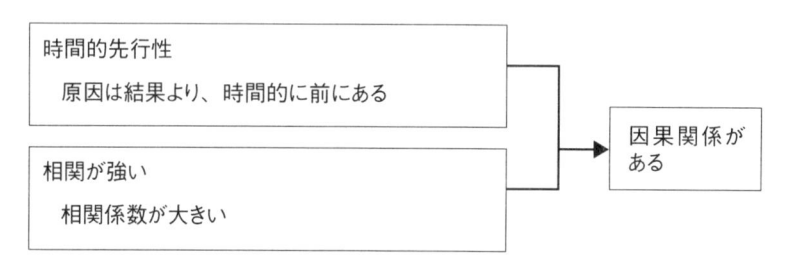

```
時間的先行性
    原因は結果より、時間的に前にある

相関が強い
    相関係数が大きい
```
→ 因果関係がある

パス解析では、変数間の因果関係の強さに着目します。そこで、重回帰分析の標準偏回帰係数（データを標準化〈平均0、標準偏差1〉するため、変数の重みが比較可能）を用いて、因果関係の強さとみなします。

パス解析は、**パス図**と呼ばれる図を使います。

結果をY、原因をXとすると、以下のように表わします。

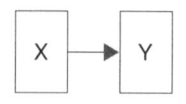

X → Y

回帰分析の式 Y = a X + b をパス図で表わすと、

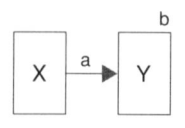

X →a Y b

のようになります。

重回帰分析では、Yを目的変数、Xを説明変数といいますが、パス解析

や共分散構造分析では、XもYも、**観測変数**と呼びます。また、誤差も変数として組み込み、誤差変数として登場させます。もちろん、誤差変数も平均0、標準偏差1とします。

誤差変数（E）を組み込んだ回帰分析の式は、

　　Y＝aX＋bE

と表わします。

パス図で表わすと、

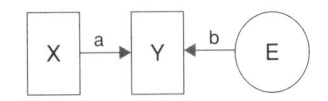

X →a Y ←b E

となります。

共分散構造分析でもパス図を使うので、パス図のルールを示します。

パス図のルール
- 観測変数は、四角形で囲みます。
- 潜在変数は、楕円形で囲みます。
- 誤差変数は、円で囲みます。
- 片方向矢印（↑↓→←）は、因果関係を表わします。矢印がでている変数は原因、矢印を受けている変数は結果を示します。
- 矢印を受けている変数（目的変数）には、誤差変数を設定します。
- 片方向矢印には、**パス係数**（重回帰分析の偏回帰係数または標準化偏回帰係数）と呼ばれる値を表わします。パス係数は、因果の強さを示す指標です。
- 双方向矢印は、相関関係を表わします。

②パス解析の計算例－重回帰分析との比較

消費者の節約意識（結果、すなわち目的変数）と残業時間の増減、収入増減、20歳以下の子供の人数（原因、すなわち説明変数）について、以下のデータがあります。

節約意識の因果関係モデルのデータ

節約意識 (5非常に節約している、 ……、1節約していない)	20歳以下の子供の人数	残業時間 (5増えた、……、2かなり減った、1なくなった)	収入増減 (5非常に減った、……、1非常に増えた)
5	3	1	1
1	0	5	5
2	1	3	3
3	1	3	3
4	2	2	2
3	1	2	4
5	2	3	5
4	1	4	4
1	1	2	3
2	1	4	3
1	0	3	3
3	3	3	3

このデータを用いて、次のようなモデルを考えました。

変数間の散布図と相関係数を示します。

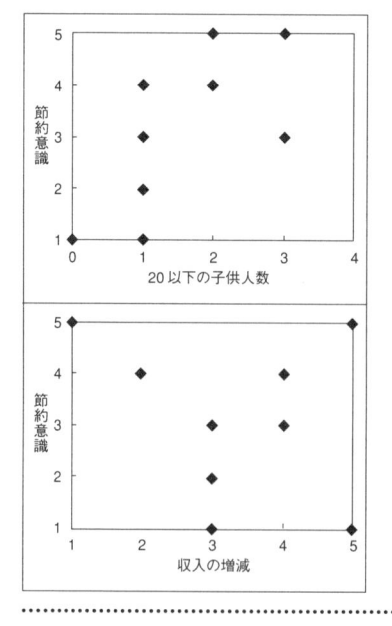

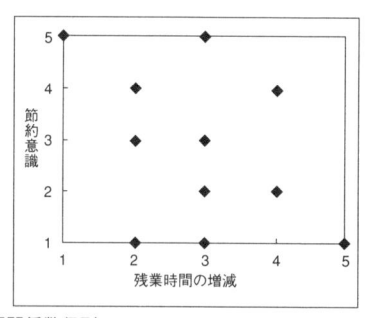

相関係数行列

	節約行動 (5非常に節約している、…、1節約していない)	20歳以下の子供人数	残業時間 (5増えた、…、2かなり減った1なくなった)	収入増減 (5非常に減った、…、1非常に増えた)
節約行動	1			
子供人数	0.734	1		
残業時間	−0.410	−0.568	1	
収入	−0.191	−0.487	0.682	1

268

節約意識を目的変数とする重回帰分析を行います。パス図で、重回帰分析を表わすと、次のようになります。

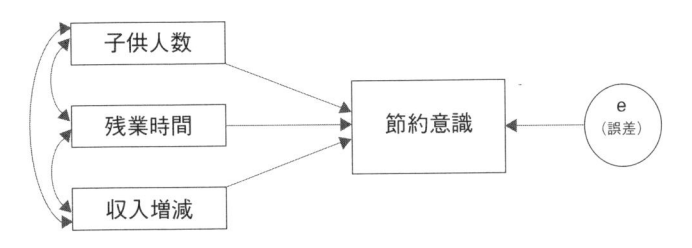

```
子供人数 ─┐
         ├→ 節約意識 ←── e(誤差)
残業時間 ─┤
         │
収入増減 ─┘
```
(説明変数間は双方向矢印で結ばれている)

重回帰分析では、説明変数間の相関関係も考慮しているので、説明変数間を双方向矢印で結んでいます。パス解析では、説明変数間の相関関係は、あまり考慮しません。

> 重回帰分析の結果は、次のように計算されます。
> - モデルの精度を示す指標
>   決定係数R^2（重相関係数の2乗）＝0.59
> - 偏回帰係数は、以下のとおりです。
>
> | | 非標準化係数 | | 標準化係数 | t | 有意確率 |
> |---|---|---|---|---|---|
> | | B | 標準誤差 | ベータ | | |
> | (定数) | 0.661 | 1.641 | | 0.402 | 0.698 |
> | 20歳以下の子供人数 | 1.171 | 0.415 | 0.786 | 2.819 | 0.023 |
> | 残業時間 | −0.239 | 0.451 | −0.176 | −0.529 | 0.611 |
> | 収入増減 | 0.402 | 0.404 | 0.312 | 0.995 | 0.349 |
>
> 決定係数の値から、重回帰モデルの精度は、充分満足できるものではありません。
>
> 標準化偏回帰係数は、子供人数だけに有意差があります（有意確率0.05以下）。子供人数が多いと節約意識が高いと言えます。残業時間や収入増減と節約意識とは、あまり関係がないように思われます。

変数間の仮説図を次ページに作成しました。この仮説図をもとにパス解析を行います。

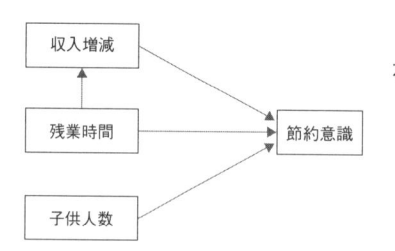

左のパス図の意味は、以下のとおり。
・節約意識は、子供の人数が多いと高くなる
・残業時間が減ると節約意識が高くなる
・収入が減ると節約意識が高くなる
・収入は、残業時間と関係がある

　パス解析の非標準解（重回帰分析の非標準化係数）の結果が示されます。非標準解の結果は、重回帰式ですから、収入増減、残業時間、子供人数から節約意識を予測できます。

非標準解の結果

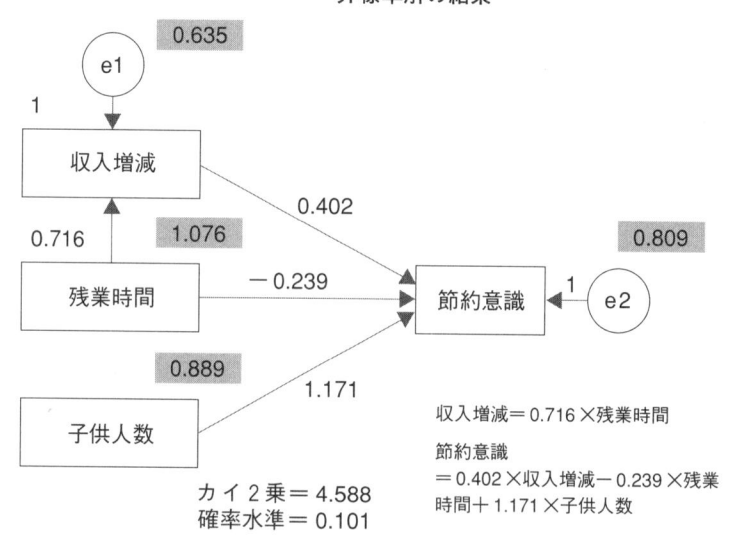

収入増減 ＝ 0.716 × 残業時間

節約意識
＝ 0.402 × 収入増減 － 0.239 × 残業時間 ＋ 1.171 × 子供人数

カイ 2 乗 ＝ 4.588
確率水準 ＝ 0.101

> パス図に描かれた数字の意味

　　片方向矢印の数字：偏回帰係数（誤差変数も偏回帰係数1と仮定）
　　説明変数の右肩の数字：分散（標準偏差の 2 乗）の推定値
　　誤差変数の右肩の数字：分散の推定値
　　カイ 2 乗と確率水準：データとモデルの適合度の統計量です。
　　　この例では、カイ 2 乗値が大きいほど当てはまりがよいことを示します。確率水準が0.05未満の場合は、モデルを採用してはいけ

ません。

　このパス図の場合、0.05以上ですから、採用可能です。不採用の場合や確率水準を向上したい場合は、パス図を描き直す必要があります。

　なお、パス解析では、偏回帰係数を求めるのに最尤法を使っています。重回帰分析は、最小2乗法で求めています。

パス解析の標準解（標準偏回帰係数）も示されます。標準解により、因果関係の強さがわかります。

標準解の結果

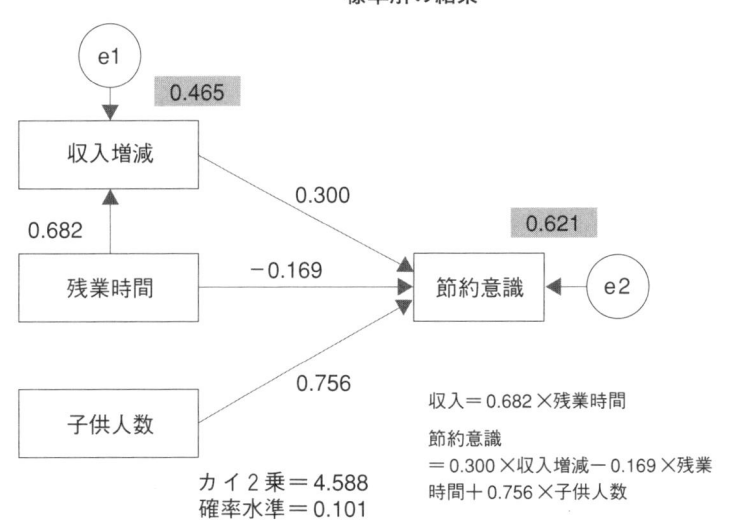

収入＝0.682×残業時間

節約意識
＝0.300×収入増減－0.169×残業時間＋0.756×子供人数

カイ2乗＝4.588
確率水準＝0.101

パス図に描かれた数字の意味

　片方向矢印の数字：標準偏回帰係数

　目的変数の右肩の数字：決定係数

非標準化係数の検定統計量も計算されます

	推定値	標準誤差	検定統計量	有意差
収入←残業時間	0.716	0.232	3.091	＊
節約意識←残業時間	－0.239	0.357	－0.668	
節約意識←収入増減	0.402	0.34	1.183	
節約意識←子供人数	1.171	0.288	4.072	＊

重回帰分析とパス解析の精度を比較すると、重回帰分析は0.59、パス解析0.62で、パス解析のほうが、若干、精度がよくなっています。

検定統計量は1.96以上だと有意差がありますので、係数解釈を行います。

パス図、モデルの適合度検定と回帰係数の検定結果より、以下の解釈ができます。

- 残業時間が減ると収入が減る人が多い。
- 節約意識は、子供に人数が多いと高まります。しかし、収入増減と残業時間は、節約意識とあまり関係があるとはいえません。性別年齢や可処分所得など、ここで検討した以外の要因と関係がありそうです。

③共分散構造分析のパス図

共分散構造分析では、パス図は必要不可欠です。共分散構造分析の統計ソフトウェアAMOSは、パス図から計算してくれます。

共分散構造分析は、潜在変数および観測変数の変数間の因果関係、相関関係の仮説がキーなのです。自分のオリジナル仮説でパス図を描けば、それに従って、統計ソフトウェアが計算してくれます。

パス解析では、非標準解と標準解の両方をアウトプットしましたが、共分散構造分析でも同様です。因果関係の強弱を把握するには、標準解の結果を解釈することが必要です。

＜因子分析モデル＞

因子分析で紹介した「心理的サイフ」の趣味用サイフを表わすパス図は、次のようになります。

趣味用サイフという潜在変数があり、そのサイフを構成する変数が、美術全集や音楽会です。

＜多重指標モデル＞

多重指標モデルは、因子分析モデルを2つ以上組み合わせ、潜在変数としての因子間に因果関係を持たせたものです。

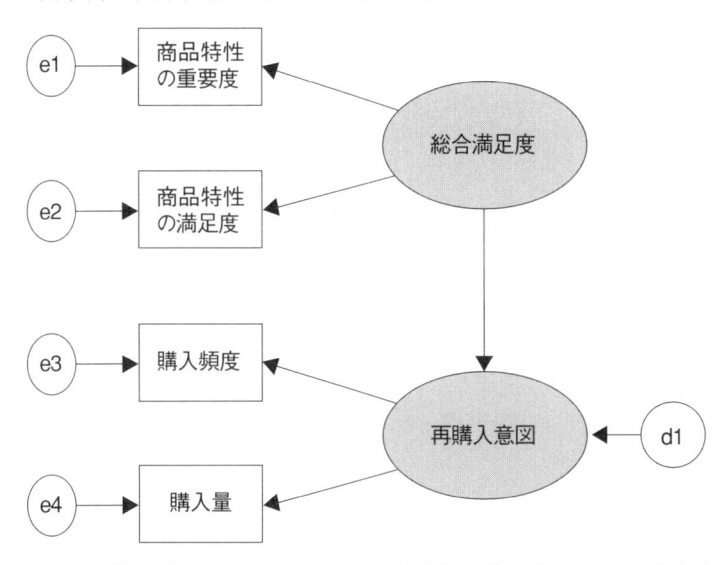

```
e1 → 商品特性       ← ╲
     の重要度          ╲
                       ╲
                    ( 総合満足度 )
e2 → 商品特性       ← ╱
     の満足度          ╱
                       │
                       ▼
e3 → 購入頻度       ← ╲
                    ( 再購入意図 ) ← d1
e4 → 購入量         ← ╱
```

商品購入実態調査で、ある商品特性の重要度と満足度のデータをもとに、重要度が高く満足度が高いのは「総合満足度（潜在変数）」が高いからとします。

総合満足度が高いと「再購入意図（潜在変数）」が高くなり、購入頻度が多くなったり、1回に購入する量が増えたりするという仮説を表わすパス図です。

このパス図をもとに、もっと複雑なマーケティング状況を表わすことができます。例えば、広告メディアごとの広告露出状況、居住地域の小売業面積や対象者特性といった変数を追加することができます。

＜多母集団の同時分析＞

同じパス図を、異なるグループに適用し、計算を同時に行うことを、多母集団の同時分析と呼んでいます。

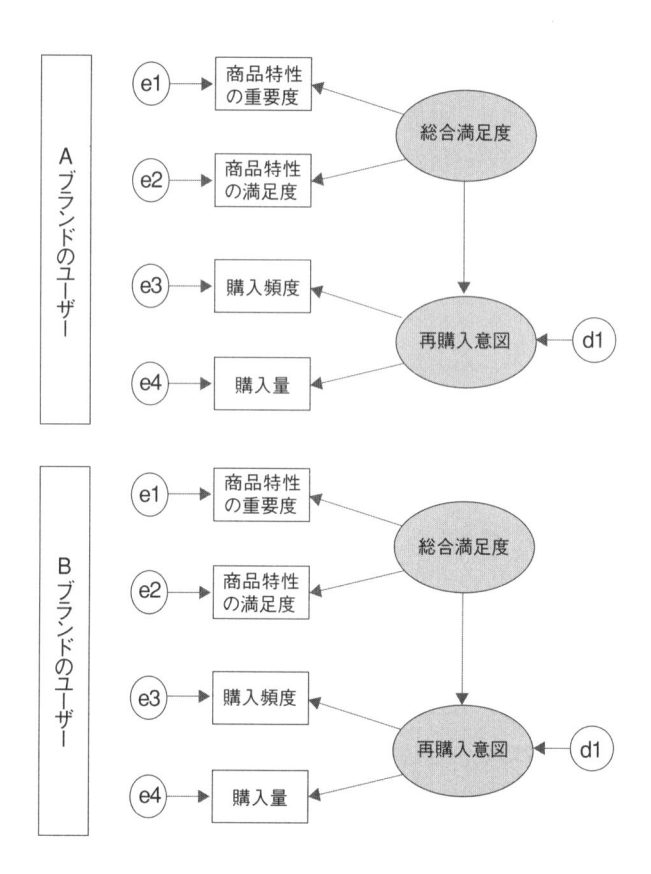

異なるグループで、同じパス図についての共分散構造分析をすると、標準偏回帰係数の大きさの比較ができます。また、グループごとのモデルの適合度も検定することができます。

72 多様な評価基準から意思決定するための AHP（階層化意思決定分析法）

多種多様な評価項目の重要度ウェイトを一対比較に基づいて決める解析手法。

(1) AHPとは
①どんなときに使う手法か

ＡＨＰ（Analytic Hierarchy Process：階層化意思決定分析法）は、多様な価値観がある多基準社会における価値観の優先度を評価するための手法です。

新製品開発のためのアンケート調査では、複数の製品案について、さまざまな評価を行い、その結果から候補製品を絞り込んでいます。このとき、製品ごとの評価ウェイトがつけば、発売した場合の予算配分などに活用できます。

ＡＨＰでは、評価項目を階層構造（ツリー化）にして体系化します。例えば、次のような3層構造です。

AHPの3層構造の評価項目の例

```
問題 ──→ 自動車の購入
              │
評価基準 ──→ 経済性  安全性  快適性  環境
              │       │       │      │
代替案 ──→  A車     B車     C車    D車
```

この図は、自動車の購入にあたって、4種類の評価基準があり、評価基準ごとに4つの代替案を検討することを意味します。このような階層構造を評価するためには、評価基準ごとに代替案を一対比較します。

一対比較とは、A車とB車を比べてどちらが好きかを選ばせることです。

代替案が4つあると、組み合わせの数は6種類（A車－B車、A車－C車、A車－D車、B車－C車、B車－D車、C車－D車）ありますので、組み合わせすべてについて一対比較をします。

この例では、評価基準についての一対比較が6回、評価基準ごとの車種の一対比較が24回（＝4種類×6回）、合計30回の一対比較を行うことになります。

4層構造のAHPは、次のようになります。

AHPの4層構造の評価項目の例

```
問題        →  自動車の購入
評価基準1   →  経済性    安全性     快適性             環境
評価基準2   →  価格 燃費  加害事故 被害事故  加速性 最高速度 インテリア デザイン  大気汚染 騒音・振動
代替案      →  A車        B車        C車               D車
```

4層構造では、一対比較の回数は、評価基準1は6回（4種の評価基準1の組み合わせ）、評価基準2は9回（経済性は価格対燃費で1回、同様に安全性と環境で各1回、快適性で6回）、代替案は60回（評価基準10種類×6回）、合計75回となります。

AHPの評価は、評価項目数や階層構造が多いと、一対比較の回数が増えますので、アンケートの対象者に負荷をかけることになります。また、矛盾する回答が得られる場合もあります。

例えば、青より赤が好きを赤＞青で表わしますと

　　赤＞青、青＞黄、黄＞赤

は、矛盾する回答となります（この場合、計算不能です）。

ＡＨＰで質問する一対比較は、中間ポイントをもつ９段階尺度です。回答様式は、以下のようになります。

ＡＨＰの一対比較の回答様式の例

	◀ 左側が				同じ程度			右側が ▶		
	絶対に重要	非常に重要	かなり重要	やや重要		やや重要	かなり重要	非常に重要	絶対に重要	
経済性										安全性
経済性										快適性
経済性										環境
安全性										快適性
安全性										環境
快適性										環境

　ＡＨＰでは、個人別に回答結果を分析します。また、ブレーンストーミングを行って、グループとして１つだけの回答結果を求め、評価項目のウェイトを算定し、グループの総意とみなすこともできます。

②ＡＨＰのウェイトの求め方

　ＡＨＰでは、一対比較は、次のような基準尺度を用いて、一対比較表にまとめます。

一対比較の基準尺度

Ｂに比べてＡは	重要度
同じ程度	1
やや重要	3
かなり重要	5
非常に重要	7
絶対に重要	9
自分自身との比較は、重要度１とします。 反対にＡと比べたＢの重要度は、Ｂと比べたＡの重要度の逆数とします。 （2, 4, 6, 8の重要度得点も許します）	

評価基準の一対比較表の例

	←左側が				同じ程度 1				右側が→
	9 絶対に重要	7 非常に重要	5 かなり重要	やや重要 3		1/3 やや重要	1/5 かなり重要	1/7 非常に重要	1/9 絶対に重要
経済性						○				安全性
経済性			○							快適性
経済性				○						環境
安全性						○				快適性
安全性		○								環境
快適性				○						環境

一対比較表をもとに、評価表を作成します。

	経済性	安全性	快適性	環境
経済性	1	1/5	5	3
安全性	5	1	1/5	7
快適性	1/5	5	1	5
環境	1/3	1/7	1/5	1

　一対比較表は、基準尺度の値とその逆数が入っています。経済性と快適性を比較した尺度値5は、経済性のほうが快適性よりも「かなり重要」と回答されたことを意味します。

　ＡＨＰは、この一対比較表をもとにウェイトを算出します。ウェイトは、固有値（［66 因子分析］参照）を求めてから精緻に計算する方法と幾何平均（［50 代表値とは］参照）を求めて計算する簡便法があります。

　固有値を求める精緻な方法は、非対称行列（相関行列は対象行列ですが、一対比較表の経済性と安全性、安全性と経済性で異なる数値）を対象とした計算を行います。

　幾何平均を求める簡便法は、幾何平均が比例数の代表値として使えることを利用しています。

上の一対比較表の1行目の

| 1 | 1/5 | 5 | 3 |

の数字は、実は、

| 1：1 |　| 1：1/5 |　| 1：5 |　| 1：3 |

という意味です。この4つの比の平均をだすには、幾何平均が最適です。

AHPのウェイトの算出フローは、以下のとおりです。

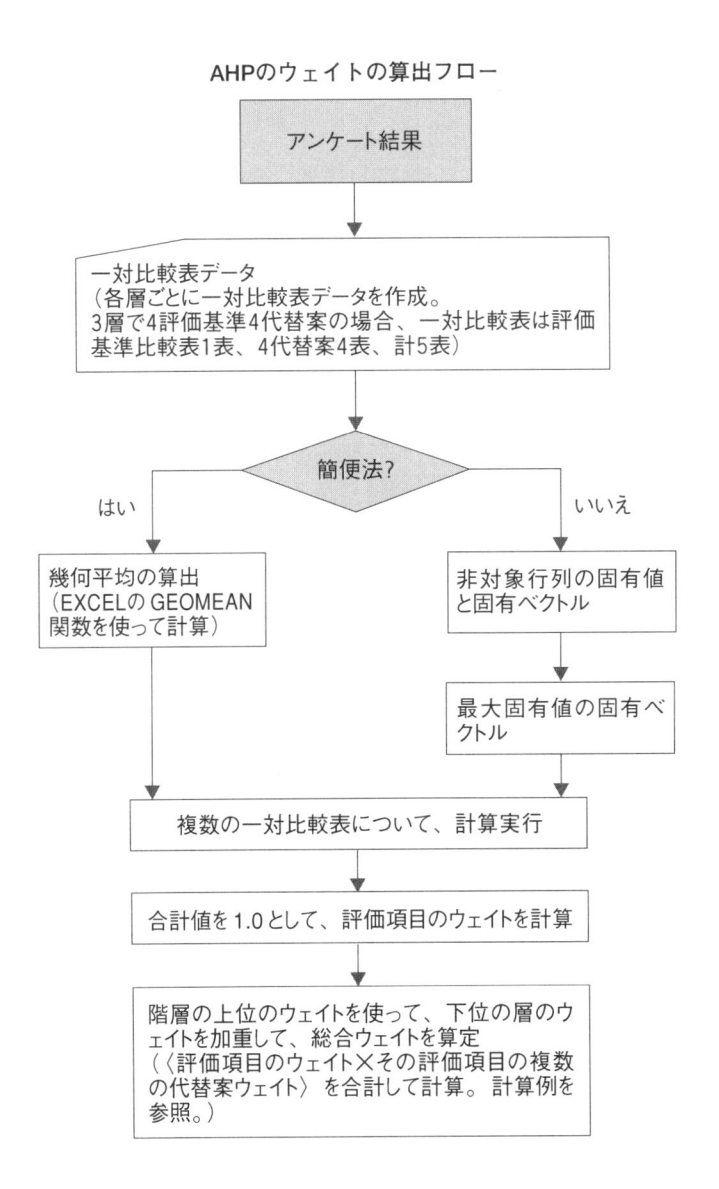

AHPのウェイトの算出フロー

```
        ┌──────────────┐
        │  アンケート結果  │
        └──────┬───────┘
               ↓
  ┌─────────────────────────────┐
  │ 一対比較表データ                │
  │ （各層ごとに一対比較表データを作成。 │
  │ 3層で4評価基準4代替案の場合、一対比較表は評価 │
  │ 基準比較表1表、4代替案4表、計5表） │
  └──────┬───────────────────┘
               ↓
           ◇ 簡便法? ◇
        はい ↙      ↘ いいえ
  ┌──────────┐   ┌──────────┐
  │ 幾何平均の算出 │   │ 非対象行列の固有値 │
  │ （EXCELのGEOMEAN │   │ と固有ベクトル │
  │ 関数を使って計算） │   └──────┬────┘
  └──────┬───┘          ↓
               │      ┌──────────┐
               │      │ 最大固有値の固有ベ │
               │      │ クトル        │
               │      └──────┬────┘
               ↓            ↓
        ┌──────────────────────┐
        │ 複数の一対比較表について、計算実行 │
        └──────┬───────────────┘
               ↓
     ┌──────────────────────────┐
     │ 合計値を1.0として、評価項目のウェイトを計算 │
     └──────┬───────────────────┘
               ↓
  ┌────────────────────────────────┐
  │ 階層の上位のウェイトを使って、下位の層のウェ │
  │ イトを加重して、総合ウェイトを算定        │
  │ （〈評価項目のウェイト×その評価項目の複数  │
  │ の代替案ウェイト〉を合計して計算。計算例を │
  │ 参照。）                            │
  └────────────────────────────────┘
```

（2）簡便法による計算例

　自動車の購入を検討する際の重要度評価を一対比較表にし、簡便法でウェイトを計算します。

a）評価基準のウェイト

	経済性	安全性	快適性	環境	幾何平均	ウェイト
経済性	1.000	0.200	5.000	3.000	1.316	0.277
安全性	5.000	1.000	0.200	7.000	1.627	0.342
快適性	0.200	5.000	1.000	5.000	1.495	0.315
環境	0.338	0.143	0.200	1.000	0.312	0.066
				計	4.750	1.000

b）経済性を考慮した車種評価

	A車	B車	C車	D車	幾何平均	ウェイト
A車	1.000	0.333	0.200	2.000	0.604	0.135
B車	3.000	1.000	0.500	0.333	0.841	0.187
C車	5.000	2.000	1.000	2.000	2.115	0.471
D車	0.500	3.000	0.500	1.000	0.931	0.207
				計	4.491	1.000

c）安全性を考慮した車種評価

	A車	B車	C車	D車	幾何平均	ウェイト
A車	1.000	2.000	0.333	0.333	0.687	0.132
B車	0.500	1.000	0.200	0.333	0.427	0.082
C車	3.000	5.000	1.000	5.000	2.943	0.564
D車	3.000	3.000	0.200	1.000	1.158	0.222
				計	5.215	1.000

d）快適性を考慮した車種評価

	A車	B車	C車	D車	幾何平均	ウェイト
A車	1.000	0.200	0.333	5.000	0.760	0.158
B車	5.000	1.000	0.333	2.000	1.351	0.280
C車	3.000	3.000	1.000	3.000	2.280	0.473
D車	0.200	0.500	0.333	1.000	0.427	0.089
				計	4.818	1.000

e）環境を考慮した車種評価

	A車	B車	C車	D車	幾何平均	ウェイト
A車	1.000	1.000	5.000	3.000	1.968	0.432
B車	1.000	1.000	3.000	1.000	1.316	0.289
C車	0.200	0.333	1.000	1.000	0.508	0.112
D車	0.333	1.000	1.000	1.000	0.760	0.167
				計	4.552	1.000

f) 総合ウェイト

	経済性	安全性	快適性	環境	計算したウェイトの転記
①評価基準のウェイト	0.277	0.342	0.315	0.066	a)のウェイト
②A車	0.135	0.132	0.158	0.432	b)のウェイト
③B車	0.187	0.082	0.280	0.289	c)のウェイト
④C車	0.471	0.564	0.473	0.112	d)のウェイト
⑤D車	0.207	0.222	0.089	0.167	e)のウェイト

総合ウェイト	経済性	安全性	快適性	環境	計
A車①×②	0.037	0.045	0.050	0.028	0.160
B車①×③	0.052	0.028	0.088	0.019	0.187
C車①×④	0.130	0.193	0.149	0.007	0.480
D車①×⑤	0.057	0.076	0.028	0.011	0.172
				計	1.000

例えば、経済性に関するA車のウェイトは、0.277×0.135＝0.037と計算します。同様に計算を安全性、快適性、環境について行い、合計すると総合ウェイトが計算されます。

AHPで計算したウェイトは、以下のように解釈します。

> 4つの評価基準の重要度ウェイトは、安全性が0.342、快適性が0.315、経済性が0.277、環境0.066と評価されています。安全で快適な自動車が求められていることがわかります。
>
> 車種別に見ると、C車の評価が高く0.480（安全性0.193、快適性0.149、経済性0.130、環境0.007）で、トップです。環境では、A車が最も高い評価を得ています。
>
> B車とD車は、4つの評価基準のもとでは特徴がみられませんので、対策が必要だといえます。

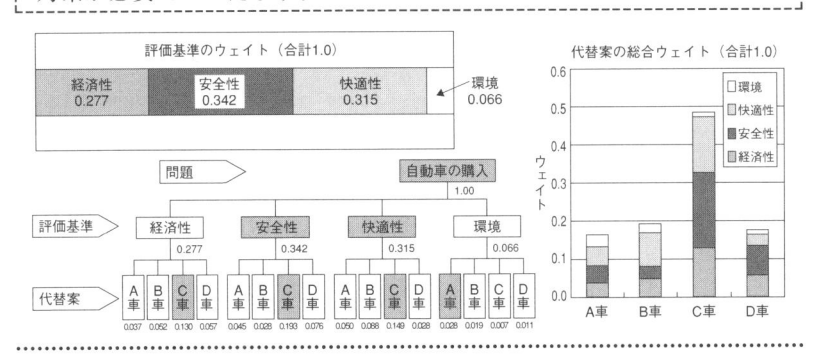

さくいん

数字／英文字

2×2分割表 …………………………133
2群判別分析………………………210
2項ロジスティック回帰分析………212
2次関数モデル……………………190
2段抽出法 …………………………46
4つの尺度 …………………………116
5グラフィックス……………………68
AHP（階層化意思決定分析法）
　………………159, 162, 164, 165, 275
Excel関数 …………………………117
FAX調査……………………28, 29, 90, 91
K×L分割表 ………………………134
K平均法 ………………………241, 244
MDS …………………………………259
PDCAサイクル…………………32, 34
R2乗値（決定係数）………………147
RDD（ランダムデジットサンプリング）
　………………………………77, 84, 85
SEM …………………………………264
SMC …………………………………227
t検定 ………………………………139
t値 …………………………………139

あ

アンケート票………………………10
アンバランス尺度………………62, 63
因子負荷量行列……………………229
因子分析 ………159, 164, 165, 222
インターネット調査
　…………………13, 26, 39, 45, 94, 95
インターバル（級区間、階級）……120
インターバル（抽出間隔値）……78, 80
ウェイトバック……………………82
ウォード法……………………241, 243

エキスペリエンスグラフィックス…68
エディティング ……………………100
エリアサンプリング ………77, 82, 83
オーソマックス回転………………232
オッズ比 ……………………………212
オブリミン回転……………………232

か

カイ2乗検定 …………………131, 132
カイ2乗値……………………………133
カイ2乗分布表……………………136
階級（級区間、インターバル）……120
会場アンケート調査
　……………………13, 22, 39, 45, 92, 93
外的基準（目的変数、非説明変数、
従属変数）…………………………160
回答カテゴリー……………………52
回答尺度……………………………52
回答者募集式調査 ………12, 13, 76
街頭・来場者自記式調査法………45
街頭・来場者面接調査法…………45
確率比例2段抽出法 ……………80, 81
仮説検定 ……………………………131
カテゴリー尺度 ………………62, 63
カテゴリースコア …………185, 191
カテゴリーデータ …………………211
間隔尺度 …………………………60, 61
観測値 ……………………………147
幾何平均（相乗平均）……………122
棄却域 …………………………131, 132
基準変数解析 …………159, 160, 163
帰無仮説 ……………………………131
級区間（インターバル、階級）……120
強制選択尺度 …………………62, 63
共分散構造分析
　………………159, 162, 164, 165, 264

極カテゴリー尺度 ……………62, 63
寄与率 …………………………232
クラスター分析 ……159, 164, 165, 237
クロス集計 ……………46, 108, 109
クロス分析 ……………………108
群平均法 ………………………241, 242
経験的特性 ……………………68, 69
継続調査 ………………………12
携帯電話調査 …………………28
系統抽出法 ……………………78, 79
系列カテゴリー法（シグマ値法）…149
決定係数（R2乗値） ………147, 172
現地抽出法 ……………………44
検定 ……………………………131
効用値（ユーティリティスコア）…191
コーディング …………………100
誤判定率 ………………………208
個別訪問留置き調査 …………45
個別訪問面接調査 ……………45
固有値 …………………………228
固有ベクトル …………………228
コレスポンデンス分析
　……………………159, 164, 165, 254
コンジョイント分析
　……………………159, 163, 165, 189

さ

最遠隣法 ………………………241, 242
最近隣法 ………………………241, 242
サイコグラフィックス ………68
最小2乗法 ……………169, 179, 229
再生知名 ………………………54, 55
再認知名 ………………………54, 55
最頻値（モード，並み数，流行数）
　……………………………………125
最尤法（最尤推計法） …179, 213, 229
算術平均 ………………………122
散布図（相関図） ……………143

サンプリング …………10, 76, 77
サンプルスコア ………………217
サンプル調査 …………………76, 77
ジオグラフィックス …………68
市街地距離 ……………………239
自記式 …………………………12
シグマ値法（系列カテゴリー法）…149
自然対数 ………………………212
悉皆調査 ………………………76, 77
実験計画法 ……………………192
実査 ……………………………15
斜交因子 ………………………225
斜交回転 ………………………232
重回帰分析 ……………159, 163, 165, 167
自由回答 ……………56, 57, 04, 105
自由回答型質問 ………………56, 57
重心法 …………………………241, 243
重相関係数 ……………………172
従属変数
（目的変数，非説明変数，外的基準）
　……………………………………160
自由度 …………………………134
主成分分析 ……………………228
順序尺度 ………………………58, 59
人口統計的特性 ………………68, 69
心理的特性 ……………………68, 69
数量化Ⅰ類 ……159, 163, 165, 184, 250
数量化Ⅱ類 ……159, 163, 165, 216, 250
数量化Ⅲ類 ……159, 164, 165, 249, 250
スクリーニング質問 …………54
スクリープロット ……………229
ステップワイズ法（変数増減法）
　……………………………………174, 204
スペシャルグラフィックス …68
正準判別分析 …………………204, 206
説明変数（独立変数） …160, 167, 174
線形モデル ……………………190
潜在変数 ………………………264

283

全数調査 ……………………76, 77
尖度 …………………………130
セントラルロケーションテスト（CLT）
…………………………………22
相関図（散布図）………………143
相関比 …………………………203
相互依存変数解析 ………159, 161, 164
相乗平均（幾何平均）…………122
相対評価尺度 ………………62, 63
属性 ……………………………32

た

対数オッズ ……………………212
態度尺度 ……………………62, 63
代表値 …………………117, 122
タイムサンプリング …………84, 85
対立仮説 ………………………131
他記式 …………………………12
多群判別分析 …………………210
多項ロジスティック回帰分析 ……212
多項目選択式回答 ……………56, 57
多次元尺度構成法 ……………259
多次元尺度法 ………159, 164, 165, 259
多重共線性（マルチコリニアリティ）
…………………………………173
ダミー変数 …………182, 188, 211
単回帰（直線回帰）…………147, 168
単極尺度 ……………………62, 63
単純構造 ………………………230
単純抽出法（単純無作為抽出法）
………………………………78, 79
単純無作為抽出法（単純抽出法）
………………………………78, 79
単発調査 ………………………12
中央値（中位数）……………125
抽出間隔値（インターバル）………78
調査精度 ………………………44
調査票 …………………………10

調和平均 ………………………123
直線回帰（単回帰）……………147
直交因子 ………………………225
直交回転 ………………………232
直交表 …………………………193
散らばり ………………………127
地理的特性 …………………68, 69
適合度の検定 …………………136
デジタルテレビによる調査………29
デモグラフィックス ……………68
テレゴング ……………………24
電話調査 ………13, 24, 39, 45, 90, 91
統計的でない調査………………33
統計的な検定 …………………46
統計的な調査 …………………32
特殊な特性 …………………68, 69
独立変数（説明変数）…………160
度数（頻数）…………………118
度数分布 ……………………118
トリム平均（調整平均）………124

な

並み数（最頻値，モード，流行数）
…………………………………125
二項目選択式回答 ……………56, 57

は

パーセントのサンプリング誤差の
早見表 ………………………46, 47
パス解析 ………………………265
パス図 …………………………266
ばらつき ……………………117, 127
バランス尺度 …………………62, 63
バリマックス回転 ……………232
範囲（レンジ，領域）…………127
反復主因子法 …………………229
判別関数 ………………………202
判別的中率 ……………………208

判別分析 ……………159, 163, 165, 201
非説明変数（目的変数，従属変数，
外的基準）……………………………160
非反復主因子法 ……………………229
標準化 ………………………………171
標準正規曲線 ………………………152
標準正規分布 ………………………149
標準得点 ………………………150, 177
標準偏回帰係数 ……………………171
標準偏差（分散）………………127, 128
標本抽出………………………………10
標本調査 …………………32, 76, 77
比例尺度 …………………………60, 61
頻数（度数）…………………………118
プラス1 …………………………84, 85
プリコード型質問 ………………56, 57
プリコード付自由回答型質問 …56, 57
プロビット分析 ……159, 163, 165, 175
プロビット変換 ……………………177
プロマックス回転 …………………232
分散（標準偏差）………………127, 128
分散分析 ……………………………140
平均 …………………………………122
偏回帰係数 …………………………171
偏差 …………………………………128
偏差値 ………………………………150
変数減少法 …………………………174
変数増加法 …………………………174
変数増減法（ステップワイズ法）
…………………………………174, 204
訪問調査 …………………………86, 87
訪問留置き調査 ……………13, 16, 39
訪問面接調査 ………………13, 14, 39
ホームユーステスト ………13, 39, 45
母集団 ……………………………36, 76

ま

マハラノビス ……………………204, 208

マハラノビスの汎距離 ……………240
マルチコリニアリティ（多重共線性）
…………………………………………173
ミンコフスキー距離 ………………240
名義尺度 …………………………58, 59
メディアン法 …………………241, 243
モード（最頻値，並み数，流行数）
…………………………………………125
目的変数（非説明変数，従属変数，
外的基準）………………………160, 167

や

有意差 ………………………………132
有意水準 ……………………………132
ユークリッド距離 …………………239
郵送調査 …………13, 18, 39, 45, 90, 91
ユーティリティスコア（効用値）…191
予測値 ………………………………147

ら

来場者自記式調査……………………13
来場者調査 ………………20, 88, 89
来場者面接調査………………………13
ランダムウォーク ………77, 82, 83
離散モデル …………………………190
流行数（最頻値，モード，並み数）
…………………………………………125
領域（範囲，レンジ）………………127
両極尺度 …………………………62, 63
レンジ（範囲，領域）………………127
ロジスティック回帰分析
……………………159, 163, 165, 211

わ

歪度 …………………………………129

著者●
酒井　隆（さかい・たかし）
株式会社イクザス代表。1974年大阪市立大学文学部心理学科卒業後、株式会社市場調査社入社。社団法人社会開発統計研究所研究部長を経て、現職。2006年現在、大阪市立大学大学院工学研究科都市系専攻後期博士課程在籍。
著書：『マーケティング・リサーチ・ハンドブック』『図解ビジネス実務事典　統計解析』（ともに日本能率協会マネジメントセンター）、『調査・リサーチ活動の進め方』『アンケート調査の進め方』（ともに日本経済新聞社）、『問巻設計、市場調査與統計分析実務入門』（博誌）、『上手なネットアンケートの方法』（中経出版）、『折込チラシ活用マニュアル』（PHP研究所）など。

〈株式会社イクザスのホームページ〉
http://www.ikuzasu.co.jp/

実務入門
図解 アンケート調査と統計解析がわかる本

2003年10月1日　　初版第1刷発行
2006年8月15日　　　　第9刷発行

著　　者──酒井隆
　　　　　　©2003　Takashi Sakai
発 行 者──野口晴巳
発 行 所──日本能率協会マネジメントセンター
〒105-8520 東京都港区東新橋1-9-2　汐留住友ビル24階
TEL（03）6253-8014（代表）
FAX（03）3572-3503（編集部）
http：//www.jmam.co.jp/

装　　丁──石澤義裕
本文DTP──株式会社マッドハウス
印刷所──株式会社シナノ
製本所──株式会社三森製本所

本書の内容の一部または全部を無断で複写複製（コピー）することは、法律で認められた場合を除き、著作者および出版者の権利の侵害となりますので、あらかじめ小社あて承諾を求めてください。

ISBN 4-8207-4181-0 C2034
落丁・乱丁はおとりかえします。
PRINTED IN JAPAN

JMAM 好評既刊図書

マーケティング・リサーチ・ハンドブック
リサーチ理論・実務手順から需要予測・統計解析まで

酒井隆［著］

調査手法別の実務プロセスの流れやポイント、収集データを目的に従った解析手法で分析する方法など、ポイントを176項目ピックアップし、図解でわかりやすく解説したマーケティング・リサーチ実務の決定版。
A5判440頁

図解ビジネス実務事典　統計解析

酒井隆［著］

統計解析の手法や専門用語をコンパクトに図解した、事典形式の実務書。知りたいことがさっと引けるうえに、事例で解説しているので入門者にもわかりやすい。項目数は127。その他資料も添付。
四六判248頁

図解ビジネス実務事典　マーケティングリサーチ

石井栄造［著］

ネットリサーチの実務を中心に、従来から行われている手法も余すところなく、リサーチの実務者が求める調査のポイントを事典形式で簡潔に図解。アンケート調査はもちろん、マーケティングインタビューの項目も充実。
四六判208頁

Series Marketing
図解でわかる　マーケティングリサーチ
リサーチ理論と実務の進め方が図解でわかる基本書

石井栄造［著］

定性調査を中心に、課題設定、仮説構築、企画設計、サンプリング、実査、集計、分析、報告書作成、プレゼンの一連の流れを図解。グループインタビュー、新製品開発、販促、ブランディングなどのリサーチ方法も解説。
A5判216頁

日本能率協会マネジメントセンター